구조방정식 모형 연구의 실전

최희철 김영미 이우진 강혜진

교육과학사

구조방정식 모형을 익혀서 숙달한 연구자에게 구조방정식 모형을 연구에 적용하는 과정은 때때로 즐거움을 경험하는 흥미로운 놀이 중의 하나로 여겨진다. 연구자는 이론을 탐구하고, 가설을 생성하고, 가설을 모아 모아서 종합한 연구모형을 만드는 과정을 거친 후 이 모형이 데이터에 의해 지지되는 순간에 발견의 기쁨을 경험하기도 한다. 이러한 희열은 마치 설계도를 바탕으로 잘 지어진 건축물을 탄생시킨 보람에 버금가는 일이기도 하리라!

하지만 이제 막 구조방정식 모형을 익히기 시작한 연구자라면 구조방정식 모형을 알아가는 과정은 지리멸렬하고, 이해가 어려운 내용이 너무 많고, 지난한 과정으로 느낄지 모른다. 상관관계 분석, 회귀분석, 중다회귀분석 등에 대한 개념이 머릿속에 자리잡고 있으면 그나마 수월할 수 있다. 하지만 이러한 기초 통계 지식 없이 구조방정식 모형을 익히려 한다면 그것은 난공불락의 성처럼 느껴질지 모른다. 저자들이 꼭 한 가지 조언을 한다면, 포기하지 말고 처음부터 끝까지 일독 하는데 주저없이 시간을 투자하라는 것이다. 이해가 되든 안 되든, 알고 있든 모르든 그저 읽어 나가서 일단은 완독을 해야한다. 그렇게 페이지를 넘기고 넘기다 보면 자연스럽게 친숙해지고, 친숙해지면 흥미가 생기고, 결국 노력을 지속하는 것이 더욱 쉬워질 수 있다. 완독의 보람을 누리길!

이 책은 구조방정식 모형을 활용하여 연구를 시작하려는 이들을 위해, 저자들이 그동안 읽어온 많은 자료들 중 꼭 필요하고 중요한 내용들을 중심으로 연구자의 관점에서 종합하여 정리한 것이다. 우리는 내용 연구자로서 연구방법론이나 통계학을 익히고, 적용하여 우리의 학문 분야를 발전시키기 위해 구조방정식 모형을 사용해왔다. 하지만 각자의 구조방정식 모형 연구의 경력은 동일하지 않으며 서로 간에 차이가 있다. 이러한 차이 덕분에 우리는 통계적 개념을 학습하며 겪는 어려움을 공감하고, 질문하고, 답변하는 과정을 거치며 최대한 쉽게 이 책을

집필하는 특별하고, 멋진 경험을 하였다. 저자들은 연구방법론 연구자와 내용 연구자 사이에서 가교 역할을 할 수 있는 세련된 내용 연구자로서 실제 연구에 도움이 되는 내용들을 최대한 효과적으로 전달하고자 하였다.

따라서, 이 책은 구조방정식 모형에 대한 난해하고 암호 같은 통계적인 내용보다 내용 연구자로서 자신의 학문분야의 연구를 시도 할 때 구조방정식을 어떻게 하면 즐겁게 놀이 하듯 활용할 수 있을지에 초점을 두었다. 하지만 쉬운 내용만 다룰 것이라고 지레짐작 해서는 안 된다. 저자들은 실제 연구의 흐름에 맞춰서 필요한 개념과 이론들을 일목 요연하게 설명하고자 하였다. 그럼에도 불구하고, 구조방정식 모형의 통계적 논리를 제대로 이해하려면 어쩔 수 없이 새롭게 습득해야 할 내용이 많기 때문에 이는 도전으로 다가올 것이다. 저자들은 이러한 도전이 독자들에게 장벽이 아닌 성장의 과정이 되도록 돕기 위해 우리가 읽고, 학습하고, 마음에 새긴 내용을 연구자가 쉽게 이해할 수 있는 방식으로 차근차근히 전달하고자 노력하였다.

저자들은 많은 학생들이 통계와 연구방법론에 흥미를 느끼기보다 어려움을 토로하는 모습을 보았다. 저자들 또한 그러한 어려움을 겪었다. 그래서 우리는 최대한 재미있게, 즐겁게 학습할 수 있도록 돕고자 나름 다양한 노력을 많이 하였다. 예를 들어, 저자들은 예시로 사용되는 모형의 변인들을 자존감, 그릿, 행복을 중심으로 구성하였다. 이 책을 읽고, 학습하는 과정에서 자신의 가치를 느끼고, 어렵더라도 흥미를 유지하고, 지속적으로 노력하고, 즐겁고 행복하게 학습하라고 이 변인들을 책의 처음부터 끝까지 접할 수 있도록 하였다. 때로는 챕터의 제목도 즐거운, 재미있는 등의 긍정적 정서 용어를 사용하여 친숙한 느낌을 가질 수 있게 하였다. 학습이 의무가 아니라, 새로운 지식을 탐구하는 즐거운 여정으로 느꼈으면 한다.

하지만 현실은 녹록치 않다. 구조방정식 소프트웨어를 돌릴 수만 있으면 연구에서 성공할 것이란 소망이 있다면 서둘러 백일몽에서 깨어나야 한다. 소프트웨어를 실행하는 것 만으로는 분석 과정에서 마주하는 온갖 현실적인 문제를 해결하지 못한다. 탄탄한 지식만이 시행착오에 허비할 시간을 줄여줄 뿐이다. 따라서 시행착오에 들일 시간을 사전 학습에 투자하면 지식도 늘어나고, 시간 소모는 사라지게 된다. 구조방정식 모형을 처음 접하는 많은 연구자들은 낯선 그리스어 기호를 만나는 순간부터 어려움을 체험할지 모른다. 하지만 영어 알파벳을 배울 때처럼 접근하면 점점 익숙해지게 된다. 이 책은 연구모형에 대한 설명에서, 기초통계, 연구의 핵심개념, 구조방정식 모형의 식별, 추정, 평가, 자료의 점검과 준비와 같이 연구의 실전에서 곧바로 도움이 될 내용을 중심으로 저술하였다. 차근차근 시간과 공을 들여 학습하기를 적극적으로 추천한다.

저자들은 최신의 프리웨어인 jamovi 프로그램을 활용하여, 연구자들이 Amos, Mplus 같은 상업용 소프트웨어 없이도 연구할 수 있는 발판을 제공하고자 하였다. 또한 연구 출판을 보다 쉽게 할 수 있도록 지원하고자 jamovi의 산출 결과를 구조방정식 모형 연구결과로 기술하는 구체적인 예들을 제시하는 노력을 기울였다. 저자들은 직접 jamovi로 구조방정식 모형 연구를 해보면서 기존 프로그램보다 새롭고 편리한 점이 많다는 사실을 발견했고, 재미를 맛보았다. 그리고 이 좋은 소프트웨어가 무료로 공개된 사실에 많이 놀랐다. 세상에 빛과 소금이 되는 일을 하려는 사람들이 많음에 새삼 숙연하기도 하였다. 개발자들에게 깊은 감사의 마음을 전한다. 모쪼록 많은 연구자들이 이 책을 통해 구조방정식 모형 연구에 더욱 흥미를 느꼈으면 좋겠다.

2025. 1. 6.

저자 일동

차 례

모형	구분		표기법					
			대문자	소문자				행렬명
측정 모형	외생 변인	잠재변인		ξ	ξ	ξ	ξ	
		측정변인	X	x	x	x	x	
		측정오차		δ	δ	δ	δ	
		요인계수		λ	λ	λ	λ	Λ_X
		요인변량-공변량		φ	φ	ϕ	ϕ	
		오차변량-공변량		δ	δ	δ	δ	Θ_δ
	내생 변인	잠재변인		η	η	η	η	
		측정변인	Y	y	y	y	y	
		오차변인		ε	ε	ε	ϵ	
		요인계수		λ	λ	λ	λ	Λ_Y
		요인변량-공변량		ψ	ψ	ψ	ψ	Ψ
		오차변량-공변량		ε	ε	ε	ϵ	Θ_ϵ
		예측오차		ζ	ζ	ζ	ζ	
구조 모형	경로 계수	외생변인 → 내생변인		γ	γ	γ	γ	Γ
		내생변인 → 내생변인		β	β	β	β	B

제 1 장

모형지정

이 장의 목적

1. 구조방정식 모형의 기본 개념들을 설명한다.
   정의, 모형, 잠재변인, 관찰변인, 오차변인, 독립변인, 매개변인, 종속변인
2. 구조방정식 모형을 언어적 모형, 수학적 모형, 기호적 모형으로 설명한다.
3. 구조방정식 모형의 유형을 설명한다.
   회귀모형, 경로모형, 측정모형, 구조모형
4. 모형지정을 설명한다.
   정의, 측정모형의 지정, 연구모형의 지정, 모형지정의 오류
   고정미지수, 자유미지수

이 장의 핵심 개념

- 구조방정식 모형 연구는 연구자가 이론과 선행연구의 결과들에 기초해서 여러 변인의 관계를 나타내는 모형을 지정하고(만들고), 모형이 수집된 자료(관찰 자료)와 일치하는지 알아보는 연구 또는 통계 방법이다.
- 구조방정식 모형은 ① 잠재변인들과 측정변인들의 관계와 ② 잠재변인들과 잠재변인들과의 관계를 지정해서 만들어진다. ①은 측정모형이라 불리고, ②는 구조모형이라 불린다.
- 잠재변인은 직접 관찰되지 않고, 측정되지 않는 변인을 뜻한다. 잠재변인은 구인, 요인 등으로 불리고, 관찰, 검사, 설문 등의 측정 도구로 측정된 몇 가지 관찰변인에 기초해서 추정된다.
- 측정변인은 잠재변인을 추정하고 정의하기 위해 사용되는 몇 개의 변인으로, 관찰변인, 지표변인으로도 불린다.
- 구조방정식 모형에서 외생변인(독립변인)들 사이의 관계는 공변량 또는 상관계수를 지정하고, 기호로는 양방향 (↔)로 나타낸다. 독립변인과 측정변인들 간의 관계를 지정하는 기호는 일방향 →로 나타낸다. 독립변인(외생변인)에서 내생변인(매개변인, 종속변인)으로 이르는 경로를 나타내는 기호는 일방향 (→)이다. 내생변인(매개변인)에서 내생변인(종속변인)으로 이르는 경로를 나타내는 기호는 일방향 화살표이다.
- 구조방정식 모형의 유형은 회귀모형, 경로모형, 측정모형, 구조모형으로 구분된다. ① 회귀모형은 잠재변인을 포함하지 않고, 측정변인들과 측정변인들 사이의 관계를 지정한 모형이다. ② 경로모형은 보통 측정변인들로 구성되고 외생변인(독립변인), 내생변인(매개변인), 내생변인(종

속변인) 모두를 포함하는 경우를 뜻한다. ③ 측정모형(확인적 요인 모형)은 잠재변인과 측정변인들 사이의 관계를 나타낸 모형으로 잠재변인이 측정변인들에게 타당하게 측정되는지를 알아보는 데 목적이 있다. ④ 구조모형은 측정모형의 잠재변인들 사이에 관계를 지정하고, 이 모형이 자료와 일치하는지 알아보는 모형이다.

- 모형지정은 연구자가 알고 있고, 흥미를 느끼는 이론, 연구결과와 같은 모든 정보를 활용해서 이론적 모형을 개발하는 것을 뜻한다.

1.1 구조방정식의 기본 개념

1.1.1 정의

구조방정식 모형(structural equation modeling)은 구성개념들(constructs) 사이의 복잡한 관계들을 이해하고자 가설검증이라는 과학적 방법으로 이론적 모형(theoretical models)을 검증하는 방법이다(Schumacker & Lomax, 2010). 이론적 모형은 잠재변인과 측정변인들로 구성된다. 이론적 모형에는 회귀모형, 경로모형, 측정모형, 구조모형 등이 있다. 구조방정식 모형은 조작이나 통제에 의한 실험연구가 쉽지 않은 상황에서 변인 간의 인과관계를 추론할 수 있게 해주는 방법이다(이기종, 2000).

1.1.2 모형

구조방정식 모형은 일반선형모형(general linear model)에 해당된다. 일반선형모형은 여러 요인의 영향력이 결합되어 어떤 현상이 생긴다는 의미를 함축한다. 이때 모형이란 용어는 어떤 현상에 관련된 종속변인과 독립변인의 관계를 ① 언어적 ② 수학적으로 진술한 것을 말한다(이기종, 2000). 통계분석을 위한 수학적 모형은 연구자의 관심 대상인 종속변인(점수, 관찰값, 측정치)들이 어떻게 발생하는지를 수학적으로 나타낸다. 수학적 모형은 기호로 변환해서 나타낼 수도 있다.

먼저, 언어적 모형 진술을 살펴보면 다음과 같다.

종속변인 = 모형에 포함된 요인들의 효과의 합 + 모형에 포함되지 않은 다른 요인들의 효과의 합

이 모형에서 '모형에 포함된 요인들'은 독립변인들을 의미하며 연구자의 관심 대상이다. '모형에 포함되지 않은 다른 요인들'은 연구자의 관심 밖에 있는 변인들이며 이들의 효과는 오차(error)로 간주된다.

언어적 진술 모형은 더욱 정교한 수학적 또는 기호적 진술로 변환될 수 있다. 동일한 모형을 언어적, 수학적, 기호적 진술로 번갈아 가며 표현하는 데 익숙해지면, 다양한 구조방정식 소프트웨어를 사용하는 데 매우 도움이 된다. 구조방정식 소프트웨어의 대부분은 수학적 진술을 그래픽(기호적 진술)이나 명령어 형식으로 변환하여 사용한다. 따라서 이 세 가지 표현 방식을 숙지하면, 소프트웨어 사용 중 발생하는 오류를 스스로 찾아 수정할 수 있고, 이를 통해 더 높은 유능감을 느끼며 학습의 즐거움도 배가될 것이다.

구조방정식 모형 연구에서 중요한 것은 고급 통계를 사용하는 데 있는 것이 아니고, 연구자가 선행 이론과 기존 연구를 충분히 검토하여 연구모형 또는 구조모형을 신중하게 구성하는 것이다. 또한, 구조모형을 검증하기 전 모형에 포함된 구성개념이나 잠재변인의 타당성을 측정모형을 통해 확인하는 것이다. 이에 따라, 여기서는 가상의 인물 A 연구자와 그의 동료들이 ① 연구모형을 발전시키고 ② 측정모형의 타당성을 검증하는 과정을 함께 살펴보며, 모형을 이해해 보기로 한다.

A 연구자는 사람들의 행복 수준에서 차이가 있는 현상에 관심이 생겨 어떤 요인이 그러한 개인차를 만들지를 생각하였다. A 연구자는 이론적 검토에 기초해서 장기적 목적들을 향한 끈기(perseverance)와 열정(passion)을 뜻하는 그릿(grit) 성향(Duckworth et al., 2007)이 높은 사람들이 목적 달성을 위해 노력해서 그 목적에 더욱 가까워질 것이므로 그렇지 않은 사람보다 더 빈번하게 행복을 느

낄 것이다."라고 생각하였다. A 연구자는 이 생각을 ①과 ②의 모형으로 진술하였다.

① 언어적 모형: 행복 = 그릿의 효과 + 모형에 포함되지 않은 다른 요인들의 효과

② 수학적 모형: $Y = \gamma X + \zeta$

①과 ②의 두 모형 의미는 동일하다. A 연구자는 X변인(그릿)과 Y변인(행복) 간에 관계가 있다는 가설, 즉 "그릿 점수가 향상되면 행복 점수가 향상된다."는 가설을 수립하였다. 수학적 모형에서 X의 향상에 따른 Y의 향상 정도는 γ(감마)로 추정된다. γ(감마)라는 문자를 처음 접했다면 놀라지 말고 호기심을 갖자. LISREL(리즈렐)로 명명되는 구조방정식 모형 프로그램은 그리스어 문자로 프로그램을 구성하는데, γ(감마)는 비표준화 회귀계수를 나타낸다. 그리스어 소문자는 α(알파), β(베타), γ(감마) … 등 20여 개의 문자로 구성되며 γ는 세 번째 자음이다. ζ는 제타라고 읽는다. 수학적 모형은 수집된 자료를 분석했을 때, 비표준화 회귀계수인 γ가 통계적으로 유의하면 행복을 예측하는 유의한 모형이 된다. 위의 모형을 기호적 모형으로 나타내면 [그림 1.1-1]과 같다.

[그림 1.1-1] 그릿-행복의 관계 모형

A 연구자는 그릿과 행복의 관계에 대한 이론적 검토를 진행하는 과정에서 그릿에 하위요인이 2개(노력지속, 흥미유지) 있고, 이들이 어느 정도 독립적이므로(즉 통계적으로 높은 상관계수를 보이지 않으므로) 2개의 요인이 행복에 각각 기여할 수 있다는 생각을 하였다. 그래서 A 연구자는 2개의 하위요인을 분리하여 모형에 포함하고, 연구모형을 ③과 ④처럼 좀 더 복잡하게 변환하였다. ④에서

X_1은 노력지속, γ_{11}은 그 효과를 나타낸다. X_2는 흥미유지, γ_{12}는 그 효과를 나타낸다. A 연구자는 자신의 모형에 동료들의 의견을 반영하게 되면 모형이 변화될 수 있다고 생각하고 종속변인 Y에도 아래첨자 1을 추가하여 Y_1이라고 모형지정을 하였다.

③ 행복 = 노력지속의 효과 + 흥미유지의 효과 + 모형에 포함되지 않은 다른 요인들의 효과

④ $Y_1 = \gamma_{11} X_1 + \gamma_{12} X_2 + \zeta_1$

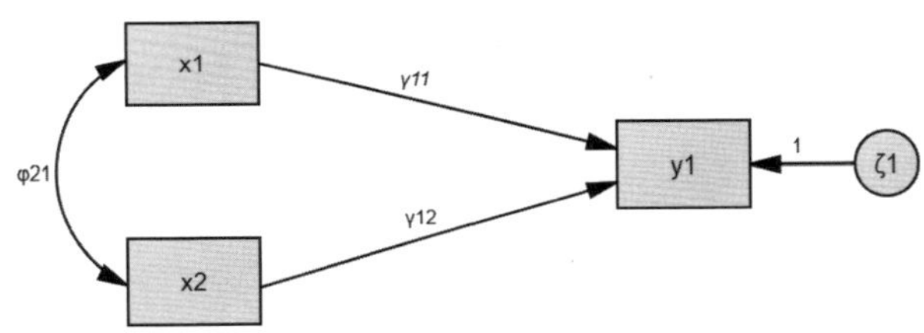

[그림 1.1-2] 그릿-행복의 관계 모형

[그림 1.1-2]는 수학적 모형 ④를 기호로 나타낸 모형이다. 이 그림에서 X_1에서 Y_1으로 가는 화살표(경로)에는 γ(감마)와 첨자 11이 표기되어 있다. 독립변인이 2개로 늘었으므로 종속변인과의 관계를 나타내는 경로 또한 2개로 늘었다. 이 2개의 경로는 서로 다르므로 구별해야 한다. γ(감마)는 외생변인(독립변인)에서 내생변인(종속변인)으로 이르는 경로계수라는 뜻이고, 첨자 11에서 앞의 1은 내생변인(종속변인)인 Y_1의 1에서, 뒤의 1은 외생변인(독립변인)인 X_1의 1에서 온 것이다. 경로계수의 첨자는 종속변인을 먼저 나타내고 독립변인을 뒤에 나타낸다. 따라서, γ_{12}에서 1은 내생변인(종속변인)에서 온 것이고, 2는 외생변인(독립변인)에서 온 것이다. ④와 같은 수학적 모형은 독립변인(X_1, X_2) 간의 관계를 시각적으로 보여주지 않지만 기호적 모형에서는 이런 관계도 보여준다. 노력지속과 흥미유지는 그릿의 하위요인으로 공변량(상관관계)을 가질 것이므로(공변량

이 표준화되면 상관계수가 됨), ϕ_{21}(파이21)은 X_1(노력지속)과 X_2(흥미유지)의 공변량을 나타낸다. 이렇게 해서 A 연구자의 모형은 더욱 세련되게 모형지정이 이루어졌다.

A 연구자는 이후에 자존감이 행복과 관계가 있다는 연구결과를 접하고 자존감을 모형에 포함하기로 한다. 그런데 A 연구자는 자존감을 행복의 독립변인으로 여기는 한편, 이 자존감을 노력지속과 흥미유지와 어떤 관계에 두고 모형지정을 해야 할지 생각이 복잡할 수 있다. 우선, 노력지속과 흥미유지와 동일한 수준에서 자존감을 독립변인으로 포함할 수도 있으므로 A 연구자는 ⑤, ⑥과 같이 모형을 진술하였다. 이는 [그림 1.1-3]처럼 기호적 모형으로 바뀔 수 있다. 이 모형에는 X_3(자존감) 변인이 1개 추가되어 공변량 경로가 2개, 회귀계수 경로가 1개 증가하였다.

⑤ 행복 = 노력지속의 효과 + 흥미유지의 효과 + 자존감의 효과 + 모형에 포함되지 않은 요인들의 효과

⑥ $Y_1 = \gamma_{11} X_1 + \gamma_{12} X_2 + \gamma_{13} X_3 + \zeta_1$

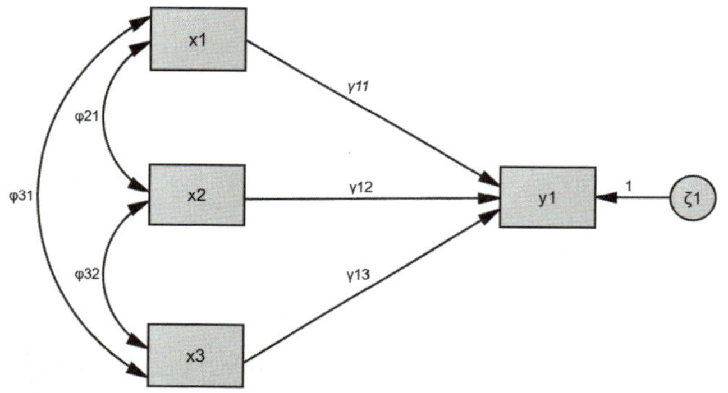

[그림 1.1-3] 그릿-자존감-행복의 관계 모형

A 연구자는 [그림 1.1-3]처럼 모형지정을 하고 동료 연구자 B, C, D에게 모형검토를 요청하였다. 그런데 B 연구자는 "자존감 = 성취/포부"라는 James(1983)의

이론을 설명하면서 모형을 수정하자고 제안하였다. B 연구자는 "노력지속을 하고, 흥미유지를 하면서 목적을 이루고자 하는 사람은 성취를 더 할 것이다."라고 생각하였다. B 연구자는 그릿의 성향이 높으면 James(1983)의 자존감 공식에서 분자가 증가하여 자존감이 더 높아질 것이라고 기대한 것이다. B 연구자의 제안은 결국 자존감이 노력지속과 흥미유지의 영향을 받고, 다시 행복에 영향을 미치는 매개변인으로 기능한다는 매개가설을 제안한 것이다. 이런 제안에 대해 연구자 C와 D 연구자도 동의하였다. A, B, C, D 연구자는 이런 생각들을 종합하여 모형을 ⑦, ⑧처럼 재지정하였다.

⑦ 행복 = 노력지속의 효과 + 흥미유지의 효과 + 자존감의 효과 + 모형에 포함되지 않은 다른 요인들의 효과

자존감 = 노력지속의 효과 + 흥미유지의 효과 + 모형에 포함되지 않은 다른 요인들의 효과

⑧ $Y_2 = \gamma_{21} X_1 + \gamma_{22} X_2 + \beta_{21} Y_1 + \zeta_2$

$Y_1 = \gamma_{11} X_1 + \gamma_{12} X_2 + \zeta_1$

수학적 모형 ⑧을 보면 행복(Y_2)은 노력지속(X_1), 흥미유지(X_2), 자존감(Y_1)의 영향을 받으므로 우선 Y_2(행복)로 나타내었고, 자존감은 노력지속과 흥미유지의 영향을 받으므로 Y_1(자존감)으로 나타내었다. 노력지속과 흥미유지는 독립변인이므로 X_1(노력지속)과 X_2(흥미유지)로 나타내었다. 언어적 모형 ⑦에서 "모형에 포함되지 않은 다른 요인들의 효과"는 행복 모형에 포함되지 않았으나 행복과 관련된 다른 요인들의 효과이고, 자존감 모형에서 "모형에 포함되지 않은 다른 요인들의 효과"는 자존감과 관련된 다른 요인들의 효과이므로 서로 동일하지 않다. 따라서 이들을 각각 ζ_1, ζ_2로 나타내었다. ⑧에서 β_{21}이 새로 등장하였는데, Y_1(자존감)에서 Y_2(행복)로 이르는 경로의 계수를 나타낸다. 내생변인(종속변인)에서 내생변인(종속변인)으로 이르는 경로는 β로 표기하는 것이 규칙이다. 이러한 사항들을 반영하여 기호적 모형으로 정리하면 [그림 1.1-4]와 같다.

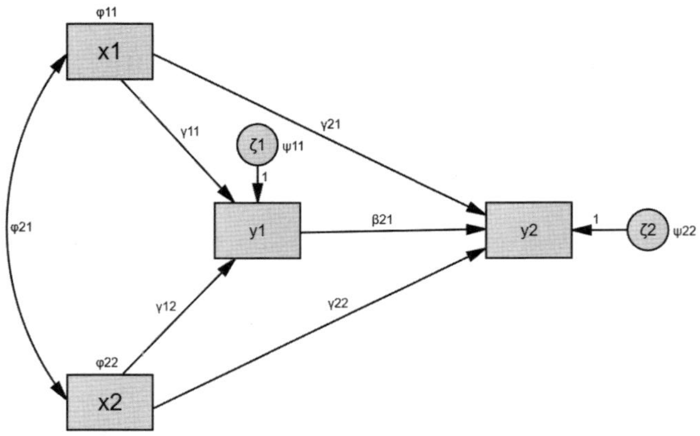

[그림 1.1-4] 그릿-자존감-행복의 관계 모형

[그림 1.1-4]를 보면 Y_1(자존감)은 X_1(노력지속)과 X_2(흥미유지)에 대해서는 종속변인의 역할을 하고, Y_2(행복)에 대해서는 독립변인의 역할을 한다. 이런 변인을 **매개변인**이라 한다. A, B, C, D 연구자들은 [그림 1.1-4]를 연구모형으로 하는 데 합의하였다. 당신이 이 연구모형에 동의하면, 이 책을 읽는 과정에서 노력을 지속하고, 흥미를 유지하는 동안 자존감이 높아져서, 행복해질 것이니 학습하는 내내 노력을 지속하고 흥미를 유지할 방법을 스스로 찾아가며 학습하면 좋을 것이다. 그러면 실질적인 자존감과 행복을 이득으로 챙기는 효과를 누리게 될지 모른다.

1.1.3 장점

구조방정식 모형은 복잡한 모형 분석, 관찰 점수의 타당도와 신뢰도 평가, 정교한 이론적 모형의 검증, 그리고 편리한 소프트웨어의 발전 등 여러 가지 장점(Schumacker & Lomax, 2010)으로 인해 점점 더 널리 사용되고 있다. 이러한 장점을 구체적으로 살펴보면 다음과 같다.

연구자가 자신의 과학적 탐구 영역을 세련되게 잘 이해하려면, 다양한 관찰변인을 사용하는 편이 좋다. 그러나 기초통계 방법은 변인의 수가 제한되기 때문에,

세련된 이론을 개발하는 데 걸림돌이 된다. 탐구하는 현상은 복잡한데, 기초통계 방법은 현상에 관련된 변인들을 동시다발적으로 모형에 포함하여 처리하지 못한다. 반면에, 구조방정식 모형은 복잡한 모형을 처리해서 검증할 수 있다. 예를 들어, 회귀분석은 1개 이상의 독립변인과 1개의 종속변인만으로 지정된 모형만을 검증할 수 있으나, 구조방정식 모형은 1개 이상의 독립변인과 1개 이상의 종속변인을 포함하는 모형을 검증할 수 있다.

측정도구로 평가된 관찰점수의 타당도, 신뢰도와 관련하여 구조방정식 모형은 측정의 오차를 고려하여 통계분석을 한다. 즉 구조방정식 모형 분석은 잠재변인과 관찰변인뿐만 아니라 잔차 또는 측정오차 항(measurement terms)을 포함한다.

구조방정식 모형은 발달하고 있고, 이에 힘입어 세련된 이론적 모형을 처리할 능력이 있다. 예를 들어, 다집단 분석을 사용하면 잠재평균의 차이, 구조경로 계수의 크기 차이 등의 유의도 검증을 할 수 있다. 독립변인과 종속변인 사이의 관계뿐 아니라, 매개변인, 조절변인 등을 포함한 모형을 검증하는 것도 가능하다.

구조방정식 모형 소프트웨어는 명령문을 사용하는 방식에서 그래픽 방식으로 진화하며 더 쉽게 접근하도록 발전되었다. LISREL 프로그램이 처음 개발되었을 때 그리스 문자를 포함하는 행렬의 표현으로 복잡하였으나, 이제는 그래픽으로 대체한 Amos 프로그램도 있다.

1.1.4 잠재변인, 측정변인, 오차변인

잠재변인(latent variable)은 직접 관찰과 측정이 되지 않는 변인을 의미한다. 동의어로는 구인(construct), 요인(factor)이 사용된다. 잠재변인은 관찰, 검사, 설문 등의 측정 도구로 측정된 몇 가지 관찰변인(observed variable)에 기초해서 추정된다. 예를 들어, 전반적 자존감과 같은 성격특성(Rosenberg, 1989)은 직접 관찰할 수 없는 잠재변인에 해당된다. 구조방정식 모형에서 잠재변인은 큰 원이나 타원으로 표기한다.

측정변인(measured variable)은 잠재변인을 추정하고 정의하기 위해 사용되는 몇 개의 변인이다. 측정변인은 관찰변인(observed variable), 지표변인(indicator variable)과 동의어이다. 예를 들어, 전반적 자존감 척도(Rosenberg, 1989)는 10개의 문항으로 구성되어 있다. 각 문항은 자존감(잠재변인)의 한 측면을 나타내는 정의이며, 10개 문항 모두로 자존감 잠재변인이 정의된다. 전반적 자존감 척도 10개 문항으로 측정된 점수들은 측정변인을 나타내고, 이 점수들은 개인의 심리 내면에 존재하는 자존감이라는 잠재변인에 의해 나타나게 된 것이다. 측정변인의 점수는 오차를 포함한다. 구조방정식 모형에서 측정변인은 사각형(직사각형, 정사각형)으로 표기한다.

오차변인(error variable)은 여러 가지 요인으로 발생하며, 관찰점수의 측정에 포함된 오차를 나타내는 변인이다. 측정변인의 관찰점수(score)는 진점수(true score)와 오차점수(error)의 합, 즉 "X = T + E"처럼 구성된다. 이런 오차에는 어떤 검사로 측정을 시행하는 과정에서 발생하는 측정오차(measurement error)가 있다. 반면에, 어떤 변인이 다른 변인을 예측할 때, 예측되지 않는 부분은 예측오차(prediction erroer)라 한다.

결국, 측정변인의 관찰점수(X)는 오차(E)를 포함하고 있으므로 구조방정식 모형은 잠재변인의 점수를 나타내는 진점수(T)의 수준에서 어떤 변인과 다른 변인의 관계를 알아보고자 하는 목적이 크다. 진점수와 오차점수의 구별은 Spearman의 제안을 토대로 발전된 고전적 진점수 모형에 근원한다(탁진국, 2001). Spearman은 변인 간의 상관계수를 설명하면서, 검사점수는 사람의 특성을 정확하게 측정한 점수가 아니기 때문에 오류를 포함한 두 검사점수의 상관관계는 두 검사의 진짜 점수 간의 상관계수보다 낮다고 하였다. 이런 관점에서 진점수와 무선 오차를 구별하는 고전적 진점수 모형이 등장하였다. 고전적 진점수 모형에서 ① 진점수는 검사점수의 일관성에 기여하는 부분으로 연구자가 측정하고자 의도했던 개인의 특성이며, ② 무선 오차는 비일관적으로 검사점수에 기여하는 부분으로 연구자가 측정하고자 의도했던 개인의 특성과 관련이 없는 부분이다.

〈표 1.1-1〉 구조방정식 모형의 기호들의 의미

기호	변인 명칭	의미
ξ	외생 잠재변인	외생 잠재변인은 동그라미나 타원으로 나타내고, 오차 변인보다 크게 나타낸다. 변인의 명칭은 ξ(크사이)로 표기한다. 외생 잠재변인은 독립변인으로 불릴 수 있다.
η	내생 잠재변인	내생 잠재변인은 동그라미나 타원으로 나타내고, 오차 변인보다 크게 나타낸다. 변인의 명칭은 η(에타)로 표기한다. 내생 잠재변인은 종속변인으로 불릴 수 있다. 내생 잠재변인은 다시 매개변인과 종속변인으로 구분될 수도 있다.
X	외생 측정변인	외생 측정변인은 사각형으로 나타내고, 변인의 명칭은 X로 표기한다.
Y	내생 측정변인	내생 측정변인은 사각형으로 나타내고, 변인의 명칭은 Y로 표기한다.
δ	외생 오차변인	외생 오차변인은 작은 원으로 나타내고, 변인의 명칭은 δ(델타)로 표기한다.
ε	내생 오차변인	내생 오차변인은 작은 원으로 나타내고, 변인의 명칭은 ϵ(입실론)으로 표기한다.
ζ	예측 오차변인	예측 오차변인은 작은 원으로 나타내고, 변인의 명칭은 ζ(제타)로 표기한다.

1.1.5 외생변인, 내생변인, 독립변인, 매개변인, 종속변인

외생변인(exogenous variable)은 연구모형 내의 다른 변인들에 의해 영향을 받지 않는 변인이다. 연구모형 내에서 매개변인이 아닌 **독립변인**(independent variable)은 모형 내 다른 변인에 의해 영향을 받지 않고, 영향을 주는 변인으로 외생변인에 해당이 된다. [그림 1.1-4]의 그릿-자존감-행복의 관계 모형에서 연구자는 그릿(노력지속, 흥미유지)을 외생변인으로 지정하였다.

내생변인(endogenous variable)은 연구모형 내의 다른 변인들에 의해 그 값이 부분적으로 결정된다고 지정된 변인이다. 연구모형 내에서 **종속변인**(dependent variable)은 모형 내의 다른 변인에 의해 영향을 받는 변인으로 내생변인에 해당이 된다. [그림 1.1-4]의 그릿-자존감-행복의 관계 모형에서 자존감과 행복은 내생변인이자 종속변인에 해당이 된다.

매개변인(meidator)은 모형 내의 다른 변인에 의해 영향을 받고, 동시에 영향을 준다고 지정된 변인이다. 매개변인은 다른 변인에 의하여 그 값이 부분적으로 결정된다는 측면에서 내생변인이 되고, 다른 변인에 영향을 주므로 동시에 독립변인이 된다. 그러나 매개변인은 독립변인의 역할을 하더라도 외생변인에 해당되지 않는다. 왜냐하면 외생변인은 모형 내에서 다른 변인의 영향을 받지 않아야 하기 때문이다. [그림 1.1-4] 그릿-자존감-행복의 관계 모형에서 자존감은 매개변인에 해당된다.

1.1.6 경로: 변인들 간의 관계

경로(path)란 상관관계와 인과관계 모두를 망라하고 두 변인 간의 관계를 나타낸 화살표(→, ↔)를 의미한다. 그리고 화살표로 표시되지 않으나 자신과의 상관관계를 나타내는 변량도 경로라 한다(이기종, 2000). 이를 차례대로 알아보면 다음과 같다.

① 외생변인과 내생변인 사이의 일방향 화살표는 경로계수라 불리며 γ(감마)로 표기한다. 내생변인과 내생변인 사이의 일방향 화살표도 경로계수라고 불리며, β(베타)로 표기한다.

② 외생변인과 외생변인 사이의 구부러진 양방향 화살표는 공변량으로 불린다. 공변량은 ϕ(파이)로 표기한다(예: ϕ_{12})

③ 잠재변인의 자기와 자기 사이의 상관관계(변량)는 구부러진 양방향 화살표로 나타내거나, 모형에 나타내지 않으나 존재하며, 변량(분산)이라고 불린다. 공변량과 마찬가지로 ϕ로 표기한다. 구조방정식 모형에서 변량은 ϕ의 아래첨자 2개가 동일하고(예: ϕ_{11}, ϕ_{22}), 공변량은 ϕ의 아래첨자 2개가 서로

다르다(예: ϕ_{21}).

④ 잠재변인과 측정변인 사이의 일방향 화살표는 요인계수라 불리며 λ(람다)로 표기한다. 표준화 계수로 나타난 λ(람다)는 잠재변인과 측정변인 사이의 상관계수를 뜻한다.

⑤ 오차변인과 오차변인 사이의 구부러진 양방향 화살표는 공변량으로 불린다. 오차변인 간의 공변량은 ψ(프사이)로 표기한다.

⑥ 오차변인의 자기와 자기 사이의 상관관계는 구부러진 양방향 화살표로 나타내거나, 모형에 나타내지 않으나 존재하며, 변량(분산)이라고 불린다. ψ로 표기한다. 이들을 정리하면 〈표 1.1-2〉와 같다.

〈표 1.1-2〉 구조방정식 모형의 경로 기호들과 모수의 표기

	공변량 변량	잠재변인들 간의 관계를 나타내는 공변량은 ϕ로 표기 오차변인들 간의 관계를 나타내는 공변량은 ψ로 표기 잠재변인의 변량은 ϕ로 표기 오차변인의 변량은 ψ로 표기
λ →	요인계수	잠재변인에서 측정변인에 대한 경로이며 λ로 표기
γ →	경로계수	외생변인에서 내생변인에 이르는 경로이며 γ표기
β →	경로계수	내생변인에서 내생변인에 이르는 경로이며 β로 표기

구조방정식 모형에서 각 경로의 값(크기)은 전집의 모수로 표현된다(이기종, 2000). 경로의 값은 변인들 간의 관계의 크기를 나타내는데, 이 값은 표본의 통계량이 아닌 전집의 특성치로 표시된다. **기술통계**에서 표본의 표준편차와 변량은 사례 수 N을 사용해서 계산했지만, **추론통계**에서는 N-1을 사용했던 기억이 날 것이다. 연구자는 실제로 전집에 대한 정보를 입수하기 어려우므로, 표본을 통해 전집의 특성치를 추정하게 된다. 구조방정식 모형에서도 이는 동일하다. 그래서

경로의 값들은 전집의 관점에서 표시된다는 것이다. 한마디로 말하면 경로의 값들은 모수라고 불리나, 표본의 자료로 추정된 값이란 뜻이다.

예시: 변인들의 종류와 표기, 경로의 종류와 표기를 연구모형으로 나타내보자.

A 연구자는 지금까지 알아본 "그릿-자존감-행복 모형"과 다르게 "자존감-그릿-행복 모형"으로 연구모형을 지정할 수도 있다. 이 모형은 "자존감이 높은 사람은 자존감을 유지하고자 노력을 지속하는 동시에 흥미를 유지해서, 더 행복할 수 있다."는 대안적 가설을 나타낸 모형이다. 이런 연구모형을 A 연구자는 [그림 1.1-5]처럼 지정할 수 있다.

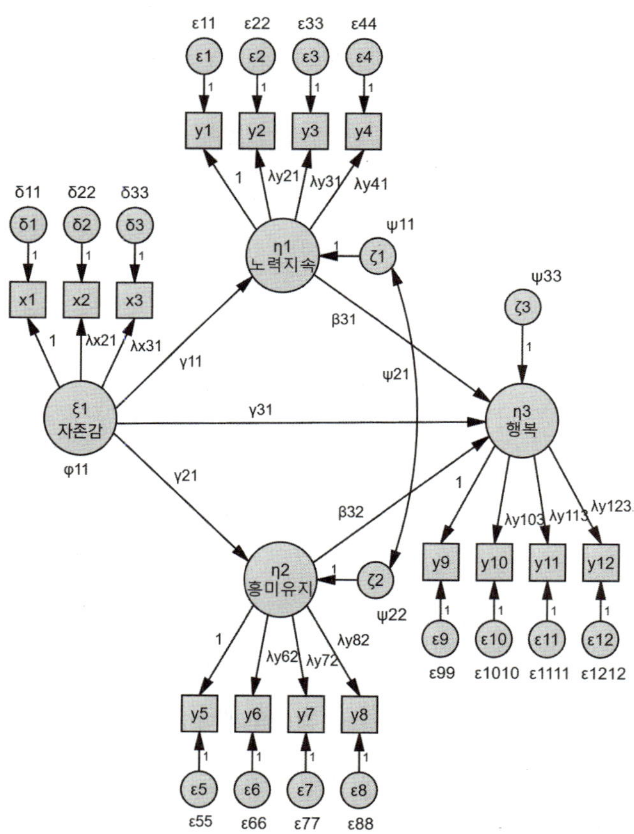

[그림 1.1-5] 자존감-그릿-행복 모형

[그림 1.1-5] "자존감-그릿-행복 모형"의 잠재변인 수준에서 외생변인, 내생변인, 독립변인, 종속변인, 매개변인의 관계를 어떻게 지정했는지 알아보면 다음과 같다.

① 연구자는 자존감을 외생변인으로 지정하고 ξ_1로 표기하였다. ξ_1은 노력지속, 흥미유지, 그리고 행복에 영향을 주는 독립변인으로도 불릴 수 있다.
② 연구자는 자존감의 영향을 받는 노력지속, 흥미유지, 행복은 내생변인으로 지정하고 각각 η_1, η_2, η_3로 표기하였다. 이들은 종속변인으로 불릴 수 있다. 연구자는 또한 행복은 노력지속, 흥미유지에 의해 영향을 받는 내생변인으로도 지정하였다.
③ 연구자는 노력지속과 흥미유지는 자존감에 의해 영향을 받는 종속변인이자, 행복에 영향을 주는 변인, 즉 매개변인으로 지정하였다.

[그림 1.1-5]의 "자존감-그릿-행복 모형"에서, 변인들 간의 관계는 잠재변인과 측정변인 간의 관계도 포함한다. 연구자가 각 잠재변인에 대한 측정변인과 오차변인을 어떻게 지정했는지 알아보면 다음과 같다.

① 연구자는 외생변인인 자존감의 측정변인을 'X_1, X_2, X_3'로 지정하였고, 각 측정변인에 대한 오차변인을 'δ_1, δ_2, δ_3'로 지정하였다.
② 연구자는 내생변인인 노력지속의 측정변인을 'Y_1, Y_2, Y_3, Y_4'로 지정하였고, 각 측정변인에 대한 오차변인을 'ϵ_1, ϵ_2, ϵ_3, ϵ_4'로 지정하였다.
③ 연구자는 내생변인인 흥미유지의 측정변인을 'Y_5, Y_6, Y_7, Y_8'로 지정하였고, 각 측정변인에 대한 오차변인을 'ϵ_5, ϵ_6, ϵ_7, ϵ_8'로 지정하였다.
④ 연구자는 내생변인인 행복의 측정변인을 'Y_9, Y_{10}, Y_{11}, Y_{12}'로 지정하였고, 각 측정변인에 대한 오차변인을 'ϵ_9, ϵ_{10}, ϵ_{11}, ϵ_{12}'로 지정하였다.

1.2 모형의 유형

구조방정식 모형 발달의 역사를 연대순으로 제시하면 1) 회귀모형, 2) 확인적 요인 모형, 3) 경로모형, 4) 구조방정식 모형처럼 4가지 유형으로 설명될 수 있다 (Schumacker & Lomax, 2010). 그렇다고 이 4가지를 완전히 다른 것으로 볼 필요는 없다. 회귀모형, 확인적 요인 모형, 경로모형은 구조방정식 모형의 부분집합에 해당된다고 보면 된다.

1.2.1 회귀모형

회귀모형이 독립변인 1개, 종속변인 1개로 구성되면 단순회귀모형이라 불린다. 그리고 1개 이상의 독립변인과 1개의 종속변인으로 구성되면 중다회귀모형이라 불린다. 전통적 회귀모형은 잠재변인을 포함하지 않고, 직접 측정이 가능한 또는 관찰이 가능한 변인들로 구성되는 (이론적) 인과관계 모형이다. 구조방정식 모형은 1개 이상의 독립변인과 1개 이상의 종속변인을 포함하는 회귀모형의 분석이 가능하다.

회귀모형의 목적은 회귀계수들(regression weights)을 산출하여 독립변인과 종속변인의 관계가 유의한지를 알아보는 것이다. 회귀모형 분석은 회귀계수들을 계산하는 데 상관계수(correlation coefficients)와 최소 자승화 준거(least squares criterion)를 사용한다. 회귀모형은 독립변인의 점수로 종속변인을 예측하기 위한 회귀선을 도출한다. 이 회귀모형은 모형에 의해 예측된 뒤에 발생하는 종속변인에서의 잔차(오차) 제곱들의 합이 최솟값이 되는 모형을 선택하므로 **최소 자승화 원리**를 사용한다고 말한다. 회귀모형은 예측에 유용한 이론적 모형을 제공한다.

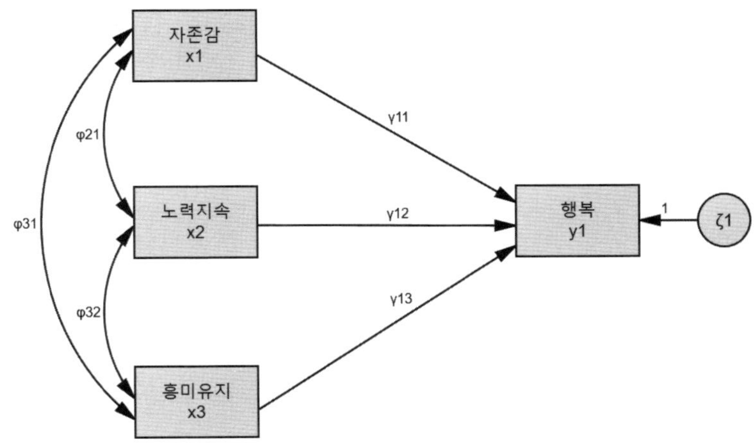

[그림 1.2-1] 회귀모형

[그림 1.2-1]의 회귀모형은 연구자가 다수의 독립변인(자존감, 노력지속, 흥미유지)과 1개의 종속변인(행복)으로 나타낸 모형이다. 회귀모형은 측정변인(관찰변인)을 주로 사용한다. 그래서 독립변인은 X로 명명하고, 종속변인은 Y로 명명한다. 모든 독립변인과 종속변인이 사각형으로 지정되어 있다. 구조방정식 모형과 마찬가지로 일방향 화살표(→)는 인과관계를 지정하고, 양방향 화살표(↔)는 상관관계를 지정하고 있다. 회귀모형에서 예측오차는 작은 원으로 나타낸다. 예측오차는 독립변인(자존감, 노력지속, 흥미유지)이 종속변인(행복)을 예측한 뒤에, 여전히 설명되지 않는 오차를 나타낸다. 회귀모형에 포함된 몇 가지 기본 원리를 정리하면 다음과 같다(박광배, 2004).

1. 모든 독립변인은 모든 종속변인에 대한 원인이다. 이는 [그림 1.2-1]의 회귀모형에서 '→'로 지정된다.
2. 모든 독립변인은 서로 상관관계를 가진다. 이는 [그림 1.2-1]의 회귀모형에서 '↔'로 지정된다.
3. 독립변인들의 값은 모형 내의 다른 변인에 의해 결정되지 않고, 주어진(given) 또는 고정된(fixed) 것이다. [그림 1.2-1]의 회귀모형에서 독립변인들(자존감, 노력지속, 흥미유지)에 대한 다른 독립변인들이 모형 내에 포함되지 않았다.

4. 종속변인의 값은 독립변인들과 기타 알 수 없는 요인들에 의해 결정된다. [그림 1.2-1]의 회귀모형에서 **기타 알 수 없는 요인들**은 작은 원으로 지정된다. 예를 들어, 행복에 스트레스 사건도 영향을 미칠 수 있는데, 이처럼 모형 내에 포함되지 않는 독립변인은 작은 원에 포함된 것으로 간주된다.
5. 종속변인들은 서로 직접적인 관계를 갖지 않는다. [그림 1.2-1]의 회귀모형에서 종속변인은 1개인 경우가 대부분이다. 그러나 2개 이상으로 지정이 되면, 이들은 서로 직접적인 관계를 지정하지 않는다.

1.2.2 경로모형

경로모형(path model)은 측정변인들 간의 복잡한 관계들을 모형으로 지정하기 위해 상관계수와 회귀분석을 사용한다. 경로모형은 회귀모형처럼 관찰변인들로만 구성되는 모형이다. 경로모형에서 독립변인들은 X로 지정되고, 종속변인들은 Y로 지정된다. **경로모형**은 회귀모형과 다르게 종속변인과 종속변인 간의 인과관계를 지정한다. 모형을 나타내는 기호들은 회귀모형과 동일하다. 하지만, 경로모형은 매개변인을 포함하므로 내생변인과 내생변인 간 경로를 나타내는 기호가 추가된다. 경로모형 분석은 관찰변인들 간의 관계를 이론적으로 지정한 여러 개의 회귀방정식을 풀이하는 것을 의미한다. 앞서 제시한 [그림 1.2-1]의 회귀모형은 이론적 뒷받침이 있다면 [그림 1.2-2]처럼 경로모형으로 변환될 수 있다.

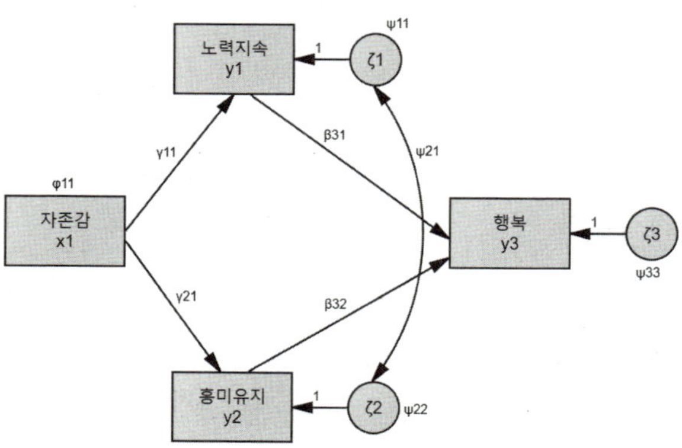

[그림 1.2-2] 경로모형

경로모형에 포함된 몇 가지 기본 원리는 회귀모형과 공통점이 있으나 차이점도 있다. 이를 정리하면 다음과 같다(박광배, 2004). 먼저, 공통점은 다음과 같다.

1. 모든 독립변인은 모든 종속변인에 대한 원인이다. 이는 [그림 1.2-2] 경로모형에서 '→'로 지정되었다.
2. 모든 독립변인은 서로 상관관계가 있다. 독립변인이 둘 이상이면 독립변인들 간의 상관관계는 '↔'로 지정한다. 그러나 [그림 1.2-2]의 경로모형에서 독립변인은 자존감뿐이므로 이를 '↔'로 지정할 필요가 없다. 다만, 매개변인이자 독립변인인 노력지속과 흥미유지는 그릿의 하위요인이므로 상관관계가 있다고 간주될 수 있다. 노력지속과 흥미유지는 종속변인의 역할도 하므로, 두 변인 간에 직접적으로 상관관계가 지정되지 못하고, 자존감에 의해 결정되지 않는 부분으로, 작은 원으로 표시된 예측오차 변인들 간에 '↔'로 상관관계를 지정할 수 있다.
3. 독립변인들의 값은 모형 내의 다른 변인들에 의해 결정되지 않고, 주어진(given) 또는 고정된(fixed) 것이다. [그림 1.2-2]의 경로모형에서 독립변인인 자존감에 영향을 미치는 다른 독립변인이 모형 내에 포함되지 않았다.
4. 종속변인의 값은 독립변인들과 기타 모르는 요인들에 의해 결정된다. [그림 1.2-2]의 경로모형에서 기타 모르는 요인들에 의해 결정되는 노력지속, 흥미유지, 행복의 부분은 각각 작은 원으로 지정되었다.

다음으로, 차이점은 다음과 같다.

1. 회귀모형에서 종속변인들은 서로 간에 직접적인 관계가 있다고 지정되지 않는다. 그러나 경로모형에서는 종속변인들 간에 서로 인과관계를 지정할 수 있다. 예를 들어, [그림 1.2-2]의 경로모형에서 자존감의 종속변인이라고도 볼 수 있는 노력지속과 흥미유지가 종속변인인 행복의 독립변인으로 지정되었다.
2. 회귀모형에서 모든 독립변인이 종속변인들에 영향을 준다고 지정되나, 경로

모형에서는 일부 독립변인들이 일부의 종속변인들에 영향을 준다고 지정될 수 있다. 예를 들어 [그림 1.2-2]의 경로모형에서 자존감은 노력지속과 흥미유지에 영향을 준다고 지정되었으나, 행복에 대해 직접적인 영향이 있다고 지정되지 않았고, 노력지속과 흥미유지를 매개한 효과만 있다고 지정되었다.

3. 회귀모형에서는 모든 독립변인이 서로 상관관계가 있다고 지정되나, 경로모형에서는 일부 독립변인만이 서로 상관관계를 갖는다고 지정될 수 있다.

경로모형은 몇 가지 유형으로 구분될 수 있다(Kline, 2005). 이 유형들을 알아두는 것은 2장에서 모형식별을 학습하는 데 유용하다. 기본적으로 두 가지 유형으로 구분할 수 있는데, 하나는 일방모형이고, 다른 하나는 비일방모형이다.

일방모형(recursive model)은 변인들 간의 모든 인과적 관계가 일방향적이고, 예측오차들이 서로 상관관계를 갖지 않는 것이 특징이다. [그림 1.2-3]에서 ⓐ는 일방모형이다. 왜냐하면 어떠한 변인도 다른 변인의 원인이자 결과가 아니며(일방향적), 예측오차들이 서로 독립되어 있기 때문이다. ⓐ는 ⓑ의 자존감과 행복처럼 서로 영향을 주고받는 관계가 없다. [그림 1.2-3]의 ⓑ는 **비일방모형**이다. 왜냐하면 자존감과 행복이 서로 원인과 결과의 관계에 있는 피드백 루프(feedback loop)를 가지고 있고, 예측오차들 사이에 상관관계를 갖고 있기 때문이다.

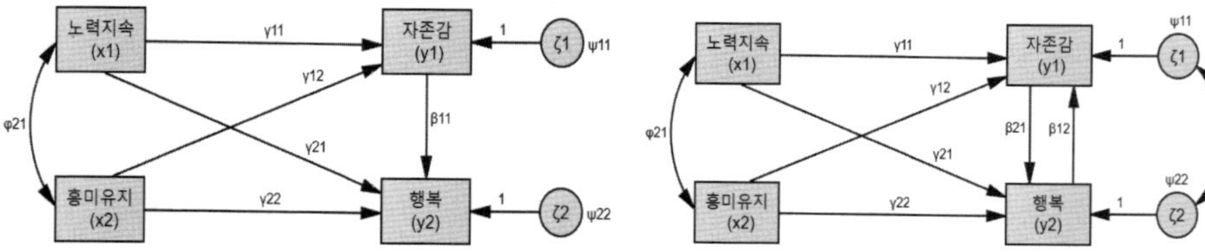

ⓐ 일방모형(recursive model) ⓑ 비일방모형(nonrecursive model)

[그림 1.2-3] 경로모형의 유형

일방모형은 구조방정식 모형 소프트웨어를 사용하지 않더라도, 일반적 통계 프로그램으로 중다회귀분석을 몇 번 실시해서 분석할 수 있다. 하지만 비일방모형은 일반적 통계 프로그램으로 분석이 쉽지 않다. 가장 큰 차이는 2장에서 배우게 될 모형식별과 관련이 있다. 여기서 모형식별과 관련된 내용을 간단히 말하면 다음과 같다. ⓐ 모형보다 ⓑ 모형은 자존감과 행복 사이에 인과관계 경로(→)를 1개 더 갖고 있고, 예측오차 ζ_1과 ζ_2 사이에 상관관계(↔)를 1개 더 갖고 있다. 그래서 ⓑ 모형은 추정할 모수의 수가 더 많다. 추정할 모수가 늘어나면 모형식별이 실패할 가능성이 높아진다. 이는 곧 연구자의 구조방정식 모형으로 연구 결과를 찾을 수 없다는 것을 함의한다. 여기서는 이 정도로 하고 자세한 내용은 2장에서 살펴보자.

1.2.3 측정모형

측정모형은 잠재변인과 측정변인들 사이의 관계를 나타낸 모형이다. 측정모형의 목적은 잠재변인이 해당 잠재변인을 측정한다고 개발된 측정변인들에 의해 타당하게 측정되는지를 알아보는 것이다. 이를 위해 연구자는 직접 관찰되지 않는 잠재변인의 개념에 대해 조작(操作)적 정의를 하고, 이 정의에 부합하는 측정 도구를 개발하여 측정치(점수)를 구한다. 측정모형은 확인적 요인 모형과 동일하다고 보면 된다. 구조방정식 모형의 목적은 잠재변인과 잠재변인 사이의 관계를 알아보거나, 잠재변인에서 집단 간 평균 차이가 유의한지 알아보는 데 있으므로 측정변인들이 잠재변인을 타당하게 측정하지 못하면 잠재변인 수준에서의 분석은 무의미해진다.

측정모형의 기본 가설은 잠재변인과 잠재변인 사이의 관계가 아닌 잠재변인과 측정변인들 사이의 관계에 있다. [그림 1.2-4]에 이 책에서 사용되는 자존감, 그릿(노력지속, 흥미유지), 행복의 측정모형을 제시하였다. 이 측정모형은 탐색적 요인분석과 다르게 자존감의 문항들은 자존감 잠재변인에 요인계수 경로가 표기되어 있고, 노력지속의 문항들은 노력지속의 문항들에만 요인계수 경로가 표기되어 있다. 이는 흥미유지와 행복도 마찬가지이다. 즉 각 문항들은 해당 잠재변인에만 관계가 있고, 다른 잠재변인과의 관계는 0으로 나타낸 것이다. 각 문항들의 점수가 측정하고자 하는 그 잠재변인을 실제로 측정한다면 그 **점수들 간에만 유의한 상관관계**가 있고, 다른 잠재변인을 측정하는 도구로 구해진 점수들과는 상관관계가 없어야 한다는 논리에 기초한다. 이런 논리에 의해 잠재변인들과 측정변인들 간의 관계를 지정한 것이 측정모형이며, 분석을 실시하기 전에 이론적으로 미리 관계를 지정하므로 확인적 요인분석으로 불리기도 한다. 다시 말하지만, 측정모형에서 잠재변인들 간의 관계에 대한 방향적 가설은 없고, 공변량 관계(상관관계)로만 지정한다. 이는 측정모형은 잠재변인의 구인타당도를 확인하는 것이 목적이기 때문이다.

확인적 요인분석의 역사적 기원은 Charls Spearman까지 거슬러 올라간다(Schumacker & Lomax, 2010). Spearman은 지능의 2요인 구성개념을 정의하며 요인분석이란 용어를 처음 사용하였다. 그는 문항들이 상관되어 있거나 공변한다면, 몇 개 문항들에 대한 개인의 반응들을 합산한 점수는 어떤 구인을 측정하고, 정의하고, 추정한다고 생각하였다. 현재 사용되고 있는 적성검사, 성취검사, 진단검사 등은 대부분 요인분석으로 개발되었다. 확인적 요인분석 방법은 Karl Jőreskog가 여러 개의 문항이 하나의 구성개념을 정의하는지를 검증하고자 처음 개발한 것이다. 확인적 요인분석은 측정 도구의 개발에 활발하게 사용되었고, 현재는 이론적 구성개념들의 존재를 검증하기 위해 사용된다.

[그림 1.2-4]는 4개의 잠재변인(자존감, 노력지속, 흥미유지, 행복)과 각각에 해당되는 측정변인들의 관계를 나타낸 측정모형 또는 확인적 요인 모형이다. 이 측정모형에서 잠재변인, 측정변인, 오차변인들 간의 이론적 관계는 다음처럼 지정되었다.

① 잠재변인들 간의 관계는 양방향 화살표(↔)로 상관관계가 있다고 지정되었다. 측정모형은 잠재변인들의 구인타당도를 알아보는 것이 목적이므로, 잠재변인들 간의 상관관계는 이론적으로 나타날 수 있는 방향(정적 상관, 부적 상관)으로 나타나는지 아닌지 정도를 확인하면 된다.

② 각 잠재변인과 이를 측정하는 측정변인들 간에 일방향 화살표(→)로 인과관계를 지정하였다. 예를 들어, 그릿 X_4에 대한 조사 대상자의 반응들은 그릿의 노력지속이라는 잠재변인에 의해 나타난다고 간주되기 때문이다. 다만, 각각의 측정변인들을 모든 잠재변인에 서로 교차하여 인과관계를 나타내는

일방향 화살표(→)는 지정되지 않았다. 이는 측정모형은 확인적 요인 모형이기 때문이다. 확인적 요인 모형은 한 잠재변인의 측정변인들이 다른 잠재변인들과 관계를 0으로 보는 것이 기본 설정이다.

③ 모든 오차항들과 잠재변인들 간에도 일방향 화살표(→)가 지정되지 않았다. 이는 오차항들과 잠재변인들 간에 상관이 0이라고 지정한 것이다. 오차항들은 잠재변인에 의하여 설명되지 않는 부분을 나타내므로 이론적으로 상관이 0으로 지정되어야 한다.

④ 모든 오차항들 간에도 일방향 화살표(→)나 양방향 화살표(↔)가 지정되지 않는다. 이 또한 상관이 0이란 것이 기본 설정이다. 오차들은 체계적 변량이 아닌 무선적으로 발생하는 변량으로 다른 변인이나 오차항과 상관관계가 없다. 예외도 있는데, 종단 패널조사와 같이 반복측정이 이루어질 때는 한 시점과 다른 시점 사이의 자기상관을 지정하게 된다.

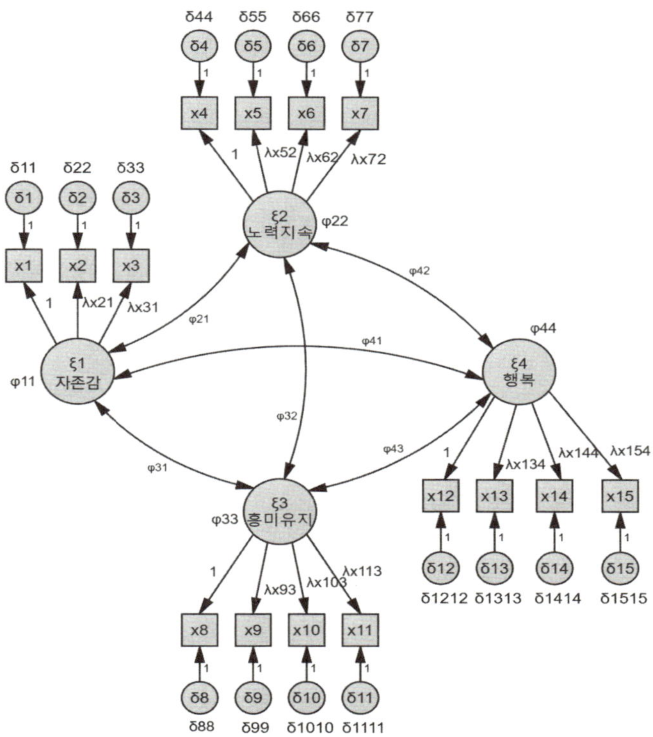

[그림 1.2-4] 측정모형

이러한 측정모형은 앞서 '오차변인'과 관련된 내용에서 알아보았던 고전적 진점수 모형 또는 고전적 심리측정이론에 근거한 모형이다. 따라서 **고전적 진점수 모형**에 대하여 알아두는 것은 구조방정식 모형의 이해에 매우 중요하므로, 이와 관련된 개념들을 더욱 구체적으로 알아보기로 하자.

측정(measurement)은 대상에 특정한 규칙에 따라 숫자를 할당하는 것을 의미한다. 예를 들어, 개인들마다 저울에 올라서게 해서 바늘이 멈춘 숫자를 그 사람에게 할당하고 우리는 그것을 몸무게라고 부른다. 학생들에게 수학 시험을 실시하고, 채점하여 학생들 각각에게 점수를 부여하고 그것을 수학 성적 또는 수학 성취도라고 부른다. 그러나 [그림 1.2-4]와 같은 측정모형에서 **측정**은 두 가지 대상, 즉 잠재변인과 측청치(measures) 사이의 관련성을 기술하는 것이다. 박광배(2004)는 잠재변인과 측청치 사이의 연관성을 알아보기 위한 측정과 관련된 개념들을 소개하였는데, 이를 간추려보면 〈표 1.2-1〉과 같다. 측정과 관련된 개념들을 잘 숙지하면, 측정모형에 대한 이해가 더욱 높아지게 될 것이다.

〈표 1.2-1〉 측정과 관련된 개념들

개념	설명
구성개념	• 이론적인 잠재요인, 추상적인 개념, 연구자의 마음속에 있는 일반적인 개념임
측정치	• 경험적인 지표, 감각자료, 반응 등을 말함
측정	• 측정은 어느 정도 항상성을 가진 구성개념, 잠재적 특질 또는 속성에 관하여 이루어짐. 즉 구성개념이 어느 정도의 시간적 범위 내에서 안정적으로 존재한다는 전제에 기초함 • 예를 들어, 성격은 일관성 있다는 전제하에 측정이 되는데, 성격이 찰나적 속성이라면 그 측정의 의미가 모호하고, 측정할 필요가 없음 • 측정치가 발생하기 앞서 구성개념이 시간적으로 먼저 존재한다는 전제하에 측정이 실시됨. 사람들에게 성격이 있다고 가정되니 성격검사(예: MBTI, 성격 5요인 검사)를 만들어 측정하게 됨
측정오차	• 측정치가 함유하는 정보 중에 특정한 구성개념에 의해 유발된 부분을 제외한 나머지, 즉 다른 원인들에 의하여 유발된 부분을 말함
구성개념과 측정치의	• 구성개념과 측정치는 서로 인과관계를 갖는 별개의 사상으로 간주됨. 즉 구성개념으로부터 측정치로 향하는 인과관계가 있다고 여겨짐. 예를 들어, 외향

개념	설명
인과관계	성이어서 활짝 웃는 반응이 더 자주 나타나는 것이지, 활짝 웃어서 외향성이 되는 것은 아님 • 구성개념과 측정치 사이의 관계가 인과관계이므로 둘은 높은 상관관계를 가지나, 완벽할 정도로 높지는 않음. 특정 구성개념이 특정한 측정치에 유일무이한 원인일 필요는 없기 때문임 • 원론적으로, 인과관계는 다른 모든 조건이 동일할 때, 특정한 원인이 존재하면 특정한 결과가 발생하는 것을 뜻하며, 그 원인이 사라지면 결과 역시 사라지는 관계를 말함. 구성개념과 측정치는 이와 같은 인과관계를 가짐
척도/검사의 개발	• 검사는 구성개념으로부터 사용 가능한 측정문항들을 연역적으로 추론하여 개발됨 • 연역 추론은 일반적 원인으로부터 구체적 형상 혹은 결과를 추론하는 것. 연역 추론이 타당하기 위해서는 구성개념의 정의를 명확하게 하는 것이 우선임 • 연역 추론에 의해 검사가 개발되면, 응답자의 반응, 즉 측정치를 얻을 수 있음 • 측정치가 얻어지면, 이를 이용하여 응답자가 보유하고 있는 구성개념적 속성을 귀납적으로 추론함. 귀납적 추론이 타당하기 위해서는 측정치의 신뢰도와 타당도가 요구됨 • 측정치가 곧 구성개념의 정의가 아니므로, 측정치에 의해 구성개념이 확인될 수 없으며 추론될 뿐임. 따라서 완성된 검사는 단지, 구성개념의 존재와 속성을 추론할 뿐임

[그림 1.2-4]의 측정모형은 자존감, 그릿의 하위요인인 노력지속, 흥미유지, 그리고 행복의 잠재변인이 타당하게 측정되고 있는지를 알아보기 위한 확인적 요인모형 또는 측정모형이다. 대부분의 연구자는 기존의 신뢰할 만하고 타당한 측정도구를 사용하여 연구를 한다. 그리고 연구자가 알아보고자 하는 구성개념 또는 잠재변인에 대해 탐색적 요인분석, 확인적 요인분석으로 구인타당도가 확인되고, 신뢰도 검증이 이루어진 척도를 사용하는 것이 일반적이다. 대부분의 연구에서 신뢰도 정도를 확인하고 기존의 척도를 사용하나, 구조방정식 연구에서는 잠재변인의 타당성을 확보하고자 반드시 측정모형을 검증하고, 구조모형을 검증하는 2단계로 연구가 이루어진다. 이 책에서 계속해서 사용되고, [그림 1.2-4]에서도 나타나 있는 구성개념들과 그 척도에 대해 알아보면 다음과 같다.

1.2.4 자존감

〈표 1.2-2〉는 Rosenberg(1965, 1989)의 전반적 자존감의 개념적 정의와 조작적 정의를 나타내고 있다. Rosenberg(1965, 1989)의 전반적 자존감 척도는 단일 차원의, 다시 말해 1요인의 자존감을 측정하기 위해 만들어진 도구이다.

〈표 1.2-2〉 자존감의 정의

자기존중감(이하: 자존감)은 자기를 향한 전반적인 긍정 또는 부정적 태도로 정의된다(Rosenberg, 1989). … 높은 자존감은 개인 자신이 '충분히 괜찮다고 느끼는' 것을 뜻한다(Rosenberg, 1989, p. 31). Rosenberg(1989)는 높은 자존감을 가진 사람은 자신의 장점과 결점을 알고, 자신에 대해 관찰한 것을 인정하고 수용하며, 성장을 바라고, 결점은 개선하고 극복하기를 바란다고 했다. … 자존감이 높은 사람은 자신을 존중하고, 가치 있다고 여기나 타인보다 우월하다고 생각하지 않으며, 완벽을 궁극의 목표로 느끼지 않고, 한계를 인정한다. … 이런 정의는 영역 구체적 자존감, 즉 자기 평가(self-evaluation) 또는 상태 자존감과 구별하기 위해 전반적 자존감으로 불린다(최희철, 박강호, 2018; Brown & Marshall, 2006).

출처: 최희철 (2020). 청소년기 자존감 발달궤적이 성인 전환기 주관적 행복과 공격행동에 미치는 영향과 교육에 대한 시사점. **입법과 정책, 12**(1), pp. 275-310.

〈표 1.2-2〉와 같이 정의된 자존감을 측정하기 위해 Rosenberg(1965, 1989)가 개발한 문항의 수는 10개로 〈표 1.2-3〉과 같다. 10개의 문항에서 5개는 긍정적 진술 문항으로 구성되었고, 5개는 부정적 진술 문항으로 구성되었다. 이 척도는 전병재(1974)에 의해 한국어로 번안되었고, 현재까지 널리 사용되고 있다. 전병재(1974)의 논문을 보면 영어로 작성되었고, 문항 내용은 한국어로 번안되어 있다. 현재는 이 문항의 내용이 조금씩 수정되어 여러 패널조사에서 사용되고 있다. 〈표 1.2-4〉는 장애인 고용패널조사 2차 웨이브에서 사용된 문항 내용이다. 둘 사이에 문항 번역에서 차이가 있다. 이런 번역의 차이가 타당도와 신뢰도에 문제를 일으키기도 하므로 번역이 달라지면 반드시 타당도와 신뢰도를 확인할 필요가 있다.

〈표 1.2-3〉 한국어판 자존감 척도의 문항 내용

요인	변인	문항 내용
자존감	자존1	나는 내가 적어도 다른 사람과 같은 정도로는 가치 있는 사람이라고 생각한다.
	자존2	나는 좋은 성품을 많이 가졌다고 생각한다.
	자존3	대체적으로 나는 실패한 사람이라는 느낌을 갖기 쉽다.
	자존4	대부분의 다른 사람들과 같은 정도로 나는 일을 잘 할 수 있다.
	자존5	나는 자랑할 것이 별로 없다.
	자존6	나는 내 자신에 대하여 긍정적인 태도를 가지고 있다.
	자존7	대체로 나는 내 자신에 대해 만족한다.
	자존8	나는 내 자신을 좀 더 존경할 수 있으면 좋겠다.
	자존9	나는 가끔 쓸모없는 사람이라는 생각을 한다.
	자존10	나는 때때로 좋지 않은 사람이라고 생각한다.

출처: Jeon, B. J. (1974). Self-Esteem: A test of its measurability. **연세논총, 11**(1), pp. 107-130.

〈표 1.2-4〉 장애인 고용패널조사 2차 웨이브 한국어판 자존감 척도의 문항 내용

요인	변인	문항 내용
자존감	자존1	나는 다른 사람처럼 가치 있는 사람이라고 생각한다.
	자존2	나는 좋은 성품을 가졌다고 생각한다.
	자존3	나는 대체로 실패한 사람이라고 생각한다.
	자존4	나는 다른 사람들만큼 일을 잘 할 수가 있다.
	자존5	나는 자랑할 것이 별로 없다.
	자존6	나는 내 자신에 대해 긍정적인 태도를 가지고 있다.
	자존7	나는 내 자신에 대하여 대체적으로 만족한다.
	자존8	나는 내 자신을 좀 더 존중할 수 있으면 좋겠다.
	자존9	나는 가끔 내 자신이 쓸모없는 사람이라는 느낌이 든다.
	자존10	나는 때때로 내가 좋지 않은 사람이라고 생각한다.

출처: 한국장애인고용공단 고용개발원 (2021). 2021년 장애인 고용패널조사(2차웨이브 6차조사). 성남: 저자.

자존감 척도의 측정변인은 10개인데, [그림 1.2-4]에서 자존감 잠재변인의 측정

변인은 3개로 지정되었다. 이는 어떤 모형에서 측정변인의 수가 너무 많으면 추정할 모수(parameters)가 많아져 적합도가 나빠지는 등의 문제가 발생하므로 하위요인이 없고 측정변인이 많은 자존감의 경우 문항묶음(item parceling)을 만들었기 때문이다. 문항묶음 만들기는 한 척도의 총 문항의 수가 3~5개를 초과할 때, 그 척도의 2개 이상의 문항 원점수들의 총점을 구하거나 평균을 구해서, 해당 잠재변인의 묶음 점수(percel score)로 사용하는 것이다(Wang & Wang, 2020). 예를 들어, 자존감의 경우에 10개의 문항들을 3개, 3개, 4개로 구분하여 3개의 총점을 구하거나, 3개의 평균을 구하여 [그림 1.2-4]처럼 3개의 측정변인으로 사용하는 방법이다. 그러나 자존감 척도는 8번 문항이 문항-전체 상관이 낮고, 번역의 오류, 서양과 한국의 문화적 차이로 신뢰도에 문제가 있다(이자영, 남숙경, 이미경, 이지희, 이상민, 2009). 이로 인해 자존감 척도의 문항묶음을 만들 때 8번 문항을 제외하고, 3개의 문항묶음을 만들기로 하면, 9문항 ÷ 3개의 문항묶음 = 3문항으로 계산되어, 1개의 문항묶음에 3개의 문항을 할당하여 평균 또는 총점을 구해서 이들을 측정변인으로 사용할 수 있다. 문항묶음 만들기는 "5. 자료의 점검과 준비"의 장에서 더욱 상세히 설명할 것이다.

1.2.5 그릿: 노력지속, 흥미유지

그릿 척도를 개발한 Duckworth 외(2007)는 심리학의 아버지라 불리는 James가 던진 2가지 질문 중 1가지에 착안하여, 그 응답으로 그릿 척도를 개발하였다. 이 척도의 개발 배경에 대해 Duckworth 외(2007)는 〈표 1.2-5〉처럼 진술하고, 마지막 문단에서 그릿의 정의를 제시하였다. 이 정의는 구성개념으로부터 측정문항들을 연역적으로 추론하기 위해서 반드시 사전에 정의되어야 한다. 연구자가 검사 개발을 위해 구조방정식 모형을 사용하는 것이 아니라면, 연구자가 사용하기로 한 기존의 측정도구가 구성개념의 분명한 정의에 기초해서 측정문항들이 연역적으로 개발되었는지를 확인하는 것이 좋다. 측정모형에서 문제가 발생하면 수집된 자료를 모두 폐기해야 하는 경우가 발생할 수도 있다.

〈표 1.2-5〉 그릿의 정의

James는 심리학자들이 2가지의 넓은 문제를 다루도록 격려하였다. 첫째, 인간 능력들의 유형은 무엇인가? 둘째, 개인들은 어떤 다양한 수단들로 이 능력들을 촉발시키는가? James의 제안 이후로 지나간 세기 동안, 심리 과학은 2가지 질문 중에 첫 번째 질문에 답하는 데 인상 깊은 진전을 이루었다. … 대조적으로, 우리는 James가 말한 대로, 대부분의 개인은 그들의 자원들의 적은 부분만을 사용하고, 반면에 소수의 예외적인 개인들은 자신들을 그들의 최고 수준(limits)까지 끌어올리는 이유에 관해 상대적으로 거의 알지 못한다. 이 논문에서, 우리는 다음과 같이 James의 두 번째 질문을 반복한다. 왜 어떤 사람들은 동일한 지능을 가진 다른 사람들보다 더 많이 성취하는가? 인지적 능력(cognitive ability) 외에, 높은 성취를 하는 사람들에 관한 속성들은 창의성(creativity), 활력(vigor), 정서적 지능, 카리스마, 자신감, 정서적 안정성(emotional stability), 신체적 매력, 그리고 다른 긍정적 자질들을 포함할 것 같다. 어떤 특성은 다른 특성보다 특별한 직업에서 더 중요할 것이다. 예를 들어, 외향성은 영업 직종에 중요할 것이다. 그러나 외향성은 창의적 글쓰기 직종과는 별 관계가 없을 것이다. 하지만, 어떤 특성은 어떤 영역이든 성공하는 데 필수적일 수 있다. 우리는 모든 분야에서 가장 뛰어난 지도자들이 공유하는 한 가지 자질이 있다고 제안한다. 바로 그릿(grit)이다. 우리는 그릿을 장기적인 목적들을 향한 끈기(perseverance)와 열정(passion)으로 정의한다. 그릿은 문제들(challenges)을 향해 열심히 일하는 것, 즉 실패, 역경, 진전이 없음(plateaus in progress)에도 불구하고, 다년간에 걸쳐서 노력과 흥미를 유지하는 것을 의미한다. 그릿한(gritty) 사람은 성취를 마라톤으로 보고 접근한다. 그릿한 사람의 장점은 지구력(stamina)이다. 실망 또는 지루함은 다른 사람에게는 진로를 변경해야 할 시기이고 그만두라는 신호로 여겨질지라도, 그릿한 사람은 그 과정에 계속해서 머무른다(Duckworth et al., 2007, pp. 1087-1088).

위와 같이 Duckworth 외(2007)가 밝힌 그릿 척도의 탄생 배경과 정의에 대한 진술은 구성개념의 개발 과정을 잘 보여준다. Duckworth 외(2007)는 ① 그릿의 개념을 조작적으로 정의하고, ② 정의에 부합하는 27개의 문항 집합을 만들고, ③ 여러 가지 통계 절차(문항-전체 상관계수, 내적 일치도 계수, 내용 중복의 검토, 어휘의 간단명료함의 검토)를 적용하여 17개의 문항을 선택하고, ④ 탐색적 요인 분석으로 12개 문항을 최종적으로 선택하고, 흥미유지(consistency of interests)와 노력지속(perseverance of effort)이라는 2개의 하위요인을 확정하였다. 이후에 Duckworth와 Quinn(2009)은 12개 문항들과 성과 요인들(예: 학업성취) 사이

의 상관을 알아보고 노력지속 요인에서 상관이 낮은 2개 문항, 흥미유지 요인에서 상관이 낮은 2개의 문항을 제거하였다. Duckworth와 Quinn(2009)은 8개 문항에 확인적 요인분석을 적용하여 4개 문항으로 구성된 노력지속 요인과 4개 문항으로 구성된 흥미유지 요인이라는 2요인 모형이 자료에 적합한지를 검증하였고, 타당하다는 결과를 제시하였다. 그릿 척도는 한국어로 번안되어 타당화되었고 2개의 하위요인 각각의 문항 내용은 〈표 1.2-6〉과 같다.

〈표 1.2-6〉 한국어판 그릿 척도의 요인구조와 문항 내용

요인	변인	문항 내용
노력 지속	그릿2	나는 문제를 해결하다가 어려움이 생겼을 때 크게 좌절하지 않으며, 다른 사람들보다 빨리 좌절에서 벗어난다.
	그릿4	나는 노력가이다.
	그릿7	나는 시작하면 무조건 끝낸다.
	그릿8	나는 부지런하다.
흥미 유지	그릿1	나는 무엇을 하다가 다른 생각이 나면 집중하기가 어렵다.
	그릿3	나는 어떤 문제에 잠깐 집중하다가 곧 흥미를 잃은 적이 있다.
	그릿5	나는 자주 목표를 세우지만 그것을 이루기 전에 다른 목표를 세우고는 한다.
	그릿6	나는 무엇을 완성하는 데 시간이 오래 걸리면 계속 열심히 하는 것이 어렵다.

출처: 김희명, 황매향 (2015). 한국판 아동용 끈기(Grit) 척도의 타당화. **교육논총, 35**(3), pp. 63-74.

1.2.6 주관적 행복

〈표 1.2-7〉은 Lyubomirsky와 Lepper(1997)의 주관적 행복의 개념적 정의와 조작적 정의를 나타내고 있다. 주관적 행복 척도는 자존감처럼 단일차원의 1요인의 행복을 측정하기 위해 만들어진 도구이다(Lyubomirsky & Lepper, 1997). 이 척도는 한국아동패널(육아정책연구소, 2016)에서 번안되어 사용되고 있다.

〈표 1.2-7〉 주관적 행복의 정의

"주관적 행복(subjective happiness)"은 개인이 행복한 사람인지 또는 불행한 사람인지에 관한 전반적, 주관적인 평가를 나타낸다. 그러한 측정도구는 안녕(well-being)의 더 넓은, 그리고 더욱 전체적인(molar) 심리적 범주를 반영하고, 더욱 전반적인 심리적 현상을 측정할(tap into) 것이다(Diener, 1994). 언급한 대로 대부분의 개인들은 자신들이 어느 정도로 행복한 사람인지(또는 불행한 사람인지)를 보고할 능력이 있고, 이 판단은 최근의 정서 수준들(levels of affect)과 삶의 만족의 단순한 합과 동일하지 않다. 예를 들어, 한 사람은 약간 행복한 삶을 살고 있는데도 불구하고 자신을 아주 행복한 사람으로 평가할 수 있다. 역으로, 한 사람은 지난달에 "즐거운", "자랑스러운", 그리고 "특히 흥분되는" 감정들을 느꼈음에도 불구하고, 자기를 불행한 사람과 동일시할 수 있다(Lyubomirsky & Lepper, 1997, pp. 139-140).

〈표 1.2-7〉은 주관적 행복의 정의를 나타내고 있다. 사람들은 자신이 행복한 사람인지 아닌지를 판단할 능력이 있으므로, 자신을 행복한 사람으로 보는지 불행한 사람으로 보는지에 대한 개인의 반응이 곧 행복을 나타낸다고 정의하고 있다. 주관적 행복 척도의 문항 내용은 〈표 1.2-8〉과 같다.

〈표 1.2-8〉 주관적 행복 척도의 문항 내용

요인	변인	문항 내용							
주관적 행복	행복1	전반적으로 나는 ____	① 아주 불행한 사람이다.	②	③	④ 보통이다	⑤	⑥	⑦ 아주 행복한 사람이다.
	행복2	다른 사람과 비교했을 때 나는 ____	① 매우 행복하지 않다.	②	③	④ 보통이다	⑤	⑥	⑦ 매우 행복하다.
	행복3	어떤 사람들은 전반적으로 아주 행복하다. 무슨 일이 있어도 개의치 않고 즐겁게 지내는 편이다. 나는 ____	① 전혀 그렇지 않다.	②	③	④ 보통이다	⑤	⑥	⑦ 매우 그렇다.
	행복4	어떤 사람들은 전반적으로 아주 불행하다. 특별히 우울한 일이 없음에도 불구하고 행복하지 않게 보인다. 나는 ____	① 매우 그렇다.	②	③	④ 보통이다	⑤	⑥	⑦ 전혀 그렇지 않다.

출처: 한국육아정책연구소 홈페이지(https://panel.kicce.re.kr/) 한국아동패널 자료실

1.2.7 구조모형

구조모형은 ① 경로모형과 ② 측정모형을 조합한 모형이다. 그래서 구조모형은 잠재변인과 측정변인을 통합한 모형으로, 잠재변인과 잠재변인 간의 관계를 나타낸 부분은 경로모형이 되고, 잠재변인과 측정변인 간의 관계를 나타낸 부분은 측정모형이 된다. [그림 1.2-5]의 구조모형에서 연구자의 모형지정과 관련하여 살펴보면 다음과 같다.

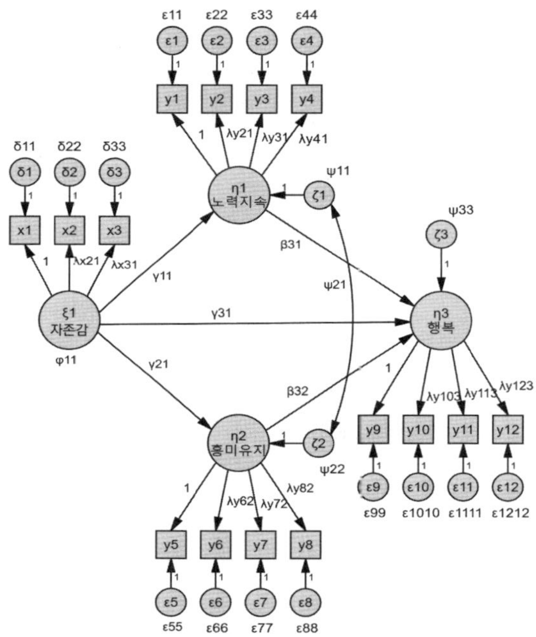

[그림 1.2-5] 구조모형

[그림 1.2-5]에서 자존감과 측정변인들 간의 관계, 노력지속과 측정변인들 간의 관계, 흥미유지와 측정변인들 간의 관계, 행복과 측정변인들 간의 관계는 화살표(→)로 지정되었다. 이는 각 잠재변인으로 인해 각 측정변인들에 대한 반응(점수)이 나타난다고 여겨지기 때문이다.

[그림 1.2-5]에서 오차항들 사이의 관계는 체계적 상관관계가 있을 논리적, 이론적 이유가 없으므로 일방향 화살표(→)나 양방향 화살표(↔)로 관계를 지정하

지 않았다. 이는 상관관계가 0이라고 지정한 것이다.

[그림 1.2-5]에서 구조모형에는 경로모형과 마찬가지로 **예측오차**(prediction error)가 지정된다. ζ_1, ζ_2, ζ_3가 예측오차에 해당된다. 이 예측오차들은 외생 잠재변인에 의하여 예측되지 않는 부분을 나타낸다. 예를 들어, ζ_1은 노력지속에서 자존감에 의하여 예측되지 않는 부분을 나타낸다.

〈표 1.2-9〉 내생 잠재변인에서의 예측오차와 측정변인에서 오차의 차이점

내생 잠재변인에서 예측오차	예측오차(prediction error)라 불린다. [그림 1.2-5]에서 ζ_1, ζ_2, ζ_3가 예측오차에 해당된다. 외생 잠재변인에 의하여 예측되지 않는 내생 잠재변인의 부분이다. 내생 잠재변인의 예측오차들 사이에는 상관관계를 가질 수 있다.
측정변인에서 오차	측정오차(measurement error)라 불린다. [그림 1.2-5]에서 δ_1 ~ δ_3, ε_1 ~ ε_{13}가 오차에 해당된다. 측정오차는 잠재변인에 의해 설명되지 않는 고유요인(unique factor)과 측정과정의 문제로 발생하는 측정오차(measurement error) 모두를 뜻한다. 측정오차에서 고유요인들은 서로 상관관계를 가질 수 있다. 이는 주로 종단연구에서 측정변인이 반복측정될 때, 측정변인의 고유요인들이 반복측정되므로 상관관계를 지정한다.

1.3 모형지정

기초통계에서 가설검증의 5단계(가설수립, 비교분포의 특성 결정, 컷오프의 결정, 비교분포에서 위치 결정, 가설 채택)를 학습한 기억이 있을 것이다. 이와 마찬가지로 구조방정식 모형 검증을 위한 분석은 5가지 논리적 단계를 따른다. 즉 1) 모형지정, 2) 모형식별, 3) 모형추정, 4) 모형검증, 5) 모형수정의 단계로 진행된다(Schumacker & Lomax, 2010; Wang & Wang, 2020). 연구자가 구조방정식 모형으로 잠재변인 수준에서 측정오차를 통제한 연구를 하는 것이 목표라면, 그 절차는 ① 측정모형과 ② 구조모형 검증 단계로 진행된다. 여기서는 측정모형과 구조모형의 모형지정을 할 때의 주의사항을 알아볼 것이다.

1.3.1 정의

모형지정은 연구자가 알고 있고, 흥미를 느끼며, 관심이 있는 이론, 연구결과와 같은 모든 정보를 활용하여 이론적 모형을 개발하는 것이다(Schumacker & Lomax, 2010). 모형지정은 연구의 시작 단계에서, 자료수집과 분석 전에 시행되어야 한다. 이를 **사전 접근**(priori approach)이라 한다. 연구자가 변량-공변량 행렬 자료를 사용해 적합성을 확인하고 싶은 특별한 모형을 사전에 설정하는 것이 모형지정이다. 앞에서 회귀모형, 경로모형, 측정모형, 구조모형에 대해 알아보았는데, 구조방정식 모형 연구에서 연구자의 주된 관심은 측정모형과 구조모형의 자료에 대한 적합성이다. 구조방정식 모형을 활용한 회귀모형과 경로모형의 분석은 측정오차가 통제되지 않는 약점이 있으므로, 연구자는 대체로 잠재변인 수준에서 측정모형과 구조모형을 검증하고자 한다.

1.3.2 이론 중심의 사전 접근

연구자는 연구의 계획단계에서 자신이 좋아하는 이론과 선행연구에 기초해서 측정모형과 연구모형을 구성할 변인들을 논리적으로 선택해야 한다. 그래야 연구결과가 연구모형의 일부분을 지지하지 않을 때조차 그 의미를 해석할 능력이 생기기 때문이다. 연구자는 관련된 선행이론에 대한 심도 있는 검토와 선행연구의 결과들을 바탕으로 잠재변인들 간의 관계의 방향이 어떨지 가설을 세우고 모형지정을 사전에 해야 한다. 연구자는 이런 가설을 종합하여 변인들과 모수들을 나타내는 기호들을 사용하여 경로도(path diagram)를 그리게 된다. 연구자는 경로도를 반드시 사전에 그려야 한다.

사전 접근은 다음과 같은 장점이 있다. 첫째, 연구분야에 전문지식이 있는 다른 연구자나 지도교수에게 경로도를 보여주고 자문을 구할 수 있다. 그러면 연구자가 가설로 세운 연구모형의 이론적 논리성에 그들이 보이는 반응을 확인할 수 있다. 그들이 연구자와 다른 경로도를 제안한다면 그들 중 1개 이상을 선택하여 연구모형과 비교할 경쟁모형으로 사용할 수 있다. 그러나 그러한 제안이 이론적 관점에 바탕한 제안이면 받아들이면 되고, 이론적 관점이 없는 단순한 피드백이면 참고만 하면 된다. 둘째, 경로도는 연구자가 측정변인들, 잠재변인들 간의 관계에 대한 아이디어들을 명료하게 만드는 유용한 지침을 제공하고, 모형을 분석하기 전에 모형식별이 가능한지 아닌지를 계산해 보는 기초자료로 사용될 수 있다. 모형식별에 대해서는 2장에서 구체적으로 다루게 된다.

1.3.3 측정모형의 지정

측정모형 검증의 목표는 잠재변인의 구인타당도와 신뢰도를 확인하는 것이다. 구인타당도와 신뢰도가 좋지 않다면, 잠재변인들 사이의 구조적 관계는 의미가 없다. 예를 들어, 연구자의 연구목적이 앞서 살펴본 [그림 1.2-5]와 같은 구조모형을 연구모형으로 지정하고, 자료에 대한 적합도를 알아보고자 하는 것이라면, 이에 앞서 자존감, 그릿, 행복이란 잠재변인의 구인타당도와 신뢰도가 확인되어야 한다. 측정모형과 연구모형 모두는 가장 기본적으로 독립모형과 비교하여 적합도가 얼마나 좋은지에 따라 모형의 타당성을 확인하게 된다. 독립모형은 [그림 1.3-1]처럼 연구자가 측정변인들 간의 관계에 대해 어떤 가설도 지정하지 않은 상태로 변인들을 단순히 나열한 모형을 뜻한다. 이는 모든 측정변인들 사이에 상관관계가 0이라는 뜻이기도 하다. 만약 연구자가 자존감, 그릿, 행복의 측정변인들을 독립모형과 같이 아무런 관계가 없다고 나타냈다면 이는 현실과 동떨어진 모형이다. 왜냐하면 최소한 같은 잠재변인들 사이에는 유의한 상관관계가 있을 것이기 때문이다. 이러한 독립모형은 자료와 가장 불일치하는 최악의 모형이라고 볼 수 있다. 대부분의 통계 프로그램에서 1) 독립모형은 연구자가 따로 지정하지 않아도 통계프로그램에서 이미 설정되어 분석되고, 2) 연구자가 지정한 연구모형은 연구자가 설정하게 되며, 통계프로그램은 이를 주로 기본모형(default model)으로 표현한다.

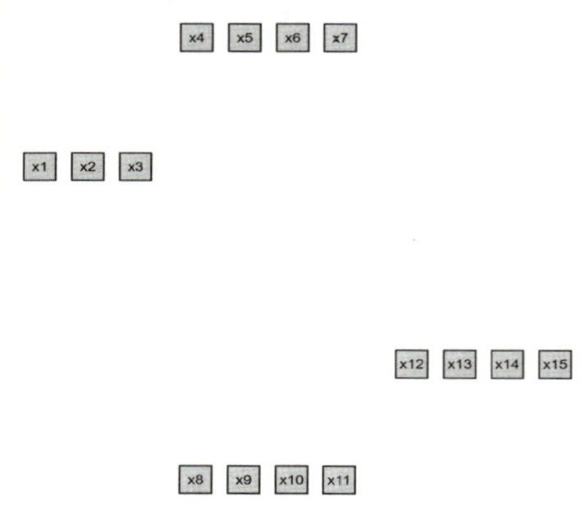

[그림 1.3-1] 독립모형(변인들 간에 어떠한 관계도 지정하지 않은 모형)

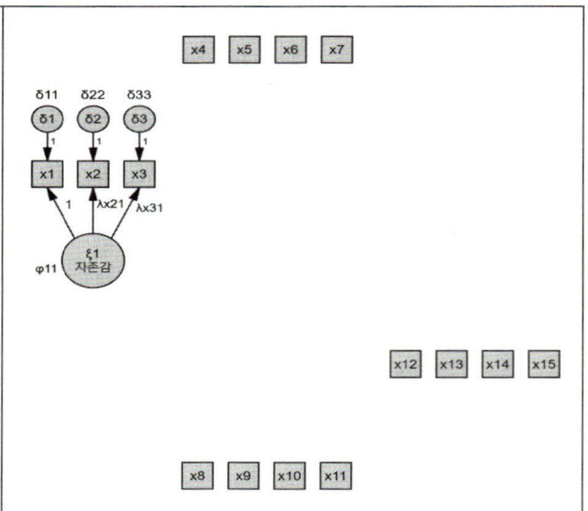

[그림 1.3-2] 자존감의 측정모형만을 나타낸 모형

독립모형의 상태에서 구조방정식 소프트웨어에게 분석 명령을 내리면 실제로 분석이 실행된다. 다만, 독립모형(independence model)과 기본(연구)모형(default model)의 결과가 동일하게 나타난다. [그림 1.3-1]을 실제로 분석한 결과, 독립모형과 기본모형 모두 동일하게 x^2 = 4882.275(p 〈 .001)로 나타났다. 이는 연구자가 [그림 1.3-2]와 같이 특정한 모형을 지정하기보다 독립모형만을 지정해 두었기 때문이다. [그림 1.3-1]과 같이 독립모형을 연구모형으로 지정하고 분석하면 가장 많이 사용되는 적합도 지수인 *TLI*와 *CFI*는 산출되지 않는다. 왜냐하면 이 지수들은 독립모형과 연구모형(기본모형)을 비교해서 계산되기 때문이다. 즉 [그림 1.3-1]의 상태로 분석하면 독립모형과 기본모형이 동일하기 때문에 구조방정식 소프트웨어는 *TLI*와 *CFI*를 계산하지 않는다. 이에 대해서는 모형추정에서 더욱 상세히 다룰 것이다.

[그림 1.3-2]는 자존감의 문항들 또는 측정변인들이 서로 상관관계가 있으므로, 자존감의 잠재변인을 측정하는 것으로 모형을 변형하여 지정한 것이다. [그림 1.3-2]의 모형을 실제로 분석한 결과, 독립모형은 여전히 x^2 = 4882.275(p 〈 .001)의 값을 보였다. 그러나 기본모형은 x^2 = 3460.459(p 〈 .001)로 나타났고, x^2 값이 향상된 것을 알 수 있다. *TLI*와 *CFI*는 각각 .276, .297로 나타났다. 이는 자존감 문

항들의 상관관계를 측정변인들과 잠재변인들과의 관계로 나타내었으므로 모형이 실제의 자료와 더 일치하기 때문이다.

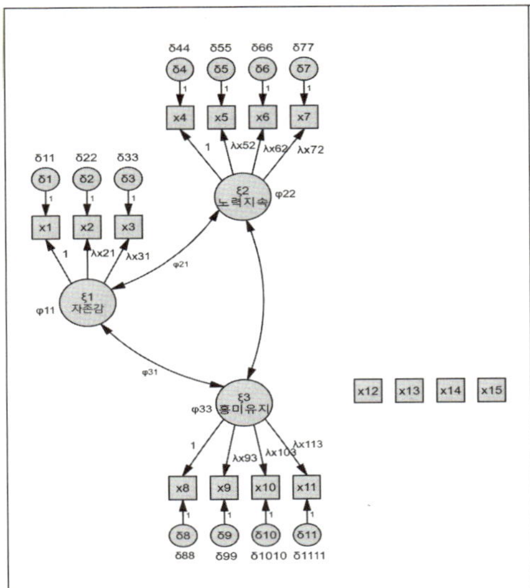

[그림 1.3-3] 그릿 추가모형

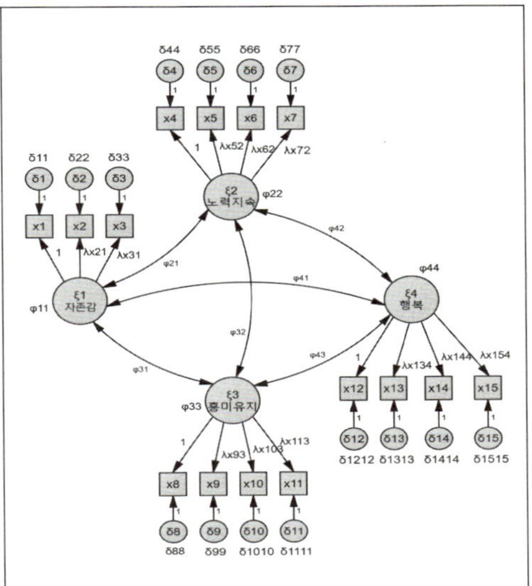

[그림 1.3-4] 완전한 측정모형

[그림 1.3-3]은 그릿의 노력지속과 흥미유지 요인의 측정변인과 잠재변인 사이의 관계를 추가한 것이다. 노력지속의 측정 문항들이 서로 상관관계가 있고, 흥미유지의 측정 문항들이 서로 상관관계가 있을 것이므로 이를 모형에 반영하여 지정한 것이다. 그러나 여전히 행복 문항들의 관계는 모형에 반영하지 않았다. [그림 1.3-3]의 모형을 실제로 분석한 결과 독립모형은 여전히 x^2 = 4882.275(p 〈 .001)였다. 그러나 기본모형은 x^2 = 2104.547(p 〈 .001)로 향상되었다. *TLI*와 *CFI*는 각각 .514, .579로 향상되었다.

[그림 1.3-4]는 행복의 측정변인과 잠재변인 사이의 관계를 추가한 것이다. 행복 문항들 간에 상관관계가 있을 것이므로 이를 모형에 반영한 것이다. 그래서 연구자의 측정모형이 완전하게 완성되었다. [그림 1.3-4]의 모형을 실제로 분석한 결과 독립모형은 또다시 x^2 = 4882.275(p 〈 .001)였다. 기본모형은 x^2 = 333.086 (p 〈 .001)으로 향상되었다. *TLI*와 *CFI*는 각각 .935, .948로 향상되었다.

구조방정식 모형은 이러한 비교과정 속에서 독립모형에 비해 연구자의 모형이 얼마나 더 좋은지를 알아본다는 것을 알게 되었을 것이다. 그리고 이때 이론적으로 관계가 있는 경로를 포함하면 모형의 적합도가 향상되는 것을 알았을 것이다. 물론 이론적으로 관계가 있는 경로를 빠뜨리면 적합도는 당연히 낮아질 것이다. 탐색적 요인분석은 연구에 포함된 모든 요인들이 모든 측정변인들과 어떤 관계를 보이는지를 알아보지만, 구조방정식 모형에서 측정모형은 특정 잠재변인과 측정변인들 간의 관계를 분명하게 관계가 있다와 관계가 없다는 것을 사전에 지정한다는 점에서 탐색적 요인분석과 큰 차이가 있다.

연구자는 측정모형에서 활용 가능한 정보에 기초하여 어떤 변인들이 모형에 포함되어야 할지, 변인들 간의 관계를 어떻게 지정할지를 사전에 결정한다. 측정모형의 모형지정은 잠재변인과 측정변인들 간에 ① 관계가 있다, ② 관계가 없다고 지정하는 것 모두를 포함한다. [그림 1.3-4]의 측정모형에서 잠재변인들과 측정변인들 사이에 관계가 있다고 한 경우(*)와 관계가 없다고 한 경우(0)를 정리하면 〈표 1.3-1〉과 같다.

〈표 1.3-1〉 측정모형의 지정에서 "관계가 있는" 경우와 "관계가 없는" 경우

관계의 유형	내용
관계가 있다(*).	자존감 요인과 그 측정변인들(자존1, 자존2, 자존3)의 관계(*) 노력지속 요인과 그 측정변인들(그릿2, 그릿4, 그릿7, 그릿8)의 관계(*) 흥미유지 요인과 그 측정변인들(그릿1, 그릿3, 그릿5, 그릿6)의 관계(*) 행복 요인과 그 측정변인들(행복1, 행복2, 행복3, 행복4)의 관계(*) 잠재변인들(자존감, 노력지속, 흥미유지, 행복) 간의 관계(*)
관계가 없다(0).	자존감 요인과 노력지속, 흥미유지, 행복의 측정변인들의 관계(0) 노력지속 요인과 자존감, 흥미유지, 행복의 측정변인들의 관계(0) 흥미유지 요인과 자존감, 노력지속, 행복의 측정변인들의 관계(0) 행복 요인과 자존감, 노력지속, 흥미유지의 측정변인들의 관계(0) 오차항들 간의 상관관계(0) 오차항들과 잠재변인들 간의 상관관계(0)

1.3.4 구조모형: 연구모형의 지정

측정모형이 지정되었다면 연구모형에서는 잠재변인들 간의 관계를 설정한다. 연구자는 많은 경우에 기존의 측정도구들을 사용하므로 연구목적이 새로운 도구의 개발이 아니라면 측정모형을 지정하는 데 어려움이 없을 것이다. 연구모형의 지정에서는 이론적 배경과 선행연구의 결과들에 대해 탄탄한 이해가 되어 있지 않다면, 잠재변인과 잠재변인 사이의 관계를 나타내는 데 어려움이 따를 것이다. 그리고 이론적 뒷받침이 없는 연구모형으로 분석에 들어가게 되면 연구모형을 결과에 따라 수정하는 일이 생길 수도 있다. 이는 가설검증의 논리에서 벗어나는 일이다. 가설검증은 가설을 세우고 통계적 결과로 채택 여부를 결정하는 것인데, 결과를 미리보고 모형을 수정하면 통계적 결과를 가설로 채택하는 형국이 된다. 이와 같은 분석은 지양해야 한다. 구조방정식 연구는 탐색적 성격의 연구가 아니라 확인적 성격의 연구이므로 선행이론과 선행연구의 중요성을 아무리 강조해도 지나치지 않다.

연구자는 전집 수준에서 연구에 포함된 변인들 간의 관계를 나타내는 변량-공변량 행렬이 이론적 모형(implied theoretical model)에서 암시된 변량-공변량 행렬과 일치한다고 여겨질 때 연구모형을 지정하게 된다(Schumacker & Lomax, 2010). 그러나 연구자는 전집 수준에서 연구에 포함된 변인들 간의 관계를 나타내는 변량-공변량 행렬을 알 수 없다. 그래서 연구자는 전집 수준의 변량-공변량 행렬 대신에 전집에서 표집된 표본의 변량-공변량 행렬(S)을 사용해서 연구모형의 모수들을 추정한다. 그런 다음 이 모수들의 추정치들을 사용해서, 다시 말해 이론적 모형에서 산출된 모수들의 추정치들을 사용해서 예측된 변량-공변량을 계산했을 때 표본의 변량-공변량 행렬에 가장 가까운 값을 제시할 것으로 보이는 특정 모형을 연구모형으로 지정한다. 그러므로 연구자의 목적은 표본 변량-공변량 행렬을 예측할 가능성이 가장 큰 이론적 모형을 결정하는 것이다. 연구자는 다음의 절차를 따르게 되는데, ①에서의 일이 가장 중요한 사전 작업이라고 볼 수 있다.

① 이론적 연구모형을 지정한다. 이를 사전 모형지정 접근이라 한다.
② 자료를 수집해서 표본 변량-공변량 행렬을 구성한다.
③ 표본 변량-공변량 행렬을 자료로 사용해서 이론적 모형의 모수 추정치들을 구한다.
④ 이론적 모형의 모수 추정치들에 의해 예측된 변량-공변량 행렬을 재생산한다.
⑤ 예측된 변량-공변량 행렬(Σ)과 표집 변량-공변량 행렬(S)을 비교한다.

연구자는 ③에서 구해진 이론적 모형의 모수 추정치들을 사용해서 예측된 변량-공변량 행렬(Σ)이 표본의 변량-공변량 행렬(S)과 얼마나 일치하는지에 관심이 있는 것이다. 이것이 유사하지 않다면 이론적 모형이 잘못 지정된(misspecified) 것이고 이를 **모형지정 오류**라고 한다. 모형지정 오류는 어떤 변인 또는 모수를 생략해서 오류가 발생하기도 하고, 어떤 변인 또는 모수를 포함해서 발생하기도 한다(Schumacker & Lomax, 2010). **생략오류**는 중요한 모수들이 검증될 연구모형에서 생략된 경우를 말한다. 예를 들어, 변인 X와 Y가 실제로는 관계가 있는데 연구모형에서는 관계가 없다고 모형을 지정할 수 있다. 변인들 간에 관계가 있는 모수를 관계가 없다(0)로 지정하게 되면 모형의 모수들에 의해 예측되는 변량-공변량 행렬의 값들에 오류가 발생하게 된다. 생략오류는 중요한 변인을 모형에서 생략한 경우도 해당된다. 예를 들어, 모형이 교육수준 또는 훈련수준과 같은 중요한 변인을 빠뜨렸을 수 있다. **포함오류**는 중요하지 않은 모수 또는 중요하지 않은 변인을 모형에 포함하는 경우를 말한다.

중요한 변인을 모형에 포함시키지 않거나, 중요하지 않은 변인을 모형에 포함하는 것은 모형지정이 잘못된 예측모형들을 초래할 수 있다. 우리는 왜 이것에 관해 관심을 가져야만 하는가? 잘못 지정된 모형은 편향된 모수 추정치들(biased parameter estimates)을 야기할 수 있다. 다시 말해 그 추정치들이 전집 수준에서 실제로 존재하는 추정치들과 체계적으로 다른 추정치들을 제시할 수 있기 때문이다. 이런 편향(bias)은 **지정오류**라고 불린다. 지정오류가 존재할 때, 연구자의 이론적 모형이 자료에 적합하지 않을 수 있고, 통계적으로 채택되지 않을 수 있다. 지정오류를 예방할 수 있는 최고의 방법은 이론적 뒷받침에 의해 다양한 대안 모형들을 비교하여 평가하는 것이다.

제 2 장

재미있는 기초 통계

이 장의 목적

1. 변량, 공변량, 여러 가지 상관계수, 회귀계수를 계산할 수 있다.
2. 변량-공변량 특성을 알고, 변량, 공변량을 계산할 수 있다.
3. 상관계수의 크기에 영향을 미치는 요인을 말할 수 있다.
   측정의 척도와 값들의 범위, 비선형성, 결측 자료
4. 상관과 인과의 차이를 구별하고, 변인의 유형에 따른 상관계수의 종류를 말할 수 있다.

이 장의 핵심 개념

- 변량은 한 변인에서 개인들의 점수가 평균을 중심으로 변동하는 정도, 즉 개인차를 수량으로 나타낸 값이다.
- 공변량은 두 변인이 공변하는 정도를 수량으로 나타낸 값이다.
- 회귀계수는 X 변인이 1점 변화할 때 Y 변인이 몇 점 변화할지를 보여주는 값이다. 독립변인과 종속변인이 1 대 1의 관계일 때 단순회귀라 한다. 단순회귀계수는 X 변인의 편차자승의 합을 분모로 하고, X 변인과 Y 변인의 교적의 합을 분자로 하여 계산할 수 있다.
- 공변량 특성은 ① 특성 1: $\text{COV}(c, X_1) = 0$, ② 특성 2: $\text{COV}(X_1, X_2 + c) = \text{COV}(X_1, X_2)$, ③ 특성 3: $\text{COV}(X_1, cX_2) = c\text{COV}(X_1, X_2)$, ④ 특성 4: $\text{COV}(X_1 + X_2, X_3) = \text{COV}(X_1, X_3) + \text{COV}(X_2, X_3)$, ⑤ 특성 5: $\text{COV}(X_1 + X_2, X_3 + X_4) = \text{COV}(X_1, X_3) + \text{COV}(X_1, X_4) + \text{COV}(X_2, X_3) + \text{COV}(X_2, X_4)$, ⑥ 특성 6: $\text{COV}(X_1, X_2) = \lambda_{11}\lambda_{21}\phi_{11}$과 같다.
- 편상관 계수(partial correlaion)는 ① X_1 변인이 Y 변인에 대한 효과를 통제한 뒤의 Y의 잔차(오차) 점수를 나타내는 r_Y, ② X_1 변인이 Z 변인에 대한 효과를 통제한 뒤의 Z의 잔차점수를 나타내는 r_Z 사이의 상관계수를 뜻한다.
- 부분상관계수(semipartial correlation, part correlaion)는 X_1 변인이 X_2 변인에 대한 효과를 통제한 뒤의 X_2의 잔차점수를 나타내는 r_{X_2}와 Y 변인 사이의 상관계수를 뜻한다. r_{X_2}는 X_1 변인에 의해 설명되지 않는 잔차이므로, 이 잔차 r_{X_2}와 Y 변인 사이의 부분상관계수는 X_1 변인과 독립적으로 X_2 변인이 Y와 갖는 상관관계이다.
- 상관계수에 영향을 미치는 요인들에는 측정의 척도와 값들의 범위, 비선형성, 결측 자료가 있다. 척도 값들의 범위가 좁으면 상관계수는 작아진다. 두 변인이 비선형성을 보이면 상관계수는

작아지거나 영향을 받는다. 결측 자료가 있으면 상관계수가 영향을 받는다. 극단값이 있으면 상관계수는 커지거나 관계의 방향이 바뀔수 있다.

- 상관계수는 두 변인이 공변한다는 것을 보여줄 뿐, 어느 변인이 원인이고, 어느 변인이 결과인지를 보여주지 못한다. 인과적 관계를 추론하려면, 3가지 조건을 충족하여야 한다. 즉 1) 시간적 순서: X가 시간적으로 Y에 선행해야 한다. 2) X와 Y의 관계에서 공변량 또는 상관계수가 존재해야 한다. 3) 제3의 원인을 통제해야 한다.
- 상관계수의 유형에는 ① Pearson 적률, ② Spearman 등위(rank, Kendall's τ), ③ φ(phi), 유관(contingency), ④ γ(gamma), 등위 이연(rank biseral), ⑤ 점이연(point biserial), ⑥ 이연(biserial), ⑦ 다연(polyserial), ⑧ 양분(tetrachoric), ⑨ 다분(polychoric) 상관계수가 있다.

구조방정식 모형은 상관계수의 개념에 기초한다. 상관계수의 유형에는 피어슨 적률상관계수, 부분상관계수, 편상관계수 등이 있다. 변인의 유형(범주변인, 연속변인)에 따른 상관계수의 유형도 있다. 구조방정식 모형은 기본적으로 피어슨 적률상관계수가 사용되며, 변인의 유형에 따라 다른 상관계수가 사용된다. 연구자는 피어슨 적률상관계수에 익숙해져야 하고, 기타 상관계수는 그 유형을 알아두면 좋다. 상관계수의 기원은 갈튼(Galton)에서 시작되었고, 그는 둘 또는 그 이상의 특성 간의 공변량(covariance)을 나타내는 상관과 회귀의 개념을 개발하였다. 피어슨(Pearson)은 갈튼의 아이디어에 기초해서 상관계수와 회귀계수의 계산식을 발전시켰다. 스페어만(Spearman)은 상관계수를 사용한 요인분석 기법을 만들었다. 구조방정식 모형은 크게 측정모형과 구조모형으로 구성된다. 측정모형은 요인분석을 포함하며 요인분석의 기초는 상관계수이다. 연구자가 상관계수에 숙달되면 구조방정식 모형에 접근하기 쉽다. 기초개념인 변량, 공변량, 피어슨 적률상관계수, 회귀계수에 대해 즐거운 마음으로 알아보기로 하자.

2.1 변량, 공변량, 피어슨 적률상관계수, 회귀계수

2.1.1 변량과 공변량

변량(variance)은 한 변인에서 개인들의 점수가 평균을 중심으로 변동하는 정도, 즉 개인차를 수량으로 나타낸 값이다. 공변량(covariance)은 두 변인이 공변하는 정도를 수량으로 나타낸 값이다. 두 변인이 공변하는 정도를 나타내는 공변량과 상관계수를 산포도로 나타내 보고 손으로 계산해 보면 재미를 느낄 수 있다. [그림 2.1-1]과 [그림 2.1-2]는 각각 〈표 2.1-1〉에 제시된 변인 X, Y의 원점수와 편차 점수를 사용하여 두 변인의 관계의 정도를 보여주는 산포도를 그린 것이다.

〈표 2.1-1〉 자료

원점수		편차점수	
X	Y	x	y
3	1	0	−2
2	2	−1	−1
1	3	−2	0
4	4	1	1
5	5	2	2
$\Sigma=15$	$\Sigma=15$	$\Sigma=0$	$\Sigma=0$
M=3	M=3	M=0	M=0

[그림 2.1-1]은 원점수 X, Y로 [그림 2.1-2]는 편차 점수 x, y로 나타낸 산포도인데 모양은 동일하다. 어떻게 된 것인가? 편차점수는 X의 평균 3과 Y의 평균 3을 각각의 X와 Y의 점수들에서 빼셈하여 구한 값일 뿐, 점수의 상대적 위치 정보를 변경시키지 못하기 때문이다. 원점수에서 평균을 빼서 편차 점수를 만들면 편차 점수의 합이 0, 평균이 0이 되는데, 이런 식으로 편차 점수를 만드는 것을 **평균 중심화**라고 한다. 변량과 상관계수는 보통 원점수를 평균 중심화한 뒤 계산된다.

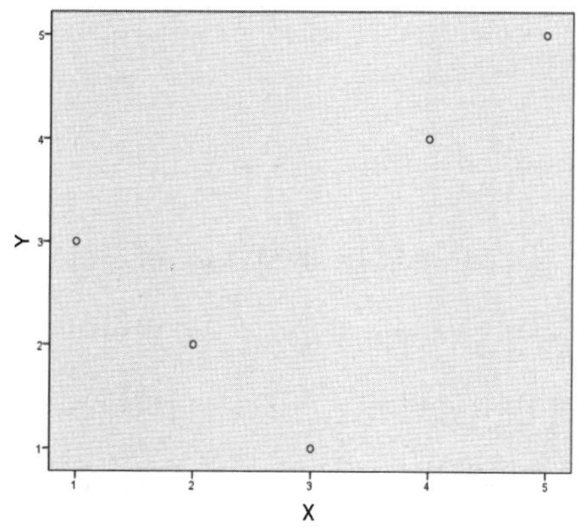

[그림 2.1-1] 원점수에 의한 산포도

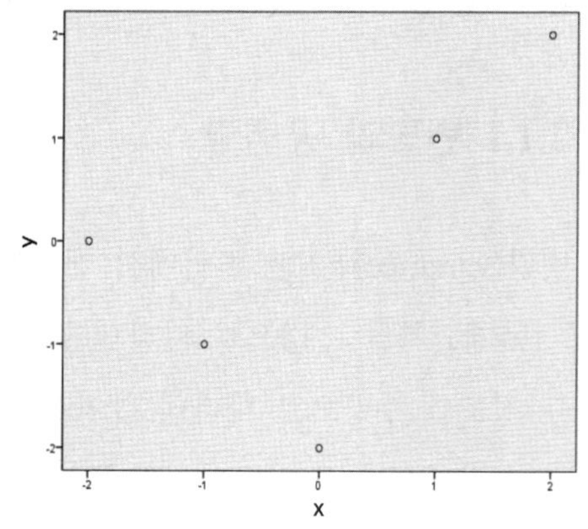

[그림 2.1-2] 편차점수에 의한 산포도

평균 중심화로 편차 점수를 만들면 정보(편차)의 손실은 없으면서, [그림 2.1-2] 처럼 (0, 0)을 기준으로 새 좌표를 구성하며, X 변인과 Y 변인의 관계를 대표하는 회귀선이 (0, 0)을 지나게 만든다. (공식 2.1-1)은 변량의 계산식을 보여준다. 분자의 X-M은 편차를 나타낸다.

$$S_X^2 = \frac{\sum(X-M)^2}{N-1} \qquad \text{(공식 2.1-1)}$$

변량 공식의 분자에 (X-M)을 대입하든, 편차인 x를 대입하든 그 값은 동일하다. 편차점수로 X, Y의 변량을 각각 계산하면 다음과 같다.

$$S_X^2 = \frac{0+1+4+1+4}{4} = 2.5$$

$$S_Y^2 = \frac{4+1+0+1+4}{4} = 2.5$$

한편, 두 변인 X, Y의 공변량은 [그림 2.1-3]의 직사각형으로 나타낸 것처럼 조사에 응답한 한 개인(예: ①)의 X의 평균에서의 변화량(편차)과 Y의 평균에서의 변화량(편차)을 곱하여 구한 값들을 모두 합한 총점을 먼저 구하고, 이 총점을 다시 사례 수(N-1)로 나누어 준 값이다.

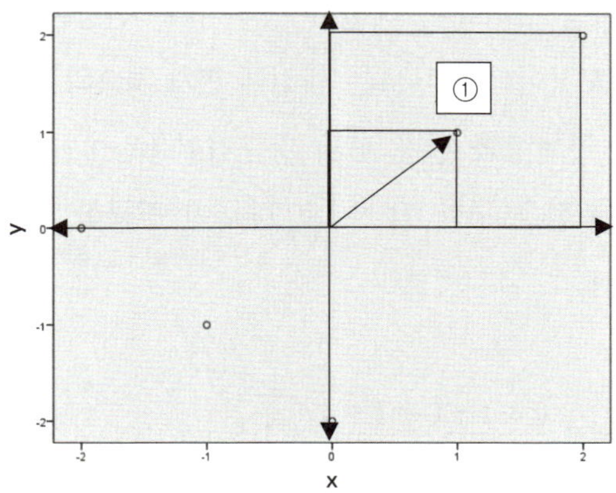

[그림 2.1-3] 두 변인의 공변(편차점수)

공변량의 공식은 다음과 같다.

$$COV_{XY} = \frac{\Sigma(X-M_X)(Y-M_Y)}{N-1} \qquad \text{(공식 2.1-2)}$$

공변량은 각 개인의 X의 편차 점수에 Y의 편차 점수를 곱한 점수(교적, cross-product)를 구하고, 이 교적의 총점을 구한 뒤, 다시 N-1로 나눈 값이다. [그림 2.1-3]의 ①로 표시된 사례에 나타낸 화살표는 X와 Y가 우 상향의 방향으로 공변해 가는 모습을 보여준다. ①로 표시된 사례에서 X, Y의 공변하는 정도를 수량으로 표현하기 위해 ①번 개인의 X 변인의 평균에서의 변화량(=1)과 Y의 평균에서의 변화량(=1)을 곱한 값을 공변하는 정도를 나타내는 값(=1)으로 보고, 이를 **교적**(cross-product)이라 부른다. ①번 사례가 있는 곳을 1사분면, 그 왼쪽을 2사분면, 그 아래를 3사분면, 다시 오른쪽을 4사분면이라 하자. 1사분면에 위치하는 사례는 교적이 모두 + 값으로, 2사분면에 위치하는 사례들은 교적이 모두 − 값으로, 3사분면에 위치하는 사례는 + 값으로, 4사분면에 위치하는 사례들은 − 값으로 계산될 것이다. X축 선상에 그리고 Y축 선상에 정확히 떨어지는 개인은 공변하는 값이 0이 된다. 여기서 중요한 한 가지는 **변량**은 X, Y 대신에 X, X를 또는 Y, Y를 [그림 2.1-3]처럼 나타내어 계산한 경우이다. 변량은 자기(예, X)와 자기(예, X) 간의 공변을 교적이라고 부르는 대신에 **편차 차승의 합**(sum of squares)이라고 부른다. 어쨌든 공변량과 변량 모두 평균점인 (0, 0)을 기준으로 모든 사례의 변화하는 정도의 총점을 구한 뒤 N-1로 나누어 평균한 것이다. 〈표 2.1-1〉의 공변량은 다음과 같다.

$$COV_{XY} = \frac{0+1+0+1+4}{4} = 1.5$$

위에서 계산된 X와 Y의 변량, 공변량을 〈표 2.1-2〉처럼 표현하면 **변량-공변량 행렬**이라고 불린다. 대각선의 값들은 변량을, 대각선 밖의 값은 공변량을 나타낸다. 변량-공변량을 계산할 수 있다면 상관계수도 계산할 수 있다. 변량과 공변량은 원점수로 계산하고, 상관계수는 원점수를 Z점수로 변환하여 계산하는 차이가 있을 뿐이다.

〈표 2.1-2〉 변량-공변량 행렬

	Y	X
Y	2.5	
X	1.5	2.5

Z점수는 편차 점수를 표준편차로 나누어주면 된다. 따라서 Z점수를 계산하기 위해서는 표준편차를 먼저 구하여야 하고, **표준편차**는 변량을 제곱근한 값이다.

X의 표준편차: $S_X = \sqrt{2.5} = 1.58$

Y의 표준편차: $S_Y = \sqrt{2.5} = 1.58$

Z점수의 공식은 다음과 같다.

$$Z_X = \frac{X - M_X}{S_X} \text{ 또는 } Z_Y = \frac{Y - M_Y}{S_Y} \qquad \text{(공식 2.1-3)}$$

Z점수를 구한 결과는 〈표 2.1-3〉과 같다.

〈표 2.1-3〉 원점수, 편차점수, Z점수

원점수		편차점수		Z점수	
X	Y	x	y	Z_X	Z_Y
3	1	0	−2	0÷1.58=0	−2÷1.58=−1.26
2	2	−1	−1	−1÷1.58=−.63	−1÷1.58=−.63
1	3	−2	0	−2÷1.58=−1.26	0÷1.58=0
4	4	1	1	1÷1.58=.63	1÷1.58=.63
5	5	2	2	2÷1.58=1.26	2÷1.58=1.26
Σ=15	Σ=15	Σ=0	Σ=0	Σ=0	Σ=0
M=3	M=3	M=0	M=0	M=0	M=0

2.1.2 피어슨 적률상관계수

상관계수(r)는 Z_X와 Z_Y의 교적의 합을 구하고, 이 합을 다시 사례 수(N-1)로 나누어주면 된다. r의 공식은 (공식 2.1-4)와 같다. 이 공식을 사용하면 상관계수는 .6으로 산출된다(다음 계산은 소수 둘째 자리에서 반올림하였음)

$$r = \frac{\sum Z_X Z_Y}{N-1} \qquad (공식\ 2.1\text{-}4)$$

$$r = \frac{0+.4+0+.4+1.6}{4} = .6$$

상관계수는 원점수를 Z점수로 표준화하여 구해도 되고, 원점수로 구한 공변량을 분자로 하고, X와 Y의 표준편차를 곱한 값을 분모에 대입해도 동일한 값이 나온다.

$$r = \frac{COV_{XY}}{S_X S_Y}$$

$$r = \frac{1.5}{1.58 \times 1.58} = .6$$

[그림 2.1-4]는 Z점수로 변화된 점수들을 좌표상에 나타낸 것이다. X축과 Y축의 값들이 Z점수로 표시되어 있고, 각 사례들의 분포 위치나 모양은 원점수, 편차점수의 좌표상에 나타난 것과 동일하다는 것을 알 수 있다.

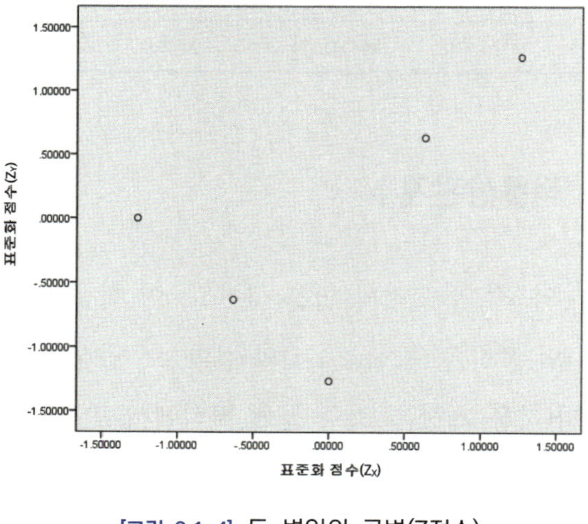

[그림 2.1-4] 두 변인의 공변(Z점수)

2.1.3 회귀계수

변량, 공변량, 상관계수를 숙달했다면 회귀계수와 회귀방정식도 숙달하면 좋다. 연구자는 종종 X 변인의 정보를 사용해서 Y 변인을 **예측**하고자 한다. 이런 예측을 하려면 예측에 사용될 모형이 필요하다. 예측모형은 회귀방정식 모형으로 만들어진다.

〈표 2.1-4〉에 제시된 X 변인과 Y 변인의 편차 점수로 산포도를 그리면 [그림 2.1-5]와 같다. 이 그림에는 X축과 Y축을 제외한 3개의 직선이 있다. 이 선들을 회귀선이라고 한다. 3개의 회귀선 중 X, Y의 관계를 가장 잘 대표하는 회귀선은 어느 것일까? 당연히 3개의 점이 회귀선상에 올라가 있는 가운데 B일 것이다.

〈표 2.1-4〉 X와 Y의 회귀계수

원점수			편차점수		
X	Y	Z	x	y	z
3	1	3	0	−2	0
2	2	1	−1	−1	−2
1	3	2	−2	0	−1
4	4	5	1	1	2
5	5	4	2	2	1
Σ15	Σ=15	Σ=15	Σ=0	Σ=0	Σ=0
M=3	M=3	M=3	M=0	M=0	M=0

B 회귀선을 나타내는 방정식을 만들면 이를 회귀방정식이라 한다. 그림에서 볼 수 있듯이 회귀선은 완벽하게 직선으로 그려지므로 [그림 2.1-5]의 5개 사례는 실제로 이 직선 위에 위치하지 않지만, 회귀방정식은 5개 사례 모두가 이 직선 위에 존재한다고 예측하게 된다. X 값을 알 때 회귀방정식으로 구해지는 Y 값은 이론적인 값이고, 실제로 조사된 사례의 X, Y의 값은 현실 그 자체이다. **이론적으로 예측된 값**과 **현실적인 값**은 차이가 생기기 마련이고, 이를 **오차**라고 부른다. 회

귀방정식 모형을 완성한 뒤에는 Y 값을 조사하지 않고도 X 값의 정보가 있으면 Y 값을 예측할 수 있게 된다. 먹구름이 끼면 비가 올 것이라고 예측할 수 있듯이 말이다.

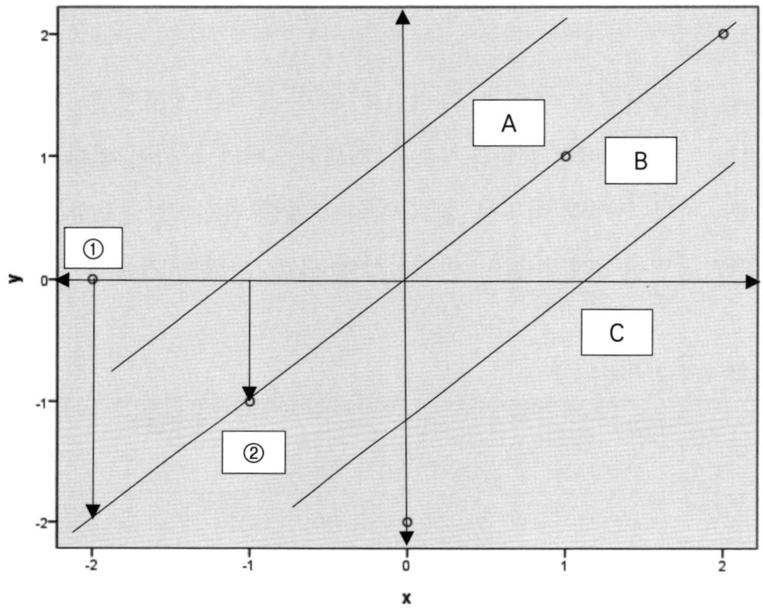

[그림 2.1-5] 회귀선 찾기

회귀선의 방정식은 $Y' = A + B_X$로 표현된다. A는 X=0일 때의 Y'의 값을 나타내며, 절편이라고 불린다. 기울기를 나타내는 B는 **비표준화 회귀계수**라고 불린다. 회귀방정식을 만들 때 X 변인과 Y 변인의 관계가 실제로 완벽한 선형적 관계에 있지 않지만, 마치 완벽한 선형적 관계에 있는 듯이 회귀방정식을 만든다. 그렇다 보니 회귀방정식 모형을 사용하여, 한 사례의 X 변인의 점수를 알고 Y 변인의 점수를 예측하게 되면 반드시 오차가 발생한다. 모형과 실제 사이에는 차이가 있기 마련이다. 회귀방정식은 모형 또는 이론이며, 자료로 구한 점수는 실제인 것이다. **예측**은 한 현상의 정보를 알 때 다른 현상이 어떠한지 미리 알아보는 데 목적이 있으므로 오차가 발생하더라도 예측하지 못하는 것보다 좋을 수 있다.

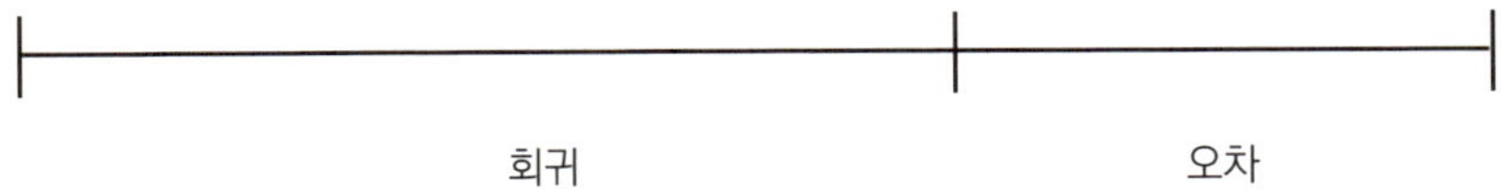

위의 직선이 Y 변인의 한 특정 사례의 점수라면 '**회귀**'는 X 변인의 점수를 알 때 회귀방정식을 사용해서 특정 사례의 Y 변인의 점수에서 예측된 부분이고, '**오차**'는 회귀방정식을 사용하여 예측되지 못한 부분이다. 회귀와 오차는 다르게 표현하면 다음과 같다.

회귀는 X에 의해 설명되는 Y의 부분이다.

오차는 X에 의해 설명되지 않는 Y의 부분이다.

따라서, 오차와 X는 관계가 없는 부분이다. 그러므로 오차와 X 사이의 상관계수는 0이다.

[그림 2.1-5]에서 5개 사례의 X 변인과 Y 변인의 관계를 나타내는 어떠한 회귀선을 그려도 모든 사례가 회귀선상에 정확히 위치하는 경우는 존재하지 않는다. 이는 어떠한 회귀선을 그려도 오차가 발생한다는 뜻이다. 오차가 많이 발생하는 모형은 X 변인의 점수를 알고 Y 변인의 점수를 예측할 때 차이가 많이 발생하므로 좋은 모형이 아니다. 오차가 가장 적게 발생하는 회귀방정식이 최고의 모형이다. 오차가 가장 적게 발생하려면 여러 개의 회귀방정식을 만들어 $\Sigma(Y - Y')$가 가장 적은 모형을 선택하면 된다. 그러나 $Y - Y'$는 어떤 경우이든 합이 0이므로, $\Sigma(Y - Y')^2$의 값이 가장 적은 회귀방정식을 채택한다. 이를 **최소자승화의 원리**라고 한다.

앞서 말했듯이 회귀방정식은 $Y' = A + B_X$로 진술할 수 있다. 이제 할 일은 A와 B를 어떻게 계산하는가이다. 회귀방정식의 B를 계산하는 방법은 (공식 2.1-4)처럼 이미 개발되어 있다.

$$B = \frac{\Sigma xy}{\Sigma x^2} \qquad \text{(공식 2.1-4)}$$

이 공식에서 1) 분자는 X 변인의 편차를 나타내는 x와 y를(Y 변인의 편차를 나타냄) 곱한 점수인 교적의 합이고, 2) 분모는 X 변인의 편차 자승의 합이다. 다시 말해 X, Y 변인의 교적의 합을 X 변인의 편차 자승의 합으로 나누면 회귀방정식의 기울기 B가 된다. 절편 A는 어떻게 구하면 될까? 모든 선형관계를 나타내는 회귀선에서 X 변인의 평균과 Y 변인의 평균은 같은 위치에서 교차하게 된다.

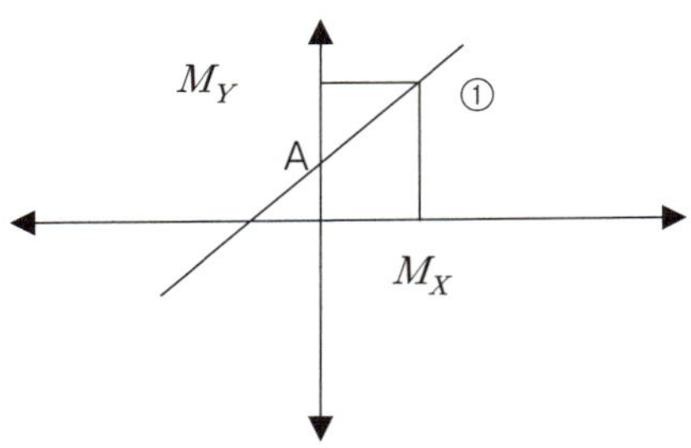

[그림 2.1-6]

위의 그림에서 회귀선이 Y축과 만나는 곳의 X점수는 0이고, Y점수가 A라면 그 좌표는 (0, A)이고 A는 절편을 나타낸다. 이 그림에서 ①의 좌표는 두 변인의 평균이 교차하는 (M_X, M_Y)이다. 이 2개의 좌표를 사용해서 X의 변화량을 분모로 하고, Y의 변화량을 분자로 하면 그것이 기울기 B가 된다. 절편 A의 좌표와 ①의 좌표를 사용하면, X의 변화량은 M_X-0이고, Y의 변화량은 M_Y-A이다. 따라서 B는 다음처럼 표현될 수 있다.

$$B = \frac{M_Y - A}{M_X - 0}$$

이를 정리하면 다음과 같다.

$$A = M_Y - B M_X \qquad \text{(공식 2.1-5)}$$

〈표 2.1-4〉의 X 변인과 Y 변인의 원점수를 사용하여 B와 A를 구해서 회귀방정식을 만들어보자.

① 먼저 B를 구해보자. 분자를 나타내는 두 변인의 교적의 합은 0+1+0+1+4=6이다. 다음으로 분모를 나타내는 X 변인의 편차 자승의 합은 0+1+4+1+4=10이다. 따라서 B=0.6이다.

② 절편을 구해보자. 절편 $A = M_Y - B M_X = 3 - 0.6 \times 3 = 1.2$가 된다. 결국 회귀방정식은 다음과 같다.

$$Y' = 1.2 + 0.6X$$

이 방정식을 활용하면 Y'는 〈표 2.1-5〉의 왼쪽 원점수 영역처럼 산출된다. 원점수 Y의 합도 15이고 예측 점수 Y'의 합도 15란 것을 알 수 있다. 그리고 Y−Y'의 합은 0이다. 흥미롭게도 Y와 Y'간에 차이는 있어도 정보의 총량으로서 총점(15)이 동일하고, 평균의 값(3)도 동일하다.

〈표 2.1-5〉 회귀모형으로 예측된 점수와 오차(잔차)

원점수				편차점수			
X	Y	Y'	Y-Y'	x	y	y'	y-y'
3	1	3	−2	0	−2	0	−2
2	2	2.4	−0.4	−1	−1	−0.6	−0.4
1	3	1.8	1.2	−2	0	−1.2	1.2
4	4	3.6	0.4	1	1	0.6	0.4
5	5	4.2	0.8	2	2	1.2	0.8
Σ=15	Σ=15	Σ=15	Σ=0	Σ=0	Σ=0	Σ=0	Σ=0
M=3	M=3	M=3	M=0	M=0	M=0	M=0	M=0

회귀방정식은 편차 점수로도 구할 수 있다. 이 방법은 미리 구해져 있는 편차 점수로 곧바로 회귀방정식을 구성하는 경우라고 생각하면 된다. 〈표 2.1-4〉의 X 변인과 Y 변인의 편차 점수로 B부터 구해보자.

① 먼저, B를 구해보자. 분자를 나타내는 두 변인의 교적의 합은 0+1+0+1+4=6이다. 다음으로 분모를 나타내는 X 변인의 편차 자승의 합은 0+1+4+1+4=10이다. 따라서 B=0.6으로 원점수를 사용할 때와 동일하다.

② 다음으로 절편 A를 구해보자. $A = M_y - B\,M_x = 0 - 0.6 \times 0 = 0$으로 구해진다. 이는 편차 점수를 평균 중심화하였기 때문에 나타나는 특징이다. 편차 점수를 활용한 회귀방정식은 다음과 같다.

$$y' = 0.6x$$

이 방정식을 활용해서 편차 점수의 y'는 〈표 2.1-5〉의 오른쪽처럼 구해진다. 편차 점수의 경우에도 편차 점수 y의 합도 0이고, y'의 합도 0이고, $y-y'$의 합도 0이다. 역시 y와 y' 간에 차이는 있어도 정보의 총량은 차이가 없다.

요약하면 다음과 같다.

1. 원점수를 사용하든, 편차 점수를 사용하든 회귀계수는 동일하다.
2. 편차 점수를 사용하면, 절편은 무조건 0이다.
3. 오차의 합은 무조건 0이다.
4. 예측 변인과 오차는 관계가 없다. 즉 무조건 상관계수가 0이다. 왜냐하면 오차는 예측 변인에 의해 예측되지 않는 변인이기 때문이다.
5. 원점수로 구한 회귀계수는 **비표준화 회귀계수(B)**라고 불리며, 원점수를 표준 점수(Z)로 바꾸어 계산하면 **표준화 회귀계수(β)**가 된다.

연구자는 이론적 검토를 해서 X 변인과 Y 변인 사이에 공변하는 관계가 있다고 가설을 세우면 $Y'=A+B_X$처럼 표현되는 모형을 만든다. 그런 뒤 연구자는 자료를 수집하고, 이 자료를 분석해서 $Y'=1.2+0.6X$처럼 회귀모형을 산출하게 된다. 이후로 연구자는 X 변인에 대한 정보를 알 때 Y 변인을 예측하는 데 이 모형을 활용한다. X가 노력지속, Y가 행복이라고 가정하자. 연구자는 대학생 10명의 노력지속(X) 점수를 입수했지만, 행복(Y) 점수는 입수하지 못하였다. 그런데 연구자는 10명의 행복 점수를 몹시 알고 싶다. 이럴 때 연구 결과에서 산출된 $Y'=1.2+0.6X$를 예측모형으로 사용하여 행복 점수의 예측 점수를 산출할 수 있다.

〈표 2.1-6〉 예측모형을 활용하여 행복 점수 예측하기

노력지속(X) 점수	예측모형	행복(Y') 점수
3		3.0
4		3.6
5		4.2
6		4.8
7	$Y'=1.2+0.6X$	5.4
8		6.0
9		6.6
10		7.2
11		7.8

연구자는 〈표 2.1-6〉에서 예측모형을 적용하여 행복 점수를 산출하였다. 그 결과를 보면 노력지속 점수가 1점 향상될 때 행복의 예측 점수가 0.6씩 향상되고 있다. 비표준화 회귀계수(B)는 X 변인의 점수가 1점 향상될 때 Y점수에서 0.6씩 향상될 것이라는 의미를 갖는다. 다시 말하면, **비표준화 회귀계수**는 X 변인이 원점수에서 1단위 변화할 때 Y 변인에서 변화하는 정도의 양을 나타낸다.

2.2 공변량 특성

연구자가 공변량 특성에 대해 숙달하게 되면, 난해하게만 느껴지던 구조방정식 모형의 공부가 즐거워질 수 있다. 공변량 특성에 숙달되면 표본의 변량-공변량 행렬을 사용하여 모형 모수들의 추정을 할 수 있게 된다. 변량, 공변량 개념은 이미 2.1에서 익혔다. 간단하게 상기하면, ① 변량은 한 변인(X)에서 각 사례의 편차 점수들을 구하고, 이를 제곱하여 총점을 구하고, 이 총점을 다시 N-1로 나눈 값이다. 이렇게 계산된 변량을 제곱근하면 표준편차가 된다. 그런 다음 각 사례의 편차 점수를 표준편차로 나누어주면 표준화 점수(Z)로 변환된 것을 기억할 것이다. ② 공변량은 두 변인 X와 Y의 각각에서 각 사례의 편차 점수들을 구하고, 이를 서로 곱한 뒤 총점을 구하고, 이 총점을 다시 N-1로 나눈 값이다.

한편, 상관계수는 두 변인 X와 Y의 원점수를 각각 표준화 점수(Z)로 변환하고, 모든 사례들의 Z_X와 Z_Y의 교적의 총점을 구한 뒤, 이를 다시 N-1로 나눈 값이다. 결국 상관계수는 두 변인의 점수들을 표준화 점수(Z)로 변환한 뒤 공변하는 정도를 계산한 값이다. 상관계수는 표준화 점수로 계산해도 되고, (공식 2.2-1)과 같이 공변량을 구한 뒤 분모에 각각의 표준편차의 곱으로 나눠줘도 된다. (공식 2.2-2)는 (공식 2.2-1)의 변형으로 상관계수와 X, Y 변인의 표준편차를 알 때 공변량을 산출하는 공식이다. 따라서 상관행렬에 상관계수와 변인들의 표준편차가 제공되면, 언제든지 상관행렬을 변량-공변량 행렬로 변환이 가능하고, 그 역도 가능하다.

$$r = \frac{COV_{XY}}{S_X S_Y} \qquad \text{(공식 2.2-1)}$$

$$COV_{XY} = rS_X S_Y \qquad \text{(공식 2.2-2)}$$

2.2.1 공변량 특성

① 특성 1 : COV(c, X_1) = 0

COV는 공변량(covariance)의 약자이다. c는 상수(constant)의 약자이고, X_1은 변인을 나타낸다. 공변량 특성 1은 상수와 어떤 변인 사이의 공변량은 0이란 의미이다. [그림 2.2-1]의 왼쪽 10명의 사례에 제시된 상수인 학년(c)과 행복(X_1)의 상관관계를 산출해 보자. 학년(c)은 모두 3학년이므로 상수가 되지만, 행복(X_1)은 사례마다 점수 차이가 있으므로 변인이 된다. [그림 2.2-1]의 오른쪽은 산출된 공변량(공분산)과 상관계수이다. 학년(c)은 상수로서 평균이 3이고, 어떤 사례도 평균과 차이가 없으므로 모든 사례의 편차 점수는 0이다. 모든 편차 점수가 0이니 표준편차를 계산하면 0이 된다.

		X_1	c
	자존감	행복	학년
1	25	8	3
2	21	4	3
3	30	11	3
4	25	11	3
5	24	12	3
6	33	13	3
7	28	12	3
8	35	14	3
9	27	12	3
10	36	15	3

		행복	학년
행복	Pearson 상관계수	1	.[a]
	유의확률 (양쪽)		.
	제곱합 및 교차곱	89.600	.000
	공분산	9.956	.000
	N	10	10
학년	Pearson 상관계수	.[a]	.[a]
	유의확률 (양쪽)	.	
	제곱합 및 교차곱	.000	.000
	공분산	.000	.000
	N	10	10

[그림 2.2-1] 특성 1의 예시

아래에 (공식 2.2-1)을 다시 소환하였다. 한 변인의 표준편차가 0일 때, 상관계수 공식의 분모에 대입하면 수학적 계산이 불가능하다. 따라서 [그림 2.2-1]의 우측에서 행복과 학년 사이의 상관계수가 계산되지 않았다.

$$r = \frac{COV_{XY}}{S_X S_Y} \qquad \text{(공식 2.2-1)}$$

하지만 공변량(공분산)은 0으로 계산되었다. 공변량은 한 변인이 다른 변인과 함께 변화하는 정도를 나타낸다. (공식 2.2-2)를 보면 공변량 계산식에서 표준편차는 더 이상 분모에 있지 않다. 이때 한 변인의 표준편차가 0이면 무조건 공변량은 0이 된다. 공변량 특성 1의 규칙인 COV(c, X_1)=0에서 COV(X_1, c)=0와 같이 상수가 뒤쪽으로 위치가 변화해도 그 결과가 0인 것은 동일하다.

$$COV_{XY} = rS_XS_Y \qquad \text{(공식 2.2-2)}$$

② 특성 2: COV(X_1, X_2+c)=COV(X_1, X_2)

공변량 특성 2는 배분법칙을 적용한다고 생각하면, COV(X_1, X_2+c)=COV(X_1, X_2)+COV(X_1, c)처럼 변형된다. COV(X_1, c)는 공변량 특성 1을 적용하면 공변량은 0이 된다. 결국 COV(X_1, X_2+c)=COV(X_1, X_2)로 변형된다. 이는 두 변인 중 한 변인에 상수를 더해서 두 변인의 공변량을 구하면 원래의 두 변인의 공변량과 동일하다는 뜻이다.

	X_1 자존감	X_2 행복	X_2+2 행복C
1	25	8	10
2	21	4	6
3	30	11	13
4	25	11	13
5	24	12	14
6	33	13	15
7	28	12	14
8	35	14	16
9	27	12	14
10	36	15	17

		자존감	행복	행복C
자존감	Pearson 상관계수	1	.812**	.812**
	유의확률 (양쪽)		.004	.004
	제곱합 및 교차곱	224.400	115.200	115.200
	공분산	24.933	12.800	12.800
	N	10	10	10
행복	Pearson 상관계수	.812**	1	1.000**
	유의확률 (양쪽)	.004		.000
	제곱합 및 교차곱	115.200	89.600	89.600
	공분산	12.800	9.956	9.956
	N	10	10	10
행복C	Pearson 상관계수	.812**	1.000**	1
	유의확률 (양쪽)	.004	.000	
	제곱합 및 교차곱	115.200	89.600	89.600
	공분산	12.800	9.956	9.956
	N	10	10	10

[그림 2.2-2] 특성 2의 예시

[그림 2.2-2]에서 자존감은 X_1이라 하고, 행복은 X_2라고 하자. 그리고 [그림 2.2-2]의 왼쪽에서 행복C는 행복(X_2)의 모든 사례에 상수(c) 2를 더한 값, 즉 행복C=X_2+2이다(예: 8+2=10). 이로 인해 행복C(X_2+2)의 평균은 행복보다 2

점 상승하게 된다. 하지만 모든 사례에 상수 2를 더하고, 평균도 2가 증가하더라도, 사례의 편차 점수는 변화가 없다. 그리고 '공변량을 계산하는 (공식 2.1-2)'에서 알 수 있듯이 공변량은 편차 점수로 계산되므로 한 변인에 상수를 더해주는 것은 평균은 변화시키지만, 편차 점수는 변화시키지 않기 때문에 결과적으로 공변량은 변하지 않는다. [그림 2.2-2]의 오른쪽을 보면 자존감(X_1)과 행복C(X_2+2)의 공변량(공분산)이 12.80이다. 그리고 자존감(X_1)과 행복(X_2)의 공변량(공분산)도 12.80이라고 나와있다.

③ 특성 3: $\mathrm{COV}(X_1,\ \mathrm{c}X_2) = \mathrm{cCOV}(X_1,\ X_2)$

$\mathrm{COV}(X_1,\ \mathrm{c}X_2)$는 X_1과 $\mathrm{c}X_2$의 공변량을 나타낸다. $\mathrm{c}X_2$는 X_2에 상수 c를 곱한 것으로, 공변량 특성 3의 $\mathrm{COV}(X_1,\ \mathrm{c}X_2)$는 계산하면, $\mathrm{COV}(X_1,\ X_2)$에 c를 곱해준 값과 동일하다는 의미이다. 즉 이는 두 변인 중 한 변인에 상수(c)를 곱해준 뒤 두 변인의 공변량을 산출한 값은 원래의 두 변인의 공변량에 상수(c)를 곱한 것과 동일하다는 의미이다.

	X_1	X_2	X_2+2	cX_2
	자존감	행복	행복C	C행복
1	25	8	10	24
2	21	4	6	12
3	30	11	13	33
4	25	11	13	33
5	24	12	14	36
6	33	13	15	39
7	28	12	14	36
8	35	14	16	42
9	27	12	14	36
10	36	15	17	45

		자존감	행복	C행복
자존감	Pearson 상관계수	1	.812**	.812**
	유의확률 (양쪽)		.004	.004
	제곱합 및 교차곱	224.400	115.200	345.600
	공분산	24.933	12.800	38.400
	N	10	10	10
행복	Pearson 상관계수	.812**	1	1.000**
	유의확률 (양쪽)	.004		.000
	제곱합 및 교차곱	115.200	89.600	268.800
	공분산	12.800	9.956	29.867
	N	10	10	10
C행복	Pearson 상관계수	.812**	1.000**	1
	유의확률 (양쪽)	.004	.000	
	제곱합 및 교차곱	345.600	268.800	806.400
	공분산	38.400	29.867	89.600
	N	10	10	10

[그림 2.2-3] 특성 3의 예시

[그림 2.2-3]의 왼쪽의 마지막 5열에 있는 C행복($\mathrm{c}X_2$)은 행복(X_2)에 상수 3을 곱한 점수이다. [그림 2.2-3]의 오른쪽에 산출된 공변량(공분산)을 보면 자존감

(X_1)과 C행복(cX_2)의 공변량(공분산)은 38.40이고, 자존감(X_1)과 행복(X_2)의 공변량(공분산)은 12.80이다. 자존감(X_1)과 C행복(cX_2)의 공변량(공분산) 38.40은 자존감(X_1)과 행복(X_2)의 공변량(공분산) 12.80에 3을 곱한 것과 동일하다는 것을 알 수 있다.

④ 특성 4: $\text{COV}(X_1+X_2,\ X_3)=\text{COV}(X_1,\ X_3)+\text{COV}(X_2,\ X_3)$

공변량 특성 4에서 $\text{COV}(X_1+X_2,\ X_3)$는 X_1+X_2와 X_3의 공변량을 나타낸다. 그리고 X_1+X_2는 변인 2개의 점수를 합하였다는 의미이다. 즉 공변량 특성 4는 두 변인의 점수를 합한 X_1+X_2와 또 다른 변인 X_3의 공변량을 구하라는 말이다. 따라서 $\text{COV}(X_1+X_2,\ X_3)$에 마치 배분법칙을 적용한다 생각하고 $\text{COV}(X_1,\ X_3)+\text{COV}(X_3,\ X_3)$로 구하면 된다.

	X_1 자존감	X_2 행복	X_3 노력지속	X_1+X_2 자존행복
1	25	8	14	33
2	21	4	11	25
3	30	11	12	41
4	25	11	11	36
5	24	12	11	36
6	33	13	11	46
7	28	12	11	40
8	35	14	13	49
9	27	12	13	39
10	36	15	11	51

		자존행복	노력지속	자존감	행복
자존행복	Pearson 상관계수	1	-.010	.972**	.927**
	유의확률 (양쪽)		.978	.000	.000
	제곱합 및 교차곱	544.400	-.800	339.600	204.800
	공분산	60.489	-.089	37.733	22.756
	N	10	10	10	10
노력지속	Pearson 상관계수	-.010	1	.035	-.081
	유의확률 (양쪽)	.978		.923	.825
	제곱합 및 교차곱	-.800	11.600	1.800	-2.600
	공분산	-.089	1.289	.200	-.289
	N	10	10	10	10
자존감	Pearson 상관계수	.972**	.035	1	.812**
	유의확률 (양쪽)	.000	.923		.004
	제곱합 및 교차곱	339.600	1.800	224.400	115.200
	공분산	37.733	.200	24.933	12.800
	N	10	10	10	10
행복	Pearson 상관계수	.927**	-.081	.812**	1
	유의확률 (양쪽)	.000	.825	.004	
	제곱합 및 교차곱	204.800	-2.600	115.200	89.600
	공분산	22.756	-.289	12.800	9.956
	N	10	10	10	10

[그림 2.2-4] 특성 4의 예시

[그림 2.2-4]의 왼쪽에서 자존행복$(=X_1+X_2)$은 "자존감(X_1)+행복(X_2)"을 합산한 점수이다. [그림 2.2-4]의 오른쪽을 보면 자존행복(X_1+X_2)과 노력지속(X_3)의 공변량(공분산) $\text{COV}(X_1+X_2,\ X_3)$는 $-.089$이다. 자존감(X_1)과 노력지속(X_3)의 공변량(공분산) $\text{COV}(X_1,\ X_3)$는 .200이다. 행복(X_2)과 노력지속(X_3)의 공변량(공분산) $\text{COV}(X_2,\ X_3)$는 $-.289$이다. 정리하면 다음과 같다.

$COV(X_1+X_2, X_3)=COV(X_1, X_3)+COV(X_2, X_3)=.200-.289=-.089$가 된다.

결국, 두 변인(X_1, X_2)의 점수를 합산한 점수(X_1+X_2)와 나머지 한 변인(X_3)의 공변량은 각각의 변인 X_1, X_2가 나머지 한 변인 X_3와 갖는 공변량을 각각 구하여 이들을 합산한 것과 동일한 것이다.

⑤ **특성 5: $COV(X_1+X_2, X_3+X_4)=COV(X_1, X_3)+COV(X_1, X_4)+COV(X_2, X_3)+COV(X_2, X_4)$**

X_1+X_2은 X_1과 X_2를 합한 점수이다. X_3+X_4는 X_3와 X_4를 합한 점수이다. 공변량 특성 5 $COV(X_1+X_2, X_3+X_4)$는 $COV(X_1, X_3)+COV(X_1, X_4)+COV(X_2, X_3)+COV(X_2, X_4)$처럼 배분법칙을 적용하듯 각 공변량을 구한 뒤 그 값들을 합한 것과 같음을 나타내고 있다.

	X_1 자존감	X_2 행복	X_3 노력지속	X_4 흥미유지	X_1+X_2 자존행복	X_3+X_4 노력흥미
1	25	8	14	12	33	26
2	21	4	11	10	25	21
3	30	11	12	10	41	22
4	25	11	11	12	36	23
5	24	12	11	9	36	20
6	33	13	11	8	46	19
7	28	12	11	11	40	22
8	35	14	13	13	49	26
9	27	12	13	12	39	25
10	36	15	11	9	51	20

		자존행복	노력흥미
자존행복	Pearson 상관계수	1	-.081
	유의확률(양쪽)		.824
	제곱합 및 교차곱	544.400	-14.400
	공분산	60.489	-1.600
	N	10	10
노력흥미	Pearson 상관계수	-.081	1
	유의확률(양쪽)	.824	
	제곱합 및 교차곱	-14.400	58.400
	공분산	-1.600	6.489
	N	10	10

		자존감	행복	노력지속	흥미유지
자존감	Pearson 상관계수	1	.812**	.035	-.127
	유의확률(양쪽)		.004	.923	.727
	제곱합 및 교차곱	224.400	115.200	1.800	-9.400
	공분산	24.933	12.800	.200	-1.044
	N	10	10	10	10
행복	Pearson 상관계수	.812**	1	-.081	-.090
	유의확률(양쪽)	.004		.825	.805
	제곱합 및 교차곱	115.200	89.600	-2.600	-4.200
	공분산	12.800	9.956	-.289	-.467
	N	10	10	10	10
노력지속	Pearson 상관계수	.035	-.081	1	.666*
	유의확률(양쪽)	.923	.825		.036
	제곱합 및 교차곱	1.800	-2.600	11.600	11.200
	공분산	.200	-.289	1.289	1.244
	N	10	10	10	10
흥미유지	Pearson 상관계수	-.127	-.090	.666*	1
	유의확률(양쪽)	.727	.805	.036	
	제곱합 및 교차곱	-9.400	-4.200	11.200	24.400
	공분산	-1.044	-.467	1.244	2.711
	N	10	10	10	10

[그림 2.2-5] 특성 5의 예시

[그림 2.2-5]의 왼쪽에서 자존행복(X_1+X_2)은 자존(X_1)과 행복(X_2)을 합한 점수이다. 노력흥미(X_3+X_4)는 노력지속(X_3)와 흥미유지(X_4)를 합한 점수이다. [그림 2.2-5]의 가운데 공변량 행렬은 $COV(X_1+X_2, X_3+X_4)=-1.600$임을 보여

주고 있다.

[그림 2.2-5]의 오른쪽은 자존감(X_1), 행복(X_2), 노력지속(X_3), 흥미유지(X_4) 사이의 공변량을 다음처럼 보여주고 있다.

$COV(X_1, X_3) = .200$　　　　$COV(X_1, X_4) = -1.044$

$COV(X_2, X_3) = -.289$　　　　$COV(X_2, X_4) = -.467$

이들을 정리하면, 결국 $COV(X_1, X_3) + COV(X_1, X_4) + COV(X_2, X_3) + COV(X_2, X_4) = .200 - 1.044 - .289 - .467 = -1.600$임을 알 수 있다.

⑥ 특성 6: $COV(X_1, X_2) = \lambda_{11}\lambda_{21}\phi_{11}$

두 **측정변인** X_1, X_2가 동일한 잠재변인에 의해 결정되는 측정변인이라면, 두 측정변인 간의 공변량(또는 상관계수)은 요인구조의 모수들(parameters)에 의해 결정된다는 것이 공변량 특성 6이다. 특성 6에서 λ는 요인계수이고 ϕ는 잠재변인의 변량을 나타낸다. 따라서, 특성 6은 두 변인의 공변량은 두 변인 각각이 보이는 잠재변인에 대한 요인계수를 곱한 값에, 잠재변인의 변량을 다시 곱해주면 두 측정변인 사이의 공변량이 계산될 수 있다는 것을 뜻한다.

		그릿2	그릿4	그릿7	그릿8
그릿2	Pearson 상관계수	1	.206**	.214**	.219**
	유의확률 (양쪽)		.000	.000	.000
	N	804	804	804	804
그릿4	Pearson 상관계수	.206**	1	.494**	.431**
	유의확률 (양쪽)	.000		.000	.000
	N	804	804	804	804
그릿7	Pearson 상관계수	.214**	.494**	1	.393**
	유의확률 (양쪽)	.000	.000		.000
	N	804	804	804	804
그릿8	Pearson 상관계수	.219**	.431**	.393**	1
	유의확률 (양쪽)	.000	.000	.000	
	N	804	804	804	804

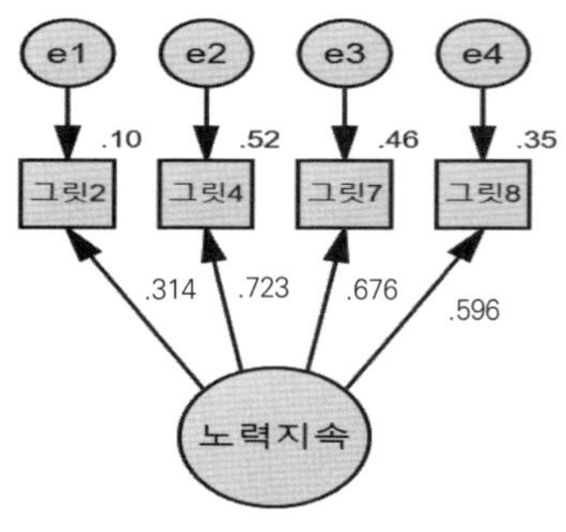

측정 단위: 잠재변인의 변량=1로 고정

[그림 2.2-6] 특성 6의 예시

[그림 2.2-6]의 왼쪽은 **표본의 상관계수 행렬**이다. 오른쪽은 왼쪽의 상관행렬(또는 변량-공변량 행렬)을 사용해서 그릿의 하위 잠재변인 "노력지속"이 그릿2, 그릿4, 그릿7, 그릿8이라는 측정변인에 의해 구성된다는 모형을 나타내고, 요인계수 값들을 추정한 것이다. 상관행렬로 측정모형을 추정하면 요인계수는 표준화된 값이다.

오른쪽 측정모형에서 구해진 추정치들을 특성 6의 공식에 대입하면 측정변인들 간의 상관관계를 재생산해 낼 수 있다. 특성 6의 공식을 사용하면, COV(그릿2, 그릿4), 즉 그릿2와 그릿4의 **재생산된 상관계수**는 [그림 2.2-6]의 오른쪽 그림에 제시되어 있는 각각의 요인계수 .314, .723, 그리고 잠재변인의 변량1을 곱한 값이 된다. 즉 .314 × .723 × 1 = .227과 같이 계산된다. 그렇다면 그릿2와 그릿7의 재생산된 상관계수는 .314 × .676 × 1 = .212. 이 과정을 반복해서 완전하게 구해진 것이 [그림 2.2-7]이고, 이를 "모수 추정치에서 재생산된 상관행렬"이라 부른다.

	그릿2	그릿4	그릿7	그릿8
그릿2	1			
그릿4	.227	1		
그릿7	.212	.488	1	
그릿8	.187	.430	.403	1

모수 추정치에서 재생산된 상관행렬

			Estimate
그릿2	<---	노력	.314
그릿4	<---	노력	.723
그릿7	<---	노력	.676
그릿8	<---	노력	.596

모수 추청치

[그림 2.2-7]

[그림 2.2-7]과 같이 모형의 모수 추정치에서 재생산된 상관행렬을 "모수 추정치에서 재생산된 상관행렬"이라고 부르며, [그림 2.2-6]의 왼쪽과 같이 표본에서 계산된 상관행렬을 "표본의 상관행렬"이라고 부른다. 이 두 상관행렬을 비교해서 대응되는 값들에서 차이가 크지 않을 때 모형이 자료에 적합하다고 말하게 된다.

2.3 피어슨 적률 상관계수, 편상관계수, 부분상관계수

2.3.1 피어슨 적률 상관계수: 0차 상관계수

피어슨 적률상관계수의 별칭은 0차 상관계수이다. X 변인과 Y 변인의 각각의 원점수로 상관계수를 구하였기 때문에 0차 상관계수라 불린다. [그림 2.3-1]은 자존감(X), 행복(Y)의 상관관계를 구조방정식 모형으로 나타낸 것이다. 이 구조방정식 모형은 자존감의 원점수와 행복의 원점수로 상관계수를 구하라는 의미를 나타낸다.

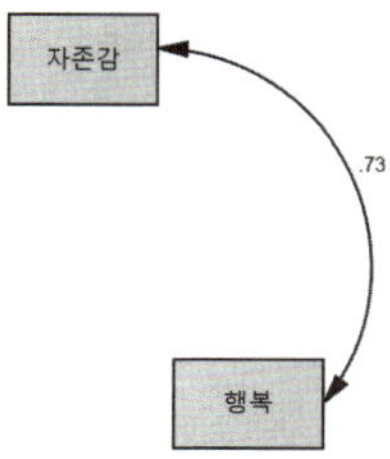

[그림 2.3-1]

2.1절에서 사용했던 점수들을 다시 사용해 보기로 하자. 다만, X를 자존감으로 Y를 행복 변인으로 간주하기로 하자. 자존감과 행복의 0차 상관계수는 2.1절에서 구했던 상관계수와 동일하다.

〈표 2.3-1〉 X(자존감)과 Y(행복)의 피어슨 적률 상관계수(0차 상관)

원점수		편차점수		Z점수	
X	Y	x	y	Z_X	Z_Y
3	1	0	−2	0÷1.58=0	−2÷1.58=−1.26
2	2	−1	−1	−1÷1.58=−.63	−1÷1.58=−.63
1	3	−2	0	−2÷1.58=−1.26	0÷1.58=0
4	4	1	1	1÷1.58=.63	1÷1.58=.63
5	5	2	2	2÷1.58=1.26	2÷1.58=1/26
Σ=15	Σ=15	Σ=0	Σ=0	Σ=0	Σ=0
M=3	M=3	M=0	M=0	M=0	M=0
S_X=1.58	S_Y=1.58				

상관계수는 Z_X와 Z_Y의 교적을 구해서 사례 수(N−1)로 나누어주면 된다. r의 공식은 아래와 같다. 이 공식을 사용해서 상관계수는 .6으로 구해졌다.

$$r = \frac{\sum Zx\,Zy}{N-1}$$

$$r = \frac{0+.4+0+.4+1.6}{4} = \frac{2.4}{4} = .6$$

2.3.2 편상관계수

피어슨 적률 상관계수 이외에 제3의 변인의 효과를 통제한 뒤에 변인들 간의 관계를 보여주는 편상관계수(partial correlation)와 부분상관계수(semipartial correlation or part correlation)가 있다. 편상관계수는 도식화하면 [그림 2.3-2]의 e_1과 e_2 사이의 상관계수와 같다고 볼 수 있다. 편상관계수는 ① X_1 변인의 Y 변인에 대한 효과를 통제한 뒤의 Y의 잔차(오차) 점수를 나타내는 $r_Y(=e_2)$, ② X_1 변인의 X_2 변인에 대한 효과를 통제한 뒤의 X_2의 잔차 점수를 나타내는 $r_{x2}(=e_1)$ 사이의 상관계수를 뜻한다. 정리하면 다음과 같다.

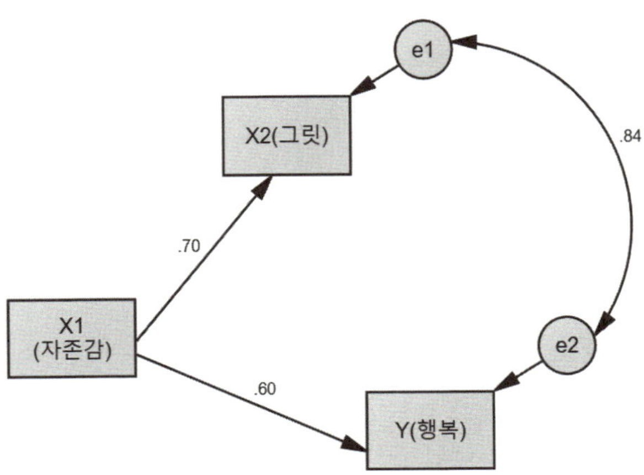

[그림 2.3-2]

r_Y = X_1 변인의 Y 변인에 대한 효과를 통제한 뒤의 Y의 잔차(오차) 점수
= Y 변인의 점수에서 X_1 변인에 의해 예측된 부분인 Y'를 뺀 점수
= Y − Y'

여기서, 잔차 점수(Y − Y')를 구하기 위해서는 X_1 변인과 Y 변인 사이의 회귀방정식을 먼저 구해야 한다. 이를 〈표 2.3-2〉의 자료를 사용하여 알아보기로 하자.

〈표 2.3-2〉 X_1(자존감)의 효과를 통제한 뒤의 X_2(그릿)와 Y(행복)의 잔차 점수

원점수			편차점수			예측된 점수		잔차점수	
X_1	X_2	Y	x_1	x_2	y	X_2'	Y'	X_2-X_2'	Y−Y'
3	1	1	0	−2	−2	3	3	−2	−2
2	3	2	−1	0	−1	2.3	2.4	0.7	−0.4
1	2	3	−2	−1	0	1.6	1.8	0.4	1.2
4	4	4	1	1	1	3.7	3.6	0.3	0.4
5	5	5	2	2	2	4.4	4.2	0.6	0.8
$\Sigma=15$	$\Sigma=15$	$\Sigma=15$	$\Sigma=0$	$\Sigma=0$	$\Sigma=0$	$\Sigma=15$	$\Sigma=15$	$\Sigma=0$	$\Sigma=0$
M=3	M=3	M=3	M=0	M=0	M=0	M=3	M=3	M=0	M=0
$S_X=1.58$	$S_Y=1.58$								

X_1 → X_2의 회귀방정식(예측모형). 앞서 배웠던, $B=\dfrac{\Sigma xy}{\Sigma x^2}$와 $A=M_Y-B\,M_X$를 적용하면, 즉 X_1을 독립변인으로 하고 X_2를 종속변인으로 한 회귀방정식(예측모형)은 다음처럼 구할 수 있다.

$$X_2' = (M_{X_2} - B\,M_{X_1}) + \frac{\Sigma x_1 x_2}{\Sigma x_1^2} X_1$$

첫째, B를 먼저 구하면 다음과 같다. 〈표 2.3-2〉에 제시된 X_1, X_2의 편차점수를 B의 계산 공식에 대입하면 다음과 같이 그 값은 0.7로 계산된다.

$$B = \frac{\Sigma x_1 x_2}{\Sigma x_1^2} = \frac{0+0+2+1+4}{0+1+4+1+4} = \frac{7}{10} = 0.7$$

둘째, A를 산출하면 다음과 같다. 〈표 2.3-2〉의 원점수에서 구해진 평균 M_{X_2}, M_{X_1}과 위에서 계산한 회귀계수 B를 아래처럼 대입하면 A는 0.9로 계산된다.

$$A = M_{X_2} - B\,M_{X_1} = 3 - 0.7 \times 3 = 3 - 2.1 = 0.9$$

셋째, 결국 회귀방정식(예측모형)은 $X_2' = 0.9 + 0.7X_1$처럼 된다. 이 예측모형을 사용하면 X_1의 점수를 알 때 X_2를 예측한 X_2' 점수를 아래처럼 구할 수 있고, 이는 〈표 2.3-2〉에도 대입되어 있다.

원점수	예측하기	예측값
X_1		X_2'
3	$X_2' = 0.9 + 0.7X_1$	3
2		2.3
1		1.6
4		3.7
5		4.4

X_1 → Y의 회귀방정식(예측모형). X_1을 독립변인으로 하고 Y를 종속변인으로 한 회귀방정식(예측모형)을 만들어보자.

$$Y' = (M_Y - B\,M_{X_1}) + \frac{\Sigma x_1 y}{\Sigma x_1^2} X_1$$

$$B = \frac{\Sigma x_1 y}{\Sigma x_1^2} = \frac{0+1+0+1+4}{0+1+4+1+4} = \frac{6}{10} = 0.6$$

$$A = M_Y - B\,M_{X_1} = 3 - 0.6 \times 3 = 3 - 1.8 = 1.2$$

$$Y' = 1.2 + 0.6X_1$$

이 회귀방정식(예측모형)을 사용하면 X_1의 점수 각각에 대한 Y' 점수를 다음처럼 구할 수 있다. 아래의 결과를 〈표 2.3-2〉에도 대입해 두었다.

원점수	예측하기	예측 값
X_1		Y'
3	$Y' = 1.2 + 0.6X_1$	3
2		2.4
1		1.8
4		3.6
5		4.2

〈표 2.3-2〉에 원점수 X_2와 예측된 점수 X_2'로 구한 잔차 점수($X_2 - X_2'$)를 구해두었고, 원점수 Y와 예측된 점수 Y'로 구한 잔차 점수(Y−Y')도 구해두었다. 이 잔차 점수들만 옮겨 오면 아래와 같다.

잔차점수	
$r_{x2}(=e_1)$	$r_Y(=e_2)$
$= X_2 - X_2'$	$= Y - Y'$
−2	−2
0.7	−0.4
0.4	1.2
0.3	0.4
0.6	0.8
$\Sigma=0$	$\Sigma=0$
M=0	M=0

당신이 알아차렸다면, 잔차 점수의 합은 항상 0이다. 그러니 잔차 점수의 평균 또한 0이 된다. 손으로 계산하든 계산기로 계산하든 계산을 해보는 것이 좋다. 이 2개의 잔차 점수의 상관계수가 바로 편상관계수(partial correlation)이다. 이 두 잔차 점수는 평균이 0이므로 잔차점수 그 자체도 결국 편차점수인 셈이다. 따라서 앞에서 익혔던 상관계수 공식을 사용하면 쉽게 편상관계수가 구해진다. 즉 (공식 2.3-1)을 사용하면 된다. 물론 변인의 이름이 달라졌으므로, 변인의 이름을 수정해서 사용해야 한다. 〈표 2.3-3〉은 편상관계수를 구하는 방법을 제시하고 있다.

$$r = \frac{COV_{XY}}{S_X S_Y} \qquad \text{(공식 2.3-1)}$$

〈표 2.3-3〉 X_1(자존감)의 효과를 통제한 뒤, X_2(그릿)와 Y(행복)의 편상관계수

잔차점수		편차 자승		교적
$r_{x2(=e_1)}$	$r_{Y(=e_2)}$			
X_2-X_2'	$Y-Y'$	$(X_2-X_2')^2$	$(Y-Y')^2$	$(X_2-X_2')(Y-Y')$
−2	−2	4	4	4
0.7	−0.4	0.49	0.16	−0.28
0.4	1.2	0.16	1.44	0.48
0.3	0.4	0.09	0.16	0.12
0.6	0.8	0.36	0.64	0.48
$\Sigma=0$	$\Sigma = 0$	$\Sigma = 5.1$	$\Sigma = 6.4$	$\Sigma = 4.8$
M = 0	M = 0	$S^2 = 1.275$	$S^2 = 1.6$	③ COV=1.2
		① S=1.129	② S=1.265	

〈표 2.3-3〉의 하단에 제시된 두 변인의 잔차 점수의 표준편차 ①, ②와 공변량 ③을 상관계수 공식에 대입하면, 편상관계수는 아래처럼 계산된다.

$$r = \frac{1.2}{1.129 \times 1.265} = \frac{1.2}{1.428} = .84$$

〈표 2.3-4〉는 통계패키지를 사용하여 X_1(자존감)과 X_2(그릿)를 독립변인으로 하고 Y(행복)를 종속변인으로 한 중다회귀분석 결과이다. 이 결과는 2개의 편상관계수를 기본적으로 제공한다. ①과 ②가 편상관계수이다. 이때 ②는 X_1이 X_2에 대해 갖는 효과를 통제한 뒤의 잔차(X_2-X_2'), X_1이 Y에 대해 갖는 효과를 통제한 뒤의 잔차($Y-Y'$) 사이의 편상관계수이다. 헷갈리면 [그림 2.3-2]를 다시 참고하라. 반면에, ①은 X_2가 X_1에 대해 갖는 효과를 통제한 뒤의 잔차(X_1-X_1'), X_2가 Y에 대해 갖는 효과를 통제한 뒤의 잔차($Y-Y'$) 사이의 편상관계수이다. 헷갈리면 그림을 그려보라.

〈표 2.3-4〉 X_1(자존감), X_2(그릿)는 독립변인, Y(행복)는 종속변인으로 한 표준중다회귀분석 결과

모형		비표준화계수		표준화계수	t	유의확률	상관계수		
		B	표준오차	베타			0차	편상관 (prtial)	부분상관 (part)
1	상수	.353	1.088		.324	.777			
	X1 (자존감)	-.059	.430	-.059	-.137	.904	.600	① -.096	③ -.042
	X2 (그릿)	.941	.430	.941	2.191	.160	.900	② .840	④ .672

a. 종속변수: Y(행복)

2.3.3 부분상관계수

앞서 편상관계수를 알아보았다. 지금부터는 편상관계수와 혼동되기 쉬운 부분상관계수(semipartial correlation)를 알아보기로 하자. 부분상관계수는 위계적 중다회귀분석을 했을 때 설명변량에서 차이가 얼마나 생길지를 파악하는 데 도움이 되는 상관계수이다. 부분상관계수는 part correlation으로 불리기도 한다. 부분상관계수를 알아보기 전에 먼저 〈표 2.3-4〉와 〈표 2.3-6〉을 구별하면 다음과 같다.

〈표 2.3-4〉: X_1, X_2, Y의 변인으로 표준중다회귀분석을 한 결과
회귀모형이 1개뿐임
X_1, X_2를 Y에 대한 독립변인으로 동시에 투입하였음
X_1, X_2 두 변인이 Y의 변량을 얼마나 설명하는지에 관심이 있음

〈표 2.3-6〉: X_1, X_2, Y의 변인으로 위계적 중다회귀분석을 한 결과
회귀모형이 2개 있음
모형 1: X_1만 Y에 대한 독립변인으로 투입하였음
모형 2: X_1, X_2를 Y에 대한 독립변인으로 동시에 투입하였음
X_1 변인이 Y의 변량을 얼마나 설명하는지에 관심이 있음
X_2 변인이 Y의 변량을 얼마나 추가적으로 설명하는지에 관심이 있음

〈표 2.3-4〉와 같은 표준중다회귀분석의 결과는 동일한 독립변인(X_1, X_2)으로 표준중다회귀분석이 아닌 위계적 회귀분석을 하였을 때 Y의 변량을 얼마나 추가적으로 설명할 수 있는지에 대한 정보를 미리 제공한다. 예를 들어, 〈표 2.3-4〉의 표준중다회귀분석의 결과에서 ④의 값(.672)은 X_1, X_2를 독립변인으로 하고, Y를 종속변인으로 하는 위계적 중다회귀분석을 하였을 때, 〈표 2.3-6〉의 모형 1보다 모형 2의 설명변량이 얼마나 더 증가할지를 보여준다고 생각하면 유익하다. 즉 .672를 제곱하면 .415로 계산되며, X_1을 독립변인으로 먼저 투입하고, X_2를 X_1과 함께 독립변인으로 투입하면 설명 변량이 .415 증가할 것임을 미리 알 수 있다.

부분상관계수는 X_1, X_2, Y의 변인이 있을 때, X_1 변인이 X_2 변인에 대한 효과를 통제한 뒤의 X_2의 잔차점수를 나타내는 r_{X_2}와 Y 변인 사이의 상관계수를 뜻한다. r_{X_2}는 X_1 변인에 의해 설명되지 않는 잔차이므로, r_{X_2}와 Y 변인 사이의 부분상관계수는 X_1 변인과 관계가 없는 X_2의 부분이 Y와 갖는 상관관계이다.

〈표 2.3-5〉 부분상관계수: X_1(자존감)의 X_2(그릿)에 대한 효과를 통제한 뒤의 X_2의 잔차점수 r_{X_2}와 Y(행복)의 상관관계

원점수			예측 점수	편차 점수	잔차점수 (r_{X_2})	편차(또는 잔차)자승		교적
X_1	X_2	Y	X_2'	y	① X_2-X_2'	y^2	$(X_2-X_2')^2$	$y(X_2-X_2')$
3	1	1	3	−2	−2	4	4	4
2	3	2	2.3	−1	0.7	1	0.49	−0.7
1	2	3	1.6	0	0.4	0	0.16	0
4	4	4	3.7	1	0.3	1	0.09	0.3
5	5	5	4.4	2	0.6	4	0.36	1.2
$\Sigma=15$	$\Sigma=15$	$\Sigma=15$	$\Sigma=15$	$\Sigma=0$	$\Sigma=0$	$\Sigma=10$	$\Sigma=5.1$	$\Sigma=4.8$
M=3	M=3	M=3	M=3	M=0	M=0	$S^2=2.5$	$S^2=1.275$	④ COV=1.2
						② S=1.581	③ S=1.129	

〈표 2.3-5〉는 〈표 2.3-2〉를 수정한 것이다. ①은 X_1(자존감)의 X_2(그릿)에 대한 효과를 통제한 뒤의 잔차점수(X_2-X_2')이다. 이 그릿의 잔차점수는 X_1(자존감)의 영향을 더 이상 받지 않는 점수 부분이므로, 그릿의 잔차점수와 Y(행복) 사이의 부분 상관계수라고 불린다. 그릿의 잔차점수와 행복 사이의 부분 상관계수는 두 변인의 공변량 ④를 두 변인의 표준편차(②, ③)의 곱으로 나눈 것이며, 다음처럼 계산된다.

$$r=\frac{1.2}{1.581\times1.129}=\frac{1.2}{1.785}=.672$$

부분상관계수 $r=.672$는 〈표 2.3-4〉의 ④에 계산되어 있는 .672와 동일하다. 부분상관계수를 자승(제곱)하면 $r^2=.452$가 되고, 이는 X_1(자존감)의 X_2(그릿)에 대한 효과를 예측한 뒤의 잔차점수(X_2-X_2')가 Y에 대해 보이는 설명변량이 된다.

이는 〈표 2.3-7〉의 R제곱 변화량의 ③ .452에서도 확인된다. 이는 다시 말해 Y를 예측하는 데 있어서 X_1(자존감)을 독립변인으로 투입하고, 그런 다음 X_1(자존감)과 X_2(그릿)를 독립변인으로 투입하게 되면 X_2(그릿)가 독립변인으로 추가되었기 때문에 설명변량이 얼마나 증가할지(증분되는 설명변량)를 미리 알 수 있게 해주는 효과가 있다.

요약하면, 〈표 2.3-4〉의 ④의 값, 즉 .672를 제곱하면, 그 값은 단일 독립변인으로서 X_1(자존감)을 독립변인으로 투입했을 때 Y에 대한 설명변량과 독립변인 2개, 즉 X_1(자존감)과 X_2(그릿)를 동시에 투입했을 때 Y에 대한 설명변량을 비교할 시 증분되는 변량의 정도를 미리 알려준다. 이것은 위계적 중다회귀분석을 할 때 설명변량이 $r^2=.452$ 혹은 45.2%가 증가한다는 것을 알려준다.

〈표 2.3-6〉은 X_1(자존감), X_2(그릿)를 독립변인으로, Y(행복)를 종속변인으로 지정하여 위계적 회귀분석을 실시한 결과이다. 위계적 회귀분석은 기존의 독립변인에 새로운 독립변인이 추가될 때 설명변량이 증가하는 정도를 알아보는 데 목적이 있다. 모형 1은 X_1(자존감)만을 독입변인으로 투입한 모형이고, 모형 2는 기존의 X_1(자존감)에 더불어 X_2(그릿)도 독립변인으로 추가한 모형이다.

〈표 2.3-6〉 독립변인 X_1(자존감)의 X_2(그릿)의 종속변인 y에 대한 위계적 회귀분석

모형		비표준화 계수		표준화 계수	t	유의확률	상관계수		
		B	표준오차	베타			0차	편상관	부분상관
1	상수	1.200	1.532		.783	.491			
	X_1 (자존감)	.600	.462	.600	1.299	.285	.600	.600	.600
2	상수	.353	1.088		.324	.777			
	X_1 (자존감)	-.059	.430	-.059	-.137	.904	.600	-.096	-.042
	X_2 (그릿)	.941	.430	.941	2.191	.160	.900	.840	.672

a. 종속변수: Y(행복)

〈표 2.3-6〉과 관련하여, 통계 프로그램은 〈표 2.3-7〉과 같이 모형 요약 결과를 추가적으로 제시한다. 이 모형 요약에 모형 1과 모형 2 사이에서 발생하는 설명변량(=R 제곱 변화량)의 변화 정도가 제시된다. 〈표 2.3-7〉의 ①은 모형 1의 설명변량(R 제곱)이 .360 또는 36%임을 보여준다. ②는 모형 2의 설명변량(R 제곱)이 .812 또는 81.2%임을 보여준다. ③은 모형 2의 설명변량에서 모형 1의 설명변량을 뺀 설명변량의 변화량, 즉 .812−.360=.452임을 보여준다. 이 값은 위에서 계산해 왔던 부분상관계수의 제곱, 즉 r^2=.672×.672=.452와 같다.

〈표 2.3-7〉 모형 요약

모형	R	R 제곱	수정된 R 제곱	추정값의 표준오차	통계량 변화량				
					R 제곱 변화량	F 변화량	df1	df2	유의확률 F 변화량
1	.600a	① .360	.147	1.461	.360	1.688	1	3	.285
2	.901b	② .812	.624	.970	③ .452	4.800	1	2	.160

a. 예측값: (상수), X_1

b. 예측값: (상수), X_1, X_2

c. 종속변수: Y

요약하면, 부분상관계수는 독립변인 A에 더불어 새로운 독립변인 B가 추가될 때, 새로운 독립변인 B가 A와 관계없이, 즉 독립적으로 종속변인과 보이는 상관계수를 나타내며, 이 부분 상관계수를 제곱하면 독립변인 B가 추가로 종속변인을 얼마나 더 설명할 수 있는지를 보여주는 증분된 설명변량(ΔR^2 또는 R제곱 변화량)이 된다.

2.4 상관계수에 영향을 미치는 요인

2.4.1 측정의 척도와 값들의 범위

변인들이 측정되거나 척도화된(measured or scaled) 방법은 통계분석 결과에 영향을 미친다. 측정의 척도에는 4가지 유형(명명척도, 서열척도, 등간척도, 비율척도)이 있다. 구조방정식 모형에서는 대개 피어슨 적률상관계수로 계산된 변량-공변량 행렬이 분석자료로 사용되기 때문에 등간 또는 비율 수준에서 측정된 변인을 요구한다. 등간 또는 비율 척도로 측정된 변인들은 변량이 계산될 수 있도록 충분히 넓은 점수의 값들을 가져야 한다(예: 15 또는 그 이상의 척도 점수들). 대상이 획득한 점수들의 범위가 좁으면 상관계수의 크기가 줄어든다(예: 획득한 원점수를 그대로 사용할 경우 점수의 범위가 넓기 때문에 상관계수의 크기가 크지만, 원점수를 인위적으로 1 또는 0의 명명척도로 바꾸면 점수의 범위가 1 또는 0으로 좁아지기 때문에 상관계수의 크기가 작아짐). 또한 연구대상의 동질성이 클수록 점수의 변량은 줄어들고, 이는 변인들 간의 상관계수를 작아지게 한다(예: 청소년을 대상으로 자존감과 우울의 상관관계를 보았을 때보다 청소년부터 노인까지를 대상으로 자존감과 우울의 상관을 본다면 점수의 변량은 늘어나고 이들의 상관계수는 커짐). 따라서 기본적으로 변인들 간의 상관관계가 나타나기 위해서는 점수의 충분한 변량이 확보되어야 한다.

2.4.2 비선형성

피어슨 적률상관계수는 두 변인 사이의 선형관계에 대한 측정치이다. 따라서 피어슨 적률 상관계수는 두 변인이 직선 관계를 보인다면(선형성) 유의한 상관계수를 제시할 것이나, 두 변인이 곡선 관계를 보인다면 유의하지 않은 상관계수를 제시할 것이다. 따라서 변인들이 '선형 관계'라는 조건을 충족하지 못하면 피어슨 적률 상관계수는 크게 영향을 받는다. 연구자는 구조방정식 모형을 사용하기 전에 점수들의 선형성을 확인해야 한다. 선형성과 비선형성을 확인하는 가장 간단한 방법은 산포도를 그리는 것이다. 산포도를 그리는 것은 상관관계 연구에서 필수적인 절차로 여겨져야 한다. 특히 산포도를 그리는 이유는 피어슨 적률상관계수가 선형 관계의 측정치이므로 비선형적인 분포가 그려질 경우 피어슨 적률상관계수를 활용하는 것이 적합하지 않다는 것을 확인할 수 있기 때문이다.

2.4.3 결측 자료

자료의 통계분석은 변인들의 측정에서 결측 자료가 있으면 이에 영향을 받는다. 결측 자료가 상관계수의 계산에 미치는 영향을 간단히 살펴보면 다음과 같다. 우선 〈표 2.4-1〉의 완전한 자료 집합과 〈표 2.4-2〉의 결측 자료(missing data) 집합을 살펴보라. 결측 자료 집합은 완전한 자료 집합의 X 변인의 몇 가지 사례에서 자료가 결측되게 조작되었다. 이 두 자료로 상관계수를 비교해 보자.

〈표 2.4-1〉 완전한 자료

Y	X
9	7
8	6
9	5
6	3
5	4
6	3
4	4
6	5
4	2
3	3

$r = .782(p = .007)$

〈표 2.4-2〉 결측 자료

Y	X
9	
8	6
9	
6	3
5	4
6	3
4	4
6	
4	2
3	3

$r = .659(p = .108)$

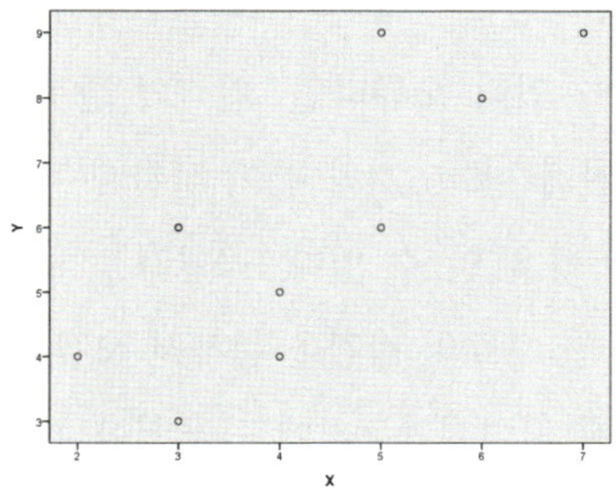

[그림 2.4-1] 완전한 자료 산포도

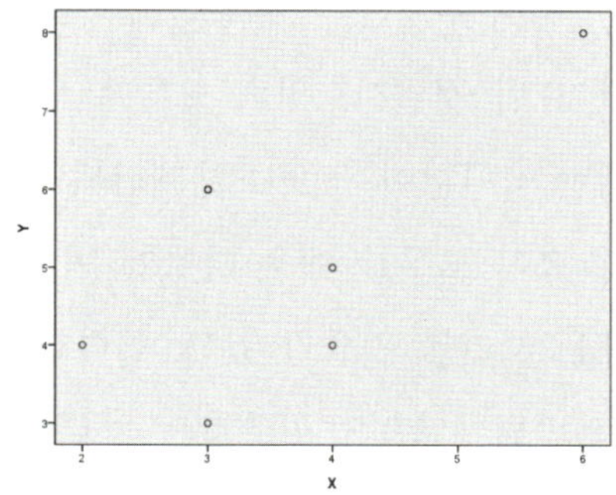

[그림 2.4-2] 결측된 자료

[그림 2.4-1]은 완전한 자료 집합의 산포도이고, [그림 2.4-2]는 결측 자료 집합의 산포도이다. 전자는 후자보다 선형적 패턴이 더욱 뚜렷하다. 이 두 자료 집합으로 상관관계를 구한 결과는 다음과 같다. ① 완전한 자료 집합은 $n=10$에, 상관계수 $r=.782(p=.007)$였다. ② 결측 자료 집합은 Y의 값은 동일한데, X 변인에서 3개 사례에 결측 자료가 발생하자, $n=7$에, 상관계수 $r=.659(p=.108)$로 유의하지 않았다. 즉 통계적으로 유의하던 피어슨 적률상관계수가 유의하지 않게 변화되었다. 이 단순한 예는 결측 자료가 발생하면 피어슨 적률 상관계수가 영향을 받는다는 것을 보여준다.

연구자는 결측 자료를 사용할 때, 결측 자료가 있는 사례의 삭제, 결측 자료 대체, 결측 자료의 존재를 수용하는 강건한 통계법(robust statistical procedures) 중에서 선택할 수 있다. 이들에 대한 선택은 결측 자료의 양과 메커니즘에 의해 좌우되므로 5장에서 분리하여 다룰 것이다.

2.4.4 극단값

피어슨 적률 상관계수는 극단값 1개에도 큰 영향을 받는다. 예를 들어, 〈표 2.4-3〉과 〈표 2.4-4〉의 자료 집합을 보면, 마지막 사례에서 집합 A의 Y점수 25와 집합 B의 Y점수 1이라는 차이만 있다. 이 두 자료 집합의 상관계수를 구하면 전자는 .524, 후자는 −.994로 계산된다. 25라는 극단값은 표본의 크기가 작아서 극단값이 된 것일까? 입력 오류로 인한 것일까? 입력 오류라면, 입력의 잘못으로 발생한 극단값이 −.994로 계산되어야 할 상관계수를 .524와 같이 상관계수의 방향과 크기 모두를 매우 다르게 변형시킨다는 것을 알 수 있다. 극단값을 보이는 사례는 제거될 필요가 있고, 입력의 잘못이라면 자료의 점검을 통해서 오류가 수정될 필요가 있다. 연구자는 자료가 정확하게 입력되었는지에도 세심한 관심을 기울여야 할 것이다.

〈표 2.4-3〉 극단값 존재: 집합 A

X	Y
1	8
2	6
3	2
4	4
5	25

$r = .524$

〈표 2.4-4〉 극단값 비존재: 집합 B

X	Y
1	8
2	6
3	4
4	2
5	1

$r = -.994$

2.5 상관과 인과의 차이

피어슨 적률상관계수는 두 변인 간의 상관관계의 유무를 보여주나, 인과적 관계는 보여주지 못한다. 인과적 관계의 추론을 위해서는 다음의 조건들이 갖춰져야 한다(Tracz, 1992).

1) 시간적 순서: X가 시간적으로 Y에 선행해야 한다.
2) X와 Y의 관계에서 공변량 또는 상관계수가 존재해야 한다.
3) 제3의 원인을 통제해야 한다.

이 3가지 조건이 연구설계에서 충족되지 않으면 인과관계보다 상관관계가 추론될 뿐이다. 그러나 만약 연구에서 조작되는(manipulative) 변인들이 사용되면, 연구자는 한 변인을 변화 또는 조작하여, 다른 변인에 대한 후행 효과를 조사할 수 있고, 인과(cause-and-effect)의 관계를 결정할 수 있다. 구조방정식 모형에서는 인과적 관계보다 영향력(influence)의 양이 어느 정도인지가 변인들 사이의 직접, 간접, 총효과에 의해 가정되고 해석된다.

2.6 기타 상관계수의 유형

흔히 사용되는 상관계수는 피어슨 적률상관계수이다. 현재는 피어슨 적률상관계수뿐 아니라 상관계수를 산출하고자 하는 두 변인의 유형(명명, 서열, 등간, 비율)의 조합에 따라 구분되는 다양한 상관계수가 개발되었다. 〈표 2.6-1〉은 두 변인 간의 관계가 선형적으로 나타나는 상관계수의 유형을 제시한 것이다(이기종, 2000; Schumacker & Lomax, 2010). 이들 중 구조방정식 모형에서 주로 사용되는 상관계수는 피어슨 적률상관계수, 양분 또는 다분 상관계수(biserial or polchoric), 이연 또는 다연 상관계수(biserial or polyserial)이다.

〈표 2.6-1〉 상관계수의 유형

유형 및 내용	예시
Pearson 적률: 두 변인이 등간척도 이상으로 측정되어 연속성을 지닐 경우	지능지수와 영어시험점수와의 상관
Spearman 등위(rank, Kendall's τ): 두 변인이 서열척도로 측정되어 연속성을 지니지 못할 경우	사회경제적 지위(상, 중, 하)와 직무만족(매우 불만족, 보통, 매우 만족)과의 상관
φ(phi), 유관(contingency): 두 변인이 명명척도로 측정되어 연속성을 지니지 못할 경우	성별(남, 여)과 학년(1학년, 2학년, 3학년)과의 상관
γ(gamma), 등위 이연(rank biseral): 변인 하나는 서열척도, 다른 하나는 명명척도로 측정되어, 두 변인 모두 연속성을 지니지 못할 경우	사회경제적 지위(상, 중, 하)와 성별(남, 여)과의 상관

유형 및 내용	예시
점이연(point biserial): 변인 하나는 등간척도 이상의 수준에서 측정되어 연속성을 지니고, 다른 하나는 서열척도나 명명척도로 측정되어 비연속성을 지니는데, 비연속성을 지닌 변인의 범주가 2개인 이분 변인인 경우. 이때 2분 변인은 남녀와 같이 둘로 확실히 구분됨	지능과 성별(남, 여)과의 상관
이연(biserial): 변인 하나는 등간척도 이상으로 측정되어 연속성을 지니고, 다른 하나는 서열척도 또는 명명척도로 측정되어 비연속성을 지니는데, 비연속성을 지닌 변인의 범주가 2개인 이분 변인인 경우. 이때 이분 변인은 운전면허시험에서 60점 이상은 합격, 60점 미만은 불합격처럼 진정한 이분 변인이 아닌 자료의 변환(합격=1, 불합격=0)에 의해 인위적으로 구분된 경우	지능과 운전면허시험 합격 여부(합격, 불합격)와 상관(*운전면허시험 결과는 점수로 제시되므로 등간척도라고 할 수 있으나, 절단점 60점을 기준으로 자료를 1과 0으로 변환하면 명명척도, 서열척도가 됨)
다연(polyserial): 변인 하나는 등간척도 이상으로 측정되어 연속성을 지니고, 다른 하나는 서열척도나 명명척도로 측정되어 비연속성을 지니며, 비연속성을 지닌 변인의 범주가 3개 이상으로 구분되는 경우	지능과 학점 등급(A, B, C, D, F)과의 상관
양분(tetrachoric): 두 변인이 서열척도나 명명척도로 측정되어 비연속성을 지니며, 변인의 범주가 2개인 이분 변인인 경우	운전면허시험 합격여부(합격, 불합격)와 성별(남, 여)과의 상관
다분(polychoric): 두 변인이 서열척도나 명명척도로 측정되어 비연속성을 지니며, 두 변인의 범주가 3개 이상으로 구분되는 경우	학점 등급(A, B, C, D, F)과 사회경제적 지위(상, 중, 하)와의 상관

제 3 장

즐거운 연구의 기초 개념

이 장의 목적

1. 모집단과 표본의 특징, 표집 방법을 알고 연구설계에 맞는 표집을 할 수 있다.
   확률적 표집(단순무선표집, 체계적 표집, 층화표집, 군집표집, 층화군집표집)
   비확률적 표집(편의표집, 할당표집, 목적표집, 눈덩이 표집)
2. 측정의 척도(명명 척도, 서열 척도, 등간 척도, 비율 척도)를 구분할 수 있고, 이산 변인과 연속 변인을 구분할 수 있다.
3. 신뢰도(검사-재검사, 동형검사, 내적 일관성)와 타당도(내용타당도, 안면타당도, 구인타당도, 준거관련타당도)를 알고 활용할 수 있다.

이 장의 핵심 개념

- 모집단은 연구자가 연구결과를 일반화하고 싶은 전체 집단을 뜻한다. 연구자가 연구를 위해 모집단에서 일부 사례를 추출하는 과정을 표집이라고 하며, 추출된 대상들을 표본이라고 한다.
- 확률적 표집에는 단순무선표집, 체계적 표집, 층화표집, 군집표집, 층화군집표집이 있고, 이 방법들은 모집단에 속한 대상들이 표본으로 선택될 확률이 동일한 표집 방법이다.
- 비확률적 표집에는 편의표집, 할당표집, 목적표집, 눈덩이 표집이 있고, 이 방법들은 모집단에 속한 대상들이 표본으로 선택될 확률이 동일하지 않은 방법이다.
- 측정은 사람 또는 사물의 특성을 수량으로 구체화하고자 숫자를 부여하는 과정으로 길이, 온도처럼 직접 측정이 가능한 것과 자존감, 행복처럼 간접 측정이 가능한 것으로 구분된다.
- 측정에 사용되는 척도의 종류에는 명명척도, 서열척도, 등간척도, 비율척도가 있다. 명명척도는 상호 배타적인 집단에 수치를 부여하는 척도이다. 서열척도는 사람이나 사물의 순서나 서열을 나타내기 위한 척도이다. 등간척도는 일정한 측정의 단위를 갖고 있고, 점수들 간에 동일한 간격을 유지하는 척도이나 절대 0점이 없는 척도이다. 비율척도는 동일한 간격과 절대 0점이라는 속성을 모두 보유하는 척도를 말한다. 비율 척도에서 0이라는 것은 그 속성이 전혀 없는 경우를 뜻한다. 길이나 무게는 0이면 길이와 무게가 전혀 없다는 것을 뜻한다. 성적은 0이라고 해서 한 학생이 실제로 아무것도 모른다는 의미는 아니다.
- 신뢰도는 검사점수가 시간의 변화에 따라 얼마나 일관성 있게 나타나는지의 정도를 뜻한다. 신뢰도는 검사가 재려고 하는 측정대상이 무엇이든 그것을 얼마나 정확하게 측정하느냐에 관심이 있다. 신뢰도의 유형에는 검사-재검사 신뢰도, 동형검사 신뢰도, 내적 일관성 신뢰도(반분

검사 신뢰도, 문항 내적 일관성 신뢰도)가 있다.
• 타당도는 검사가 측정하고자 하는 것을 제대로 측정하는지를 의미하는 것으로 측정도구 내용의 충실성이라고 할 수 있다. 타당도에는 내용타당도, 구인타당도, 준거관련 타당도(예언타당도, 공인타당도)가 있다. 내용타당도는 측정하고자 하는 내용에 관해 관련 전문가가 주관적인 판단을 하는 것을 뜻한다. 구인타당도는 추상적인 개념을 조작적으로 정의한 후, 해당 척도가 조작적으로 정의된 구인을 제대로 측정하고 있는지 평가하는 방법을 뜻한다. 구인타당도는 문항분석, 수렴타당도, 변별타당도, 요인분석에 의해 평가된다. 준거관련 타당도는 척도와 준거의 관계를 파악하여 타당도를 평가하는 방법이다. 준거관련 타당도에는 예언타당도와 공인타당도가 있다. 예언타당도는 현재 시점에서 특정 척도를 활용하여 도출된 결과와 시간이 흐른 후 대상자의 미래 행동(준거) 간의 관계를 파악하여 타당도를 평가하는 방법이다. 공인(공존)타당도는 동 시간대에 타당도를 평가하는 방법이다. 예를 들어, 성취를 예측하기 위하여 개발된 그릿 검사라면, 재학 중인 학생에게 검사를 실시하고, 그릿과 학업성취도의 관계를 분석하여 상관계수가 높으면, 그릿의 학업성취도에 대한 타당도가 높다고 할 수 있다.

3.1 모집단과 표본

모집단은 연구자가 연구결과를 일반화하고 싶은 전체 집단을 뜻한다. 즉 연구자가 관심을 갖고 관찰해서 어떤 결과를 도출하고자 하는 집단 전체를 모집단이라고 한다. 예를 들어, 한 연구자가 우리나라 고등학생의 자존감에 대한 연구를 한다고 가정해 보자. 이때 우리나라 고등학생이 모집단 또는 전집이라 불린다. 그런데 우리나라 고등학생 전체를 대상으로 연구하는 것은 여러 가지 제한점으로 사실상 불가능하다. 그래서 연구자는 일부 고등학생을 표집 또는 추출하여 자존감에 대해 조사하고, 그 결과를 모집단으로 일반화하고자 한다. 이와 같이 연구에서 그 결과를 일반화하고자 하는 우리나라 고등학생 전체 집단이 모집단이 된다.

연구자가 연구결과를 일반화하고 싶은 전체 집단이 모집단이라면, 연구를 위해 모집단에서 일부 사례를 추출하는 과정을 표집이라고 하며, 추출된 대상들을 표본이라고 한다. 우리나라 고등학생의 자존감에 대한 연구를 실시하기 위해서, 고등학생 900명을 대상으로 조사를 실시하였다면, 연구대상인 고등학생 900명이 표본이 된다([그림 3.1-1] 참조). 연구에서는 표본을 분석하여 도출된 결과를 모집단의 특성으로 일반화하고자 하기 때문에, 표본은 모집단에 대한 대표성을 가져야 한다. 모집단에서 모집단을 대표하는 연구대상을 추출하는 과정을 표본 추출 또는 표집이라고 한다. 표본 추출 방법은 크게 확률적 표집과 비확률적 표집으로 나누어진다(김병성, 2003; 이기종, 나종민, 2020).

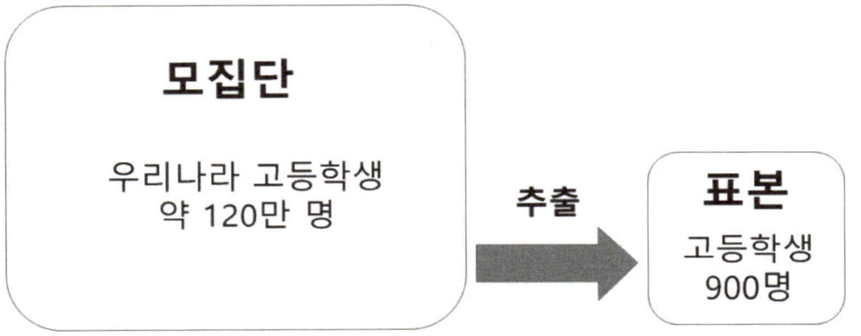

[그림 3.1-1] 모집단과 표본

3.1.1 확률적 표집

확률적 표집은 모집단에서 표본을 추출할 때, 표집 확률을 객관적으로 평가할 수 있는 방법이다. 즉 모집단에 속한 대상들이 표본으로 선택될 확률이 동일하다. 확률적 표집에는 단순무선표집, 체계적 표집, 층화표집, 군집표집, 층화군집표집이 있다. 아래의 설명에서 이해의 편의를 위해 1개 고등학교, 혹은 1개 지역의 고등학교들, 또는 전국의 모든 고등학교를 전집으로 보고 설명한다. 실제로 연구자는 연구에서 전집을 1개 고등학교 또는 1개 지역의 고등학교들로 설정하지는 않는다. 우리나라 고등학생을 전집으로 설정하거나, 혹은 우리나라 청소년 등을 전집으로 설정할 것이다. 이와 같이 전국 규모로 전집을 설정할 경우 개인 연구자가 확률적 표집 방법으로 조사를 실시하는 것은 경제적, 시간적, 정보보호 등의 이유로 거의 가능하지 않다. 그러므로 여기에서는 이해의 편의를 위한 수준에서 전집을 무조건 우리나라 고등학생, 청소년과 같이 설정하여 설명하지 않았다. 한 고등학교나 대학교 등에서 교내 실태조사를 한다면 전교생을 전집으로 볼 수도 있으므로 다양한 수준에서 설명하고자 하였다. 그리고 실제로 대부분의 학위 논문, 연구에서는 비확률적 표집의 방법이 많이 사용되고, 국가 정책연구에서는 확률적 표집이 사용되는 경향이 있다. 왜냐하면 전국 단위의 확률표집을 위해서는 표집의 틀(예: 전국 고등학생의 명부와 지역별 학교 명부 등)이 있어야 하는데, 이를 개인이 입수하는 것은 가능하지 않기 때문이다.

1) 단순무선표집

단순무선표집(simple random sampling)은 모집단에 속한 대상이 연구에 사용될 표본으로 추출될 확률이 동일한 표집 방법으로, 제비뽑기처럼 무작위로 표본을 추출하는 방법이다. 모집단의 대상자에게 숫자를 부여한 후에 난수표를 이용하거나 컴퓨터에 의해 추출한다. 난수표는 특정 범위의 숫자가 나오는 비율이 같도록 무질서하게 배열한 표이다. 이 방법은 표집 방법이 간단하고, 표집 오차가 없다는 장점이 있는 반면, 모집단의 규모가 클 경우 모집단의 관리가 어렵다는 단점이 있다. 단순무선표집 방법은 다음과 같고, 예시를 〈표 3.1-1〉에 제시하였다.

첫째, 모집단의 대상에게 1부터 N까지 고유번호를 부여한다.

둘째, 난수표를 이용하여 추출할 표본의 번호를 정한다. 난수표를 이용하여 표본을 추출할 경우, 난수표를 읽는 방법에 대한 계획을 세운다. 예를 들어 최초의 번호부터 가로로 읽을 것인지, 세로로 읽을 것인지, 대각선으로 읽을 것인지, 혹은 한 줄을 읽을 것인지, 두 줄을 한꺼번에 읽을 것인지 정해야 하는데, 이는 표본의 수에 따라 결정한다.

셋째, 난수표를 이용하여 추출한 번호에 해당되는 대상을 포함하여 표본을 만든다.

〈표 3.1-1〉 단순무선표집을 위한 난수표 사용의 예

	0		1		2		3		4		5		6		7		8		9	
0	72	09	83	17	34	63	06	44	48	53	93	36	26	21	40	03	32	26	09	60
1	10	01	08	45	03	18	47	25	19	14	43	75	86	02	18	94	59	71	69	25
2	24	31	02	62	46	34	64	87	54	74	88	39	06	54	12	68	21	08	80	46
3	97	99	64	73	07	63	04	75	11	98	55	42	00	22	85	48	91	04	72	13
4	84	61	52	35	12	86	53	74	60	05	92	20	67	55	58	28	15	76	62	41
5	78	11	00	52	81	76	45	19	15	30	27	67	89	31	22	30	95	29	24	81
6	38	79	51	33	91	49	16	94	65	01	29	14	43	84	07	69	40	42	57	61
7	51	95	32	23	77	82	50	90	35	66	73	56	39	13	27	78	70	96	33	77
8	85	71	37	96	50	92	83	82	28	49	66	17	59	44	68	87	23	99	47	90
9	10	38	80	70	37	98	16	65	89	36	41	93	28	57	88	79	20	97	56	05

B고등학교 1학년 학생을 대상으로 그릿을 조사하고자 한다. B고등학교 1학년 학생은 100명이고, 이 중 10명을 표본으로 선정하고자 한다.

단순무선표집 방법의 표본선정 과정은 다음과 같다.

첫째, B고등학교 1학년 전체학생에게 1~100번까지 고유번호를 부여한다.

둘째, 난수표를 읽는 방법에 대한 계획을 세운다. 최초의 숫자부터 가로로 읽는 방법으로 계획을 세웠다면, 무작위로 난수표의 한 부분을 찍어, 가로로 10개의 번호를 추출한다. 예를 들어 눈을 감고 난수표의 최초의 수를 6행의 33번으로 찍었다면, 33번 오른쪽에 있는 91, 49, 16, 94, 65, 01, 29, 14, 43번이 추출된다.

셋째, 추출된 번호(33, 91, 49, 16, 94, 65, 01, 29, 14, 43번)에 해당되는 대상이 표본이 된다.

2) 체계적 표집

체계적 표집은 계통표집(systematic sampling)이라고도 하며, 모집단의 대상자에게 일련의 숫자를 부여한 다음, 최초의 표본만 무작위로 표집하고 나머지 표본은 일정한 간격을 두고 체계적으로 선택하는 방법이다. 이 방법은 표집 방법이 간단하다는 장점이 있지만, 모집단이 무작위로 나열되어 있지 않을 경우에 특정 대상이 많이 추출될 수 있다는 단점이 있다. 체계적 표집의 방법은 다음과 같이 이루어지며, 예시를 〈표 3.1-2〉에 제시하였다.

첫째, 집단의 대상자들에게 1부터 N까지 고유번호를 부여한다.

둘째, 표집간격(k)을 정한다(k = 모집단의 크기/표본의 크기).

셋째, 무작위로 하나의 표본을 선택한다.

넷째, 최초의 표본을 시작으로 표집 간격마다 대상을 체계적으로 추출하여 표본을 만든다.

〈표 3.1-2〉 체계적 표집의 예

연구자는 K고등학교 학생을 대상으로 자존감을 조사하고자 한다. K고등학교 학생은 전교생이 500명인데, 시간과 비용을 고려하여 전수조사하지 않고 100명을 표집하여 조사하고자 한다.
체계적 표집 방법의 표본 선정 과정은 다음과 같다.
첫째, K고등학교 학생들 전체에게 1~500번까지 고유번호를 부여한다.
둘째, 500명 중에서 100명을 표본으로 추출하기 때문에, 모집단 사례 수 500을 표본의 사례 수 100으로 나누어 표집이 되는 간격을 5로 결정한다.
셋째, 최초의 숫자를 1~5까지 중에서 무선표집하여 한 숫자로 결정하다.
넷째, 최초의 숫자가 3으로 선정되었다면, 5를 간격으로 표집하여 표본을 선정하면 된다. 즉 최초의 숫자 3 이후로 5의 간격으로 숫자를 표집하면 3, 8, 13, 18, 23, 28, 33, 38, 43, 48 … 498번과 같이 표본이 추출된다.

3) 층화표집

층화표집(stratified sampling)은 모집단에서 곧바로 표본을 추출하지 않고 우선 대상자들을 하위집단으로 분류하고, 하위집단 내에서 단순무선표집을 실시하여 표본을 추출하는 방법이다. 이 방법은 비례층화표집과 비비례층화표집으로 나뉜다. 비례층화표집은 하위집단별 표본 수를 모집단의 구성비율과 동일하게 표집하는 방법이고, 비비례층화표집은 하위집단별로 필요한 수만큼 표집하는 방법이다. 장점은 모집단의 속성을 고려하여 하위집단으로 분류한 후 표본을 추출하기 때문에 표본이 모집단을 대표하는 대표성이 높아지고, 표집오차가 작다는 점이다. 한편 단점은 모집단의 속성(예, 남녀의 비율 등)을 사전에 파악해야 한다는 점과 하위집단 분류에 오류가 있는 경우 표집오차가 발생할 수 있다는 점이다. 층화표집 방법은 다음과 같이 이루어지며, 예시를 〈표 3.1-3〉에 제시하였다.

첫째, 대상자들을 하위집단으로 분류한다.

둘째, 하위집단의 대상자들에게 1부터 N까지 고유번호를 부여한다.

셋째, 하위집단 내에서 단순무선표집으로 대상을 추출하여 표본을 만든다.

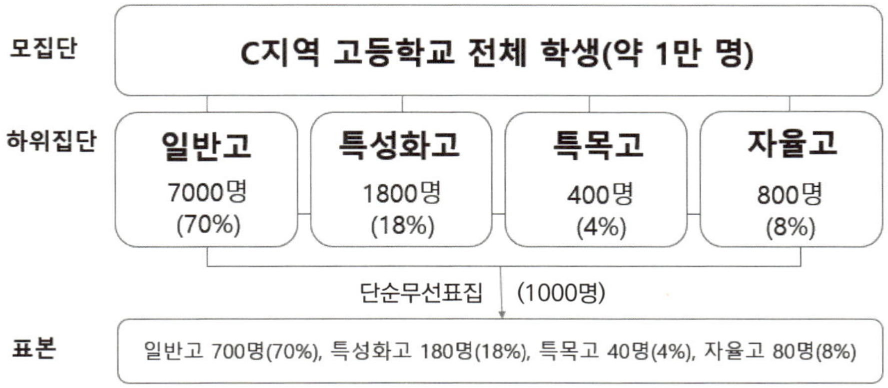

[그림 3.1-2] 비례층화표집 과정

〈표 3.1-3〉 비례층화표집의 예

연구자는 C지역 고등학교 학생을 대상으로 그릿(노력지속, 흥미유지)을 조사하고자 한다. C지역 고등학교 학생은 약 1만 명인데, 하위 집단으로서 학교 유형을 고려하여 1,000명을 표집하여 조사하고자 한다.

층화표집 방법의 표본선정 과정은 다음과 같다.

첫째, C지역 고등학교 학생들을 학교 유형별(하위집단)로 분류한다.

둘째, C지역 고등학교 학생 전체에게 학교 유형별(일반고, 특성화고, 특목고, 자율고)로 각각 1~N번까지 고유번호를 부여한다.

셋째, 학교 유형별로 모집단의 구성 비율과 동일하게 단순무선표집으로 대상을 추출하여 표본을 만든다([그림 3.1-2] 참조). 예를 들어, 위의 일반고 학생 7,000명 중에서 700명을 단순무선표집하기 위해서는 엑셀을 활용한 난수표를 생성하여 사용할 수 있다. [그림 3.1-3]은 RANDBETWEEN 함수를 사용하여 엑셀에서 지정된 범위 내에서, 즉 1에서 7,000 사이에서 357이 단순무선표집된 결과를 보여준다. 700명을 단순무선표집하기 위해서는 A1 셀을 오른쪽으로 J열(10열)까지 드래그하여 카피하고, 다시 아래쪽으로 70행까지 드래그하여 카피하면 [그림 3.1-4]와 같이 700명이 단순무선표집된다. 이런 방법을 특성화고, 특목고, 자율고에 동일하게 반복 사용하면 된다.

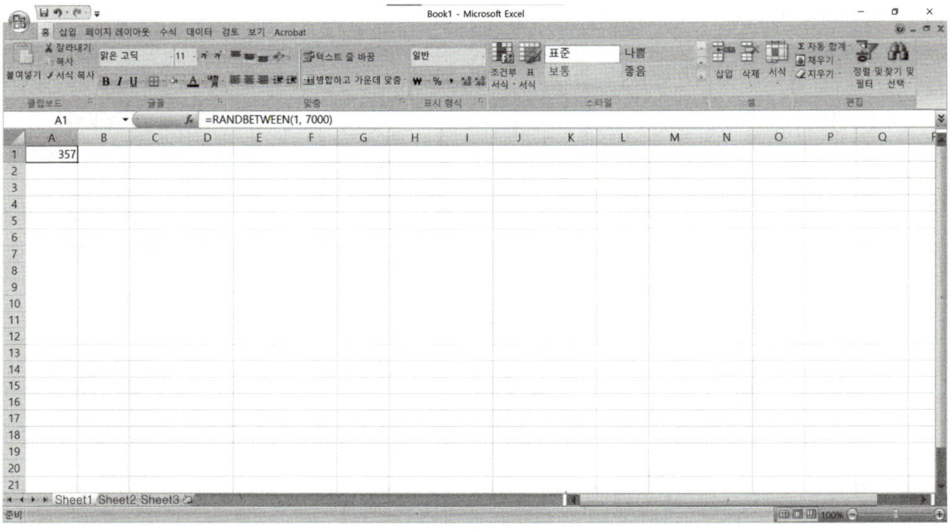

[그림 3.1-3] 비례층화표집 과정에서 엑셀을 활용한 단순무선표집 사용의 예

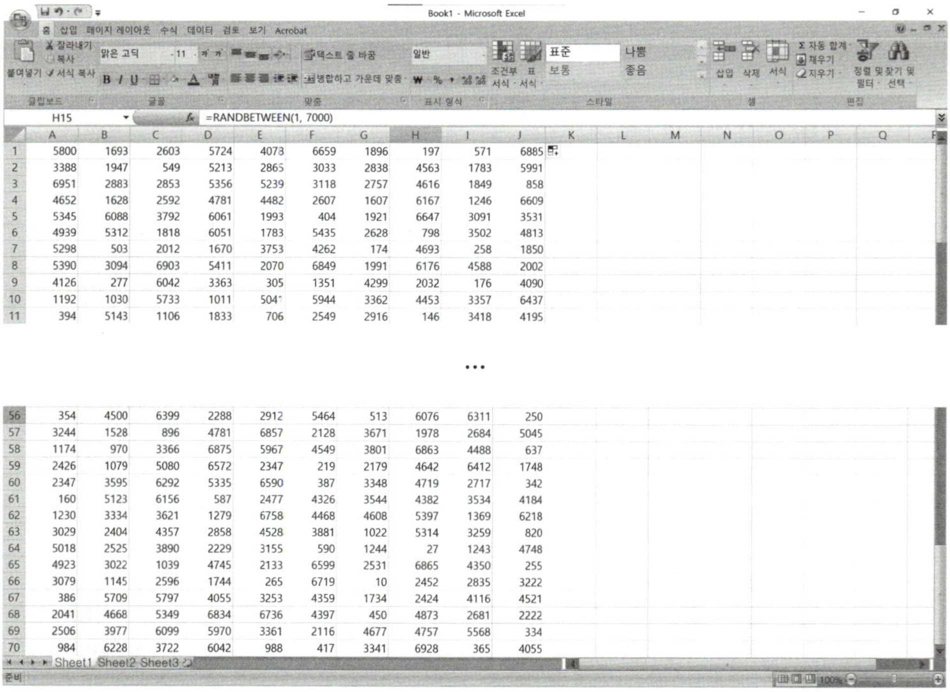

	A	B	C	D	E	F	G	H	I	J
1	5800	1693	2603	5724	4073	6659	1896	197	571	6885
2	3388	1947	549	5213	2865	3033	2838	4563	1783	5991
3	6951	2883	2853	5356	5239	3118	2757	4616	1849	858
4	4652	1628	2592	4781	4482	2607	1607	6167	1246	6609
5	5345	6088	3792	6061	1993	404	1921	6647	3091	3531
6	4939	5312	1818	6051	1783	5435	2628	798	3502	4813
7	5298	503	2012	1670	3753	4262	174	4693	258	1850
8	5390	3094	6903	5411	2070	6849	1991	6176	4588	2002
9	4126	277	6042	3363	305	1351	4299	2032	176	4090
10	1192	1030	5733	1011	5041	5944	3362	4453	3357	6437
11	394	5143	1106	1833	706	2549	2916	146	3418	4195

…

	A	B	C	D	E	F	G	H	I	J
56	354	4500	6399	2288	2912	5464	513	6076	6311	250
57	3244	1528	896	4781	6857	2128	3671	1978	2684	5045
58	1174	970	3366	6875	5967	4549	3801	6863	4488	637
59	2426	1079	5080	6572	2347	219	2179	4642	6412	1748
60	2347	3595	6292	5335	6590	387	3348	4719	2717	342
61	160	5123	6156	587	2477	4326	3544	4382	3534	4184
62	1230	3334	3621	1279	6758	4468	4608	5397	1369	6218
63	3029	2404	4357	2858	4528	3881	1022	5314	3259	820
64	5018	2525	3890	2229	3155	590	1244	27	1243	4748
65	4923	3022	1039	4745	2133	6599	2531	6865	4350	255
66	3079	1145	2596	1744	265	6719	10	2452	2835	3222
67	386	5709	5797	4055	3253	4359	1734	2424	4116	4521
68	2041	4668	5349	6834	6736	4397	450	4873	2681	2222
69	2506	3977	6099	5970	3361	2116	4677	4757	5568	334
70	984	6228	3722	6042	988	417	3341	6928	365	4055

[그림 3.1-4] 비례층화표집: 엑셀의 RANDBETWEEN 함수로 일반고 700명을 단순무선표집한 결과

4) 군집표집

군집표집(cluster sampling)은 유층표집이라고도 불리며, 모집단에서 연구대상을 표집할 때 표집 단위를 개인이 아닌 군집(집단)(예, 시군구, 학교, 학급)으로 하여 대상을 표집하는 방법이다. 즉 표본을 추출하기 위해 개인 단위로 단순무선표집하는 것이 아니라 모집단을 군집(예, 시군구, 학교, 학급)으로 분류하여 군집 단위로 단순무선표집하고, 표집된 군집의 대상을 모두 표본에 포함시키는 방법이다. 이때 군집은 행정구역, 학교, 학급 등과 같이 자연적으로 형성된 집단으로 집단 간에 균일성이 있는 경우에 적용할 수 있다. 이 방법은 표집의 방법이 간편하고 경제적이라는 점이 장점인 반면, 군집의 수가 적을 경우 표집오차가 발생할 수 있다는 단점이 있다. 예를 들어 A지역의 고등학생을 모집단으로 할 때, 학교나 행정구역을 기준으로 분류할 수 있다. A지역을 행정 단위로 5개의 구로 분류하여 1개의 구를 추출한다면 특정 지역의 특정 요인이 영향을 주어 표집오차가 발생할 수 있다. 이런 경우에는 행정구역을 더 작은 단위(예, OO동)로 나누거나 학교를 단위로 군집을 분류할 수 있다. 군집표집의 방법은 다음과 같이 이루어지며, 예시를 〈표 3.1-4〉에 제시하였다.

첫째, 모집단을 군집으로 분류한다.

둘째, 분류된 군집에 1부터 N까지 임의의 숫자를 부여한다.

셋째, 단순무선표집 방법으로 군집을 추출하고, 선택된 군집의 모든 대상자를 표본으로 선택한다.

〈표 3.1-4〉 군집표집의 예

연구자는 A지역 고등학교 학생을 대상으로 행복감을 조사하고자 한다. A지역 고등학교 학생 중 약 1,000명을 표본으로 추출하여 조사하는 것을 목표로 하였다. 학교별로 학생들이 약 300명씩 소속되어 있다고 가정하고, 3곳의 학교를 추출하고자 한다.

군집표집 방법의 표본 선정의 과정은 다음과 같다.

첫째, A지역의 고등학교들을 각각 하나의 군집단위로 본다.

둘째, A지역의 고등학교들에 1~N번까지 고유번호를 부여한다.

셋째, 단순무선표집으로 고등학교 3개교를 추출하고, 선택된 3개 고등학교의 모든 대상자를 표본으로 선택한다. [그림 3.1-5]의 예와 같이 A지역 고등학교 중 1, 2, N번 고등학교가 추출되었다면, 1, 2, N번 고등학교의 전체 학생이 표집된다.

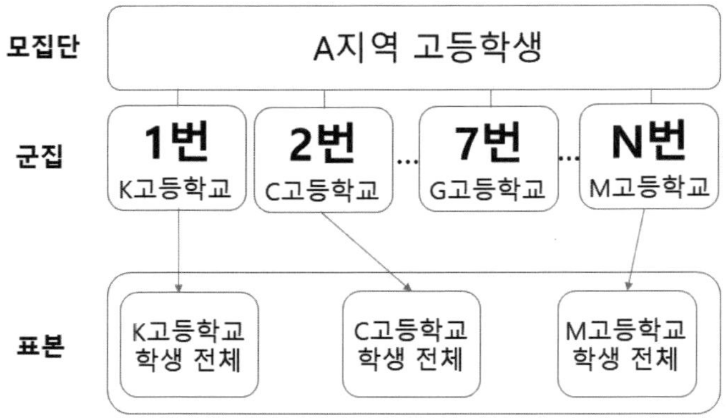

[그림 3.1-5] 군집표집 과정

5) 층화군집표집

층화군집표집(stratified cluster sampling)은 층화표집과 군집표집의 특징을 함께 고려하여 표본을 선택하는 방식이다. 즉 모집단의 속성에 의해 하위집단을 분류하여(층화표집), 개인이 아닌 군집을 단위로 표본을 선정한다(군집표집). 이 방법은 모집단에 대한 대표성이 높다는 장점이 있는 반면, 모집단의 속성을 사전에 파악해야 한다는 점과 하위집단 분류에 오류가 있는 경우 표집오차가 발생할 수 있다는 단점이 있다. 층화군집표집 방법은 다음과 같이 이루어지며, 예시를 〈표 3.1-5〉에 제시하였다.

첫째, 대상자들을 같은 특징(속성)으로 하위집단(층화)을 분류한다.

둘째, 분류된 하위집단(층화) 내의 대상자들을 다시 여러 집단(군집)으로 분류하고, 하위집단별로 각 군집에 대해 1부터 N번까지 고유번호를 부여한다.

셋째, 단순무선표집으로 집단(군집)을 선정하고, 선정된 집단(군집) 안의 모든 대상자를 표본으로 선택한다.

〈표 3.1-5〉 층화군집표집의 예

연구자는 우리나라 고등학생을 대상으로 행복감을 조사하고자 한다. 우리나라 고등학생 중 약 4,000명을 표본으로 추출하여 조사하고자 한다. 층화군집표집 방법의 표본선정 과정은 다음과 같다.

첫째, 고등학생들이 거주하는 지역을 기준으로 하위집단(수도권, 충청・강원권, 경상권, 전라・제주권)을 분류한다.

둘째, 지역별로 고등학교들에 각각 1~N번까지 고유번호를 부여한다.

셋째, 단순무선표집으로 지역별로 고등학교 3개교씩 총 12개교를 추출하고, 선택된 12개 고등학교의 모든 대상자를 표본으로 선택한다([그림 3.1-6] 참조).

층화군집표집 방법으로 연구를 실시한 예로 청소년활동 참여 실태 및 요구 분석(문호영, 2022)을 제시할 수 있다. 연구기간과 비용을 고려하여 목표 표본 수는 우리나라 중고등학생 중 1,000명으로 설정하였으며, 층화군집표집(층화다단계집락추출법) 방법을 사용하여 다음과 같이 표본을 선정하였다.

첫째, 지역(5개 권역), 학교급(중학교, 고등학교), 학년(1학년, 2학년, 3학년)을 고려하여 전국의 중고등학교 46개교를 선정하였다.

둘째, 표본으로 추출된 학교에 협조를 요청하고 이를 수락한 학교를 대상으로 학교당 선정된 1개 학년의 1개 학급의 학생을 대상으로 조사를 실시하였다. 학교에서 수락하지 않을 경우 대체 표본을 섭외하였다.

참고문헌: 문호영 (2022). 청소년활동 참여 실태 및 요구에 관한 연구. 한국청소년정책연구원.

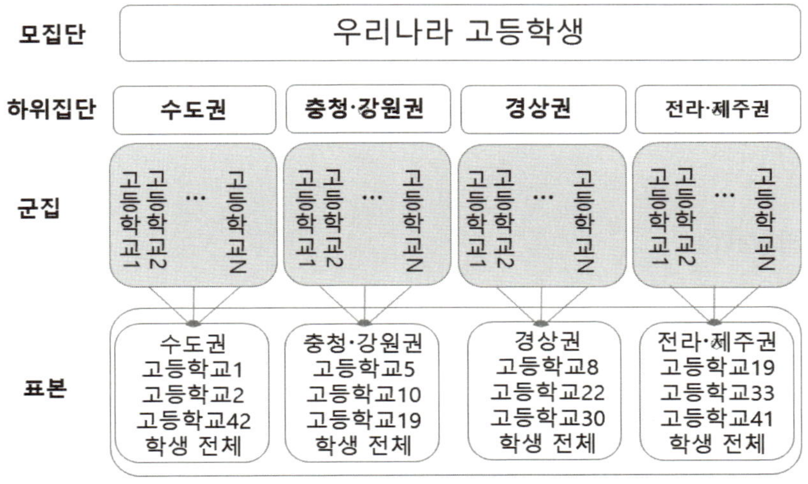

[그림 3.1-6] 층화군집표집 과정

3.1.2 비확률적 표집

비확률적 표집은 모집단에서 연구대상이 표본으로 추출될 확률이 동일하지 않고 연구자의 주관적 판단 또는 편의에 의해 표본을 추출하는 방법이다. 비확률적 표집 방법은 표본 추출이 쉽고 시간과 비용이 적게 든다는 장점이 있으나, 연구자의 주관적 판단으로 표본을 추출하고, 확률적 표집을 하지 않으므로 표본이 모집단을 대표하지 못하는 문제가 있어서 연구결과를 전집으로 일반화하는 데 한계가 있다. 비확률적 표집에는 편의표집, 할당표집, 목적표집, 눈덩이 표집이 있다.

1) 편의표집

편의표집(convenience sampling)은 임의표집, 우연적 표집(accidental sampling)이라고도 불리고, 특정한 표집 기준 없이 연구자의 주관적 판단하에 모집단에서 대상자를 추출하는 방법이다. 아래의 예와 같이 표집의 편리함을 위해 연구자가 주변에서 접근이 쉬운 표본을 표집하는 경우가 해당된다. 이는 대상자를 쉽게 표집하는 장점이 있으나, 연구결과를 일반화하기 어렵다는 단점이 있다. 편의표집의 예는 〈표 3.1-6〉과 같다.

〈표 3.1-6〉 편의표집의 예

연구자는 고등학생의 그릿과 학업성취도의 관계에 대해 조사하고자 한다. 연구자는 모집단을 고등학생들로 설정하였으나, 연구대상을 추출하기 위해서, 연구자가 재직 중인 고등학교에 재학하고 있는 1~3학년 학생을 표본으로 선택한다.

2) 할당표집

할당표집(quota sampling)은 연구자가 모집단을 하위집단으로 나누고, 각 집단에 알맞은 표본의 수를 정하여 임의로 표본을 추출하는 방법이다. 각 집단에서 표본을 추출할 때, 모집단의 크기에 비례하여 할당하는 방법과 비례와는 관계없이 할당하는 방법이 있다. 이 방법은 층화표집과 방법이 비슷하나, 비확률적 표집이라는 점에서 차이가 있다. 즉 모집단을 하위집단(예, 학년)으로 분류한다는 점은 층화표집과 같으나, 표본을 추출할 때 표본 수에 맞게 임의로 대상자를 선정한다는 점이 다르며, 이로 인해 연구결과의 일반화에 문제가 있다.

〈표 3.1-7〉 할당표집의 예

M고등학교 학생을 대상으로 그릿(노력지속, 흥미유지)을 조사하고자 한다. M고등학교 학생은 전교생이 300명인데, 학년을 고려하여 120명을 표집하여 조사하고자 한다.

할당표집 방법의 표본선정 과정은 다음과 같다.

첫째, M고등학교 학생들을 학년별(하위집단)로 분류한다.

둘째, 학년별로 40명씩 임의로 대상을 추출하여 표본을 만든다.

3) 목적표집

목적표집(purposive sampling)은 의도적 표집(purposive sampling), 유의표집, 판단표집이라고도 하며, 연구자의 판단에 의해 연구 목적에 적합한 특정 집단이라고 생각되는 표본을 선택하는 방법이다. 즉 연구자의 판단 또는 연구의 목적에 맞게 표본을 선정하는 것이다. 이 방법은 표집이 간편하고 경제적인 점이 장점인 반면, 연구자의 주관적인 판단에 의존하므로 오류가 발생할 수 있다는 단점이 있다.

〈표 3.1-8〉 목적표집의 예

취약계층 청소년의 자존감을 조사하고자 한다. 연구자는 취약계층 청소년을 표집하기 위해서 지역아동센터를 조사 대상 기관으로 선정하였다. 취약계층 청소년이 이용하는 기관은 더 다양하지만, 종합적인 서비스를 제공하는 기관인 지역아동센터를 이용하는 대상이 연구 목적에 적합하다고 연구자가 판단하여 결정한 목적표집의 예이다.

목적표집 방법으로 연구를 실시한 예로 후기 청소년의 미디어 리터러시 교육과 미디어 정책에 대한 인식 연구(강진숙, 권오현, 2022)가 있다. 이 연구는 후기 청소년 미디어 정책 방안의 도출을 목표로 FGI(focus group interview)를 실시하고자 목적표집(의도적 표집) 방법으로 표본을 선정하였다. 우선 성비를 고려하여 여성 10명, 남성 10명으로 조정하였고, 선행연구 분석 결과 다양한 후기 청소년의 공통점이 대학생이라는 점에 근거하여 대학생과 대학원생으로 표본을 선정하였다. 즉 연구자는 대학생 및 대학원생이 본 연구의 모집단인 후기 청소년에 대한 대표성을 갖는 것으로 판단하여 표본을 결정한 것이다.

참고문헌: 강진숙, 권오현 (2022). 후기 청소년의 미디어 리터러시 교육과 미디어 정책에 대한 인식 연구. 한국청소년정책연구원.

4) 눈덩이 표집

눈덩이 표집(snowball sampling)은 소수의 대상을 선택하고 그들로부터 동일한 조건과 특성을 가진 다른 대상을 소개받아 표본을 늘리는 방법이다. 아래의 예처럼 이 방법은 모집단에 속하는 연구대상을 찾기 어려울 때나 민감한 주제를 다룰 때 주로 사용된다.

〈표 3.1-9〉 눈덩이 표집의 예

1. 북한이탈주민 자녀의 자존감을 연구하고자 한다. 북한이탈주민 보호센터를 통해 소수의 대상을 모집한 후, 그들이 다른 북한이탈주민 자녀를 추천하는 방법을 사용하여 목표 표본 수만큼 사례를 수집한다.

2. 소아암 경험자의 자존감을 연구하고자 한다. 연구자는 소아암 경험자 자조모임에 연구 참여자 모집을 안내한 후, 연구에 참여한 대상자가 다른 소아암 경험자를 추천하는 방법으로 목표 표본 수만큼 사례를 수집한다.

3.2 측정의 척도

구조방정식 모형은 상관관계 연구방법에 해당된다. 따라서 자료 수집에 사용되는 척도, 값의 범위, 결측치, 극단값, 비선형성은 구조방정식 모형의 자료로 사용되는 변량-공변량 행렬에 많은 영향을 미치고, 이는 다시 구조방정식 모형 분석에 영향을 미친다(Schumacker & Lomax, 2010). 따라서 연구자는 자료 수집 단계에서 이런 영향을 알고, 잘 준비하여 대처해야 한다. 자료수집 단계에서 측정의 척도를 잘 알고 자료를 수집하는 것이 좋다. 범주변인, 서열변인, 등간변인, 비율변인에 따라 구조방정식 모형의 분석 방법이 달라지기 때문이다.

3.2.1 측정

변인들이 측정 또는 측량(measured 또는 scaled)되는 방식이 통계분석에 영향을 준다. 이는 척도(scale)의 속성에 따라 수학적 계산이 가능할 수도 있고, 불가능할 수도 있기 때문이다. **변인이란** 다양한 값들을 갖는 사람이나 사물의 특성을 의미한다. 그리고 사람 또는 사물의 특성에 대한 다양한 값들의 부여는 측정(measurement)을 통해 가능해진다. 즉 측정은 사람 또는 사물의 특성을 수량으로 구체화하기 위해 숫자를 부여하는 과정으로 길이, 온도처럼 직접 측정이 가능한 것과 자존감, 행복처럼 간접 측정이 가능한 것으로 구분된다. 특성에 숫자가 부여되면 이를 '점수'라 하고, 특성에 부여된 점수의 범위를 '값'이라 한다.

예를 들어, 다음의 〈표 3.2-1〉의 전반적 자존감 척도에서 1번 문항부터 10번 문항 각각을 척도라 하고, 10개의 척도가 모여 '전반적 자존감 척도'가 되며, 각 척도의 점수를 총합하면 개인들마다 서로 다른 점수들을 갖게 된다. 이와 같이 어떤 특성이 다양한 값들을 갖게 되면 변인에 해당된다. 단일 문항으로 구성된 척도로 측정된 점수를 변인으로 사용할 수 있으나 신뢰도가 산출되지 않는 단점이 있다. 전반적 자존감을 측정하기 위한 10개 문항의 각 척도는 전혀 그렇지 않다(1점)부터 매우 그렇다(4점)까지의 범위로 구성되어 있다. 반응자가 이 중 하나를 선택하여 반응하면 자존감에 숫자가 부여되는 것이다. 예를 들어, 〈표 3.2-1〉에서 응답자는 1번 척도는 4점, 2번 척도는 3점에 반응하여 각각의 점수를 부여받았다. 전체 10개 문항의 총점을 사용하면 점수의 범위는 이론적으로 10~40까지의 값을 가진다.

〈표 3.2-1〉 척도, 변인, 측정, 점수, 값에 대한 예시

번호	내용	① 전혀 그렇지 않다	② 그렇지 않다	③ 그렇다	④ 매우 그렇다
1	나는 다른 사람처럼 가치 있는 사람이라고 생각한다.				V
2	나는 좋은 성품을 가졌다고 생각한다.			V	
3	나는 대체로 실패한 사람이라고 생각한다.		V		
4	나는 다른 사람들만큼 일을 잘 할 수가 있다.				V
5	나는 자랑할 것이 별로 없다.		V		
6	나는 내 자신에 대해 긍정적인 태도를 가지고 있다.		V		
7	나는 나 자신에 대하여 대체적으로 만족한다.			V	
8	나는 나 자신을 좀 더 존중할 수 있으면 좋겠다.			V	
9	나는 가끔 내 자신이 쓸모없는 사람이라는 느낌이 든다.	V			
10	나는 때때로 내가 좋지 않은 사람이라고 생각한다.	V			

출처: 한국장애인고용공단 고용개발원 (2021). 2021년 장애인 고용패널조사(2차웨이브 6차조사). 성남: 저자. 장애인 고용패널조사의 자존감 척도는 "Rosenberg, M. (1965). *Society and the Adolescent Self-Image*. Princeton university press."를 번안한 것임

3.2.2 척도의 종류와 변인의 유형

위의 〈표 3.2-1〉에서 보았듯이 어떤 특성을 측정하기 위해서 척도가 사용된다. 척도의 종류는 명명 척도, 서열 척도, 등간 척도, 비율 척도와 같이 4가지로 구분된다(Schumacker & Lomax, 2010). 변인은 이산적 변인과 연속적 변인으로 구분될 수 있다.

1) 명명 척도

명명 척도는 상호 배타적인 집단에 수치를 할당하는 것으로 사람이나 사물을 구분하거나 분류하기 위해 사용한다. 상호 배타적인 집단의 예로는 성별(남성, 여성), 학년(1학년, 2학년, 3학년), 호칭(S, L, X, XL), 주택(아파트, 한옥) 등이 있

으며, 사람이나 사물은 단지 한 가지 범주에만 소속될 수 있다. 명명 척도로 사람이나 사물 각각에 수치가 부여되어 1:1 대응 상태가 되더라도 평균, 표준편차, 변량을 계산하는 행위는 수학적 의미가 없다. 즉 A학생이 1학년이고, B학생이 2학년, C학생이 2학년 일지라도 그 합계가 5학년이 되거나 평균이 1.67학년이 되지 않는다.

〈명명 척도 예시〉

성별	① 남( ) ② 여( )
최종 학력	① 학사( ) ② 석사과정/수료( ) ③ 석사( ) ④ 박사과정/수료( ) ⑤ 박사 ( )
혼인 상태	① 미혼( ) ② 결혼/동거( ) ③ 이혼( ) ④ 사별( ) ⑤ 별거( )

2) 서열 척도

서열 척도는 관찰한 특성을 순서와 순위에 따라 측정값을 제공한다. 서열척도는 상대적인 차이의 정도를 주로 측정하고, 차이의 양이 어느 정도인지 구체적으로 제시하지는 않는다. 다시 말해서 서열 척도의 측정 값은 순서를 매기고, 더 큰 점수가 더 큰 값을 의미하지만, 값들 간의 간격이 반드시 동일하지는 않다. 자주 사용되는 서열척도는 리커트 척도로, '매우 그렇다. 그렇다. 보통이다. 그렇지 않다. 매우 그렇지 않다'와 같이 측정된다. 서열 척도는 사람이나 사물의 순서나 서열을 나타내기 위해 사용한다. 토네이도와 태풍의 속도는 고속, 중속, 저속과 같은 서열 척도로 측정될 수 있다. 이러한 리커트 척도에서는 한 범주에 반응하면 다른 범주에는 반응하지 못한다. 또한 '매우 그렇다-그렇다, 그렇다-보통이다, 보통이다-그렇지 않다, 그렇지 않다-매우 그렇지 않다' 간의 간격 차이는 1점씩으로 같지만, 각 범주의 점수가 의미하는 바는 다르다. 즉 '매우 동의한다'와 '동의한다' 사이의 차이가 의미하는 바와 '동의하지 않는다'와 '매우 동의하지 않는다' 사이의 차이가 의미하는 바는 다르므로 동간성(동일한 간격)이 유지되기 어렵다. 이처럼 한 척도에서의 수준들이 순위를 나타내는 상호 배타적 집단들에 포함시키는 척도의 속성을 지닐 때, 일부 수학적인 조작을 하는 것은 의미가 있다. 예를 들어 집단들 간의 순위를 비교하는 것이다. 야구 선수의 타율 순위와 같은 서열은 수학적 계산을 할 수 없으나, 리커트 척도에 의해 측정된 점수는 종종 등간 척도와 동일한 것으로 간주되어 사용되고 있는 것이 현실이다.

〈서열 척도 예시〉

번호	내용	① 매우 불만족	② 불만족	③ 보통	④ 만족	⑤ 매우 만족
1	현재 하고 있는 일에 만족하고 있다.					
2	현재 하고 있는 일을 열정적으로 하고 있다.					
3	현재 하고 있는 일을 즐겁게 하고 있다.					
4	현재 하고 있는 일을 보람을 느끼면서 하고 있다.					
5	별다른 일이 없는 한 현재 하고 있는 일을 계속하고 싶다.					

출처: Brayfield & Rothe(1951)의 직무만족 척도[Brayfield, A. H., & Rothe, H. F. (1951). An index of job satisfaction. *Journal of Applied Psychology, 35*, pp. 307-311.]

3) 등간 척도

등간 척도는 척도의 속성을 보유하며, 점수들(data points) 간의 동일한 간격을 유지하나 절대 0점(true zero point)이 없는 경우를 말한다. 예를 들어, 영어시험에서 0점을 받았더라도 영어실력이 전혀 없다고는 볼 수 없다. 즉 이는 시험에서 하나도 맞히지 못했을 경우를 0점으로 합의한 것으로 임의 영점이라고도 한다. 또한 지난 시험에서 50점을 받고 이번 시험에서 60점을 받은 사람과 지난 시험에서 80점을 받고 이번 시험에서 90점을 받은 사람은 둘 다 지난 시험과 비교하여 향상된 점수는 10점으로 같기 때문에 동간성을 유지하는 특성을 가진다. 척도의 이러한 속성은 평균과 표준편차를 계산하는 수학적인 조작을 가능하게 한다. 한편, 등간 척도는 덧셈과 뺄셈, 곱셈과 나눗셈 중에서 덧셈과 뺄셈만 적용된다. 예를 들어, 영어점수 80점은 40점과 40점이 더해져 80점이 될 수는 있으나, 80점

받은 학생이 40점 받은 학생의 능력보다 두 배 많다고 할 수는 없다.

4) 비율 척도

비율 척도는 동일한 간격과 절대 영점이라는 속성을 모두 보유하는 경우를 말한다. 예를 들어, 몸무게는 동일한 간격과 절대 영점 모두를 보유하는데, 무게가 0이라면 무게가 전혀 없음을 의미한다. 그리고 무게 0kg에서 10kg까지의 수적 차이와 20kg에서 30kg까지의 수적 차이는 10kg으로 같기 때문에 동간성을 유지한다. 따라서 비율 척도 또한 평균과 표준편차를 계산하는 수학적 조작이 가능하다. 한편, 비율 척도는 덧셈과 뺄셈뿐만 아니라 곱셈과 나눗셈도 적용된다. 예를 들어, 무게 20kg은 10kg과 10kg이 더해져 20kg이 될 수 있고, 10kg의 두 배가 20kg이라고 말할 수도 있다.

연구자에게는 위와 같은 척도의 종류를 구분할 수 있는 능력이 요구된다. 이는 척도의 종류에 따라 사용되는 통계적 방법이 달라지기 때문이다. 예를 들어, 구조방정식 모형은 변량-공변량 (상관) 행렬에 바탕하기 때문에 변인의 평균과 표준편차를 수학적으로 계산할 수 있어야 하고, 그 계산 결과가 의미 있어야 적용이 가능하다. 측정이 어떤 척도의 유형으로 실시되었는지에 따라 그에 맞는 유형의 상관계수가 구해지며, 이는 구조방정식 모형 분석에 영향을 미치므로 연구자는 해당 연구에서 사용한 척도의 유형을 구조방정식 소프트웨어에게 알려주어야 한다.

5) 이산적 변인과 연속적 변인

등간 수준 또는 비율 수준에서 측정된 자료값(data values)은 이산적(discrete) 또는 연속적인(continuous) 것으로 정의될 수도 있다. 이산적 변인은 당신이 통계학 과목을 수강하고 정수(whole number)(이산)로 시험점수를 받는 경우를 말한다. 반면에, 연속적 변인은 소수값(decimal values)을 사용하며, 예를 들어, 학점의 평점을 5점 척도에서 4.25처럼 받는 경우를 말한다.

Karl Jőrekog(1996)는 5개의 구분되는 척도점들(distinct scale points)을 바탕으

로 한 변인이 등간 변인인지 아닌지를 정의한다. 한 변인이 15개보다 적은 범주 또는 척도점들을 갖고 있다면, 그 변인은 순위 변인 또는 서열 변인이 된다. 반면에 15개 또는 그 이상의 범주들을 가지면 연속변인으로 간주된다. 15점을 기준으로 해서 피어슨 적률상관계수 값은 −1.0에서 +1.0 사이에서 변화하는 것이 가능하다. 15점 미만으로 구분되는 척도점들을 갖는 변인들은 피어슨 적률 상관계수의 범위가 단지 −0.5에서 +0.5 사이에서 변화하는 정도로 범위가 제한된다.

3.3 측정의 신뢰도와 타당도

연구자는 구조방정식을 사용해서 연구할 경우 측정의 신뢰도와 타당도에 대해 주의를 기울여야 한다. 왜냐하면 측정도구의 신뢰도와 타당도가 좋을수록 측정모형이 더 좋은 적합도를 보이고, 그래야 구조모형을 분석할 전제조건이 충족되기 때문이다. 이 절에서는 여러 가지 신뢰도와 타당도에 대해 알아보기로 한다.

3.3.1 신뢰도

신뢰도는 검사점수가 시간의 변화에도 불구하고 일관성을 유지하는 정도를 뜻한다. 이는 검사가 재고자 하는 측정의 대상을 정확하게 측정하는 정도(정확성)와 측정 과정에서 발생하는 오차의 영향을 반영하는 개념이다. 예를 들어, 동일한 사람에게 동일한 지능 검사를 반복 시행했을 때, 첫 번째 실시에서 IQ는 100이었고, 다시 검사를 한 결과 125로 측정되었다. 두 번의 시행에서 산출된 점수에서 차이가 커서 세 번째 검사를 했더니 110으로 측정되었다. 실제로 이처럼 변동성이 크다면 이 점수들을 진정한 지능지수로 확신하기 어려울 것이다. 그런데 100, 102, 103처럼 일관성 있게 산출되면 지능지수로 믿고 사용할 수 있을 것이다. 이처럼 신뢰도 개념에서 중요한 것은 측정자료의 일관성과 정확성이다. 다양한 신뢰도 추정 방법이 개발되었는데, 이번 절에서는 신뢰도와 관련된 기초 개념과 신뢰도 유형을 알아보기로 한다.

1) 검사점수에 영향을 미치는 요인

아무리 우수하게 설계된 검사라도 시행할 때마다 점수가 완전히 동일하게 측정되지 않는다. 이는 다양한 요인이 검사점수에 영향을 미치기 때문이다. Thorndike는 이러한 요인을 다섯 가지로 정리하였다(탁진국, 2021). 첫째, 개인의 지속적이며 일반적인 특성으로, 여러 검사에서 일관되게 유지되는 능력수준을 포함한다. 즉 검사를 치르는 능력, 검사 지시 사항을 이해하는 능력 등을 의미한다. 둘째, 개인의 지속적이나 독특한 특성으로, 검사 전체에 대한 독특성(예: 특정 검사에서 요구되는 능력 수준, 특정 검사문항 유형에 적합한 지식)과 검사 문항에 대한 독특성(예: 익숙한 문제 유형)을 포함한다. 셋째, 개인의 일시적이지만 일반적 특성이다. 여기에는 건강, 피로, 동기, 긴장 등의 요소가 해당된다. 넷째, 개인의 일시적이며 독특한 특성이다. 검사 전체에 대한 독특성(예: 독특한 검사과제 이해, 특별한 검사내용을 다룰 수 있는 독특한 기술)과 검사 문항에 대한 독특성(예: 기억의 변화)이다. 마지막으로, 검사 실시에 영향을 미치는 요인으로 검사 상황, 성격, 평가에서의 편견 등이 있다. 따라서, 높은 신뢰도를 보이는 검사라 하더라도, 이러한 다양한 영향 요인으로 인해 점수는 매 시행때마다 어느 정도 차이를 보일 수밖에 없다.

2) 고전적 진점수 모형

고전적 진점수 모형(classical true score model)에 의하면, 관찰점수는 진점수(true score)와 측정오차(random error)로 구성된다(탁진국, 2021). 진점수는 검사가 본래 측정하려는 속성과 관련된 개인의 일관된 특성을 반영하며, 측정오차는 비일관적으로 점수에 영향을 미치는 요소로, 실제 측정 대상과 무관한 변동을 포함한다. 이를 수식으로 표현하면 다음과 같다.

$$관찰점수(X) = 진점수(T) + 측정오차(E)$$

(1) **관찰점수**: 개인이 검사 시행에서 획득한 점수이다. 예를 들어, 철수가 50 문항으로 구성된 시험(50점 만점)에서 30문항을 맞혔다면 그의 관찰점수는 30점이다. 그러나 실제 실력은 20점 정도인데, 운이 좋아 추측한 답이 맞아 점수가 높아질 수 있으며, 반대로 실력은 45점 정도인데 실수로 실력보다 낮은 점수를 받을수도 있다. 이처럼 관찰점수는 검사 시행마다 차이가 발생한다.

(2) **진점수**: 동일한 검사를 무수히 반복 실시해서 얻은 모든 관찰점수들을 평균한 값을 의미한다. 이는 측정하고자 하는 속성을 정확히 반영하는 값으로, 피검자의 실제 특성을 나타내므로 진점수라 불린다.

(3) **측정오차**: 관찰점수와 진점수 간의 차이를 의미한다. 오차가 작을수록 관찰점수는 진점수에 가깝다. 오차의 원인은 다양해서 그 원인을 정확하게 예측하기 어렵다. 측정오차는 무선적으로 발생하는 특성이 있어 다음과 같은 가정이 가능하다(탁진국, 2021).

① 오차점수의 평균은 '0'이다. 측정오차는 관찰점수가 진점수보다 높게 또는 낮게 나오게 만들고, 무선적으로 발생한다. 측정오차는 음수 또는 양수로 발생한다. 따라서 오차의 총점을 계산하면 서로를 상쇄하여 그 값은 0이 되고, 기댓값도 '0'이 된다.

② 진점수와 오차점수 사이의 상관계수는 '0'이다. 오차점수가 무선적으로 발생하기 때문에 진점수와 오차점수 간에는 체계적인 상관관계가 없으며,두 점수 간의 공변량, 상관계수는 항상 '0'으로 계산된다. 따라서, 관찰점수의 변량은 진점수의 변량과 오차점수의 변량의 합으로 표현된다.

③ 두 개의 동형검사를 2회 시행하면, 오차점수 간의 상관계수는 '0'이다. 오차점수가 무선적으로 변동하므로 두 오차점수 사이에는 체계적 관계가 없기 때문이다.

3) 신뢰도의 유형

검사의 신뢰도는 검사-재검사법, 동형법, 반분법, 내적 일관성법 등으로 추정된다. 신뢰도 추정의 핵심은 검사점수의 변량에서 측정오차와 진점수에 의해 설명되는 비율을 추정하는 것이다. 따라서 신뢰도는 관찰점수의 변량 중 진점수가 차지하는 비율을 통계적으로 추정하여 산출되며, 예를 들어, 신뢰도 계수가 .70이라면 관찰점수의 변량에서 70%가 진점수에 의한 것임을 의미한다. 그러나 진점수를 직접 알 수 없기 때문에 신뢰도 추정은 이론적으로 동형검사모형(parallel test model)에 기반하여 계산된다. 즉 동일한 속성을 측정하는 두 개의 검사를 개발하고, 두 번의 검사에서 개인이 다른 점수를 보이면, 그 차이를 측정오차로 간주하여 신뢰도를 추정하는 방식이다. 다양한 신뢰도 추정 방법을 살펴보면 다음과 같다(성태제, 2006; 탁진국, 2021).

(1) 검사-재검사 신뢰도

검사-재검사 신뢰도(test-retest reliability)는 동일한 검사를 일정한 시간 간격을 두고 두 번 시행한 후, 두 점수로 상관계수를 산출하여 신뢰도를 추정하는 방법이다. 이 때 산출된 상관계수는 안정성 계수(coefficient of stability)라고도 불린다. (공식 3.3-1)은 상관계수를 산출하기 위한 계산 공식이다. 〈표 3.3-1〉의 자료로 검사-재검사 신뢰도를 구해보기로 하자.

$$r = \frac{N\sum XX' - \sum X \sum X'}{\sqrt{[N\sum X^2 - (\sum X)^2][N\sum X'^2 - (\sum X')^2]}} \qquad \text{(공식 3.3-1)}$$

〈표 3.3-1〉 검사-재검사 점수

피검자	검사(X)	재검사(X')	$r_{XX'}$
가	8	8	.937
나	9	8	
다	10	10	
라	9	8	
마	7	7	
바	6	6	

〈표 3.3-2〉는 (공식 3.3-1)의 분자와 분모를 구성하고 있는 각 요소(XX', X^2, X'^2)를 계산한 값을 나타내고 있다.

〈표 3.3-2〉 검사-재검사 신뢰도 (공식 3.3-1)의 구성 요소의 값 산출

피검자	검사(X)	재검사(X')	X^2	X'^2	XX'
가	8	8	64	64	64
나	9	8	81	64	72
다	10	10	100	100	100
라	9	8	81	64	72
마	7	7	49	49	49
바	6	6	36	36	36
Σ	49	47	411	377	393

〈표 3.3-2〉의 값들을 (공식 3.3-1)에 대입하면 아래처럼 검사-재검사 신뢰도는 .910으로 산출되며, 이는 상관계수의 범위가 $-1 \sim +1$ 사이임을 고려하면, 정적인 방향으로 1에 무척 가까운 높은 값이다.

$$r = \frac{6(393)-(49)(47)}{\sqrt{[6(411)-49^2][6(377)-47^2]}} = .937$$

검사-재검사 상관계수는 다음과 같은 장점과 단점이 있다(성태제, 2006; 탁진국, 2021). 장점은 두 점수(검사점수와 재검사점수)의 상관계수를 쉽게 추정할 수 있으며, 이를 통해 도구의 안정성을 평가할 수 있다는 것이다. 상관계수가 클수록 높은 안정성을 의미하며, 이는 두 번의 시행에서 상대적 서열의 변화가 거의 없음을 나타낸다. 단점은 두 번의 시행에서 시간 간격이 길어질 경우 피검자의 특성이나 수준이 변화될 가능성이 높아 신뢰도 추정에 영향을 미칠 수 있다. 또한, 동일한 검사를 두 번 시행하는 것이 어렵고, 검사 환경을 동일하게 조성하고, 피검자가 동일한 정도의 검사 동기와 태도를 유지하도록 하는 것도 어렵다.

(2) 동형검사신뢰도

동형검사신뢰도(parallel-form reliability)는 동형검사 2개(예, X형, X'형)를 개발하고, 실시하여, 두 검사의 상관계수로 신뢰도를 추정하는 방법이다. 〈표 3.3-3〉은 동형검사 X형, X'형의 점수 목록이다.

〈표 3.3-3〉 동형검사 점수

피검자	검사(X)	동형검사(X')	$r_{XX'}$
가	8	7	.945
나	6	4	
다	10	8	
라	9	8	
마	7	6	

〈표 3.3-4〉는 상관계수 공식의 구성요소들에 대입할 값들을 산출한 것인데, 이들을 대입하면 상관계수는 .945로 산출된다.

〈표 3.3-4〉 동형검사 신뢰도 공식의 구성 요소의 값 산출

피검자	검사(X)	동형검사(X')	X^2	X'^2	XX'
가	8	7	64	49	56
나	6	4	36	16	24
다	10	8	100	64	80
라	9	8	81	64	72
마	7	6	49	36	42
Σ	40	33	330	229	274

$$r = \frac{5(274)-(40)(33)}{\sqrt{[5(330)-40^2][5(229)-33^2]}} = .945$$

동형검사 신뢰도의 장점과 단점은 다음과 같다(성태제, 2006; 탁진국, 2021). 장점은 두 개의 동형검사를 동시에 시행하므로 시험 실시의 간격이 짧기 때문에 측정 속성의 변화가 일어날 가능성이 적고, 빠르게 신뢰도 계수를 추정할 수 있는 것이다. 단점은 동형검사는 동일한 내용을 측정하고, 문항의 형태, 문항의 수, 난이도와 변별도를 일치해야 하는 데, 이런 조건을 충족하기가 어렵다. 또한 검사의 시행 시 검사 동일한 환경을 조서하고, 피험자의 검사 동기와 태도를 일관되게 유지하게 하는 것도 어려움 점으로 지적된다

(3) 내적 일관성 신뢰도

내적 일관성 신뢰도(internal consistency reliability)는 검사를 구성하는 부분검사들 간에 또는 문항들 간의 일관성을 평가하는 방법이다. 이는 단 한번의 시행으로 신뢰도를 구할 수 있는 방법이다. 내적 일관성 신뢰도에는 두 가지 유형 ① 반분 검사 신뢰도, ② 문항 내적 일관성 신뢰도가 있다.

① 반분 검사 신뢰도는 검사를 실시한 다음 전체 검사 문항을 하위 검사 1과 하위 검사 2로 나누어 신뢰도를 추정하는 방법이다. 이는 두 하위검사 점수의 상관계수를 구하고, 이를 (공식 3.3-2)의 Spearman-Brown 공식에 대입해서 추정할 수 있다.

$$r_{S\cdot B} = \frac{2r_{YY'}}{1 + r_{YY'}} \qquad \text{(공식 3.3-2)}$$

$r_{S\cdot B}$: Spearman-Brown 신뢰도 계수

$r_{YY'}$: 반분된 검사 점수의 상관계수

검사를 반분하는 방법은 4가지가 있다. 즉 1) 짝수번과 홀수번 문항으로 나누는 기우법, 2) 전체 검사를 문항 순서대로 전반부와 후반부로 나누는 전후법, 3) 무작위로 분할하는 단순 무작위법, 4) 문항 특성으로 반분하는 방법이 있다. 여기서는 전후법을 연습해보기로 하며, 〈표 3.3-5〉는 6개의 문항으로 구성된 검사에

서 5명의 피검자가 획득한 점수를 제시하고 있다.

〈표 3.3-5〉 검사의 문항 점수와 총점

피검자 \ 문항	전반부(Y)			후반부(Y')			$r_{S\cdot B}$
	1번	2번	3번	4번	5번	6번	
가	2	3	2	2	1	1	.602
나	2	3	2	2	3	2	
다	2	3	2	1	1	1	
라	2	2	1	1	2	1	
마	2	1	1	1	1	1	

〈표 3.3-6〉은 전후법에 의해 검사를 반분하고 신뢰도를 추정하기 위한 구성요소를 계산한 표이며, 그 아래에는 반분 검사 신뢰도 공식에 대입한 결과이다.

〈표 3.3-6〉 반분 검사 신뢰도 공식의 구성 요소의 값 산출

피검자	전반부 총점 Y(1번+2번+3번)	후반부 총점 Y'(4번+5번+6번)	Y^2	Y'^2	YY'
가	7	4	49	16	28
나	7	7	49	49	49
다	7	3	49	9	21
라	5	4	25	16	20
마	4	3	16	9	12
Σ	30	21	188	99	130

반분된 검사 점수 간의 상관계수 $r_{YY'} = \dfrac{5(130)-(30)(21)}{\sqrt{[5(188)-30^2][5(99)-21^2]}} = .430$

Spearman-Brown 신뢰도 계수 $r_{S\cdot B} = \dfrac{2(.430)}{1+.430} = .602$

반분 검사 신뢰도의 장·단점은 다음과 같다(성태제, 2006; 탁진국, 2021). 장점은 한 번의 검사 시행으로 신뢰도를 추정할 수 있고, 시험 간격이나 동형검사 제

작과 같은 문제에 직면하지 않아도 된다. 단점은 검사를 반분하는 방식에 따라 신뢰도가 다를 수 있고, 전체 문항을 나누어 추정하기 때문에 신뢰도가 과소추정될 가능성이 있다.

② 문항 내적 일관성 신뢰도는 검사의 각 문항을 개별 검사로 보고 문항 간 일관성을 평가하는 방법이다. 여기에는 이분 문항(예: 예/아니오)에 사용되는 KR-20, 다분문항을 위한 KR-21, 그리고 이분 문항, 연속형 점수로 측정되는 검사 모두에 적용 가능한 Cronbach α가 있다. Cronbach α는 관찰점수 변량과 진점수 변량의 비율을 기반으로 추정되고, 다음 공식으로 계산된다.

$$\alpha = \frac{n}{n-1}[1 - \frac{\Sigma s_i^2}{s_t^2}] \quad \text{(공식 3.3-3)}$$

n : 문항수, s_i^2 : i번째 문항 점수의 변량, s_t^2 : 총점의 변량

i : 문항번호, t : 총점

(공식 3.3-3)은 복잡하나 단계별로 계산하면 쉽게 문항 내적 일관성 신뢰도를 산출할 수 있다. **신뢰도 계산을 위한 자료는** Likert 척도로 조사된 삶의 만족 점수로 〈표 3.3-7〉과 같다. 이 표에는 원점수, 문항별 평균(M_i), 사례별 총점(t)이 포함되어 있다.

〈표 3.3-7〉 삶의 만족 응답 결과

피검자 \ 문항	1번	2번	3번	4번	총점(t)	Cronbach α
가	5	3	6	5	19	.902
나	4	3	4	5	16	
다	7	4	5	6	22	
라	3	1	4	3	11	
마	4	2	5	4	15	
M_i	4.60	2.60	4.80	4.60	16.60	

1단계: 문항별 점수의 변량의 총합 구하기

문항별 변량은 이전에 학습한 변량 공식으로 계산할 수 있다. 〈표 3.3-7〉의 4개 문항에 각각에 대한 변량 계산은 아래와 같다. 예를 들어, S_1^2에서 아래첨자 1은 문항 번호이며, S^2은 변량을 의미하므로, S_1^2은 1번 문항의 변량을 나타낸다. 즉 각 사례의 원점수에서 평균을 빼서 제곱한 값을 모두 합산한 후, 총 사례 수로 나눈 값으로 1번 문항의 변량을 나타낸다. 나머지 문항의 변량도 동일한 방식으로 구할 수 있다.

$$S_1^2 = \frac{(5-4.6)^2+(4-4.6)^2+(7-4.6)^2+(3-4.6)^2+(4-4.6)^2}{5} = 1.84$$

$$S_2^2 = \frac{(3-2.6)^2+(3-2.6)^2+(4-2.6)^2+(1-2.6)^2+(2-2.6)^2}{5} = 1.04$$

$$S_3^2 = \frac{(6-4.8)^2+(4-4.8)^2+(5-4.8)^2+(4-4.8)^2+(5-4.8)^2}{5} = .56$$

$$S_4^2 = \frac{(5-4.6)^2+(5-4.6)^2+(6-4.6)^2+(3-4.6)^2+(4-4.6)^2}{5} = 1.04$$

4개 문항 각각의 변량을 (공식 3.3-3)의 분자의 ΣS_i^2에 대입하면 문항별 변량의 총합이 아래처럼 계산된다.

$$\Sigma S_i^2 = 1.84 + 1.04 + .56 + 1.04 = 4.48$$

2단계: 검사 총점의 변량 구하기

검사 총점의 변량 역시 변량의 공식을 사용하면 되며, 이 때는 각 사례의 검사 총점을 사용한다. 아래의 $S_t{}^2$을 보면 각 사례의 총점에서 전체 평균을 빼서 제곱한 후, 이를 모두 합산한 값(분자)을 사례 수(분모)로 나누면 검사 총점의 변량을 구할 수 있다.

$$S_t{}^2 = \frac{(19-16.6)^2+(16-16.6)^2+(22-16.6)^2+(11-16.6)^2+(15-16.6)^2}{5}$$

$$= 13.84$$

3단계: 문항 내적 일관성 신뢰도 산출

마지막으로 위에서 계산된 문항별 변량의 총합과 총점의 변량을 Cronbach's α 공식에 대입하면 .902으로 계산된다.

$$\alpha = \frac{n}{n-1}[1-\frac{\Sigma S_i^2}{S_t^2}] = \frac{4}{4-1}[1-\frac{4.48}{13.84}] = .902$$

Cronbach α의 장점과 단점은 다음과 같다(성태제, 2006; 탁진국, 2021). 이 계수의 장점은 검사를 반분하지 않고도 문항 간의 일관성을 바탕으로 신뢰도를 산출할 수 있다는 데 있다. 단점으로는 문항의 수가 많아질수록 α 값이 증가하는 경향이 있어, 신뢰도가 실제보다 높게 나타날 수 있다. 또한 검사 도구의 신뢰도를 다소 과소 추정할 가능성이 있다는 점이 지적된다.

이상에서 학습한 신뢰도 계수의 특징에 대해 간략하게 요약하면 〈표 3.3-8〉과 같다.

〈표 3.3-8〉 신뢰도 계수의 특징 요약

신뢰도 계수	설명
검사-재검사 신뢰도	동일한 검사를 일정한 시간 간격을 두고 두 번 시행한 후, 두 점수 간의 상관계수를 통해 신뢰도를 평가하는 방식이다. 이는 측정 결과의 일관성을 검증하는 데 활용된다.
동형검사 신뢰도	유사한 내용을 가진 두 개의 동형 검사를 실시한 후, 두 점수 간의 상관계수를 통해 신뢰도를 평가하는 방식이다. 이는 검사 도구의 일관성과 동등성을 검증하는 데 활용된다.
반분검사 신뢰도	반분검사 신뢰도는 하나의 검사를 두 개의 동등한 부분으로 나누어 각 부분의 점수 간 상관계수를 산출하는 방식이다. 이는 검사 내 문항들의 일관성을 평가하는 데 활용된다.
내적 일관성 신뢰도 (Cronbach's α)	검사 문항들이 동일한 개념을 얼마나 일관되게 측정하는지를 평가하는 방식이다. 주로 Cronbach α 계수를 활용하여 문항 간 응답의 일관성을 검증한다.

3.3.2 타당도

타당도는 검사가 측정하고자 하는 것을 제대로 측정하는지를 의미하는 것으로 측정도구 내용의 충실성이라 할 수 있다. 예를 들어, 그릿을 알아보기 위한 척도가 그릿을 측정하고 있는지, 행복 수준을 알아보기 위한 척도가 행복을 측정하고 있는지를 판단하여 '타당도가 높다' 또는 '타당도가 낮다'로 표현하게 된다. 타당도에는 내용타당도, 구인타당도, 준거관련 타당도가 있다. 척도의 타당도를 판단하기 위해서는 2가지 이상의 타당도를 확보하는 것이 일반적이다.

1) 내용타당도

내용타당도(content validity)는 측정하고자 하는 내용에 대해 관련 전문가가 주관적인 판단을 하는 것을 말한다. 객관적 자료로 타당도를 설명하지 않기 때문에, 즉 타당도 결과가 수량화되지 않으므로, 내용타당도에 의한 타당성은 논란의 소지가 있다. 예를 들어, 그릿이 여러 학자에 의해 다양하게 정의되었다면, 각자의 정의에 기반하여 내용의 타당성을 평가할 것이므로 특정한 그릿 척도의 문항 내용에 대해 어떤 전문가는 타당성을 높이 평가하고, 다른 전문가는 낮게 평가하는 현상이 발생할 수 있다. 행복에 대한 정의도 교육학 전문가와 심리학 전문가와 같이 다른 학문 분야에서 활동하고 있는 전문가 간에 그 정의에 있어서 다른 견해가 있을 수 있으므로 행복 척도에 대한 내용타당도 결과가 일치하지 않을 수 있다. 따라서 내용타당도 결과를 신뢰할 수 있으려면 체계적인 과정을 통해 평가해야 한다(탁진국, 2007).

1단계: 내용 영역(content domain) 정의. 내용 영역이란 검사 도구로 측정하고자 하는 속성이나 특성을 설명할 수 있는 내용들을 말한다. 예를 들어, 그릿을 측정하고자 한다면 내용 영역은 '노력지속'과 '흥미유지'가 될 수 있다. 단, 내용 영역을 하나의 상위범주 아래 여러 개의 하위 범주로 나누는 등 보다 구조화하고 상세하면서도 구체적으로 정의할 필요가 있다.

2단계: 측정 문항 분류. 내용 영역에 대한 구체적인 정의가 내려지면, 그 정의에 따라 측정할 문항을 개발하게 된다. 그리고 내용타당도 여부를 판단할 전문가는 문항이 내용 영역에 속하는지, 만약 속한다면 어떤 내용 영역의 어느 범주에 속하는지를 평가하여 분류한다.

3단계: 내용 영역과 측정 문항 간 비교분석. 앞의 두 단계를 통해 산출된 결과를 최종 정리하는 단계이다. 이 단계는 검사 문항들이 내용 영역에 속하는 동시에 해당 내용 영역의 하위 범주에도 속한다면 내용타당도가 '높다'고 결론을 내린다.

척도 개발에 관심이 있는 연구자는 이상의 과정을 통한 내용타당도의 평가에 더해서 내용타당도 결과의 신뢰도를 확보하기 위해 평가에 참여한 전문가 중 해당 문항에 몇 명의 전문가가 타당하다고 동의했는지를 계산하는 방법을 사용할 수도 있다. 그러나 이는 몇 명의 동의를 얻어야 한다는 기준 없이 전문가들 간의 일치도만 보는 것에 지나지 않는다는 비판을 받고 있다. 따라서 타당도에 대한 신뢰도를 구비하기 위해서는 내용 영역을 최대한 자세하고 구체적으로 기술하는 것이 좋다. 내용타당도는 전문가들의 판단에 의존하지만 특정 영역에 대한 전문가들의 인식은 공유되는 경향이 있어서 타당성 입증에 다른 견해가 있는 경우는 많지 않다(성태제, 2019).

내용타당도와 유사한 개념으로 안면타당도(face validity)가 있다. 이는 측정하고자 하는 내용을 일반인이 타당성 여부를 판단하는 것이다. 전문가의 전문적인 입장에서 내용 타당성을 평가하는 것이 아니라 일반인이 비전문적인 입장에서 평가하므로 문항이 평가자에게 익숙하거나 친밀하면 타당도를 높게 평가할 수 있다. 안면타당도는 비교적 과학적이지 않은 방법으로 분류된다.

2) 구인타당도

개인의 심리적 특성(예: 그릿, 행복, 자존감, 지능) 등 직접 관찰하여 판단하기는 쉽지 않으나 개인을 이해하는 데 중요한 추상적인 개념을 '구인' 또는 '구성개념'이라고 한다. 길이나 부피는 직접 눈으로 관찰이 가능하지만, 심리적 특성은 직접 관찰되지 않으며 추론될 뿐이다. 따라서 구인 또는 구성개념을 측정하기 위해서는 그 개념을 우선적으로 분명하게 정의해야 한다. 구인타당도(construct validity)는 구성개념이나 용어의 일반적이고 추상적인 개념을 정의한 후, 그 개념이나 용어를 구체적으로 어떻게 조작(操作)하거나 측정할 것인지를 구체적으로 명시하는 조작적 정의를 내린다. 그리고 이 정의에 기반한 척도들을 개발하고, 이 척도들이 구인을 제대로 측정하고 있는지 평가하는 방법을 말하며, 구성타당도와 같은 의미로 사용된다. 추상적 개념의 정의와 조작적 정의의 예를 제시하면 다음과 같다.

- **추상적 정의**: 행복이란 삶의 질의 주관적 지표로 인지적 요소(삶의 만족)와 정서적 요소(긍정적 정서, 부정적 정서)를 말한다(Veenhoven, 1994).
- **조작적 정의**: 행복이란 ① 삶의 만족 측면에서 개인적 만족, 관계적 만족, 소속집단 만족을 뜻하고, ② 긍정적 정서 측면에서 즐거운, 행복한, 편안한 등의 감정을 뜻하며, ③ 부정적 정서 측면에서 짜증나는, 부정적인, 무기력한 등의 정서를 말한다(서은국, 구재선, 2011).

(1) **문항분석**: 문항분석은 검사의 전체 척도를 구성하는 각 문항에서의 점수와 척도 총점 간의 상관계수로 타당도를 평가하는 방법이다. 만약 특정 문항의 점수와 총점 간의 상관계수가 높으면 그 문항은 측정하고자 하는 변인을 타당하게 측정한다고 본다. 예를 들어, 행복의 하위영역에 해당하는 삶의 만족을 측정하는 문항이 5개로 구성이 되었다고 하자. 5개 문항의 총점과 각각 문항 사이의 상관계수를 산출한 각각의 상관계수가 높다면 각각의 문항은 삶의 만족이라는 구인을 측정하는 데 '타당하다'고 평가한다.

(2) **수렴타당도(convergent validity)와 변별타당도(discriminant validity)**: 구인타당도를 확인하는 한 방법은 이론적으로 볼 때 검사가 관계가 있는 변인들과 높은 상관을 보이는지, 다른 한편, 이론적으로 관계가 없는 변인들과 낮은 상관을 보이는지 확인하는 것이다(Campbell & Fiske, 1959). 전자처럼 이론적

으로 관계가 있는 변인들과 높은 상관계수를 보이면 검사가 수렴타당도가 있다고 평가하며, 후자처럼 이론적으로 관계가 없는 변인들과 낮은 상관계수를 보이면 변별타당도가 있다고 평가한다. 수렴타당도의 예로 수량적 추론 검사는 수학 과목 시험점수와 높은 상관계수를 보이고, 변별타당도의 예는 이 수량적 추론 검사가 국어과목 시험의 독해력 검사 점수와 유의하지 않은 낮은 상관계수를 보이는 경우를 들 수 있다(Anastasi, 2003).

한편, 수렴타당도는 특정 구인을 측정하기 위해 선택 또는 개발한 척도와 이론적으로 같거나 유사한 척도 간의 상관계수가 높은 것을 뜻하는 것으로 정의되기도 하고, 변별타당도는 다른 구인을 측정하는 척도와 상관계수가 낮은 것을 뜻하는 것으로 정의되기도 한다. 하지만 이런 식으로 정의할 때 수렴타당도의 의미는 '같은 구인을 측정한다고 간주되는 두 척도 사이에 상관계수가 높은 것을 뜻하는 공인타당도'와 구별이 되지 않는 취약점이 있다. 따라서 수렴타당도와 변별타당도는 Campbell과 Fiske(1959)가 두 타당도에 대한 이중적인 접근방법으로 제안한 체계적 실험방법인 다특성-다방법 행렬(multitrait-multimehod matrix)의 관점에서 이해하는 것이 좋을 것이다. 다특성-다방법 행렬에 의한 수렴타당도와 변별타당도의 확인은 두 개 이상의 특성을 두 개 이상의 방법으로 평가한다. Campbell과 Fiske(1959)가 사용한 예를 살펴보기로 하자. 그들은 3개의 특성(지배성, 사회성, 성취동기)을 세 개의 측정 방법(자기보고, 투사법, 또래평정)으로 각각 측정했을 때의 상관관계를 〈표 3.3-9〉와 같이 제시하였다. 〈표 3.3-9〉와 같은 상관행렬을 다특성-다방법의 상관행렬이라 부른다.

이 다특성-다방법 상관행렬의 구성요소를 살펴보면 다음과 같다.

동일특성 동일방법의 상관계수: ①과 같이 ( ) 속의 수치들은 신뢰도를 나타낸다. 이는 동일한 특성을 동일한 측정 방법으로, 두 번 측정하는 방식으로 구해진 점수로 상관계수를 구한 것이다. 예를 들어 ①의 .89는 지배성을 자기보고 방법으로 두 번 측정했을 때의 상관계수이다. 이 상관계수는 "신뢰도 계수"를 의미한다.

다특성 동일방법의 상관계수: ②와 같이 음영으로 처리된 부분은 다른 특성을 같은 측정 방법으로 측정하여 구한 상관계수이다. 예를 들어, ②의 .51은 사회성을 자기보고 방법으로 측정한 점수와 지배성을 자기보고 방법으로 측정한 점수 사이의 상관계수를 나타낸다.

〈표 3.3-9〉 다특성-다방법 행렬표

	측정방법	자기보고			투사법			또래평정		
측정 방법	특성	지배성	사회성	성취 동기	지배성	사회성	성취 동기	지배성	사회성	성취 동기
자기보고	지배성	①(.89)								
	사회성	② .51	(.89)							
	성취동기	.38	.37	(.76)						
투사법	지배성	**.57**	.22	.09	(.93)					
	사회성	③ .22	**.57**	.10	.68	(.94)				
	성취동기	.11	.11	**.46**	.59	.58	(.84)			
또래평정	지배성	④**.56**	.22	.11	**.67**	.42	.33	(.94)		
	사회성	.23	**.58**	.12	.43	**.68**	.34	.67	(.92)	
	성취동기	.11	.11	**.45**	.34	.32	**.58**	.58	.60	(.85)

다특성 다방법의 상관계수: ③과 같이 밑줄 친 부분은 다른 특성을 다른 방법으로 측정하여 구한 상관계수이다. 예를 들의 ③의 .22는 사회성을 자기보고로 측정한 점수와 사회성을 투사법으로 측정한 점수 사이의 상관계수를 구한 것이다.

동일특성 다방법의 상관계수: ④와 같이 진한 고딕체로 나타낸 부분은 동일한 특성을 다른 측정방법으로 측정하여 구한 상관계수이다. 예를 들어, ④의 .56은 지배성을 자기보고로 측정한 점수와 지배성을 또래평정으로 측정한 점수 사이의 상관계수를 구한 것이다. 이와 같이 동일한 특성을 다른 측정방법으로 구한 상관계수는 "신뢰도 계수"와 구별하여 타당도 계수라고 부른다.

앞의 다특성-다방법 행렬의 결과는 수렴타당도-변별타당도 정보를 동시에 제공한다. 즉 한 검사가 **수렴타당도-변별타당도**를 갖추었다는 정보는 위의 상관계수의 크기가 다음과 같은 순서로 나타난다는 점에서 알 수 있다.

1) 동일특성 다방법의 상관계수(타당도 계수) (예, ④ .56)
2) 다특성 동일방법의 상관계수 (예, ② .51)
3) 다특성 다방법의 상관계수 (예, ③ .22)

위와 같은 순서로 상관계수의 크기가 나타나는 이유는 다음과 같다. 첫째, 동일특성 다방법의 상관계수는 이론적으로 볼 때, 측정하는 특성이 동일한 한편 측정하는 방법이 다를 뿐이므로 상관계수가 높을 것이라고 기대할 수 있다(수렴타당도). 이런 기대처럼 〈표 3.3-9〉에서 동일특성 다방법의 상관계수는 다특성 동일방법의 상관계수, 다특성 다방법의 상관계수보다 분명하게 높았다. 둘째, 다특성 다방법의 상관계수는 이론적으로 볼 때 측정하는 2가지 특성이 다르므로 상관계수가 높을 것이라고 기대하기 어렵고, 각 특성을 측정하는 방법도 다르므로 상관계수가 높을 것이라고 기대하기 어렵다. 이런 기대처럼 〈표 3.3-9〉에서 다특성 다방법의 상관계수는 동일특성 다방법의 상관계수, 다특성 동일방법의 상관계수보다 분명하게 낮았다.

정리하면, 다특성-다방법 상관행렬을 구성하는 요소에서 1) 동일특성 다방법 〉 2) 다특성 동일방법 〉 3) 다특성 다방법의 순으로 상관계수에서 차이를 보인다면 특정 검사는 수렴타당도-변별타당도가 있다고 볼 수 있다. 그러나 실제의 연구에서 다특성-다방법 상관행렬의 결과로 수렴타당도-변별타당도를 보여주는 것은 쉽지 않을 것이다. 다수의 특성을 다수의 방법으로 검사하고, 통계분석을 하는 데 들어가는 비용과 시간이 만만치 않을 것이기 때문이다. 따라서 다음의 [수렴타당도와 변별타당도 예시]와 같은 방법을 선택하는 경우가 많다.

[수렴타당도와 변별타당도 예시]

〈표 3.3-10〉은 새로 개발된 단축형 행복 척도(서은국, 구재선, 2011)의 수렴타당도와 변별타당도를 알아보고자 여러 척도에서 구해진 점수들과의 상관관계를 알아본 결과이다. 이 척도는 삶의 만족(a), 긍정적 정서(b), 부정적 정서(c)라는 3요인으로 구성되어 있다. 이 척도들은 기존의 척도인 Diener, Emmons, Larsen와 Griffin(1985)의 삶의 만족 척도(SWLS), Diener, Wirtz, Tov, Kim-Prieto, Choi, Oishi와 Biswas-Diener(2009)의 긍정적 정서 및 부정적 정서 경험 척도(SPANE), Cantril(1965)의 사다리 척도, Rosenberg(1965)의 자존감 척도와 이론적으로 유의한 상관관계를 보일 것으로 기대할 수 있다. 그리고 이 척도들이 성역할 고정 관념과 높은 상관관계를 보일 것으로 기대하기 어렵다.

〈표 3.3-10〉 단축형 행복 척도의 수렴타당도와 변별타당도

	삶의 만족 (a)	긍정적 정서 (b)	부정적 정서 (c)	행복 전체 (a+b−c)
SWLS: 삶의 만족	.597**	.461**	−.329**	.621**
SPANE: 긍정정서 경험	.432**	.838**	−.337**	.723**
SPANE: 부정정서 경험	−.300**	−.399**	.733**	−.662**
Cantril: 최상-최악의 삶	.388**	.494**	−.349**	.561**
자기존중감	.432**	.306**	−.218**	.416**
여성에 대한 성역할 고정관념	−.118**	.027**	.084**	−.077**
남성에 대한 성역할 고정관념	−.057**	−.022**	.023**	−.038**
하루 평균 수면 시간	−.056**	.009**	.103**	−.074**

* $p<.05$, ** $p<.01$

출처: 서은국, 구재선 (2011). 단축형 행복 척도(COMOSWB) 개발 및 타당화. **한국심리학회지: 사회 및 성격, 25**(1), p. 105.

첫째, 수렴타당도-변별타당도는 다음과 같은 상관계수를 참고하여 알 수 있다. 즉 삶의 만족, 긍정적 정서, 부정적 정서는 Diener 등의 삶의 만족(SWLS), 긍정적 정서 경험(SPANE), 부정적 정서 경험(SPANE) 모두와 유의한 상관관계를 보였다. 이러한 상관계수는 동일 특성을 동일 방법(자기보고)의 다른 검사로 측정하여 구하였기 때문에 이론적으로 유의한 상관이 기대되는데, 이를 지지하는 결과이다(수렴타당도). 그리고 이는 공인타당도로도 해석될 수 있다. 다른 한편, 굵은 네모 칸으로 표시된 대각선 방향의 삶의 만족-삶의 만족(SWLS)의 상관관계, 긍정적 정서-긍정적 정서 경험

(SPANE)의 상관관계, 부정적 정서-부정적 정서 경험(SPANE)의 상관관계가 다른 상관계수보다 더 높은 것을 볼 수 있다(변별타당도). 이는 동일 특성을 동일 방법에 의하여 측정되었을 때, 다른 특성이 동일방법에 의하여 측정되었을 때보다 더 큰 상관계수를 보일 것으로 기대되는데, 이러한 기대를 지지하는 결과이다.

둘째, 자존감은 주관적 안녕의 하향이론의 관점에서 삶의 만족, 긍정적 정서, 부정적 정서와 유의한 상관을 보일 것으로 기대되는데, 이는 지지되었다. 그리고 Cantril의 사다리 척도 또한 이론적으로 삶의 만족, 긍정적 정서, 부정적 정서와 유의한 상관관계를 보일 것으로 기대되는데, 이는 지지되었다. 이 결과들은 수렴타당도를 지지하는 결과이다.

셋째, 삶의 만족, 긍정적 정서, 부정적 정서가 남성, 여성에 대한 성역할 고정관념과 유의한 상관을 보일 것이라고 기대할 특별한 이유는 없는데, 이는 지지되었다. 이 결과는 변별타당도를 보여주는 결과이다. 그리고 하루 평균 수면 시간도 유의한 상관을 보일 것이라고 기대할 이유는 없으며 이 또한 지지되었다. 이 결과 또한 변별타당도를 지지하는 결과이다. 하지만 수면의 질의 경우에는 수면 시간과 달리 유의한 상관을 보일 수 있을 것이다. 만일 삶의 만족, 긍정적 정서, 부정적 정서가 수면의 질과 유의한 상관이 있다면 이는 수렴타당도의 일면으로 볼 수 있을 것이다.

(3) **요인분석(factor analysis)**: 탐색적 요인분석과 확인적 요인분석이 있다. 탐색적 요인분석은 특정 구인을 측정하기 위해 선택(또는 개발)한 척도로 측정한 후 상관이 높은 변인들을 모아 하나 또는 그 이상의 요인으로 묶고, 각 요인에 적절한 이름(요인명)을 부여하는 방법이다. 예를 들어, 단축형 행복 척도(서은국, 구재선, 2011)는 삶의 만족(개인적 만족, 관계적 만족, 소속 집단 만족), 긍정적 정서(즐거운, 행복한, 편안한), 부정적 정서(짜증나는, 부정적인, 무기력한)의 3가지 요인으로 되어 있으며, 각 요인별 3개의 문항이 기대되는 방식으로 묶여 있는 척도라 할 수 있다. 이때 3개의 요인, 즉 '삶의 만족, 긍정적 정서, 부정적 정서'는 잠재변인으로 불리기도 하며, '개인적 만족, 관계적 만족, 소속집단 만족, 즐거운, 행복한, 편안한, 짜증나는, 부정적인, 무기력한'은 측정변인이라고 한다. 다시 말해 요인은 잠재변인을 말하며, 요인분석은 측정변인에서 잠재변인을 도출하는 과정이다. 탐색적 요인분석이 요인들과 문항(측정변인)들 간의 상관계수 값을 모두 보여준 후, 가장 상관계수가 높은

변인들을 묶어 하나의 요인으로 지정해 주는 방법이라면, 확인적 요인분석은 각각의 잠재변인들과 상관계수가 높은 문항들을 사전에 지정하는 모형지정을 한 뒤에, 그들 간의 상관계수가 유의한지를 알아보는 방법이다. 따라서 일반적으로 하나의 표집에 기반하여 탐색적 요인분석을 실시한 후, 또 다른 표집을 대상으로 요인구조를 지정한 모형이 자료에 적합한지를 알아보고자 확인적 요인분석을 실시하게 된다. 이러한 요인분석은 구인타당도 평가에 가장 많이 사용되는 방법이지만 최소 300명 이상의 연구대상이 확보되어야 신뢰할 수 있는 결과를 얻을 수 있다는 측면에서 약간의 제한이 있다.

[단축형 행복 척도의 탐색적 요인분석과 확인적 요인분석의 예시]

〈표 3.3-11〉은 새롭게 개발한 단축형 행복 척도의 탐색적 요인분석 결과이다(서은국, 구재선, 2011) 탐색적 요인분석을 위해 이론적 구성개념(구인)에 따라 3개 요인(요인 1, 요인 2, 요인 3)을 지정한 후 모든 변인과 요인 간의 상관계수(요인계수)를 산출하였다. 그 결과 상관계수가 높은 변인들이 하나의 요인으로 묶였다. 예를 들어, 개인적 삶의 만족, 관계적 삶의 만족, 소속 집단에 대한 만족이 서로 간에 상관계수가 높아 요인 3에 부하되었고, 요인계수가 가장 크다는 것을 알 수 있다. 따라서 요인 3은 '삶의 만족' 요인으로 명명될 수 있을 것이다. 그리고 요인 1은 '긍정적 정서', 요인 2는 '부정적 정서'로 명명될 수 있을 것이다.

〈표 3.3-11〉 단축형 행복 척도의 탐색적 요인분석

	요인 1	요인 2	요인 3
개인적 삶의 만족	.586	-.302	**-.859**
관계적 삶의 만족	.508	-.251	**-.901**
소속 집단에 대한 만족	.453	-.277	**-.888**
즐거운	**.915**	-.327	-.532
행복한	**.927**	-.328	-.574
편안한	**.881**	-.319	-.460
짜증나는	-.266	**-.836**	.234
부정적인	-.330	**-.911**	.280
무기력한	-.316	**-.826**	.273
설명변량	48.87	18.45	11.01
내적일치도(Cronbach's α)	.893	.859	.818

[그림 3.3-1]과 〈표 3.3-12〉는 새롭게 개발한 '단축형 행복 척도'의 확인적 요인분석 결과이다. 확인적 요인분석을 위해 각 변인과 가장 상관이 높은 요인(잠재변인)을 사전에 결정한 뒤 그 요인과의 상관계수를 산출하였다. 예를 들어, 개인적 측면, 관계적 측면, 집단적 측면은 삶의 만족 사이에만 유의한 상관관계를 사전에 지정하였고, 다른 요인과는 경로 화살표를 지정하지 않았는데, 이는 상관관계가 0이라고 지정한 것이다. 이와 같은 문항과 잠재변인 사이의 관계의 지정은 긍정적 정서, 부정적 정서에도 동일하게 적용되었다. 확인적 요인분석을 한 결과 각 잠재변인과 그와 관련된 문항의 관계에서 상관계수(요인계수)는 3개만 산출되었고, 그 크기가 유의한 것이 확인되었다.

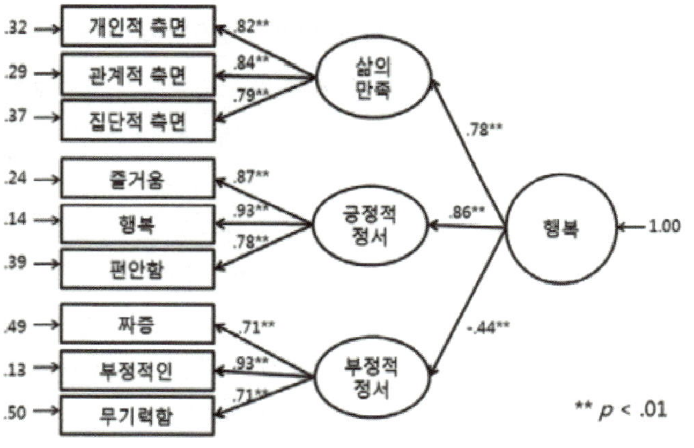

[그림 3.3-1] 단축형 행복 척도의 확인적 요인분석

출처: 서은국, 구재선 (2011). 단축형 행복 척도(COMOSWB) 개발 및 타당화. **한국심리학회지: 사회 및 성격, 25**(1), p. 105.

〈표 3.3-12〉는 확인적 요인분석 결과를 표로 제시한 것이다. 보통은 음영 처리를 한 부분만 결과로 제시하지만, 여기서는 음영처리가 되지 않은 곳에 0이라고 써 두었다. 이는 문항(측정변인)과 요인 사이의 관계를 0으로 지정했음을 나타낸다. 이는 위의 [그림 3.3-1]에서 경로 화살표를 나타내지 않은 것과 동일한 의미이다.

〈표 3.3-12〉 단축형 행복 척도의 확인적 요인분석

삶의 만족	긍정적 정서	부정적 정서
.82	0	0
.84	0	0
.79	0	0
0	.87	0
0	.93	0
0	.78	0
0	0	.71
0	0	.93
0	0	.71

3) 준거관련 타당도

준거는 특정 척도를 사용하는 사람들이 척도의 검사 결과에 기반해서 알고 싶은 또는 예측하고 싶은 또 다른 결과(혹은 기준)를 말한다. 따라서 준거관련 타당도(criterion-related validity)란 척도의 결과와 준거의 관계를 파악하여 타당도를 평가하는 방법이다. 예를 들어, 입사 전 그릿 검사 점수와 입사 후 1년 뒤 직무수행 사이의 관계를 알아볼 수 있다. 이때 1년 뒤의 직무수행이 준거가 된다. 단, 준거관련 타당도를 평가할 때 고려해야 할 제한점이 있다. 즉 준거에 대한 평가자가 타인일 경우(예, 부하에 대한 상사의 직무수행 평가)에 앞선 척도 또는 검사에서의 평가(예, 그릿의 흥미유지, 노력지속의 평가)에서 평가 대상자의 점수가 낮았다면 준거 평가자에게 암묵적 영향을 주어 이후의 준거(예, 직무수행) 평가에서 평가 대상을 낮게 평가할 수 있다. 이러한 현상을 '준거오염(criterion contamination)'이라 한다. 다시 말해 입사 전에 그릿 검사를 하고, 1년 뒤에 직무수행 평가를 해서 그릿과 직무수행 간의 상관관계를 보려고 할 때, 평가자는 입사 전 그릿 검사 점수가 낮은 사원에게 1년 뒤 직무수행 점수를 부여할 때 '이 사원은 노력지속 점수와 흥미유지 점수가 낮았으므로, 직무수행도 좋지 않을 것이다'라고 생각할 가능성이 높고 실제의 평가 결과에 반영될 수도 있다. 이는 직

무수행 평가에 부정적 영향을 미칠 것이므로 평가자는 준거오염에 노출되지 않게 주의해야 한다. 준거관련 타당도에는 예언타당도와 공인타당도가 있다.

(1) **예언타당도**(predictive validity): 현재 시점에서 특정 척도를 활용하여 도출된 결과와 시간이 흐른 후 대상자의 미래 행동(준거) 간의 관계를 파악하여 타당도를 평가하는 방법으로 예측타당도라고도 한다. 예를 들어, 대학교 1학년 입학 전에 그릿 검사를 실시하여 높은 점수를 받은 학생이 1학년 말 학업성취도가 높았다면, 그릿의 학업성취도에 대한 예언타당도가 높다고 할 수 있다. 단, 예언타당도는 다음과 같은 제한점이 있다. 첫째, 척도의 내용과 관련 있는 개인의 역량이 충분히 발휘될 수 있도록 일정 시간이 지난 후 척도 결과와 개인 행동 간의 상관관계를 분석하므로, 시간이 흐르는 동안 개인이 가진 당초 생각이나 행동이 변화할 수 있고, 이로 인해 상관계수가 과소 추정될 수 있다. 둘째, 당초에 점수가 낮았던 대상자는 중도 포기할 확률이 높으므로 미래 행동 결과와의 관계를 분석할 때 이들이 제외될 수 있어 대표성에 문제가 발생할 수 있다.

(2) **공인타당도**(Concurrent validity): 일정 시간이 지난 후 타당도를 평가하는 예언타당도와 달리, 공인타당도는 동 시간대에 타당도를 평가하는 방법으로 공존(공유)타당도라고도 한다. 예를 들어, 재학 중인 학생에게 그릿 검사를 실시하고, 곧바로 그들의 학업성취도와의 관계를 분석하여 상관계수가 높았다면 '그릿의 학업성취도에 대한 타당도는 높다'고 할 수 있다. 이처럼 공인타당도는 빠른 시간 내에 타당도를 확보할 수 있다는 장점은 있지만, 현재 상대적으로 잘 적응하고 있는 재학생을 대상자에 포함하고, 적응이 힘들어 중도 탈락한 학생(예: 휴학, 자퇴 등)은 포함하지 못한다면 모집단을 대표한다고 보기에 무리가 있다. 이처럼 공인타당도에서는 '모집단의 수'와 같이 변인의 범위가 축소되어 상관계수를 과소추정하는 범위축소(range restriction) 현상이 발생할 수 있다. 한편, 공인타당도는 새롭게 제작한 척도와 기존의 동일한 특

성을 재는 타당도가 높다고 평가된 척도와의 상관계수로 평가하는 방법도 포함된다. 따라서 공인타당도는 수렴타당도에 포함될 수 있다. 단, 기존에 타당도가 높다고 평가된 척도와 비교하여 공인타당도를 평가하는 경우, 기존 척도에 대한 의존도가 높으며, 타당도가 높은 기존의 척도가 없을 경우 타당도를 평가하기 힘들다는 점에서 제한이 있다.

이상에서 설명한 예언타당도와 공인타당도의 논리적 구분은 시간에 있는 것이 아니라 검사의 목표가 무엇인가에 달려 있음(Anastasi, 2003)에 주의해야 한다. 즉 예언타당도는 미래 행동(준거)을 예측할 때, 공인타당도는 현재의 상태를 평가할 때 활용하는 타당도라 할 것이다.

[타당도 평가]

타당도 판단의 기준으로 흔히 사용되는 상관계수(correlation coefficient) '*r*'은 -1.00~+1.00의 범위를 보인다. 아래 표는 상관계수에 기반한 타당도 평가 기준을 제시한 것이다.

상관계수에 의한 타당도 지수	타당도 평가
.00 이상 ~ .20 미만	타당도가 거의 없다
.20 이상 ~ .40 미만	타당도가 낮다
.40 이상 ~ .60 미만	타당도가 있다
.60 이상 ~ .80 미만	타당도가 높다
.80 이상 ~ 1.00 미만	타당도가 매우 높다

출처: 성태제 (2019). **현대교육평가 5판**. 서울: 학지사. p. 412.

제 4 장

모형식별

이 장의 목적

1. 모형식별의 기본 개념을 설명한다.
   정의, 일치식별, 미식별, 과잉식별
2. 모형 모수(model parameter)의 유형(자유 모형계수, 고정 모형계수)을 구분하고, 리즈렐식 모형을 표기하여 구성한다.
3. 모형식별의 필요조건과 충분조건에 대해 설명한다.

이 장의 핵심 개념

- 모형식별(model identification)은 연구자의 측정모형과 구조모형의 모형계수들이 산출 가능한지를 확인하는 것이다. 일치식별, 미식별, 과잉식별이 있다.
- 모형의 모수들(parameters)이 고유한 값을 가지는지의 여부를 파악하기 위해 연구자는 측정모형과 구조모형 등을 구성하는 모수들의 유형과 개수를 파악할 수 있어야 한다. 첫째, 측정모형의 모수들에는 요인계수(λ 람다), 오차변량(δ 델타), 오차공변량(δ 델타), 요인변량(ϕ 파이), 요인공변량(ϕ 파이)이 있다. 둘째, 구조모형의 모수들에는 경로계수(γ 감마, β 베타), 요인계수(λ 람다), 내생변인의 예측오차 공변량(ψ 프사이), 내생변인의 오차변량(ϵ 입실론), 내생변인의 오차공변량(ϵ 입실론), 외생변인의 요인변량(ϕ 파이), 외생변인의 요인공변량(ϕ 파이), 외생변인의 예측오차변량(δ 델타), 예측오차공변량(δ 델타)도 있다.
- 연구자의 관심 대상으로 연구모형의 각 행렬의 요소에서 람다(λ), 파이(ϕ), 델타(δ)처럼 표기되는 모형 계수를 자유 모수(free parameter)라 한다. 연구자의 관심 대상이 아닌 경우는 0이나 다른 상수로 표시하고 고정 모수(fixed parameter)라 한다. 고정 모수 0은 변인들 간에 관계가 없다(0, 無)는 뜻이다. 0이 아닌 1로 고정되는 경우도 있다. 이는 잠재변인의 척도설정을 하는 경우이다.
- 구성개념(construct)은 추상적 개념으로 직접 측정되지 않으므로, 수로 계량되지 않는 잠재변인이다. 잠재변인을 측정 단위가 있는 수로 나타내기 위해 연구자는 잠재변인에 측정 단위(척도의 단위)를 부여해야 하는데, 이를 잠재변인의 척도설정(측정 단위 설정)이라고 부른다. 측정 단위 설정은 ① 참조 변인 설정, ② 잠재변인의 표준화 방식으로 지정할 수 있다. 참조 변인 설정은 보통 잠재변인의 첫 번째 측정변인의 요인계수를 1로 고정하는 방법이다. 잠재변인의 표준화 방식은 잠재변인의 변량을 1로 고정하는 방법이다.

- 모형식별의 필요조건 t-원칙은 연구자가 이미 정보를 알고 있는 표본 상관행렬(S)의 요소들의 개수(a)가 전집 모수치 행렬($\Sigma(\theta)$)에 포함된 미지수인 모수들 개수(t)에 기초해서, "a = p(p + 1)/2 〉 t"를 충족하는 것을 말한다.
- 모형식별의 충분조건으로 Null-B 원칙은 연구모형의 내생 변인들 사이에 상호 관계가 없으면 모형이 식별된다는 것을 말한다.
- 모형식별의 충분조건으로 일반원칙은 ① 연구모형에서 외생변인들에서 내생변인으로 이르는 인과관계의 방향이 일방향으로만 지정되고, ② 예측 오차들 사이에 상관관계가 지정되지 않는 일방모형으로 구성되는 것이다.
- 잠재변인의 수가 2개 이상이고, 각 잠재변인에서 측정변인의 수가 3개 이상이면 모형은 언제나 과잉식별되고 모형 적합도 또한 산출된다.
- 구조모형식별의 2단계 원칙은 구조모형에서 잠재변인들만을 대상으로 할 때 t-원칙을 충족하는 것이다.

1장에서 모형지정에 대해 알아보았다. 연구자가 모형지정을 완성하면 다음으로 할 일은 지정된 측정모형과 연구모형의 모형계수들이 산출 가능한지, 즉 모형식별 가능성을 파악해야 한다. 모형식별이 가능하면 자료수집과 모형검증의 단계로 나아갈 수 있다. 이 장은 모형식별에 초점을 둔다.

4.1 모형식별

4.1.1 정의

연구자가 모형지정을 완료한 뒤에 표본의 변량-공변량 행렬 자료로 측정모형과 구조모형의 모형계수들이 산출 가능한지를 통계분석의 실행 전에 확인하는 것을 모형식별(model identification)이라 한다(박광배, 2004). 모형식별에는 3종류가 있다.

① 일치식별(just-identified)
② 미식별(under-identified)
③ 과잉식별(over-identified)

중학교 때 배워서 익숙할 법하나 통계전공이 아닌 응용 연구자는 기억이 가물가물한 연립방정식을 소환하는 것이 모형식별의 개념을 익히는 데 유익하다. 구조방정식도 방정식을 풀이하고, 연립방정식도 방정식을 풀이한다는 점에서 공통점이 있다. 실제로 대부분의 통계 교재는 연립방정식으로 모형식별의 개념을 설명한다. 연립방정식에서 ① 미지수의 개수(x, y, z)와 ② 방정식의 개수가 미지수의 해(정답)를 구하는 데 어떤 역할을 하는지를 알아보는 것이 곧 모형식별의 개념을 익히는 것이 된다.

4.1.2 일치식별

〈표 4.1-1〉에 방정식이 3개 있다. 우리는 방정식 좌변의 x, y, z라는 미지수를 알지 못하나, 이들을 조합한 3개 방정식의 우변이 7, 10, 6이라는 정보를 알고 있다. 이처럼 정보를 알고 있는 혹은 값이 정해진 방정식이 3개이고, 미지수가 3개이면 고유한 해(解) 또는 답을 구할 수 있다. 이런 경우를 일치식별이라 한다. 〈표 4.1-1〉의 ⓐ 방정식의 좌변과 우변에 2를 곱하면, $2x+2y+2z=14$로 변환된다. 이 변환된 방정식에 ⓑ를 빼주면 z가 계산된다.

〈표 4.1-1〉 방정식의 일치식별

아는 것(자료/정보)	알지 못하는 것(미지수)
ⓐ $x+y+z=7$ ⓑ $2x+2y+z=10$ ⓒ $2x+y+2z=6$	x, y, z

$$\begin{array}{rcrcrcr} 2x & + & 2y & + & 2z & = & 14 \\ -2x & - & 2y & - & z & = & -10 \\ \hline & & & & z & = & 4 \end{array}$$

$z=4$를 ⓑ에 대입하면, $2x+2y+4=10$으로, 다시 ⓓ $2x+2y=6$으로 변환된다.

$z=4$를 ⓒ에 대입하면, $2x+y+8=6$으로, 다시 ⓔ $2x+y=-2$로 변환된다.

ⓓ에서 ⓔ를 뺄셈하면 두 개 방정식의 해가 구해진다.

$$\begin{array}{rcrcl} 2x & + & 2y & = & 6 \\ -2x & - & y & = & 2 \\ \hline & & y & = & 8 \end{array}$$

이제, ⓐ, ⓑ, ⓒ 어디든 $y=8$, $z=4$를 대입하면 x가 구해지는데 ⓐ에 대입해 보자.

$x+8+4=7$이 되고, 정리하면 $x=7-8-4$로 변환되어 결국, $x=-5$가 된다.

최종적으로 $x=-5$. $y=8$, $z=4$가 된다. 이렇게 해서 미지수 3개의 해를 구했다. 이제, 검산을 해보자.

ⓐ $x+y+z=7$ → $-5+8+4=7$이 된다.

ⓑ $2x+2y+z=10$ → $-10+16+4=10$이 된다.

ⓒ $2x+y+2z=6$ → $-10+8+8=6$이 된다.

이처럼 연립방정식에서 첫째, 값(알고 있는 정보)이 정해진 방정식의 개수와 둘째, 미지수의 개수가 일치하면 고유한 해를 얻을 수 있다. 이런 경우를 일치식별(一致識別, justified identification)이라 한다.

4.1.3 미식별

〈표 4.1-2〉는 값(알고 있는 정보)이 정해진 방정식의 수는 3개에서 2개로 줄었고, 알지 못하는 미지수(x, y, z)는 여전히 3개인 경우이다.

〈표 4.1-2〉 방정식의 미식별

아는 것(자료/정보)	알지 못하는 것(미지수)
ⓐ $x+2y+z=10$ ⓑ $2x+2y+z=7$	x, y, z

ⓐ 방정식의 좌변과 우변에 2를 곱하고, ⓑ를 빼주면 아래와 같다.

$$
\begin{array}{rrrrrrrr}
2x & + & 4y & + & 2z & = & 20 \\
-2x & - & 2y & - & z & = & -7 \\
\hline
 & ① & 2y & + & z & = & 14
\end{array}
$$

ⓐ, ⓑ의 방정식을 정리해서 ①이 되었으나, y와 z의 해를 확정할 수 없다. 이는 알고 있는 정보의 개수가 알지 못하는 것(미지수)의 개수보다 적기 때문에 정확한 값이 식별되지 않는 경우이며, 이를 미식별이라 부른다. 이 경우에 방정식들을 만족시키는 미지수의 값이 부재하는 것이 아니라, 가능한 값이 무수히 많아서 독특한 값, 즉 고유한 해를 알 수 없어, "고유해법"이 없다고 한다(박광배, 2004). 예를 들어, ①의 y와 z는 (0, 14), (-1, 16), (-2, 18) 등과 같이 수많은 해를 찾을 수 있으나 고유해법은 없다.

4.1.4 과잉식별

과잉식별은 있는 정보(값이 정해진 방정식)의 개수(7, 10, 6, 2)가 알지 못하는 미지수(x, y, z)의 개수보다 더 많은 경우이다. 〈표 4.1-3〉에서 왼쪽에 정보를 알고 있는 또는 값이 정해진 방정식은 4개이고 미지수의 수는 x, y, z로 3개이다.

〈표 4.1-3〉 방정식의 과잉식별

아는 것(자료/정보)	알지 못하는 것(미지수)
ⓐ $x+y+z=7$ ⓑ $2x+2y+z=10$ ⓒ $2x+y+2z=6$ ⓓ $3x+2y+4z=2$	x, y, z

이런 경우는 ⓐ, ⓑ, ⓒ로도 x, y, z가 구해지고, ⓐ, ⓑ, ⓓ로도 x, y, z가 구해지며, ⓐ, ⓒ, ⓓ로도 x, y, z가 구해지고, ⓑ, ⓒ, ⓓ로도 x, y, z가 구해진다. 이처럼 연립방정식의 미지수가 독특한 값 없이 다양한 값으로 정해지나, 무한하지는 않고 일정 범위 내에서 정해지는 경우를 과잉식별이라 한다. 구조방정식에서는 과잉식별의 경우에 추정되어 산출된 모수들만이 이론적인 의미를 지니게 된다.

4.2 모수들의 유형과 표기

앞에서 3가지 모형식별을 익혔다. 이를 바탕으로 연구자는 자신이 지정한 측정모형과 구조모형의 모수들(parameters)이 고유한 값을 가질지 미리 파악할 수 있다. 구조방정식의 모형식별은 연립방정식처럼 모수들(미지수)에 바탕하여 구성된 방정식의 개수와 이 방정식들에 포함된 모수들(미지수)의 개수에 의해 결정된다. 따라서 연구자는 측정모형, 구조모형을 구성하는 모수들의 유형과 개수를 파악할 수 있어야 한다. ① 측정모형의 모수들에는 요인계수, 오차변량, 오차공변량, 요인변량, 요인공변량이 있다. ② 구조모형의 모수들에는 경로계수, 요인계수, 오차변량, 오차공변량, 요인변량, 요인공변량에 더하여 예측오차변량, 예측오차공변량도 있다. 이들에 대한 설명을 이 절에서 정리해 보기로 하자(Brown, 2015; Little, 2013). 구조방정식 문헌은 변인들과 모수들을 그리스 문자로 표기한다. 이는 최초의 구조방정식 소프트웨어인 리즈렐(LISREL)에서 사용된 전통이다. 이 표기법이 여전히 사용되기 때문에 익혀두면 모수들의 개수를 파악하는 데 용이하고 다양한 구조방정식 프로그램과 서적을 익힐 때 도움이 된다. 그리스어의 알파벳을 익히는 것이니 한 번만에 습득할 것이란 생각은 버리고 여러 번 반복해야 한다는 것을 고려하기 바란다.

4.2.1 측정모형: 리즈렐식 모형 표기

복잡성을 피하고자 2요인 모형으로 간단하게 구성된 그림의 측정모형을 중심으로 리즈렐식 모형 표기를 알아보자. 측정모형에서는 잠재변인들 간에 독립변인과 종속변인의 구분이 없기 때문에 모든 잠재변인은 외생변인으로 간주된다. [그림 4.2-1]은 그릿의 측정모형이다. 여러 모수들이 그리스어로 표기되어 있다. 이 모형에서 측정변인은 X_1~X_8까지 외생 잠재변인의 측정변인 형태로 표기되어 있다.

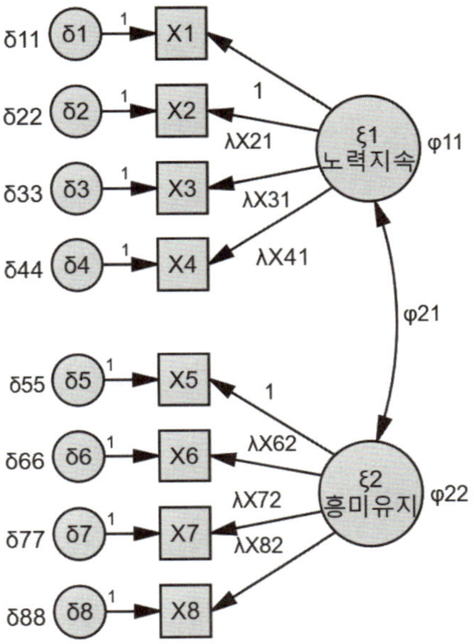

[그림 4.2-1] 그릿 측정모형

측정모형의 잠재변인, 측정변인, 오차변인, 요인변량, 요인공변량, 오차변량, 오차공변량의 표기법은 〈표 4.2-1〉과 같다. **측정모형에서 변인의 명칭**과 관련하여 잠재변인은 ξ(크사이)로 표기되고(예, ξ_1) 측정변인은 X로 표기되며(예, X_2), 측정오차는 δ(델타)로 표기된다(예, δ_1). **모수들의 명칭**과 관련해서 요인계수는 λ_X로(예, $\lambda_{X_{21}}$), 요인 변량과 요인 공변량은 ϕ(파이)로(예, φ_{21}), 오차 변량(예, δ_{11})과 오차공변량은 δ(델타)로 표기된다(예, δ_{65}). 특별한 이유가 없으면 오차공변량은 설정되지 않기 때문에 [그림 4.2-1]에 포함하지 않았다.

〈표 4.2-1〉 측정모형의 변인들과 모수들의 명칭과 표기

구분	측정모형							
	변인의 명칭				모수 행렬과 행렬 요소의 명칭			
	잠재 변인	측정 변인	측정 오차	예측 오차		요인계수	요인 변량 -공변량	오차 변량 -공변량
외생 변인	ξ (크사이)	X	δ (델타)	-	행렬명	Λ_X (Lamda x)	Φ (Phi)	Θ_δ (Theta-delta)
					모수명	λ_X	ϕ	δ

모수들의 의미: 요인계수는 잠재변인이 측정변인을 예측하는 회귀 기울기를 의미하며, 잠재변인과 측정변인의 1:1의 관계를 나타내는 계수이다. 이 1:1의 관계를 원점수로 구하면 비표준화 회귀계수이고, 표준화된 Z점수로 구하면 표준화 회귀계수가 된다. 1:1의 관계에서 표준화된 회귀계수는 곧 상관계수이다. 따라서 표준화된 회귀계수를 제곱하면 잠재변인의 측정변인에 대한 설명변량이 된다.

오차변량은 잠재변인에 의해 설명되지 않는 측정변인의 변량이다. 고전검사이론에서 측정 점수(X)는 잠재변인에 의한 진점수(τ)와 알 수 없는 요인에 의한 오차점수(ϵ)로 구성된다. 오차변량은 오차점수의 변량을 나타낸다. 오차변량은 고유변량, 측정변인 비신뢰도(indicator unreliability)와 동의어로 사용된다.

오차공변량은 이론적 논리가 합당할 때 모형에 포함된다. 오차공변량은 상관된 오차(correlated errors), 상관된 고유성(correlated uniqueness), 상관된 잔차(correlated residuals)와 동의어로 사용된다. 오차공변량은 잠재변인의 공유된 영향력이 아닌 다른 이유, 또는 모형에 포함되지 않은 다른 잠재변인들로 인해 두 개의 측정변인이 공변한다는 뜻을 나타낸다. 예를 들어, 방법효과(예, 공통된 방법으로 측정된 변인들)에 바탕한 경우이다.

요인공변량은 잠재변인들 간의 관계의 정도를 말한다. 이는 원점수로 구하면 요인공변량이라 불리고, 표준화 점수로 구하면 요인 상관관계수가 된다.

요인변량은 비표준화된 점수로 구해진 요인의 변산도(분산도)를 뜻한다. 즉 표본의 참가자들이 잠재변인 차원에서 상대적 위치가 유사하게 분포하는지, 다르게

분포하는지를 나타낸다.

요인계수 행렬: 〈표 4.2-2〉는 측정모형의 요인계수 행렬(Λ_X)이다. 요인계수들은 $\lambda_{X_{21}}$처럼 표기된다. 이 행렬에서 0은 측정변인이 다른 잠재변인에 교차부하가 되지 않는다는 것을 뜻한다. 예를 들어, $\lambda_{X_{21}}$의 위치에 있는 0은 측정변인 X_2가 크사이(ξ_2)에 요인부하되지 않는다는 뜻이다. 요인계수에는 아래첨자가 있다. 예를 들어, $\lambda_{X_{21}}$에서 X는 외생 잠재변인(ξ_1)에 요인부하되는 측정변인이며, 21에서 앞의 2는 종속변인(X_2)의 2이고, 뒤의 1은 독립변인(ξ_1)의 1이다. 요인계수 행렬에서 X_2와 ξ_1이 교차하는 곳에 $\lambda_{X_{21}}$이 있다. 결국 21은 〈표 4.2-2〉의 요인계수 행렬에서 각각 행(종속변인)과 열(독립변인)을 나타내는 숫자이다. 요인계수 행렬(Λ_X)의 행과 열은 측정변인의 수(p) × 잠재변인의 수(m)로 구성된다. 앞서 보았던 [그림 4.2-1] 그릿의 측정모형에서 측정변인의 수는 8개이고, 잠재변인의 수는 2개여서, 요인계수 행렬(Λ_X)은 8행 2열의 행렬이 되었다.

〈표 4.2-2〉 그릿 측정모형의 요인계수 행렬

Λ_X

	ξ_1	ξ_2
X_1	1	0
X_2	$\lambda_{X_{21}}$	0
X_3	$\lambda_{X_{31}}$	0
X_4	$\lambda_{X_{41}}$	0
X_5	0	1
X_6	0	$\lambda_{X_{62}}$
X_7	0	$\lambda_{X_{72}}$
X_8	0	$\lambda_{X_{82}}$

요인 변량-공변량 행렬: 〈표 4.2-3〉은 측정모형의 요인 변량-공변량 행렬 파이(Φ)이다. 파이(Φ) 행렬의 차원은 잠재변인의 수(m) × 잠재변인의 수(m)로 구성된다. 파이(Φ) 행렬에서 대각선 요소들은 변량이고, 대각선 밖의 요소들은 공변량이다. 파이(Φ) 행렬에서 추정할 모수는 변량 2개(ϕ_{11}, ϕ_{22}), 공변량 1개(ϕ_{21})이다.

〈표 4.2-3〉 그릿 측정모형의 요인 변량-공변량 행렬

Φ

	ξ_1	ξ_2
ξ_1	φ_{11}	
ξ_2	φ_{21}	φ_{22}

오차 변량-공변량 행렬: 〈표 4.2-4〉는 측정모형에서 측정변인의 오차변량-공변량 행렬을 나타내는 세타-델타(Θ_δ)이다. 세타-델타(Θ_δ) 행렬의 차원은 오차변인의 수(p)에 의한 행과 오차변인의 수(p)에 의한 열로 구성된다. 이 행렬의 대각선 요소들은 오차 변인들의 변량을 나타낸다. 대각선 밖의 요소들은 오차 변인들의 공변량을 나타내나, 모두 0으로 고정되어 있다. 이는 공변량이 부재한다는 뜻이다. 세타-델타(Θ_δ) 행렬에서 추정해야 할 오차변량은 8개이다.

〈표 4.2-4〉 그릿 측정모형의 오차 변량-공변량 행렬

Θ_δ

	X_1	X_2	X_3	X_4	X_5	X_6	X_7	X_8
X_1	δ_{11}							
X_2	0	δ_{22}						
X_3	0	0	δ_{33}					
X_4	0	0	0	δ_{44}				
X_5	0	0	0	0	δ_{55}			
X_6	0	0	0	0	0	δ_{66}		
X_7	0	0	0	0	0	0	δ_{77}	
X_8	0	0	0	0	0	0	0	δ_{88}

측정모형의 방정식: 〈표 4.2-5〉는 측정모형에 포함된 8개의 방정식이다. 각 방정식은 X 변인이 ξ(크사이)와 δ(델타, 측정오차)에 의하여 결정된다는 것을 나타내고 있다. 이 방정식들을 사용하여, 각 측정변인들 간의 변량과 공변량을 암시하는 방정식을 다시 만들 수 있다. 이는 다음 장에서 알아본다.

〈표 4.2-5〉 측정모형의 구조방정식

$$X_1 = 1 \cdot \xi_1 + \delta_1 \quad X_2 = \lambda_{X_{21}}\xi_1 + \delta_2 \quad X_3 = \lambda_{X_{31}}\xi_1 + \delta_3$$
$$X_4 = \lambda_{X_{41}}\xi_1 + \delta_4 \quad X_5 = 1 \cdot \xi_2 + \delta_5 \quad X_6 = \lambda_{X_{62}}\xi_2 + \delta_6$$
$$X_7 = \lambda_{X_{72}}\xi_2 + \delta_7 \quad X_8 = \lambda_{X_{82}}\xi_2 + \delta_8$$

4.2.2 구조모형: 리즈렐식 모형 표기

[그림 4.2-2]와 같은 잠재변인 간의 구조모형은 1) 측정모형과 2) 구조모형 두 가지를 모두 포함한다. [그림 4.2-2]에서 좌측과 우측의 네모 칸 부분은 측정모형이고, 중앙의 동그라미 부분은 외생 잠재변인(ξ_1)과 내생 잠재변인(η_1) 사이의 구조적 관계를 나타낸 구조모형이다. 구조모형은 잠재변인과 잠재변인 사이의 관계를 인과적 관계(→)로 나타낸다는 점에서 측정모형과 다르다. 잠재변인 간의 구조적 관계를 알아보려면 [그림 4.2-2]처럼 측정모형이 동반되어야 한다.

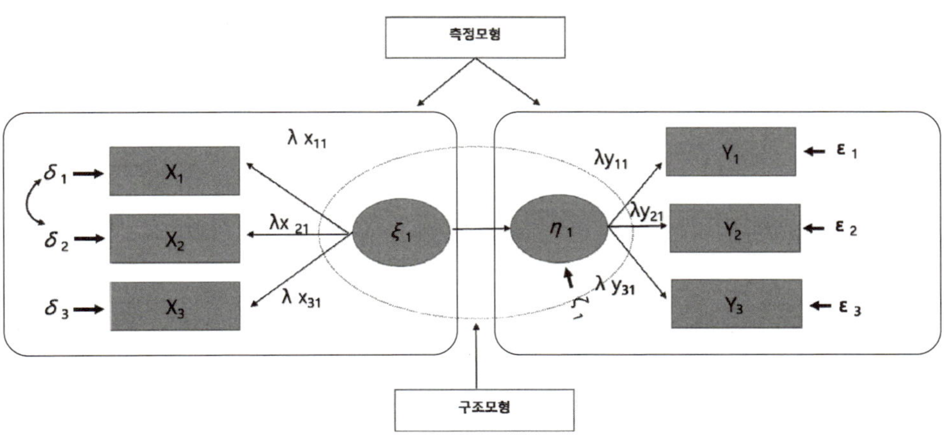

[그림 4.2-2] 구조모형의 표기법

[그림 4.2-2]와 〈표 4.2-6〉을 보면 외생 잠재변인은 ξ(크사이)로, 그 측정변인은 X로 표기된다. 이는 앞서 살핀 측정모형의 표기와 동일하다. 한편, 구조모형에서 내생 잠재변인은 η(에타)로, 관련된 측정변인은 Y로 표기된다. 그리고 구조모형에서 또 다른 새로운 부분은 외생 잠재변인(ξ)이 내생 잠재변인(η)을 예측한 뒤, 예측되지 않는 부분은 예측 오차변인인 ζ(제타)로 표기된다는 점이다.

〈표 4.2-6〉 구조모형의 모수들과 변인들의 표기

구분	측정모형							
	변인의 명칭				모수 행렬과 행렬 요소의 명칭			
	잠재 변인	측정 변인	측정 오차	예측 오차		요인계수	요인 변량 -공변량	오차 변량 -공변량
외생 변인	ξ (크사이)	X	δ (델타)	-	행렬명	Λ_X (Lamda X)	Φ (Phi)	Θ_δ (Theta-delta)
					모수명	λ_X	ϕ	δ
내생 변인	η (에타)	Y	ϵ (입실론)	ζ (제타)	행렬명	Λ_Y (Lamda Y)	Ψ (Psi)	Θ_ϵ (Theta-epsilon)
					모수명	λ_Y	ψ	ϵ

	구조모형	
경로 계수	모수 행렬과 행렬 요소의 명칭	
	외생변인 → 내생변인	내생변인 → 내생변인
	Γ(gamma)	B(beta)
	γ	β

지금부터 [그림 4.2-2]를 참고하면서 다음의 내용을 익혀보자.

요인계수 행렬: [그림 4.2-2]의 구조모형의 요인계수 행렬은 〈표 4.2-7〉과 같이 구조모형의 좌측 Λ_X와 우측 Λ_Y처럼 나타낼 수 있다.

〈표 4.2-7〉 구조모형의 요인계수 행렬

Λ_X

	ξ_1
X_1	$\lambda_{X_{11}}$
X_2	$\lambda_{X_{21}}$
X_3	$\lambda_{X_{31}}$

Λ_Y

	η_1
Y_1	$\lambda_{Y_{11}}$
Y_2	$\lambda_{Y_{21}}$
Y_3	$\lambda_{Y_{31}}$

요인 변량-공변량 행렬: 〈표 4.2-8〉 구조모형의 요인 변량-공변량 행렬은 외생 잠재변인이 1개여서 파이(Φ) 행렬은 외생 잠재변인(ξ_1)의 변량만으로 구성된다.

〈표 4.2-8〉 구조모형의 요인 변량-공변량 행렬

Φ

	ξ_1
ξ_1	φ_{11}

예측 오차 변량-공변량 행렬: 〈표 4.2-9〉 구조모형의 예측 오차 변량-공변량 행렬은 내생 변인이 1개여서 프사이(Ψ) 행렬은 내생 잠재변인(η_1)에 대한 예측오차(ζ_1)의 변량만으로 구성된다.

〈표 4.2-9〉 구조모형의 예측 오차 변량-공변량 행렬

Ψ

	ζ_1
ζ_1	ψ_{11}

오차 변량-공변량 행렬: 〈표 4.2-10〉 구조모형 오차 변량-공변량 행렬은 외생 변인의 측정변인 3개, 내생 변인의 측정변인 3개에 대한 세타-델타(Θ_δ) 행렬과 세

타-입실론(Θ_ϵ) 행렬을 나타내고 있다. 오차 간의 공변량은 이론적으로 성립하지 않으나, 이론적 근거가 있다면 δ_{21}처럼 나타낼 수도 있다.

〈표 4.2-10〉 구조모형의 오차 변량-공변량 행렬

Θ_δ

	X_1	X_2	X_3
X_1	δ_{11}		
X_2	δ_{21}	δ_{22}	
X_3	0	0	δ_{33}

Θ_ϵ

	Y_1	Y_2	Y_3
Y_1	ε_{11}		
Y_2	0	ε_{22}	
Y_3	0	0	ε_{33}

경로 계수 행렬: 〈표 4.2-11〉은 구조모형의 외생 잠재변인이 1개, 내생 잠재변인이 1개인 구조모형의 γ만을 나타내고 있다. 따라서 감마(Γ) 행렬만이 존재한다.

〈표 4.2-11〉 구조모형의 감마(Γ) 행렬

Γ

	ξ_1
η_1	γ_{11}

4.3 자유 모수와 고정 모수

앞서 측정모형과 구조모형의 행렬표를 작성해 보았다. 모형지정에서 연구자는 이론적 관점에 따라 변인들 사이에 관계가 있다고 간주하면 '→', '↔'처럼 표기하고, 관계가 없다고 간주하면 어떤 표기도 하지 않았다. 이처럼 연구자의 관심 대상이 되어 각 행렬의 요소에 람다(λ), 파이(ϕ), 델타(δ)처럼 표기되는 모형 계수를 자유 모수(free parameter)라 한다. 연구자의 관심 대상이 아닌 경우는 0이나 다른 상수로 표시하고 고정 모수(fixed parameter)라 한다(이기종, 2000). 고정 모수 0은 변인들 간에 관계가 없다(0, 無)는 뜻이다. 0이 아닌 1로 고정되는 경우도 있다. 이는 잠재변인의 척도설정을 하는 경우이다. 척도설정은 4.4절에서 알

아보기로 한다.

[그림 4.3-1]은 앞서 살펴본 측정모형과 그에 따른 행렬들이다. 이 행렬들에서 그리스어로 표기된 요소들(λ, ϕ, δ)은 자유 모수이다. 0과 1로 표기된 요소들은 고정 모수이다. 이 모형에서 자유 모수는 Λ_x 행렬의 요인계수 6개, Θ_δ 행렬의 오차변량 8개, Φ 행렬의 요인변량 2개, 공변량이 1개이다. 자유 모수의 총합은 17개이다.

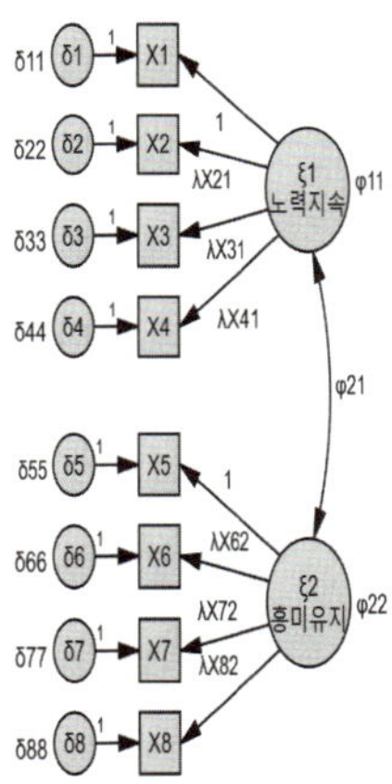

Λ_X 행렬

	ξ_1	ξ_2
X_1	1	0
X_2	$\lambda_{X_{21}}$	0
X_3	$\lambda_{X_{31}}$	0
X_4	$\lambda_{X_{41}}$	0
X_5	0	1
X_6	0	$\lambda_{X_{62}}$
X_7	0	$\lambda_{X_{72}}$
X_8	0	$\lambda_{X_{82}}$

Θ_δ 행렬

	X_1	X_2	X_3	X_4	X_5	X_6	X_7	X_8
X_1	δ_{11}	0	0	0	0	0	0	0
X_2	0	δ_{22}	0	0	0	0	0	0
X_3	0	0	δ_{33}	0	0	0	0	0
X_4	0	0	0	δ_{44}	0	0	0	0
X_5	0	0	0	0	δ_{55}	0	0	0
X_6	0	0	0	0	0	δ_{66}	0	0
X_7	0	0	0	0	0	0	δ_{77}	0
X_8	0	0	0	0	0	0	0	δ_{88}

Φ 행렬

	ξ_1	ξ_2
ξ_1	φ_{11}	
ξ_2	φ_{21}	φ_{22}

[그림 4.3-1] 측정모형의 행렬들

〈표 4.3-1〉 모수들의 추정 방식과 추정될 모수들의 개수

유형	자유 모수(미지수)	개수
요인 계수	$\lambda_{X_{21}}, \lambda_{X_{31}}, \lambda_{X_{41}}, \lambda_{X_{62}}, \lambda_{X_{72}}, \lambda_{X_{82}}$	6
오차 변량	$\delta_{11}, \delta_{22}, \delta_{33}, \delta_{44}, \delta_{55}, \delta_{66}, \delta_{77}, \delta_{88}$	8
요인 공변량	φ_{21}	1
요인 변량	$\varphi_{11}, \varphi_{22}$	2
합계		17

〈표 4.3-1〉은 자유 모수들을 유형에 따라 정리한 것이다. 이와 같은 자유 모수 17개는 앞서 풀어본 연립방정식의 미지수(x, y, z)에 해당된다고 비유적으로 생각하면 된다. 자유 모수는 연립방정식에서 미지수의 해(解)를 구하듯이, 구조방정식 모형 연구에서 표본의 변량-공변량 행렬의 정보를 사용하여 추정된다. 연구자는 모형지정을 통해 추정해야 할 모수의 개수를 정확하게 파악해야 한다. 그래야 연구자의 모형이 표본의 변량-공변량 행렬의 정보를 사용해서 모형식별이 될지 안 될지를 계산할 수 있기 때문이다.

4.4 잠재변인의 측정 단위

모형식별을 구체적으로 다루기 전에, 알아두어야 할 중요한 사항이 한 가지 더 있다. 즉 모든 잠재변인의 척도(scale)가 설정되어야 한다는 것이다. 잠재변인은 직접 관찰되지 않으며, 정의된 측정 단위(metrics: units of measurement)가 없다(Brown, 2015). 이에 비해 키는 1mm, 몸무게는 1g이라는 측정 단위가 있다. 이와 같이 연구자는 잠재변인의 측정 단위들을 설정해서 모형에 지정해야 한다. 측정 단위들을 설정해야 하는 이유는 다음과 같다(박광배, 2004).

구성개념(construct)은 추상적 개념이고, 직접 측정되지 않으므로 수로 계량되지 않은 잠재변인이다. 그럼에도 불구하고 구조방정식 모형은 잠재변인과 측정변인들 간의 관계를 나타내는 모수를 추정한다. '잠재변인이 수로 계량화되지 않았는데, 수로 계량된 측정변인 사이의 관계를 어떻게 추정하지'라고 생각할 수 있다. 당연한 호기심이다. 잠재변인을 측정 단위가 있는 수로 나타내지 못하면, 그 관계를 추정하는 것은 불가능하다. 그래서 연구자는 잠재변인에 측정 단위 또는 척도의 단위를 부여해야 하고, 이를 **잠재변인의 척도설정** 또는 측정 단위 설정이라고 부른다. 잠재변인의 측정 단위 설정은 〈표 4.4-1〉에 제시한 바와 같이 2가지 방식, 즉 ① **참조 변인 설정**, ② **잠재변인의 표준화**(잠재변인의 변량 고정 방법)가 있다.

〈표 4.4-1〉 변인의 측정 단위 설정

구분	측정 단위	측정 단위 설정	척도화 방법
측정변인	있음	해당 없음	해당 없음
잠재변인	없음	필요	① 참조 변인 설정(marker or reference indicator) ② 잠재변인의 변량 고정(fixed variance method)

4.4.1 참조 변인 설정

흔히 사용되는 측정 단위 설정은 참조 변인(marker indicator)의 요인계수를 1로 고정하는 방법이다. 참조 변인 설정은 잠재변인의 측정 단위를 측정변인들 중 1개를 선택하여 그것의 측정 단위와 동일하게 부여하는 방법이다. [그림 4.4-1]은 잠재변인 ξ_1과 ξ_2의 첫 번째 측정변인을 선택하여 그 요인계수를 1로 고정하였다. $\lambda_{X_{11}}$과 $\lambda_{X_{52}}$라는 모수를 표기하는 대신에 1로 표기되었다. $\lambda_{X_{11}}=1$과 $\lambda_{X_{52}}=1$은 연구자가 잠재변인의 측정 단위 설정을 위해 임의로 부여한 요인계수이다. 이처럼 측정 단위 설정으로 고정되는 모수를 고정 모수라 한다.

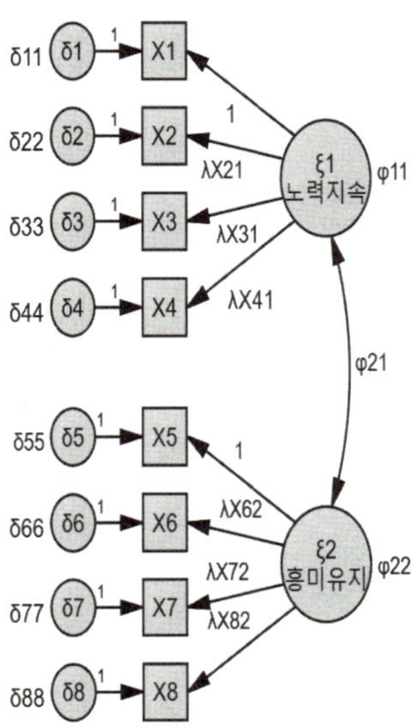

[그림 4.4-1] 참조 변인 설정

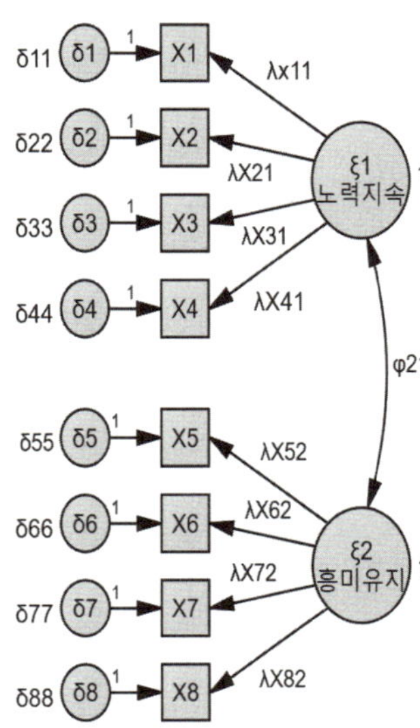

[그림 4.4-2] 잠재변인 변량 고정 방법

4.4.2 잠재변인의 변량 고정

측정 단위는 인간이 임의로 정한 규칙이다. 예를 들어, 거리의 단위는 1m로 정해져 통용된다. 추상적 개념을 반영하는 척도의 경우에는 표준편차가 측정 단위가 된다. 기초통계에서 편차 점수(X-M)를 표준편차(SD)로 나눠서 Z점수로 표준화시킨 것을 기억할 것이다. 예를 들어, Z점수가 2인 것은 편차 점수(X-M)가 평균에서 표준편차(SD)의 2배만큼 떨어졌다는 뜻이다. 이때 2Z는 표준편차의 2배라는 뜻이므로 표준편차(SD)는 Z점수 계산의 단위로 쓰인 것이다. 1km가 1m의 1000배 이듯이 말이다.

모형에서 사용되는 모든 측정변인이 표준화되면, 잠재변인도 표준화된 것으로 간주할 수 있다. 그리고 모든 변인이 표준화되면, 표준편차가 단위의 역할을 할 수 있다. 표준화되면 평균은 0, 표준편차가 1이므로 표준화된 잠재변인의 표준편차도 1이 되고, 표준편차의 제곱이 변량이므로 잠재변인의 변량은 1이 된다. 연구자가 잠재변인의 변량을 1로 부여하면, 그것이 잠재변인의 측정 단위로 설정된다. [그림 4.4-2]에서 잠재변인 ξ_1과 ξ_2 각각의 변량을 나타내는 모수는 φ_{11}과 φ_{22}인데, 1로 고정되어 있는 것이 보일 것이다. 이러한 방법을 잠재변인의 측정 단위 설정을 위한 변량 고정방법이라 한다. 이때 $\lambda_{X_{11}}$과 $\lambda_{X_{52}}$는 자유 모수로 되돌아오고, $\varphi_{11}=1$, $\varphi_{22}=1$처럼 잠재변인의 변량이 고정 모수가 된다. 결국, 어느 방법을 사용하든 자유 모수의 수는 동일하게 된다.

4.5 연구모형을 리즈렐식 모형으로 표기해 보기

지금까지 모형의 리즈렐식 표기를 알아보았다. 여기서는 연구모형, 즉 "자존감-그릿-행복의 관계에 관한 모형"의 표기를 해보자. 연구모형은 외생 잠재변인 1개, 내생 잠재변인 3개로 구성되어 있다. 리즈렐식 표기는 추정할 모수의 개수를 알려준다. 편의와 기억의 향상을 위해 3단계로 구분해서 [그림 4.5-1]의 연구모형을 리즈렐식으로 표기하고, 모수의 개수를 계산해 보자.

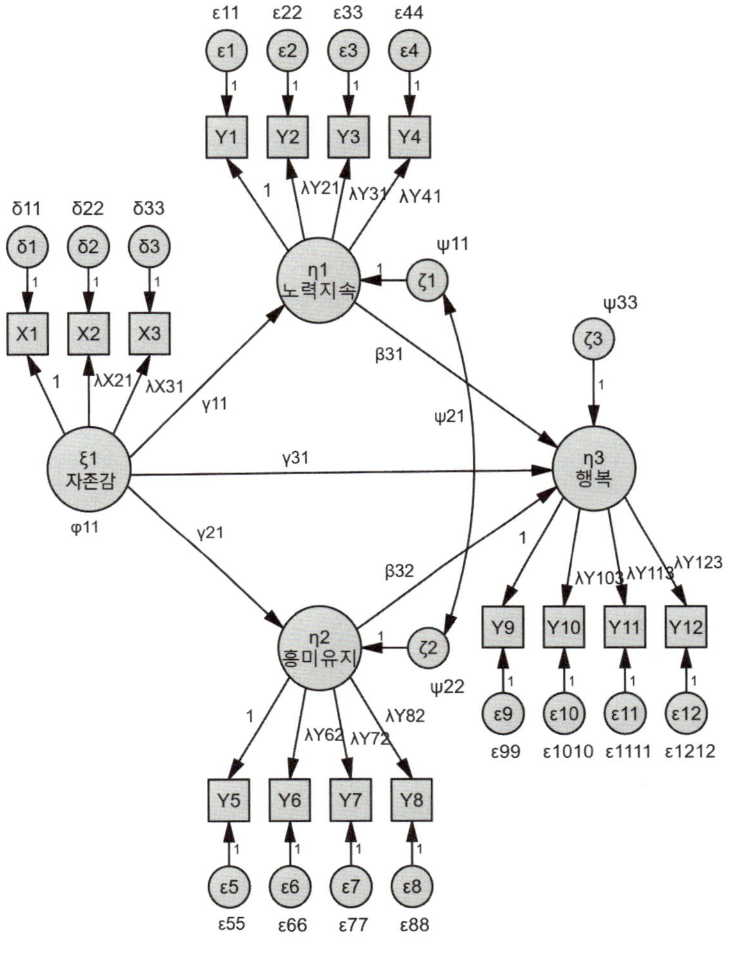

[그림 4.5-1] 연구모형 Ⅰ

〈표 4.5-1〉 연구모형 Ⅰ의 리즈렐식 표기

1단계: 외생 잠재변인 측정모형의 행렬 만들기

요인계수 행렬 Λ_X

	ξ_1
X_1	1
X_2	$\lambda_{X_{21}}$
X_3	$\lambda_{X_{31}}$

요인 변량-공변량 행렬 Φ

	ξ_1
ξ_1	φ_{11}

오차 변량-공변량 행렬 Θ_δ

	X_1	X_2	X_3
X_1	δ_{11}	0	0
X_2	0	δ_{22}	0
X_3	0	0	δ_{33}

2단계: 내생 잠재변인 측정모형의 행렬 만들기

요인계수행렬 Λ_Y

	η_1	η_2	η_3
Y_1	1	0	0
Y_2	$\lambda_{Y_{21}}$	0	0
Y_3	$\lambda_{Y_{31}}$	0	0
Y_4	$\lambda_{Y_{41}}$	0	0
Y_5	0	1	0
Y_6	0	$\lambda_{Y_{62}}$	0
Y_7	0	$\lambda_{Y_{72}}$	0
Y_8	0	$\lambda_{Y_{82}}$	0
Y_9	0	0	1
Y_{10}	0	0	$\lambda_{Y_{103}}$
Y_{11}	0	0	$\lambda_{Y_{113}}$
Y_{12}	0	0	$\lambda_{Y_{123}}$

예측 오차 변량-공변량 행렬 Ψ

	ζ_1	ζ_2	ζ_3
ζ_1	ψ_{11}	0	0
ζ_2	ψ_{21}	ψ_{22}	0
ζ_3	0	0	ψ_{33}

오차 변량-공변량 행렬 Θ_ϵ

	Y_1	Y_2	Y_3	Y_4	Y_5	Y_6	Y_7	Y_8	Y_9	Y_{10}	Y_{11}	Y_{12}
Y_1	ε_{11}	0	0	0	0	0	0	0	0	0	0	0
Y_2	0	ε_{22}	0	0	0	0	0	0	0	0	0	0
Y_3	0	0	ε_{33}	0	0	0	0	0	0	0	0	0
Y_4	0	0	0	ε_{44}	0	0	0	0	0	0	0	0
Y_5	0	0	0	0	ε_{55}	0	0	0	0	0	0	0
Y_6	0	0	0	0	0	ε_{66}	0	0	0	0	0	0
Y_7	0	0	0	0	0	0	ϵ_{77}	0	0	0	0	0
Y_8	0	0	0	0	0	0	0	ϵ_{88}	0	0	0	0
Y_9	0	0	0	0	0	0	0	0	ϵ_{99}	0	0	0
Y_{10}	0	0	0	0	0	0	0	0	0	ϵ_{1010}	0	0
Y_{11}	0	0	0	0	0	0	0	0	0	0	ϵ_{1111}	0
Y_{12}	0	0	0	0	0	0	0	0	0	0	0	ϵ_{1212}

3단계: 구조모형 경로계수 행렬 만들기

베타 행렬 B

	η_1	η_2	η_3
η_1	0	0	0
η_2	0	0	0
η_3	β_{31}	β_{32}	0

감마 행렬 Γ

	ξ_1
η_1	γ_{11}
η_2	γ_{21}
η_3	γ_{31}

연습문제 4-1: 연구모형 II 모수 지정하기

1. 연구모형에 리즈렐식 표기하기

구분	측정모형							
	변인의 명칭				모수 행렬과 행렬 요소의 명칭			
	잠재 변인	측정 변인	측정 오차	예측 오차		요인계수	요인 변량 -공변량	오차 변량 -공변량
외생 변인	ξ (크사이)	X	δ (델타)	-	행렬명	Λ_X (Lamda X)	Φ (Phi)	Θ_δ (Theta-delta)
					모수명	λ_X	ϕ	δ
내생 변인	η (에타)	Y	ϵ (입실론)	ζ (제타)	행렬명	Λ_Y (Lamda Y)	Ψ (Psi)	Θ_ϵ (Theta-epsilon)
					모수명	λ_Y	ψ	ϵ

구분	구조모형	
경로 계수	모수 행렬과 행렬 요소의 명칭	
	외생변인 → 내생변인	내생변인 → 내생변인
	Γ(gamma)	B(beta)
	γ	β

1) 측정모형과 2) 구조모형을 나타내는 기호를 사용하여 연구모형 II의 각 변인 명칭과 계수 명칭을 그림의 해당 위치에 표기하여 보시오.

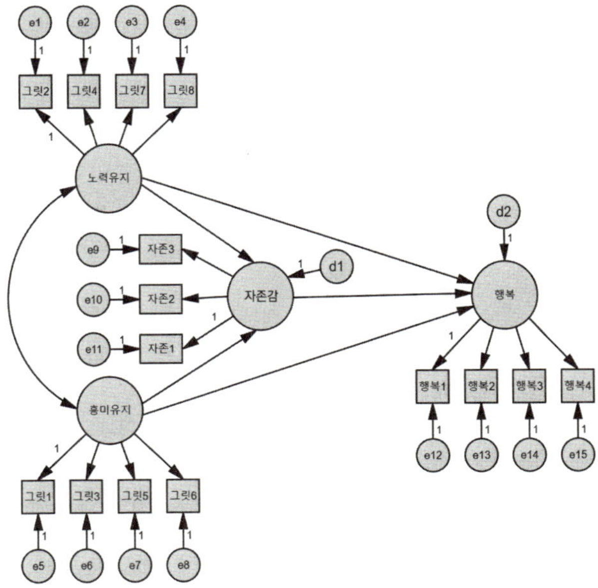

연구모형 II

2. 연구모형의 리즈렐식 행렬 만들어 보기

1) 외생 잠재변인 측정모형의 행렬 만들기

요인계수 행렬 Λ_x

	ξ_1	ξ_2
X_1		
X_2		
X_3		
X_4		
X_5		
X_6		
X_7		
X_8		

요인 변량-공변량 행렬 Φ

	ξ_1	ξ_2
ξ_1		
ξ_2		

오차 변량-공변량 행렬 Θ_δ

	X_1	X_2	X_3	X_4	X_5	X_6	X_7	X_8
X_1								
X_2								
X_3								
X_4								
X_5								
X_6								
X_7								
X_8								

2) 내생 잠재변인 측정모형의 행렬 만들기

요인계수 행렬 Λ_y

	η_1	η_2
Y_1		
Y_2		
Y_3		
Y_4		
Y_5		
Y_6		
Y_7		

예측 오차 변량-공변량 행렬 Ψ

	ζ_1	ζ_2
ζ_1		
ζ_2		

오차 변량-공변량 행렬 Θ_ϵ

	Y_1	Y_2	Y_3	Y_4	Y_5	Y_6	Y_7
Y_1							
Y_2							
Y_3							
Y_4							
Y_5							
Y_6							
Y_7							

3) 구조모형 경로계수 행렬 만들기

베타 행렬 B

	η_1	η_2
η_1		
η_2		

감마 행렬 Γ

	ξ_1	ξ_2
η_1		
η_2		

4.6 모형식별의 지침

4.6.1 구조방정식 모형 추정의 기본 논리

모형식별을 알아보기 전 구조방정식 모형 추정의 기본 논리를 알아두면 유익하다. 우선, A 연구자가 [그림 4.6-1]처럼 [그릿-자존감-행복의 관계에 대한 경로모형]을 지정했다고 하자. 이런 경로모형은 측정오차를 가정하지 않으며, 측정변인을 잠재변인처럼 취급한다. 하지만 경로모형의 외생변인(노력지속, 흥미유지)과 내생변인(자존감, 행복)은 잠재변인은 아니므로 외생변인은 ξ 대신에 X로, 내생변인은 η 대신에 Y로 표기한다. [그림 4.6-1]에서 좌측은 연구자가 지정한 연구모형이며, 여기에 리즈렐식 표기를 하면 우측처럼 변형된다.

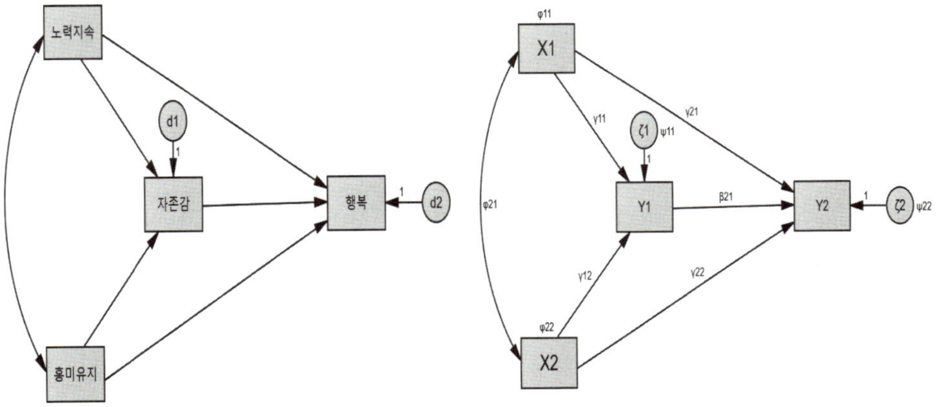

[그림 4.6-1] 그릿-자존감-행복의 관계에 대한 경로모형: 포화모형

〈표 4.6-1〉은 [그림 4.6-1]의 경로모형에서 추정할 모수와 행렬들을 나타낸 표이다. 모수들을 보면 외생변인(X_1, X_2)의 변량-공변량이 3개(ϕ_{11}, ϕ_{21}, ϕ_{22}), 내생변인(Y_1, Y_2)의 예측오차의 변량이 2개(ψ_{11}, ψ_{22}), 경로계수가 5개(β_{21}, γ_{11}, γ_{12}, γ_{21}, γ_{22}) 총 10개이다.

〈표 4.6-1〉 경로모형의 리즈렐식 표기

구분	경로모형			
	변인의 명칭		모수 행렬과 행렬 요소의 명칭	
	측정변인	예측오차		요인 변량-공변량
외생 변인	X	–	행렬명	Φ(Phi)
			모수명	ϕ
내생 변인	Y	ζ	행렬명	Ψ(Psi)
			모수명	ψ

구분	구조모형		
경로 계수	모수 행렬과 행렬 요소의 명칭		
	외생변인 → 내생변인		내생변인 → 내생변인
	행렬명	Γ(gamma)	B(beta)
	모수명	γ	β

1. 외생변인 행렬 만들기

외생변인 변량-공변량 행렬 Ψ

	X_1	X_2
X_1	ϕ_{11}	
X_2	ϕ_{21}	ϕ_{22}

2. 오차변량 행렬 만들기

예측 오차 변량-공변량 행렬 Ψ

	ζ_1	ζ_2
ζ_1	ψ_{11}	0
ζ_2	0	ψ_{22}

3. 경로계수 행렬 만들기

베타 행렬 B

	Y_1
Y_2	β_{21}

감마 행렬 Γ

	X_1	X_2
Y_1	γ_{11}	γ_{12}
Y_2	γ_{21}	γ_{22}

[그릿-자존감-행복의 관계에 대한 경로모형]의 모수들이 추정되기 위해서는 앞서 살펴본 모형식별의 원리를 적용하여 과잉식별의 경우인지를 확인해야 한다. 모형식별의 원리에 익숙해지려면, 다음과 같은 구조방정식 모형의 논리를 알아두는 편이 좋다.

연구자는 표본(예, 연구자가 표집한 청소년 350명)의 자료로 연구를 실행할지라도, 연구 결과를 일반화하고 싶은 관심 대상은 전집(예, 청소년)이다. 하지만 전집을 대상으로 조사하는 것은 불가능하다. 경제적, 시간적 이유 등으로 연구자는 전집의 자료를 수집할 수 없기 때문이다. 전집의 자료를 수집하는 것이 가능하더라도 효율적이고 경제적인 방법은 되지 못한다. 어쨌든, 구조방정식 모형의 논리는 전집 수준에서 연구자가 관심을 갖는 변인들이 실제로 존재한다면, 전집 수준에서 그 관계를 나타내는 변량-공변량 행렬을 만들 수 있다. 위의 Y_1, Y_2, X_1, X_2 4개 변인의 전집 수준에서의 변량-공변량 행렬(Σ)은 〈표 4.6-2〉처럼 나타낼 수 있다. 이 표의 각 요소들은 전집 수준에서 4개 변인 각각의 변량과, 4개 변인 간의 공변량을 나타낸다. 그리고 전집 수준임을 나타내기 위하여 변량과 공변량을 대문자로 표기하였다.

〈표 4.6-2〉 Σ: 전집 변량-공변량 행렬

	Y_1	Y_2	X_1	X_2
Y_1	VAR(Y_1)			
Y_2	COV(Y_2, Y_1)	VAR(Y_2)		
X_1	COV(X_1, Y_1)	COV(X_1, Y_2)	VAR(X_1)	
X_2	COV(X_2, Y_1)	COV(X_2, Y_2)	COV(X_2, X_1)	VAR(X_2)

연구자가 전집의 변량-공변량 행렬(Σ)을 구할 수 있다면, 구조방정식 모형은 Σ를 자료로 하여 [그림 4.6-1]의 우측에 제시된 모형의 모수를 추정하게 된다. 이 모수들이 구해지면, 우측의 그림에 이 모수들을 나타내면 된다. 하지만, 연구자는 전집의 변량-공변량 행렬(Σ)를 확보할 수 없다. 그러므로 [그릿-자존감-행복의 관계에 대한 경로모형]에 나타난 미지수 상태의 모수들을 추정할 수 없다. 다만, 모형의 미지수로 표기된 모수들을 사용하여 **모형이 암시하는 변량-공변량 행렬**($\Sigma(\theta)$)을 작성할 수 있다. $\Sigma(\theta)$는 실제의 변량-공변량 행렬이 아니라 모형에 의해 예측된 변량-공변량 행렬($\Sigma(\theta)$)이다. $\Sigma(\theta)$의 또 다른 이름은 암시된 변량-공변량 행렬이다. $\Sigma(\theta)$는 모형에 포함된 구조방정식을 활용하여 〈표 4.6-3〉처럼 정리된

다. 그 과정은 아래의 설명과 같다.

〈표 4.6-3〉 $\Sigma(\theta)$: **모형에 의해 암시된 변량-공변량 행렬**

	Y_1	Y_2	X_1	X_2
Y_1	$\gamma_{11}^2\phi_{11}+2\gamma_{11}\gamma_{12}\phi_{21}+\gamma_{12}^2\phi_{22}+\psi_{11}$			
Y_2	$\gamma_{11}(\beta_{21}\gamma_{11}+\gamma_{21})\phi_{11}+\gamma_{11}(\beta_{21}\gamma_{12}+\gamma_{22})\phi_{21}+\gamma_{12}(\beta_{21}\gamma_{11}+\gamma_{21})\phi_{21}+\gamma_{12}(\beta_{21}\gamma_{12}+\gamma_{22})\phi_{22}+\beta_{21}\psi_{11}+\psi_{22}$	$(\beta_{21}\gamma_{11}+\gamma_{21})^2\phi_{11}+2(\beta_{21}\gamma_{11}+\gamma_{21})(\beta_{21}\gamma_{12}+\gamma_{22})\phi_{21}+(\beta_{21}\gamma_{12}+\gamma_{22})^2\phi_{22}+\beta_{21}{}^2\psi_{11}+\beta_{21}\psi_{22}+\psi_{22}$		
X_1	$\gamma_{11}\phi_{11}+\gamma_{12}\phi_{21}$	$(\beta_{21}\gamma_{11}+\gamma_{21})\phi_{11}+(\beta_{21}\gamma_{12}+\gamma_{22})\phi_{21}$	ϕ_{11}	
X_2	$\gamma_{11}\phi_{21}+\gamma_{12}\phi_{22}$	$(\beta_{21}\gamma_{11}+\gamma_{21})\phi_{21}+(\beta_{21}\gamma_{12}+\gamma_{22})\phi_{22}$	ϕ_{21}	ϕ_{22}

〈표 4.6-3〉은 [그림 4.6-1]의 우측의 그림에 포함된 내생변인 Y_1, Y_2에 대한 예측 방정식 2개와 외생변인 X_1, X_2 사이의 관계를 공변량 특성 규칙을 적용하여 도출된 것이다. 모형에 포함된 내생변인 2개와 외생변인 2개는 다음처럼 표현할 수 있다.

내생변인	① $Y_1=\gamma_{11}X_1+\gamma_{12}X_2+\zeta_1$
	② $Y_2=\beta_{21}Y_1+\gamma_{21}X_1+\gamma_{22}X_2+\zeta_2$
외생변인	③ X_1
	④ X_2

2장에서 공변량 특성을 흥미롭게 익혔다면, ①, ②, ③, ④를 공변량 특성의 공식에 대입하여 〈표 4.6-3〉의 "$\Sigma(\theta)$: 모형에 의해 암시된 변량-공변량 행렬"에 제시된 요소들을 산출할 수 있다. 하지만 이 요소들을 산출하는 것은 매우 지루하고, 복잡한 과정이므로 생략한다.

알아두어야 할 것은 Σ와 $\Sigma(\theta)$가 다르다는 것이다. Σ는 실제로 전집의 자료를 구할 수 있다면 그 자료로 산출한 변량-공변량 행렬이고, $\Sigma(\theta)$는 연구모형에서 추정되어야 할 모수들에 의해, 즉 모형에 의해 암시된 변량-공변량 행렬이라는 것이다. $\Sigma(\theta)$에 포함된 모든 미지수 상태의 모수들은 S, 즉 표본의 변량-공변량 행렬의 자료로 추정할 수 있다.

구조방정식 모형의 기본 논리는 전집 수준에서는 Σ와 $\Sigma(\theta)$ 사이에 아래의 공식(4.6-1)과 같은 관계가 있다고 보는 것이다. 즉 전집 변량-공변량 행렬(Σ)을 자료로 하여 모형의 모수를 추정하고, 추정된 모형의 모수들을 암시된 변량-공변량($\Sigma(\theta)$) 행렬에 다시 대입하여 Σ와 $\Sigma(\theta)$가 일치하는지를 알아보는 것이다. 모형이 변인들 간의 관계를 잘 나타낸다면, 즉 모형이 정확하다면 $\Sigma(\theta)$는 Σ에 가까워진다.

$$\Sigma = \Sigma(\theta) \qquad \text{(공식 4.6-1)}$$

그런데 난감한 문제는 연구자는 전집 수준의 Σ를 알 수 없다는 사실이다. 따라서 실제의 연구는 표본의 수준에서 이루어지게 되고, 이는 다음처럼 실시된다.

① 연구자는 표본의 변량-공변량 행렬(S)을 자료로 삼아, 〈표 4.6-3〉의 $\Sigma(\theta)$의 각 요소를 좌변에 대입하고, 그것에 대응되는 표본의 변량-공변량 정보를 우변에 대입한다. 이렇게 되면 모수들이 미지수 상태이므로 방정식이 만들어지는 형국이 된다. 연구자는 이 방정식들을 풀이하여 각 모수들(예, ϕ_{11}, γ_{11}, γ_{12}, ϕ_{21} 등)의 개별 값을 추정하게 된다. 추정된다는 것은 전집의 변량-공변량 행렬(Σ)을 알 수 없으므로, 표본의 변량-공변량 행렬(S)을 사용해서 모수들이 구해진다는 뜻이다. 이때 방정식의 개수(a)보다 미지수인 모수의 개수(t)가 많으면 미식별이 되고, a와 t의 개수가 일치하면 일치식별이 되며, a의 개수가 t의 개수보다 많으면 과잉식별이 된다.

② 표본의 변량-공변량 행렬 S를 사용하여 추정된 모형의 모수 값들을 다시 $\Sigma(\theta)$의 각 요소에 대입하여 그 값들이 구해지면 이는 $\Sigma(\theta)$의 요소들을 추정한 값이 된다. 이처럼 표본의 변량-공변량 행렬 S를 사용하여 추정된 모수에 의해 $\Sigma(\theta)$가 추정되었기 때문에 추정되었다는 사실을 나타내기 위해

$\Sigma(\theta)$가 아닌 $\Sigma(\hat{\theta})$로 표기된다.

③ 그런 다음 연구자는 $S=\Sigma(\hat{\theta})$가 얼마나 일치하는지를 보게 된다. 왜 일치하는지를 보는 것일까? 구조방정식 모형은 복잡한 현상을 설명하는 간명한 모형을 추구하기 때문에 [그림 4.6-1]의 [그릿-자존감-행복의 관계에 대한 모형: 포화모형]과 같은 포화모형은 별 의미가 없다. 왜냐하면 이 포화모형은 Y_1, Y_2, X_1, X_2 사이에 가능한 모든 관계를 모형에 포함하였으므로 간명하지 않기 때문이다. 이런 포화모형의 $\Sigma(\hat{\theta})$는 S와 완벽하게 일치할 것으로 기대할 수 있다.

④ 결국, 구조방정식 모형에서 전집수준에서 연구가설은 $\Sigma=\Sigma(\theta)$가 된다. 이를 말로 표현하면 "변량-공변량 행렬과 모형에 의해 예측된 변량-공변량은 같다." 또는 "변량-공변량 행렬과 모형에 의해 예측된 변량-공변량은 차이가 없다."와 같이 연구가설이 영가설로 진술된다. 전통적 가설 검증과 다르게 구조방정식 모형에서는 이 영가설이 채택되어야 연구자의 모형이 적합한 것이다. 흔히 연구 결과에서는 "모형이 자료에 일치한다"라는 진술로 표현된다.

자, 그럼 이제 실제의 자료를 사용해서 구조방정식 모형의 기본 논리를 다시 살펴보자. 계산은 컴퓨터가 다 해주니 걱정할 필요가 없다. 구조방정식 소프트웨어는 표본의 변량-공변량 행렬(S)과 모형에 의해 예측된 변량-공변량 행렬 $\Sigma(\hat{\theta})$를 모두 계산하여 산출해 준다. 연구자가 할 일은 이 과정에 포함된 의미를 알면 되는 것이다. 〈표 4.6-4〉는 실제로 수집된 그릿-자존감-행복 자료로 계산된 S이다.

〈표 4.6-4〉 S: 표본의 변량-공변량 행렬

	Y_1(자존감)	Y_2(행복)	X_1(노력지속)	X_2(흥미유지)
Y_1(자존감)	24.870			
Y_2(행복)	7.984	4.810		
X_1(노력지속)	5.575	1.928	4.790	
X_2(흥미유지)	3.816	1.456	1.461	4.727

〈표 4.6-4〉의 S를 사용하여, 추정된 [그릿-자존감-행복의 관계에 대한 경로모형]의 모수들은 [그림 4.6-2]와 같다. 여기에 제시된 모수들은 비표준화된 값들(변량 또는 공변량)이다.

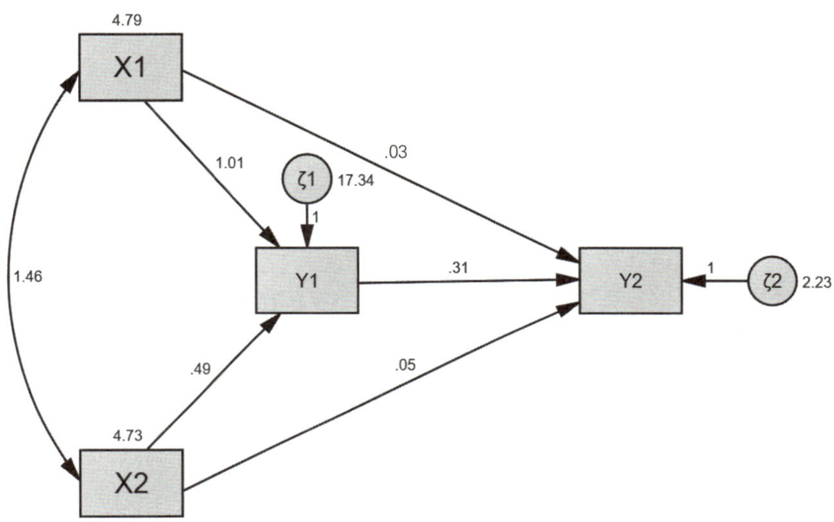

[그림 4.6-2] S를 사용해서 추정된 모수들

연구자는 이 모형에서 추정된 모수들을 사용해서, 역으로 예측된 변량-공변량 행렬 $\Sigma(\hat{\theta})$를 산출할 수 있다. 〈표 4.6-5〉는 구조방정식 소프트웨어가 [그림 4.6-2]의 추정된 모수들을 사용하여 계산한 $\Sigma(\hat{\theta})$이다. 모형이 정확하게 지정되었다면 $\Sigma(\hat{\theta})$는 S와 근소한 차이를 보이며 일치하게 된다. 〈표 4.6-4〉와 〈표 4.6-5〉에서 서로 대응되는 요소들을 비교해 보라. 값에서 차이는 어떠한가? 차이가 없다. 왜냐하면 [그릿-자존감-행복의 관계에 대한 경로모형]은 Y_1, Y_2, X_1, X_2 사이에 가능한 모든 관계를 설정한 포화모형이기 때문이다. 포화모형에서 추정된 모수들을 사용하여 예측된 변량-공변량 행렬 $\Sigma(\hat{\theta})$는 S를 완벽하게 재생산한다. 포화모형의 검증은 구조방정식 모형의 궁극적 목적이 아니다. 구조방정식 모형은 복잡한 현상을 더욱 간명하게 설명하는 모형을 만드는 것이 목적이므로 포화모형은 이론적 의미를 지니지 못한다.

〈표 4.6-5〉 $\Sigma(\hat{\theta})$: 포화모형에 의해 예측된 변량-공변량 행렬

	Y_1(자존감)	Y_2(행복)	X_1(노력지속)	X_2(흥미유지)
Y_1(자존감)	24.870			
Y_2(행복)	7.984	4.810		
X_1(노력지속)	5.575	1.928	4.790	
X_2(흥미유지)	3.816	1.456	1.461	4.727

연구자가 애초에 탄탄한 이론적 검토와 연구 결과를 바탕으로 포화모형이 아닌 완전 매개모형으로 모형지정을 했다면 연구 결과는 달라질까? 달라진다. 이에 대해 살펴보자. 우선, 모형이 바뀐다 해도 S는 수집된 자료로 산출되므로 변화하지 않는다. 그러나 연구자가 모형을 [그림 4.6-3]처럼 "그릿-행복 사이의 관계가 자존감에 의해 완전 매개된다"는 모형으로 바꾼다면 ① 노력지속 → 행복(γ_{21}), ② 흥미유지 → 행복(γ_{22})의 2개 경로가 삭제된다. 이로 인해 해당 부분의 모수들은 모형에 의해 0이라고 예측된 것이다. 이는 다시 〈표 4.6-5〉의 모형에 의해 예측된 변량-공변량 행렬 $\Sigma(\hat{\theta})$의 요소의 산출 값에 영향을 미치게 된다. 그래서 〈표 4.6-6〉과 같이 변화가 발생한다.

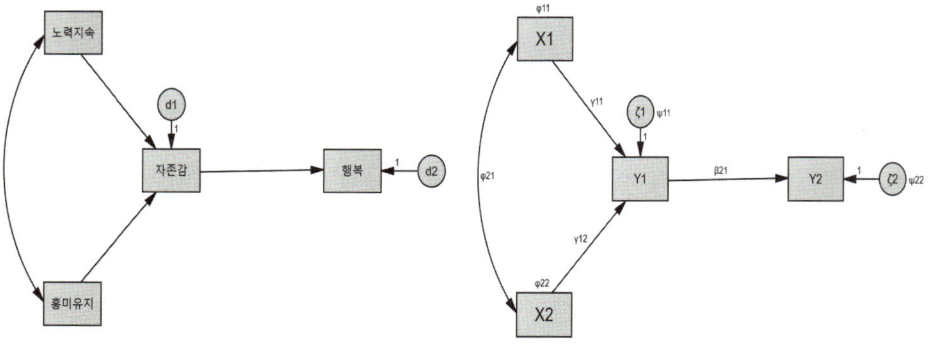

[그림 4.6-3] 그릿-자존감-행복의 관계에 대한 경로모형: 완전 매개모형

어쨌든 [그릿-자존감-행복의 관계에 대한 경로모형: 완전 매개모형]에 의하여 다시 산출된 '예측된 변량-공변량 행렬 $\Sigma(\hat{\theta})$'는 〈표 4.6-6〉과 같다. 〈표 4.6-6〉의

행복과 노력지속, 행복과 흥미유지 사이의 공변량은 애초의 S 행렬과 일치하지 않지만, 나머지 요소들은 일치한다.

〈표 4.6-6〉 $\Sigma(\hat{\theta})$: 완전 매개모형에 의하여 예측된 변량-공변량 행렬

	Y_1(자존감)	Y_2(행복)	X_1(노력지속)	X_2(흥미유지)
Y_1(자존감)	24.870			
Y_2(행복)	7.984	4.810		
X_1(노력지속)	5.575	**1.790**	4.790	
X_2(흥미유지)	3.816	**1.225**	1.461	4.727

요약: 구조방정식 모형은 표본의 변량-공변량 행렬 S를 자료로 하여, 전집 변량-공변량 행렬 $\Sigma(\theta)$의 요소들에 암시된 모수들을 추정하고, 이 추정된 모형의 모수들로 예측된 변량-공변량 행렬 $\Sigma(\hat{\theta})$를 다시 산출한다. $\Sigma(\theta)$의 요소들은 미지수인 모수들로 구성되어 있고, 각 요소에 대응하는 S의 요소들의 값들을 대입하면 S의 요소들의 개수만큼 방정식이 생성된다. 이 방정식을 사용하여 모수들의 값이 결정되기 위해서는 모수들의 개수(t)가 S의 요소들의 수(a)와 같거나 작아야 한다. S와 $\Sigma(\hat{\theta})$의 대응하는 변량과 공변량의 값들이 일치하는 정도가 높을수록 연구자의 모형은 자료에 적합하다고 판단하게 된다.

4.6.2 경로모형의 모형식별

필요조건 t-원칙: 앞서 구조방정식 모형추정의 기본 논리를 익혔다. 이 과정에서 구조방정식 모형의 모수들이 추정되기 위해서는 ① 모형에 의해 암시된 변량-공변량 행렬 $\Sigma(\theta)$의 요소와 ② 표본 변량-공변량 행렬 S의 요소에 들어 있는 정보를 각각 좌변과 우변으로 하는 방정식을 생성하고, 이 방정식들을 풀어서 모수들의 해들이 산출되어야 한다는 것이다. 이때 앞서 학습했던 연립방정식으로 알아본 일치식별, 미식별, 과잉식별의 개념을 적용하여 구조방정식 모형의 모형식

별을 가늠할 수 있었다. 이 개념을 적용하면 연구자가 이미 그 값 또는 정보를 알고 있는 S 행렬의 요소들의 개수(a)가 $\Sigma(\theta)$ 행렬에 포함된 미지수 상태의 모수들의 개수(t)와 같거나 많으면 모형이 일치식별 또는 과잉식별된다는 것을 알았다. 이러한 조건을 t-규칙이라고 부른다(Bollen, 1989). t-규칙은 〈표 4.6-7〉과 같이 정리된다. t-규칙은 필요조건이며, 이 조건이 지켜지지 않으면 모형식별은 실패한다.

〈표 4.6-7〉 모형식별의 t-규칙

연구자가 아는 정보		미지수	판정
S 행렬의 요소의 개수		모형 모수들의 개수	
a = p(p+1)/2	**〉**	**t**	**과잉식별**
a = p(p+1)/2	=	t	일치식별
a = p(p+1)/2	〈	t	미식별

p: 측정변인의 개수

예를 들어, [그림 4.6-1]의 [그릿-자존감-행복의 관계에 대한 경로모형: 포화모형](p. 159 참고)에 대한 〈표 4.6-1〉의 리즈렐식 표기에서 모형 모수들의 개수는 10개였다. S 행렬의 요소의 개수도 10개였다. **S 행렬의 요소의 개수**는 a=p(p+1)/2라는 공식으로 간단히 계산된다. p는 측정변인의 개수를 뜻한다. [그림 4.6-1]의 모형에서 측정변인이 4개이므로 a=4(4+1)/2=10이 된다. 결국, 그 값 또는 정보를 알고 있는 방정식의 개수는, 즉 a=10개이고, 모형 모수들의 개수는 t=10이 되어 일치식별이 된다. 다른 한편, [그림 4.6-3]의 [그릿-자존감-행복의 관계에 대한 경로모형: 완전 매개모형](p. 164 참고)에서 ① 노력 지속 → 행복(γ_{21}), ② 흥미 유지 → 행복(γ_{22})이라는 2개의 경로가 삭제되면서 모수가 2개 줄었다. 따라서 이 모형에서는 a=10, t=8이 되어 과잉식별이 된다.

충분조건: Null-B 원칙(내생변인들 상호 간에 서로 관계가 없으면 언제나 모형은 식별된다). [그림 4.6-1]의 [그릿-자존감-행복의 관계에 대한 경로모형: 포화모형]

을 변형해서 내생변인들 간에는 관계가 없다는 모형을 만들어보자. [그림 4.6-4]는 내생변인인 자존감과 행복 간에 관계가 없다고 모형을 재지정한 [그릿-자존감·행복 모형]이다. 자존감과 행복 사이에 어떠한 경로도 없다. 따라서 두 변인 사이에 추정될 모수도 없다. [그림 4.6-4] 모형의 리즈렐식 표기를 〈표 4.6-8〉처럼 해보면, 베타(B) 행렬의 모든 요소들이 0이 되며, 이런 행렬을 영(Null) 행렬이라 부른다. 이처럼 베타(B) 행렬이 영행렬이 되더라도 측정변인의 개수는 그대로 4개여서 a=4(4+1)/2=10이 되고, 추정될 모수는 줄어들어서 t=9가 되어 과잉식별이 된다.

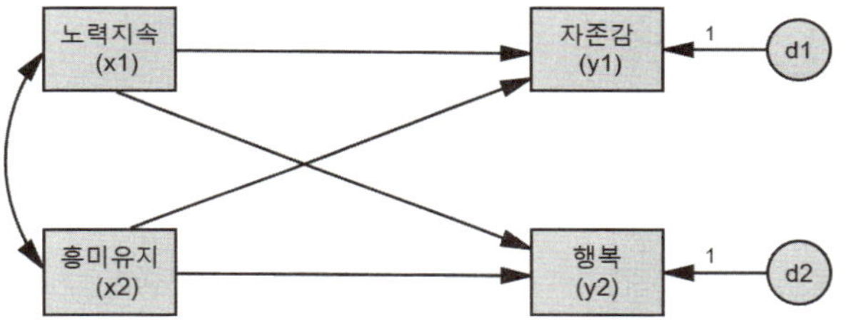

[그림 4.6-4] 그릿-자존감·행복 모형

〈표 4.6-8〉 그릿-자존감·행복 모형의 리즈렐 표기

1단계: 외생변인 행렬 만들기

외생변인 변량-공변량 행렬 Φ

	X_1	X_2
X_1	ϕ_{11}	
X_2	ϕ_{21}	ϕ_{22}

2단계: 오차변량 행렬 만들기

예측 오차 변량-공변량 행렬 Ψ

	ζ_1	ζ_2
ζ_1	ψ_{11}	0
ζ_2	0	ψ_{22}

3단계: 경로계수 행렬 만들기

베타 행렬 B

	Y_1	Y_2
Y_1	0	0
Y_2	0	0

감마 행렬 Γ

	X_1	X_2
Y_1	γ_{11}	γ_{12}
Y_2	γ_{21}	γ_{22}

[그림 4.6-4]의 [그릿-자존감 · 행복 모형]에서 종속변인을 1개 더 추가하더라도, 내생변인들이 관계가 없다고 모형을 지정하면, 내생변인들의 관계를 나타내는 베타(B) 행렬은 영행렬이 되고, 내생변인들의 관계에서 추정할 모수의 개수는 늘어나지 않는다. 다만, 내생변인이 1개 더 추가되어, 이 추가된 변인과 외생변인들(X_1, X_2) 사이에서 추정되어야 할 모수가 2개 증가하고, 새로운 예측오차변량이 1개 더 증가한다.

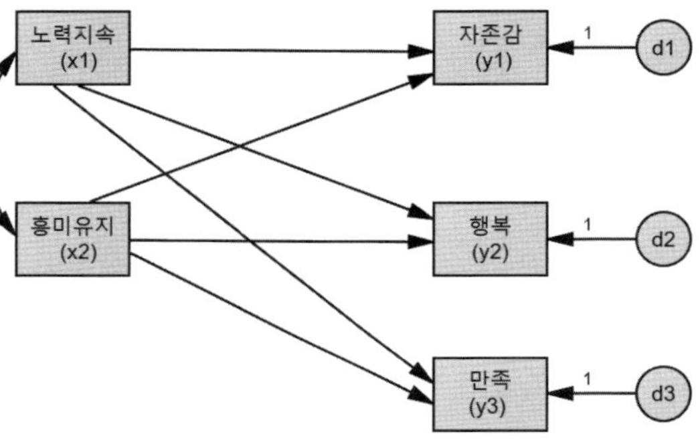

[그림 4.6-5] 그릿-자존감 · 행복 · 만족 모형

[그림 4.6-5]의 [그릿-자존감 · 행복 · 만족 모형]은 만족 변인을 내생변인으로 추가하여 측정변인이 4개에서 5개로 증가하였다. 따라서, a=5(5+1)/2=15개가 된다. 종속변인이 1개 증가하면서 a는 10에서 15로 큰 폭으로 증가했다. [그림 4.6-5]의 모형에서 추정될 모수는 t=12가 되어 3개가 더 증가했을 뿐이다. 결론적으로 내생변인들 간에 관계가 없으면, 내생변인의 수가 증가해도 t(모수)보다 a(정보)가 더 증가하기 때문에 모형식별이 가능해진다. 베타(B) 행렬이 영행렬이어야 한다는 규칙은 필요조건이 아니라, 영행렬일 경우 언제나 모형식별이 되는 충분조건임을 기억하기 바란다.

충분조건: 일방원칙. 모형이 ① 외생변인들과 내생변인들 간의 인과관계 방향이 일방향(→)으로 지정되고, ② 예측 오차들 사이에 상관관계가 지정되지 않는 모

형을 일방모형이라 한다. 예를 들어. [그림 4.6-6]의 ⓐ는 일방모형에 해당된다. ⓑ는 비일방모형이다. 1장에서도 동일한 내용이 나왔었다.

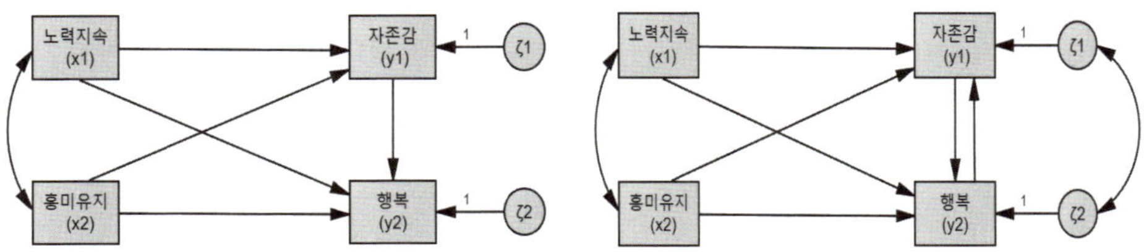

ⓐ 일방모형(recursive model) ⓑ 비일방모형(nonrecursive model)

[그림 4.6-6] 경로모형의 유형

ⓐ와 같은 일방모형은 언제나 모형식별이 된다. 〈표 4.6-9〉에 제시된 일방모형의 모수들을 보면 t=10, a=4(4+1)/2=10으로 일치식별이 된다. 반면에 ⓑ와 같은 비일방모형은 식별이 되지 않는다. 즉 t=12, a=10으로 t 〉 a가 되어 미식별된다. 일방모형과 비일방모형은 행렬에서 뚜렷한 차이가 있다.

① 일방모형은 2단계 Ψ 행렬이 대각선 행렬이고, 비일방모형은 삼각형 행렬이다. 대각선 행렬은 비대각선 요소가 모두 0인 행렬이다.
② 일방모형은 B 행렬이 삼각형 행렬인 반면에, 비일방모형은 삼각형 행렬이 아니다.

요약하면, 일방원칙은 모든 인과관계의 방향이 일방향인 일방모형이면 모형식별이 된다는 것이다. 이는 곧 Ψ 행렬이 대각선 행렬이면서, 동시에 B 행렬이 삼각형 행렬이면 모형이 무조건 식별된다는 것이다. 이 일방원칙은 무조건 성립되어야 하는 필요조건이 아니고, 성립되면 모형이 식별되는 충분조건이다.

〈표 4.6-9〉 일방모형과 비일방모형의 모수 알아보기

일방모형

1단계: 외생변인 행렬 만들기

외생변인 변량-공변량 행렬 Φ

	X_1	X_2
X_1	ϕ_{11}	
X_2	ϕ_{21}	ϕ_{22}

2단계: 오차변량 행렬 만들기

예측 오차 변량-공변량 행렬 Ψ

	ζ_1	ζ_2
ζ_1	ψ_{11}	0
ζ_2	0	ψ_{22}

3단계: 경로계수 행렬 만들기

감마 행렬 Γ

	X_1	X_2
Y_1	γ_{11}	γ_{12}
Y_2	γ_{21}	γ_{22}

베타 행렬 B

	Y_1	Y_2
Y_1	0	0
Y_2	β_{21}	0

총 모수: 10개

비일방모형

1단계: 외생변인 행렬 만들기

외생변인 변량-공변량 행렬 Φ

	X_1	X_2
X_1	ϕ_{11}	
X_2	ϕ_{21}	ϕ_{22}

2단계: 오차변량 행렬 만들기

예측 오차 변량-공변량 행렬 Ψ

	ζ_1	ζ_2
ζ_1	ψ_{11}	
ζ_2	ψ_{21}	ψ_{22}

감마 행렬 Γ

	X_1	X_2
Y_1	γ_{11}	γ_{12}
Y_2	γ_{21}	γ_{22}

베타 행렬 B

	Y_1	Y_2
Y_1	0	β_{12}
Y_2	β_{21}	0

총 모수: 12개

4.6.3 측정모형의 식별 지침

1) 모형식별의 개념을 측정모형에 적용하기 전에 변량-공변량 분해 방정식에 익숙해져라.

연구자가 자존감의 자료를 수집한 뒤에 자존감 측정모형을 검증하는 상황을 생각해 보자. 연구자는 측정모형을 [그림 4.6-7]처럼 지정할 수 있다. 이 모형에는 잠

재변인과 오차변인의 변량을 표기해 두었다. 구조방정식 소프트웨어는 오차변인과 잠재변인의 명칭만 보여주고, 모수들의 명칭은 보여주지 않는다. [그림 4.6-7]은 연구자가 모수들의 명칭을 직접 표기한 것이다. 측정모형을 단일집단으로 분석할 때는 굳이 모수들을 표기할 필요가 없지만, 다집단 분석을 할 때는 모수들의 동일성을 알아보기 위해 필요하다. 연구자는 다집단 분석을 하지 않더라도 이런 모수의 표기를 지속적으로 함으로써 모형식별 연습에 활용하는 것이 유익하다.

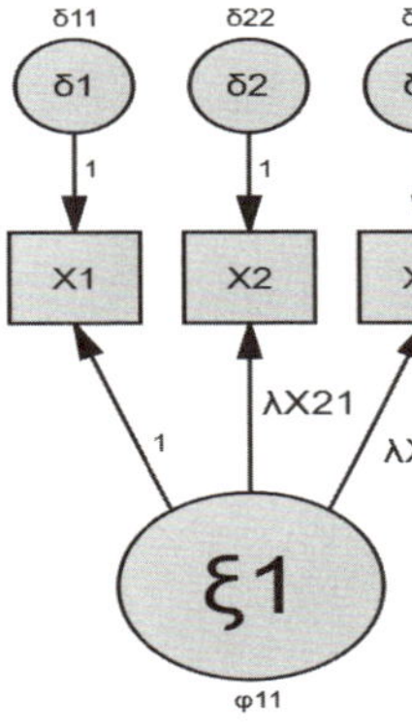

[그림 4.6-7] 자존감 측정모형

[그림 4.6-7] 자존감 측정모형에 포함된 측정변인 X_1, X_2, X_3에 대해 아래와 같은 3개의 구조방정식을 만들 수 있다. 잠재변인의 측정 단위를 설정하기 위해 X_1에 대한 요인계수는 1로 고정되었다. 이 3개의 구조방정식은 측정모형의 잠재변인, 오차변인, 측정변인 사이의 관계를 나타낸다.

$$X_1 = \xi_1 + \delta_1$$

$$X_2 = \lambda_{X_{21}}\xi_1 + \delta_2$$

$$X_3 = \lambda_{X_{31}}\xi_1 + \delta_3$$

이 3개의 구조방정식에 대해 2장에서 알아본 공변량 특성 규칙을 적용하면, 〈표 4.6-10〉에 제시된 모형에 의해 암시된 변량-공변량 행렬의 각 요소를 모수들로 구성되는 방정식으로 변환할 수 있다.

〈표 4.6-10〉 모형에 의해 암시된 변량-공변량 행렬

	X_1	X_2	X_3
X_1	σ_{11}		
X_2	σ_{21}	σ_{22}	
X_3	σ_{31}	σ_{32}	σ_{33}

예를 들어, σ_{31}을 구하여 보기로 하자.

$$
\begin{aligned}
\sigma_{31} &= \mathrm{COV}(X_1,\ X_3) \\
&= \mathrm{COV}(\xi_1+\delta_1,\ \lambda_{X_{31}}\xi_1+\delta_3) \\
&= \mathrm{COV}(\xi_1,\ \lambda_{X_{31}}\xi_1)+\mathrm{COV}(\xi_1,\ \delta_3)+\mathrm{COV}(\delta_1,\ \lambda_{X_{31}}\xi_1)+\mathrm{COV}(\delta_1,\ \delta_3) \\
&= \mathrm{COV}(\xi_1,\ \lambda_{X_{31}}\xi_1) \\
&= \lambda_{X_{31}}\mathrm{COV}(\xi_1,\ \xi_1) \\
&= \lambda_{X_{31}}\mathrm{VAR}(\xi_1) \\
&= \lambda_{X_{31}}\phi_{11}
\end{aligned}
$$

$$
\begin{aligned}
\mathrm{VAR}(X_2,\ X_2) &= \mathrm{COV}(\lambda_{X_{21}}\xi_1+\delta_2,\ \lambda_{X_{21}}\xi_1+\delta_2) \\
&= \mathrm{COV}(\lambda_{X_{21}}\xi_1,\ \lambda_{X_{21}}\xi_1)+\mathrm{COV}(\lambda_{X_{21}}\xi_1,\ \delta_2)+\mathrm{COV}(\delta_2,\ \lambda_{X_{21}}\xi_1)+\mathrm{COV}(\delta_2,\ \delta_2) \\
&= \mathrm{COV}(\lambda_{X_{21}}\xi_1,\ \lambda_{X_{21}}\xi_1)+\mathrm{COV}(\delta_2,\ \delta_2) \\
&= \lambda_{X_{21}}\lambda_{X_{21}}\mathrm{COV}(\xi_1,\ \xi_1)+\mathrm{COV}(\delta_2,\ \delta_2) \\
&= \lambda_{X_{21}}^2\mathrm{VAR}(\xi_1)+\mathrm{VAR}(\delta_2) \\
&= \lambda_{X_{21}}^2\phi_{11}+\delta_{22}
\end{aligned}
$$

이와 같은 방식으로 〈표 4.6-10〉의 6개의 요소 모두에 공변량 특성 규칙을 적용하면 〈표 4.6-11〉처럼 모형에 의해 암시된 변량-공변량 행렬이 완성된다.

〈표 4.6-11〉 모형에 의해 암시된 변량-공변량 행렬

	X_1	X_2	X_3
X_1	$\phi_{11}+\delta_{11}$		
X_2	$\lambda_{X_{21}}\phi_{11}$	$\lambda_{X_{21}}^2\phi_{11}+\delta_{22}$	
X_3	$\lambda_{X_{31}}\phi_{11}$	$\lambda_{X_{21}}\lambda_{X_{31}}\phi_{11}$	$\lambda_{X_{31}}^2\phi_{11}+\delta_{33}$

그리고 연구자는 실제로 설문조사로 수집한 X_1, X_2, X_3의 응답으로 표본의 변량-공변량 행렬을 〈표 4.6-12〉처럼 나타낼 수 있다.

〈표 4.6-12〉 표본의 변량-공변량(S) 행렬

	X_1	X_2	X_3
X_1	$\mathrm{VAR}(X_1)$		
X_2	$\mathrm{COV}(X_2, X_1)$	$\mathrm{VAR}(X_2)$	
X_3	$\mathrm{COV}(X_3, X_1)$	$\mathrm{COV}(X_3, X_2)$	$\mathrm{VAR}(X_3)$

〈표 4.6-13〉은 모형에서 암시된 변량-공변량 행렬의 요소들을 좌변에 두고, 표본의 변량-공변량 행렬의 요소들을 우변에 배치하여 만들어진 방정식 6개이다. 이 방정식들을 풀면 모수들의 해가 구해지므로, **공분량 분해 방정식**이라고 부르기로 하자. 이 모수들의 해(解)를 찾는 것을 공변량 분해라 한다(이기종, 2000).

〈표 4.6-13〉 모형에 의해 암시된 변량-공변량과 표본의 변량-공변량의 관계: 공변량 분해 방정식

모형에 의해 암시된 변량-공변량	표본의 변량-공변량
① $\phi_{11}+\delta_{11}$	$=\mathrm{VAR}(X_1)$
② $\lambda_{X_{21}}^2\phi_{11}+\delta_{22}$	$=\mathrm{VAR}(X_2)$
③ $\lambda_{X_{31}}^2\phi_{11}+\delta_{33}$	$=\mathrm{VAR}(X_3)$
④ $\lambda_{X_{21}}\phi_{11}$	$=\mathrm{COV}(X_2, X_1)$
⑤ $\lambda_{X_{31}}\phi_{11}$	$=\mathrm{COV}(X_3, X_1)$
⑥ $\lambda_{X_{21}}\lambda_{X_{31}}\phi_{11}$	$=\mathrm{COV}(X_3, X_2)$

〈표 4.6-13〉의 6개의 공변량 분해 방정식에 실제로 표본에서 계산된 변량-공변량을 대입해서, 각 모수($\lambda_{X_{21}}$, $\lambda_{X_{31}}$, δ_{11}, δ_{22}, δ_{33}, ϕ_{11})의 값을 결정하려면 모형 모수들과 표본의 변량-공변량 정보로 구성된 방정식의 개수(a)가 미지수 상태인 모형 모수들의 개수(t)와 일치하거나 더 많아야 한다. 다시 말하면, a가 t와 같거나 더 커야 모형식별이 가능하다. 이를 앞에서 t-규칙이라고 학습한 바 있다. t-규칙을 적용하면, 자존감 측정모형은 $a=3(3+1)/2=6$, $t=6$이 되어 일치식별이 된다. 하지만, 연구자가 구조방정식 모형 연구를 할 때 기본 가정에서 벗어나면 일치식별은 미식별 상태로 될 수 있다. 예를 들어, 연구자가 오차변인 δ_1과 δ_2 사이의 오차 공변량 δ_{21}을 모형에 지정할 경우, $a=6$, $t=7$로, $a < t$가 되어 미식별된다.

2) 모형의 복잡도와 관련 없이 잠재변인들의 측정 단위가 설정되어야 한다(잠재변인의 척도설정).

앞서 살펴보았듯이, 잠재변인들의 측정 단위가 설정되어야 한다. 일반적으로 사용되는 측정 단위 설정은 ① 참조 변인(marker variable) 설정과 ② 잠재변인의 변량 고정 방법(fixed variance method)이 있다. 참조 변인 설정은 한 측정변인의 요인계수를 1로 고정하는 방법이다. 잠재변인의 변량 고정 방법은 잠재변인의 변량을 1로 고정해 주는 방법이다. 연구자는 둘 중 1개를 설정하는 것을 잊으면 안 된다.

3) 요인의 수, 측정변인의 수 모두에 의해 모형식별이 영향을 받는다.

① 1요인 모형은 측정변인이 3개이면 일치식별된다.

위에서 자존감을 1요인으로 본 측정모형의 모형식별 가능성을 알아보았다. 여기서는 실제의 표본 변량-공변량 행렬의 값을 사용해서 한 번 더 알아보자. Rosenberg (1965) 자존감 척도의 문항은 10개인데, 본서의 연구자들은 문항묶음(item parcel)으로 처리해서 3개의 묶음 점수를 만들어 측정변인으로 삼았다. [그림 4.6-8]은 자존감 측정모형이다.

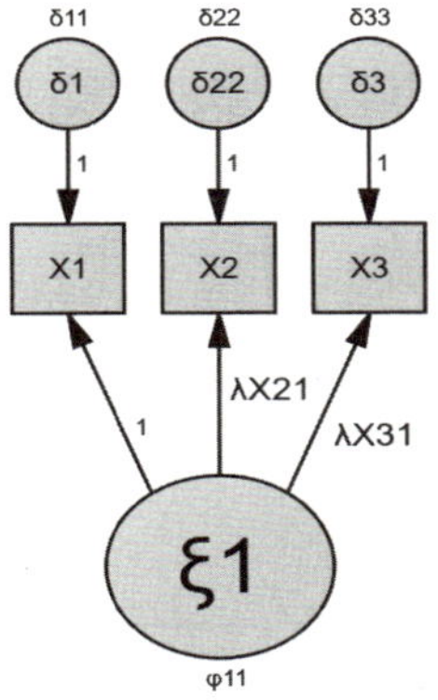

[그림 4.6-8] 자존감 측정모형

〈표 4.6-14〉는 표본에서 실제로 산출된 자존감 변량-공변량 행렬(S)이다. 〈표 4.6-15〉는 측정모형에 의해 암시된 자존감 변량-공변량 행렬($\Sigma(\theta)$)이다.

〈표 4.6-14〉 S: 자존감 변량-공변량 행렬

	X_1	X_2	X_3
X_1	3.484		
X_2	2.286	2.993	
X_3	2.901	2.158	3.733

〈표 4.6-15〉 $\Sigma(\theta)$: 암시된 변량-공변량 행렬

	X_1	X_2	X_3
X_1	$\phi_{11}+\delta_{11}$		
X_2	$\lambda_{X_{21}}\phi_{11}$	$\lambda_{X_{21}}^2\phi_{11}+\delta_{22}$	
X_3	$\lambda_{X_{31}}\phi_{11}$	$\lambda_{X_{21}}\lambda_{X_{31}}\phi_{11}$	$\lambda_{X_{31}}^2\phi_{11}+\delta_{33}$

〈표 4.6-16〉은 자존감 측정모형에 포함된 모수들의 수를 유형별로 정리한 것이다. 요인계수가 2개, 요인 변량-공변량이 1개, 오차 변량-공변량이 3개여서 총 6개의 모수들이 측정모형에 포함되어 있음을 알 수 있다.

〈표 4.6-16〉 자존감 측정모형 모수들의 수

구분	측정모형의 모수 행렬과 요소		
	요인계수	요인 변량-공변량	오차 변량-공변량
행렬	Λ_X	Φ	Θ_δ
요소	λ_X	ϕ	δ
개수	2	1	3
합계	6		

〈표 4.6-17〉에는 모형의 모수들(ϕ_{11}, $\lambda_{X_{21}}$, $\lambda_{X_{31}}$, δ_{11}, δ_{22}, δ_{33})이 미지수로 대입된 좌변, 표본의 변량-공변량의 정보가 대입된 우변으로 구성된 방정식 6개가 생성됐다. 좌변의 모수들이 정해지는 것은 연구자가 이미 알고 있는 표본의 변량-공변량 정보에 의해서이다. 앞서 살펴본 규칙에 의하면 a=6, t=6으로 일치식별이 가능하다.

〈표 4.6-17〉 모형에서 암시된 공변량과 표본 공변량의 관계

모형에 의해 암시된 공변량	표본의 공변량
① $\phi_{11}+\delta_{11}$	= 3.484
② $\lambda^2_{X_{21}}\phi_{11}+\delta_{22}$	= 2.993
③ $\lambda^2_{X_{31}}\phi_{11}+\delta_{33}$	= 3.733
④ $\lambda_{X_{21}}\phi_{11}$	= 2.286
⑤ $\lambda_{X_{31}}\phi_{11}$	= 2.901
⑥ $\lambda_{X_{21}}\lambda_{X_{31}}\phi_{11}$	= 2.158

그러나 실제 연구에서 측정모형을 1요인으로 한 연구는 이뤄지지 않을 것 같다. 실제 연구에서는 2요인, 3요인과 같이 다요인이 측정모형에 포함될 것이다. 자존감이 2요인 모형으로 구성되고, 요인별로 3개의 측정변인으로 구성되었다고 해보자. 그러면 측정변인이 3개에서 6개로 늘어나게 되고, a=6(6+1)/2=21이

된다. 1요인일 때보다 연구자가 알고 있는 정보가 6개에서 15개가 더 많아진다. 그러나 모형의 모수는 1요인의 모수 6개, 2요인의 모수 6개와 새롭게 생기는 1요인과 2요인 사이의 공변량(상관계수)이 1개 추가되어 총 13개가 된다. 즉 a=21 〉 t=13이 되어, 과잉식별이 될 것이다.

② 1요인 모형의 측정변인이 4개 이상이면 늘 과잉식별된다.

한 연구자가 4개의 문항으로 구성된 주관적 행복 척도(Lyubomirsky & Lepper, 1997)를 학생들에게 실시하고, 이 자료로 측정모형을 검증한다면 측정변인은 4개 (X_1, X_2, X_3, X_4)이다. 측정모형은 [그림 4.6-9]처럼 구성될 것이다. 이 연구자의 표본의 변량-공변량 행렬은 〈표 4.6-18〉처럼 된다.

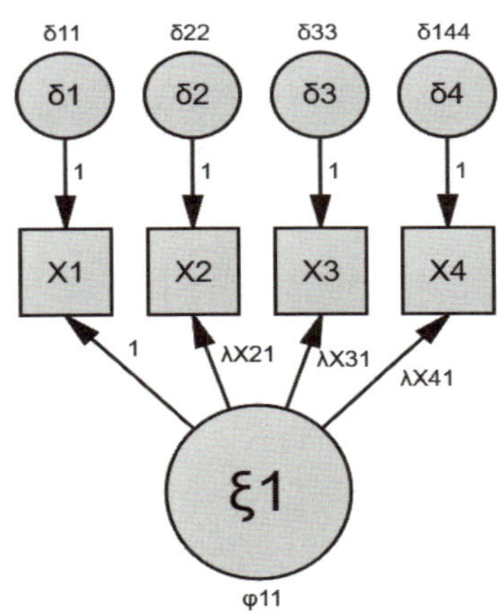

[그림 4.6-9] 주관적 행복 측정모형

〈표 4.6-18〉 S: 표본의 변량-공변량 행렬

	X_1	X_2	X_3	X_4
X_1	VAR(X_1)			
X_2	COV(X_2, X_1)	VAR(X_2)		
X_3	COV(X_3, X_1)	COV(X_3, X_2)	VAR(X_3)	
X_4	COV(X_4, X_1)	COV(X_4, X_2)	COV(X_4, X_3)	VAR(X_4)

〈표 4.6-19〉 모형에 의해 암시된 변량-공변량 행렬

	X_1	X_2	X_3	X_4
X_1	$\phi_{11}+\delta_{11}$			
X_2	$\lambda_{X_{21}}\phi_{11}$	$\lambda^2_{X_{21}}\phi_{11}+\delta_{22}$		
X_3	$\lambda_{X_{31}}\phi_{11}$	$\lambda_{X_{21}}\lambda_{X_{31}}\phi_{11}$	$\lambda^2_{X_{31}}\phi_{11}+\delta_{33}$	
X_4	$\lambda_{X_{41}}\phi_{11}$	$\lambda_{X_{21}}\lambda_{X_{41}}\phi_{11}$	$\lambda_{X_{31}}\lambda_{X_{41}}\phi_{11}$	$\lambda^2_{X_{41}}\phi_{11}+\delta_{44}$

〈표 4.6-19〉의 표본의 변량-공변량 행렬 요소의 개수(알고 있는 정보)는 $a=p(p+1)/2=4(4+1)/2=10$개이다. 반면에, 측정모형에서 모수(미지수)의 수를 구하면 〈표 4.6-20〉과 같다. 요인계수 3개, 요인 변량-공변량 1개, 오차 변량-공변량 4개가 되어 총 8개이다. 즉 $a=10 > t=8$로 과잉식별된다.

〈표 4.6-20〉 주관적 행복 측정모형의 모수의 수

구분	측정모형의 모수 행렬과 요소		
	요인계수	요인 변량-공변량	오차 변량-공변량
행렬	Λ_X	Φ	Θ_δ
요소	λ_X	φ	δ
개수	3	1	4
합계	8		

측정변인 4개로 구성된 1요인 모형도 연구에서 실제로 많이 활용되지는 않을 것이다. 그리고 주관적 행복 측정모형의 모형식별이 과잉식별이 된 것은 오차변인들 간의 공변량을 설정하지 않아서이다. 만약 연구자가 합당한 이유가 있어서 3개의 오차공변량을 설정하면, $a=10$, $t=11$이 되어 미식별된다.

③ 2요인 모형은 측정변인이 3개 이상이면 과잉식별된다.

잠재변인이 2개 이상에, 잠재변인별 측정변인이 3개 이상이면 과잉식별이 된다. [그림 4.6-10]과 같은 2요인 모형을 예를 들어보자. 각 잠재변인의 측정변인은 3개씩으로 총 6개이다. 〈표 4.6-21〉 표본의 변량-공변량 행렬의 요소의 개수는 $(a)=6(6+1)/2=21$개가 된다.

〈표 4.6-21〉 표본의 변량-공변량 행렬

	X_1	X_2	X_3	X_4	X_5	X_6
X_1	VAR(X_1)					
X_2	COV(X_2, X_1)	VAR(X_2)				
X_3	COV(X_3, X_1)	COV(X_3, X_2)	VAR(X_3)			
X_4	COV(X_4, X_1)	COV(X_4, X_2)	COV(X_4, X_3)	VAR(X_4)		
X_5	COV(X_5, X_1)	COV(X_5, X_2)	COV(X_5, X_3)	COV(X_5, X_4)	VAR(X_5)	
X_6	COV(X_6, X_1)	COV(X_6, X_2)	COV(X_6, X_3)	COV(X_6, X_4)	COV(X_6, X_5)	VAR(X_6)

a의 개수를 알았으니, 이제 t의 개수를 구하면 된다. 즉 모형에 포함된 미지수인 모수들의 개수를 알면 모형식별 규칙을 적용할 수 있다. [그림 4.6-10]은 요인계수부터 오차 변량까지 모든 모수가 표기되어 있다. 잠재변인의 변량(φ_{11}, φ_{22})은 모두 1로 고정되었다. 측정 단위 설정으로 요인 변량을 1로 고정한 것이다. [그림 4.6-10]에서 측정변인이 6개이므로 a=6(6+1)/2=21이 된다. 모수는 요인계수 6개, 오차 변량 6개, 요인공변량이 1개가 존재한다. 따라서 t의 개수는 6+6+1=13개가 된다.

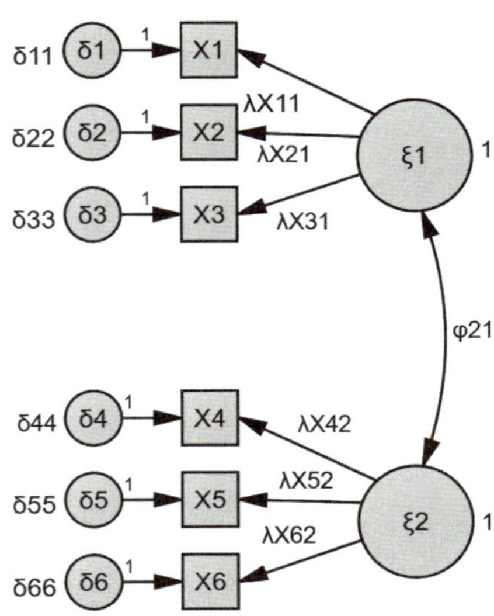

[그림 4.6-10] 2요인 모형: 잠재변인별 측정변인 3개

앞서 알아본 모수들의 유형, 잠재변인의 측정 단위 설정, 자유 모수, 고정 모수를 충분히 습득했다면 [그림 4.6-10]의 식별 가능성은 쉽게 결정될 것이다. a=21개, t=13으로 a 〉 t가 되어 과잉식별된다. 한 잠재변인당 측정변인의 개수가 3개일지라도, 잠재변인의 수가 늘어나면 늘어날수록 a는 t보다 더 큰 비율로 증가할 것이다. 따라서 잠재변인이 2개 이상일 경우 잠재변인별 측정변인의 수가 3개 정도이면 모형식별에 큰 문제가 따르지 않을 것이다.

4.6.4 측정모형의 모형식별 요약

1) 잠재변인별 측정변인이 3개 이상일 경우

〈표 4.6-22〉의 모형식별 원칙이 잘 적용되기 위해서는 몇 가지 전제조건이 갖춰져야 한다. 첫째, 측정모형은 탐색적 요인 모형이 아닌, 확인적 요인 모형이므로 각 측정변인은 한 잠재변인의 측정변인으로 지정되어야 한다. 즉 교차부하를 모형에 포함하면 안 된다. 둘째, 오차 변인 간의 공변량은 합당한 이유가 없으면 모형에 포함하지 않는다. 셋째, 잠재변인의 측정 단위가 설정되어 있어야 한다.

〈표 4.6-22〉 측정모형의 모형식별 원칙

잠재변인의 수	측정변인의 수	모형식별	적합도 산출
1개	측정변인 3개	일치식별	안 됨
	측정변인 4개 이상	과잉식별	산출됨
2개 이상	측정변인 3개 이상	과잉식별	산출됨

2) 잠재변인별 측정변인이 2개일 경우

잠재변인별 측정변인이 2개일 경우, 잠재변인의 수는 2개 이상일 때 모형식별이 가능하고, 잠재변인의 수가 1개일 때는 미식별된다. 잠재변인별 측정변인이 2개일 경우에도 구조방정식의 전제 조건이 충족될 때에만 〈표 4.6-23〉이 적용될 수 있다. 즉 첫째, 측정변인은 한 잠재변인의 측정변인으로만 지정되어야 한다.

둘째, 오차 변인 간의 공변량이 모형에 지정되면 안 된다. 셋째, 잠재변인의 측정 단위가 재설정되어야 한다. 그럼에도 불구하고 잠재변인 간 공변량 또는 상관계수에 0이 발생하면 미식별될 수 있다. 그래서 연구방법론가들은 다양한 이유로 발생하는 미식별을 예방하고자 잠재변인들이 최소 3개 이상의 측정변인들로 정의되는 것이 좋다고 제안한다(Brown, 2015).

〈표 4.6-23〉 모형식별의 원칙: 잠재변인별 측정변인이 2개일 경우

잠재변인의 수	측정변인의 수	모형식별	적합도 산출
1개	2개	미식별	안 됨
2개		과잉식별	산출됨
3개 이상		과잉식별	산출됨

3) 경험적으로 미식별되는 경우

모형식별 지침과 구조방정식 모형의 전제 조건을 지켰는데 모형식별이 안 되는 경우가 발생한다. 이를 경험적 미식별이라고 한다(Brown, 2015). 이는 통계적 논리로는 모형식별이 되는데, 실제 분석에서 모형식별이 되지 않는 경우를 말한다. 첫 번째로 흔한 경험적 미식별은 표본의 변량-공변량 행렬(S)의 요소들의 값이 0과 같거나 0에 가까울 때 발생한다. [그림 4.6-11]은 잠재변인이 2개이고, 잠재변인별 측정변인의 수가 2개인 경우이다. 이 모형의 측정변인은 4개이므로, a =4(4+1)/2=10이다. 잠재변인의 측정 단위 설정은 2개의 요인계수를 1로 고정하였다. 자유 모수는 요인계수 2개, 잠재변인 변량 2개, 잠재변인 간 공변량 1개, 오차변인의 변량 4개 총 9개이다. 따라서 a=10 〉 t=9로 모형식별이 된다. 그러나 연구자가 수집한 표집의 변량-공변량 행렬을 분석한 결과 X_1과 X_2 사이에 공변량이 0으로 계산되었다고 해보자. 그러면 〈표 4.6-24〉의 $COV(X_2, X_1)=0$이 되고, 〈표 4.6-25〉의 $\lambda_{X_{21}}\phi_{11}=0$이 되며, $\phi_{11}=0$이 되어, 잠재변인(ζ_1)의 변량이 0으로 계산된다. 그러면 이 잠재변인은 변량이 없는 상수의 형태가 된다. 이런 식으로 모수들이 식별되지 않는 경우를 경험적 미식별이라고 한다.

〈표 4.6-24〉 S: 표본의 변량-공변량 행렬

	X_1	X_2	X_3	X_4
X_1	$\text{VAR}(X_1)$			
X_2	$\text{COV}(X_2, X_1)$	$\text{VAR}(X_2)$		
X_3	$\text{COV}(X_3, X_1)$	$\text{COV}(X_3, X_2)$	$\text{VAR}(X_3)$	
X_4	$\text{COV}(X_4, X_1)$	$\text{COV}(X_4, X_2)$	$\text{COV}(X_4, X_3)$	$\text{VAR}(X_4)$

〈표 4.6-25〉 모형에 의해 암시된 변량-공변량 행렬

	X_1	X_2	X_3	X_4
X_1	$\phi_{11}+\delta_{11}$			
X_2	$\lambda_{X_{21}}\phi_{11}$	$\lambda^2_{X_{21}}\phi_{11}+\delta_{22}$		
X_3	ϕ_{21}	$\lambda_{X_{21}}\phi_{21}$	$\phi_{22}+\delta_{33}$	
X_4	$\lambda_{X_{42}}\phi_{21}$	$\lambda_{X_{21}}\lambda_{X_{42}}\phi_{21}$	$\lambda_{X_{42}}\phi_{22}$	$\lambda^2_{X_{42}}\phi_{22}+\delta_{44}$

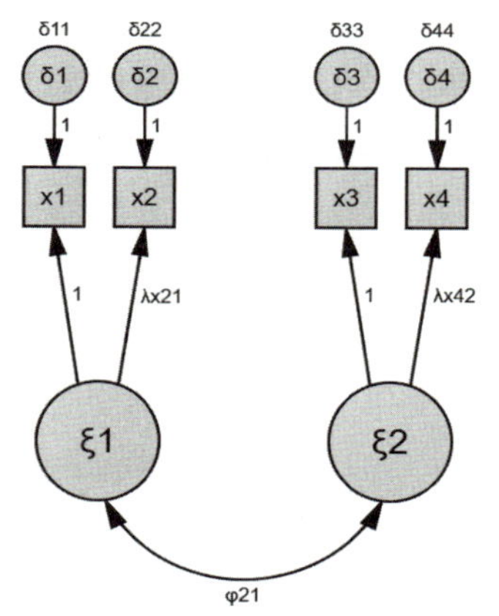

[그림 4.6-11] 2요인 모형: 측정변인 2개

경험적 미식별인 경우에 연구자가 분석을 시도하면 구조방정식 소프트웨어는 오류 메시지를 보내며 모수의 해를 구하지 못한다. 이런 오류 메시지가 발생하지 않고 분석되기도 하는데, 이때의 모수들은 의미가 없는 값이다. 예를 들어, 헤이

우드 케이스(Heywood cases)라 불리는 결과들이 발생하는데, 이때 추정된 모수들은 가능한 값의 범위를 벗어난다(Brown, 2015). 즉 오차변인의 변량들에 음수가 발생하는 경우이다. 변량은 음수일 수가 없다. 왜냐하면 편차를 제곱한 값으로 구해지기 때문이다. 이처럼 변량에서 음수와 같은 값이 발생하면, 가능한 값의 범위에서 벗어났다고 한다. 틀린 모수의 값이 발생하는 이유는 모형지정이 틀렸거나, 표본의 변량-공변량 행렬(S)에 문제가 있기 때문이다. S 행렬에 문제가 생기는 것은 결측값을 해결하기 위해 짝대응 제거법(pairwise deletion)을 사용했거나, 다중 공선성이 있거나, 표집의 크기가 작은 경우일 때 발생한다.

4.6.5 구조모형의 모형식별

구조모형의 모형식별은 측정모형의 모형식별이 가능하다면, 특별한 경우가 아니라면 대부분 가능하다. 구조모형에는 앞서 측정모형과 마찬가지로 t-원칙과 2단계 원칙이 적용된다.

필요조건 t-원칙: 경로모형이나 측정모형과 마찬가지로 S 행렬 요소들의 개수(a)가 $\Sigma(\theta)$ 행렬에 포함된 미지수 상태의 모수들의 개수(t)와 같거나 많으면 모형이 일치식별 또는 과잉식별된다.

2단계 원칙: 구조모형은 ① 잠재변인을 구성하기 위한 측정모형의 부분과 ② 잠재변인들 사이의 관계를 나타내는 경로모형의 부분으로 분할될 수 있다. 이 두 부분의 각각의 모형에서 모형식별이 되는지를 확인하는 것이 2단계 원칙이다. 1단계로, 측정모형의 부분은 앞서 살펴본 측정모형의 식별에서와 같이 모형식별이 되는지를 확인하면 된다. 즉 잠재변인별 측정변인이 3개 이상이고, 잠재변인이 2개 이상이면 대부분의 모형은 과잉식별된다. [그림 4.6-12]의 모형은 잠재변인(노력지속, 흥미유지, 행복)에는 측정변인이 4개이고, 다른 잠재변인(자존감)에는 측정변인이 3개이므로 과잉식별된다. 1단계에서 모형식별이 가능하다고 확인되면 2단계로, 잠재변인들 사이의 관계를 앞서 살펴본 경로모형으로 간주하고 모형 식별 여부를 알아보면 된다. 즉 노력지속, 흥미유지, 자존감, 행복이라는 4개의 잠재변인 사이의 관계에서 이들을 마치 경로모형의 측정변인처럼 간주하면, a = 4(4+1)/2 = 10으로 계산되고, t = 10으로 계산되어 일치식별에 해당된다. 하지만 1단계 측정모형에서 과잉식별이 되므로 전체적으로 과잉식별된다.

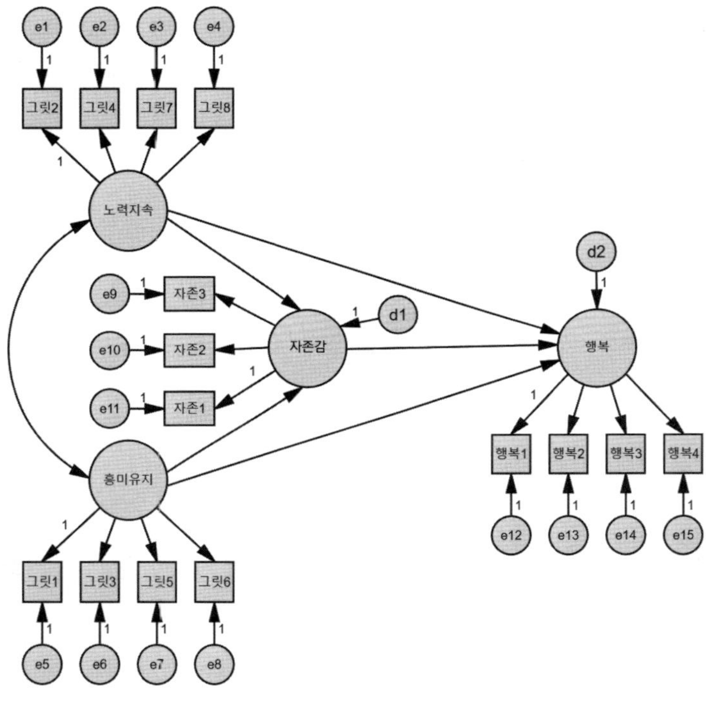

[그림 4.6-12] 그릿-자존감-행복 모형

제 5 장 자료의 점검과 준비

이 장의 목적

1. 구조방정식 모형 분석을 위해 갖추어야 할 조건을 설명한다.
   자료 입력의 정확성
   결측 자료의 메커니즘과 대체 방법
   극단값의 파악과 처리
   자료의 단변량 정상성(왜도와 첨도)
   자료의 다변량 정상성
2. 자료의 유형
   원자료, 상관행렬, 변량-공변량 행렬

이 장의 핵심 개념

- 자료의 다양한 요인(예, 극단값)이 분석 결과에 상당한 영향을 미치기 때문에 분석의 초기 단계에 자료를 정확하게 점검해야 한다. 자료점검은 그래픽 기법으로 점검하기, 결측값 처리하기, 정상성의 분석 등으로 이루어진다.
- 결측 자료는 연구자가 관심을 가진 어떤 현상에 대한 조사를 한 뒤에 일부 사례에서 정보가 누락된 자료를 의미한다. 결측 자료의 메커니즘은 무시할 수 있는 결측인 완전임의 결측(MCAR)과 임의결측(MAR), 무시할 수 없는 결측인 비임의결측(MNAR)이 있다.
- 결측 자료의 메커니즘은 SPSS의 MVA를 활용하여 알아볼 수 있으며, 결측 자료가 5% 이상일 때는 결측 메커니즘을 확인하고 결측 자료를 대체한다. 결측 자료의 메커니즘이 MCAR일 때는 완전 제거법, 대응 제거법, 평균 대체법, 회귀 대체법을 사용한다. MAR일 때는 완전정보최대우도방법과 다중 대체를 사용한다. MNAR일 때는 결측 여부를 예측할 수 있는 변인이 있는 경우 자료를 복구하여 사용할 수 있다.
- 극단값은 한 변인에서 아주 극단적 값을 가진 사례(단변량 극단값) 또는 2개 이상의 변인에서 점수의 조합이 너무나 동떨어진 사례(다변량 극단값)로 통계치를 왜곡하는 사례이므로, 분포를 변환하거나, 점수를 대체하거나, 사례를 삭제하고 그 결과를 기술한다.
- 다변량 정상성은 각 변인과 변인들 간 가능한 모든 선형 조합들이 정상분포한다는 것을 의미한다. 다변량 정상성을 충족하기 위해서는, 각 변인 자체가 정상분포를 이루고, 변인들 간에 짝을 지었을 때 그 관계가 선형적이고, 동분산성을 충족하면 된다. 정상성은 개개 측정변인의 자료

또는 변인들의 분포 형태가 정상분포에 상응하는 정도를 뜻한다. 선형성은 두 변인 간에 곡선 관계가 아닌 직선 관계가 있다는 것을 뜻한다. 동분산성은 한 연속변인(예, 독립변인)의 각각의 점수에 관련된 다른 연속변인(예, 종속변인)의 점수들의 변산성이 일정해야 한다는 의미이다.

- 모형 분석을 위해서 모형의 유형을 고려하여 자료를 준비한다. 구조방정식 모형은 원자료, 상관행렬, 변량-공변량 행렬 자료를 사용한다.
- 회귀모형과 경로모형은 측정변인의 수준에서 모형에 포함될 변인을 구성하여 사용한다.
- 확인적 요인분석 모형과 구조방정식 모형은 잠재변인에 대한 측정변인의 수가 3~5개 되도록 문항묶음을 하여 변환한 점수를 사용한다. 문항묶음은 두 개 이상의 개별 문항 점수를 합산하여 총점을 구하거나, 평균을 산출하여 분석 단위로 사용하는 것을 말한다.

자료를 점검하는 데 시간이 들겠지만, 연구자는 분석의 초기 단계에서 자료를 정확하게 점검하는 편이 좋다. 왜냐하면 자료의 다양한 요인(예, 극단값)이 분석 결과에 상당한 영향을 미치기 때문이다. 자료점검은 그래픽 기법으로 점검하기, 결측값 처리하기, 정상성의 분석 등으로 이루어진다.

5.1 자료 입력의 정확성

연구자는 자료 수집을 마치면, 통계 소프트웨어 파일에 자료를 입력한다. 입력 과정에서 오류가 종종 발생하므로 이를 점검하는 것이 중요하다. 예를 들어, 입력 오류가 극단값(outlier)을 만들면 전체 결과에 많은 영향을 미치므로 꼼꼼히 점검해야 한다. 자료의 양이 적을 때는 전체를 쉽게 확인할 수 있지만, 양이 많을 때는 만만치 않다. 이때 기술통계를 활용하면 유익하다. 연구자는 앞에서 계속해서 [행복, 자존감, 그릿(노력지속, 흥미유지)] 변인을 포함한 자료 파일을 사용해 왔다. 이 파일로 구한 기술통계 결과는 〈표 5.1-1〉과 같다. 이는 jamovi의 [분석-기술통계량-빈도분석]으로 구할 수 있다.

〈표 5.1-1〉 자료의 기술통계

	성별	행복1	행복2	행복3	행복4	자존1	자존2	자존3	자존4	자존5	자존6	자존7	자존8	자존9	자존10	그릿1	그릿2	그릿3	그릿4	그릿5	그릿6	그릿7	그릿8
유효	804	804	804	804	804	804	804	804	804	804	804	804	804	804	804	804	804	804	804	804	804	804	804
결측	0	0	0	0	0	0	0	0	0	0	0	0	0	0	0	0	0	0	0	0	0	0	0
평균	1.44	3.24	3.21	3.08	3.09	3.15	3.08	2.94	3.19	3.02	3.16	3.19	2.06	3.13	3.12	2.57	2.70	2.65	2.77	2.62	2.72	2.73	2.55
표준편차	.497	.651	.693	.669	.772	.708	.815	.757	.646	.776	.802	.639	.768	.773	.705	.744	.742	.772	.765	.751	.767	.788	.812
최소	1	1	1	1	1	1	1	1	1	1	1	1	1	1	1	1	1	1	1	1	1	1	1
최대	2	4	4	4	4	4	4	4	4	4	4	4	4	4	4	4	4	4	4	4	4	4	4

〈표 5.1-1〉을 보면 성별을 포함해서 모든 변인에서 804명이 결측 없이 유효하게 답하였다. 이와 다르게 보통의 연구에서는 결측이 발생한다. 5.2절에서 결측에 대해 알아보기로 한다. 행복, 자존감, 그릿 척도의 모든 문항은 4점 리커트 척도에 기반하여 조사되었는데, 〈표 5.1-1〉의 최솟값과 최댓값은 1에서 4 사이의 범위에 있다. 이는 자료가 범위 내에서 정확하게 입력되었음을 시사한다. 자료 입력에서 실수로 극단값이 발생하면 평균, 표준편차, 변량, 상관계수까지 영향을 미쳐서 모형 전체에 영향을 주게 된다.

5.2 결측 자료

연구자가 관심을 가진 현상을 조사한 뒤에 일부 사례에 정보가 누락된 경우를 결측 자료(missing data)라 하는데, 이는 다양한 이유로 발생한다(고길곤, 탁현우, 이보라, 2014). 첫째, 일반적 실험의 경우에 측정의 누락이나 실험의 오류로 결과가 도출되지 않아 결측 자료가 발생할 수 있다. 둘째, 설문 조사에서 응답자의 선호, 정보 노출의 불편함, 질문에 대한 무관심과 이해의 부족 등으로 무응답 결측 자료가 발생할 수 있다. 셋째, 설문 조사의 결측 자료는 응답자의 설문 주제에 대한 낮은 인지도, 답변이 불가한 질문(예, 비흡연자에게 흡연량을 묻는 경우), 기억력의 한계, 문항 설계의 오류, 패널 설문에서 이탈로 인해 발생할 수 있다. 넷째, 자료처리의 오류(예, 입력 오류)로 인해서도 생긴다. 결측 자료는 완전한 자료에 비해 상관계수에 영향을 주는 등의 문제로 연구 결과에 영향을 줄 수 있다. 이 절은 결측 자료의 메커니즘, 결측 자료의 대체 방법, 결측 자료가 상관계수에 미치는 영향을 알아본다.

5.2.1 결측 자료의 메커니즘

결측 자료의 발생 메커니즘은 ① 2가지의 무시할 수 있는 결측(ignorable missing), ② 1가지의 무시할 수 없는 결측(non-ignorable missing)으로 구분된다(Little, 2013). 결측 자료의 메커니즘에는 완전임의결측(MCAR: missing completely at random), 임의결측(MAR: missing at random), 비임의결측(MNAR: missing not at random)이 있다. MCAR과 MAR은 무시할 수 있는 결측이고, MNAR은 무시할 수 없는 결측이다. 결측 자료 메커니즘의 특징(고길곤, 탁현우, 이보라, 2014; 신택수, 2014; Little, 2013)을 요약하면 〈표 5.2-1〉과 같다. 〈표 5.2-1〉을 보면 알겠지만 연구의 실제에서 결측 자료의 메커니즘을 검증하는 것은 어려운 일이다. 각 메커니즘의 특징에 대한 내용은 통계적, 확률적 정의에 기반하여 구분된다(신택수, 2014).

〈표 5.2-1〉 결측 자료 메커니즘의 특징

메커니즘	특징
MCAR (완전임의 결측)	한 변인의 결측이 참으로 무선 과정(a truly random process)에 의해 발생한 경우이다. 이는 첫째, 결측이 해당 변인의 성격과 아무런 관계없이 발생했고, 둘째, 결측 반응의 확률이 연구에서 사용된 모든 측정변인과 독립적으로 발생했다는 뜻이다. 만약 소득이 매우 높거나 낮은 사람이 의도적으로 소득에 대한 반응을 누락해서 결측이 생겼다면, 이는 결측이 해당 변인의 성격과 관계가 있는 것이 된다. 만약 학업성취 점수가 조사한 지역에 따라 누락되는 일이 발생했다면, 이는 결측 확률이 다른 변인(예, 지역)에 의해 영향을 받았으므로 MCAR이 될 수 없다. MCAR은 실제로 거의 존재하지 않는다.
MAR (임의결측)	한 변인의 결측이 측정되는/예측가능한(a measured/predictable) 과정에 의해 발생한 경우이다. 이는 첫째, 결측 확률이 해당 변인의 성격과 상관이 없으나, 둘째, 다른 관찰변인과 관계가 존재하는 경우를 뜻한다. 예를 들어, 소득이 매우 높거나 낮은 사람이 의도적으로 소득에 대한 반응을 누락하면 MAR이라 볼 수

메커니즘	특징
	없다. 하지만 인종, 교육수준에 따라 소득의 결측이 발생하면 MAR에 해당된다. 다른 예로, 학업성취가 낮은 학생들의 점수가 의도적으로 누락되면 MAR이 될 수 없으나, 학업성취의 결측이 부모의 사회경제적 지위 등과 관계를 보이며 발생하면 MAR이 된다.
MNAR (비임의적 결측)	한 변인의 결측이 더 이상 임의적이지 않으며, 관측된 값과 결측된 값 모두에 의해 영향을 받는 경우를 뜻한다. MNAR은 MAR의 성격을 포함하는데, 예를 들어, 소득의 반응 누락이 소득 변인 자체의 성격에 의해 결측이 생길뿐 아니라, 소득의 결측이 교육수준 등 다른 변인과 관계가 있는 MAR의 성격도 MNAR에 포함된다. MNAR 메커니즘은 결측 반응이 해당 변인의 특성에 기인하여 발생하는 것이므로, 특정 변인에서 결측 반응을 보인 사례의 실제 값을 알 수 없기 때문에, 결측 반응이 해당 변인과 관계가 있다는 것을 보여주기 어렵다.

[그림 5.2-1]은 결측 자료 메커니즘의 3가지 유형을 도식으로 간단하게 보여준다. 이는 〈표 5.2-1〉의 특징을 빠르게 알아볼 수 있게 한다.

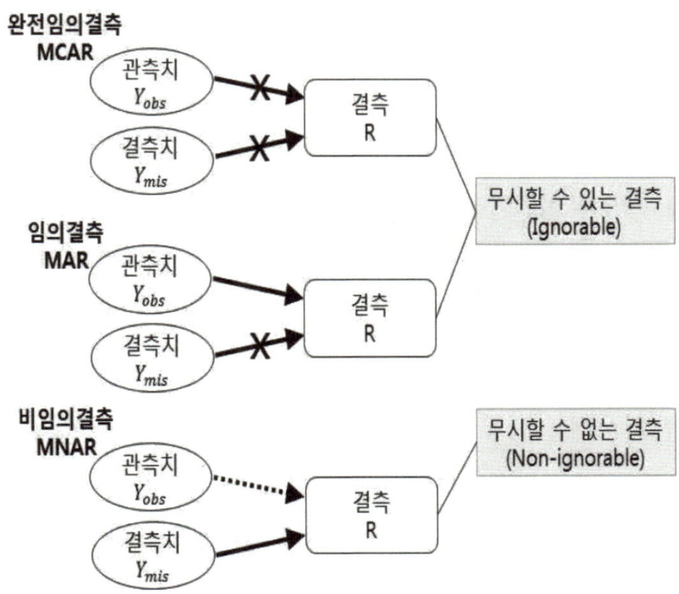

[그림 5.2-1] 결측 자료 메커니즘

출처: 고길곤, 탁현우, 이보라 (2014).
obs: observed, mis: missing

5.2.2 결측 자료의 메커니즘 파악

결측 자료를 대체하기 전에 연구자는 결측 메커니즘이 MCAR, MAR, MNAR 중 어느 것인지 판단해야 한다. 결측 자료의 대체는 결측 자료의 메커니즘에 의해 좌우되기 때문이다. 이는 앞서 살펴보았듯이 쉽게 구분되지 않는다. 예를 들어, Little(2013)은 “비록 우리가 실제로 결측 자료 메커니즘 중 어떤 것이 어느 정도로 관련이 있는지 검증할 수 없더라도, 대부분의 연구에서 결측 자료의 3가지 메커니즘 모두가 관계가 있다.”(p.55)고 하였다. 그럼에도 불구하고, MCAR에는 공식적으로 검증할 수 있는 몇몇 통계 방법이 사용된다(Geiser, 2021). 반면, MAR은 특정한 경험적 적용에서 검증되거나 증명될 수 없는 가정으로 여겨지고 그 이유는 다음과 같다(Geiser, 2021). 연구자의 분석될 자료 집합이나, 연구자가 수집한 전체 자료 집합에 결측 자료의 결측 유무와 상관관계를 보이는 변인들이 존재할지라도 결측이 발생한 또 다른 이유들이 있고 이들을 분명하게 밝힐 수 없기 때문이다.

결측 자료의 메커니즘을 알아보는 한 방법은 SPSS의 MVA(Missing Value Analysis)를 활용하는 것이다. MVA는 ① 연구자가 분석에 사용하는 변인별로 결측 비율과 ② 결측 자료가 있는 변인들을 알아서 범주변인으로 리코딩하여(존재=0, 결측=1), t-검증으로 결측 여부에 따른 다른 변인들의 평균 차이를 보여준다. 예를 들어, X 변인(예, 자존감)의 자료가 존재(0)하는 사례들의 Y 변인(그릿: 노력지속)의 평균이 결측이 있는 사례들(1)의 Y 변인 평균보다 높게 나왔다고 생각해 보자. 이런 때에 결측 사례들을 무조건 제거하면 Y 변인의 평균을 증가시키고, 범위, 변량, 표준편차 등에 영향을 미치게 된다. 이는 다시 이후의 분석에서 추정치와 유의도 검증에도 영향을 주게 된다. SPSS에서 결측값을 분석하는 방법은 다음과 같다. SPSS의 메뉴에서 [분석-결측값 분석(V)]을 클릭하면 [결측값 분석] 창이 [그림 5.2-2]처럼 나타난다. 그러면 변인들을 [양적 변수] 또는 [범주형 변수]에 따라 창의 우측 박스로 이동시킨다. 그리고 [패턴] 단추를 클릭하여 [그림 5.2-3]처럼 창이 생기면 박스 칸에 모두 체크를 한다. 다시 [기술통계]를 클릭하여 [그림 5.2-4]

처럼 박스 칸에 모두 체크를 하고, [계속]을 누른 뒤, [그림 5.2-2]의 창이 다시 활성화되면 [확인]을 누른다.

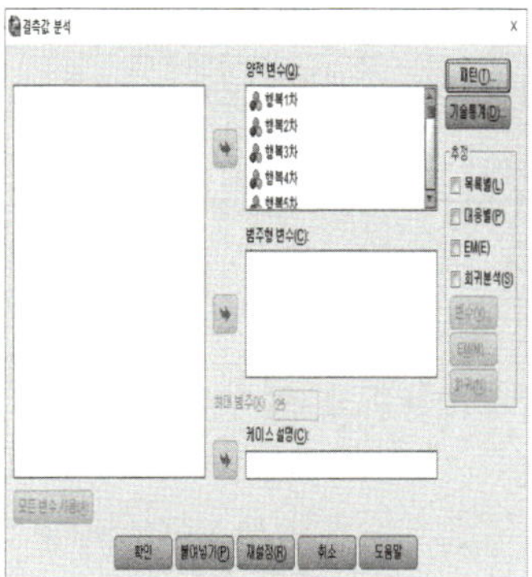

[그림 5.2-2]

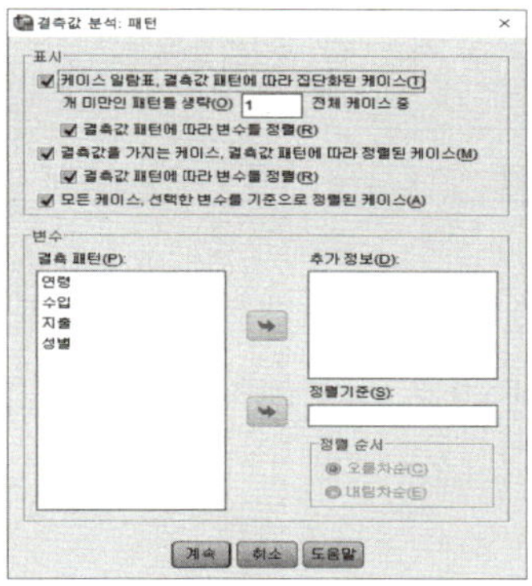

[그림 5.2-3]

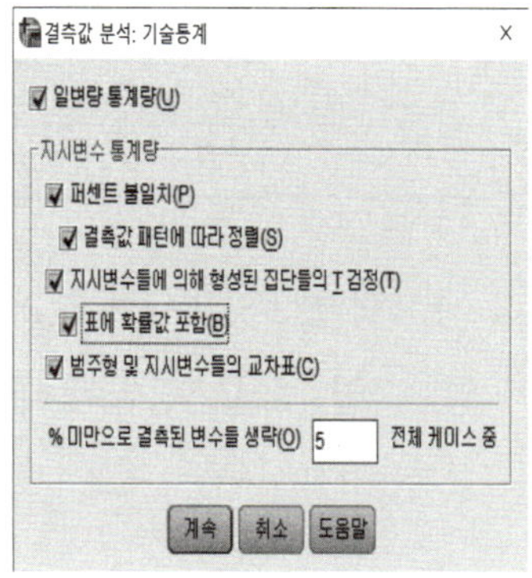

[그림 5.2-4]

〈표 5.2-2〉는 성별, 연령, 수입, 지출에 대한 자료이다. 이 자료를 SPSS에 입력한 뒤에 [그림 5.2-2], [그림 5.2-3], [그림 5.2-4]처럼 실행해 보라. 그러면 MVA는 여러 통계량을 보여준다. 그중에서 연구자가 눈여겨봐야 할 것은 ① 일변량 통계량, ② 개별변수 t-검증, ③ 결측값의 패턴이다.

〈표 5.2-2〉 연령, 수입, 지출 자료

사례번호	성별	연령	수입	지출
1	1	27	220	160
2	2	31		280
3	2	28	260	210
4	1	41		400
5	2	37	580	
6	2	23	220	90
7	2	34	310	160
8	1	35		140
9	1	22	250	110
10	1	32		130
11	2	25	500	

사례번호	성별	연령	수입	지출
12	1	50		190
13	1	28	250	130
14	2	27	600	
15	1	26	250	280
16	1	26	220	340

[그림 5.2-5]은 〈표 5.2-2〉의 자료에 대한 일변량 통계량이다. 이 통계량은 연령, 수입, 지출, 성별에 대한 평균, 표준편차, 결측 비율을 보여주고 있다. 수입의 결측 비율이 31.3%로 제일 높다.

일변량 통계량

	N	평균	표준편차	결측		극단값의 수[a]	
				빈도	퍼센트	하한	상한
연령	16	30.75	7.317	0	.0	0	1
수입	11	332.73	150.006	5	31.3	0	0
지출	13	201.54	95.468	3	18.8	0	0
성별	16			0	.0		

a. 범위 (Q1 - 1.5*IQR, Q3 + 1.5*IQR) 밖의 케이스의 수.

[그림 5.2-5] MVA의 일변량 통계

[그림 5.2-6]은 개인 변인별 결측 여부에 따른 연구자의 자료집합 내 다른 변인들의 평균에서 차이, 즉 [개별변수 t-검증]을 보여준다. 이 t-검증은 기본적으로는 결측의 비율이 5% 미만인 변인에 대해서는 그 결과를 보여주지 않는다. 이를 조정하고 싶다면, [그림 5.2-4]의 제일 아래쪽 5라는 수치를 조정하면 된다.

[그림 5.2-6]의 개인 변인별 결측 여부에 따른 차이를 살펴보자. ① 수입 변인에 결측이 있는 경우의 연령 평균(37.80)이 수입 변인이 존재하는 경우의 연령 평균(27.55)보다 유의하게 더 높은 것으로 나타났다. 그리고 $p < .05$로 유의하였다. ② 지출 변인에 결측이 있는 경우의 수입 평균(560)이 지출 변인이 존재하는 경우의 수입 평균(247.5)보다 유의하게 더 높은 것으로 나타났다. 그리고 $p < .01$로 유의하였다. 이 결과들은 수입 변인의 결측 여부는 연령에 의해 예측될 수 있고,

지출 변인의 결측 여부는 수입 변인에 의해 예측될 수 있다고 제안한다. 이는 수입 변인과 지출 변인의 결측 여부는 임의 결측을 나타내는 MAR에 해당된다는 의미이다.

개별변수 t 검정[a]

		연령	수입	지출
수입	t	-2.7	.	-.7
	자유도	5.2	.	6.9
	P(양측)	.040	.	.491
	# 존재	11	11	8
	# 결측	5	0	5
	평균(존재)	27.55	332.73	185.00
	평균(결측)	37.80	.	228.00
지출	t	.3	-9.7	.
	자유도	3.5	2.5	.
	P(양측)	.773	.005	.
	# 존재	13	8	13
	# 결측	3	3	0
	평균(존재)	31.00	247.50	201.54
	평균(결측)	29.67	560.00	.

[그림 5.2-6] 개별변수 t-검증

[그림 5.2-7]은 사례들의 결측 패턴을 보여준다. 예를 들어, 2번 사례는 수입 변인에 결측이 있다. 14번 사례는 지출 변인에 결측이 있다.

결측값 패턴(결측값을 포함하는 케이스)

케이스	# 결측값	% 결측값	결측값 및 극단값 패턴[a]			
			연령	성별	지출	수입
2	1	25.0				S
4	1	25.0				S
8	1	25.0				S
10	1	25.0				S
12	1	25.0	+			S
11	1	25.0			S	
5	1	25.0			S	
14	1	25.0			S	

[그림 5.2-7] 결측값 패턴

5.2.3 결측 자료의 대체

결측 자료의 대체는 일반적으로 연구 표본의 크기와 결측 자료의 비율 5%를 기준으로 하여 2가지 방법으로 실시된다.

첫째, 연구 표본의 크기가 크고, 결측 자료의 사례가 5% 미만일 때는 어떤 방법으로 대체하든 그 결과가 유사하다(Tabachnick & Fidell, 2001). 예를 들어, 결측이 있는 사례를 완전히 제거하고 분석하여도 무방하다고 여겨진다. 결측 자료가 5% 미만에 해당이 되면 기쁘겠으나 그런 경우는 자주 발생하지 않는다. 결측 자료가 연구자의 모형에 포함된 변인들 각각에서 동시다발적으로 발생하는 경우가 많기 때문이다. 결측 자료의 발생 비율을 다음처럼 계산해 볼 수 있다(고길곤, 탁현우, 이보라, 2014). 연구모형에 포함된 변인의 수가 k개인데 한 변인에서 결측이 a% 발생하면 실제 분석에 사용될 사례는 (100-a)%로 감소한다. 다른 변인에도 동일한 비율로 서로 관계없이 결측이 발생하면 분석에 사용될 사례는 (100-a×k)%로 줄어든다. 결측이 동일한 사례에서 여러 변인에 걸쳐서 발생하는지 한 변인에서만 발생하는지 등도 영향을 미치게 된다. 어쨌든 최소 (100-a×k)%에서 최대 (100-a)%까지 결측이 발생할 수 있다.

둘째, 결측 자료의 사례가 5%를 넘어가면 연구자는 결측 메커니즘을 확인하고 이에 따라 결측 자료를 대체하게 된다. Little(2013)은 "노련한 통계학자들은 결측 자료 대체를 위한 최근의 접근법이 매우 효율적이라는 것과, 최악의 시나리오를 생각하더라도 대체하지 않는 경우와 비교하면 연구 결과의 일반화 가능성이 위협받거나 편향되지 않다는 것을 안다. 즉 연구 결과의 일반화 가능성이 대응 제거법(pairwise deletion)보다 나쁘지 않고, 완전 제거법(listwise deletion)보다 언제나 더 좋음을 알고 있다."(p.58)고 하였다. 이는 결측 자료의 비율이 높으면 결측 자료의 메커니즘에 따라 대체하는 것이 더 좋다는 의미이다. 지금부터 대체 방법에 대해서 알아보자.

1) MCAR일 때의 전통적 대체 방법

앞서 살펴보았듯이 MCAR은 한 변인에서의 결측 반응의 확률, 즉 결측 여부가 연구에 사용되는 모든 측정변인과 독립적으로 발생한 경우이다. 이는 결측이 발생한 한 변인의 결측 여부가 모든 다른 변인들과 유의한 관계가 없다는 뜻이다. 예를 들어, 소득이 매우 높거나 낮은 사람이 의도적으로 소득에 대한 반응을 누락하거나, 지역에 따라 학업성취 점수가 누락되는 경우처럼 결측 여부가 해당 변인(예, 소득) 또는 다른 변인(예, 지역)과 유의한 관계가 있는 경우는 MCAR로 간주되지 않는다(신택수, 2014). 이는 MCAR 그 자체를 증명하기보다 MAR 또는 MNAR에 해당되면 MCAR이 아니라고 정의하는 방식이다. 연구자가 수집한 자료의 결측 자료 메커니즘이 MCAR일 경우에 사용될 수 있는 대체 방법은 완전 제거법, 대응 제거법, 평균 대체법, 회귀 대체법이 있다(고길곤, 탁현우, 이보라, 2014; 신택수, 2014; Schumacker & Lomax, 2010). 각 방법은 분석이 가능한 사례의 수, 상관계수의 크기와 방향에 영향을 준다. 또한 대응 제거법은 동일한 표집에서 평균, 표준편차, 상관계수가 서로 다른 표집 크기를 바탕으로 계산하는 문제도 발생한다(예, N=200일 때, 자존감의 평균은 195명의 자료로 계산하고, 행복의 평균은 200명으로 계산되는 경우). 전통적 대체 방법에 대한 간단한 설명은 다음과 같다(고길곤, 탁현우, 2016; 고길곤, 탁현우, 이보라, 2014; 신택수, 2014).

① 완전 제거법(listwise deletion)은 단 1개의 변인에서 결측 자료가 있는 연구 대상은 다른 변인에 결측이 없어도 삭제하는 방법이다. 이 방법은 표집 크기(N)를 상당히 감소시키며, 결측 자료가 없는 다른 변인의 정보마저 사라지게 하는 약점이 있다. 이 방법은 많은 수의 연구 대상을 삭제되게 하므로 추천되는 방법이 아니다. 이 방법은 표집의 수가 감소하게 되므로 통계적 검증력도 감소하게 된다. 결측의 비율이 높거나 결측 메커니즘이 MCAR이 아닌 경우에 결과가 편향될 수 있다. 그러나 결측 자료 메커니즘이 완전임의결측(MCAR), 임의결측(MAR), 비임의결측(MNAR)이든 결측 자료의 비율이 5% 미만이면 완전 제거법의 사용은 가능하다.

② 대응 제거법(pairwise)은 변인과 변인 사이의 상관관계를 구할 때 활용할 수 있는 자료를 최대한 활용하는 방법이다. 예를 들어, 자존감, 노력지속, 흥미유지, 행복의 4개의 변인을 포함하는 연구모형을 연구자가 설정하였고, 전체 804개 사례 중 자존감에서만 100개 사례에서 결측이 발생하였고, 다른 변인에서는 모든 사례의 자료가 완전하다고 가정해 보자. 대응 제거법은 자존감과 노력지속, 자존감과 흥미유지, 자존감과 행복의 상관계수를 각각 704개 사례만을 사용하여 구한다. 하지만 노력지속과 흥미유지, 노력지속과 행복, 흥미유지와 행복의 상관계수는 804개 사례 모두를 사용해서 구해진다. 즉 대응 제거법은 상관계수를 구하는 변인들의 쌍을 기준으로 결측 자료가 있는 사례만을 삭제하고 상관계수를 산출한다. 따라서 변인들의 쌍 각각에서 사례의 수(N)가 달라지는 현상이 발생한다. 이런 방식으로 산출되는 경우에 구조방정식 모형에서 사용되는 자료의 한 유형인 상관행렬에서 상관계수마다 표집의 크기(N)가 달라지게 되는 현상이 나타난다.

③ 평균 대체법(mean imputaion)은 결측 자료를 해당 변인에서 결측을 보이지 않은 완전자료로 구해진 평균값을 사용하여 대체하는 방법이다. 이 방법의 논리는 특정 정보가 없으면 평균이 가장 좋은 대표값이 된다는 데 기초한다. 평균 대체법은 정보가 손실되는 양이 감소한다는 면에서 완전 제거법보다 향상된 방법이나 여전히 결측 자료의 대체에 대한 불확실성을 고려하지 않는다는 단점이 있다. 결측 자료를 완전자료에서 얻은 평균으로 대체하는 것은 변인의 변량이 감소하게 만든다. 변인의 변량의 감소는 다시 공변량과 상관계수에 영향을 미치게 되므로 평균 대체는 가장 좋지 않은 대체 방법으로 간주된다.

④ 회귀 대체법은 약간의(moderate)의 결측치가 있을 때 유익한 접근방법이다. 이 방법은 응답자의 결측이 발생하지 않는 완전자료를 바탕으로 회귀모형을 수립하고, 이 모형을 사용하여 독립변인에 의해 회귀된 종속변인의 예측값으로 결측 자료를 대체하는 방법이다. 이 방법은 표준오차에 대해 보정을 할 경우 제한적으로 사용할 수도 있으나 독립변인과 종속변인의 관계 및

설명변량을 과대하게 추정하는 문제가 생길 수 있다.

2) MAR일 때의 대체 방법

Little(2013)에 의하면 MCAR은 가장 보기 드문 결측 자료 메커니즘이다. 결측이 발생한 자료의 대부분은 결측 메커니즘이 MAR에 해당될 가능성이 높다. Little(2013)은 MAR에 해당되는 자료의 경우에 종종 결측 자료를 대체하는 것은 그 결과가 좋다고 하였다. 앞서 말했듯이 MAR은 한 변인에서 결측 여부가 해당 변인과는 상관이 없지만, 다른 변인과 상관이 있는 경우로 정의된다(신택수, 2014). 다시 말해 MAR은 결측 자료가 있는 변인의 결측 여부가 분석에 포함된 자료 집합 또는 수집된 전체 자료 집합의 다른 변인과 관계가 있는 경우를 뜻한다. 예를 들어, 소득이 매우 높거나 낮은 사람이 의도적으로 소득에 대한 반응을 누락시키면 결측 메커니즘은 MAR이 아니며, 인종, 교육수준에 영향을 받아 소득에서 결측이 발생하면 MAR에 해당될 수 있다(신택수, 2014). 이런 논리에 기초하면 Y 변인에서 응답이 존재하는 사례는 0으로, 응답이 없는 사례는 1로 리코딩하여 범주변인으로 만든 뒤, 이 범주변인이 X 변인과 유의한 상관관계가 있으면 MAR에 해당된다. 또는 t-검증에서 Y 변인을 독립변인으로 하고, X 변인을 종속변인으로 하였을 때 종속변인의 평균에 유의한 차이가 있으면 MAR에 해당된다. 많은 경우 연구자가 수집한 전체 자료 집합에서 이러한 관계를 발견할 가능성이 높으므로 연구자는 결측 자료가 있는 사례들을 제거하기보다 대체하는 데 관심을 가질 필요가 있다(신택수, 2014; Tabachnick & Fidell, 2001). 결측 자료 대체 방법들의 대체 능력은 두 측면에 의해 좌우된다(Little, 2013). 첫째, 결측 자료 메커니즘 관련 변인들(correlates)이 측정되어 연구자의 자료 집합에 포함되어 있어야 한다. 둘째, 상관관계나 t-검증에 의하여 결측 메커니즘이 알려지면, 한 변인의 결측 유무에 관련된 다른 변인 사이의 상관관계의 크기가 중요하다. 왜냐하면 그 변인의 결측 유무와 강한 관계가 있는 관련 변인들(예: 사회경제적 지위, 성별, 특성 등)이 결측 대체 과정에 사용되면 이 변인들과 관계되어서 생긴 결측 자료의 발생 과정이 일정 부분 복구되기 때문이다.

3) MNAR일 때의 대체 방법

MNAR이 가정되는 경우 결측 자료의 과정은 복구될 수도 있고 그렇지 않을 수도 있는데, 이 경우에도 연구자의 자료 집합에 결측 자료를 가진 변인의 결측 유무를 예측할 수 있는 변인들이 포함되어 있으면 결측 과정의 복구가 어느 정도 가능하다. 이와 관련하여 Little(2013)은 MNAR의 경우에 결측 자료의 대체 과정에서 중요한 것은 결측 자료 메커니즘에 관련이 있는 알려지지 않은 과정이 무엇이며, 연구자의 자료 집합이 알려지지 않은 이유들에 관계된 수반 변인들(proxies)과 원거리 변인들(distal covariates)을 포함하고 있는지가 중요하다고 하였다. 간단히 말하면 결측 자료가 있는 어떤 변인의 결측 여부를 예측할 수 있는 다른 변인이 자료 집합에 포함되어 있는 것이 중요하다. Little(2013)은 다음처럼 한 가지 예를 들었다. 만약 사회경제적 지위가 결측 여부에 이르게 하는 과정이고, 연구자가 사회경제적 지위의 측정치를 자료 집합에 갖고 있지 않다면, 연구자는 결측 자료의 메커니즘을 MNAR로 분류해야 한다. 왜냐하면 결측이 어떤 이유로 발생하고 있지만, 연구자가 그것의 측정치를 갖고 있지 않기 때문이다. 하지만 연구자는 의료보험료처럼 사회경제적 지위와 유의한 상관이 있는 기타 변인들을 자료 집합에 갖고 있을 수 있다. 이와 같은 수반 변인이 어느 정도 결측 유무를 예측할 수 있을 것이다. 왜냐하면 의료보험료가 사회경제적 지위와 유의한 관계가 있기 때문이다. Little(2013)은 이런 경우에 심지어 MNAR 메커니즘에 의한 결측 자료일지라도 일정 부분 결측이 복구될 수 있다고 하였다.

요약하면, 연구모형에 포함된 한 변인에 결측 자료가 있으면, 연구자는 그 결측 여부를 분석될 자료 집합에 포함된 변인이나, 분석에 사용되지 않으나 전체 자료 집합에 포함되어 있는 다른 변인과 유의한 관계가 있는지를 알아보아야 한다. 만약, 한 변인의 결측 여부가 다른 변인과 유의한 상관관계를 보이게 되면 결측이 발생한 이유를 일정 부분 알아내게 되는 것이고, 이는 최소한 그 결측 메커니즘을 연구자가 MAR로 판단할 수 있게 해주기 때문이다. 따라서 연구자는 분석자료 집합에 결측 자료가 있는 어떤 변인의 결측 여부와 관계가 있는 다른 변인이 없으면 연구자가 생각하기에 전체 자료 집합에서 결측 여부와 관계된 변인을 선택하여 그 관계를 확인하고 자료의 대체 과정에서 그 변인을 활용하여야 한다. 이처럼 결측 자료가 있는 변인에 관계된 수반 변인(예, 사회적 지위에 대한 수반 변인은 의료보험료가 될 수 있음) 또는 원거리 변인과 같은 변인을 결측 자료 대체 과정에 사용하는 경우에 그 변인을 보조 변인(auxiliary vraiables)이라고 부른다. 어쨌든 MAR이 가정되면 대체 방법으로 가장 선호되는 방법은 모형 기반 접근법(model-based approach)인 완전정보최대우도방법(full information ML; FIML)과 자료 기반 접근법(data-based approach)인 다중 대체(multiple imputation)이다(Little, 2013). jamovi는 [그림 5.2-8]에서 볼 수 있듯이 [구조방정식 모형 분석-모형 선택] 사항에서 결측 자료를 어떻게 처리할지를 선택할 수 있다. 5가지 방법의 결측 처리 방법, 즉 완전 제거법, 완전정보최대우도방법, 완전정보최대우도방법(including fixed x), 2단계 방법(robust), 대응 제거법이 제시되어 있다.

4) 완전정보최대우도방법(FIML)

완전정보최대우도방법은 결측 자료를 제거하지 않고, 모든 자료의 사례에 대한 우도를 계산하여 모수를 추정하는 것이 장점이다. FIML과 다중 대체는 MCAR 또는 MAR가 참이거나 그리고 자료가 다변량 정상분포일 때, 일관성 있고 효율적인(efficient) 모수 추정치(parameter estimates), 표준오차, 검증 통계치(예, 모형의 χ^2)를 산출한다(Brown, 2015). 결측 자료가 있는 확인적 요인분석(CFA)과 구조방정식 모형(SEM) 접근의 추정을 위해 사용되는 추정 방법 중 하나는 최대우도방법(ML)이다. 최대우도방법이 결측 자료로 사용될 때 이는 종종 FIML이라고 불리며, FIML 방법은 변량-공변량 행렬이 아닌 원자료로 분석되어야 한다. FIML에 대해 살펴보기로 하자(Brown, 2015).

우선 [그림 5.2-8]의 오른쪽에 제시한 jamovi 구조방정식 모형 분석의 [Model options]의 메뉴에서 Data 부분의 Missing values를 보면 완전 제거법, FIML, FIML(including fixed x), Two stages(robust), 대응 제거법이 선택가능하다는 것을 알 수 있다. jamovi 사용에 대한 구체적인 내용은 II부의 실전편에서 다루기로 한다.

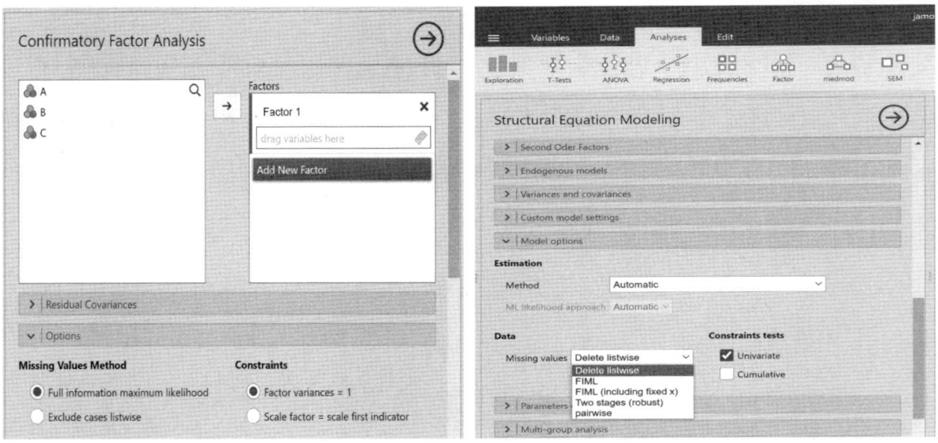

확인적 요인분석　　　　　　　　　　구조방정식 모형 분석

[그림 5.2-8] jamovi의 결측 처리 메뉴

연구자는 자료를 수집하고 결측 자료가 있으면 보통 9, 99 또는 999 등으로 자료 파일에 입력을 하게 된다. 그런 뒤 연구자가 9를 통계 프로그램에서 결측값으로 지정하고, 이 원자료(raw data) 파일을 구조방정식 모형 분석에 사용하면 대부분의 통계 프로그램은 FIML 방법으로 분석을 하도록 설정되어 있다.

자료 결측 메커니즘이 MAR일 때, FIML은 연구자의 분석 모형의 일부에 포함되지 않으나, 자료의 결측과 관계가 있는 다른 변인들을 포함시켜 결측을 보완하기 위해 도움을 준다. MAR 메커니즘은 결측의 과정이 잠재적으로 알려져 있고, 그래서 다른 변인들에 의해서 예측될 수 있다는 가정에 바탕한다. 그래서 결측 자료와 유의한 관계를 보이는 다른 변인들(correlates)을 사용하는 것은 FIML 추정을 더욱 의미있게 만드는데(예, 자료가 완전하다면 구해질 수 있는 값들에 더욱 가까운 모수 추정치들을 산출할 수 있음), 왜냐하면 결측 자료 과정에 관한 더 많은 정보가 분석에 사용되기 때문이다. FIML 접근 방법의 성공 여부는 결측 자료와 유의한 상관을 보이는 다른 변인들이 연구자가 사용하는 자료 집합에 포함되어 있는지 여부에 달려있고, 이 유의한 관계를 보이는 변인들(correlates)과 연구자의 분석에 포함되는 결측 자료가 있는 변인들과의 상관관계 크기가 얼마나 큰가에 달려 있다(Brwon, 2015). FIML은 자료의 결측 메커니즘이 MCAR 또는

MAR이며, 다변량 정상분포라는 가정에 바탕한다. 그러나 자료가 다변량 정상분포에서 벗어날 때, FIML은 MLR 추정방법을 사용함으로써 자료의 비정상성에 강건한 표준오차와 검증 통계치들을 산출할 수 있다.

5) 다중 대체(Multiple Imputation)

결측 자료를 보완하기 위한 FIML을 대신할 한 방법은 다중 대체(Multple imputation)이다. 다중 대체는 연구자가 결측 자료가 있는 상태에서 자신의 연구모형을 분석하는 경우에 FIML로 결측 자료를 처리할 프로그램에 접근할 수 없을 때 또는 ML 또는 MLR 이외의 적합 함수로 CFA/SEM 모형 분석을 추정하기를 원할 때 유익한 방법이다(Brown, 2015). 앞에서 언급했던 평균 대체법 또는 회귀 대체법과 같은 절차는 변량을 과소추정하고 대체된 자료와 변인들 사이의 상관관계를 과대추정하기 때문에 문제가 있다고 여겨진다. 예를 들어, 회귀 대체법에서 변인 X에서 가능한 자료를 사용하여 변인 Y의 결측 자료를 추정한 뒤에, X와 Y의 상관관계를 구하면 그 크기가 과대추정되는 문제가 발생한다. 다중 대체는 이러한 문제에서 평균 대체법 또는 회귀 대체법보다 자유롭다.

다중 대체는 3단계로 이루어진다(Brown, 2015). 1단계는 결측 자료를 대체한 다중의 자료 집합을 만드는 것이다. 결측 자료의 양이 적을 때, 5개의 대체된 자료 집합을 생성하는 것으로 충분하다고 여겨진다. 그러나 통계 프로그램의 발달로 대체한 자료 집합을 20번 이상 혹은 40번 이상을 만드는 데 큰 어려움이 없다. 다중 대체 자료 집합의 수는 결측 자료의 양이 많을 때, 연구자의 자료 집합 내에 한 변인의 결측 여부와 유의한 관계를 보이는 다른 변인(즉 보조 변인)이 포함되지 않았을 때 더 많은 수의 다중 대체 자료 집합을 생성할 것이 권장된다. 2단계는 이 다중 대체 자료 집합들을 사용하여 연구자의 모형을 분석하는 것이다. 예를 들어, 다중 대체 자료 집합들을 50개 만들었다면, 50번의 구조방정식 모형 분석 결과가 산출된다. 3단계는 연구자가 생성한 다중 대체 자료 집합들의 개수만큼 분석된 결과들(예, 50개의 결과)에서 제시된 모수 추정치들, 표준오차들, 검증 통계치들을 각각 하나로 통합하는 것이다. 모수 추정치들은 50개의 분석 결과들에서 생성된 모든 모수치들을 평균하는 것으로 통합된다. 표준오차들은 분석 결과들에서 생성된 표준 오차들의 평균과 분석 결과들 간에 발생하는 모수 추정치 변동을 사용하여 통합된다.

6) 완전정보최대우도방법 대 다중 대체 방법 간의 선택

앞서 다중 대체(MI)는 연구자가 결측 자료가 있는 상태에서 연구모형을 분석하는 경우에 FIML로 결측 자료를 처리할 프로그램을 사용하는 것이 어려울 때, 또는 ML 또는 MLR 이외의 적합 함수로 CFA/SEM 모형 분석을 추정하기를 원할 때 사용할 수 있는 유익한 방법이라고 하였다(Brown, 2015). 이는 MI보다 FIML의 사용을 권장하는 진술이라고 볼 수 있다. 실제로 SPSS의 최근 버전에서 다중 대체를 할 수 있으나 결측을 보완한 자료 집합이 최소 5개 이상, 권장 40개 이상과 같이 많은 자료 집합들을 만들어서 사용하여야 하는 번거로움이 있다. 그리고 다중 대체를 사용해서 명석하게 분석하는 방법을 알려주는 서적도 현재로서는 거의 없다. 만약 다중 대체에 도전해 보고 싶다면 Geiser(2021)의 7장 "결측 자료 다루기", Brwon(2015)의 9장 "확인적 요인분석에서 결측, 비정상, 범주 자료"를 참고하여 시도해 볼 수 있다.

특별한 경우가 아니면 많은 구조방정식 프로그램은 대부분 FIML 방법을 제공한다. jamovi의 경우 [그림 5.2-8]에서 제시하였듯이 확인적 요인분석과 구조방정식 모형의 모듈 각각에서 FIML의 방법을 사용하는 것이 가능하다. FIML은 다중 대체법에 비해 몇 가지 이유로 더 우수하다고 알려져 있다(김수영, 2016). 첫째, 다중 대체법은 여러 자료 세트를 만들고, 각각의 자료 세트별로 모형을 추정하여, 이 결과들을 모아서 추청치들의 평균을 구하는 등 번거로운 절차를 거쳐야 한다. 물론 Mplus와 같은 프로그램은 자료 세트들을 만들고 다중 대체법을 위한 명령문을 지정해 주면 모든 것을 해결해 주기도 한다. 이에 반해 FIML은 단 한번의 클릭으로 설정만 해주면 그대로 결과가 생성되어 산출된다. jamovi의 확인적 요인분석(CFA)에서는 [그림 5.2-8]의 왼쪽에 보이는 [Full information maximum likelihood] 라디오 버튼만 선택해 주면 된다. 구조방정식 모형(SEM)은 [그림 5.2-8]의 오른쪽에서 [FIML] 드롭다운 메뉴를 선택해 주기만 하면 된다. 둘째, 다중 대체법은 동일한 자료를 사용하더라도 연구자마다 생성된 자료의 세트가 다르므로 모수에 대한 검증 결과가 다르게 산출이 되는데, FIML은 그렇지 않다. 셋째, FIML은 다중 대체법에 비해 더 작은 표준오차를 생성하므로 분석에서 더 뛰어난 효율성을 보이게 된다.

5.3 극단값(outliers)

극단값은 한 변인에서 아주 극단적인 값을 가진 사례(단변량 극단값) 또는 2개 또는 그 이상의 변인에서 점수의 조합이 너무나 동떨어진 사례(다변량 극단값)로 통계치들을 왜곡하는 사례를 말한다(Tabachnick & Fidell, 2001). 극단값은 양분변인, 연속변인, 독립변인, 종속변인 자료와 분석의 결과들 모두에서 발견되며, 이들은 1종 오류와 2종 오류를 일으키는 방식으로 분석 결과에 영향을 미친다. 극단값이 자료에 포함되면 동일한 종류의 극단값을 가진 표집을 제외한 다른 표집에 연구 결과를 일반화하기 어렵게 된다. 극단값은 평균, 표준편차, 상관계수에 영향을 미치므로 그들은 설명 혹은 제거되거나 강건한 통계 방법으로 처리되어야 한다.

극단값은 관찰의 오류, 자료 입력 오류, 검사 시행의 오류 등 다양한 오류로 발생한다. 극단값은 결측 자료를 9, 99 또는 999와 같이 입력한 뒤 연구자가 이를 통계 패키지에 지정해 주지 않아서 발생하기도 한다. 연구자는 결측 자료의 입력에 대하여 분명히 그 값을 지정해 두어야 한다. [그림 5.3-1]은 결측치를 연구자가 999로 입력했다는 것을 보여주고 있다. 이러한 999로 입력된 결측 자료가 결측치란 것을 통계 프로그램에 알려주지 않으면, 이 값을 응답자의 반응으로 간주하는 오류가 일어난다.

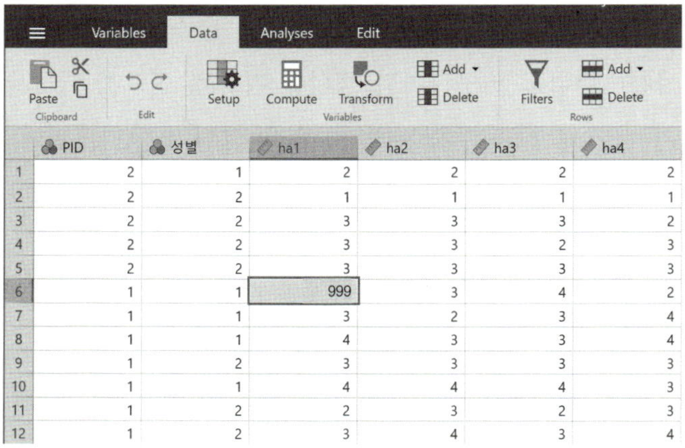

[그림 5.3-1] 결측치의 입력

[그림 5.3-2]는 jamovi에서 결측 자료를 지정하는 방법을 보여주고 있다. 자료 화면에서 변인명을 더블 클릭하면 [Data variable] 메뉴가 나타나고, 변인 유형, 자료 유형, 결측 자료를 지정하는 방법이 나타난다. [Missing values]에서 999를 입력해 주게 되면 jamovi는 999라는 값은 결측 자료라는 것을 인식하게 되고, 평균의 계산 등에서 999 자료를 사용하지 않게 된다.

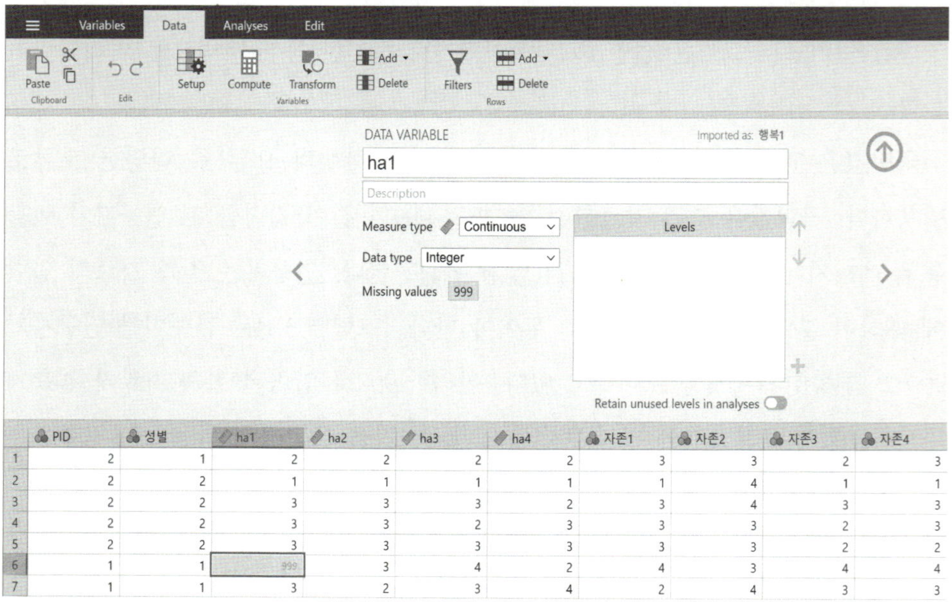

[그림 5.3-2] 결측 자료의 지정 방법

극단값은 연구자가 표집하기로 의도했던 전집의 구성원이 아닌 사례를 표집했을 때에도 발생한다. 예를 들어, 노인을 연구의 목표 전집으로 하였는데, 청소년이 포함되면 이 경우도 극단값의 문제를 일으킬 수 있다. 극단값은 연구자가 표집하고자 한 목표 전집에 해당되는데도 불구하고, 한 사례가 자기보고 자료에서 실제로 존재하는 극단값(예, 수입에서 실제로 엄청난 금액을 수령하는 고액 연봉자)을 보이기 때문에 발생하기도 한다. 이처럼 실제로 존재하는 극단값은 값을 변화시키거나 삭제하는 방법으로 처리되어야 한다.

5.3.1 단변량 극단값과 다변량 극단값 찾기

단변량 극단값이 한 변인 내에서 극단적 값을 가진 사례들이라면, 다변량 극단값은 2개 또는 그 이상의 변인들 간의 조합에서 특별한 값을 보이는 사례들이다 (Tabachnick & Fidell, 2001). 〈표 5.3-1〉의 자료는 어제 느낀 활력(X)과 전반적 행복(Y)에 대한 것이다.

〈표 5.3-1〉 어제 느낀 활력(X)과 전반적 행복(Y) 자료

X	Y	Z_X	Z_Y
3	4	-1.57	-0.82
5	5	0.17	-0.2
6	6	1.05	0.41
4	5	-0.7	-0.2
5	4	0.17	-0.82
5	5	0.17	-0.2
5	5	0.17	-0.2
5	8	0.17	1.63
3	4	-1.57	-0.82
3	3	-1.57	-1.43
5	4	0.17	-0.82
5	6	0.17	0.41
6	9	1.05	2.25
5	5	0.17	-0.2
7	7	1.92	1.02

연구자가 어제 느낀 활력(X)과 전반적 행복(Y)의 자료에서 단순 회귀분석을 위해 단변량 극단값을 알아보고자 한다면, 극단값은 아주 큰 표준화 값(Z)을 가진 경우가 해당된다. Z 값이 ±3.29(p 〈 .001, 양방 검증)를 초과하는 사례는 극단값으로 간주된다(Tabachnick & Fidell, 2001). 하지만 Z 값의 극단성은 표집 크기의 영향을 받는데, N이 아주 크면 ±3.29를 초과하는 사례가 많이 발생할 것으로 기대되지 않는다. 〈표 5.3-1〉의 N이 크지 않은데도 X, Y의 자료 모두에서 ±3.29를 초과하는 자료가 없다. 이 자료에서 단변량 극단값은 존재하지 않는다고 볼 수 있다.

단변량 극단값은 히스토그램(histogram), 박스상자 그래프(box plots)로도 발견할 수 있다. jamovi의 경우 [분석-탐색-기술통계]에서 히스토그램과 박스상자 그래프를 확인할 수 있다. [그림 5.3-3]의 [Histogram]과 [Box plots]에 체크를 해주면 [그림 5.3-4]의 히스토그램과 [그림 5.3-5]의 박스상자 그래프가 구해진다.

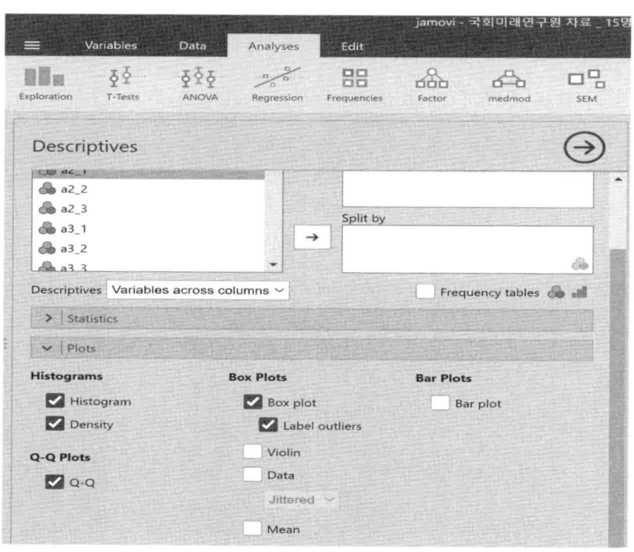

[그림 5.3-3] jamovi에서 히스토그램과 Box plots 만들기

[그림 5.3-4]는 전반적 행복의 히스토그램인데, 왼쪽은 〈표 5.3-1〉의 원자료이고, 오른쪽은 마지막 사례의 전반적 행복의 값 7을 15로 바꾼 것이다. 15로 바뀐

사례가 히스토그램에서 동떨어져 극단값이란 것을 쉽게 알 수 있다.

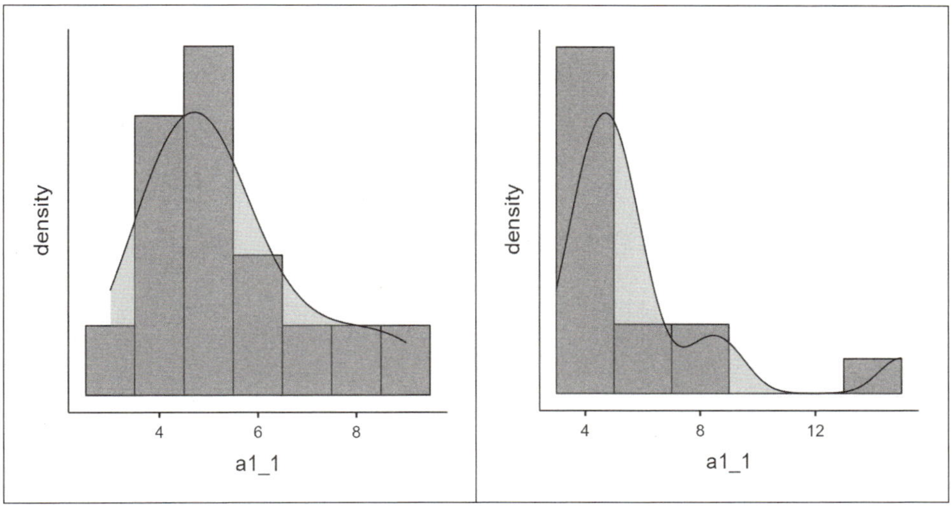

[그림 5.3-4] 전반적 행복의 히스토그램

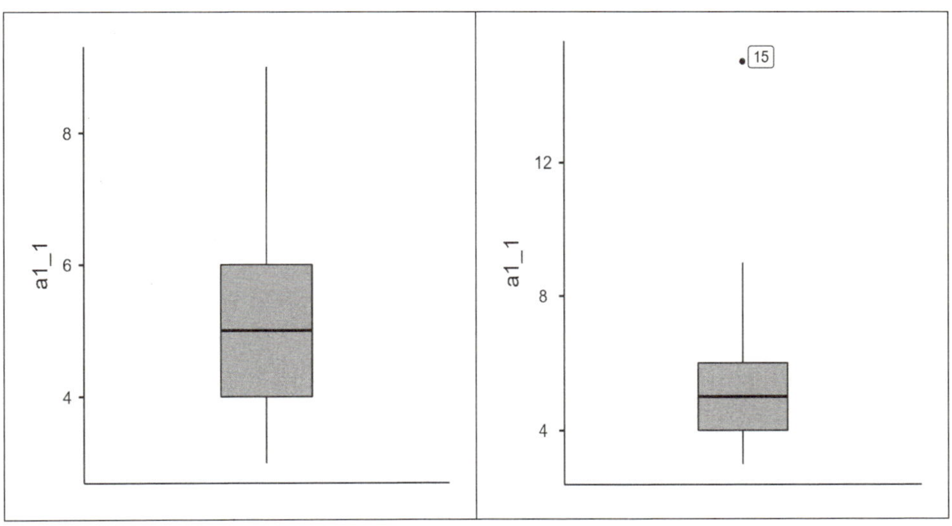

[그림 5.3-5] 전반적 행복의 박스상자 그래프

[그림 5.3-5]는 왼쪽의 전반적 행복의 박스상자 그래프이다. 왼쪽의 박스상자 그래프에서 굵은 선은 평균의 위치를 보여주고, 가운데 수직선의 제일 위쪽과 제

일 아래쪽은 점수의 범위가 3~9까지임을 보여준다. 오른쪽 그래프에서 •로 표시된 것은 15로 변환한 제일 마지막 사례가 극단값으로 작용한다는 것을 보여준다. 양쪽 그림 모두에서 직사각형 내부의 굵은 선은 평균을 보여준다.

단변량 극단값이 존재하면 다변량 극단값을 탐색하는 것이 좋다. 왜냐하면 단변량 극단값을 보이는 사례는 다변량 극단값에 해당될 확률이 높기 때문이다. 다변량 극단값을 빠르게 알아차리는 방법 중 하나는 산포도를 확인하는 것이다. 〈표 5.3-1〉의 자료를 사용하여 산포도를 그려보자.

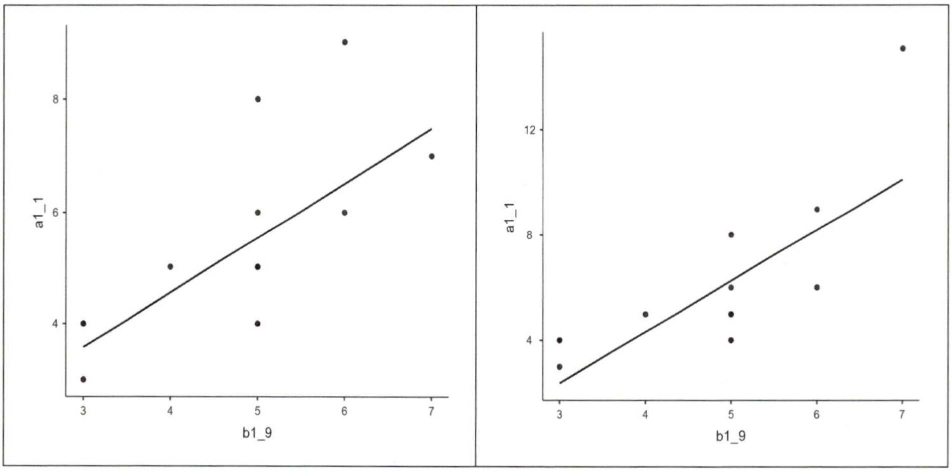

[그림 5.3-6] 어제 느낀 활력(X)과 전반적 행복(Y)의 산포도

[그림 5.3-6]의 왼쪽 산포도는 〈표 5.3-1〉의 자료를 사용한 것이고, 오른쪽은 동일한 자료의 마지막 사례에서 전반적 행복 점수 7점을 15점으로 바꾼 자료로 구하였다. 왼쪽의 산포도는 점수들이 회귀선을 중심으로 일군의 무리를 구성한 것처럼 보인다. 반면에, 오른쪽 산포도는 1사례가 무리뿐 아니라 회귀선에서도 동떨어졌다. 즉 극단값에 해당하는 사례이다.

다변량 극단값을 보여주는 한 통계치는 Mahalanobis의 거리이다. 이는 한 사례가 다른 사례들의 중심점(the centroid)에서 떨어진 거리를 의미한다. 그리고 중심점은 모든 변인들의 평균들의 교차점(at the intersection of the means)에 만들어진 지점을 뜻한다(Tabachnick & Fidell, 2001). 대부분의 자료 집합에서 사례들은 다변량 공간의 중심점 주변으로 일군의 무리를 형성하고, 각각의 사례는 다른 변인들과의 관계된 특별한 조합을 이루며 단일지점으로 표현된다. 예를 들어, [그림 5.3-6]의 이변량 산포도에서 각각의 사례는 X점수와 Y점수의 조합에 의해 단일지점으로 표현되어 있고, 극단값은 무리에서 동떨어져 밖에 있는 것을 알 수 있다. Mahalanobis의 거리는 다변량 거리를 나타내는 한 측정치이고, χ^2 분포를 사용하여 평가된다. jamovi에서는 Mahalanobis의 거리는 제공되지 않고 대신에 유사한 Cook의 거리를 구해준다. [분석-회귀분석-선형]을 선택하고, [그림 5.3-7]과 같이 독립변인과 종속변인을 투입한다.

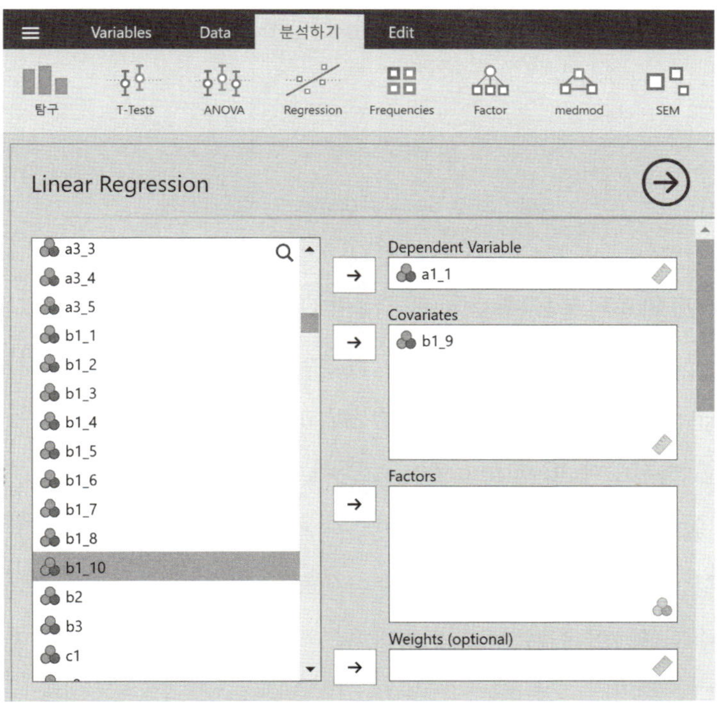

[그림 5.3-7] 어제 느낀 활력과 전반적 행복 간의 단순회귀분석

그런 다음 [그림 5.3-8]과 같이 회귀분석의 여러 가지 선택을 위한 [Save] 메뉴에서 Cook's distance를 체크해 주면 된다.

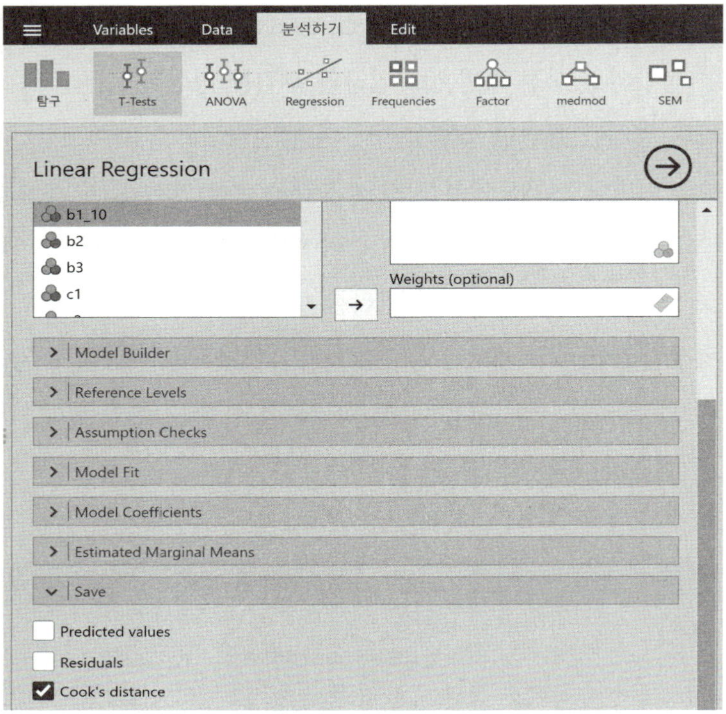

[그림 5.3-8] Cook's distance 값의 저장

회귀분석이 완료되면 [그림 5.3-9]와 같이 Cook의 거리의 값이 자료 파일에 저장되어 있다. SPSS와 같은 프로그램을 사용하면 Mahalanobis의 거리를 구할 수 있다. Mahalanobis의 거리는 실제 독립변인 수만큼의 자유도를 갖는 χ^2 분포를 따르므로 이 자유도에 따른 p 〈 .001 수준에서의 임계치를 능가하면 극단값으로 판단할 수 있다. 예를 들어, 〈표 5.3-1〉의 어제 느낀 활력(X)이 전반적 행복(Y)에 미치는 영향에서 실제 독립변인의 수는 1이므로 자유도가 1이 되고, χ^2 분포에 p 〈 .001 수준에서의 임계치는 10.83이다. 이 임계치를 넘어서면 다변량 극단값이 된다.

[그림 5.3-9]는 jamovi의 자료 파일에 저장된 Cook's distance를 보여준다. Cook's의 distance는 1보다 크면 극단치 가능성이 있는 것으로 간주된다(양병화, 2006). 15번째 사례는 Cook's의 distance가 2.068로 1보다 큰 값을 보여 다변량 극단값을 갖는 것으로 볼 수 있다.

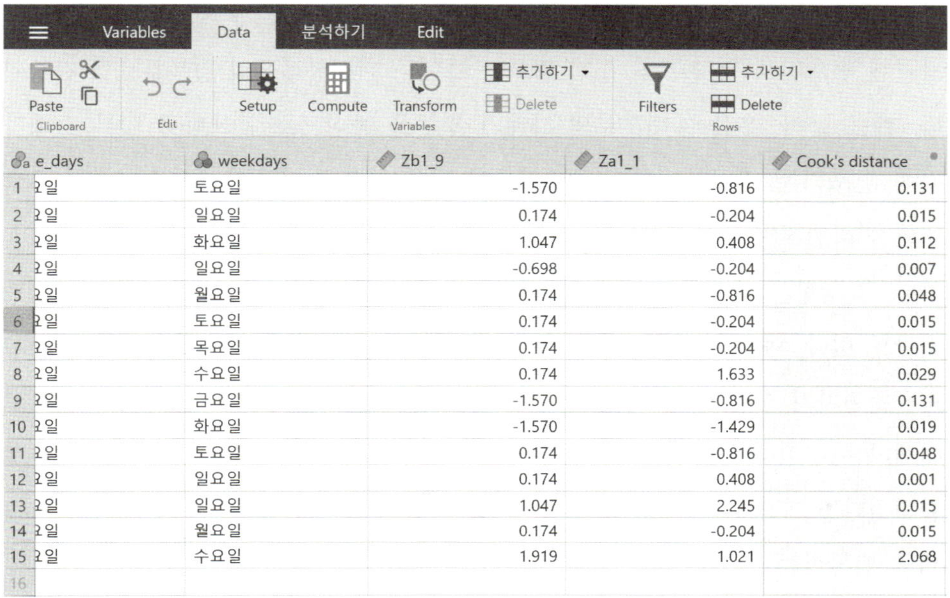

[그림 5.3-9] 자료 파일에 저장된 Cook의 거리의 값

5.3.2 극단값의 영향력 줄이기

연구자는 극단값이 발견되면 그것이 분석 결과에 미치는 영향을 줄여야 한다. 이는 몇 가지 방향에서 전개될 수 있다(Tabachnick & Fidell, 2001).

첫째, 입력한 자료가 정확한지 확인하는 것이다. 자료의 입력이 정확한데, 극단값이 발견되면 특정 변인이 대부분의 극단값에 관련될 가능성이 커지므로 그 변인을 찾아야 하며, 연구에서 그 변인이 중요하지 않다면 제거하는 방법을 쓸 수도 있다.

둘째, 극단값으로 확인된 사례들이 연구자가 표집하고자 의도한 전집의 부분인지 아닌지를 확인할 필요가 있다. 극단값 사례들이 연구자가 의도한 전집의 부분이 아니라면 이들을 삭제해도 연구자가 의도한 전집으로 결과를 일반화하는 데 문제의 소지가 크지 않다. 만약 극단값일지라도 연구자가 의도한 전집에서 표집되었다고 결정되면 그들을 분석에 포함해야 하고, 그들이 미치는 영향을 줄여야 한다. 예를 들어, 단변량 극단값들은 극단값들의 영향을 줄이기 위해서 자료의 분포를 더욱 정상분포에 가깝도록 변환하면 된다. 이 경우에 극단값들은 분포의 극단에 편포된 부적 편포나 정적 편포를 보이는 비정상분포의 일부분으로 간주된다. 예를 들어, 우울은 대부분의 사례가 평균을 중심으로 분포하고 일부 사례가 정적 편포되는 비정상분포를 보인다. 이 경우에 로그 변환을 할 수 있다. 로그 변환을 하면 극단값을 보인 사례들은 여전히 로그 변환된 분포의 꼬리 쪽에 위치하나 그 영향은 줄어들게 된다. 단변량 극단값의 경우에 선택할 수 있는 두 번째 대안도 있다. 예를 들어, 표준화 Z 값으로 ±3.29를 초과하는 사례는 양수의 경우 1 표준편차가 적은 사례의 값으로, 음수의 경우 1 표준편차가 큰 사례의 값으로 대체하는 것이다. 예를 들어, 빌게이츠와 같은 엄청난 갑부가 우연히 조사에 포함되었다면 그의 수입 수준을 정상의 자료분포에서 +3 표준편차에 해당하는 값으로 변환하는 것이다.

셋째, 다변량 극단값이 분명한 경우에 변환 또는 점수의 대체는 별 효과가 없을 수 있다. 왜냐하면 그 문제가 어떤 변인 단독의 문제가 아니라 둘 또는 그 이상의 변인들 간의 조합에서 생기기 때문이다. 자료의 분포를 변환하거나 점수를 대체하면 다수의 가능한 다변량 극단값들이 실제로 줄어들지만, 여전히 다른 사례들에서 매우 멀리 동떨어진 일부 사례들은 사라지지 않는다. 이 사례들은 대개 삭제된다. 이 사례들을 삭제하지 않게 되면, 어떤 방향으로든 결과들이 왜곡된다는 것을 염두에 두라. 연구자는 분포를 변환하거나, 점수들을 대체하거나, 사례를 삭제하면 그 근거와 함께 결과를 기술하여 보고하는 편이 좋다.

5.4 정상성(normality), 선형성(linearity), 동분산성(Homoscedacity)

다변량 분석의 절차와 통계적 검증은 자료의 다변량 정상성이 기본적으로 충족되어야 한다. 다변량 정상성은 ① 각 변인, ② 변인들 간 가능한 모든 선형 조합들(linear combinations)이 정상분포한다는 것을 의미한다. 정상성의 충족이 중요한 이유는 다변량 정상성이 충족될 때, 분석의 잔차들(residuals) 또한 정상분포를 이루고 독립적 상태가 되기 때문이다(Tabachnick & Fidell, 2001). 따라서 연구자는 자료의 정상성을 검토하는 편이 좋다. 다변량 정상성 가정은 많은 유의도 검증을 하는 데 필요한 조건이다. 그래서 불가능한 이유가 아니라면 연구자는 자료의 정상성을 유지하거나 향상시키는 조치를 취하는 편이 좋다.

다변량 정상성은 다변량 통계분석에 따라 다르게 적용된다(Tabachnick & Fidell, 2001). 첫째, 연구대상들이 집단으로 묶이지 않은 분석에서 다변량 정상성은 변인들 그 자체에 적용되거나, 분석의 잔차들에 적용된다. 이 경우에 다변량 정상성을 충족하기 위해서는, 각 변인 자체가 정상분포를 이루고, 변인들 간에 짝을 지었을 때 그 관계가 선형적이며, 동분산성(homoscedastic)을 충족하면 된다. 따라서 다변량 정상성은 개개 변인들의 정상성, 선형성, 동분산성(homosecdasticity)을 검토해서 또는 종속변인이 독립변인에 의해 예측되는 분석들에서 잔차들의 검토를 통해 일정 부분 확인될 수 있다. 다변량 정상성은 만약 개개 변인이 정상분포가 아니거나 또는 변인들 간의 짝에서 선형성과 동분산성을 갖고 있지 않다면, 최소한 어느 정도의 수준에서는 침해된다.

둘째, 연구대상들이 집단으로 묶이는 분석에서 변인들의 정상성은 평균들의 표집 분포(sampling distributions)에 적용된다. 연구대상들이 집단으로 묶이는 분석의 경우, 변인들의 평균 표집 분포가 정상성을 가져야 한다는 것이다. 중심극한정리(central limit theorem)에 의해 연구자는 마음을 편히 가질 수 있는데, 이는 표집의 크기가 충분히 크면, 평균의 표집 분포들이 변인들의 분포와 관계없이 정상적으로 분포하기 때문이다. 예를 들어, 일변량 ANOVA에서 오차에 대한 자유도가 최소한 20이면, F 검증은 변인들의 정상성 침해에 강건하다고 말해진다. 단, 전제조건은 극단값이 없어야 한다는 것이다.

5.4.1 자료의 정상성

정상성(normality)은 개개 측정변인의 자료 또는 변인들의 분포 형태가 정상분포에 상응하는 정도를 뜻한다. 비정상성이 통계적 결과와 관련된 의미와 단변량 정상성, 다변량 정상성과의 관계를 살펴보면 다음과 같다(Hair et al., 2006). 첫째, 분포의 변형(variation)이 매우 크면, 모든 통계적 검증 결과는 타당하지 않게 된다. 왜냐하면 F검증과 t검증 통계는 정상성을 요구하기 때문이다. 단변량 검증과 다변량 검증 모두 자료의 단변량 정상성을 전제하며, 다변량 검증 방법 또한 다변량 정상성(2 또는 그 이상의 변인들 간의 조합)을 전제한다. 둘째, 단순한 의미에서 다변량 정상성은 개개 변인이 단변량 정상분포를 이루고, 그들의 조합들 또한 정상성을 충족한다는 것을 뜻한다. 그래서 한 변인이 다변량 정상성을 보인다면, 그것은 단변량 정상성을 갖는다. 그러나 그 역은 반드시 참이 아니다. 다시 말해 2개 또는 그 이상의 변인들이 단변량 정상성을 보이더라도, 반드시 변인들의 다변량 정상성이 충족되는 것은 아니다.

자료 또는 변인들의 정상성은 통계적 방법과 그래픽 방법으로 평가할 수 있다. 정상성의 2가지 요소는 왜도(skweness)와 첨도(kurtosis)이다. 왜도는 분포의 대칭성과 관계가 있고, 편포된 변인은 평균이 분포의 중앙에 있지 않는 경우이다. 첨도는 분포의 고도 또는 높낮이와 관계가 있다. 첨도와 관련하여 분포의 모양이 높이는 낮고 꼬리는 두꺼운 경우가 있고, 높이는 높고 꼬리는 얇은 경우가 있다. [그림 5.4-1]은 편포, 비정상 첨도를 가진 분포를 제시하고 있다. 한 변인은 유의한 왜도와 첨도, 혹은 둘 모두를 나타낼 수 있다.

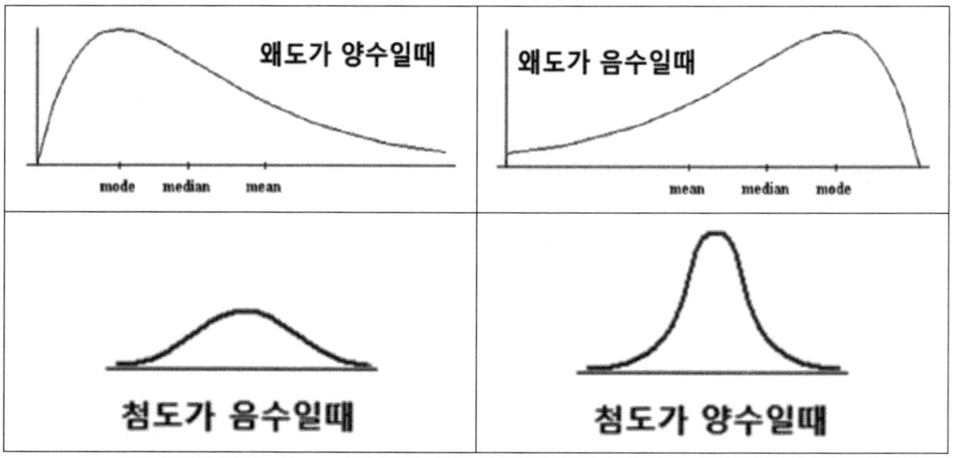

[그림 5.4-1] 왜도와 첨도

분포가 정상일 때 왜도와 첨도의 값은 0이다. 정적 편포인 경우는 사례들이 분포의 왼쪽에 많이 분포되고, 분포의 꼬리는 오른쪽으로 길게 뻗어있다. 부적 편포인 경우는 사례들이 분포의 오른쪽에 많이 분포되고, 분포의 꼬리는 왼쪽으로 길게 뻗어있다. 첨도의 값이 0보다 큰 경우, 그 분포는 짧은 정상, 두꺼운 꼬리를 보이는 분포이다. 첨도의 값이 0보다 작으면 너무나 평평한, 즉 꼬리 쪽에 너무 많은 사례들이 분포된 경우이다. 왜도와 첨도는 영가설에 대하여 그 값을 검증하는 유의도 검증이 가능하다. (공식 5.4-1)은 왜도의 유의도를 검증하기 위한 왜도의 표준오차를 구하는 공식이다. 이 표준오차를 (공식 5.4-2)에 투입하면 Z분포에 비교할 수 있는 Z 값이 구해진다.

$$S_s = \sqrt{\frac{6}{N}} \qquad \text{(공식 5.4-1)}$$

$$z = \frac{S-0}{s_s} \qquad \text{(공식 5.4-2)}$$

(공식 5.4-3)은 첨도의 유의도를 검증하기 위한 첨도의 표준오차를 구하는 공식이다. 이 표준오차를 (공식 5.4-4)에 투입하면 Z분포에 비교할 수 있는 Z 값이 구해진다.

$$S_k = \sqrt{\frac{24}{N}} \qquad \text{(공식 5.4-3)}$$

$$z = \frac{K-0}{s_k} \qquad \text{(공식 5.4-4)}$$

jamovi에서 왜도와 첨도의 값은 [Exploration] 메뉴에서 구할 수 있다. [그림 5.4-2]는 자존감, 흥미유지, 노력지속, 행복에 대해 구해진 기술통계 값들을 보여주고 있다. [그림 5.4-3]은 자존감, 흥미유지, 노력지속, 행복의 히스토그램을 보여주고 있다. 자존감의 왜도와 그 표준오차를 (공식 5.4-2)에 대입하면 $z = -0.119/0.0862 = -1.38$이 나온다. 이 Z 값은 양방검증 유의도 5%에서 임계치인 ±1.96을 초과하지 않으므로 유의하지 않다. 이 수준에서 자존감 자료가 편포되지 않고, 왜도와 관련된 정상성을 충족한 것을 알 수 있다. 이런 방식으로 나머지 변인의 왜도와 첨도 모두의 Z 값을 구할 수 있다.

Descriptives

	N	Missing	Mean	Median	SD	Minimum	Maximum	Skewness		Kurtosis	
								Skewness	SE	Kurtosis	SE
자존감	804	0	28.0	27.0	4.99	10	36	-0.119	0.0862	-0.418	0.172
흥미유지	804	0	10.6	11.0	2.18	4	16	0.151	0.0862	0.273	0.172
노력지속	804	0	10.7	11.0	2.19	4	16	-0.115	0.0862	0.353	0.172
행복	804	0	12.6	12.0	2.19	4	16	-0.383	0.0862	0.360	0.172

[그림 5.4-2] 자존감, 흥미유지, 노력지속, 행복의 기술통계

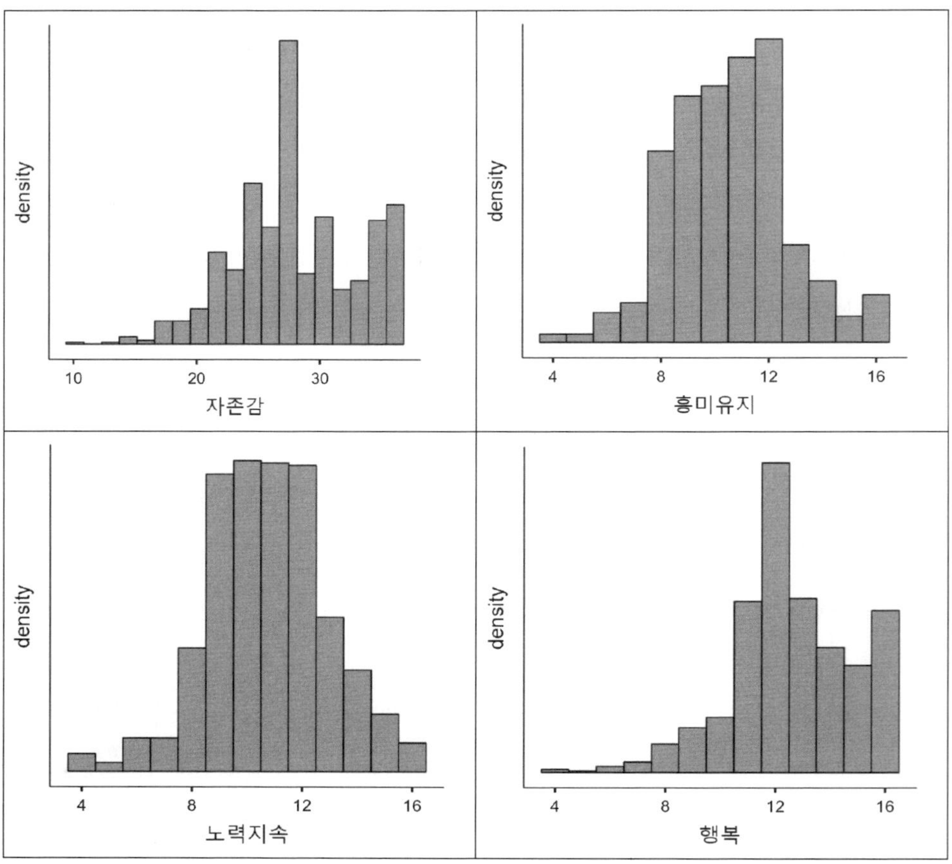

[그림 5.4-3] 자존감, 흥미유지, 노력지속, 행복의 히스토그램

일부 연구자는 왜도와 첨도로 자료의 정상성을 검증하기 위한 기준을 제시하였다. 예를 들어, Curran, West와 Finch(1996)는 왜도 ±2, 첨도 ±4를 초과하면 정상성에서 벗어난다고 보았다. Kline(2005)은 왜도 ±3, 첨도 ±10을 초과하면 정상성에서 벗어난다고 보았다.

비정상 자료의 처리 방법: 구조방정식 모형을 분석할 때 자료가 비정상성을 보이면 이를 처리할 몇 가지 방법이 있다. ① 붓스트랩핑하기(bootstrapping), ② 문항묶음 만들기(item paregling), ③ 자료 변환을 하는 것이다. 흔히 사용되는 변환 방법은 〈표 5.4-1〉과 같다. 이러한 변환을 통해 단변량 정상성을 충족하더라도, 변인들 간의 모든 선형 조합이 정상적으로 분포한다고 보장할 수는 없다. 구조방정식 모형에서 연속변인들을 사용할 경우 문항묶음을 먼저 만들고, 이 문항묶음 변인의 단변량 정상성과 다변량 정상성을 확인한 후에 여전히 정상성을 충족하지 못하면 붓스트랩핑 방법을 사용하거나 강건한 모형 추정방법을 사용할 수 있다. 이에 대해서는 모형 적합도 검증 부분에서 다루기로 한다.

〈표 5.4-1〉 자료 변환의 유형

변환	용도
y=ln(x) 또는 y=log10(x) 또는 y=ln(x=0.5)	표준편차가 평균과 함께 증가하는 군집 자료(clustered data) 또는 사례들의 경우에 유용함
y=sqrt(x)	poisson counts에 유용함
y=arscin(x+0.375)/(n+0.375)	binomial 비율에 유용함[0.2 〈 p=x/n〈0.8]
y=1/x	gamma-distributed x 변인에 유용함
y=logit(x)=lm(x/(1-x)	binomial proportions x=p에 유용함
y=normit(x)	표준화된 x에 대한 정상분포의 quantile에 유용함
y=probit(x)=5+normit(x)	자료의 비정상성을 해결하는 데 가장 유용함

주: probit(x)는 음의 값을 피하기 위해 normit(x)+5 한 것과 같음.
출처: Schumacker & Lomax (2010).

5.4.2 선형성

구조방정식 모형은 변인들 간에 선형적 관계가 있다는 전제에 기초하므로(Schumacker & Lomax, 2010), 연구자는 변인들이 선형적 관계를 갖는지 검토해야 한다. 선형적 관계는 두 변인이 곡선 관계가 아닌 직선 관계가 있다는 것을 뜻한다. 이러한 선형성이 중요한 이유는 피어슨 적률 상관계수(r)가 변인들 사이의 선형적 관계만을 표현할 수 있기 때문이다. 피어슨 적률 상관계수는 두 변인 사이에 곡선형 관계가 있다면 이런 곡선형 관계를 고려하지 않고 상관계수를 산출한다. 피어슨 적률 상관계수는 두 변인의 선형적 관계의 크기와 방향을 보여준다. 피어슨 적률 상관계수는 −1에서 +1까지의 범위를 보이며, + 값은 정적 관계를 나타내고, − 값은 부적 관계를 나타낸다. 선형적 관계를 알아보는 편리하고 단순한 방법은 두 변인의 관계를 그림으로 보여주는 산포도(scatterplot)이다. 산포도는 자료가 선형적으로 증가하는지 감소하는지를 직관적으로 빠르게 보여준다. 비선형(곡선형) 변화는 피어슨 적률 상관계수의 크기를 작아지게 하고, 상관계수를 0에 가깝게 만들 수 있다. 따라서, 구조방정식 모형에 사용되는 변인들이 선형적 관계에서 벗어나는 정도는 상관계수 크기에 영향을 미칠 것이다. 그래서 변인들 간에 선형적 관계가 있는지를 확인하는 것이 중요하다.

피어슨 적률 상관계수는 다양한 자료의 형태에 영향을 받는데, 이에 대해 알아두면 좋다. 다음의 〈표 5.4-2〉의 자료 집합은 비선형성이 피어슨 적률상관계수에 미치는 영향을 보여준다. 이 비선형 자료 집합에서 Y의 값은 2에서 11까지 증가하고, X의 값은 2에서 6까지 증가하다가 6에서 2로 다시 감소한다. X 변인은 상승하다가 하강하는 비선형성을 보인다. 그 결과 피어슨 적률 상관계수는 0으로 계산된다. 비선형 관계가 분명히 존재하는데, 비선형 관계는 피어슨 적률 상관계수로 제대로 표현되지 못한다.

〈표 5.4-2〉 비선형 자료

<table>
<tr><th>자료의 값의 표</th><th>산포도</th><th>상관계수(r)</th></tr>
<tr><td>

Y	X
2	2
3	3
4	4
5	5
6	6
7	6
8	5
9	4
10	3
11	2

</td><td>

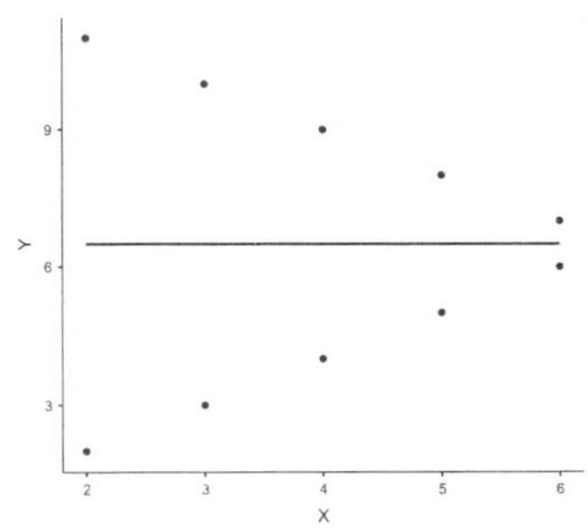

</td><td>.0</td></tr>
</table>

피어슨 적률 상관계수는 자료의 비선형성뿐만 아니라 결측에 의해서도 영향을 받는다. 〈표 5.4-3〉의 위쪽은 완전한 자료이고, 아래쪽은 일부 자료에서 결측이 발생한 자료이다. 일부 결측된 자료가 있는 경우 산포도에서 회귀선의 기울기가 작아지고, 상관계수가 .782에서 .659로 줄어든 것을 알 수 있다.

〈표 5.4-3〉 완전한 자료와 결측이 있는 자료

<table>
<tr><th>자료의 값의 표</th><th>산포도</th><th>상관계수(r)</th></tr>
<tr><td>

Y	X
7	5
6	4
7	3
4	1
3	2
4	1
2	2
4	3
2	0
1	1

</td><td>

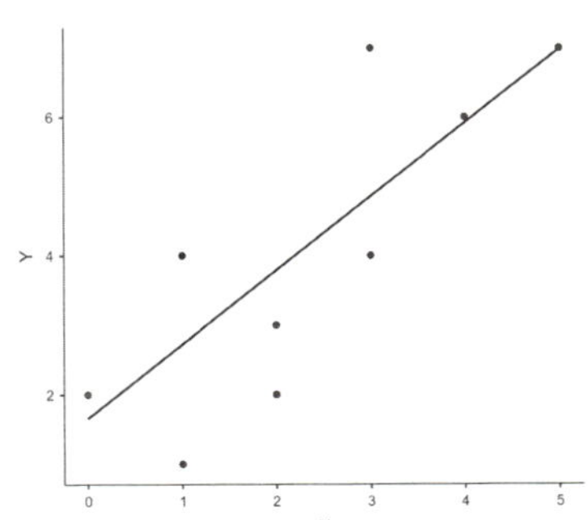

</td><td>.782</td></tr>
</table>

자료의 값의 표		산포도	상관계수(r)
Y	X		
7	-	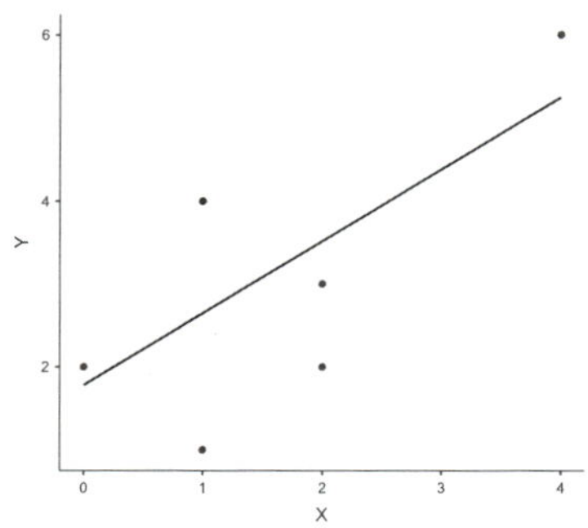	.659
6	4		
7	-		
4	1		
3	2		
4	1		
2	2		
4	-		
2	0		
1	1		

피어슨 적률 상관계수는 자료의 값의 범위가 특정한 범위에 한정되어도 영향을 받는다. 〈표 5.4-4〉는 Y의 자료가 2와 6 사이까지 한정되어 있고, X는 Y보다 더 좁은 범위에서 0과 3 사이의 값으로만 한정되어 서로 다른 폭의 범위를 보인다. 이렇게 X에서의 더욱 한정된 폭의 범위로 인하여 피어슨 적률 상관계수는 0으로 계산되었다. 이런 이유로 한 변인이 연속변인이고 다른 변인은 범주 변인인 경우, 또는 두 변인 모두 범주 변인인 경우 높은 상관계수가 산출되기 어렵다.

〈표 5.4-4〉 자료의 범위가 한정된 경우

자료의 값의 표		산포도	상관계수(r)
Y	X		
2	0	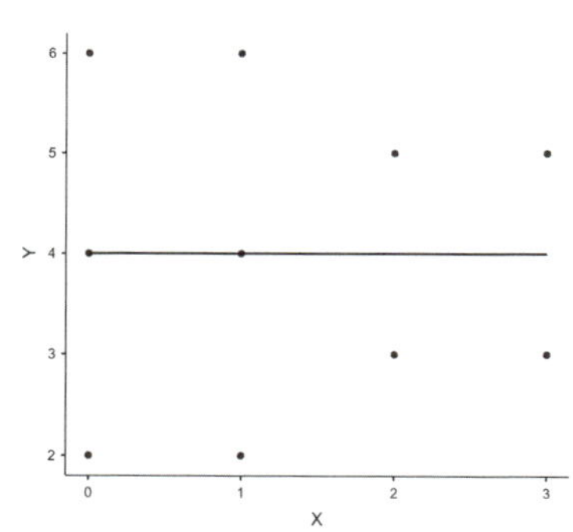	0
2	1		
3	2		
3	3		
4	0		
4	1		
5	2		
5	3		
6	0		
6	1		

〈표 5.4-5〉의 자료 집합은 표집된 표본의 크기(N = 3)가 작거나, 표집의 범위(예: 대기업 총수)가 제한되면 피어슨 적률 상관계수가 영향을 받는 것을 보여준다. 표본의 사례 수가 3개로 한정되어 있고, 이러한 표본의 한정이 상관계수에 영향을 주는 것을 보여준다. 이 자료 집합에서 세 쌍의 점수만 표집되었을 뿐인데, −1이라는 너무 큰 부적 상관을 보였다.

〈표 5.4-5〉 표본의 크기가 작거나, 표집의 범위가 제한된 경우

<table>
<tr><th>자료의 값의 표</th><th>산포도</th><th>상관계수(r)</th></tr>
<tr><td>
<table>
<tr><th>Y</th><th>X</th></tr>
<tr><td>10</td><td>3</td></tr>
<tr><td>11</td><td>2</td></tr>
<tr><td>12</td><td>1</td></tr>
</table>
</td><td>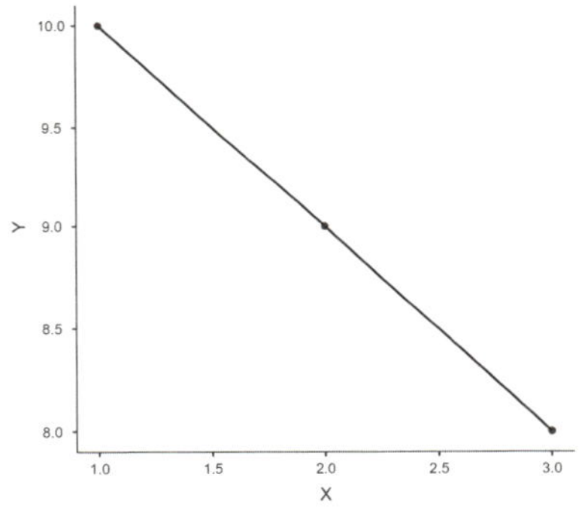
</td><td>−1</td></tr>
</table>

그림 〈연구 예제: 자존감과 행복의 관계에서 그릿의 매개효과〉에서 사용되는 측정변인들 간에 산포도와 상관이 어떠한지 jamovi 프로그램으로 결과를 산출하여 검토해 보기로 하자. [그림 5.4-4]는 jamovi의 [분석-회귀-상관계수]에서 자존감, 흥미유지, 노력지속, 행복의 상관계수를 구하고, 산포도를 제시하도록 지정한 결과이다. 모두 정적 선형 관계의 모습을 띠고 있고, 비선형 관계를 보이지 않는다. 모든 회귀선이 좌하에서 우상으로 향하고 있는 정적 선형관계를 보이고 있다.

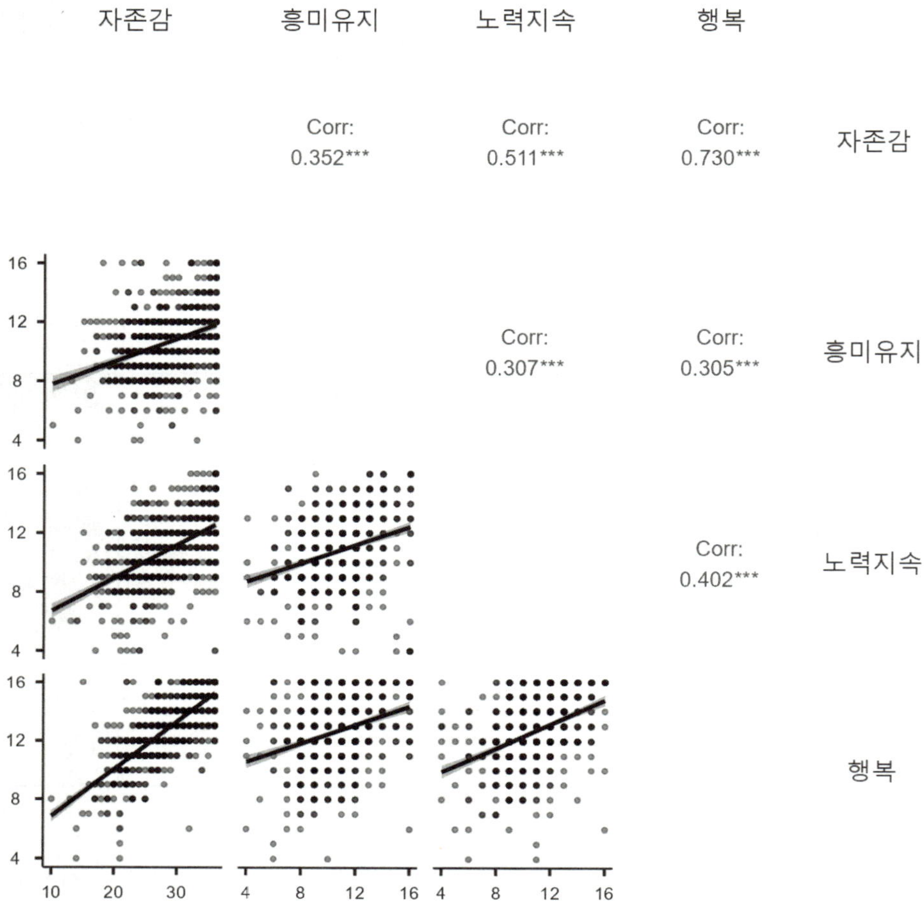

[그림 5.4-4] 자존감, 흥미유지, 노력지속, 행복의 상관계수와 산포도

5.4.3 동분산성

집단으로 묶이지 않는 분석(남녀별 차이, 학급별 차이 등과 같이 범주 변인이 포함되지 않는)에서, 동분산성(homoscedasticity)은 한 연속변인을 구성하는 각각의 특정 점수들과 관계된 다른 연속변인에서의 점수들의 변산성(variability)을 모두 계산하면 그 변산성들이 서로 동일해야 한다는 의미이다. 이 동분산성은 한 변인이 이산변인(예, 집단)이고, 다른 변인이 연속 변인(예, 삶의 만족)일 때, 즉 t검증이나 F검증에서 독립변인의 집단 간(예, 남학생 대 여학생)에 종속변인

(예, 삶의 만족)의 변량의 크기가 동일해야 한다는 변량의 동질성(homogeneity of variance) 가정과 동일한 의미이다.

동분산성(homoscedasticity)은 정상성과 관련이 있는 개념이다. 예를 들어, 두 변인 간의 다변량 정상성이 충족될 때 두 변인 간의 관계가 동분산성을 보이기 때문이다. [그림 5.4-5]는 동분산성과 이분산성(heteroscedasticity)을 보여주고 있다.

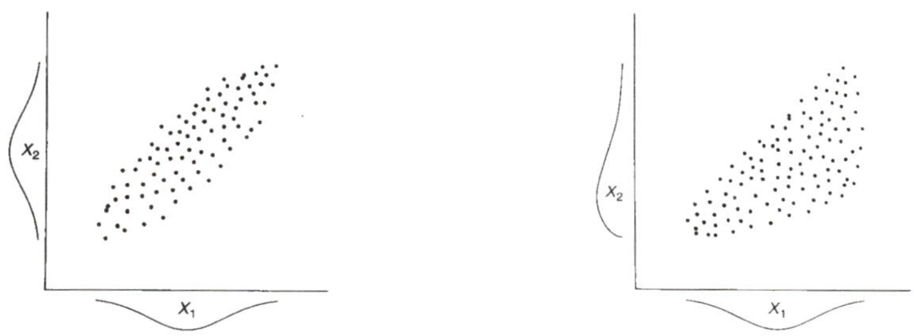

(a) 두 변인이 정상분포를 이룰 때의 동분산성 (b) X_2가 편포를 보이는 이분산성

[그림 5.4-5] 동분산성과 이분산성

출처: Tabachnick & Fidell (2001). p. 79.

이분산성(heteroscedasticity)은 [그림 5.4-5]의 (b)에서 알 수 있듯이 두 변인 중 한 변인이 비정상성을 보이기 때문에 나타나는 현상이다(Tabachnick & Fidell, 2001). 여기서 X_1이 연령이고 X_2가 수입이라고 해보자. X_1의 왼쪽에서 젊은 나이에 있는 사람들은 수입의 차이가 크지 않은데, 오른쪽으로 갈수록 나이가 많은 사람들의 수입은 차이가 크다고 나타난다. 이러한 관계는 연령이 증가하면서 일관성 있게 나타나지만, 동분산성을 갖지는 못한다. 이 예에서 수입(X_2)은 정적 편포를 보일 것 같고, 수입 자료를 변환하는 것은 연령과의 관계에서 동분산성을 향상시킬 가능성이 있다. 집단별 분석을 하지 않는 경우에 이러한 이분산성은 분석에 치명적이지는 않은데, 이와 관련하여 Tabachnick과 Fidell(2001)은 분석 결과가 다소 약하나, 타당하지 않은 것은 아니라고 하였다. 다시 말해 동분산성을 충족하지 못하면 두 변인 간의 관계의 크기가 동분산성을 충족할 때보다 작아질 수 있다는 것이다. 이러한 동분산성의 침해를 보완할 방법도 있다(Tabachnick & Fidell, 2001). 일반적으로 종속변인들의 점수를 변환함으로써 교정할 수 있다. 그러나 결과의 해석이 자료의 변환된 점수에 맞춰 이루어져야 한다. 또 다른 선택은 변인들을 변환하지 않는 대신에 더욱 엄격한 유의도 수준을 적용하는 것이다. 동분산성이 보통 정도로 침해되면 .025의 수준을 적용하고, 심각하게 침해되면 .01의 수준을 적용하는 것이다. 구조방정식 모형에서 동분산성은 변량-공변량 행렬의 동분산성으로 고려된다(Tabachnick & Fidell, 2001의 11.7.1.5절 참조)

5.5 모형 분석을 위한 자료의 준비

5.5.1 원자료, 상관행렬, 변량-공변량 행렬

구조방정식 모형의 자료로는 원자료, 상관행렬, 변량-공변량 행렬 모두 사용될 수 있다. 다만 다음과 같은 공통점과 차이점이 있다.

첫째, 원자료를 투입하면, 변량-공변량 행렬이 계산되어 구조방정식 모형이 분석되고, 표준화된 결과와 비표준화된 결과 모두 산출된다.

둘째, 상관행렬만 투입하면, 기본 설정에 의해 평균과 표준편차는 각각 0과 1로 처리되고, 구조방정식 모형이 분석되어 표준화된 결과만이 산출된다. 단, 상관행렬을 변인의 평균과 표준편차와 함께 투입하면, 변량-공변량 행렬이 계산되어 구조방정식 모형이 분석되고 표준화된 결과와 비표준화된 결과 모두 산출된다.

셋째, 대각선에는 변량들, 대각선 밖에는 공변량들로 구성된 변량-공변량 행렬이 투입되면, 구조방정식 모형이 분석되고 표준화된 결과와 비표준화된 결과 모두 산출된다. 〈표 5.5-1〉은 행복 변인의 확인적 요인분석에 자료로 사용될 변량-공변량 행렬을 보여준다.

〈표 5.5-1〉 변량-공변량 행렬의 예시

	행복1	행복2	행복3	행복4
행복1	변량			
행복2	공변량	변량		
행복3	공변량	공변량	변량	
행복4	공변량	공변량	공변량	변량

〈표 5.5-1〉의 변량-공변량 행렬에서 대각선상의 변인과 동일한 변인이 겹쳐지는 영역은 변량이 계산되고, 변인과 다른 변인이 교차하는 영역에는 공변량이 계산된다.

구조방정식 모형 분석 프로그램은 상관행렬보다 변량-공변량 행렬을 사용한다. 그렇다고 연구자가 변량-공변량을 굳이 계산할 필요는 없다. 원자료를 투입하면 프로그램이 변량-공변량 행렬을 계산해서 분석하기 때문이다. 변량-공변량 행렬을 사용하면 상관행렬을 사용할 때보다 구조방정식 모형의 모수들과 각각에 상응하는 표준오차를 더 완전하게 추정할 수 있다. 모형 모수들의 추정치들과 이 각각에 대한 표준오차 추정치들이 통계적 유의도의 계산에 사용되기 때문에 표준오차가 정확하지 않으면 모형의 해석에서 오류가 생기게 되는데, 상관행렬을 사용하면 표준오차가 불완전한 문제가 발생한다.

[그림 5.5-1]은 jamovi 프로그램으로 분석된 행복 변인의 확인적 요인분석 결과이다. 다시 말해 Lyubomirsky와 Lepper(1997)의 주관적 행복 척도의 4개 문항을 1요인으로 확인적 요인분석을 한 결과이다. 이 결과를 보면 Z 값은 모형의 모수(요인계수)의 추정치(Estimate)를 표준오차(SE)로 나눈 값이다. 예를 들어, 행복2의 모수(요인계수) 추정치는 0.996이고, 표준오차는 0.0395이므로, 0.996/0.0395를 계산하면 25.2가 산출된다. Z분포에서 25.2의 유의도를 계산하면 $p < .001$에 해당이 된다. 그런데 상관계수 행렬을 사용하면 표준오차가 정확하지 않기 때문에 Z 값이 부정확해지고, 이로 인해 결정 오류가 발생할 수 있다. 따라서 특별한 경우가 아니라면 원자료를 분석에 사용하는 것이 가장 무난할 것이다.

Factor Loadings

Factor	Indicator	Estimate	SE	Z	p	Stand. Estimate
Factor 1	행복1	1.000 [a]				0.890
	행복2	0.996	0.0395	25.2	< .001	0.833
	행복3	0.788	0.0384	20.5	< .001	0.683
	행복4	0.596	0.0480	12.4	< .001	0.448

[a] fixed parameter

[그림 5.5-1] 행복의 확인적 요인분석 결과

5.5.2 회귀모형, 경로모형, 측정모형, 구조모형의 자료

회귀모형, 경로모형, 확인적 요인분석 모형(측정모형), 구조방정식 모형(구조모형)을 분석하기 위해 사용되는 자료의 준비사항은 동일하지 않다. 왜냐하면 모형이 측정변인의 수준에서 구성되는지, 측정변인과 잠재변인의 수준 모두에서 구성되는지에 따라 변인들을 변형해야 할 필요가 있기 때문이다.

첫째, 회귀모형과 경로모형은 잠재변인을 포함하지 않는다. 따라서 연구자는 측정변인 수준에서 모형에 포함될 변인을 구성하면 된다. 예를 들어, [그림 5.5-2] 처럼 측정변인만 포함하는 모형이라면 연구자는 노력지속(X_1), 흥미유지(X_2), 자존감(X_3), 행복(Y_1)의 신뢰도(cronbach's α)를 산출한 뒤, 문항-총점 상관계수에서 문항 양호도에서 문제가 없는 문항들로만 총점을 구한 뒤 4개의 변인으로 사용하면 된다.

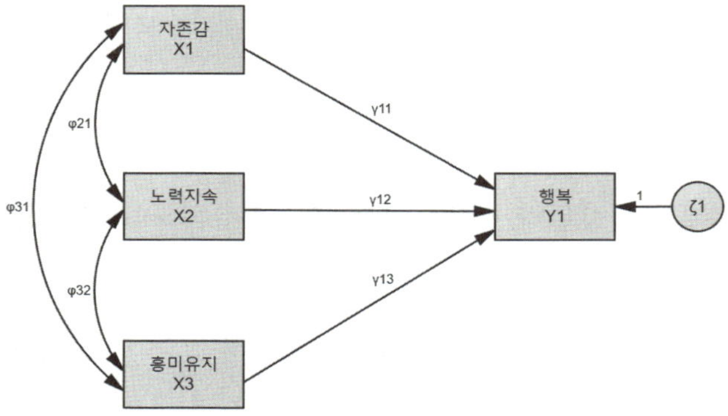

[그림 5.5-2] 그릿-자존감-행복의 관계 모형

둘째, 확인적 요인분석 모형과 구조방정식 모형은 잠재변인과 측정변인 모두를 포함하기 때문에 연구자는 각 변인을 측정하는 문항들의 점수들을 그대로 투입해야 할지, 문항묶음(item pacel)을 만들어야 할지를 결정해야 한다. 잠재변인에 대한 측정변인의 수는 3~5개가 적당하다고 권장되므로, 필요하다면 문항묶음을 만드는 등의 변환을 거쳐야 한다. 예를 들어, 자존감 척도의 문항은 10개인데, 이 10개 문항에 대한 점수들을 그대로 사용하면 측정모형과 구조모형에서 추정해야 할 모수의 수가 증가하여 모형식별이 되지 않는 등의 문제가 발생할 수 있다. 문항묶음에 대해 더 자세히 알아보기로 하자.

5.5.3 문항묶음

문항묶음은 두 개 이상의 개별 문항 점수를 합산하여 총점을 구하거나, 평균을 산출하여 구조방정식 모형의 분석 단위로 사용하는 것을 말한다(김수영, 2016). 연구자는 연구의 자료를 수집할 때 범주변인 또는 리커트 척도를 종종 사용한다. 리커트 척도가 5점 이상일 경우 연속 변인으로 간주할 수 있으나, 4점 이하일 경우 순위 변인에 해당이 된다. 하지만 이것도 고정불변의 규칙은 아니다. 순위 변인의 범주가 4개 또는 5개 이상이고, (왜도와 첨도로 확인해서) 분포의 정상성이 어느 정도 만족되면, 순위 변인을 연속 변인으로 간주하고, 측정모형을 분석하여도 큰 문제가 되지 않는다. 그럼에도 불구하고 순위 변인의 문항들을 사용하여 문항묶음을 만들게 되면 몇 가지 장점이 있다(김수영, 2016).

① 여러 문항을 묶어서 새롭게 구성되는 지표변수들의 공통변량이 증가하게 되어 공통변량/고유변량의 비율이 커지게 된다. 다시 말해 측정오차의 변량을 뜻하는 고유변량이 작아지게 되므로, 지표변인의 변량 중에서 요인 변량이 차지하는 비율이라고 볼 수 있는 문항의 신뢰도가 증가한다.

② 새롭게 만들어진 문항묶음의 점수는 개별문항보다 연속변인에 더 가까워지고, 정상성을 더 잘 충족하게 된다. 그리고 개별문항을 이용하면 모형 추정

의 결과가 일반적으로 더욱 큰 표준오차를 가지는 데 반해, 문항묶음을 사용하면 추정의 과정이 더욱 안정적이게 된다.

③ 문항묶음을 사용하면 개별문항을 분석에 포함할 때보다 모형의 적합도가 향상되는 경향이 있다. 모형 적합도를 좋지 않게 만드는 주요한 요인은 요인과 오차의 상관, 오차와 오차의 상관이다. 문항묶음으로 공통변량이 증가하게 되면 오차의 부분이 줄어들게 되고, 그 결과로 측정오차 간의 상관이 감소되어 모형 적합도가 향상되는 현상이 발생할 수 있다.

④ 문항묶음을 사용하면, 표본의 크기가 크지 않더라도 모형에 포함된 하나의 모수에 대한 사례의 비율이 높아져서 모형 추정에 도움이 된다.

요인당 묵항묶음의 개수를 몇 개로 구성하는지도 중요한데, 이에 대해서 알아보면 다음과 같다(김수영, 2016). 일반적으로 1개 요인에 3개의 문항묶음을 만들도록 추천하는 경향이 있다. 측정모형의 모형식별에서 알아보았듯이, 1개 요인에 문항묶음을 몇 개로 하는지가 모형식별에 상당한 영향을 주기 때문이다. 1개 요인에 3개의 문항묶음을 측정변인으로 사용하면 이 1개의 요인에서는 모형식별이 일치식별이 되지만, 보통의 연구 상황에서 1개 요인만을 연구하지 않고 다차원 요인을 연구하는 경우가 대부분이므로 1개 요인에 문항묶음이 3개로 구성되면, 다차원 요인 측정모형에서는 전체적으로 과잉식별이 된다. 반면에, 1개 요인에 2개의 문항묶음을 사용하면, 1개 요인 그 자체에서는 과소식별 상황이 되고, 다차원 요인 측정모형에서도 추정될 모수의 개수를 동일화 제약 등을 통해 줄이지 않으면 추정의 과정이 수렴되지 않는(nonconvergence) 문제가 생길 수 있다. 김수영(2016)은 모형의 간명성과 추정의 정확성을 모두 고려하면 3개의 문항묶음을 최소한으로 보고, 상황에 따라 4개의 문항묶음을 사용하면 된다고 제안하였다.

문항묶음을 만드는 방법은 2가지 전략에 바탕해서 진행될 수 있다(이지현, 김수영, 2016). 2가지 전략은 1) 고유변량 분배전략, 즉 척도의 개별문항의 고유변량을 각각의 문항묶음으로 분배하는 전략과 2) 고유변량 고립전략, 즉 척도의 개별문항의 고유변량을 문항묶음 중 하나에 고립시키는 전략이다.

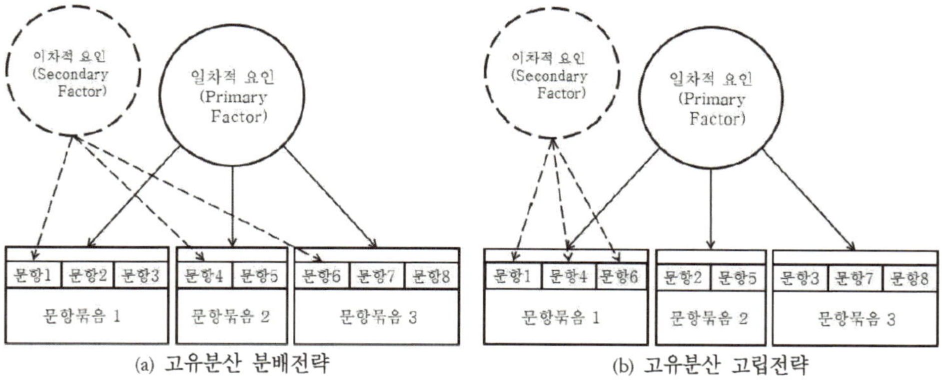

[그림 5.5-3] 고유변량 분배전략과 고립전략

출처: 이지현, 김수영 (2016). 문항묶음: 원리의 이해와 적용. **한국심리학회지: 일반, 35**(2), pp. 327-353.

[그림 5.5-3]에서 일차적 요인은 연구자가 이론적, 의도적으로 모형에 포함한 요인을 나타내고, 이차적 요인은 이론적 의미가 없으므로 연구자가 의도적으로 모형에 포함하지 않았거나 혹은 미처 파악하지 못한 요인을 나타낸다. 이차적 요인은 방법효과, 즉 문항의 표현 방식이나 단어의 선택, 부정진술 문항과 긍정진술 문항에 의해 나타날 수 있다. 이러한 방법효과가 발생하면 요인구조에 혼란이 발생하는데, 예를 들어 전반적 자존감 척도(Rosenberg, 1965)가 대표적이다. 전반적 자존감 척도는 10개의 문항으로 구성되어 있고, 5개는 부정진술 문항으로, 5개는 긍정진술 문항으로 구성되어 있다. 그리고 8번 문항 "나는 내 자신을 좀 더 존경할 수 있었으면 좋겠다"는 교정된 문항-총점 상관이 부적으로 나타나거나 0에 가깝게 나타나는 경우가 많다(최희철, 김영미, 이미아, 이승은, 2023). 8번 문항을 제외하고도 탐색적 요인분석을 하면 긍정적 자존감과 부정적 자존감이라는 2요인 구조로 나타난다. 이에 반해 확인적 요인분석을 실시하면, 자존감 요인, 긍정적 진술 문항 잠재방법 요인, 부정적 진술 문항 잠재방법 요인을 지정한 모형이 2요인 모형(긍정적 자존감, 부정적 자존감)뿐만 아니라 다른 대안적 모형보다 자료에 더 적합하다고 나타난다. [그림 5.5-4]는 전반적 자존감 척도의 가능한 여러 가지 대안적 측정모형을 보여주고 있다. 모형 G가 다른 대안적 모형보다 가장 적합한 모형으로 확인되었다.

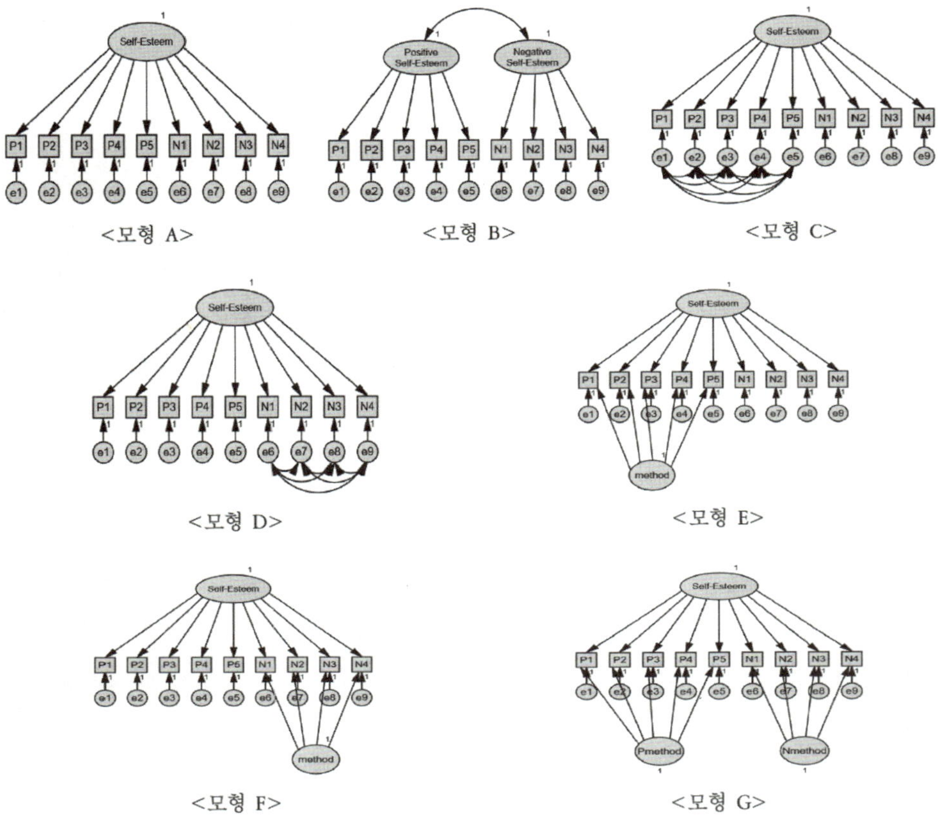

[그림 5.5-4] 자존감의 대안적 측정모형

출처: 최희철, 김영미, 이미아, 이승은 (2023). 비장애인과 지체장애인의 전반적 자존감 구인 및 잠재 평균 동일성 검증. **인지발달중재학회지, 14**(2), pp. 63-88.

예를 들어, [그림 5.5-4]의 모형 G에서 'Self-Esteem'은 연구자가 이론적, 의도적으로 겨냥한 전반적 자존감 요인이라면, 'Pmethod' 요인과 'Nmethod' 요인은 연구자가 의도하지 않았던 이차적 요인에 해당이 된다. 모형 G를 실제로 연구자의 측정모형이나 구조모형에 포함하게 되면 모형이 복잡해지고, 추정할 모수가 많아지는 등의 문제가 생기게 된다. 2개의 방법 요인과 다른 요인 사이의 관계는 이론적으로 어떻게 가설을 세워야 하는지도 고민해야 하는 일이 생길 것이다. 그러나 이차적 요인은 이론적 의미가 없는 방법효과 요인이므로 다른 요인과 어떤 관계를 보일 것 같다는 가설을 수립할 근거가 없으므로 유의한 관계가 없을 것이라고 볼 수 있다. 어쨌든, 이제 일차적 요인과 이차적 요인을 구별했을 것이라고 생각된다.

모형 G에서 'Pmethod' 요인과 'Nmethod' 요인으로 나타나는 각 문항의 고유변량을 문항묶음에 골고루 배치하는 방식으로 문항묶음을 만들게 되면 고유변량 분배전략에 해당이 될 것이다. 고유변량 분배전략을 사용하면 문항묶음들은 서로 간에 비슷한 특성을 지니게 되고, 이차적 요인의 영향이 각 묶음에 고르게 분배되어 전체 모형에서 특정 지표의 특성이 잘 드러나지 않게 된다. **고유변량 분배전략**은 문항묶음의 고유변량은 작게 만들고, 문항묶음들 간의 공통변량을 높이는 효과가 있는데, 이를 위한 방법으로는 무선 알고리즘과 요인 알고리즘이 있다(이지현, 김수영, 2016). 여기서는 연구에서 많이 쓰이는 요인 알고리즘에 대해 알아보기로 한다.

요인 알고리즘은 단일 요인 방법으로 불리고, 문항의 요인계수 크기를 기준으로 문항묶음을 만드는 방법이다(이지현, 김수영, 2016). 이 방법은 1요인의 탐색적 요인분석 또는 확인적 요인분석을 사용하여 요인계수가 큰 문항들과 작은 문항들을 각각의 문항묶음에 배정하는 방식이다. 요인계수가 큰 문항은 상대적으로 오차변량이 작고, 요인계수가 작은 문항은 오차변량이 상대적으로 크다. 따라서 요인계수의 크기를 기준으로 문항묶음에 차례대로 할당을 하게 되면 오차변량이 문항묶음 각각에 자연스럽고 균등하게 분배가 된다.

요인 부하량

	요인분석	
	1	고유분산
자존5	0.772	0.404
자존4	0.754	0.432
자존10	0.750	0.437
자존3	0.727	0.472
자존6	0.721	0.480
자존1	0.714	0.491
자존9	0.712	0.493
자존2	0.672	0.548
자존7	0.624	0.610

[그림 5.5-5] 자존감 척도 1요인의 탐색적 요인분석 결과

[그림 5.5-5]는 자존감 척도를 1요인으로 지정하여 탐색적 요인분석을 실시한 결과이다. 요인부하량은 요인계수를 뜻하고, 고유분산은 고유변량을 나타낸다. 영어로는 요인부하량과 요인계수 모두 factor loading을 나타내듯이 통계용어가 번역되어 사용될 때 동일한 의미를 갖지만 다르게 명명되므로, 이러한 방식에 익숙해질 필요가 있다. 우선 [그림 5.5-5]의 결과를 보면 한 문항의 요인계수(요인부하량)가 다른 문항에 비해 상대적으로 크면 그 문항의 고유변량은 다른 문항에 비해 상대적으로 작다는 것을 알 수 있다. 그럼 요인계수의 크기를 기준으로 문항묶음에 번갈아가며 차례대로 할당하면 〈표 5.5-2〉와 같다.

〈표 5.5-2〉 요인 알고리즘에 의한 자존감 척도 문항묶음 구성

문항묶음1	문항묶음2	문항묶음3
자존5 (1순위) 부정적 진술문항	자존4 (2순위) 긍정적 진술문항	자존10 (3순위) 부정적 진술문항
자존1 (6순위) 긍정적 진술문항	자존6 (5순위) 부정적 진술문항	**자존3 (4순위)** 긍정적 진술문항
자존9 (7순위) 부정적 진술문항	자존2 (8순위) 부정적 진술문항	자존7 (9순위) 긍정적 진술문항

〈표 5.5-2〉를 참조하여 연구자는 자존5, 자존1, 자존9의 총점이나 평균을 문항묶음1이라는 측정변인으로 사용하면 된다. 차례대로 문항묶음2는 자존4, 자존6, 자존2의 총점이나 평균을 사용하고, 문항묶음3은 자존10, 자존3, 자존7의 총점이나 평균을 사용하면 된다. 이렇게 요인계수의 크기에 기초하여 번갈아가며 할당을 한 결과 각 문항묶음에 긍정적 진술문항과 부정적 진술문항도 골고루 할당되었다. 이렇게 되면 문항의 진술로 인한 방법효과가 상쇄되는 효과가 생기게 된다.

고유변량 고립전략을 실행하는 문항묶음의 방법에는 상관 알고리즘과 방사 알고리즘이 있다. 여기서는 상관 알고리즘에 대해서만 알아보기로 한다(이지현, 김수영, 2016). 상관 알고리즘은 상관계수를 사용하여 몇 단계에 걸쳐서 상관이 높은 문항들을 함께 묶는 방식으로 문항묶음을 구성한다. 이 방법의 1단계는 가장

높은 상관계수를 보이는 문항 쌍을 첫 번째 문항묶음에 할당하고, 두 번째로 높은 상관계수를 보이는 문항 쌍을 두 번째 문항묶음에 할당하며, 세 번째로 높은 상관계수를 보이는 문항 쌍을 세 번째 문항묶음에 할당한다. [그림 5.5-6]의 자존감 척도 문항들 사이의 상관계수를 보면, 자존2와 자존6 사이의 상관계수 .674가 가장 높으므로 문항묶음1에 할당한다.

상관 행렬

	자존1	자존2	자존3	자존4	자존5	자존6	자존7	자존9	자존10
자존1	—								
자존2	0.416	—							
자존3	0.554	0.407	—						
자존4	0.578	0.431	0.645	—					
자존5	0.510	0.588	0.586	0.525	—				
자존6	0.451	0.674	0.418	0.465	0.640	—			
자존7	0.470	0.336	0.515	0.563	0.455	0.351	—		
자존9	0.461	0.581	0.416	0.478	0.599	0.647	0.400	—	
자존10	0.634	0.430	0.588	0.626	0.502	0.488	0.512	0.507	—

[그림 5.5-6] 자존감 척도 문항들 사이의 상관관계

그런 다음 두 번째로 높은 상관계수를 보이는 문항 쌍은 자존6과 자존9(.647)나, 자존6이 이미 문항묶음1에 할당되었기에, 그 다음으로 높은 문항 쌍을 찾아야 한다. 그 결과 자존3과 자존4(.645)가 다음으로 높으므로 이들을 두 번째 문항묶음에 할당한다. 세 번째 문항묶음에 할당하기 위해 차순위의 상관계수가 높은 문항 쌍이 자존5와 자존6(.640)이나 자존6이 문항묶음1에 이미 할당되었기 때문에, 다시 그 아래인 자존1과 자존10(.634)을 문항묶음3에 할당하면 된다. 이런 과정이 끝나면 〈표 5.5-3〉처럼 1단계가 완성된다.

〈표 5.5-3〉 상관 알고리즘에 의한 자존감 척도의 문항묶음 구성: 1단계

문항묶음1	문항묶음2	문항묶음3
자존2	자존3	자존1
자존6	자존4	자존10

상관 알고리즘의 2단계는 우선 2개의 문항으로 구성된 문항묶음1, 문항묶음2, 문항묶음3의 문항들을 합산한 총점 또는 평균을 구하여 아직 문항묶음에 포함되지 않은 나머지 3개의 문항들과의 상관관계를 보고, 나머지 3개 문항이 높은 상관관계를 보이는 문항묶음에 할당하면 된다. 지금까지 〈표 5.5-3〉에 포함되지 않은 나머지 3개 문항은 자존5, 자존7, 자존9이다.

[그림 5.5-7]은 〈표 5.5-3〉의 1단계로 작성된 문항묶음과 나머지 3개 문항 사이의 상관관계를 구한 것이다. 자존묶음1에 가장 높은 상관을 보이는 문항은 자존5와 자존9로 .671의 동일한 값을 보였다. 자존5와 자존9 중에서 1개를 자존묶음1에 할당하면 될 것인데, 여기서는 자존9를 자존묶음1에 할당하기로 한다. 그런 다음 자존5는 자존묶음2에, 자존7은 자존묶음3에 할당하면 된다. 이러한 방식으로 남은 문항이 소진될 때까지 반복하면 된다.

상관 행렬

	자존묶음1	자존묶음2	자존묶음3	자존5	자존7	자존9
자존묶음1	—					
자존묶음2	0.517	—				
자존묶음3	0.539	0.714	—			
자존5	0.671	0.614	0.560	—		
자존7	0.376	0.592	0.543	0.455	—	
자존9	0.671	0.489	0.536	0.599	0.400	—

[그림 5.5-7] 자존감 1단계 문항묶음과 나머지 문항 사이의 상관관계

〈표 5.5-4〉 상관 알고리즘에 의한 자존감 척도의 문항묶음 구성: 2단계

문항묶음1	문항묶음2	문항묶음3
자존2+자존6	자존3+자존4	자존1+자존10
자존9	자존5	자존7

제 6 장

모형 추정

이 장의 목적

모수들의 추정과 적합 함수의 의미를 알아본다.
1. 모형 추정의 기본 원리
2. 표본 변량-공변량 행렬을 사용한 모형 추정
   요인 계수 구하기
   오차 변량 구하기
3. 표본 변량-공변량 행렬을 사용한 과잉식별 모형 추정
4. 모형 합치 함수

이 장의 핵심 개념

- 모형 추정은 모형의 모수들을 추정하고, 적합 함수를 산출하는 것이다.
- 구조방정식 모형은 표본의 변량-공변량과 모형에서 추정된 변량-공변량 사이의 차이를 나타내는 잔차가 최솟값이 되게 하는 절차로 추정한다.
- 전집 수준에서 모형을 추정하면 좋으나, 실제로는 전집 조사가 불가능하다. 따라서 이론적으로 전집 변량-공변량 행렬을 예측할 수 있다. 그러나 전집 변량-공변량 행렬의 요소들을 알 수 없으므로, 즉 Σ 행렬과 $\Sigma(\theta)$ 행렬을 알 수 없기 때문에 표본 변량-공변량 행렬(S)을 사용한 모형 추정 절차에 따라 모형을 추정해야 한다.
- 1단계: 표본 변량-공변량 행렬의 추정값 구성하기: 수집한 자료를 사용해서 S 행렬을 구성하는 측정변인의 변량과 측정변인들 간의 공변량을 구하고, S 행렬을 완성한다.
- 2단계: 표본 변량-공변량 행렬로 모형 모수들의 추정값 산출하기: 일치식별 모형을 사용하여 모형 모수들의 추정값들을 산출할 경우, 모수들은 고유값을 갖게 되고 Σ 행렬은 1개만 존재한다. 과잉식별 모형은 방정식의 개수(a)보다 추정해야 할 모형 모수들의 개수(t)가 많아서 그 값들은 단일 값이 아닌 여러 경우로 산출되지만, 통계적 방식으로 모형의 모수들의 고유한 추정값들을 산출한다.
- 3단계: 모형 모수들의 추정값들을 사용해서 $\hat{\Sigma}$ 행렬 예측하기: 모형에서 구해진 모형 모수들의 추정값들을 모형에 대입해서 예측된 표본 변량-공변량 행렬인 $\hat{\Sigma}$를 구성한다.
- 4단계: S 행렬과 $\hat{\Sigma}$ 행렬의 요소들을 비교하고, 적합도 구하기: 과잉식별 모형의 경우 다수의 $\hat{\Sigma}$ 행렬을 산출한다. 따라서 각각의 $\hat{\Sigma}$ 행렬을 구성하는 요소의 값들은 서로 다르고, 이 중에서

S에 가장 일치하는 $\hat{\Sigma}$를 선택하게 된다. 모형의 적합도 지수는 독립모형과 검증모형의 x^2값과 df를 바탕으로 *CFI*, *TLI*, *RMSEA*가 산출된다.
- 잔차 행렬은 S-$\hat{\Sigma}$로 산출되며, $\hat{\Sigma}$ 행렬이 S 행렬에 얼마나 가까운지를 보여줄 수 있다. 구조방정식 프로그램은 S 행렬에 가장 가까운 예측된 변량-공변량 행렬 $\hat{\Sigma}$을 생산하도록 미지수인 모형 모수들을 추정하게 된다.
- S 행렬과 $\hat{\Sigma}$ 행렬이 얼마나 가까운지를 수학적 방식으로 산출한 계산식을 합치함수라 한다. 가장 일반적으로 사용되는 합치 함수는 ML(최대우도법)이 있다.

모형 추정(model estimation)은 모형의 모수들(model parameters)을 추정하고, 적합 함수(fitting function)를 산출하는 것을 뜻한다. 회귀분석은 관찰된 값(Y)과 예측된 값(Y')의 차이의 제곱의 합($\Sigma(Y-Y')^2$)을 최솟값으로 만드는 모형을 추정하는 반면에, 구조방정식 모형은 표본의 변령-공변량과 모형에서 추정된 변량-공변량 사이의 차이를 나타내는 잔차가 최솟값이 되게 하는 모형을 추정한다 (Wang & Wang, 2020). 여러 가지의 추정 방법이 존재하나, 가장 흔히 사용되는 모형 추정은 ML(maximum likelihood)이다. 이 장에서는 모수들의 추정과 적합 함수의 의미를 알아보기로 한다.

6.1 모형 추정의 기본 원리

연구자는 전집 수준에서 연구모형에 포함된 변인들의 관계에 관심이 있으나 많은 경우 전집에 대한 조사는 불가능하다. 따라서 연구자는 표본을 추출하여 변인들의 관계를 연구할 수밖에 없다. 따라서 모형의 추정 절차는 ① 모형의 모수들과 ② 관찰변인들의 변량-공변량 행렬의 관계에 바탕할 수밖에 없다.

[그림 6.1-1]은 연구자가 전집 수준에서 연구하고자 하는 변인들(X_1, X_2, X_3) 사이 관계를 나타낸 전집 변량-공변량 행렬이고, 이 행렬을 나타내는 기호는 Σ이다. [그림 6.1-2]의 위쪽과 아래쪽은 각각 연구자가 전집 수준에서 존재한다고 믿는 이론적 모형을 기호적 진술과 수학적 진술로 나타낸 구조방정식 모형이다. 이

모형은 3개의 측정변인(X_1, X_2, X_3), 1개의 잠재변인(ξ_1), 3개의 오차변인(δ_1, δ_2, δ_3), 그리고 3개의 모형 모수들($\lambda_{X_{11}}$, $\lambda_{X_{21}}$, $\lambda_{X_{31}}$)을 포함하고 있다. [그림 6.1-3]의 $\Sigma(\theta)$ 행렬은 모형 모수들을 사용하여 나타낼 수 있고, 암시된 전집 변량-공변량 행렬(implied variance-covariance matrix)이라 불린다.

실제

	X_1	X_2	X_3
X_1	VAR(X_1)	COV(X_1, X_2)	COV(X_1, X_3)
X_2	COV(X_2, X_1)	VAR(X_2)	COV(X_2, X_3)
X_3	COV(X_3, X_1)	COV(X_3, X_2)	VAR(X_3)

[그림 6.1-1] 전집 변량-공변량 행렬 Σ

모형

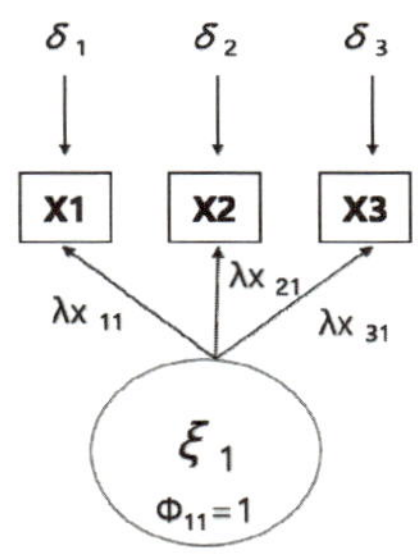

$$X_1 = \lambda_{X_{11}}\xi_1 + \delta_1$$

$$X_2 = \lambda_{X_{21}}\xi_1 + \delta_2$$

$$X_3 = \lambda_{X_{31}}\xi_1 + \delta_3$$

[그림 6.1-2] 전집 모형

암시

	X_1	X_2	X_3
X_1	σ_{11}		
X_2	σ_{21}	σ_{22}	
X_3	σ_{31}	σ_{32}	σ_{33}

[그림 6.1-3] 암시된 전집 변량-공변량 행렬 $\Sigma(\theta)$

연구자가 전집 변량-공변량 행렬을 사용해서 [그림 6.1-2]에 나타난 모형의 모수들이 계산되면 좋겠지만, 우리는 전집 변량-공변량 행렬을 알 수 없다. 그러니 모형의 모수들은 미지수 상태가 된다. 즉 연구자는 전집 수준에서 이론적으로 ① 전집 변량-공변량 행렬을 사용하여 ② 전집 모형의 모수들을 어떻게 계산할 것이며, ③ 이 모형의 미지수 상태의 모수들을 사용하여 전집 변량-공변량 행렬을 암시하는 방법을 논의할 수 있을 뿐, 모형의 모수들을 실제로 산출할 수 없다. 다만, 표본의 변량-공변량 행렬(S)은 실제로 표본을 조사하여 구할 수 있으므로, 이 S 행렬을 사용하여 모형의 모수들의 추정값을 산출할 수 있다. 이런 과정을 익히기 위한 선행조건은 공변량 특성을 알아야 한다는 것이고, 이는 2장에서 이미 익힌

바 있다.

전집 수준의 모형 추정은 다음과 같이 이루어지나, 앞서 말했듯이 실제로 모형 모수들이 산출될 수는 없다.

① 연구자는 사전에 [그림 6.1-2]처럼 연구모형을 지정한다. 이 모형의 모수들은 미지수 상태이다.

② 연구자는 변인 X_1, X_2, X_3 사이의 관계를 나타내는 전집 변량-공변량 행렬(Σ)을 구한다.

그러나 실제로 전집 수준에서 X_1, X_2, X_3의 측정치를 구할 수 없으니, [그림 6.1-1] Σ 행렬의 각 요소를 구성하는 변량과 공변량의 기호로만 나타낸다.

③ 연구자는 미지수인 모형의 모수들로 구성된 X_1, X_2, X_3를 나타내는 방정식을 사용하여, 모형에 의해 암시된 전집 변량-공변량 행렬 $\Sigma(\theta)$을 구성한다.

즉 ⓐ 측정변인 X_1, X_2, X_3 각각을 나타내는 3개의 방정식과 ⓑ 공변량 특성을 활용하여, $\Sigma(\theta)$의 요소들(σ_{11}, σ_{22}, σ_{33}, σ_{21}, σ_{31}, σ_{32})을 모형의 모수들로 쓰여진 함수로 나타낸다.

④ 모형의 모수들을 실제로 계산한다.

연구자의 연구모형이 참이라면 $\Sigma = \Sigma(\theta)$가 될 것이고, 이를 활용하여 모형 모수들을 산출할 수 있다.

그러나 연구자는 전집의 Σ 자체를 알 수 없으므로, 실제로는 모형 모수들을 계산할 수 없다.

단, 연구자는 표본 수준에서 Σ를 대신하는 표본 변량-공변량 행렬 S를 사용하여 추정할 수 있다.

⑤ 전집 변량-공변량 행렬 Σ와 모형 모수들에 의해 암시된 전집 변량-공변량 행렬 $\Sigma(\theta)$을 비교하여 차이가 작으면 모형이 좋다고 판단한다. 즉 $\Sigma = \Sigma(\theta)$가 어느 정도라고 말할 수 있게 판단한다.

그러나 실제로는 모형 모수들의 값이 산출되지 않기 때문에 차이가 큰지 작은지 판단할 수 없다.

따라서, 연구자는 표본의 자료로 산출된 S 행렬과 $\Sigma(\theta)$를 추정한 $\hat{\Sigma}$ 행렬을 비교하여 판단할 수 있다.

위의 절차 ③, ④, ⑤에서 가장 중요한 것은 $\Sigma=\Sigma(\theta)$라는 가설이다. $\Sigma(\theta)$는 연구모형에 의하여 예측되는 전집 변량-공변량 행렬을 의미하므로, 연구자는 $\Sigma(\theta)$의 요소들(σ_{11}, σ_{22}, σ_{33}, σ_{21}, σ_{31}, σ_{32}) 각각을 미지수인 모형의 모수들을 사용한 함수로 나타낼 수 있다. 이를 위해 연구자는 앞서 알아본 공변량 특성을 숙달하고 있어야 한다. [그림 6.1-3]의 $\Sigma(\theta)$ 행렬을 구성하는 각 요소들을 산출해 보자.

1) 첫 번째 요소인 σ_{11}은 X_1과 X_1의 변량을 의미한다. 이는 다음처럼 구해진다.

$\sigma_{11}=\mathrm{VAR}(X_1,\ X_1)$

$=\mathrm{COV}(X_1,\ X_1)$! $X_1=\lambda_{X_{11}}\xi_1+\delta_1$을 대입하라.

$=\mathrm{COV}(\lambda_{X_{11}}\xi_1+\delta_1,\ \lambda_{X_{11}}\xi_1+\delta_1)$! 배분법칙 적용하라.

$=\mathrm{COV}(\lambda_{X_{11}}\xi_1,\ \lambda_{X_{11}}\xi_1)+\mathrm{COV}(\lambda_{X_{11}}\xi_1,\ \delta_1)+\mathrm{COV}(\delta_1,\ \lambda_{X_{11}}\xi_1)+\mathrm{COV}(\delta_1,\ \delta_1)$

$=\lambda_{X_{11}}\lambda_{X_{11}}\mathrm{COV}(\xi_1,\ \xi_1)+\lambda_{X_{11}}\mathrm{COV}(\xi_1,\ \delta_1)+\lambda_{X_{11}}\mathrm{COV}(\delta_1,\ \xi_1)+\mathrm{COV}(\delta_1,\ \delta_1)$ ①

$=\lambda_{X_{11}}\lambda_{X_{11}}\phi_{11}+\lambda_{X_{11}}\mathrm{COV}(\xi_1,\ \delta_1)+\lambda_{X_{11}}\mathrm{COV}(\delta_1,\ \xi_1)+\mathrm{COV}(\delta_1,\ \delta_1)$ ②

$=\lambda_{X_{11}}\lambda_{X_{11}}\phi_{11}+\mathrm{COV}(\delta_1,\ \delta_1)$ ③

$=\lambda^2_{X_{11}}+\delta_{11}$ ④

①에서 $\mathrm{COV}(\xi_1,\ \xi_1)=\mathrm{VAR}(\xi_1)=\phi_{11}$이다. 따라서 ②처럼 변환된다.

②에서 $\mathrm{COV}(\xi_1,\ \delta_1)$와 $\mathrm{COV}(\delta_1,\ \xi_1)$은 잠재변인과 오차변인의 공변량을 나타내므로 값은 0이다. 따라서 ③처럼 변환된다.

③에서 [그림 6.1-2]의 모형지정에서 ϕ_{11}은 1로 고정되었다. 그리고 $\mathrm{COV}(\delta_1,\ \delta_1)$는 오차변인의 공변량으로, 이는 곧 오차변인의 변량 $\mathrm{VAR}(\delta_1,\ \delta_1)$이 되며, 이는 δ_{11}로 나타낼 수 있다. 따라서 ④처럼 변환된다.

2) 두 번째 요소인 σ_{22}는 X_2, X_2의 변량이란 의미이다. 이는 다음처럼 구해진다.

$$
\begin{aligned}
\sigma_{22} &= \text{VAR}(X_2,\ X_2) \\
&= \text{COV}(X_2,\ X_2) \\
&= \text{COV}(\lambda_{X_{21}}\xi_1 + \delta_2,\ \lambda_{X_{21}}\xi_1 + \delta_2) \\
&= \text{COV}(\lambda_{X_{21}}\xi_1,\ \lambda_{X_{21}}\xi_1) + \text{COV}(\lambda_{X_{21}}\xi_1,\ \delta_2) + \text{COV}(\delta_2,\ \lambda_{X_{21}}\xi_1) + \text{COV}(\delta_2,\ \delta_2) \\
&= \lambda_{X_{21}}\lambda_{X_{21}}\text{COV}(\xi_1,\ \xi_1) + \lambda_{X_{21}}\text{COV}(\xi_1,\ \delta_2) + \lambda_{X_{21}}\text{COV}(\delta_2,\ \xi_1) + \text{COV}(\delta_2,\ \delta_2) \\
&= \lambda_{X_{21}}\lambda_{X_{21}}\phi_{11} + \text{COV}(\delta_2,\ \delta_2) \\
&= \lambda^2_{X_{21}} + \delta_{22}
\end{aligned}
$$

결국, 1)과 2)의 산출과정을 보면 측정변인 X_1, X_2 각각의 변량을 나타내는 σ_{11}과 σ_{22}는 **요인계수의 자승+오차변량**이 된다는 것을 알 수 있다.

3) 따라서 세 번째 요소인 σ_{33}의 값은 다음처럼 바로 구할 수 있다.

$$
\begin{aligned}
\sigma_{33} &= \text{VAR}(X_3,\ X_3) \\
&= \text{COV}(X_3,\ X_3) \\
&= \lambda^2_{X_{31}} + \delta_{33}
\end{aligned}
$$

4) σ_{21}는 X_1, X_2 두 변인 간의 공변량을 나타내며, 다음처럼 구해질 수 있다.

$$
\begin{aligned}
\sigma_{21} &= \text{COV}(X_1,\ X_2) \\
&= \text{COV}(\lambda_{X_{11}}\xi_1 + \delta_1,\ \lambda_{X_{21}}\xi_1 + \delta_2) \\
&= \text{COV}(\lambda_{X_{11}}\xi_1,\ \lambda_{X_{21}}\xi_1) + \text{COV}(\lambda_{X_{11}}\xi_1,\ \delta_2) + \text{COV}(\delta_1,\ \lambda_{X_{21}}\xi_1) + \text{COV}(\delta_1,\ \delta_2) \\
&= \lambda_{X_{11}}\lambda_{X_{21}}\text{COV}(\xi_1,\ \xi_1) + \lambda_{X_{11}}\text{COV}(\xi_1,\ \delta_2) + \lambda_{X_{21}}\text{COV}(\delta_1,\ \xi_1) + \text{COV}(\delta_1,\ \delta_2) \\
&= \lambda_{X_{11}}\lambda_{X_{21}}\phi_{11} \\
&= \lambda_{X_{11}}\lambda_{X_{21}}
\end{aligned}
$$

결국, 이 산출과정에서 두 측정변인 간의 공변량은 각각의 요인계수의 곱이 된다는 것을 알 수 있다. 따라서 σ_{31}, σ_{32}는 아래처럼 바로 구할 수 있다.

5) $\sigma_{31} = \text{COV}(X_1,\ X_3) = \lambda_{X_{11}}\lambda_{X_{31}}$

6) $\sigma_{32} = \text{COV}(X_2,\ X_3) = \lambda_{X_{21}}\lambda_{X_{31}}$

위와 같이 측정변인 X_1, X_2, X_3를 나타내는 방정식을 사용하여 모형의 모수들에 의해서 암시되는 전집 변량-공변량 행렬 $\Sigma(\theta)$을 구성하는 변량 3개, 공변량 3개 총 6개의 요소가 산출되었다. 이 6개의 요소 1), 2), 3), 4), 5), 6)을 [그림 6.1-4]처럼 대입하면 모형의 모수들에 의해 암시된 변량-공변량 행렬 $\Sigma(\theta)$가 완성된다.

$$
\Sigma(\theta) = \begin{array}{c|ccc} & X_1 & X_2 & X_3 \\ \hline X_1 & \lambda^2_{X_{11}} + \delta_{11} & & \\ X_2 & \lambda_{X_{11}}\lambda_{X_{21}} & \lambda^2_{X_{21}} + \delta_{22} & \\ X_3 & \lambda_{X_{11}}\lambda_{X_{31}} & \lambda_{X_{21}}\lambda_{X_{31}} & \lambda^2_{X_{31}} + \delta_{33} \end{array}
$$

[그림 6.1-4] 모형 모수들에 의해서 암시된 전집 변량-공변량 행렬

마지막으로, 전집 수준에서 연구모형이 참이라면 $\Sigma = \Sigma(\theta)$가 될 것이다. 그리고 Σ 행렬의 요소가 알려져 있다면, Σ 행렬의 요소들과 그에 대응하는 $\Sigma(\theta)$ 행렬의 요소들 사이에 등식이 성립하여 6개의 방정식이 구성되고, 이 방정식들을 풀이하여 모형 모수들의 해를 알아낼 수 있을 것이다. 이 과정에서 연구모형이 일치식별 모형이면 모형 모수들의 해는 1가지이겠지만, 과잉식별 모형이면 모형 모수들의 해는 여러 가지 경우의 수로 구해질 수 있을 것이다. 다시 말하면, $\Sigma(\theta)$ 행렬이 여러 가지 경우의 수로 나오게 된다는 뜻이다. 따라서 연구자는 여러 가지 $\Sigma(\theta)$ 행렬들 중에서 가장 Σ에 일치하는 것을 택할 수 있을 것이다.

그러나 안타깝게도 연구자는 Σ 행렬의 요소들을 알 수 없다. 연구자는 Σ 행렬을 모르기 때문에 $\Sigma(\theta)$ 행렬도 알 수 없게 된다. 이를 해결할 한 가지 방법으

로 연구자는 ① 표본을 구하고, ② 표본 추정값들(sample estimates)로 구성된 표본 변량-공변량 행렬(S)을 산출해서, ③ $\Sigma=\Sigma(\theta)$ 대신 $S=\hat{\Sigma}$에 바탕하여 미지수인 모형 모수들(unknown parameters)의 표본 추정값들의 여러 가지 경우를 산출하고, ④ 여러 가지 경우의 표본 추정값들에 바탕해서 다수의 예측된 표본 변량-공변량 행렬($\hat{\Sigma}$)을 산출한 다음, ⑤ $S=\hat{\Sigma}$의 유사도가 가장 높은 $\hat{\Sigma}$을 선택할 수 있다. 이는 다음 절에서 더욱 자세히 알아본다.

6.2 표본 변량-공변량 행렬(S)을 사용한 모형 추정

6.1절에서 공변량 특성을 사용하여 모형 모수들에 의하여 암시된 $\Sigma(\theta)$ 행렬의 구성요소를 산출하는 방법을 숙달하고, 과잉식별 모형의 경우에 $\Sigma(\theta)$ 행렬은 하나가 아니라 여러 가지 경우의 수, 즉 다수로 산출된다는 것을 알아보았다. 하지만 연구자는 전집 수준에서 Σ 행렬을 알 수 없기 때문에 $\Sigma(\theta)$ 행렬도 실제로 계산해 낼 수 없었다. 그래서 불가피하게 구조방정식 모형은(Brown, 2015) 표본의 자료에 바탕해서 모형을 추정해야 한다. 그 과정은 다음과 같다.

첫째, 연구자가 조사해서 정보를 갖고 있는 자료로 구해진 표본 변량-공변량 행렬인 S 행렬의 요소들을 구성하는 표본 추정값, 즉 표본에서 추정된 변량과 공변량의 값들을 사용하여 모형 모수들(요인계수, 요인변량, 공변량, 측정변인의 오차변량)의 추정값을 구하게 된다.

둘째, 전집 수준에서 연구모형이 참이라면 $\Sigma=\Sigma(\theta)$이었던 것처럼, 표본의 수준에서는 $S=\hat{\Sigma}$이 되므로 이를 활용하여 모형의 모수들을 추정할 수 있게 된다.

셋째, 연구모형이 일치식별 모형이 아니고, 과잉식별 모형이라면 S 행렬의 요소들의 수, 즉 변량과 공변량의 개수 a가 $\hat{\Sigma}$ 행렬의 요소들(변량, 공변량)을 구성하는 모형 모수들의 개수(t)보다 더 클 것이므로 $\hat{\Sigma}$ 행렬 또한 하나가 아니라 여러 가지 경우의 수, 즉 다수로 산출될 것이다.

넷째, 구해진 여러 가지 $\hat{\Sigma}$ 행렬 중에서 S 행렬에 가장 가까운 것을 선택하면 된다. 그리고 최종 선택된 $\hat{\Sigma}$ 행렬 중에서 S 행렬에 얼마나 가까운지를 보여주는 적합 함수를 적용하여, 적합도 지수가 가장 높은 모형을 선택하면 될 것이다. 이를 간략하게 요약하면 다음과 같다.

① 연구자는 표본 자료를 수집하고, 표본 변량-공변량 행렬을 구성하는 요소들의 추정값을 계산한다.
이 행렬을 S 행렬이라 부른다.
추정값이라고 부르는 이유는 변량, 공변량 계산 시 분모에 N−1이 사용되기 때문이다.

② 연구자는 연구모형의 미지수 상태인 모수들을 사용하여 $\hat{\Sigma}$ 행렬의 요소들을 나타낸다.

③ 연구자의 연구모형이 참이라면 $S=\hat{\Sigma}$일 것이므로, 두 행렬의 요소들을 대응시켜 산출된 방정식을 사용하여 모형 모수들의 추정값들(요인계수, 요인변량, 공변량, 측정변인의 오차변량)을 산출한다.
모형이 과잉식별인 경우 이러한 추정값들은 단일한 값이 아닌 여러 가지 값으로 나타나게 될 것이다.

④ 연구자는 모형 모수들의 여러 가지 경우의 수로 나타난 추정값들을 사용하여 예측되는 다수의 표본 변량-공변량 행렬($\hat{\Sigma}$)을 산출한다.

⑤ 표본 변량-공변량 행렬(S)의 요소들과 여러 가지로 예측된 $\hat{\Sigma}$ 행렬을 비교하여 차이가 가장 작은 $\hat{\Sigma}$ 행렬을 선택한다. 이러한 차이는 적합 함수를 사용하여 계산된다.

이 과정이 이해되었다면 진심으로 축하한다. 그렇지 않더라도 실망할 필요는 없다. 다음의 구체적인 과정을 살펴보면 점진적으로 익숙해지게 될 것이다.

6.2.1 1단계: 표본 변량-공변량 행렬의 추정값 구성하기

연구자는 수집한 자료를 사용해서 S 행렬을 구성하는 측정변인의 변량과 측정변인들 간의 공변량을 구하고, [그림 6.2-1]과 같이 S 행렬을 완성할 수 있다. 앞서 계속 사용해 왔던 자존감 점수로 S 행렬을 만들어보자. [그림 6.2-1]은 jamovi로 자존감 점수의 S 행렬을 구한 것이다. 자존감 문항은 10개지만 8번 문항은 문항-전체 상관이 낮아 제외하였다. 나머지 9개 문항으로 3개 묶음 점수(item parcel)를 만들고 S 행렬을 계산하였다. [그림 6.2-1]은 변량과 공변량으로 구성된 행렬이고, [그림 6.2-2]는 상관계수로 구성된 행렬이다.

	X_1	X_2	X_3
X_1	**3.484**		
X_2	2.286	**2.993**	
X_3	2.901	2.158	**3.733**
M	9.302	9.315	9.363
SD	1.867	1.730	1.932

[그림 6.2-1] 표본 변량-공변량 행렬

	X_1	X_2	X_3
X_1	**1**		
X_2	.708**	**1**	
X_3	.804**	.646**	**1**
M	9.302	9.315	9.363
SD	1.867	1.730	1.932

[그림 6.2-2] 표본 상관행렬

먼저, S 행렬을 살펴보자. [그림 6.2-1]의 아래쪽에 평균(M)과 표준편차(SD)가 있다. 대각선 영역의 고딕체는 각 변인의 변량이다. 대각선 밖은 변인들 간의 공변량이다. 공변량은 원점수로 계산한 비표준화 계수이다. 다음으로, [그림 6.2-2]의 표본 상관행렬을 살펴보자. 아래쪽에 평균(M)과 표준편차(SD)가 있다. 대각선 영역은 변인 자체의 상관관계이므로 모두 그 크기가 1이다. 대각선 밖은 변인들 간의 상관계수이다. 상관계수는 각 변인의 Z점수로 구해진 표준화 계수이다. 앞서 배웠던 (공식 2.2-1)과 (공식 2.2-2)를 사용해 변량-공변량 행렬을 상관행렬로 변환할 수 있으며 그 역도 가능하다.

$$r = \frac{COV_{XY}}{S_X S_Y} \qquad \text{(공식 2.2-1)}$$

$$COV_{XY} = rS_X S_Y \qquad \text{(공식 2.2-2)}$$

공변량을 상관계수로 변환할 경우 [그림 6.2-1]의 변량, 공변량, 표준편차를 활용하면 된다. 예를 들어, [그림 6.2-1]의 변량-공변량 행렬에서 X_1과 X_2의 공변량(COV)은 2.286, 각각의 표준편차(SD)는 1.867과 1.730이다. 이 값들을 (공식 2.2-1)에 대입하면 아래처럼 계산된다.

$$r = 2.286 \div (1.867 \times 1.730) = 2.286 \div 3.22991 = 0.708$$

즉 공변량을 나타내는 2.286이 상관계수 .708로 계산되었다. 이 값은 [그림 6.2-2]의 상관행렬의 X_1과 X_2가 교차하는 곳의 상관계수 .708과 동일하다. 상관행렬을 공변량 행렬로 변환하고 싶다면 (공식 2.2-2)를 사용하면 된다.

S 행렬을 구성하는 변량, 공변량의 추정값들을 알아보았으므로 2단계로 넘어가자.

6.2.1 2단계: 표본 변량-공변량 행렬로 모형 모수들의 추정값들 산출하기

S 행렬을 사용하여 연구자가 만든 모형의 모수들을 추정하는 방법을 알아보자. 이와 관련하여 알아두어야 할 몇 가지 사실은 다음과 같다.

① 모형 모수들의 추정값들은 대개 행렬 대수학을 사용해서 계산된다.

② 과잉식별 모형은 모형 모수들의 추정값들의 해가 다양해서 손으로 계산하기 복잡하고, 노력이 요구된다. 이는 통계학자가 아닌 응용 연구자 또는 연구에 통계학적 지식을 사용하는 내용 연구자에게 쉽지 않은 일이다.

③ 일치식별 모형은 **공변량 특성 규칙**을 숙달하면 응용 또는 내용 연구자도 손으로 계산할 수 있다. 그리고 모형 모수들의 추정값들을 산출하는 원리를 익힐 수 있다.

여기서는 우선, 일치식별 모형을 사용하여 모형 모수들의 추정값들을 산출해

보기로 하자. 다음의 [그림 6.2-3], [그림 6.2-4], [그림 6.2-5]는 앞의 그림들을 그대로 옮긴 것이다. 연구자의 모형이 참이라면 $S=\hat{\Sigma}$가 성립한다는 것을 다시 한번 떠올리기 바란다. 따라서, [그림 6.2-3]의 S 행렬의 구성요소를 미지수 상태인 모형 모수들의 함수로 구성된 [그림 6.2-5]의 $\hat{\Sigma}$ 행렬의 구성요소에 대입하면 [그림 6.2-6]과 같이 6개의 방정식이 생성된다.

	X_1	X_2	X_3
X_1	**3.484**		
X_2	2.286	**2.993**	
X_3	2.901	2.158	**3.733**

[그림 6.2-3]
S: 표본 변량-공변량 행렬

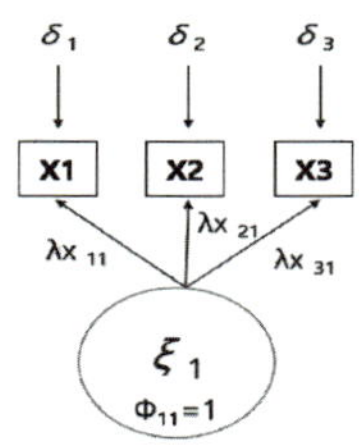

$$X_1=\lambda_{X_{11}}\xi_1+\delta_1$$
$$X_2=\lambda_{X_{21}}\xi_1+\delta_2$$
$$X_3=\lambda_{X_{31}}\xi_1+\delta_3$$

[그림 6.2-4]
자존감 모형

	X_1	X_2	X_3
X_1	$\lambda^2_{X_{11}}+\delta_{11}$		
X_2	$\lambda_{X_{11}}\lambda_{X_{21}}$	$\lambda^2_{X_{21}}+\delta_{22}$	
X_3	$\lambda_{X_{11}}\lambda_{X_{31}}$	$\lambda_{X_{21}}\lambda_{X_{31}}$	$\lambda^2_{X_{31}}+\delta_{33}$

[그림 6.2-5]
모형 모수들에 의하여 암시된 표본 변량-공변량 행렬 $\hat{\Sigma}$

a. $\text{cov}(X_1, X_2)=\lambda_{X_{11}}\lambda_{X_{21}}=2.286$	d. $\text{cov}(X_1, X_1)=\lambda^2_{X_{11}}+\delta_{11}=3.484$
b. $\text{cov}(X_1, X_3)=\lambda_{X_{11}}\lambda_{X_{31}}=2.901$	e. $\text{cov}(X_2, X_2)=\lambda^2_{X_{21}}+\delta_{22}=2.993$
c. $\text{cov}(X_2, X_3)=\lambda_{X_{21}}\lambda_{X_{31}}=2.158$	f. $\text{cov}(X_3, X_3)=\lambda^2_{X_{31}}+\delta_{33}=3.733$

[그림 6.2-6] 표본 변량-공변량 행렬의 값들과 모형 모수들로 구성된 방정식

[그림 6.2-6]의 방정식 6개를 풀면 [그림 6.2-4] 자존감 모형 모수들의 추정값들이 산출된다. 하지만 [그림 6.2-4] 자존감 모형은 일치식별 모형에 해당되므로 이 6개의 방정식을 풀어도, 각 방정식을 구성하는 미지수이자 모형 모수들인 $\lambda_{X_{11}}$, $\lambda_{X_{21}}$, $\lambda_{X_{31}}$, δ_{11}, δ_{22}, δ_{33}은 각각의 고유한 값을 가질 뿐이다. 따라서 이 값들을 다시 사용하여 예측(재생산)될 수 있는 $\hat{\Sigma}$ 행렬도 1개만 존재하게 된다.

먼저, 요인계수를 구해보자. [그림 6.2-6] 왼쪽의 a, b, c 3개의 방정식은 값을 알고 있고, 미지수인 모수($\lambda_{X_{11}}$, $\lambda_{X_{21}}$, $\lambda_{X_{31}}$)도 3개이므로 일치식별이 된다. a, b, c는 각각 2개의 측정변인들 간의 공변량을 나타내고 있으며, 각 측정변인들 간의 요인계수를 곱한 것임을 알 수 있다. 이 요인계수들의 추정값이 먼저 계산이 되어야, 이들을 d, e, f에 대입하여 오차변량을 구할 수 있을 것이다. d, e, f는 각 측정변인들의 변량을 나타내고 있으며, 이 변량은 요인계수의 제곱+오차변량의 합인 것을 알 수 있다.

1) 요인계수 구하기

a, b를 ①, ②와 같이 정리해서, ③에 대입하라.

a. $cov(X_1,\ X_2)=\lambda_{X_{11}}\lambda_{X_{21}}=2.286$ → ① $\lambda_{X_{21}}=2.286/\lambda_{X_{11}}$

b. $cov(X_1,\ X_3)=\lambda_{X_{11}}\lambda_{X_{31}}=2.901$ → ② $\lambda_{X_{31}}=2.901/\lambda_{X_{11}}$

c. $cov(X_2,\ X_3)=\lambda_{X_{21}}\lambda_{X_{31}}=2.158$ ③

③에 대입하면, $(2.286/\lambda_{X_{11}})(2.901/\lambda_{X_{11}})=(2.286\times 2.901)/\lambda^2_{X_{11}}=6.632/\lambda^2_{X_{11}}=2.158$

$$\lambda^2_{X_{11}}=6.632/2.158=3.073 \quad \therefore\ \lambda_{X_{11}}=1.753 \qquad ④$$

④를 ①, ②에 대입하라.

$$\lambda_{X_{21}}=2.286/\lambda_{X_{11}}=2.286/1.753=1.304$$

$$\lambda_{X_{31}}=2.901/\lambda_{X_{11}}=2.901/1.753=1.655$$

2) 오차변량 구하기

d, e, f를 ⑤, ⑥, ⑦과 같이 변환하라.

d. $cov(x1,\ x1) = \lambda^2_{X_{11}} + \delta_{11} = 3.484 \quad \rightarrow$ ⑤ $\delta_{11} = 3.484 - \lambda^2_{X_{11}}$

e. $cov(x2,\ x2) = \lambda^2_{X_{21}} + \delta_{22} = 2.993 \quad \rightarrow$ ⑥ $\delta_{22} = 2.993 - \lambda^2_{X_{21}}$

f. $cov(x3,\ x3) = \lambda^2_{X_{31}} + \delta_{33} = 3.733 \quad \rightarrow$ ⑦ $\delta_{33} = 3.733 - \lambda^2_{X_{31}}$

'가'에서 구한 각 요인계수를 자승(제곱)하여 대입하라.

$$\delta_{11} = 3.484 - \lambda^2_{X_{11}} = 3.484 - 3.073 = .411$$

$$\delta_{22} = 2.993 - \lambda^2_{X_{21}} = 2.993 - 1.700 = 1.293$$

$$\delta_{33} = 3.733 - \lambda^2_{X_{31}} = 3.733 - 2.739 = .994$$

이상의 손으로 계산하는 과정은 일치식별 모형만 가능하다. 그리고 $[\lambda_{X_{11}},\ \lambda_{X_{21}},\ \lambda_{X_{31}},\ \delta_{11},\ \delta_{22},\ \delta_{33}]$ = [1.753, 1.304, 1.655, .411, 1.293, .994]와 같이 단일 세트로 구해졌고, 이외의 해는 가능하지 않다. 반면, 과잉식별 모형은 변량-공변량의 개수(a)가 추정해야 할 모형 모수들의 개수(t)보다 많아서 그 값들은 단일 값이 아닌 여러 경우로 산출된다. 그럼에도 불구하고 구조방정식 모형은 모형의 고유한 모수들이 전집에서 존재한다고 가정하고, 연립방정식과 같은 수학적 방식이 아닌 통계적 방식으로 모형 모수들의 고유한 추정값들을 산출한다. 일치식별 모형에서 구해진 위의 값들과 [그림 6.2-7]과 같이 구조방정식 소프트웨어를 사용하여 산출한 모형 모수들의 추정값들과 비교해 보라.

	Estimate	S.E.	C.R.	P
자존m1 <--- esteem	1.752	.053	32.934	***
자존m2 <--- esteem	1.303	.054	24.240	***
자존m3 <--- esteem	1.654	.057	28.781	***

요인계수 추정치

	Estimate	S.E.	C.R.	P
esteem	1.000			
e1	.411	.074	5.579	***
e2	1.291	.075	17.127	***
e3	.993	.080	12.384	***

변량 추정치

[그림 6.2-7] 구조방정식 모형 통계 프로그램에 의해 계산된 자존감 모형의 모수 추정

주: esteem은 자존감 잠재변인을 뜻하고, m(1, 2, 3)은 측정변인을 뜻하고, e(1, 2, 3)는 오차변인을 뜻함

먼저, 요인계수가 일치한다(단, 소수 셋째 자리는 반올림 계산 과정의 차이로 불일치함).

$\lambda_{X_{11}}$ =1.753은 x1(자존감m1) ← esteem의 추정치(Estimate) 1.752와 일치한다.

$\lambda_{X_{21}}$ =1.304은 x2(자존감m2) ← esteem의 추정치 1.303과 일치한다.

$\lambda_{X_{31}}$ =1.655은 x3(자존감m3) ← esteem의 추정치 1.654와 일치한다.

다음으로, 오차변량도 일치한다.

δ_{11} =.411은 e1의 추정치 .411과 일치한다.

δ_{22} =1.293은 e2의 추정치 1.291과 일치한다.

δ_{33} =.994은 e3의 추정치 .993과 일치한다.

다시 한번 모형 추정의 단계를 요약하면 이론적 모형을 지정한 뒤에, ① 표본에서 자료를 수집하여 S 행렬을 구성하고, ② S 행렬을 사용해서 이론적 모형의 모수 추정값들을 산출하고, ③ 모형 모수들의 추정값들을 사용해서 $\hat{\Sigma}$ 행렬을 예측하고, ④ 예측된 $\hat{\Sigma}$ 행렬과 S 행렬을 비교한다. 현재 ②까지 알아보았다. 아래에서 ③, ④에 대해 알아보자.

6.2.2 3단계: 모형 모수들의 추정값들을 사용해서 $\hat{\Sigma}$ 행렬을 예측하기

모형에서 구해진 모형 모수들의 추정값들을 다시 모형에 대입해서 예측된 표본 변량-공변량 행렬인 $\hat{\Sigma}$를 구성해 보자. [그림 6.2-8]은 (앞에서 손으로 계산한) 모형 모수들의 추정값들을 자존감 모형에 대입한 것이다. 이 추정값들을 [그림 6.2-9]의 $\hat{\Sigma}$ 행렬에서 대응되는 요소들에 대입해 보자.

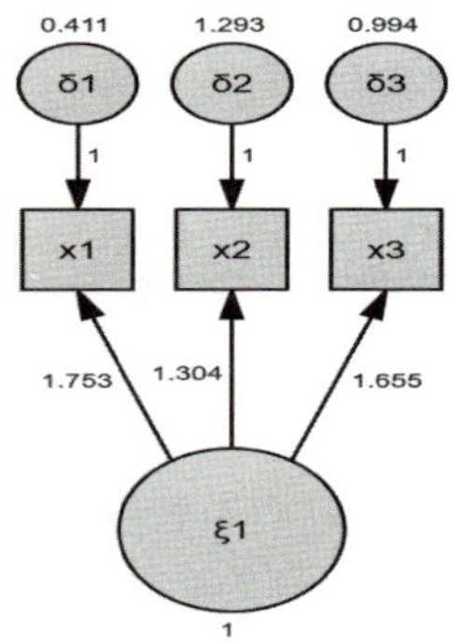

[그림 6.2-8] 자존감 모형 추정 결과

	X_1	X_2	X_3
X_1	$\sigma_{11}=\lambda^2_{X_{11}}+\delta_{11}$		
X_2	$\sigma_{21}=\lambda_{X_{11}}\lambda_{x21}$	$\sigma_{22}=\lambda^2_{x21}+\delta_{22}$	
X_3	$\sigma_{31}=\lambda_{x11}\lambda_{x31}$	$\sigma_{32}=\lambda_{x21}\lambda_{x31}$	$\sigma_{33}=\lambda^2_{x31}+\delta_{33}$

[그림 6.2-9] 예측된 표본 변량-공변량 행렬 $\hat{\Sigma}$

$\lambda_{X_{11}}=1.753$, $\lambda_{X_{21}}=1.304$, $\lambda_{X_{31}}=1.655$, $\delta_{11}=.411$, $\delta_{22}=1.293$, $\delta_{33}=.994$를 $\hat{\Sigma}$ 행렬의 각 요소에 대응되게 대입하면 다음과 같다.

$$\sigma_{11}=\lambda^2_{X_{11}}+\delta_{11}=(1.753\times1.753)+.411=3.073+.411=3.484$$

$$\sigma_{22}=\lambda^2_{X_{21}}+\delta_{22}=(1.304\times1.304)+1.293=1.700+1.293=2.993$$

$$\sigma_{33}=\lambda^2_{X_{31}}+\delta_{33}=(1.655\times1.655)+.994=2.739+.994=3.733$$

$$\sigma_{21}=\lambda_{X_{11}}\lambda_{X_{21}}=1.753\times1.304=2.286$$

$$\sigma_{31}=\lambda_{X_{11}}\lambda_{X_{31}}=1.753\times1.655=2.901$$

$$\sigma_{32}=\lambda_{X_{21}}\lambda_{X_{31}}=1.304\times1.655=2.158$$

이 값들을 대입하여 완성된 $\hat{\Sigma}$ 행렬은 [그림 6.2-10]과 같다.

	X_1	X_2	X_3
X_1	**3.484**		
X_2	2.286	**2.993**	
X_3	2.901	2.158	**3.733**

[그림 6.2-10] S 행렬

=

	X_1	X_2	X_3
X_1	**3.484**		
X_2	2.286	**2.993**	
X_3	2.901	2.158	**3.733**

[그림 6.2-11] $\hat{\Sigma}$ 행렬

6.2.3 4단계: S 행렬과 $\hat{\Sigma}$ 행렬의 요소들을 비교하고, 적합도 구하기

앞서 완성된 계산값들을 [그림 6.1-11] $\hat{\Sigma}$ 행렬에 대입했더니 각 요소의 값들이 [그림 6.2-10] S 행렬의 요소의 값들과 동일하다. 이는 지금까지 사용한 자존감 모형이 일치식별 모형이기 때문이다. 그러나 과잉식별 모형의 경우 $\hat{\Sigma}$ 행렬은 1개의 단일 행렬이 아니고 다수의 $\hat{\Sigma}$ 행렬을 산출한다. 따라서 각각의 $\hat{\Sigma}$ 행렬을 구성하는 요소의 값들은 서로 다르고, 이 중에서 S 행렬에 가장 일치하는 $\hat{\Sigma}$ 행렬을 선택하게 된다. 과잉식별의 경우는 6.3절에서 알아보기로 하자.

jamovi를 사용하여 일치식별 모형에서 구해진 적합도 지수는 <표 6.2-1>과 같다. S 행렬과 $\hat{\Sigma}$ 행렬이 완벽하게 일치했기 때문에 x^2값은 0으로 산출되었다. *CFI*는 1로 산출이 되었으나, *TLI*, *RMSEA*는 산출되지 않았다. 다른 한편, S 행렬과 $\hat{\Sigma}$ 행렬이 완벽하게 합치되기 때문에 다른 적합도는 필요하지 않기도 하다. 하지만 일치식별 모형은 이론적 의미가 없다는 것을 배운 기억이 날 것이다.

〈표 6.2-1〉 자존감 모형의 적합도

Model	χ^2	*df*	*RMSEA*	*CFI*	*TLI*
자존감 모형(specified)	.0	0	산출 안 됨	1	산출 안 됨
독립 모형(null)	1421.816***	3	.767	.0	.0

Note: *** p 〈 .001

어쨌든 독립 모형과 검증 모형(자존감 모형)의 x^2값과 df를 바탕으로 *CFI*, *TLI*, *RMSEA*가 산출되는데, 각각의 공식은 다음과 같다.

$$CFI = \frac{d_{null} - d_{specified}}{d_{null}} \qquad \text{(공식 6.2-1)}$$

*CFI*를 나타내는 (공식 6.2-1)에서 $d = (\chi^2 - df)$를 나타낸다. 그리고 여기서 df는 모형의 자유도이고, χ^2는 적합도 지수이다. $null$은 독립 모형을 뜻하고, $specified$

는 연구자가 지정한 연구모형을 뜻한다. 따라서 〈표 6.2-1〉의 *CFI*는 다음처럼 계산될 수 있다.

$$d_{null} = 1421.816 - 3 = 1418.816$$

$$d_{specified} = 0 - 0 = 0$$

결국, $CFI = \dfrac{d_{null} - d_{specified}}{d_{null}} = \dfrac{1418.816 - 0}{1418.816} = 1$로 산출된다.

*TLI*는 (공식 6.2-2)를 사용하여 산출할 수 있다. 그러나 이 공식에는 $df_{specified}$가 분모에 들어가는 경우가 있는데, 〈표 6.2-1〉에서 자존감 모형의 $df_{specified}$가 0이었으므로 (공식 6.2-2)는 계산 자체가 가능하지 않다. 즉 일치식별 모형에서 *TLI*는 산출되지 않는다고 보면 될 것이다.

$$TLI = \frac{\dfrac{\chi^{2_{null}}}{df_{null}} - \dfrac{\chi^{2_{specified}}}{df_{specified}}}{\dfrac{\chi^{2_{null}}}{df_{null}} - 1} \qquad \text{(공식 6.2-2)}$$

*RMSEA*는 (공식 6.2-3)을 사용하여 산출할 수 있다. 이 공식에서 $\hat{\delta}_M = \max(\chi^2_M - df_M,\ 0)$이다. max는 괄호 속의 2개의 수 중에 더 큰 것을 택하라는 뜻이다. χ^2_M은 연구모형의 적합도 값을 뜻하고, df_M은 연구모형의 자유도를 뜻한다.

$$RMSEA = \sqrt{\frac{\hat{\delta}_M}{df_M(N-1)}} \qquad \text{(공식 6.2-3)}$$

먼저, $\hat{\delta}_M = \max(\chi^2_M - df_M,\ 0)$을 산출하면, $\hat{\delta}_M = \max(0\text{-}0,\ 0)$이 되어 어떤 값을 선택할 수 없다. $\hat{\delta}_M$이 결정되지 않으니 *RMSEA*는 산출될 수 없다. 이는 우리가 일치식별 모형을 사용했기 때문이다. 과잉식별 모형이면 이런 현상은 발생하지 않는다.

6.3 표본 변량-공변량 행렬(S)을 사용한 과잉식별 모형 추정

과잉식별 모형은 통계학자가 아닌 내용 연구자가 손으로 계산해서 모형 추정을 하기에는 어려우므로 컴퓨터의 힘을 빌려야 한다. 하지만 완전히 불가능한 것도 아니다. 해보면 할 수 있는 것도 있다. 예를 들어, Bollen(1989)은 [그림 6.3-1]처럼 단순한 모형을 과잉식별 모형으로 변환해서 모형 추정의 절차를 매우 명쾌하게 설명한 바 있다. 이에 대해 알아보기로 하자.

[그림 6.3-1] 자존감-행복 예측모형

[그림 6.3-1]과 같이 모형을 지정하면 산출해야 할 모형 모수들의 추정값은 자존감(X_1)의 변량(ϕ_{11}), 자존감(X_1)의 행복(Y_1)에 대한 회귀계수(γ_{11}), 오차변량(ψ_{11})이다. 자존감(X_1)과 행복(Y_1)의 표본 변량-공변량 행렬 S는 [그림 6.3-2]처럼 산출되었다고 간주하자. 앞서 알아보았던 모형식별을 흥미롭게 익혔다면, [그림 6.3-1]의 자존감과 행복의 예측모형에서 산출할 모형 모수들의 추정값이 3개이고, [그림 6.3-2]의 S 행렬에 제시된 대각선 아래쪽 요소의 수가 3개여서 일치식별에 해당된다는 것을 알아차렸을 것이다.

	X_1	Y_1
X_1	**4**	6
Y_1	6	**10**

[그림 6.3-2] 자존감과 행복의 표본 변량-공변량 행렬 S

모형식별에 대해 다시 간단하게 살펴보기로 하자. S 행렬 요소의 수를 계산하는 방법은 'a=p(p+1)/2'와 같았다. p는 측정변인의 수이다. 자존감과 행복의 예측모형에서 측정변인의 수는 2개이므로 a=3으로 정리된다. 그리고 모형 모수들의 개수는 3이었다. a=t가 성립하므로 일치식별이 된다.

과잉식별에 해당되지 않는다고 난감해하지 말자. Bollen(1989)은 친절하게도 교육적 목적을 갖고 의도적으로 일치식별을 과잉식별로 만들어서 모형 추정 방법을 설명하였다. 일치식별 모형을 어떻게 과잉식별 모형으로 만들 수 있을까? 모형 모수들이 자유 모수들과 고정 모수들로 구별된다는 것을 기억할 것이다. Bollne (1989)는 일치식별되는 자존감 행복 예측모형의 모수들 중 1개를 고정 모수로 변환하여 과잉식별 모형이 되게 만들었다. 즉 $\gamma_{11}=1$로 고정시켜 추정되어야 할 모형 모수의 수를 줄여서 과잉식별 상태로 만든 뒤에 S 행렬과 $\hat{\Sigma}$ 행렬 사이의 관계를 설명하였다.

자존감의 행복 예측모형인 $Y_1=\gamma_{11}X_1+\zeta_1$에서 회귀계수를 나타내는 γ_{11}에 1을 대입하여 고정 모수를 만들면 이 모형은 $Y_1=X_1+\zeta_1$으로 변환되고, 추정되어야 할 모형의 모수들은 Y_1의 변량과 ζ_1의 변량으로 총 2개가 되어 과잉식별 모형이 된다. 이 모형을 사용하면 암시된 $\hat{\Sigma}$ 행렬의 대각선과 그 위쪽, 아래쪽 모두를 구성하는 요소는 다음처럼 산출된다.

$$\mathrm{cov}(X_1,\ X_1)=\mathrm{var}(X_1,\ X_1)=\phi_{11}$$

$$\mathrm{cov}(Y_1,\ Y_1)=\mathrm{cov}(X_1+\zeta_1,\ X_1+\zeta_1)=\mathrm{cov}(X_1,\ X_1)+\mathrm{cov}(\zeta_1,\ \zeta_1)=\phi_{11}+\psi_{11}$$

$$\mathrm{cov}(X_1,\ Y_1)=\mathrm{cov}(X_1,\ X_1+\zeta_1)=\mathrm{cov}(X_1,\ X_1)=\phi_{11}$$

$$\mathrm{cov}(Y_1,\ X_1)=\mathrm{cov}(X_1+\zeta_1,\ X_1)=\mathrm{cov}(X_1,\ X_1)=\phi_{11}$$

이와 같은 산출 결과를 $\hat{\Sigma}$ 행렬에 대입하면 [그림 6.3-3]과 같다. $\hat{\Sigma}$ 행렬의 요소를 보면 미지수인 모형 모수들은 ϕ_{11}, ψ_{11}로 2개인데 반해, S 행렬의 요소는 t=2(2+1)/2=3으로 과잉식별이 된다는 것을 다시 한번 확인할 수 있다.

	X_1	Y_1
X_1	ϕ_{11}	ϕ_{11}
Y_1	ϕ_{11}	$\phi_{11}+\psi_{11}$

[그림 6.3-3] 자존감과 행복의 암시된 변량-공변량 행렬 $\hat{\Sigma}$

결국 모형 모수들을 추정하기 위하여 [그림 6.3-2]에 제시된 S 행렬의 요소들을 [그림 6.3-3]의 암시된 $\hat{\Sigma}$ 행렬에 대응하는 요소들에 대입하면 다음과 같다.

$\phi_{11}=4$ 또는 $\phi_{11}=6$

$\phi_{11}+\psi_{11}=10$

만약 $\phi_{11}=4$라 하면, $\psi_{11}=6$이 된다.

만약 $\phi_{11}=6$이라 하면, $\psi_{11}=4$가 된다.

이렇게 2가지 해를 구한 과정은 연립방정식의 해를 구하듯이 한 것이고, 구조방정식 프로그램은 $\phi_{11}=7$로, $\psi_{11}=3$ 혹은 $\phi_{11}=5$, $\psi_{11}=5$로 계산할 수도 있다. 이런 방식은 통계적으로 해를 구하는 방식이다. 어쨌든, 이 4가지 경우를 사용하면 4개의 $\hat{\Sigma}$가 만들어지게 된다. 또한, 이 4가지 경우만 생각하면 S$-\hat{\Sigma}$는 다음처럼 계산될 수 있다. 물론 구조방정식 프로그램은 더 많은 S$-\hat{\Sigma}$를 고려할 것이다.

① $\phi_{11}=4$, $\psi_{11}=6$일 경우

S

	X_1	Y_1
X_1	4	6
Y_1	6	10

−

$\hat{\Sigma}$

	X_1	Y_1
X_1	4	4
Y_1	4	10

=

S$-\hat{\Sigma}$

	X_1	Y_1
X_1	0	2
Y_1	2	0

② $\phi_{11}=6$, $\psi_{11}=4$일 경우

S

	X_1	Y_1
X_1	4	6
Y_1	6	10

−

$\hat{\Sigma}$

	X_1	Y_1
X_1	6	6
Y_1	6	10

=

S-$\hat{\Sigma}$

	X_1	Y_1
X_1	−2	0
Y_1	0	0

③ $\phi_{11}=7$, $\psi_{11}=3$일 경우

S

	X_1	Y_1
X_1	4	6
Y_1	6	10

−

$\hat{\Sigma}$

	X_1	Y_1
X_1	7	7
Y_1	7	10

=

S-$\hat{\Sigma}$

	X_1	Y_1
X_1	−3	−1
Y_1	−1	0

④ $\phi_{11}=5$, $\psi_{11}=5$일 경우

S

	X_1	y1
X_1	4	6
Y_1	6	10

−

$\hat{\Sigma}$

	X_1	Y_1
X_1	5	5
Y_1	5	10

=

S-$\hat{\Sigma}$

	X_1	Y_1
X_1	−1	1
Y_1	1	0

S−$\hat{\Sigma}$는 잔차 행렬이라 불리며, 잔차 행렬은 결국 $\hat{\Sigma}$ 행렬이 S 행렬에 얼마나 가까운지를 보여줄 수 있다. ①, ②, ③, ④ 4개의 S−$\hat{\Sigma}$ 중에서 요소들의 값을 절댓값으로 변환하여 합산하여 보면 가장 작은 차이를 보이는 것은 ④의 총점이라는 것을 알 수 있다. 이처럼 구조방정식 프로그램은 S 행렬에 가장 가까운 예측된 변량-공변량 행렬 $\hat{\Sigma}$을 생산하도록 미지수인 모형 모수들을 추정한다. 물론 위에서 알아본 예시보다 훨씬 더 복잡하나 그 과정은 동일한 방식으로 진행된다. S 행렬과 $\hat{\Sigma}$ 행렬이 얼마나 가까운지를 세련된 수학적 방식으로 알려주기 위한 계산식이 있는데, 이를 모형 합치 함수라고 부른다.

6.4 모형 합치 함수

앞서 알아보았듯이 연구자는 모형 모수들의 추정값을 사용하여 예측된 변량-공변량 행렬을 의미하는 $\hat{\Sigma}$ 행렬이 표본의 변량-공변량 행렬을 나타내는 S 행렬을 얼마나 근사하게 다시 예측할 수 있는지에 관심이 있다. 이 과정은 ① 연구자가 모형을 만들고, ② 관찰된 또는 조사된 자료로 모형 모수들의 추정값을 계산하여 모형을 완성하고, ③ 완성된 모형이 다시 자료를 잘 예측할 수 있는지를 알아보고자 하는 과학적 절차와 관련이 있다. 두 행렬이 일치하는 정도가 낮다면 이론적 모형지정이 잘못된(misspecified) 것이다. 이를 모형지정 오류라고 한다.

모형지정 오류에는 어떤 변인 또는 모수를 ① 생략한 오류, 또는 ② 포함한 오류(Schumacker & Lomax, 2010)가 있다.

① 생략 오류는 연구자가 중요한 모수 추정치를 모형에서 빠뜨린 경우이다. 예를 들어, 변인 X와 Y는 관계가 있는데 관계가 없다고 지정할 수 있다. 생략 오류는 중요한 변인들을 모형에서 빠뜨린 경우도 포함한다. 예를 들어, 행복에 대한 예측모형에서 "신경증적 경향성"과 같은 중요한 변인을 빠뜨렸을 수 있다.

② 포함 오류는 중요하지 않은 모수 또는 변인들을 모형에 포함한 경우이다.

중요한 변인들 또는 모수 추정치들의 배제, 중요하지 않은 변인들을 포함하는 것은 잘못 지정된 모형들을 생산할 것이다. 연구자는 이러한 오류에 관심을 충분히 가져야 한다. 잘못 지정된 모형은 편향된 모수 추정치들(biased parameter estimates)을 산출할 수 있다. 이런 편향은 **지정 오류(specification error)**라고 불린다. 지정 오류는 연구자의 이론적 모형이 자료에 적합하지 않고 통계적으로 채택되지 않는 결과를 도출할 수 있다. 즉 모형 합치 함수를 떨어뜨리게 된다. 이외에도 모형 합치 함수를 떨어뜨리는 다양한 이유가 있을 수 있다. 모형 합치 함수에 대해 간단히 알아보기로 하자.

우리는 이미 6.2절에서 모형 합치 함수에 대해 약간 알아보았다. 예를 들어, 모형이 일치식별에 해당되는 경우 ① 표본의 변량-공변량 행렬 S와 ② S 행렬을 사용하여 산출된 모수 추정치들로 예측된 변량-공변량 행렬 $\hat{\Sigma}$가 완전하게 일치했었다. 하지만 과잉식별에 해당하는 경우 $\hat{\Sigma}$는 1개가 아닌 여러 개 산출되는 것이 가능했고, 차이가 나는 정도를 절댓값으로 계산할 때 $\hat{\Sigma}$가 달라지면 절댓값의 합도 달라졌었다. 또한 자존감의 행복에 대한 예측모형인 $Y_1 = \gamma_{11} X_1 + \zeta_1$을 $Y_1 = X_1 + \zeta_1$처럼 단순한 과잉식별 모형으로 변형하여 S와 $\hat{\Sigma}$가 얼마나 차이가 나는지를 절댓값의 합으로 합치하는 정도를 알아보았는데, 절댓값의 합이 작으면 합치도가 높고, 절댓값의 합이 크면 합치도가 낮다는 의미였었다. 이는 합치 함수(fitting function)를 의미하며, 합치 함수는 S와 $\hat{\Sigma}$의 차이를 줄이기 위한 수학적 계산법이다. 가장 널리 사용되는 합치 함수는 ML인데, 구조방정식 모형을 사용한 연구를 읽다가 종종 최대우도법이라고 하는 용어를 보았을 것이다. ML은 (공식 6.4-1)처럼 구해진다.

$$F_{ML} = \ln|S| - |\Sigma| + trace\left[(S)(\Sigma^{-1})\right] - p \qquad \text{(공식 6.4-1)}$$

이 합치 함수의 자세한 수학적 의미를 알아보는 것은 이 책의 범위를 넘어서며, 필자들을 포함하여 대부분의 내용 연구자에게 쉬운 일이 아니다. 왜냐하면 행렬대수에 대한 지식이 있어야 하기 때문이다. 간단한 모형은 합치 함수를 손으로 계산할 수도 있으니 흥미가 생기는 독자는 Brown(2015)의 3장을 참고하기 바란다. 어쨌든 이 F_{ML}의 값이 작으면 작을수록 우리는 모형이 자료에 적합하다고 말할 수 있게 된다. 그리고 이 값은 모형 적합도 지수를 나타내는 χ^2의 계산 공식에 다시 사용된다. 모형 적합도는 모형 평가를 위해 사용되므로 χ^2는 7장의 모형 평가에서 더 자세히 알아보기로 하자.

제 7 장

모형 평가

이 장의 목적

모형의 자료에 대한 적합도를 평가하기 위한 통계적 모형 적합도 지수에 대해서 알아본다.

1. 모형 χ^2 통계
2. 상대적 적합도 지수(CFI)
3. $RMSEA$
4. Tucker Lewis index(TLI) 또는 non-normed fit index($NNFI$)
5. 모형 비교

이 장의 핵심 개념

- 과잉식별되는 구조방정식 모형은 ① 추정된 모형 모수들에 의해 재생산 또는 예측된 변량-공변량 행렬 $\hat{\Sigma}$와 ② 표본의 변량-공변량 행렬 S가 완벽하게 일치하지 않는다. 때문에 다양한 통계적 모형 적합도 지수로 모형의 자료에 대한 적합도를 평가한다.
- χ^2의 값은 표본의 변량-공변량 행렬(S)과 추정된 모형 모수들을 사용하여 예측된(재생산된) 변량-공변량 행렬($\hat{\Sigma}$) 간의 불일치의 크기를 평가하는 값이다. 구조방정식 모형의 기본 가설이 "모형과 자료 사이에 차이가 없다."($\hat{\Sigma}=S$ 또는 $\hat{\Sigma}-S=0$)이기 때문에, χ^2 값이 작으면 작을수록 $\hat{\Sigma}$와 S 사이에 차이가 적다는 것을 의미한다.
- χ^2의 사례 수에 따라 발생되는 오류를 줄이기 위해서 그 값을 자유도로 나누며(χ^2/df), 이는 규준화된 카이 제곱(normed chi-square)이나 약자로 NC라고 불린다.
- 상대적 적합도 지수(comparative fit index: CFI)는 독립모형의 χ^2값과 측정모형의 χ^2을 비교하여 산출한다. CFI의 범위는 0에서 1사이가 되며, 주로 .90이 절단점(cutoff)으로 사용된다.
- $RMSEA$는 추정 오차의 표준화된 측정치(standardized measure of error of approximation)를 의미한다. 추정 오차란 연구모형 또는 지정된(specified) 모형의 전집에 대한 적합도의 부족을 의미한다. $RMSEA$의 값은 완전 적합(0), 매우 적합(.05이하), 상당히 적합(.05-.08), 보통 적합(.08-.10), 빈약한 적합(.10이상)으로 해석된다. 구조방정식 프로그램은 $RMSEA$의 90% 신뢰구간(confidence interval: CI)을 제공하며, 90% CI의 하위 경계(lower bound)는 거의 0에 가까워야 하고(또는 .05 이하), 상위 경계(upper bound)는 .08 이하여야 한다.

- Tucker Lewis index(*TLI*)는 비규준화된 지수(non-normed fit index)로 불리기도 한다. *TLI*는 연구자가 지정한 모형의 적합도의 부족을 독립모형의 적합도 부족에 비교하는 방법이다. *TLI*의 값은 *CFI* 값보다 보통 더 낮은 경향이 있을지라도 절단점은 *CFI*와 동일하다. 단, .90보다 더 낮은 *TLI* 값은 연구자가 모형지정을 다시 할 필요가 있음을 뜻한다.
- 연구모형이 지정되면, 특정 경로를 추가하거나 삭제한 경쟁모형을 만들 수 있다. 두 모형이 위계적 관계에 있다면 두 모형의 χ^2에서의 차이를 통해 두 모형의 적합도를 비교하고, *AIC*, *BIC*, *ABIC*와 같은 정보 준거 지수는 위계적 · 비위계적 관계 모두에 사용될 수 있다. 연구모형과 경쟁모형을 비교해서 자료에 가장 적합한 최선의 모형을 선택할 수 있다.

구조방정식 모형을 사용한 연구를 읽어본 경험이 있다면 “모형이 자료에 일치한다.”, “모형이 자료와 다르지 않다.”라는 진술을 많이 보았을 것이다. 이 절에서는 이 진술들이 의미하는 바가 무엇인지를 알아보기로 한다. 앞 절에서 우리는 모형에서 추정되어야 할 모수들의 개수가 S 행렬 요소의 개수보다 작을 때 모형이 과잉식별된다는 것을 알아보았다. 기억나지 않는 독자를 위해 모형식별을 위한 t-규칙을 〈표 7-1〉에 다시 제시하였다. 과잉식별이 되는 구조방정식 모형은 자료와 완벽하게 일치하지 않는다. 이 진술은 과잉식별되는 구조방정식 모형은 ① 추정된 모형 모수들에 의해 재생산 또는 예측된 변량-공변량 행렬 $\hat{\Sigma}$가 ② 표본의 변량-공변량 행렬 S와 완벽하게 일치하지 않는다는 것을 뜻한다. 그래서 모형의 자료에 대한 적합도를 평가하기 위한 다양한 통계적 모형 적합도 지수들이 개발되었다. 연구 결과에서 가장 흔히 보고되는 모형 적합도 지수에 초점을 맞춰서 알아보기로 하자.

〈표 7-1〉 모형식별의 t-규칙

연구자가 아는 정보		미지수	판정
S 행렬 요소의 개수		모형 모수의 개수	
a = p(p+1)/2	〉	t	과잉식별
a = p(p+1)/2	=	t	일치식별
a = p(p+1)/2	〈	t	미식별

p: 측정변인의 개수

7.1 모형 χ^2 통계

χ^2은 구조방정식 모형의 가장 기본적인 적합도 통계치로 다음과 같이 정의된다(Wang & Wang, 2020).

$$\chi^2 = f_{ML}(N-1) \quad \text{(공식 7.1-1)}$$

χ^2 값은 표본의 변량-공변량 행렬(S)과 추정된 모형 모수들을 사용하여 예측된(재생산된) 변량-공변량 행렬($\hat{\Sigma}$) 간의 불일치 크기를 평가하는 것으로 모형 적합도 평가에 자주 사용된다. 기초통계에서는 유의한 χ^2값이 요구되었으나, 구조방정식 모형에서는 유의하지 않은 χ^2 값이 요구된다. 구조방정식 모형의 기본 가설이 "모형과 자료 사이에 차이가 없다."이기 때문이다. 즉 "$\hat{\Sigma}$=S" 또는 "$\hat{\Sigma}-S=0$"이기 때문이다. 따라서 χ^2 값이 크면 클수록 $\hat{\Sigma}$와 S 사이에 차이가 크고, χ^2 값이 작으면 작을수록 $\hat{\Sigma}$와 S 사이에 차이가 적다는 것을 의미한다. χ^2 값이 0이면 $\hat{\Sigma}$와 S가 완벽하게 일치한다는 것을 의미한다. χ^2 값이 0인 경우는 연구자가 일치식별 모형을 지정했을 경우에 발생할 수 있다.

그러나 χ^2 검증은 몇가지 약점이 있다(Wang & Wang, 2020). 1) (공식 7.1-1)에서 알 수 있듯이 χ^2의 값 계산에는 표본의 크기(N)가 포함되므로, N이 커지면 값이 자연스럽게 증가하고 모형을 기각하는 1종 오류가 높아진다. 2) χ^2의 값은 N이 작을 때 적합 함수(f_{ML})가 χ^2 분포에서 벗어나는 현상이 발생한다. 3) 자료의 왜도와 첨도가 커서 다변량 정상성이 충족되지 못하면 χ^2의 값은 증가한다. 4) χ^2의 값은 변인 수가 많아지면 증가한다. 이런 이유로 χ^2의 값은 모형 기각을 위한 기준이 되기 어렵다.

χ^2의 사례 수에 대한 민감성을 줄이기 위해 일부 연구자들은 그 값을 자유도로 나누며(χ^2/df), 이는 규준화된 **카이 제곱(normed chi-square)**이나 약자로 NC라고 불린다. 이것은 달리 말하면 자유도에 대한 χ^2의 비율이다. Bollen(1989)은 이 비율이 2.0, 3.0 또는 5.0만큼 높으면 수용할 수 있는 적합도를 나타낸다고 본

다. 여기서 알 수 있듯이 *NC*는 최소한으로 수용할 수 있는 분명한 절단점에 대한 명확한 지침이 없다는 것이고, 사례 수의 영향을 완전히 교정하지 못한다는 것이다(Kline, 2005). 그래서 더욱 세련된 적합도 지수들이 개발되었는데, 이에 대해 아래에서 계속 알아보기로 하자.

7.2 상대적 적합도 지수(*CFI*)

상대적 적합도 지수(comparative fit index: *CFI*)는 구조방정식 모형의 적합도 평가에서 가장 널리 사용되는 적합도 지수 중의 하나이다. 이 적합도 지수가 상대적이란 이름을 지니게 된 것은 연구자의 모델에서 구해진 적합도 지수가 비교될 기저모형(baseline model)을 갖고 있기 때문이다. 이 기저모형은 전집 수준에서 측정변인들 사이의 공변량이 0이라고 간주하는 모형이므로 독립모형(independence model) 또는 영모형(null model)으로 불린다. 즉 기저모형은 측정변인들 간에 어떠한 유의한 관계가 없다고 간주하는 모형이다. 따라서 독립모형에서 유일하게 추정될 모수들은 변인들의 변량들뿐이다. 독립모형은 변인들 간에 유의한 관계가 없다고 간주하기 때문에, 이 모형의 χ^2값은 연구자의 연구모형에 비해 종종 꽤 크다. 1장 모형지정에서도 독립모형과 연구모형에 대해 조금 알아본 적이 있다. [그림 7.2-1]은 연구자가 측정변인들 간에 아무런 관계가 없다고 나타낸 독립모형이다. [그림 7.2-2]는 자존감에 대해서만 측정모형을 구성하고, 나머지 변인들에, 즉 '노력지속', '흥미유지', '행복'에 대해 측정모형을 완성하지 않고 남겨둔 모형이다.

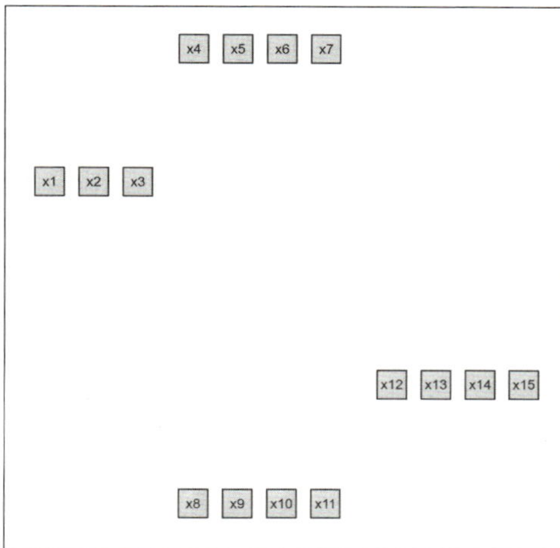

[그림 7.2-1] 독립모형

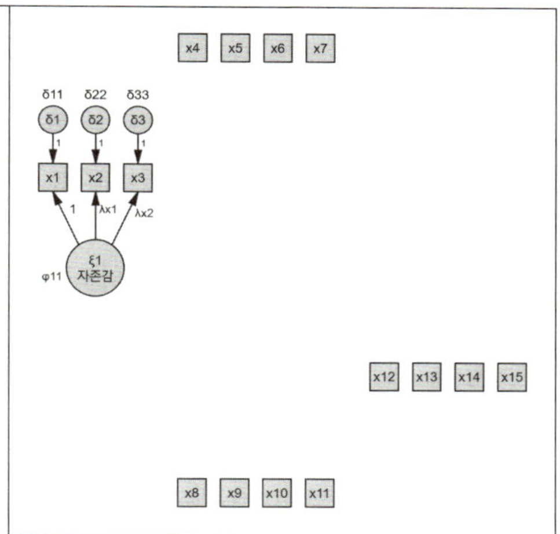

[그림 7.2-2] 자존감 측정모형

연구자가 측정모형의 적합도를 상대적 적합도 지수(*CFI*)로 알아보고자 한다면 [그림 7.2-3] 독립모형의 χ^2 값과 [그림 7.2-4]와 같이 완성된 측정모형의 χ^2 값을 비교하면 된다.

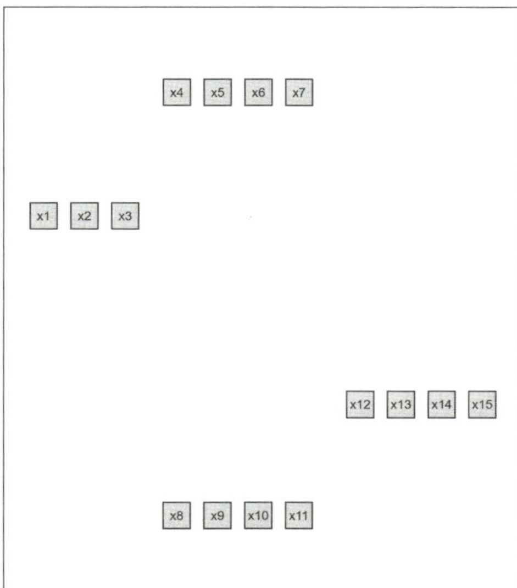

[그림 7.2-3] 독립모형

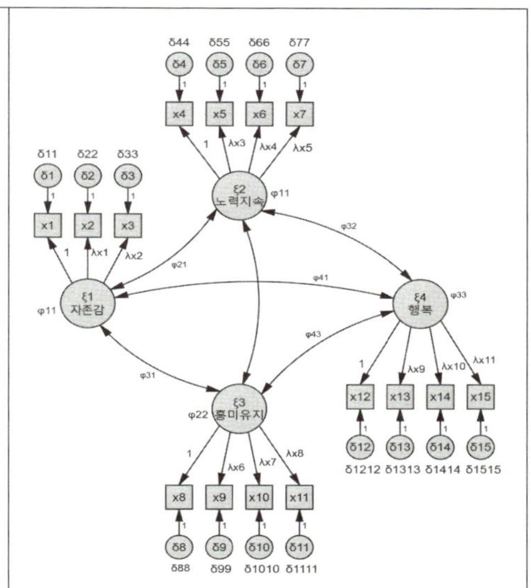

[그림 7.2-4] 측정모형

독립모형의 χ^2 값에 비해 연구모형(측정모형)의 χ^2 값이 상대적으로 작을 때 연구모형이 독립모형에 비해 더욱 적합함을 의미한다. 이런 논리에 바탕하여 상대적 적합도 지수(CFI)를 나타내는 공식은 다음처럼 개발되었다. (공식 7.2-1)은 6장에서도 알아본 적이 있다.

$$CFI = \frac{d_{null} - d_{specified}}{d_{null}} \qquad \text{(공식 7.2-1)}$$

(공식 7.2-1)에서 $d = (\chi^2 - df)$를 의미한다. df는 모형 자유도, χ^2는 모형의 적합도이며, $null$은 독립모형, $specified$는 연구모형을 뜻한다. 이에 대한 계산 방법은 6장의 〈표 6.2-1〉에서 알아보았다. (공식 7.2-1)을 변형하면 (공식 7.2-2)와 같다.

$$CFI = 1 - \frac{d_{specified}}{d_{null}} \qquad \text{(공식 7.2-2)}$$

연구모형이 최악인 경우는 다름 아닌 독립모형과 같은 경우일 때이다. 이때 $d_{specified}$와 d_{null}은 그 값이 동일해서 $CFI=1-1=0$이 된다. 한편, 연구모형이 완벽하게 자료와 일치하는 일치식별 모형(포화모형)의 경우라면 $d_{specified}$의 값이 0이 되어 $CFI=1-0=1$이 된다. 연구자는 이러한 2가지 모형, 즉 독립모형과 포화모형을 자신의 연구모형으로 선택하여, 모형지정을 하지 않을 것이므로 대부분의 경우에 CFI 값이 0과 1인 경우는 발생하지 않는다. 대부분의 과잉식별되는 모형은 최악도 아니고, 최고도 아닌 그 사이 어딘가에 있을 것이다. 어쨌든 CFI 값의 이론적으로 가능한 범위는 0에서 1 사이가 된다. 관례적으로 .90이 절단점(cutoff)으로 빈번하게 사용되어 왔다. 그러나 Hu와 Bentler(1995)는 최소한의 절단점을 .90에서 .95로 상향해야 한다고 제안하였다.

CFI는 표본의 크기가 작을 때에도 좋은 적합도 지수가 산출된다(Bentelr, 1995).

그러나 약점도 있다. 예를 들어, 자료의 상관계수 크기에 영향을 받는다. 그러나 측정변인들 간의 평균 상관계수가 높지 않다면, *CFI* 값은 아주 높지 않을 것이다(Wang & Wang, 2020).

7.3 *RMSEA*

*RMSEA*는 가장 널리 알려진 적합도 지수이다. 그 공식은 (공식 7.3-1)과 같다. *RMSEA*는 root mean square error of approximation의 두문자어(頭文字語, 이니셜)이다. 이는 추정 오차의 표준화된 측정치(standardized measure of error of approximation)를 뜻한다. 추정 오차란 연구모형 또는 지정된(specified) 모형의 전집에 대한 적합도의 부족을 의미한다(Wang & Wang, 2022).

$$RMSEA = \sqrt{\frac{\hat{\delta}_M}{df_M(N-1)}} \qquad \text{(공식 7.3-1)}$$

이 공식에서 $\hat{\delta}_M = \max(\chi^2_M - df_M,\ 0)$이다. max는 괄호 속에 있는 2가지의 수 중에 더 큰 것을 선택하라는 의미이다. M은 연구모형을 뜻하므로 χ^2_M은 연구모형의 적합도 값을 나타내고, df_M은 연구모형의 자유도를 뜻한다. 결국, $\hat{\delta}_M = \max(\chi^2_M - df_M,\ 0)$는 2개의 수, 즉 ① 연구모형의 χ^2 통계치에 연구모형의 자유도를 뺀 값을 ② 0과 비교하여 더 큰 값을 선택하라는 의미이다. (공식 7.3-1)의 분모는 연구모형의 자유도와 사례 수에서 1을 뺀 값을 곱한 것을 의미한다. *RMSEA*의 값은 완전 적합(0), 매우 적합(.05 이하), 상당히 적합(.05-.08), 보통 적합(.08-.10), 빈약한 적합(.10 이상)으로 해석된다(Kline, 2005; Wang & Wang, 2020).

대부분의 구조방정식 프로그램은 *RMSEA*의 90% 신뢰구간(confidence interval: CI)을 제공하며, 90% CI의 하위 경계(lower bound)는 거의 0에 가까워야 하고(또는 .05 이하), 상위 경계(upper bound)는 .08 이하여야 한다.

7.4 Tucker Lewis index(*TLI*) 또는 non-normed fit index(*NNFI*)

Tucker Lewis index(*TLI*)는 비규준화된 지수(non-normed fit index)라고 불리기도 한다. *TLI*는 연구자가 지정한 모형의 적합도 부족을 독립모형의 적합도 부족과 비교하는 방법이다(Wang & Wang, 2020). *TLI*는 (공식 7.4-1)처럼 진술된다.

$$TLI = \frac{\frac{\chi^2_{\nu ll}}{df_{\nu ll}} - \frac{\chi^2_{specified}}{df_{specified}}}{\frac{\chi^2_{\nu ll}}{df_{\nu ll}} - 1} \qquad \text{(공식 7.4-1)}$$

$\frac{\chi^2_{\nu ll}}{df_{\nu ll}}$는 독립모형의 자유도에 대한 χ^2 값의 비율이고, $\frac{\chi^2_{specified}}{df_{specified}}$는 연구모형의 자유도에 대한 χ^2 값의 비율이다. 모형의 자유 모수들(free parameters)이 많을수록 연구모형의 자유도는 작아지기 때문에 *TLI*는 모형이 복잡하면, 즉 모형의 자유 모수들이 많으면 그 값이 나빠지게 된다. (공식 7.3-1)에서 연구모형의 $df_{specified}$가 작아질수록 $\frac{\chi^2_{specified}}{df_{specified}}$가 커지면, 분자가 작아져서 *TLI*가 작아진다는 것을 알 수 있다.

TLI 값의 범위는 보통 0에서 1 사이에 있지만, 반드시 그렇지는 않고 이 범위를 넘어설 때도 있다. *TLI* 값이 음수로 나오면, 이는 독립모형의 $\frac{\chi^2_{null}}{df_{null}}$ 비율이 연구모형의 $\frac{\chi^2_{specified}}{df_{specified}}$ 비율보다 더 작은 경우이다. 이러한 상황은 연구모형의 자유도가 작고, 측정변인들 사이의 상관계수가 낮으면 발생할 수 있다. *TLI* 값은 *CFI* 값보다 보통 더 낮은 경향이 있을지라도 절단점은 *CFI*와 동일하다. 단, .90보다 더 낮은 *TLI* 값은 연구자가 모형지정을 다시 할 필요가 있다는 것을 나타낸다.

*CFI*처럼 *TLI*도 자료의 상관계수들의 평균 크기에 의해 영향을 받는다. 측정 변인들 간의 상관계수가 크지 않다면, *TLI* 값은 매우 높지 않을 것이다. *CFI*와 다르게 *TLI*는 모형의 간명성을 고려한다는 것이다. *TLI*는 흔히 *CFI*와 함께 보고된다.

7.5 모형 비교

구조방정식 모형은 연구자가 1개의 연구모형만을 연구하기보다 여러 개의 모형을 비교하여 가장 적합한 모형을 선택하는 것이 권장된다. 연구자가 자신의 연구모형을 지정하였다면, 가장 기본적인 이 연구모형에서 이론적 논리나 경험적 결과에 바탕하여 특정 경로를 추가하거나 삭제한 경쟁모형을 만들 수 있다. 연구모형과 이러한 경쟁모형을 비교해서 자료에 가장 적합한 최선의 모형을 선택할 수 있다.

가장 기본적인 연구모형에서 특정 경로를 추가하거나 삭제하게 되면, 연구모형과 경쟁모형은 위계적 관계에 있다고 말하게 된다. 이러한 모형들을 nested models (위계적 관계에 있는 모형들)이라고 한다. 예를 들어, 2개의 모형 A와 B가 위계적 관계에 있기 위해서 A 모형을 바탕으로 B 모형의 특정 경로를 삭제하였다면, B 모형은 자유 모수들은 작아지는 반면에 모형 자유도는 커지며, A 모형보다 더 간명한 모형이 된다. 이런 조건이 갖춰지면, 두 모형의 χ^2에서의 차이, 즉 $\chi^2_A - \chi^2_B$ 값은 χ^2 분포를 따르게 된다. 결국 복잡한 모형 A의 χ^2와 간명한 모형 B의 χ^2 값을 비교한 결과, $\chi^2_A - \chi^2_B$가 0이 되면 두 모형의 적합도에 차이가 없다고 보는 것이다. 이는 더 간명한 모형의 모수들만으로 표본의 변량-공변량 행렬(S)을 재생산(예측)하여도 더 복잡한 모형의 모수들로 재생산한 표본의 변량-공변량 행렬(S)과 큰 차이가 없음을 의미한다.

위계적 관계에 있지 않은 모형을 비교하는 경우도 있다. 이때는 *AIC*, *BIC*, *ABIC*와 같은 정보 준거 지수들(information cirteria measures)을 사용한다(Wang

& Wang, 2020). 정보 지수들의 값이 작을수록 모형이 더 적합한 것으로 판단된다. 이 정보 지수들은 위계적 관계에 있는 모형들뿐만 아니라 위계적 관계에 있지 않은 모형들 모두를 비교하는 데 중요하게 사용될 수 있는 간명성을 고려한 지수(parsimony-corrected indices)이다. 한 모형이 다른 모형보다 더 좋다고 판단할 수 있는 기준이 제시되었는데, 두 모형의 *BIC*의 차이의 절댓값 기준으로 하나의 모형이 다른 모형보다 더 선호될 수 있다고 하였다. 즉 차이의 절댓값 0-2 사이는 약한 증거, 2-6 사이는 긍정적 증거, 6-10 사이는 강한 증거, 10 이상은 매우 강한 증거로 간주된다. *BIC*가 더 낮은 모형이 더 좋은 모형으로 선호된다.

제 8 장

jamovi와 친해지기

이 장의 목적

1. jamovi 프로그램 소개 및 설치 방법을 설명한다.
2. jamovi 프로그램 기초 익히기를 설명한다.
   -스프레드 시트 창, 분석자료 입력 및 편집, 데이터 처리하기를 기술한다.
   -변수 유형, 자료 합산, 평균, 표준화 점수, 코딩 변경, 결측값 처리
3. jamovi 추가 설치 기술하기
   -매개모형 모듈 설치, 구조방정식 모형 모듈 설치

이 장의 핵심 개념

- I부 1장에서 7장까지는 구조방정식 모형의 이해에 필요한 기초 통계와 이론적 내용을 알아보았다. II부 실전편에서는 jamovi 사용법, 자료 준비과정, 중다회귀모형, 매개모형, 측정모형, 구조모형의 분석 방법을 알아본다.

8.1 Jamovi 소개와 설치

8.1.1 프로그램 소개

구조방정식 프로그램은 다양하나(예, LISREL, AMOS, EQS, Mplus 등), 최근에는 SPSS와 유사 기능을 갖고 있는 한편, 구조방정식 모형 분석을 할 수 있는 jamovi 프로그램이 프리웨어로 보급되고 있다. jamovi는 대화상자 클릭 방식으로 통계 분석을 할 수 있으므로 초보자가 사용하기 쉽다. jamovi는 프리웨어(https://www.jamovi.org/)이며 jamovo Cloud(클라우드) 버전과 jamovi Desktop(데스크탑) 버

전이 있다.

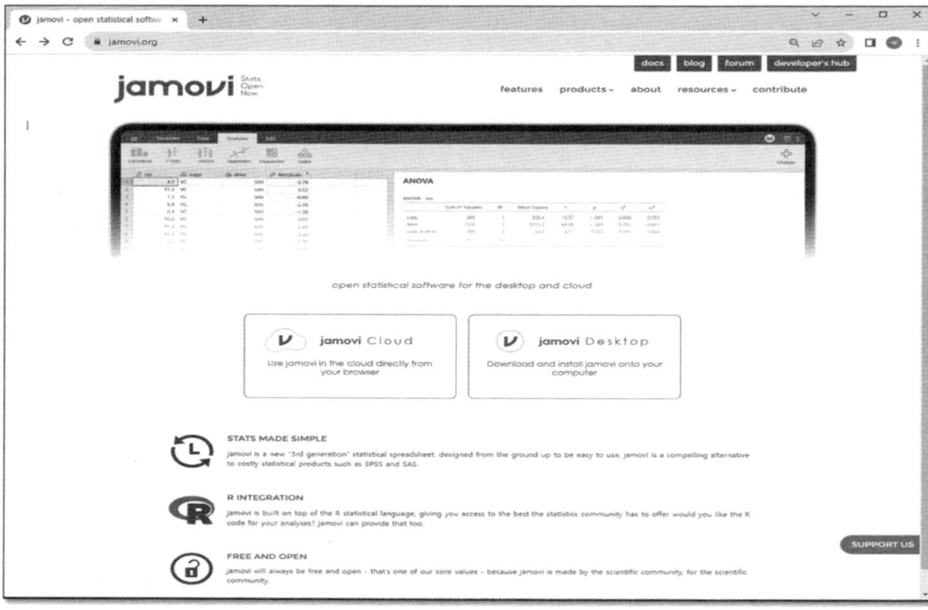

[그림 8.1-1] jamovi 다운로드 사이트

사용자는 자신의 컴퓨터 환경(예, Windows, macOS, iPad 등)에 일치하는 버전을 선택하여 설치하면 된다. 단, Windows 환경에서 jamovi는 64비트만 설치가 가능하다(이 말이 이해되지 않는 사용자는 컴퓨터에 능숙한 사람의 도움을 받는 것이 좋다). [그림 8.1-2]의 우측을 보면 '2.3.28 solid' 버전과 '2.4.14 current' 버전이 있다. solid 버전은 안정화 버전이고 current는 최신 버전이다. 버전의 아래쪽의 'release notes'는 최신의 jamovi 프로그램 업데이트 내용을 보여준다.

8.1.2 프로그램의 설치 순서

Windows 환경에서 설치는 [그림 8.1-2]의 ❶에서부터 시작하면 된다. 즉 ❶ jamovi Desktop ➡ ❷ 2.3.28 solid ➡ ❸ 다운로드 확인(jamovi-2.3.28.0 win64.exe)

➡ ❹ 사용자 계정 컨트롤(게시자를 알 수 없는 이 앱이 디바이스를 변경할 수 있도록 허용하시겠어요?) '예' ➡ ❺ Welcome to jamovi 2.3.28.0 setup Install ➡ ❻ Completing jamovi 2.3.28.0 'Finish' ➡ ❼ 로컬 디스크(C:) program Files 폴더에서 jamovi 2.3.28.0 확인

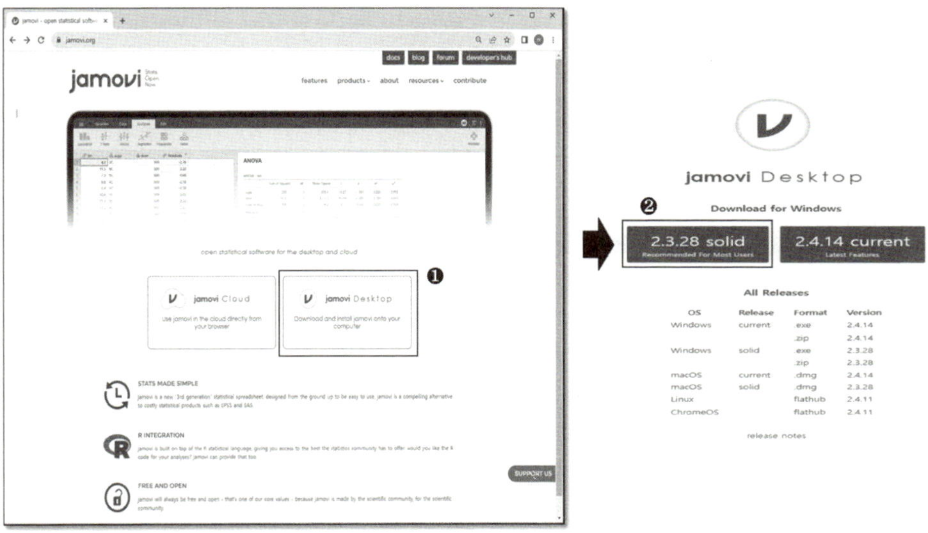

[그림 8.1-2] jamovi Desktop 다운로드

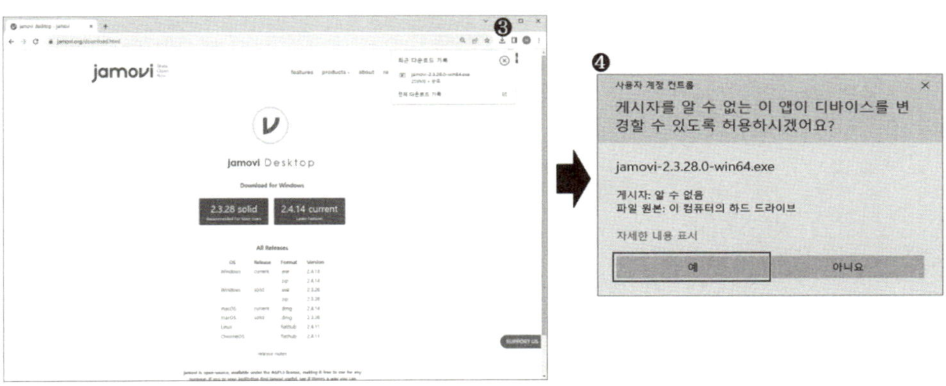

[그림 8.1-3] jamovi Desktop 2.3.28-win64.exe sold 설치 과정

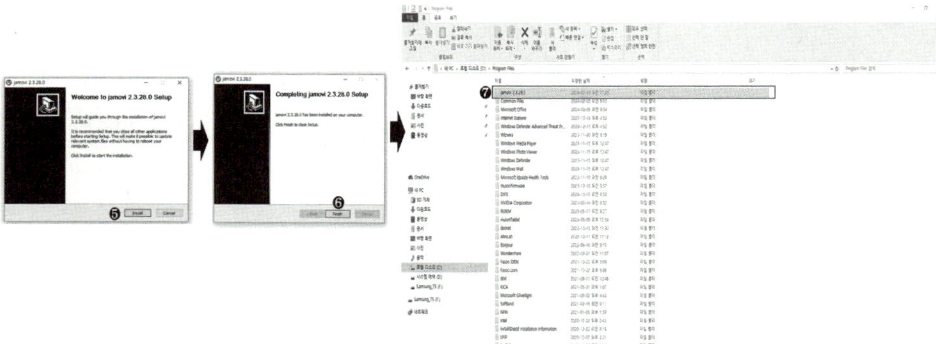

[그림 8.1-4] jamovi 프로그램 저장 위치 확인

8.2 jamovi 프로그램 기초

jamovi를 실행하면 [그림 8.2-1]처럼 2개의 창으로 구분되어 나타난다. 왼쪽은 자료를 입력하는 스프레드시트(spreadsheet) 창이며, 오른쪽은 통계분석 결과(Results)가 제시되는 창이다.

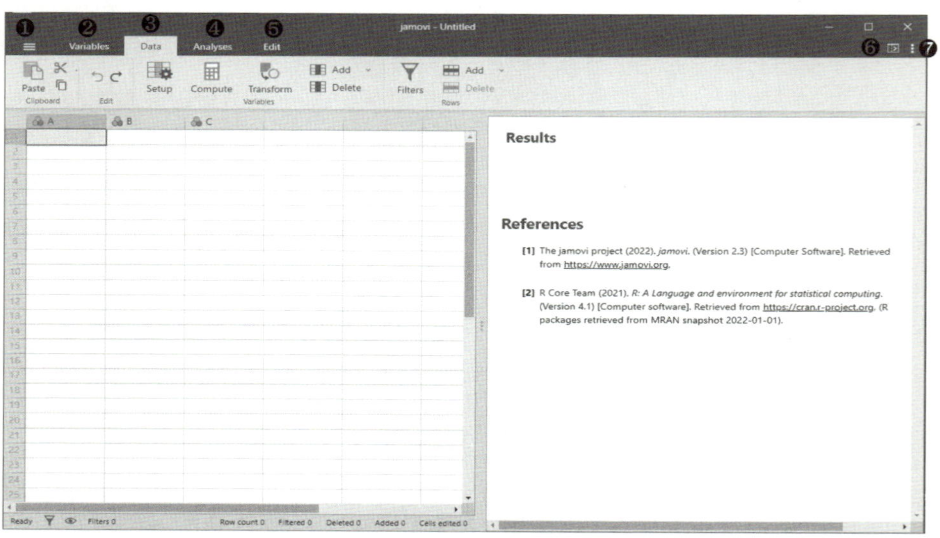

[그림 8.2-1] jamovi 메뉴 창

왼쪽(스프레드 시트 창)과 오른쪽 창(결과창)의 크기는 가운데 분할선에 마우스를 위치시키고 왼쪽과 오른쪽으로 이동하며 조절 가능하다. jamovi 프로그램 화면 상단에서 보이는 메뉴의 기본 구성요소는 ❶ 三, ❷ Variables(변수), ❸ Data(데이터), ❹ Analysis(분석), ❺ Edit(편집), ❻ [〈 ¦], ❼ ⋮ 이다.

❶ 三: 이 아이콘을 클릭하면 자료 파일을 불러오거나 저장하거나 결과를 외부로 출력할 수 있다. 이 아이콘을 클릭하면 New(새로운), Open(열기), Special Import (특수 파일 불러오기), Save(저장), Save As(다른 이름으로 저장), Export(내보내기), 그리고 저장했던 자료 탐색 기능으로 Recent(최근)가 나타난다. [그림 8.2-2]에 제시된 이 목록들을 살펴보면 아래와 같다.

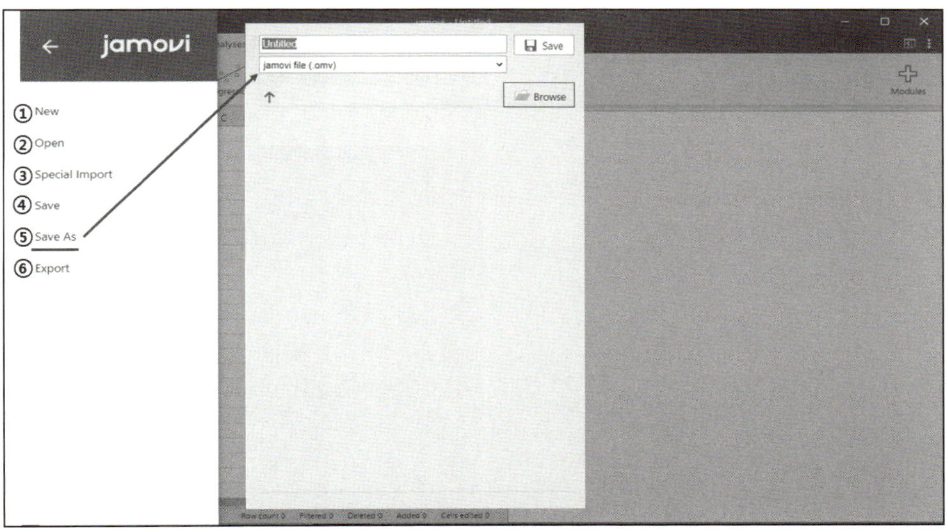

[그림 8.2-2] jamovi file(.omv) Save As(저장하기)

① New(새로운): 새로운 파일을 열 수 있다.

② Open(열기): jamovi와 Excel 파일을 열 수 있다. jamovi 파일은 확장자가 '.omv'이다.

③ Special Import(특수 파일 불러오기): Excel, SPSS, SAS 등의 데이터 파일을 열 수 있다.

④ Save(저장): jamovi에서 입력한 데이터 파일의 확장자는 '.omv'로 저장된다. 파일은 Documents 〉 jamovi 분석에 기본으로 저장된다.

⑤ Save As(다른 이름으로 저장): 현재 파일의 이름을 다른 이름으로 변경하여 저장할 수 있다. Browse (탐색)에서 저장 위치와 파일 이름을 수정해 주면 된다.

⑥ Export(내보내기): '.omv' 파일을 다른 유형의 파일(즉 PDF, Web Page, CSV, SPSS 파일 등)로 내보낼 수 있다. 예를 들어, SPSS 파일로 내보내면 데이터가 .sav로 내보내기 되고, PDF 파일로 내보내면 분석 결과가 .pdf로 내보내기 된다. [그림 8.2-3]을 살펴보면 다양한 형태의 파일로 내보내기가 가능하다.

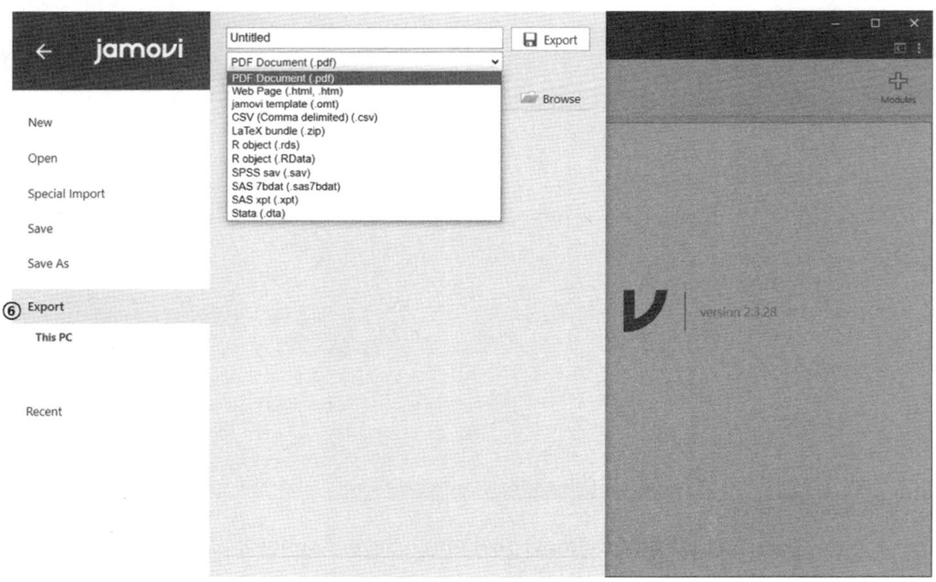

[그림 8.2-3] 확장자 유형과 PDF Document(.pdf)로 Export(내보내기)

❷ Variables(변수): 이 아이콘은 변인에 관한 메뉴로 클릭하면 [그림 8.2-4]처럼 나타난다. 왼쪽의 스프레드시트에서 각 행에는 변수 이름을 입력하면 된다. 변수 이름을 지정하지 않으면 자동으로(예: A, B, C…) 생성된다. Variables는

3개의 항목 Edit, Variables, Rows로 구성되어 있다. 하위 항목으로는 ① Edit(편집), ② Edit(편집), ③ Compute(계산), ④ Transform(변환), ⑤ Add(추가), ⑥ Delete(삭제), ⑦ Filters(필터)로 구성되어 있다. 이들을 상세히 살펴보면 아래와 같다.

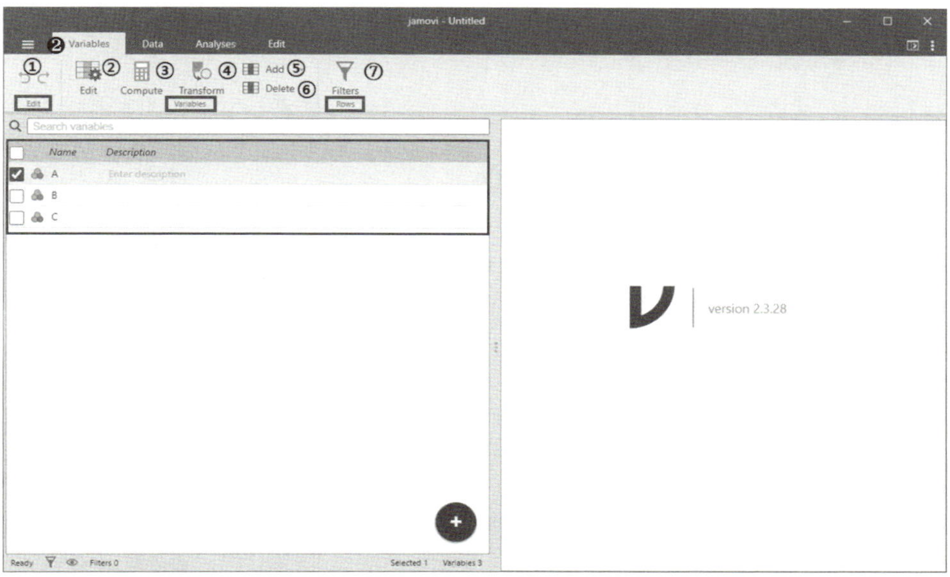

[그림 8.2-4] Variables(변수) 창

- Edit_편집

① Edit(편집): 입력한 변수명 또는 데이터의 특정 값을 취소, 새 값을 입력하는 데 사용된다.

- Variables_변수

② Edit(편집): 클릭하면 [그림 8.2-5]처럼 나타난다. DATA VARIABLE(변수명), Measure type(척도 유형), Data type(데이터 유형), Missing values(결측값)의 지정과 변경에 사용된다.

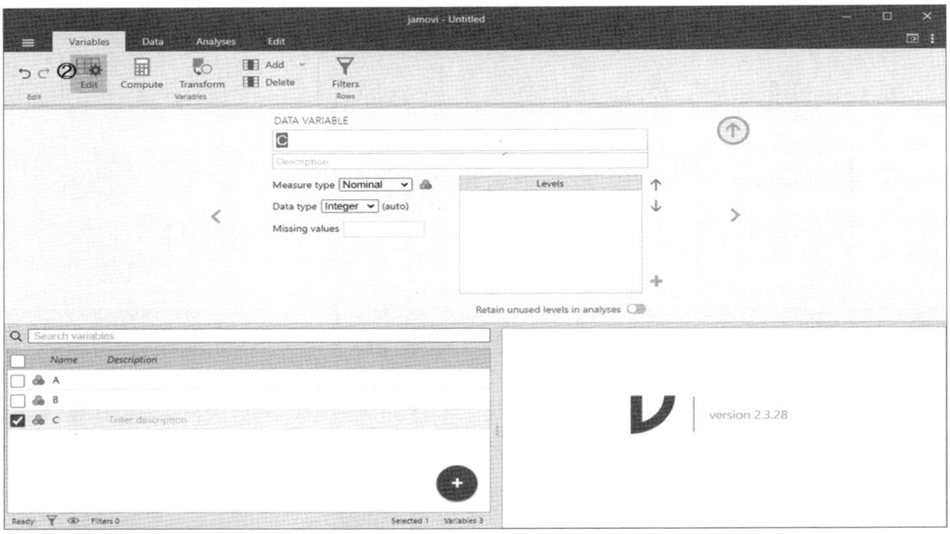

[그림 8.2-5] Edit(편집)에서 측정변수의 속성 지정하기

③ Compute(계산): 클릭하면 [그림 8.2-6]처럼 나타난다. 기존 변수를 기반으로 새 변수를 만드는 데 사용된다. 예를 들어, A와 B 변인을 합산하여 D 변인을 만들 수 있다. 'Formula'에서 'A+B'라고 입력하면 'D'는 'A+B'의 값으로 나타난다. 이는 뒷부분에서 다시 알아보기로 하자.

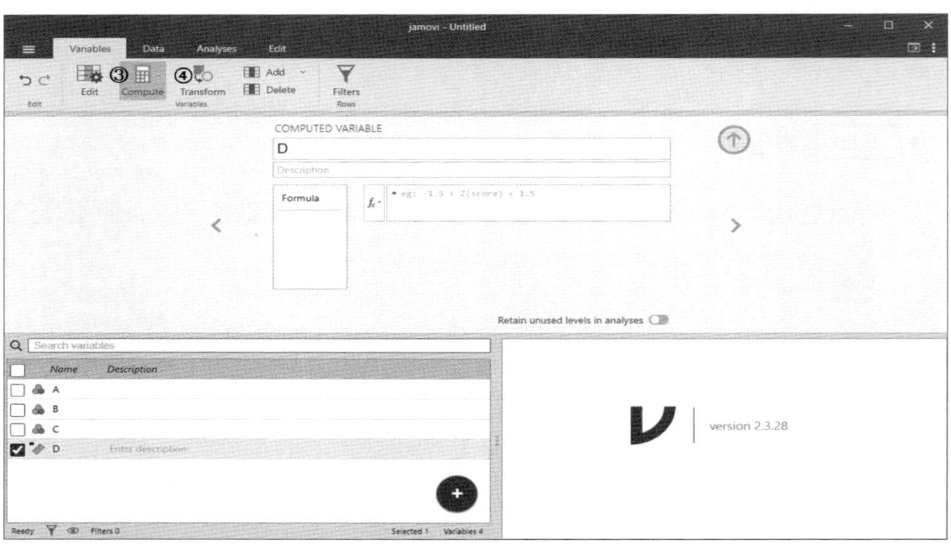

[그림 8.2-6] Compute(변수계산) 대화상자

④ Transform(변환 Transform): 데이터의 구조 또는 형식을 변경, 재구성하는 기능으로 로그 변환과 같이 변수를 변환하는 데 사용된다. 이 기능은 여기서는 이 정도로만 알아두면 된다.

⑤ Add(추가 Add): 클릭하면 [그림 8.2-7]처럼 나타난다. 기존의 변수에 새로운 변수를 추가할 수 있다.

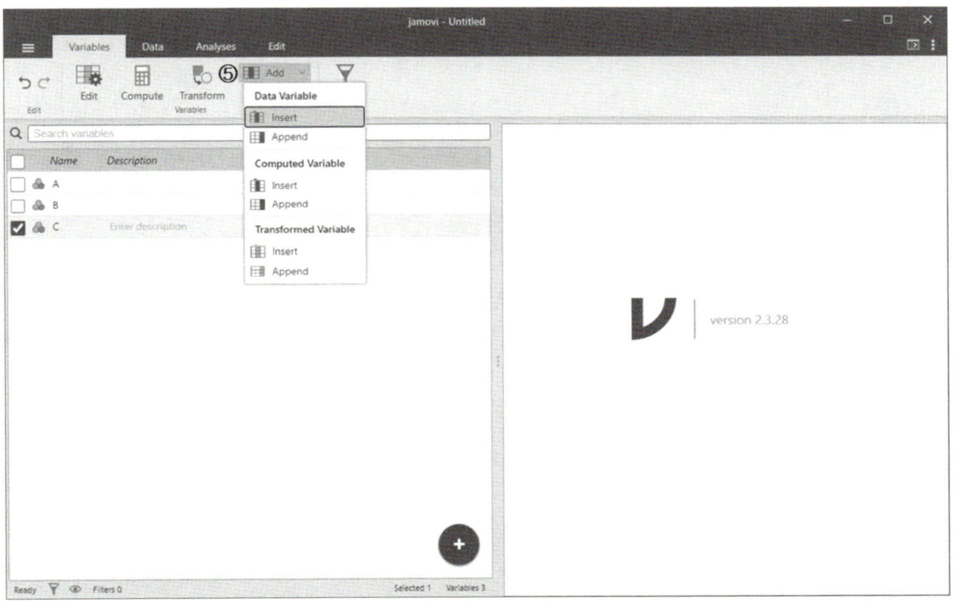

[그림 8.2-7] Add(데이터 추가) 대화상자

⑥ Delete(삭제 Delete): 특정 변수명를 체크하고 '삭제' 아이콘을 클릭하면 [그림 8.2-8]처럼 나타난다. 이 아이콘은 변수의 제거에 사용된다. [그림 8.2-8]처럼 Delete column 'C'?(C열을 삭제하시겠습니까?)에 OK를 클릭하면 C변수는 삭제된다.

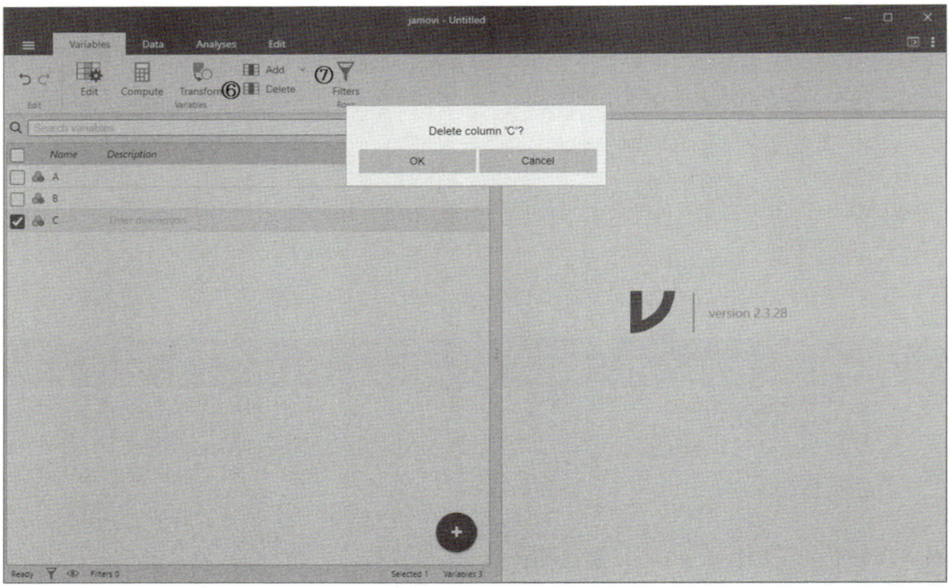

[그림 8.2-8] Delete(데이터 삭제) 대화상자

- Rows _행

⑦ Fiters(필터): 특정 조건과 기준에 따라 데이터를 부분 집합 또는 축소하는 데 사용된다. 여기서는 이 정도로만 알아두기로 한다.

❸ Data(데이터): 자료 입력하기를 할 수 있고, 입력한 자료로 가감승제하여 새 변수를 계산하기, 변수 리코딩하기 등의 방법으로 자료를 다룰 수 있다. [그림 8.2-9]를 보면 4개의 항목 Clipboard , Edit , Variables , Rows 가 있다. 하위 항목으로 ① Paste(클립보드: 붙여넣기, 자르기, 복사), ② Edit(편집), ③ Setup(설정), ④ Compute(계산), ⑤ Transform(변환), ⑥ Add(추가), ⑦ Delete(삭제), ⑧ Fiters(필터), ⑨ Add(추가), ⑩ Delete(삭제)가 있다.

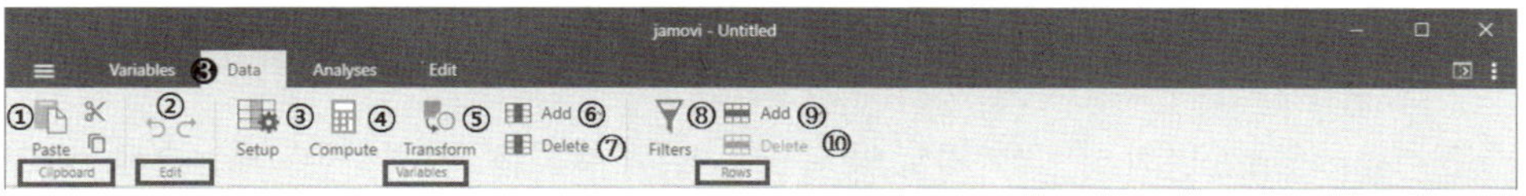

[그림 8.2-9] Data(데이터) 창

- Clipboard_클립보드

① Paste(붙여넣기, 자르기, 복사): 자료의 복사, 붙여넣기, 자르기를 하는데 사용한다. 엑셀, 아래한글 등의 사용 방법과 다르지 않다.

- Edit_편집

② Edit(편집): 데이터 창에서 실행한 행위를 앞뒤로 되돌릴 수 있다. 엑셀, 아래한글 등의 사용 방법과 다르지 않다.

- Variables_변수

③ Setup(설정): 이 아이콘을 클릭하면 [그림 8.2-10]처럼 나타난다. jamovi에서 분석을 실행하기 전에 DATA VARIABLE(변수명), Measure type(척도유형), Data type(데이터 유형), Missing values(결측값) 등을 설정할 수 있다.

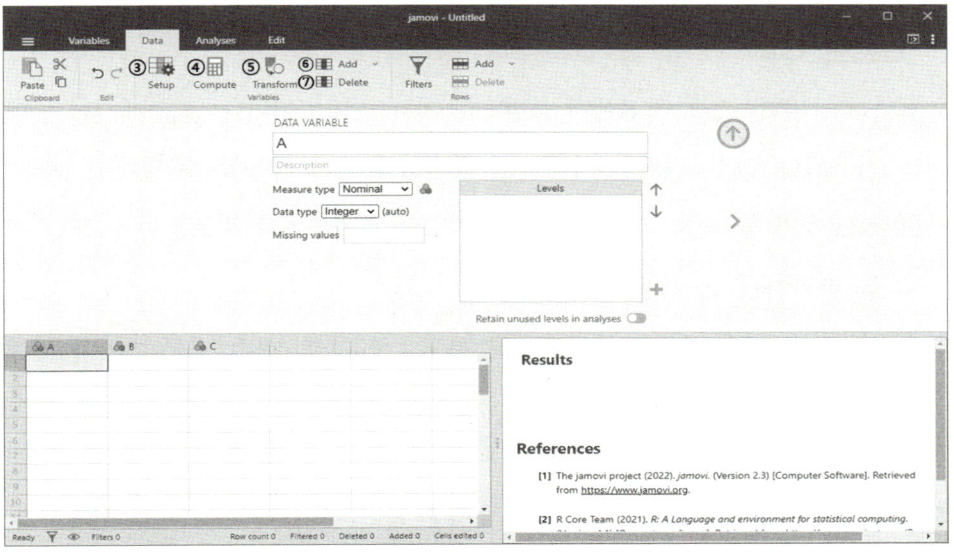

[그림 8.2-10] Setup(설정)에서 측정변수 유형

④ Compute(계산 Compute): 새 변수를 계산하거나 생성하는 데 사용된다.

⑤ Transform(변환 Transform): 자료의 구조 또는 형식을 변경하는 기능으로 로그 변환과 같이 자료를 변환하는 데 사용된다. 여기서는 이 정도로만 알아두기로 한다.

⑥ Add(추가 Add): 이 아이콘은 앞의 변수에서 알아본 기능과 동일하다. 기존 변수에 새 변수를 추가하거나 새 변수를 계산하는 데 사용된다. Add 아이콘을 클릭하면 아래와 같은 선택사항이 제시된다. 사용자의 필요에 따라 선택하면 된다.

- Data Variable: 새로운 변수의 추가
- Computed Variable: 기존의 변수를 가감승제하여 새로운 계산 변수 추가
- Transformed Variable: 변환하여 추가하는 방법
- Insert(삽입하기): 변수와 변수 사이에 새 변수를 추가
- Append(추가하기): 기존 변수의 맨 뒤에 새로운 변수를 추가

⑦ Delete(삭제 Delete): 데이터에서 불필요한 데이터, 변수 또는 행을 제거하는 데 사용된다.

- **Rows**_열

⑧ Fiters(필터 Filters): 자료에서 불필요한 자료, 변수, 행이나 열을 제거하는 데 사용된다. 또는 필요한 사례만 선택해서 분석에 사용할 수 있다.

⑨ Add(추가 Add): 기존 자료에 새 자료를 추가하거나 새로운 변수 또는 열을 추가하는 데 사용된다.

⑩ Delete(삭제 Delete): 자료에서 불필요한 자료, 변수 열을 제거하는 데 사용된다.

❹ Analysis(분석): jamovi는 통계분석 모듈을 각각 설치하는 방식으로 사용한다. [그림 8.2-11]처럼 'Analysis(분석)' 메뉴를 클릭하면 5개의 아이콘이 기본으로

나타난다. 요인분석, 구조방정식 모형 분석을 위해서는 각각을 실행하는 모듈을 설치하여야 한다. 이는 이후에 다시 알아보기로 한다. [그림 8.2-11]의 아이콘 ①, ②, ③, ④, ⑤, ⑥ 중에서 하나 선택하여 클릭하면 아래에 세부 메뉴가 다시 펼쳐진다. 프로그램을 설치하면 Exploration(기술통계 Exploration), T-Test(T-검증 T-Tests), ANOVA(분산분석 ANOVA), Regression(회귀분석 Regression), Frequencies(빈도분석 Frequencies), Factor(요인분석 Factor) 아이콘이 기본으로 제공된다. 각 아이콘의 기능을 알아보기로 하자.

[그림 8.2-11] Analysis(분석) 창

① Exploration(기술통계): 이 아이콘을 클릭하면 자료의 N(사례 수), Missing(결측 수), Mean(평균), Median(중앙값), Standard deviation(표준편차), Minimum(최솟값), Maximum(최댓값)의 기본적 통계량을 계산할 수 있다. 자세한 사항은 이후에 필요할 때마다 차차 알아보기로 하자.

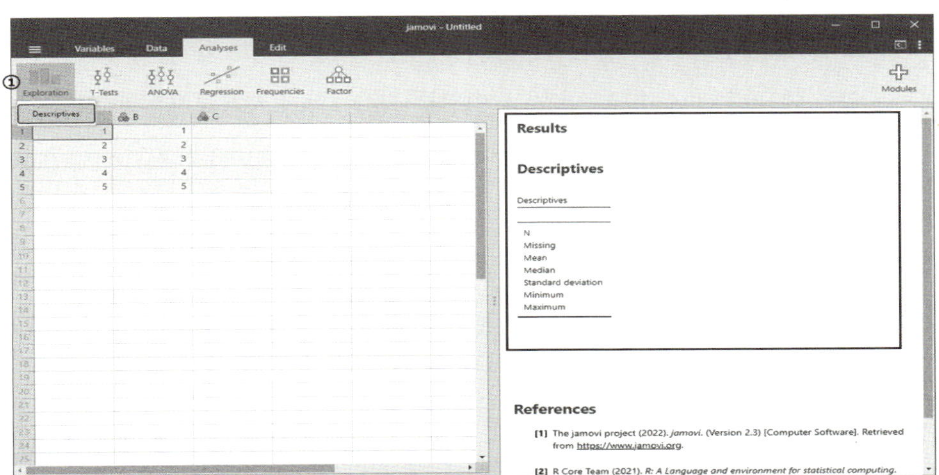

[그림 8.2-12] Exploration(기술통계)

② T-Test(T-검증): 이 아이콘을 클릭하면 [그림 8.2-13]과 같이 t-검증의 다양한 유형이 나타난다. 즉 Independent Samples T-Test(독립표본 T-검증), Paired Samples T-Test(대응표본 T-검증), One Sample T-Test(단일표본 T-검증) 메뉴가 나타난다.

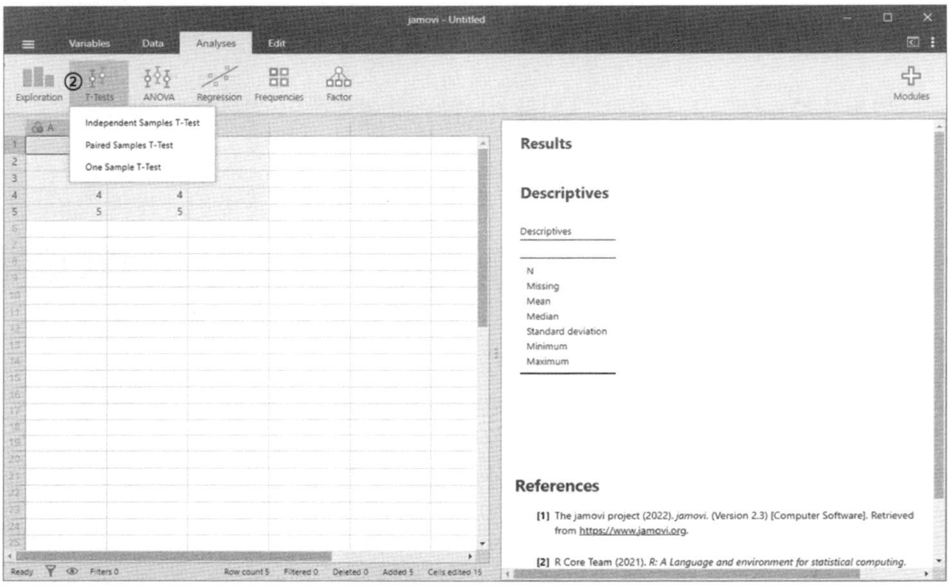

[그림 8.2-13] T-Test(T-검증)

③ ANOVA(분산분석): 이 아이콘을 선택하면 [그림 8.2-14]와 같이 분산분석을 위한 메뉴, 즉 One-Way ANOVA(일원분산분석), ANOVA(분산분석), Repeated Measures ANOVA(반복측정 분산분석), ANCOVA(공분산 분석), MANCOVA (다변량 공분산 분석)가 나타난다. 그리고 NON-Parametric(비모수) 분석을 위한 One-way ANOVA Kruskal-Wallis(일원분산분석 Kruskal-Wallis), Repeated Measures ANOVA Friedman(반복측정 분산분석 Friedman)이 나타난다.

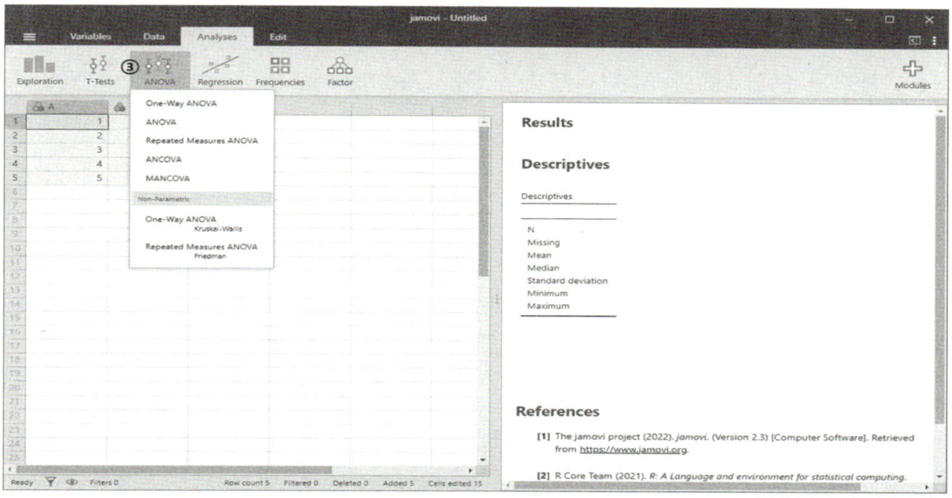

[그림 8.2-14] ANOVA(분산분석)

④ Regression(회귀분석): 이 아이콘을 누르면 [그림 8.2-15]과 같이 독립변수와 종속변수 간의 관계를 알아볼 수 있는 회귀분석 메뉴가 나타난다. 즉 Correlation Matrix(상관행렬), Partial Correlation(편상관계수) Linear Regression(선형회귀분석)과 Logistic Regression(로지스틱 회귀분석)에서 2 Outcomes Binomial (2결과 이항), N Outcomes Multinomial(N Outcomes 다항), Ordinal Outcomes를 위한 메뉴가 나타난다.

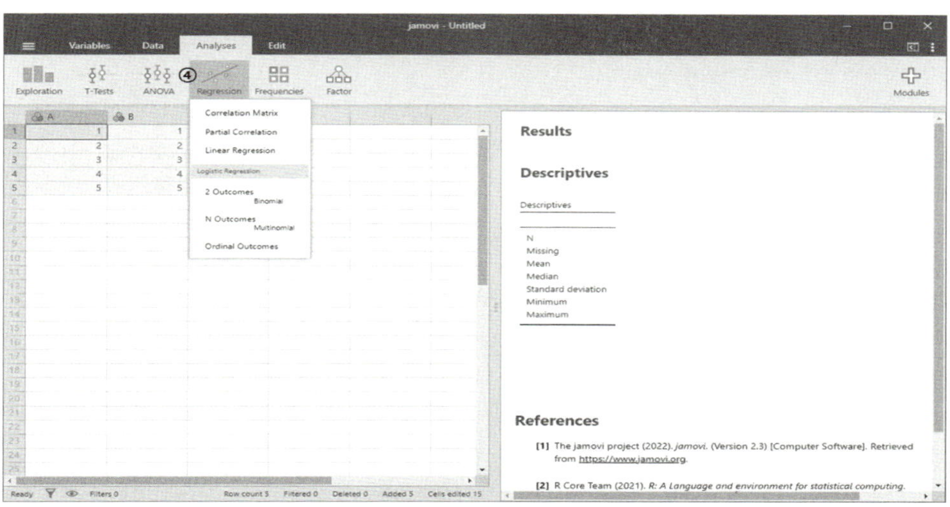

[그림 8.2-15] Regression(회귀분석)

⑤ Frequencies(빈도분석): 이 아이콘을 클릭하면 [그림 8.2-16]과 같이 빈도와 관련된 분석 메뉴들이 나타난다. 첫째, One Sample Proportion Tests(단일표본 비율검증)로 2 Outcomes Binomial test(이 결과 이항검증), N Outcomes X^2 Goodness of fit을 실행할 수 있다. 둘째, Contingency Tables(분할표) 방법으로 Independent samples X^2 test of association(독립표본), Paried Sample McNemar test(대응표본)를 실행할 수 있다. 셋째, Log-Linear Regression(Log 선형회귀 분석)을 실행할 수 있다.

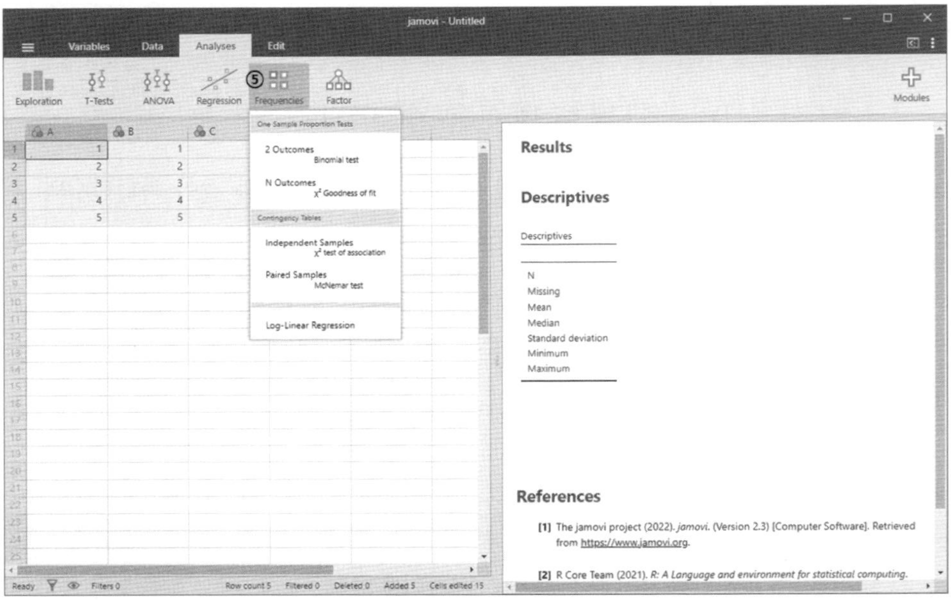

[그림 8.2-16] Frequencies(빈도분석)

⑥ Factor(요인분석): 이 아이콘을 클릭하면 [그림 8.2-17]과 같이 신뢰도와 요인분석 관련 메뉴들이 나타난다. 첫째, Scale Analysis(척도분석)로 Reliability Analysis(신뢰도 분석)를 실행할 수 있다. 둘째, Data Reduction(자료 축약)으로 Principal Component Analysis(주성분 분석), Exploratory Factor Analysis (탐색적 요인분석), Confirmatiory Factor Analysis(확인적 요인분석)를 실행할 수 있다.

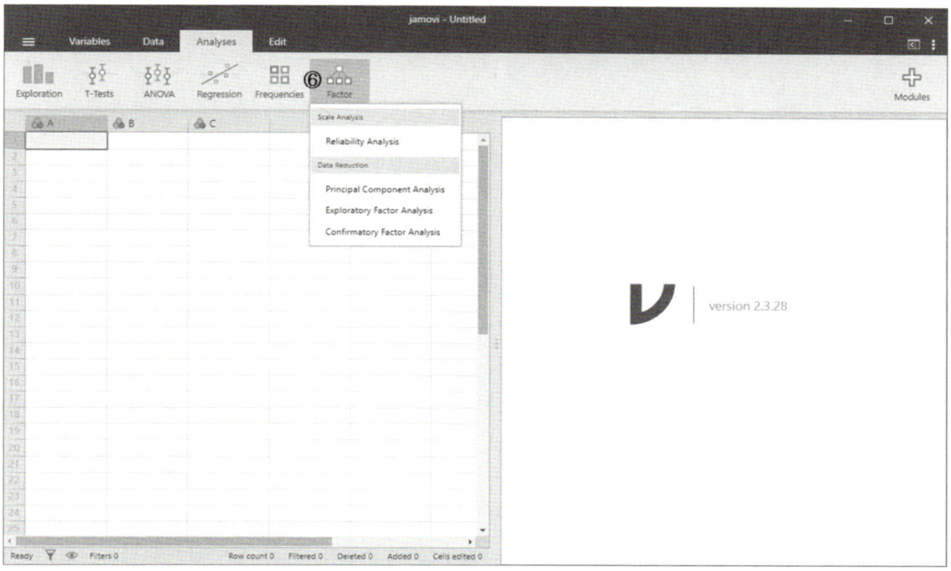

[그림 8.2-17] Factor(요인분석)

❺ Edit(편집): jamovi 분석결과표에 주석을 붙일 수 있는 기능으로 Clipboard, Edit, Font, Paragraph, Insert, Styles가 있다.

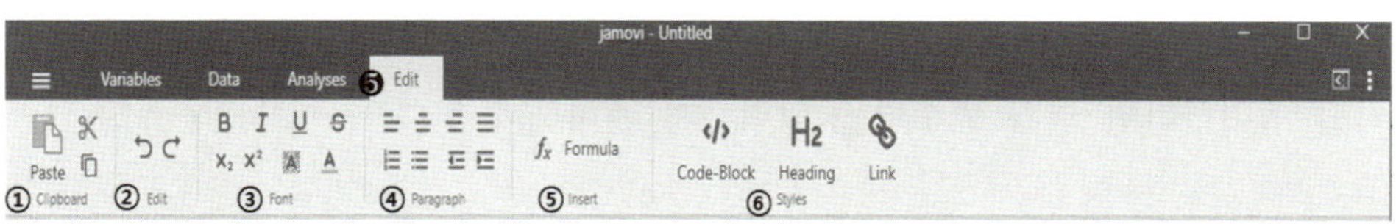

[그림 8.2-18] Edit(편집) 창

① Paste(붙여넣기, 자르기, 복사): 붙여넣기, 자르기, 복사 기능을 활용하여 클립보드에 있는 데이터를 jamovi 분석에 사용할 수 있도록 한다.

② Edit(편집): 입력한 자료 특정 값을 취소하거나 새로운 값을 입력하는 데 사용된다.

③ Font(폰트): 글자 크기, 글자 모양, 수식 등을 실행할 수 있다.

④ Paragraph(문단 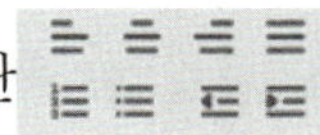): 문단 모양, 문단 정렬, 개요 등을 실행할 수 있다.

⑤ Insert(삽입하기 

): 수식, 공식을 실행할 수 있다.

⑥ Styles(스타일 

): 코드블록, 표제, 링크 삽입 등을 실행할 수 있다.

여기까지가 jamovi 통계 패키지 프로그램의 기초 사용법이다. 아래에서는 실제로 자료를 입력하고 편집하는 방법들에 대해 알아보기로 하자.

8.3 분석자료 입력 및 편집

jamovi로 구조방정식 모형을 분석하기 전의 사전 단계는 측정 도구로 평가된 자료를 입력하는 것이다. 또는 엑셀과 같은 다른 프로그램(EXCEL, SPSS, SAS, Stata 등)에서 처리된 자료 파일을 불러오는 것이다. 연구자가 자료를 jamovi에서 직접 입력한다면 먼저 변수명을 입력해서 준비해야 한다.

jamovi를 실행하면 [그림 8.3-1]처럼 왼쪽 창에 변수 이름들을 지정할 수 있는 창이 나타난다.

❶ 사용자가 변수 이름을 지정하지 않으면 [그림 8.3-1]처럼 자동으로 생성된다(예: A, B, C…). Name은 변수명을 뜻한다. Description은 변수에 설명을 입력할 수 있다. 이 설명은 분석에 영향을 주지 않으므로 자유롭게 입력하면 된다.

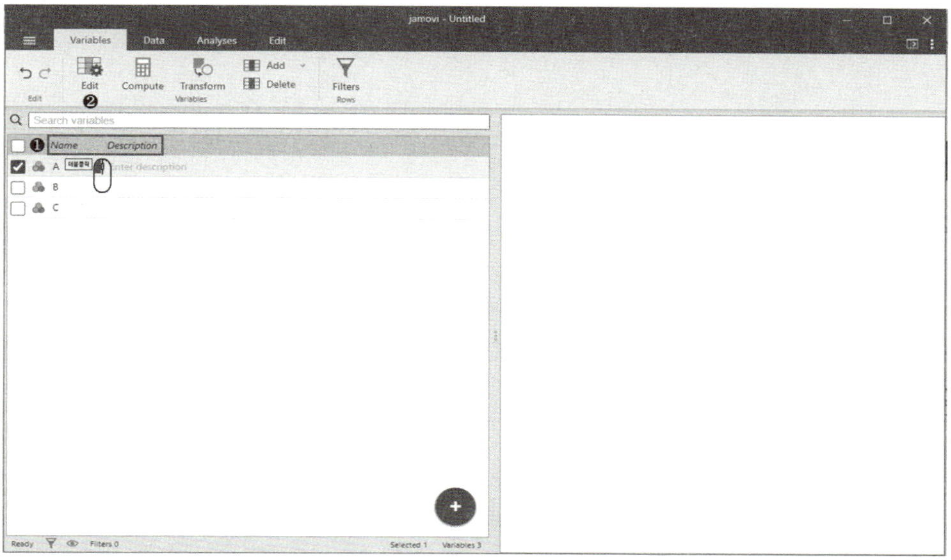

[그림 8.3-1] 변수 이름 입력

❶ 변수 이름을 더블 클릭하거나 [그림 8.3-2]의 ❸과 같이 Edit(편집)을 클릭하면 ❷와 같이 'DATA VARIABLE' 편집기가 나타난다. 이 편집기의 첫 번째 칸에 **'변수 이름'을 입력한다. 변수 이름은 한글, 영어 모두 가능하나, 분석 시 오류가 나지 않으려면 영어로 지정하는 것이 좋다.**

❷번에서 ① Measure type(척도 유형)과 ② Data type(자료 유형), ③ Missing values(결측값)로 구성되어 있다. Levels 오른쪽 아래의 +를 클릭하면 Enter level value(레벨 값 입력)를 할 수 있다. Levels 아래에서 Retain unused levels in analyses(분석에서 사용되지 않은 수준 유지)의 유무도 선택할 수 있다. ①, ②, ③에 대해 자세히 알아보기로 하자.

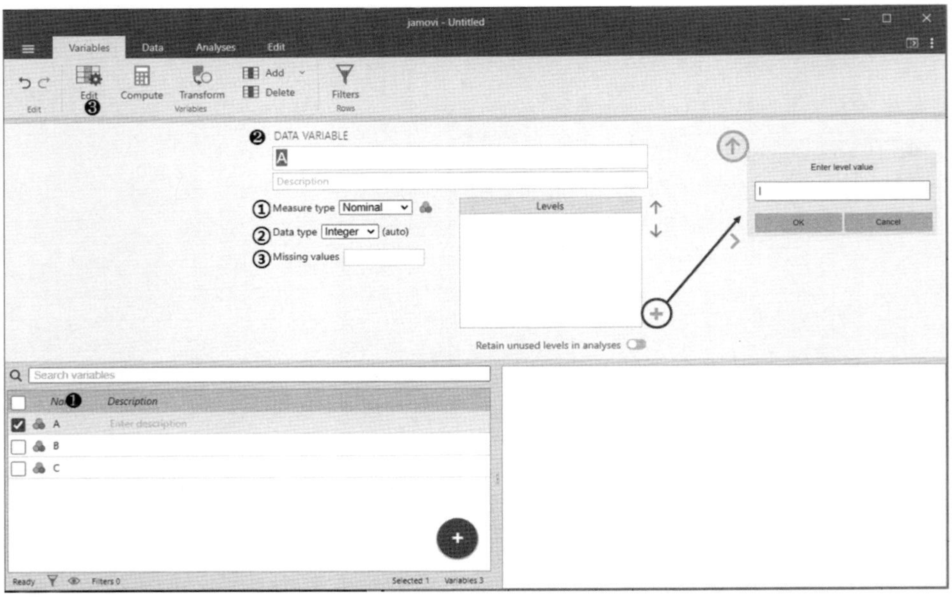

[그림 8.3-2] 측정변수 유형

① Measure type(척도 유형): 드롭다운 메뉴를 클릭하면 아래처럼 4가지 유형 중 1개를 선택할 수 있다.

- Nominal(명명척도): 자료가 범주변인(성별, 거주지역, 종교 등)일 경우 선택한다.
- Ordinal(서열척도): 자료가 서열변인(석차, 백분위, 등위 등)일 경우 선택한다.
- Continuous(연속변수): 자료의 측정값 간격이 연속적인 변인(나이, 키, 몸무게, 온도 등)일 경우 선택한다.
- 'ID'는 분석에 사용되지 않는 응답자 이름, 일련번호 등일 경우 선택한다.

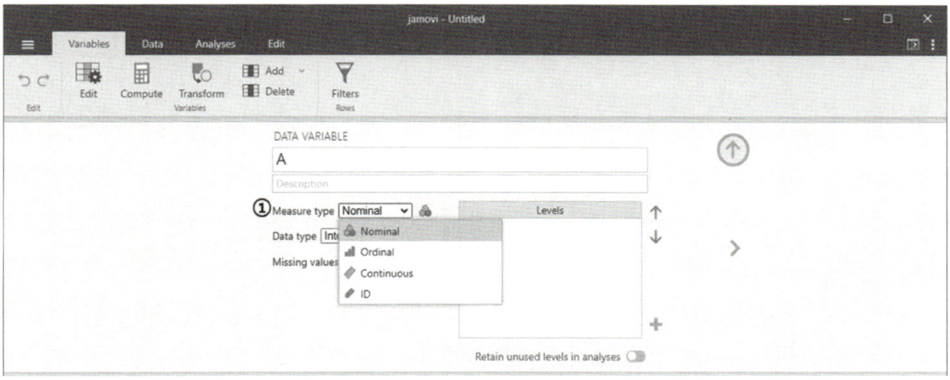

[그림 8.3-3] Measure type(척도 유형)

② Data type(자료 유형)은 Integer(정수), Decimal(소수), Text(문자)로 구성되어 있다. 명명 척도 및 서열 척도는 Integer(정수)로 하고, 연속변수는 Decimal(소수)으로 하면 된다.

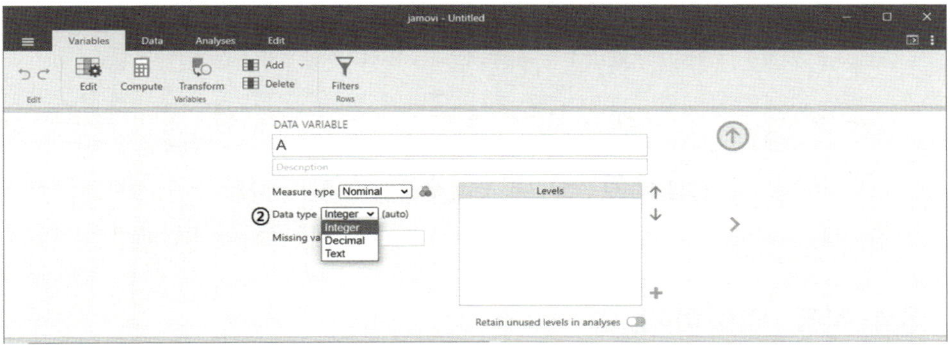

[그림 8.3-4] Data type(자료 유형)

③ Missing values(결측값)를 클릭하면 +Add missing Value(+결측값 추가)를 할 수 있다. 결측값은 9, 99, 999와 같이 사용자가 지정해 주면 된다. 셀을 빈 공백으로 두면 jamovi는 빈 공백을 결측값으로 인식한다.

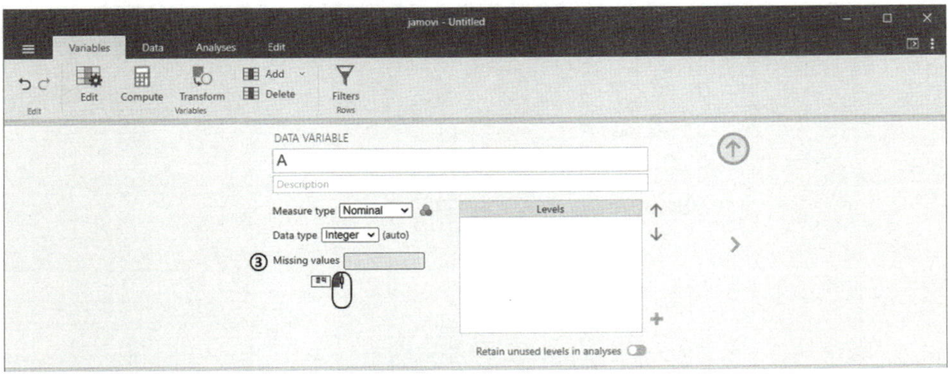

[그림 8.3-5] Missing Values(결측값) 지정

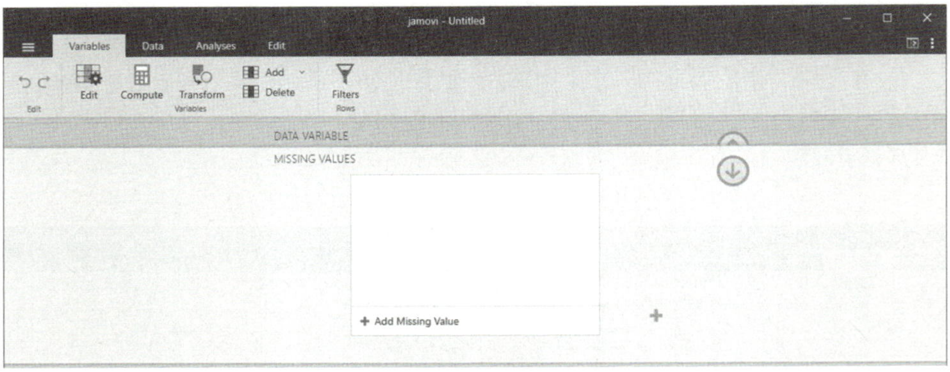

[그림 8.3-6] Add Missing Values(결측값) 추가

8.4 자료 입력하기

Data(데이터)의 입력은 [그림 8.4-1]과 같이 ❶ Data(데이터) → ❷ 창에서 셀 선택 → ❸ 값 입력 후 Enter↵를 클릭하면 된다. 만약 변수 이름을 사전에 입력하지 않았다면, [그림 8.4-2]와 같이 ❹ 변수 이름(A) 더블 클릭 → ❺ 'DATA VARIABLE' 첫 번째 칸에 **변수 이름**을 입력해 주어도 된다. 변수명은 영어로 입력할 것을 권장한다.

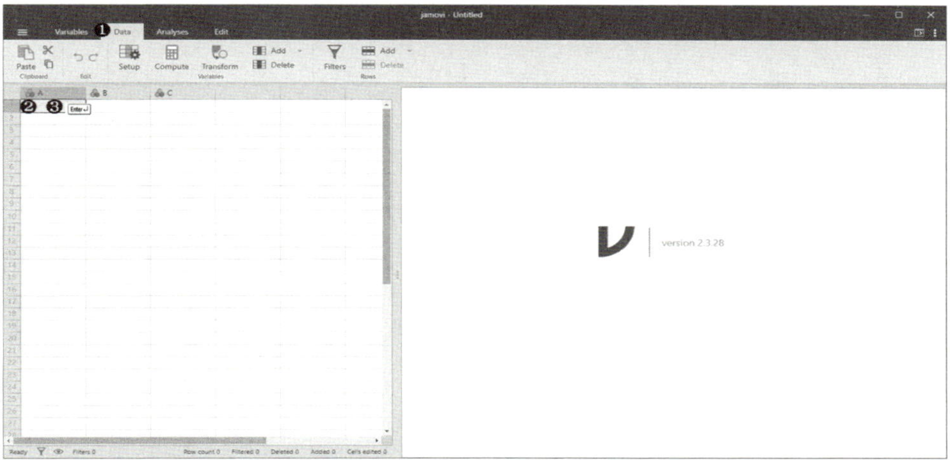

[그림 8.4-1] Data(데이터) 직접 입력

그런 뒤, ❻ Measure type(척도 유형)에서 Nominal(명명척도), Ordinal(서열척도), Continuous(연속변수) 중에서 선택하고, 자료가 사례번호이면 ID(사례번호)를 선택하고 → ❼ Data type(자료 유형)은 Integer(정수), Decimal(소수), Text(문자) 중에서 선택한다.

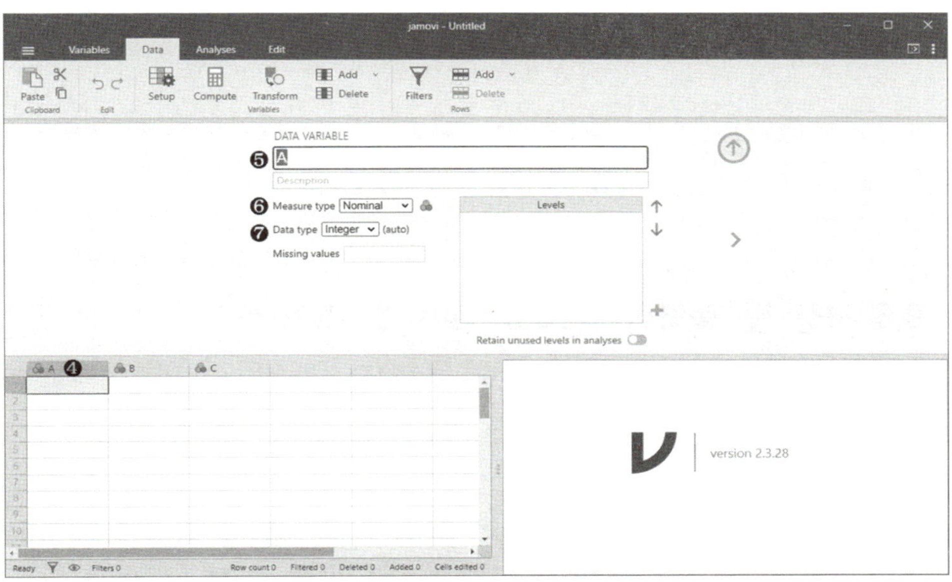

[그림 8.4-2] 측정변수 유형

또 다른 방식으로 Data(데이터)에서 Setup(설정)을 클릭하여 ❺ 'DATA VARIABLE' 편집을 통해 ❼까지 진행할 수 있다.

8.5 jamovi에서 엑셀파일 불러오기

jamovi는 엑셀 자료를 불러올 수 있다. 엑셀 파일 불러오기는 [그림 8.5-1]과 같이 ❶ 三 → ❷ Open ➜ This PC 또는 Data Library Browse ❸ Browse(탐색) → ❹ 해당 파일 열기 순으로 진행하면 된다.

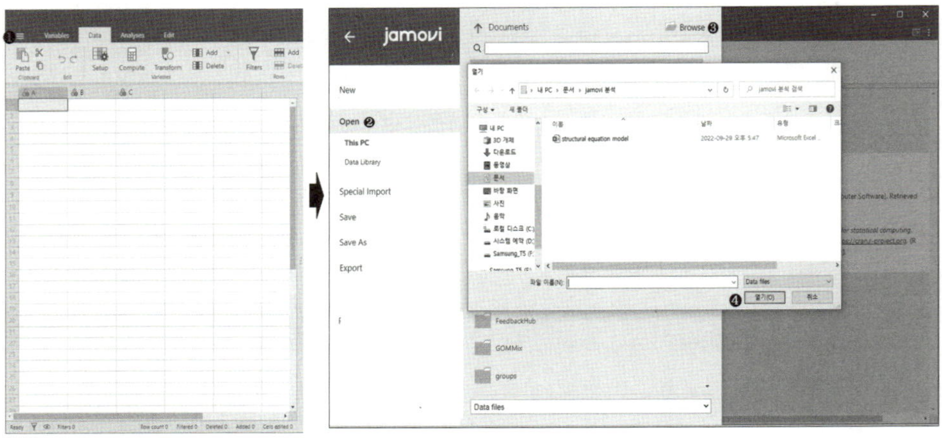

[그림 8.5-1] 엑셀파일 불러오기

8.6 저장 및 출력하기(Data save & Result)

8.6.1 분석자료 저장하기

분석자료의 저장은 [그림 8.6-1]과 같이 ❶ 三 → ❷ Save(저장) 또는 Save As (다른 이름으로 저장) Browse(탐색) → ❸ Browse(탐색) → ❹ Save(저장) 순서로 할 수 있다.

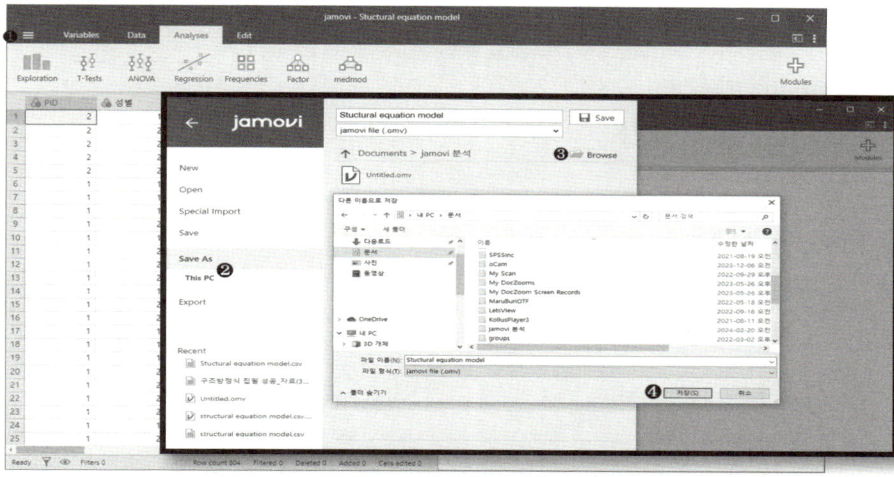

[그림 8.6-1] 입력자료 저장하기

8.6.2 분석자료 출력하기

분석자료 출력은 [그림 8.6-2]와 같이 ❶ 三 → ❷ Export(내보내기) 순서로 진행된다. 자료의 Export(내보내기)는 다양한 유형[CSV(Comma delimited)(.csv), SPSS sav(.sav), Stata(.dta)]으로 실행할 수 있다.

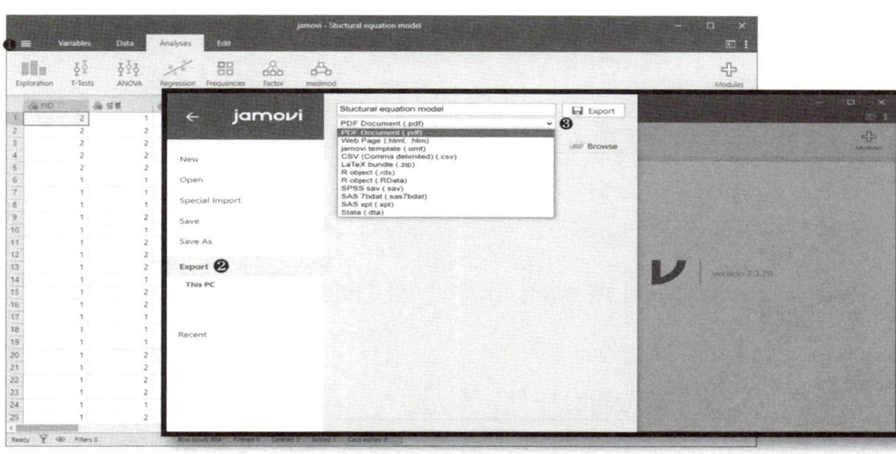

[그림 8.6-2] 분석자료 출력하기

8.7 자료 처리의 실제

8.7.1 자료 입력하기

jamovi 시작:

1) ID(사례번호) 입력하기

설문조사가 끝나면 연구자는 각 설문지에 고유번호 또는 식별번호(ID)를 부여한다.

❶ Data → ① A 더블 클릭 → ② DATA VARIABLE ('A' ⇨ 'Number') → ③ Measure type (ID) → ④ Data type (Integer)

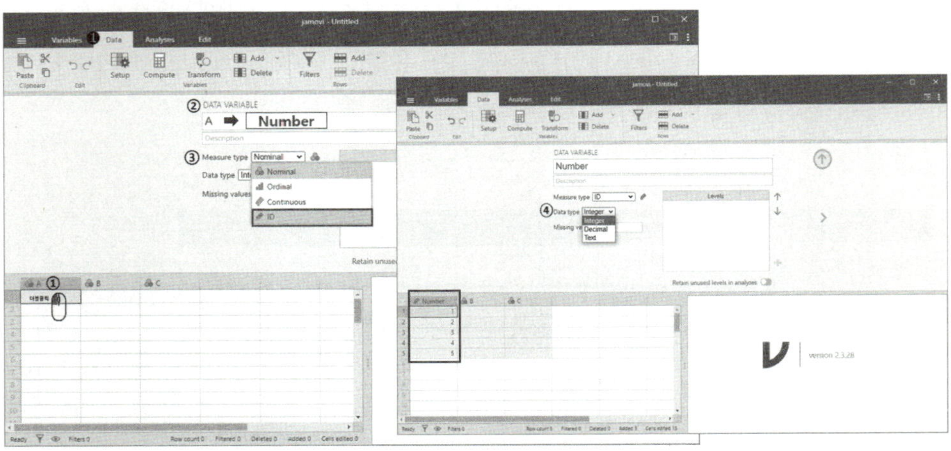

[그림 8.7-1] ID(사례번호) 입력하기

[그림 8.7-1]과 같이 ❶ Data(데이터) 클릭 → ① 변수 이름(A) 더블 클릭 → ② DATA VARIABLE 편집기에서 연구자가 설정한 변수 이름 입력(예: Number) → ③ Measure type(변수 척도 수준)에서 ID(일련번호) 선택 → ④ Data type(데

이터 유형)에서 Integer(정수)를 선택한다. 그러면 jamovi는 이 변인을 사례의 식별번호로 인식하고, 분석할 자료로 인식하지 않는다.

2) Nominal(명명변수) 입력하기

① B 클릭 → ② DATA VARIABLE ('B' ⇨ 'Gender') → ③ Measure type (Nominal) → ④ Data type (Integer)

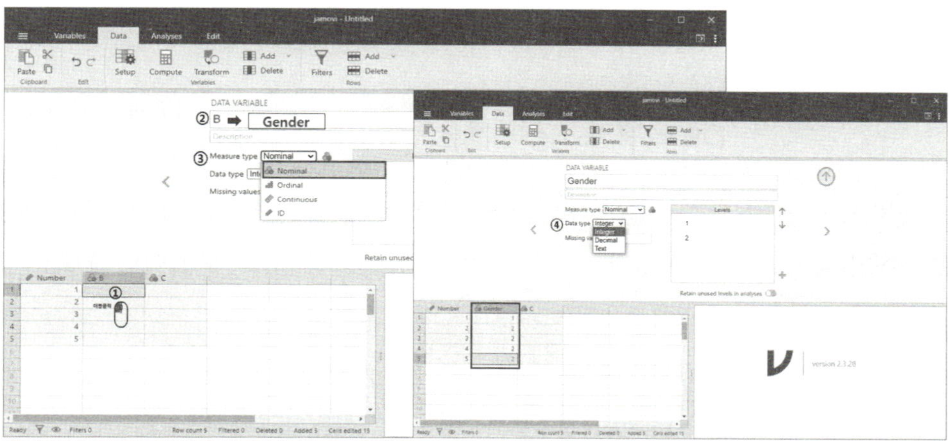

[그림 8.7-2] Nominal(명명변수) 설정하기

명명 변수의 입력은 [그림 8.7-2]와 같이 ① Data(데이터) B 클릭 → ② DATA VARIABLE 편집기에서 연구자가 설정한 변수 이름 입력(예: Gender) → ③ Measure type(척도 유형)에서 Nominal(명명척도) 선택 → ④ Data type(데이터 유형)에서 Integer(정수)를 선택하면 '성별(Gender)'을 명명변인으로 jamovi는 인식한다.

3) Nominal(명명변수)에서 데이터값을 설명하기

① B 클릭 → ② DATA VARIABLE ('B' ⇨ Gender) → ③ Measure type (Nominal) → ④ Data type (Integer)

⑤ B 더블 클릭 '1' → ⑥ Levels (Male) → 숫자2: 'Female' 입력방법은 ⑤~⑥으로 순서대로 진행

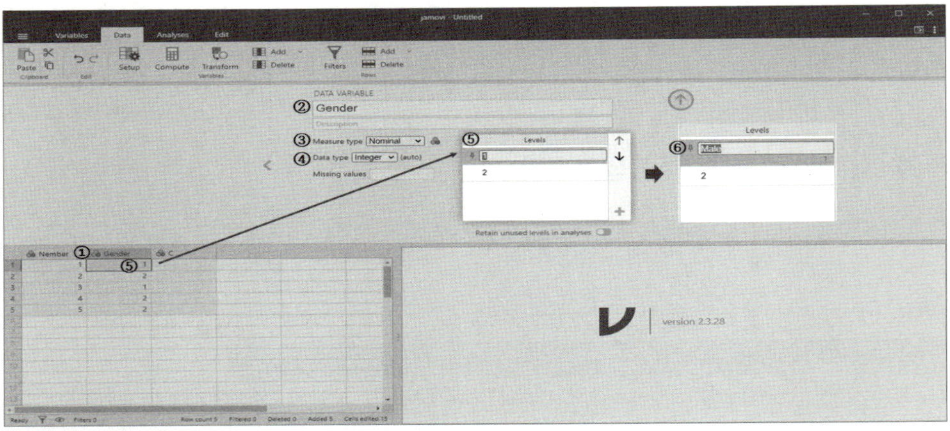

[그림 8.7-3] Nominal(명명변수) 데이터값 설정하기

명명 변수(예: 성별)는 자료 값에 설명을 지정할 수 있다. 즉 1이 남자(Male)이고, 2가 여자(Female)라고 지정할 수 있다. 이를 위해 [그림 8.7-3]과 같이 ① Data(데이터) Gender 클릭 → ② DATA VARIABLE 편집기에서 연구자가 설정한 변수 이름 확인 → ③ Measure type(척도 유형)에서 Nominal(명명척도) 확인 → ④ Data type(데이터 유형)에서 Integer(정수) 확인 → ⑤ 더블 클릭하여 Levels에서 숫자 1확인 → ⑥ Levels에서 연구자가 설정한 변수 이름을 입력(예: Male)하고 숫자 2는 Female로 입력할 수 있다. 그러면 [그림 8.7-4]와 같이 왼쪽의 스프레드시트 창에서 Male과 Female이 나타난다.

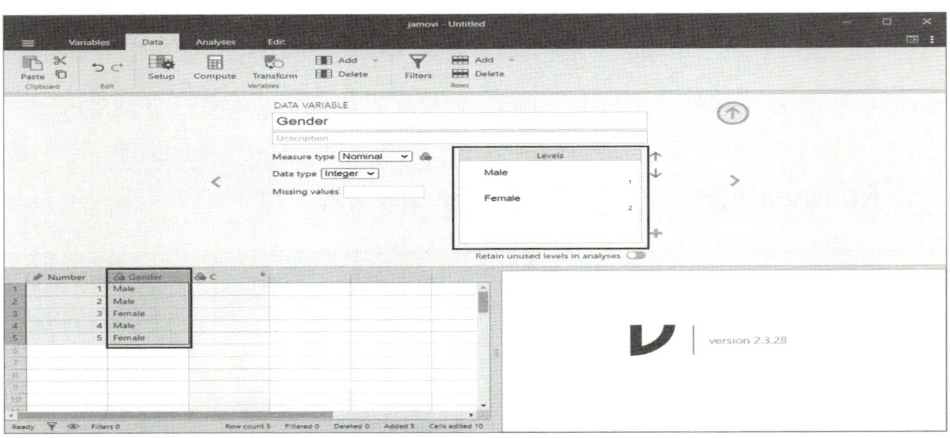

[그림 8.7-4] Nominal(명명변수) 데이터값 변경하기

4) Continuous(연속변수) 입력하기

① C 클릭 → ② DATA VARIABLE ('C' ⇨ 'Age') → ③ Measure type (Continuous) → ④ Data type (Integer&Decimal)

연속변수의 입력은 [그림 8.7-5]와 같이 ① Data(데이터) C 클릭 → ② DATA VARIABLE 편집기에서 연구자가 설정한 변수 이름 입력(예: Age) → ③ Measure type(척도 유형)에서 Continuous 선택 → ④ Data type(데이터 유형) Integer(정수) 또는 Decimal(소수)을 선택하면 된다.

[그림 8.7-5] Continuous(연속변수) 설정하기

여기서 잠깐!

jamovi의 자료 입력은 기본적으로 3개의 열로 세팅되어 있다. 새 열을 추가하고 싶다면 [그림 8.7-6]의 'Age'의 뒤의 열을 더블 클릭하고 [그림 8.7-6]의 ②와 같이 NEW DATA VARIBLE을 선택하면 새 열이 생성된다.

① 클릭 → ② NEW DATA VARIABLE → ③ 'D' 추가 생성 확인

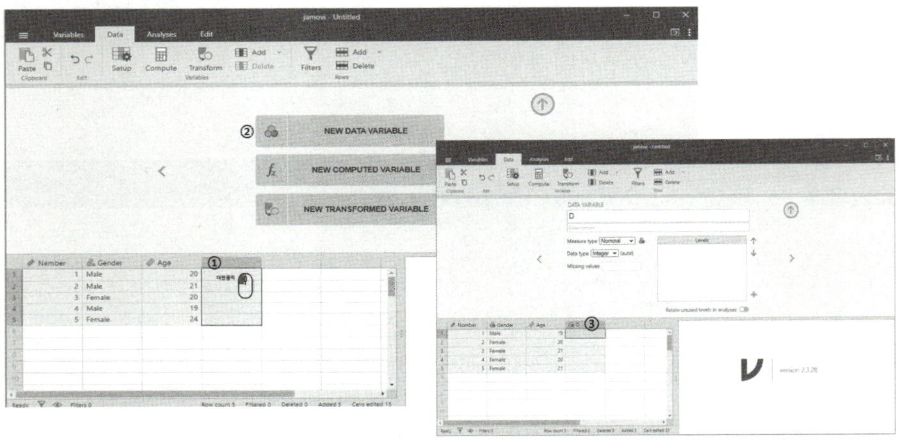

[그림 8.7-6] 추가 열 생성하기

5) Ordinal(서열변수) 입력하기

서열변수의 입력은 [그림 8.7-7]과 같이 ① Data(데이터) D를 더블 클릭하고→ ② DATA VARIABLE 편집기에서 연구자가 설정한 변수 이름(예: Happiness_1)을 입력 → ③ Measure type(척도 유형)에서 Ordinal(서열) 선택 → ④ Data type(데이터 유형)에서 Integer(정수) 또는 Decimal(소수)을 선택하면 된다.

① D 클릭 → ② DATA VARIABLE ('D' ⇨ Happiness_1) → ③ Measure type (Ordinal) → ④ Data type (Integer&Decimal)

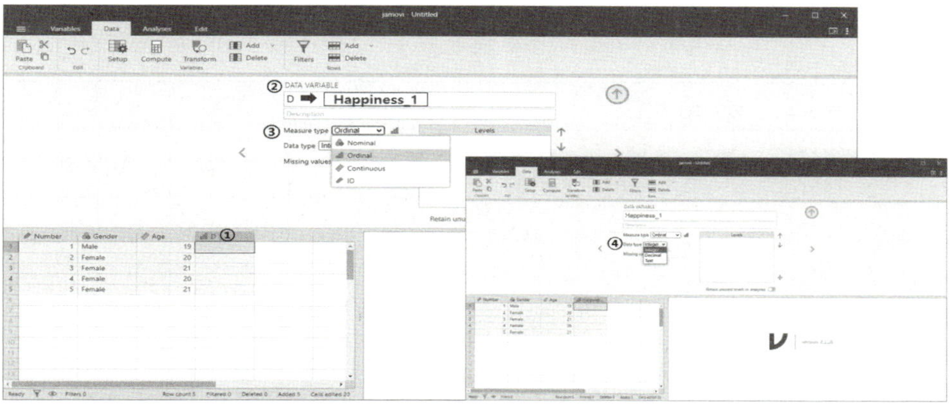

[그림 8.7-7] Ordinal(서열척도) 설정하기

8.8 자료 연산하기

자료 연산하기는 기존의 변수로 계산해서 다른 새 변수를 만들 때 사용한다. 

또는 

을 활용하여 f_x(계산 편집기)를 실행한다. f_x를 클릭하여 Functions(함수)의 스크롤바를 내리면서 Math(수학), Statistical(통계), Logical(논리) 등 분석하고 싶은 함수를 찾아보면 된다. 구체적인 예를 제시하기 전에 jamovi의 연산 방법을 알아보자.

여기서 잠깐!

① 기본 연산자

연산자	설명	예시
==	같음	5==5
! =	같지 않음	5!=6
〉	초과	3〉4
〈	미만	3〈4
〉=	이상	3〉=3
〈=	이하	3〈=3
or	또는	'Age'〉 10 or 'Sex'= =1
and	그리고	'Age'〉 0 and 'Age'〈=10

주, 문자를 Functions(함수)에 입력할 경우 'Age'처럼 ' '를 빠뜨리면 안 된다.

② 수학 함수

jamovi 화면	함수	설명	예시
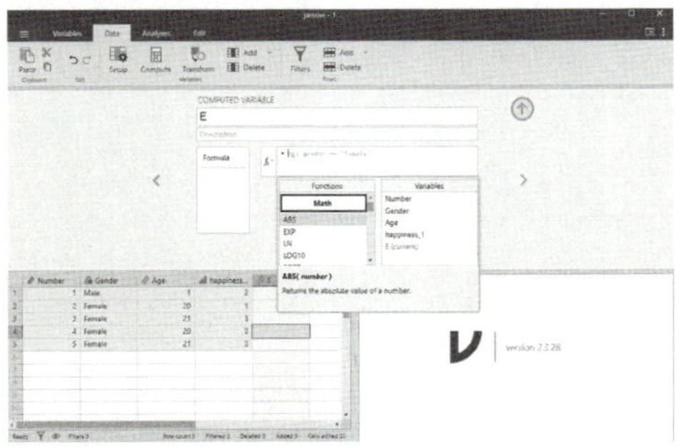	ABS(X)	절댓값	ABS(-20)
	EXP(X)	지수함수	EXP(7.907)
	LN	자연로그	LN(1000)
	LOG10(X)	상용로그	LOG10(1000)
	SQRT(X)	루트	SQRT(2)

③ 통계 함수

jamovi 화면	함수	설명
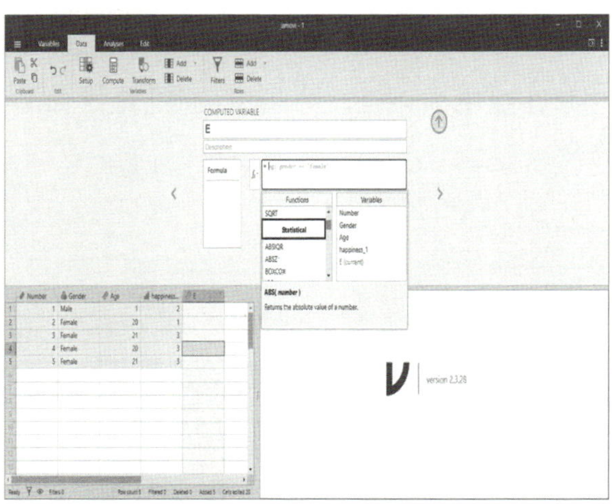	BOXCOX	boxcox
	MEAN	평균값
	SCALE	표준점수(Z)값
	SUM	합계
	VMEAN	변수 전체 평균값
	VMED	변수 전체 중앙값
	VMODE	변수 전체 최빈값
	VN	변수 전체 사례 수
	VSE	변수 전체 표준오차
	VSTDEV	변수 전체 표준편차
	VSUM	변수 전체 합계값
	VVAR	변수 전체 분산값
	Z	표준점수 값

④ 논리 함수

jamovi 화면	함수	함수 형식
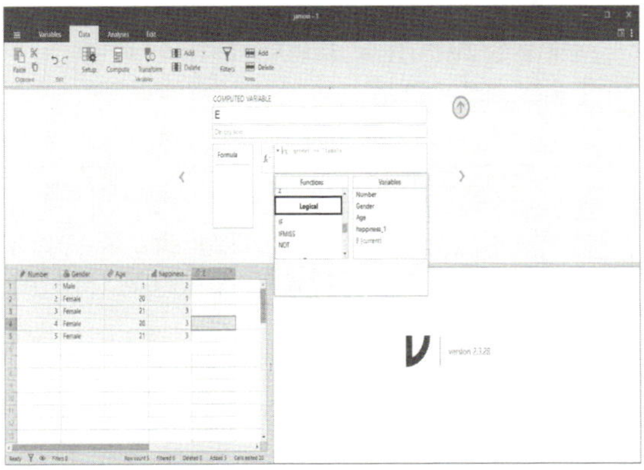	IF	IF(표현식, 숫자, 다른 숫자)
	IFMISS	IFMISS(변수, 숫자, 다른 숫자)

여기까지 jamovi에서 사용할 수 있는 기본 연산자, 수학 함수, 통계 함수, 논리 함수를 알아보았다. 입력된 변수들을 사용하여 합산하고, 평균을 구하고, 표준화 점수(Z)를 구하는 방법을 알아보기로 하자.

jamovi 시작: 합산

한 변수와 다른 변수의 합산은 함수 편집기의 f_x에서 Functions(함수)의 'SUM( )'을 찾아 계산한다. 이는 두 가지 방법으로 할 수 있다.

- Data의 Setup을 클릭해서 (f_x) NEW COMPUTED VARIABLE로 실행하기
- 새로운 변수 더블 클릭해서 (f_x) NEW COMPUTED VARIABLE로 실행하기

여기서는 첫 번째 방법으로 해보기로 한다. [그림 8.8-1]에서 [그림 8.8-5]까지 따라 해보기를 바란다.

예시: 합산
행복 점수를 더한 총점 계산

① Data ➜ Setup / ① 새로운 변수 더블 클릭 ➜ ② (f_x) NEW COMPUTED VARIABLE ➜

③ COMPUTED VARIABLE ('H' ⇨ 'hp(total)' ➜ ④ f_x (Functions ⇨ 'SUM') ➜ ⑤ f_x (Variable ⇨ 'hp_1, hp_2, hp_3, hp_4')

Variable(변수 이름) 사이는 반드시 콤마(,)로 구분해야 한다. 예를 들어 SUM(hp_1, hp_2, hp_3, hp_4)로 입력한다.

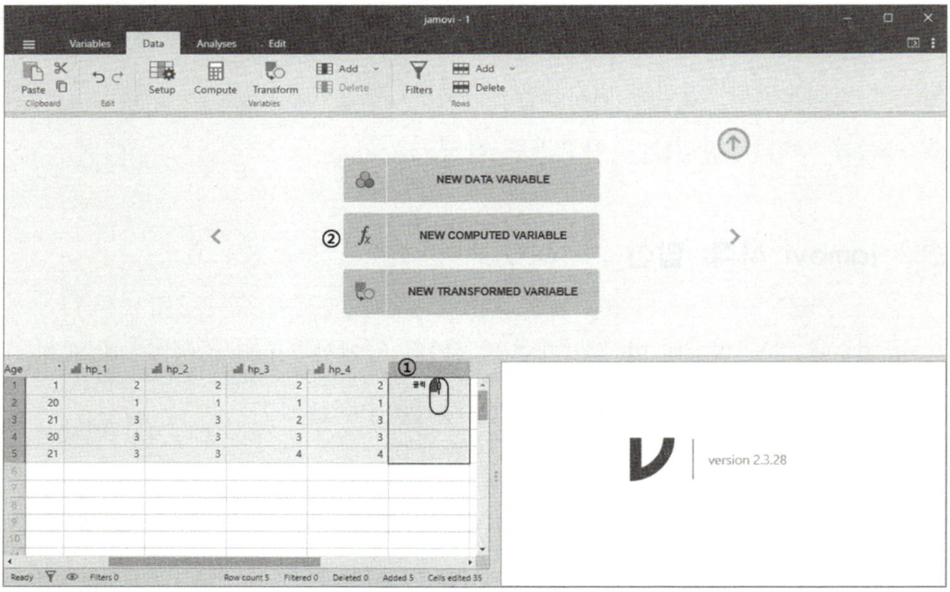

[그림 8.8-1] 합산 구하기

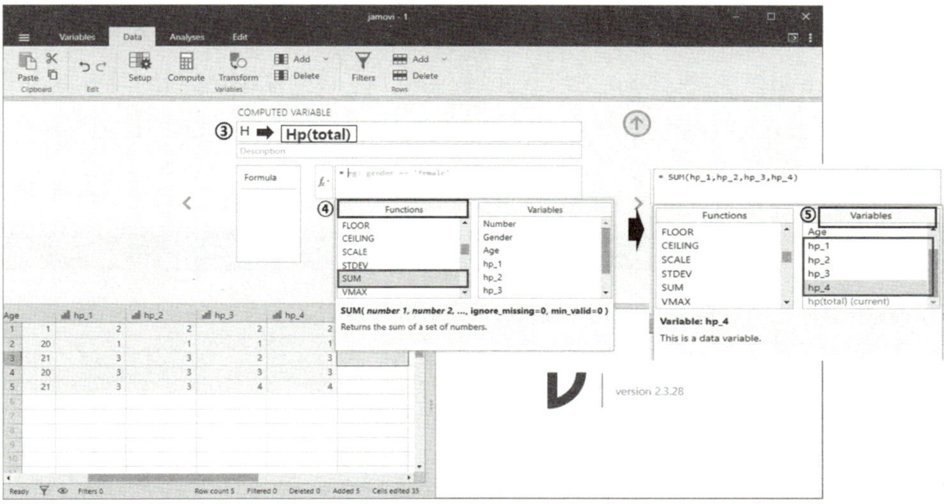

[그림 8.8-2] 계산식(SUM) 및 데이터 선택하기

[그림 8.8-3]처럼 hp_1, hp_2, hp_3, hp_4로 계산한 새 변수 'hp(total)'가 생성되었다.

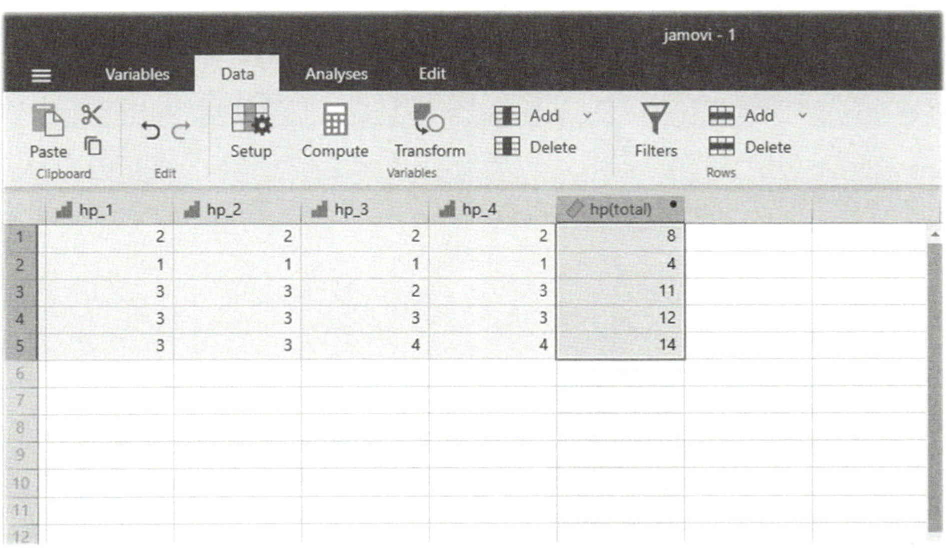

[그림 8.8-3] 합산 결과 확인하기

또 다른 방법으로 함수 편집기를 사용하지 않고 합산을 구하는 방법이 있다. 즉 [그림 8.8-4]는 f_x에서 hp_1+hp_2+hp_3+hp_4를 입력하였다. [그림 8.8-5]에 합산한 총점을 보여주는 새 변수 'HP(TOTAL)'가 생성된 것을 볼 수 있다.

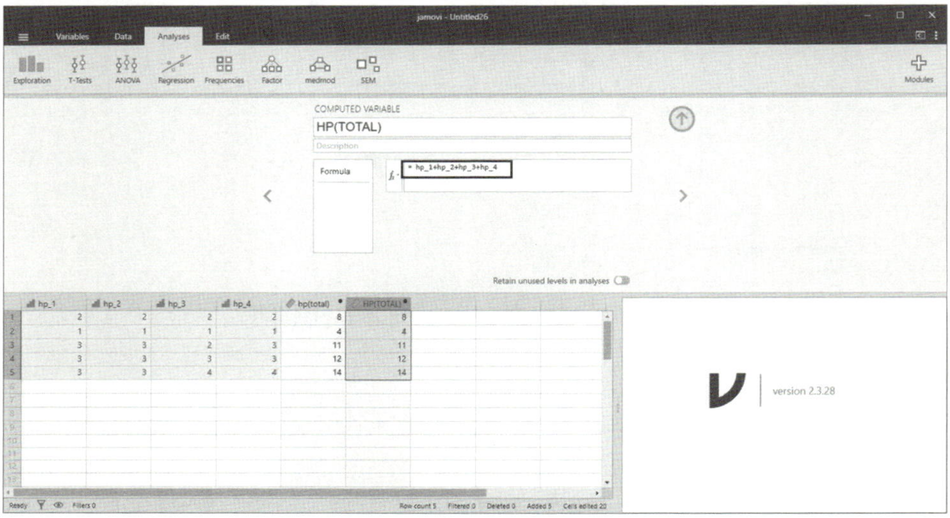

[그림 8.8-4] 단순 합산하기

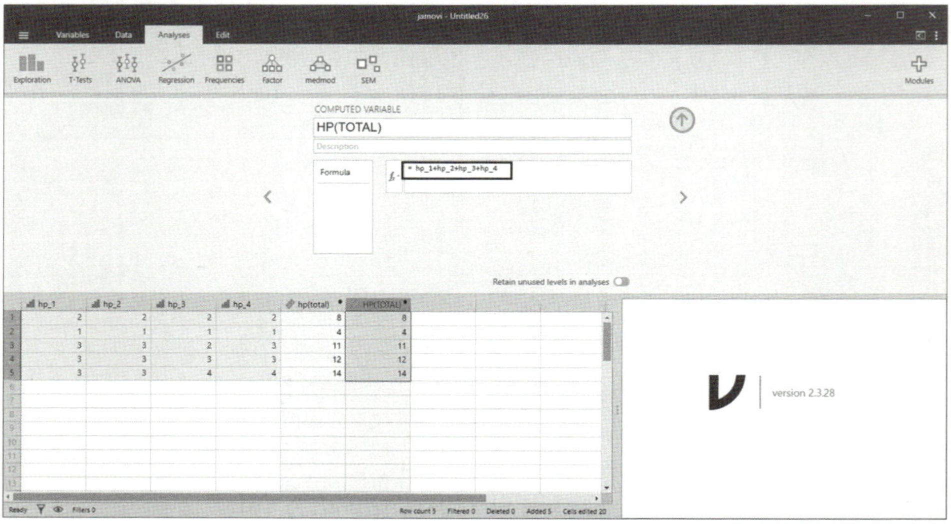

[그림 8.8-5] 합산 결과 확인하기

jamovi 시작: 평균 구하기

평균은 함수 편집기 f_x에서 Functions(함수)의 'MEAN( )'으로 구할 수 있다. Data에서 (f_x) NEW COMPUTED VARIABLE로 실행하고, [그림 8.8-6]에서 [그림 8.8-10]까지 따라 해보라.

예시: 평균 구하기
행복 점수의 평균 계산

① Data ➜ Setup / ① 새로운 변수 더블 클릭 ➜ ② (f_x) NEW COMPUTED VARIABLE ➜

③ COMPUTED VARIABLE ('H' ⇨ 'mean') ➜ ④ f_x (Functions ⇨ 'MEAN') ➜ ⑤ f_x (Variable ⇨ 'hp_1, hp_2, hp_3, hp_4')

Variable(변수 이름) 사이는 콤마(,)로 구분한다. 예를 들어, Mean(hp_1, hp_2, hp_3, hp_4)로 입력한다.

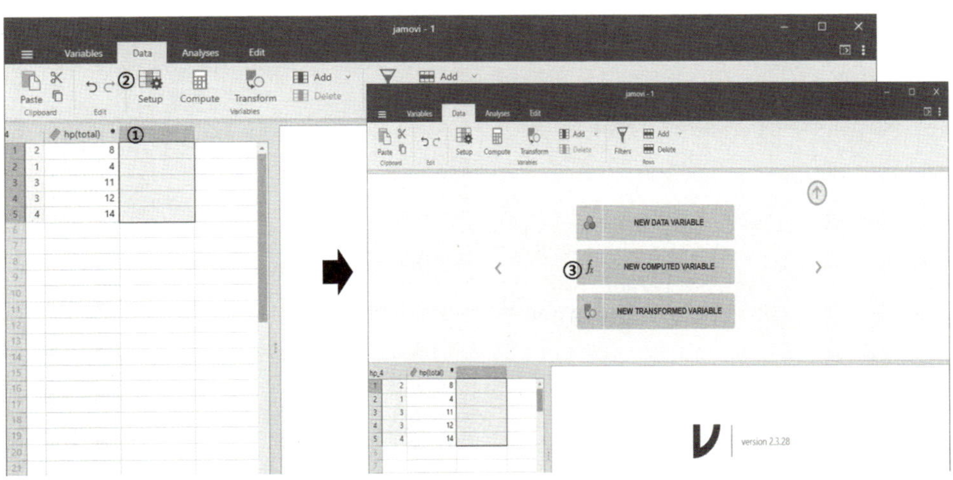

[그림 8.8-6] 평균 구하기

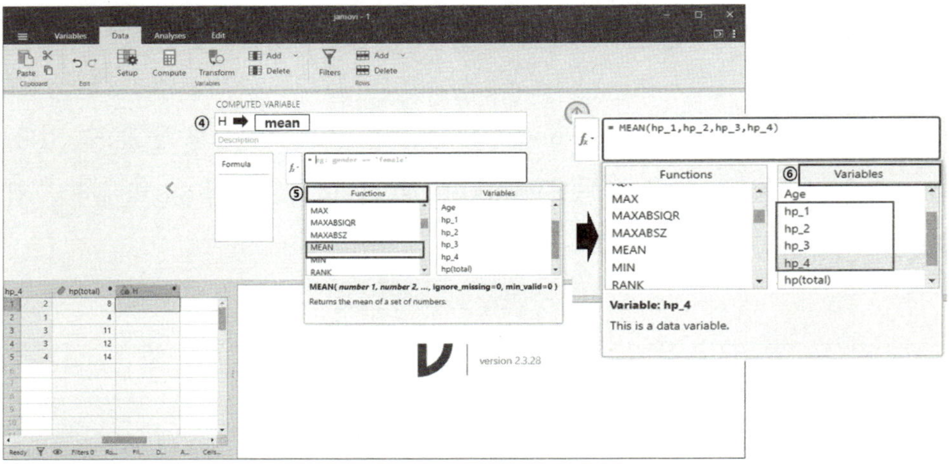

[그림 8.8-7] 계산식(MEAN) 및 데이터 선택하기

[그림 8.8-8]에 hp_1, hp_2, hp_3, hp_4의 평균이 새 변수 'mean'으로 생성되어 있다.

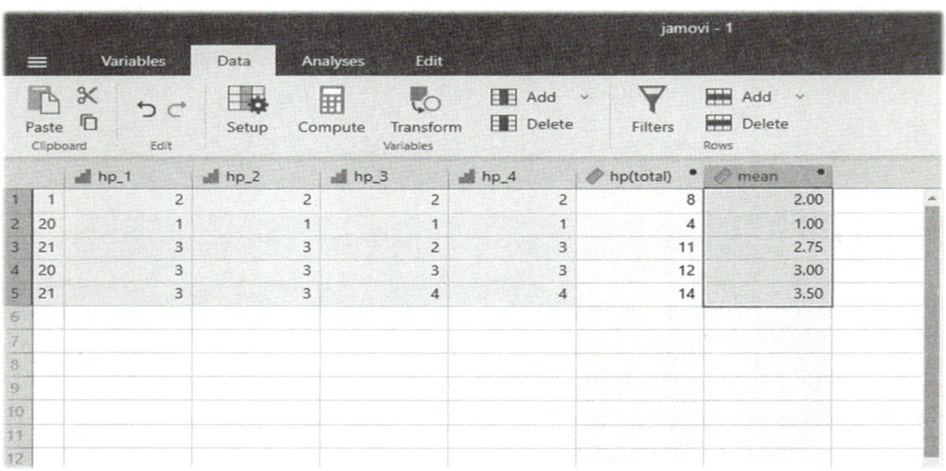

[그림 8.8-8] 평균 결과 확인하기

함수 편집기를 사용하지 않고 [그림 8.8-9]처럼 f_x에서 (hp_1+hp_2+hp_3+hp_4)/4를 입력하여 평균을 구할 수도 있다. [그림 8.8-10]에서 새 변수 MEAN을 볼 수 있다.

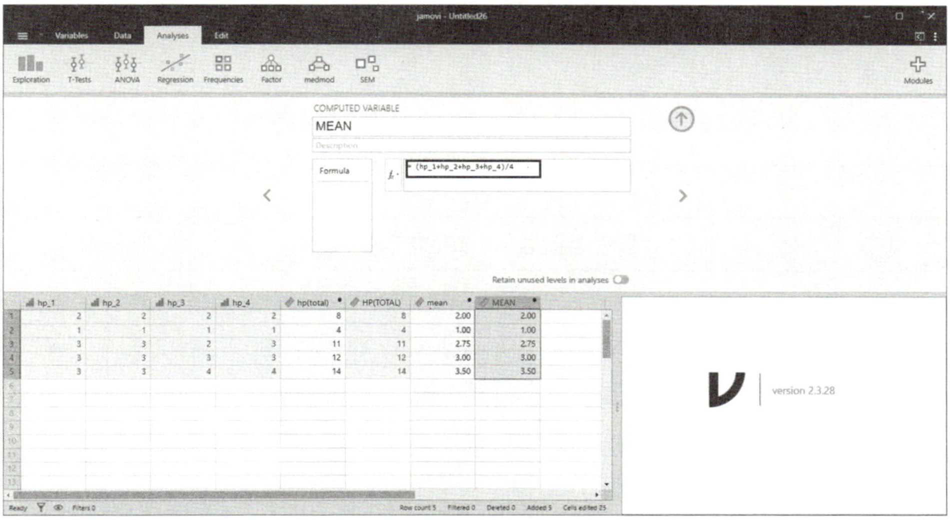

[그림 8.8-9] 단순 평균 구하기

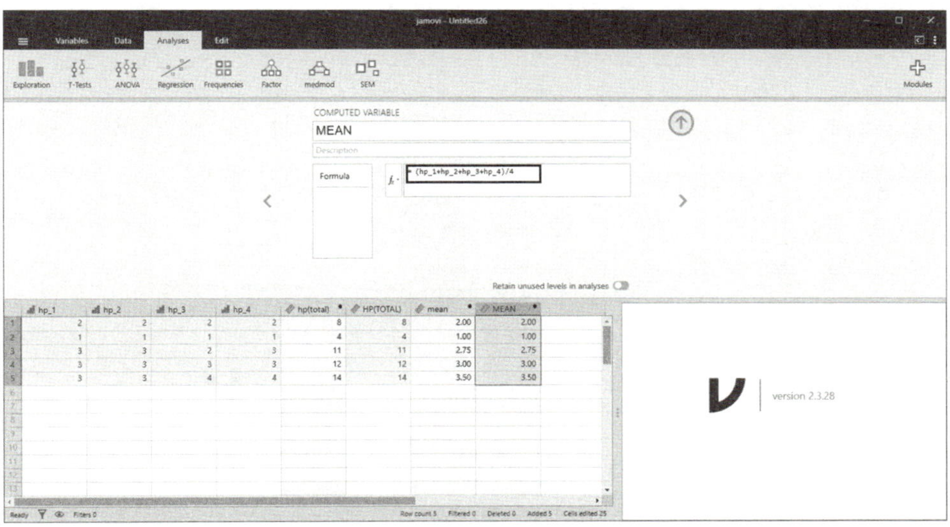

[그림 8.8-10] 평균 결과 확인하기

jamovi 시작: 표준화 점수 만들기

표준화 점수(Z = [원점수 - 평균] ÷ 표준편차)의 평균은 0, 표준편차는 1인 점수이다. 표준화 점수를 구하려면 함수 편집기 f_x에서 Functions(함수)의 'Z'를 사용하면 된다. [그림 8.8-11]에서 [그림 8.8-13]까지의 예시는 행복 평균 점수를 표준화 점수로 변환하는 예이다.

예시: Z점수 구하기
행복 평균 점수의 표준화 점수 계산

① Data ➜ Setup / ① 새로운 변수 더블 클릭 ➜ ② (f_x) NEW COMPUTED VARIABLE ➜

③ COMPUTED VARIABLE (‘J’ ⇨ ‘Z’) ➜ ④ f_x (Functions ⇨ ‘Z’) ➜ ⑤ f_x (Variable ⇨ ‘mean’)

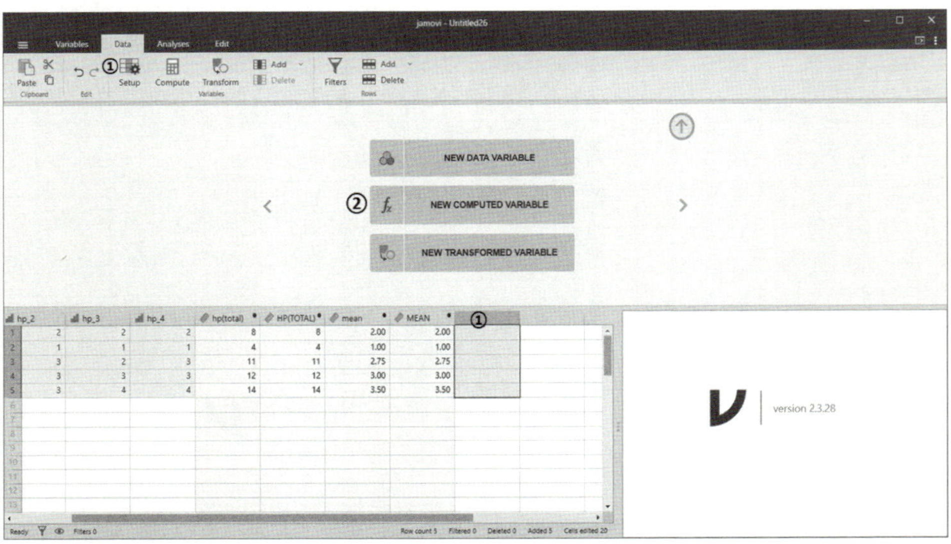

[그림 8.8-11] 표준화 점수 구하기

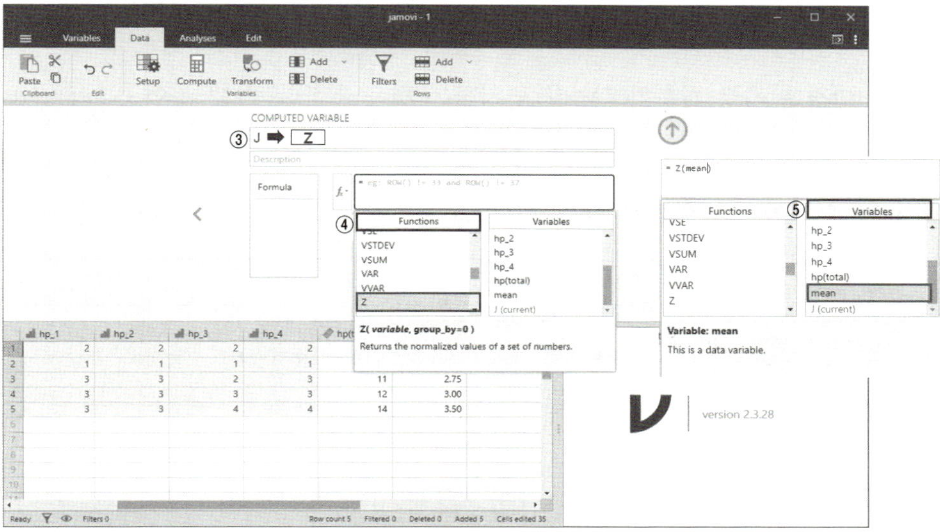

[그림 8.8-12] 계산식(Z) 및 데이터 선택하기

[그림 8.8-13]는 행복 평균점수(mean)로 산출된 표준화 점수(Z)를 보여주고 있다.

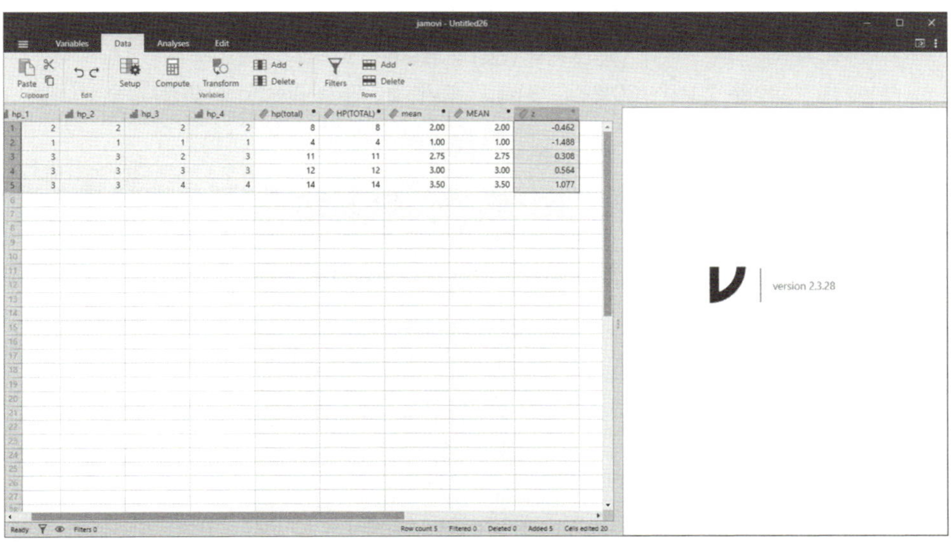

[그림 8.8-13] 표준화 점수 결과 확인하기

8.9 자료 변환하기

코딩 변경은 특정 변수의 값들을 변경하는 것을 뜻한다. 예를 들어 Continuous (연속변수)에서 age를 범주화하여 변경할 수 있다. [그림 8.9-1]에서 [그림 8.9-6]까지 따라 해보기를 바란다.

① 빈칸 클릭 ➜ ② NEW TRANSFORMED VARIABLE ➜ ③ Source variable(Age) ➜

④ using transform (Create New Transform) ➜ ⑤ +Add record condition ➜

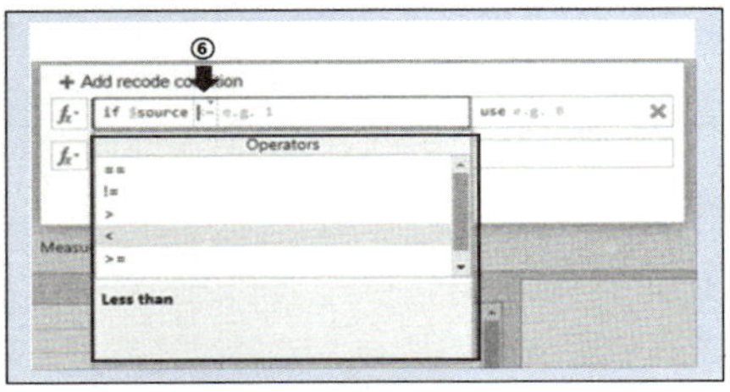

➜

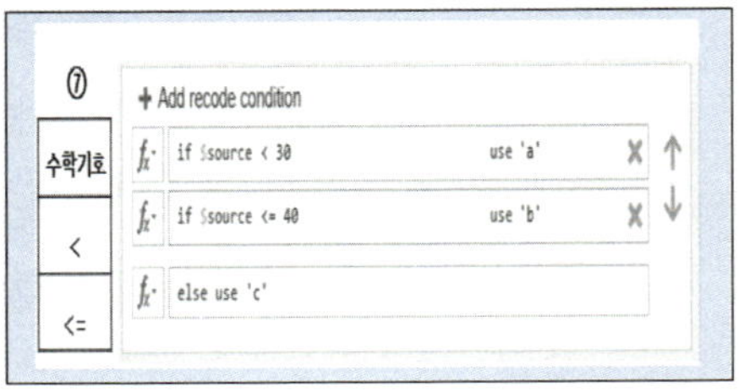

➜

⑧ TRANSFORMED VARIABLE (Age-Transform 1 ➡ agecategory)

jamovi 시작: 코딩 변경

예시: 연령의 범주화
나이를 20세 ~ 30세 'a', 31세 ~ 40세 'b', 50세 이상 'c'로 변경

먼저, 커서를 빈 칸에 가져다 놓고 클릭한다.

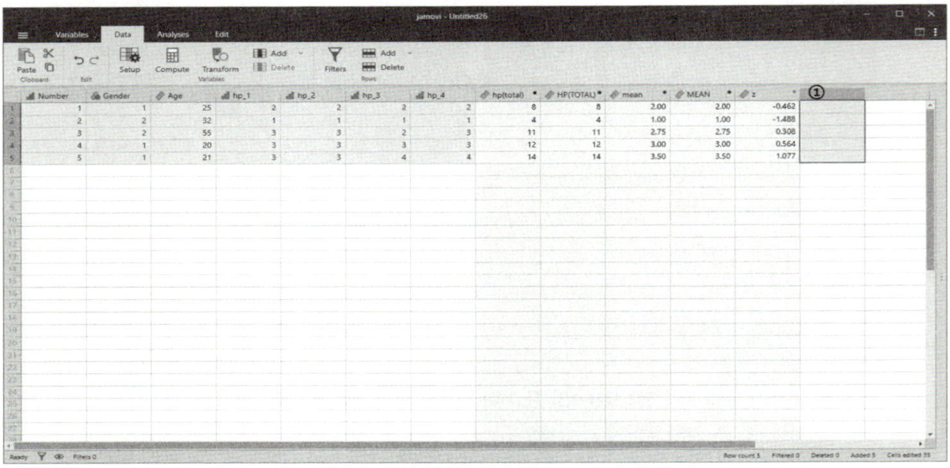

[그림 8.9-1] 코딩 변경

세 가지 새 변수 유형에서 'New Transformed Variable'을 클릭한다.

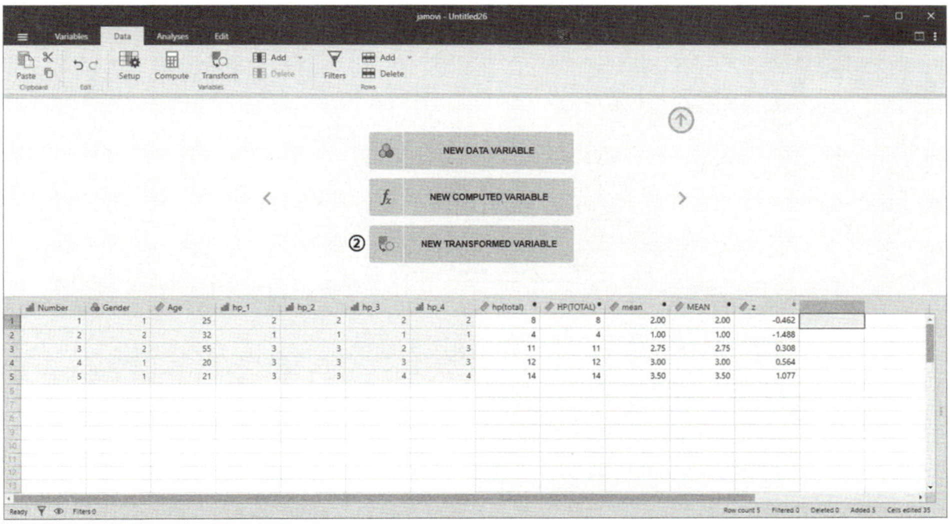

[그림 8.9-2] NEW TRANSFORMED VARIABLE(변형된 새로운 변수)

[그림 8.9-3]과 같은 대화상자가 나타난다. 여기서 Source variable에서 Age를 선택한다.

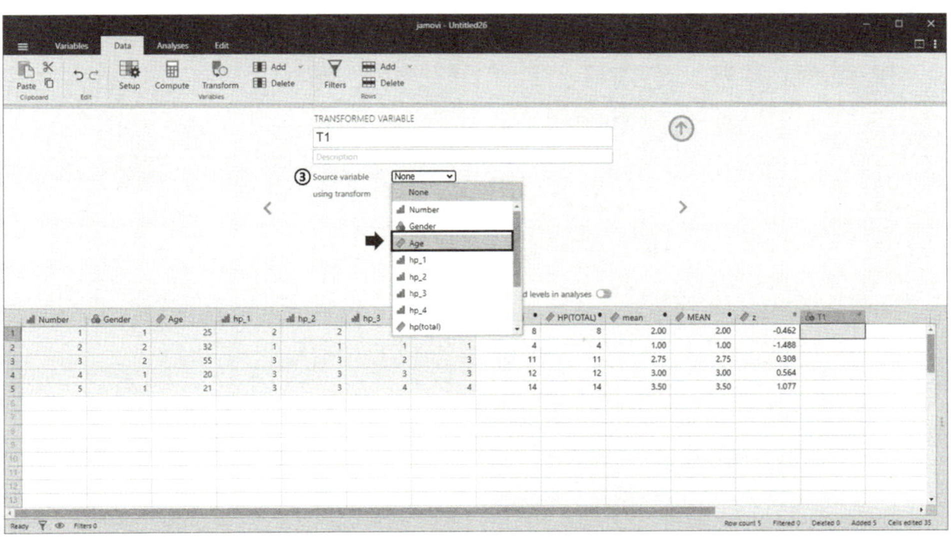

[그림 8.9-3] Source variable(소스 변수) 찾기

④ using tranform에서 Create New Transform를 선택하면 새로운 관측치가 추가 된다.

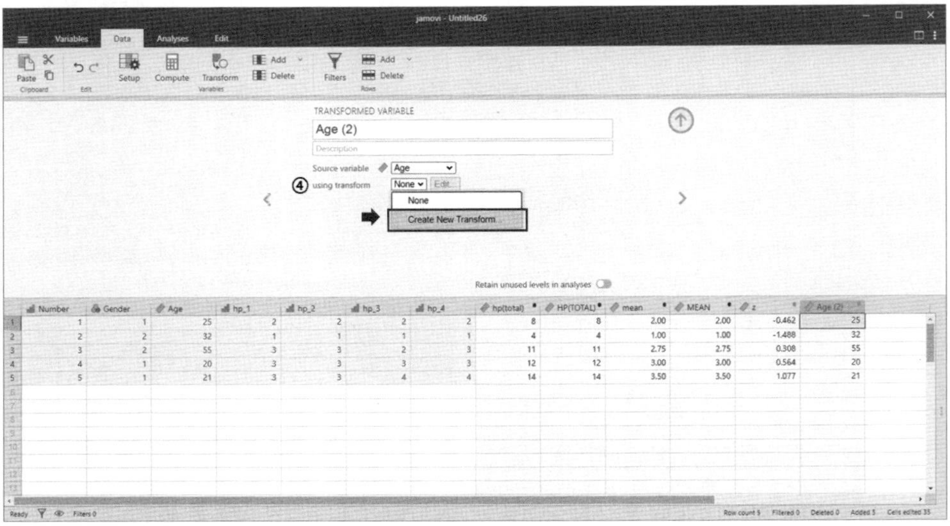

[그림 8.9-4] using transform(변환 사용)에서 Create New Transform(새로운 관측치 추가)

그러면 다음과 같이 Transform template을 의미하는 'Transform 1'이 생성된다. 다음으로 +Add recode condition을 클릭한다.

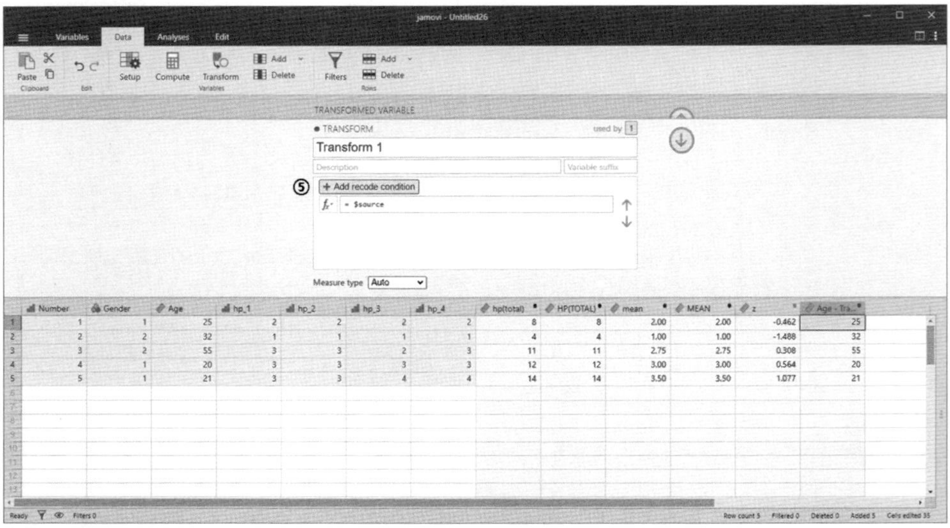

[그림 8.9-5] +Add recode condition 생성하기

⑥ 작은 탭을 클릭하면 여러 유형의 부호(Operators)가 나타난다.

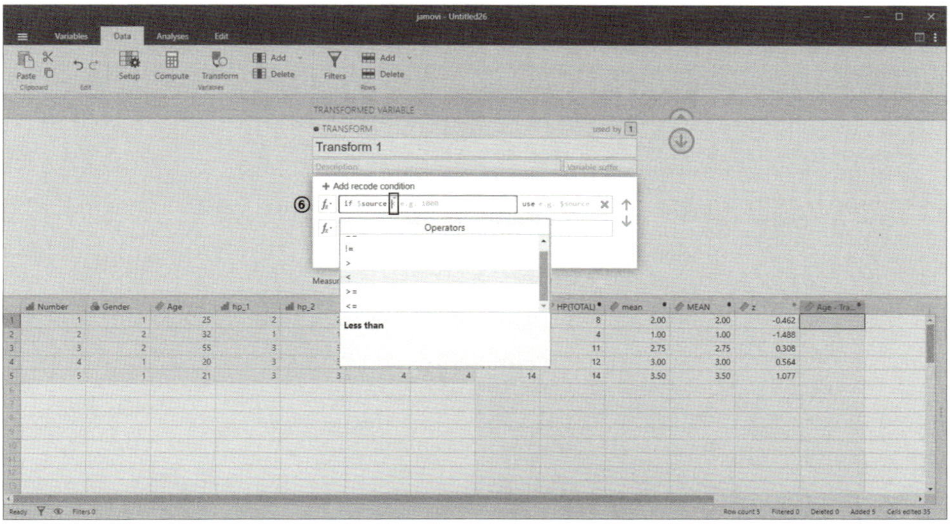

[그림 8.9-6] source에서 수학기호 찾기

⑦ recode 조건을 구체화 할 수 있다. 예를 들면, source가 〈 30이면 'a', 〈= 40이면 'b'로 그 외는 'c'로 코딩하라고 명시한다.

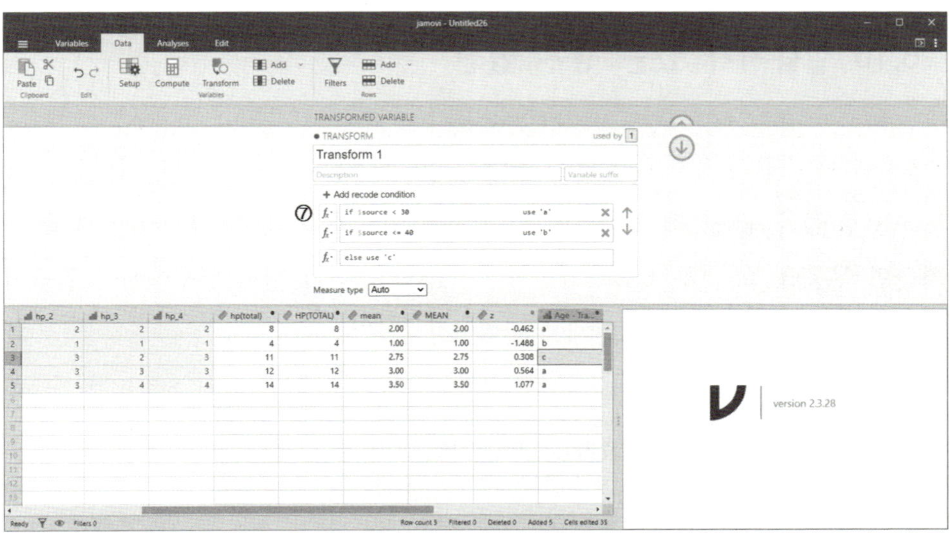

[그림 8.9-7] 범주형 코드('a', 'b', 'c') 입력

Transform에서 a, b, c로 변경된 것을 확인 한 후 ⑧에서 Transform 1의 변수 이름을 agecategory로 변경한다.

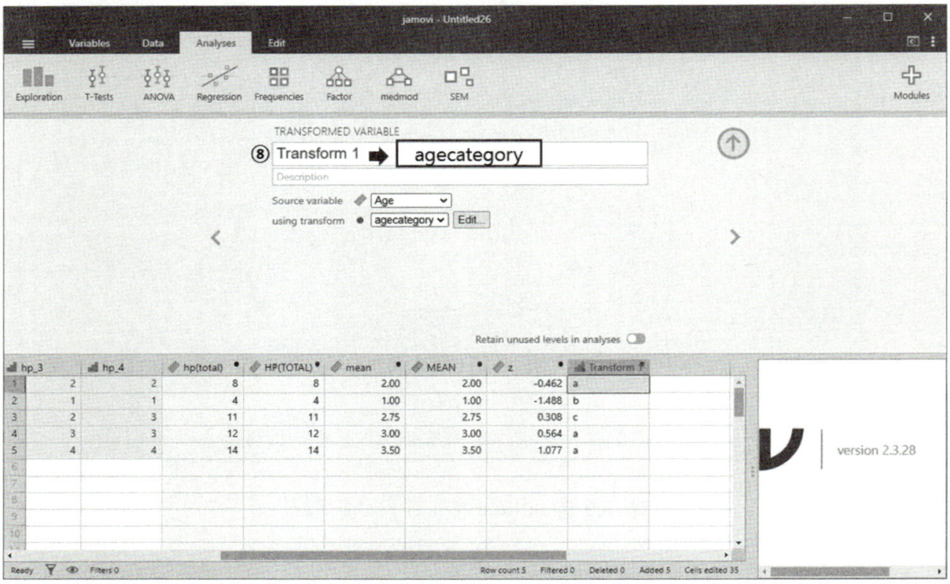

[그림 8.9-8] 새로운 변수 이름 입력

8.10 결측치가 있는 경우 합산

jamovi는 자료가 입력되지 않은 공란은 결측값으로 처리한다. SUM(합산)이나 MEAN(평균)을 구하는데 무응답이 있는 경우, 계산식에 'ignore_missing=1'을 추가하면 무응답 값을 무시하고 계산할 수 있다. 그러나 실제 연구에서는 결측치 처리에 알맞은 방법으로 보완해야 한다(5장 참조).

예시

설문조사에 응한 5명에서 hp_1, hp_3, hp_4에서 각각 1개씩 무응답이 나옴

	Age	hp_1	hp_2	hp_3	hp_4	mean
1	25	2	2	2	2	2.0
2	32		1	1	1	
3	55	3	3		3	
4	20	3	3	3		
5	21	3	3	4	4	3.5

jamovi 시작: 결측치

① ⋮ → ② Import: Default missings ➡ '1' → ③ Compute →

④ f_x =MEAN(hp_1, hp_2, hp_3, hp_4, ingnore_missing=1) → ⑤ mean 확인

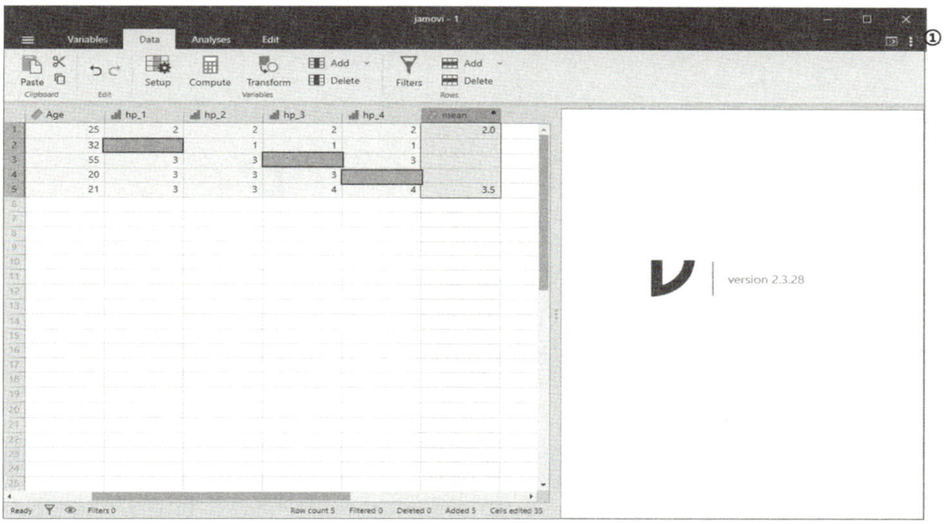

[그림 8.10-1] 무응답 값 확인

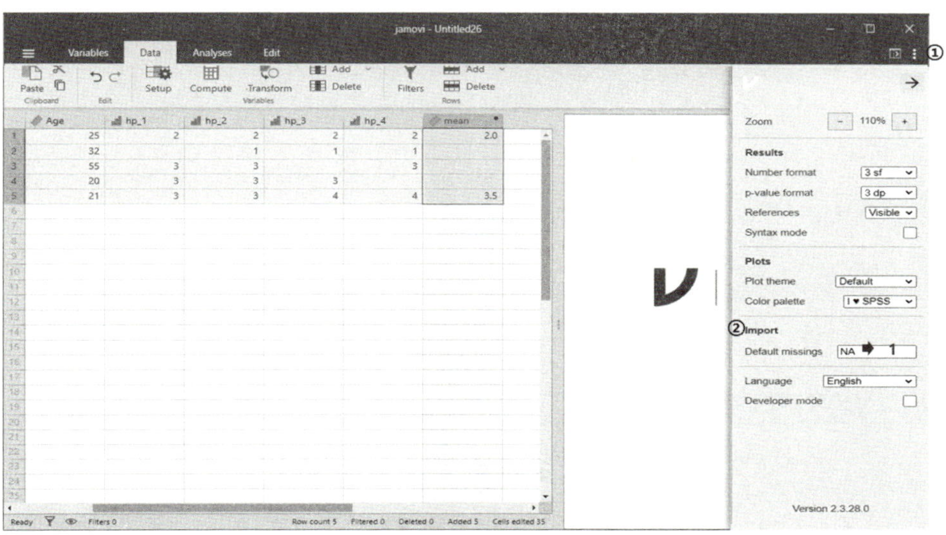

[그림 8.10-2] Default missings(기본 누락) 변경

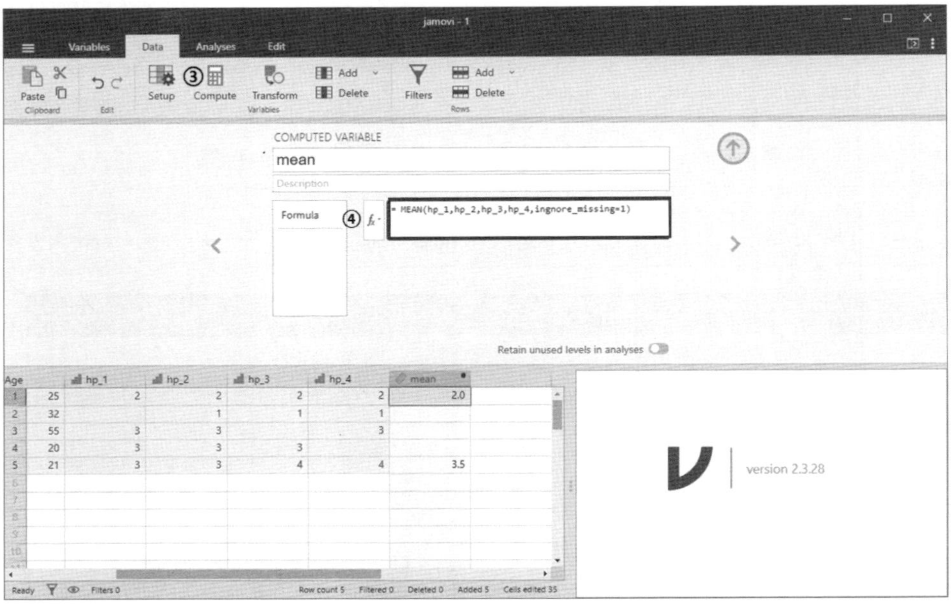

[그림 8.10-3] Compute(계산)에서 MEAN 결측 수식 변경 확인

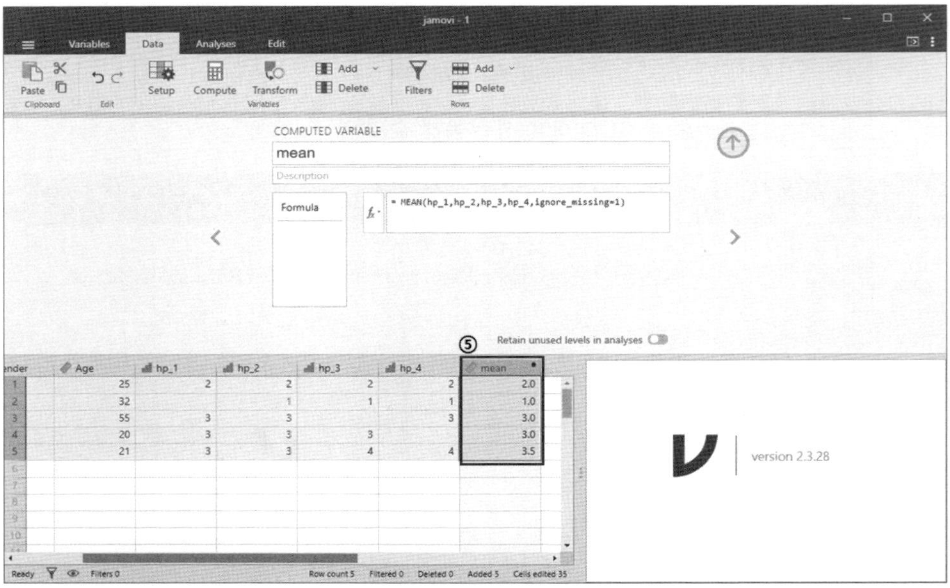

[그림 8.10-4] 결측값을 제외하고 평균 계산

8.11 jamovi library를 활용한 모듈 설치

jamovi 기본 설치 모듈, 즉 Exploration(기술통계), T-Tests(T-검증), ANOVA(분산분석), Regression(회귀분석), Frequencies(빈도분석), Factor(요인분석) 외에 본 교재의 내용을 실습하려면 모듈(Modules)을 추가 설치해야 한다. 추가 설치방법을 알아보기로 하자. 즉 매개모형 분석과 구조방정식 모형을 분석하고 싶다면 [그림 8.11-1]의 ❶, ❷와 같은 아이콘이 생성되도록 모듈을 추가해야 한다.

[그림 8.11-1] 추가 설치 모듈

jamovi 시작: ❶ medmod 모듈 설치

매개모형 분석에 사용되는 medmod 1.0.0과 jamm Advanced Mediation Models 1.2.1 모듈은 다음의 절차를 따라 설치할 수 있다.

- medmod 1.0.0: 매개, 조절 및 조건부 과정을 분석할 수 있는 도구로, 직접 경로와 간접 경로를 통한 매개 및 조절 분석에 초점이 있다. SPSS process macro(프로세스 매크로)와 유사한 방식으로 분석을 단순화하여 사용자가 쉽게 접근할 수 있다.
- jamm-Advanced Mediator Models 1.2.1: 보다 복잡한 매개분석 기능을 제공하며, 다중 매개변수, 다중 독립변수, 조절된 매개 등에 초점이 있다. 연구자가 모형지정을 하고, 부트스트랩 신뢰구간으로 간접 효과 등을 추정할 수 있다.

jamovi 시작: 매개효과 및 조절효과 분석을 위한 모듈(medmod 1.0.0) 설치

❶ Modules → ❷ jamovi library → ❸ Available → ❹ Search (medmod) → ❺ medmod 1.1.0 (INSTALLED) → ❻ 설치 확인

[그림 8.11-2]의 ❶ jamovi 화면의 오른쪽 상단 Modules 을 찾아 선택 → ❷ jamovi library(자모비 라이브러리) → ❸ [그림 8.11-3]에서 Available(사용 가능) 선택 → ❹ 검색창에서 medmod 검색 → ❺ 'medmod 1.1.0' INSTALL(설치) → ❻ [그림 8.11-7]과 같이 매개모형 모듈 설치 확인

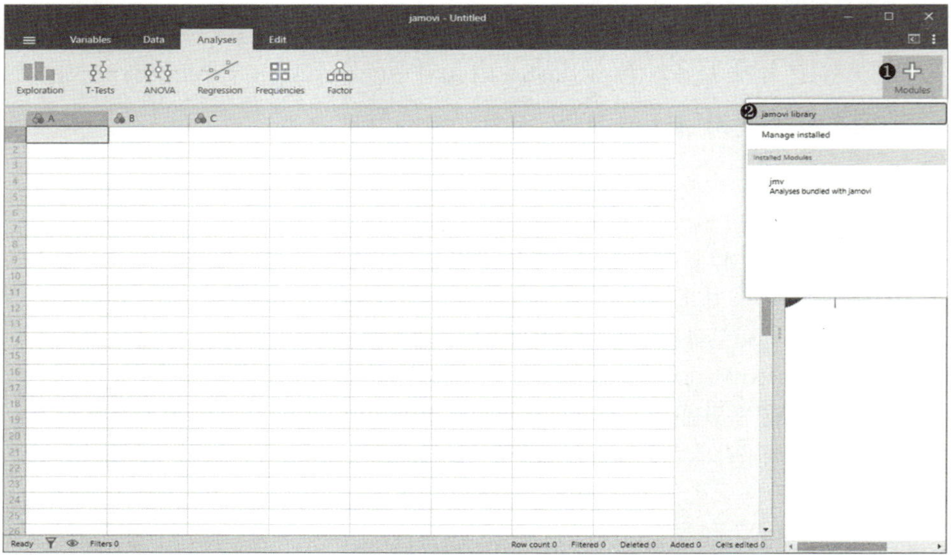

[그림 8.11-2] medmod 1.1.0 모듈 설치

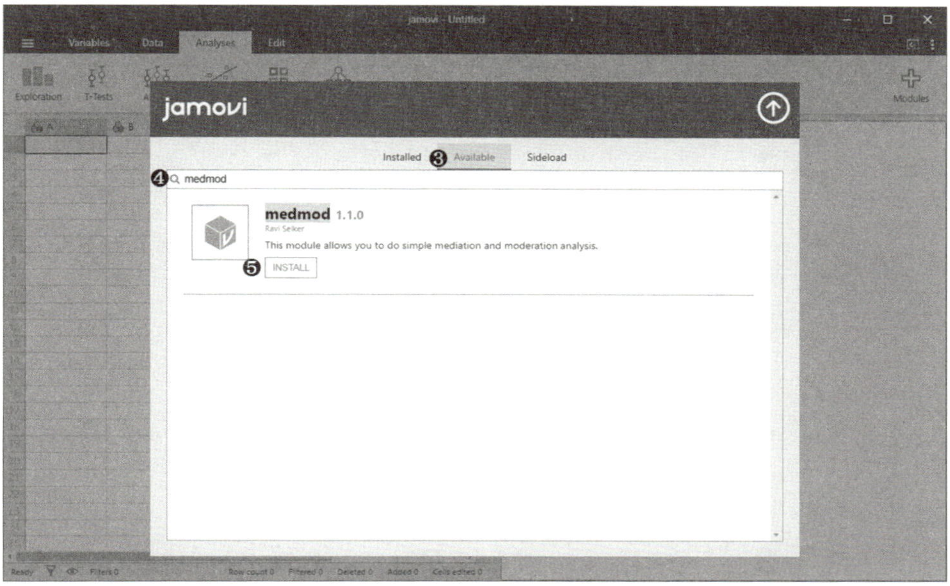

[그림 8.11-3] medmod 1.1.0 모듈 설치 II

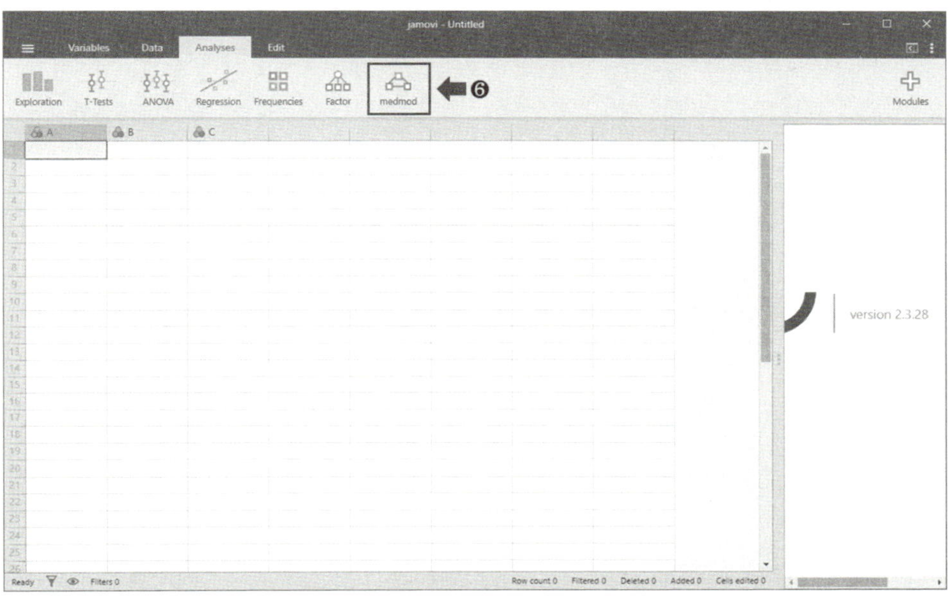

[그림 8.11-4] 매개모형 모듈 설치 확인

jamovi 시작: jamm-Advanced Mediation Models 1.2.1 설치

❶ Modules → ❷ jamovi library → ❸ Available → ❹ Search (jamm) → ❺ jamm Advanced Mediation Models 1.2.1 (INSTALLED) → ❻ 설치 확인

[그림 8.11-5]의 ❶ jamovi 프로그램 화면의 오른쪽 상단 Modules 을 찾아 선택 → ❷ jamovi library(자모비 라이브러리) → ❸ [그림 8.11-6]에서 Avliable(사용가능) 선택 → ❹ 검색창에서 jamm 검색 → ❺ jamm - Advanced Mediation Models 1.2.1 INSTALL(설치)

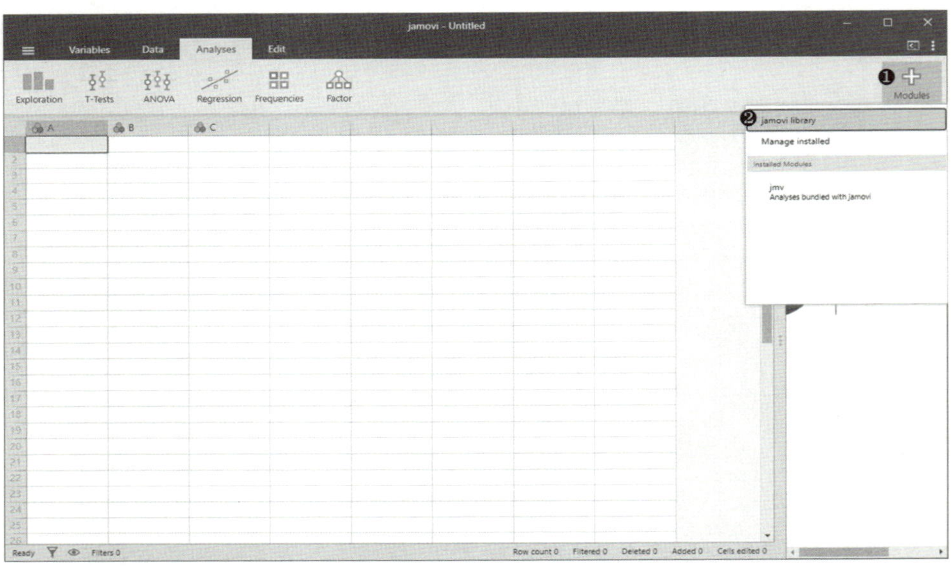

[그림 8.11-5] 중다매개모형 모듈 설치 I

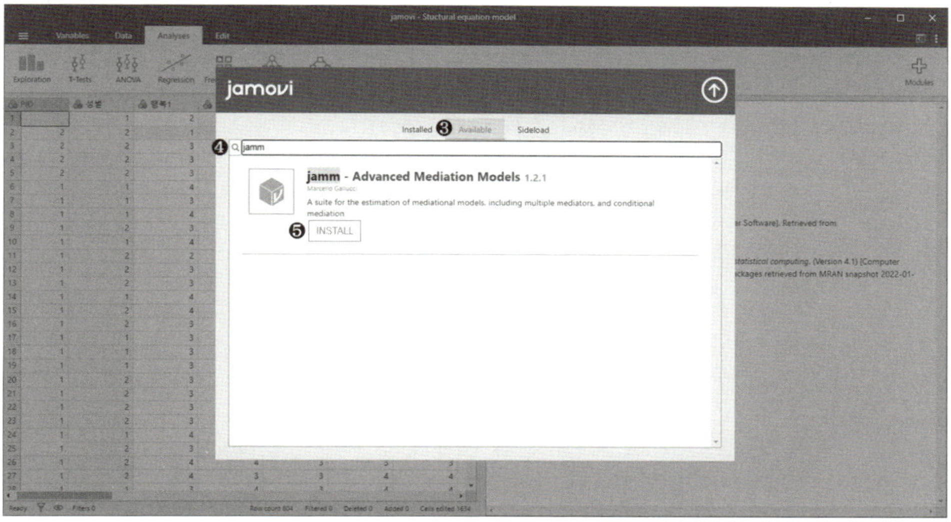

[그림 8.11-6] 중다매개모형 모듈 설치 II

jamovi 시작: 구조방정식 모형 모듈(Semlj-SEM 1.1.6) 설치

❶ Modules → ❷ jamovi library → ❸ Available → ❹ Search (sem) → ❺ Semlj-SEM 1.1.6 (INSTALLED) → ❻ 설치 확인

[그림 8.11-7], [그림 8.11-8]의 번호 순서로 모듈을 설치할 수 있다. ❶ jamovi 프로그램 화면의 오른쪽 상단 Modules 을 찾아 선택 → ❷ jamovi library(자모비 라이브러리) → ❸ [그림 8.11-8]처럼 Available(사용 가능) 선택 → ❹ 검색창에서 sem 검색 → ❺ Semlj-SEM 1.1.6 INSTALL(설치) → ❻ [그림 8.11-9]처럼 아이콘 메뉴에 새 아이콘 SEM 이 생성된 것을 확인

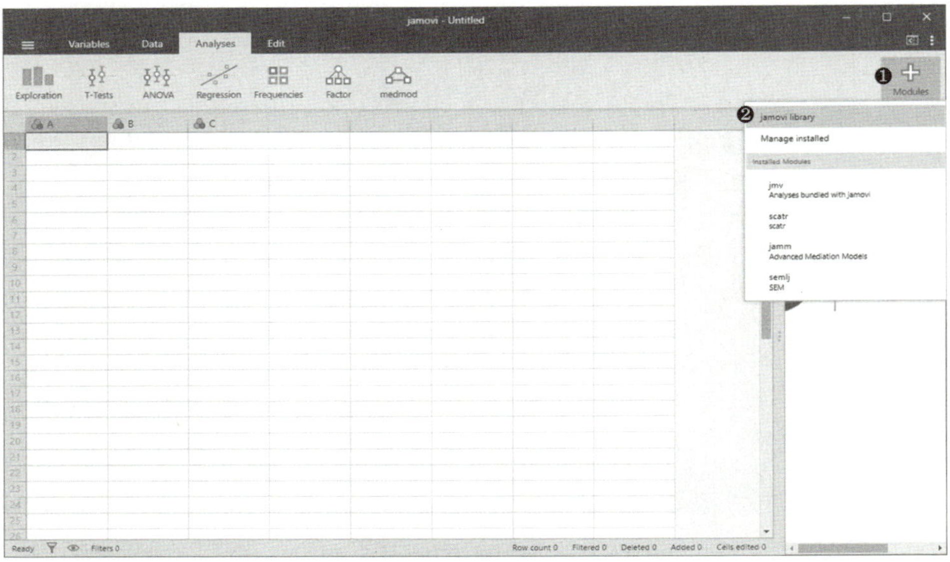

[그림 8.11-7] 구조방정식 모형 모듈 설치 Ⅰ

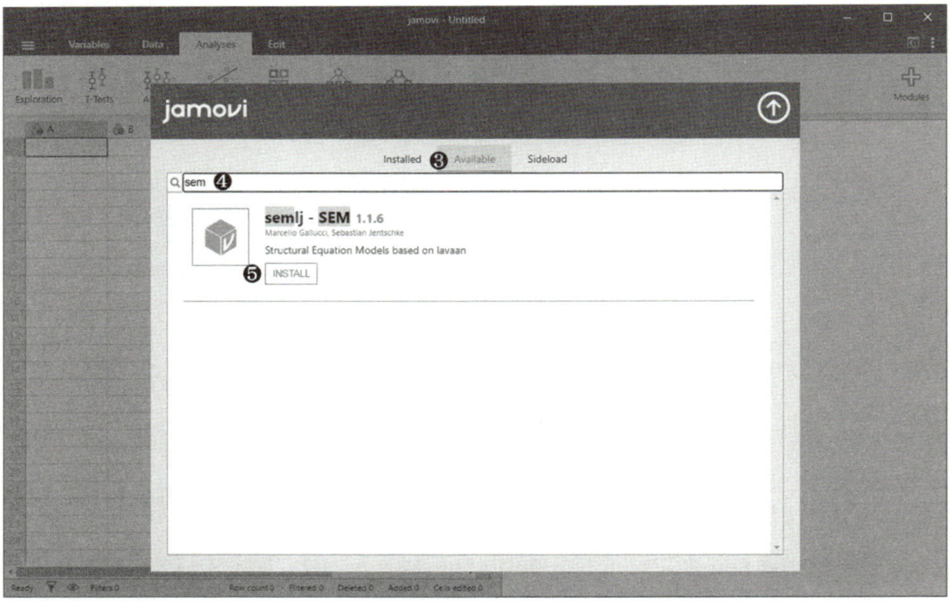

[그림 8.11-8] 구조방정식 모형 모듈 설치 Ⅱ

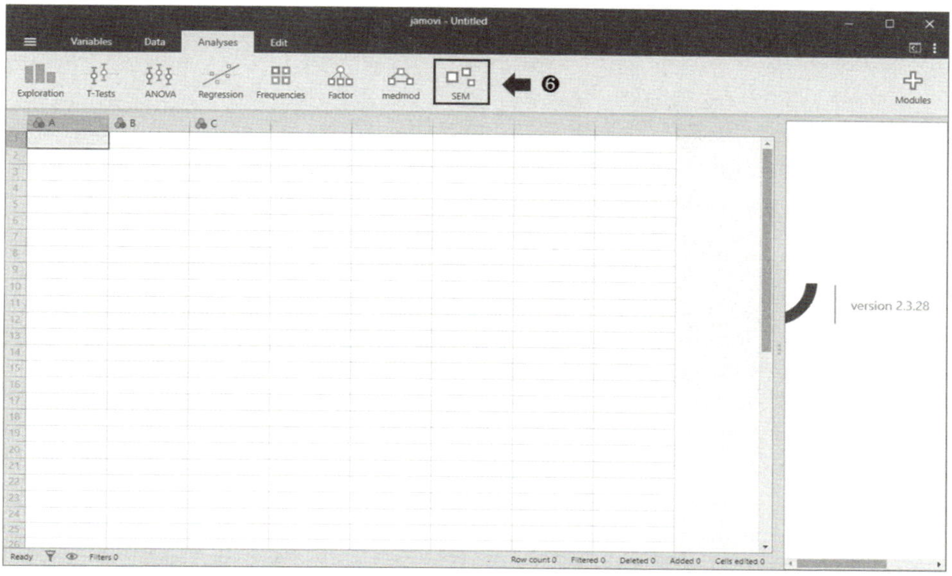

[그림 8.11-9] 구조방정식 모형 설치 확인

제 9 장

중다회귀분석과 결과 기술

이 장의 목적

1. jamovi 프로그램을 활용한 중다회귀분석 방법을 설명한다.
   통계 프로그램 활용하기
   자료 불러오기-기술통계 알아보기-상관관계 분석하기-중다회귀 분석하기
   통계 결과 작성하기
   통계 결과 해석하기
2. jamovi 프로그램을 활용한 중다회귀분석 결과를 기술한다.

이 장의 핵심 개념

회귀분석(regression analysis)은 독립변인의 값의 증가와 감소에 따른 종속변인 값의 변화, 독립변인의 종속변인에 대한 영향과 같이 독립변인과 종속변인 간의 관계를 알고 싶을 때 활용하는 방법이다. 독립변인이 1개, 종속변인이 1개일 때는 단순회귀분석(simple regression analysis), 독립변인이 2개 이상, 종속변인이 1개일 때 중다회귀분석(multiple regression analysis)이라 한다. 이 장은 아래 네모 속의 연구문제처럼 독립변인이 3개(자존감, 흥미유지, 노력지속)이고 종속변인이 1개(행복)일 때, 1) jamovi로 표준중다회귀분석을 실시하는 방법을 알아보고, 2) 통계결과의 의미를 해석해 보며, 3) 학술원고 작성의 예를 제시한다.

연구문제: 자존감, 흥미유지, 노력지속이 행복에 미치는 효과는 어떠한가?

9.1 통계 프로그램 활용하기

9.1.1 자료 불러오기

엑셀 파일 또는 CSV 형식(예: happiness.csv)의 원자료(raw data)를 jamovi의

메뉴에서 차례대로 선택하여 불러올 수 있다. "자존감, 흥미유지, 노력지속의 행복에 대한 효과 검증"을 위해 자존감, 흥미유지, 노력지속, 행복에 대해 조사하여 입력한 자료파일(예: happiness.csv)을 불러온다.

jamovi 시작: 자료 불러오기

❶ ☰ 선택 → ❷ Open → ❸ This PC → ❹ Browse → ❺ 문서 선택

연구자는 [그림 9.1-1]의 과정을 따라 분석하고자 하는 파일을 불러와야 한다. jamovi 실행 후 ❶ 왼쪽 상단 ☰ 클릭 → ❷ Open(열기) → ❸ This PC(이 컴퓨터) → ❹ Browse(탐색) → ❺ 문서 선택(예: happiness.xlsx)을 순서대로 클릭한다.

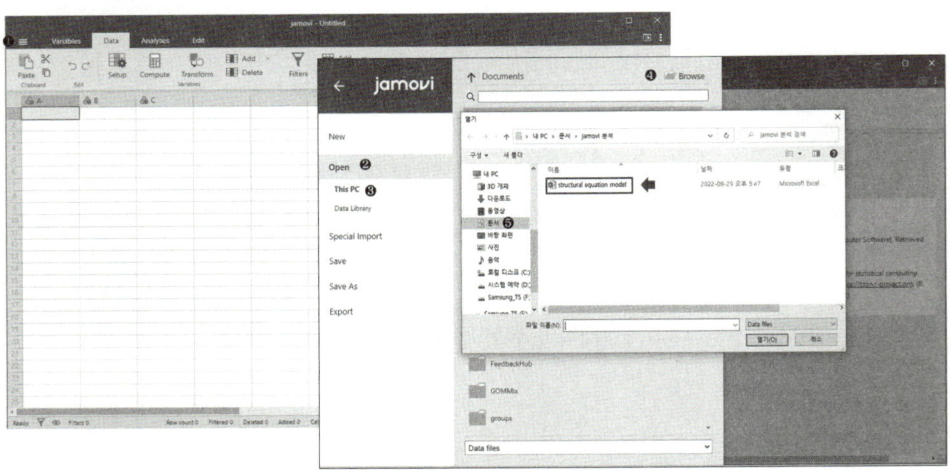

[그림 9.1-1] 자료 파일 불러오기 및 찾기

여기서 잠깐!

[언어 변경하기]

jamovi는 기본 언어가 영어로 설정되어 있으나, 사용자가 원하는 언어로 변경할 수 있다. 아래의 예는 한국어로 설정되어 있는 언어를 다시 영어로 변경하는 방법이다.

❶ 오른쪽 상단  에서 '⋮' 선택 → ❷ 언어(한국어)를 ❸ English로 선택 → ❹ '언어를 변경하려면 Jamovi를 다시 시작해야 합니다' 문구 확인 → 기존 jamovi 프로그램 종료 후 다시 시작

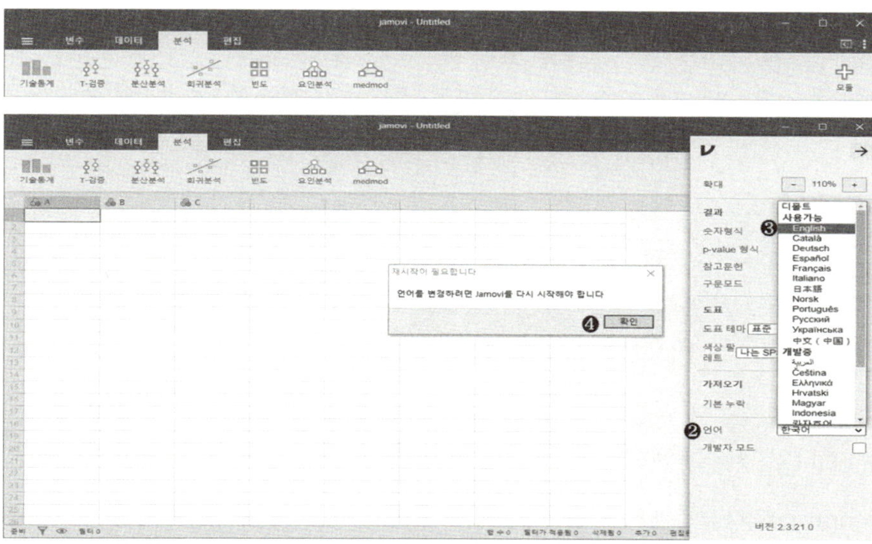

9.1.2 기술통계 알아보기

연구자는 분석할 자료 파일을 불러오게 되면, 연구문제에 대한 답을 알아보기 위한 주요 분석을 하기 전에 자료의 기술통계를 파악해야 한다. 연구자는 자료의 사례 수가 정확한지, 결측값이 어느 정도로 있는지, 자료의 평균, 표준편차, 그리고 정상성(왜도, 첨도)에 대해서도 알아보아야 한다. 이러한 정보는 자신이 작성하고 있는 논문의 연구방법이나 연구결과의 관련된 부분에서 제공해야 한다.

jamovi 시작: 기술통계 알아보기

❶ Analyses → ❷ Exploration (Descriptives) → ❸ Variables (자존감, 흥미유지, 노력지속, 행복) →

❹ Statistics → ① Sample Size (N) → ② Central Tendency (Mean) → ③ Despersion ④ Distribution

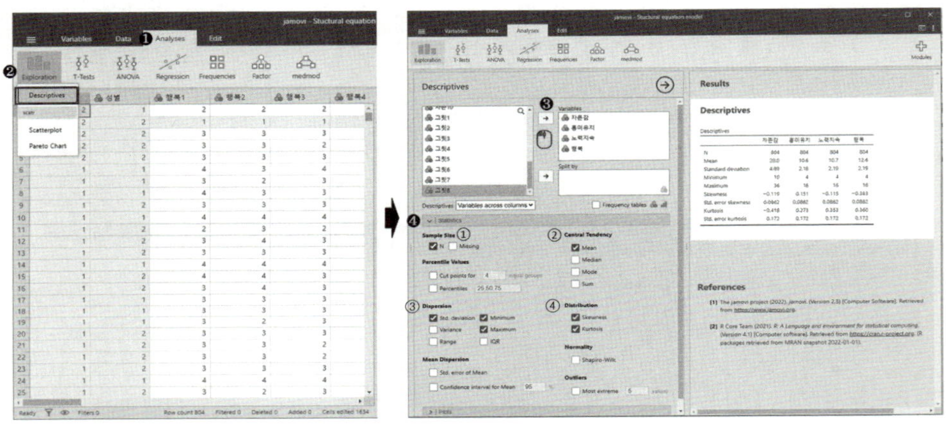

[그림 9.1-2] 기술통계

jamovi에서 기술통계는 [그림 9.1-2]처럼 ❶ Analyses(분석) → ❷ Exploration (Descriptives: 기술통계) → ❸ Variables(변인 이동: 자존감, 흥미유지, 노력지속, 행복)를 순서대로 실행한다.

그리고 ❹ Statistics(통계)를 선택한 후 → jamovi에서 제공되는 **기본 설정(☑)** Sample Size(표본크기: N(사례 수), Missing(결측값)), Cental Tendency(집중 중앙값: Mean(평균), Median(중앙값)), Dispersion(분산: Std. deviation(표준편차), Minimum(최솟값), Maximum(최댓값)), Distribution(분포: Skewness(왜도), Kutosis (첨도))에서 필요한 사항을 선택하면 된다.

연구자는 기술통계에서 최솟값, 최댓값을 살펴보고, 반응의 범위를 벗어난 값이 있으면 설문지를 확인하여 잘못된 값을 수정해야 한다. 이러한 값을 확인하지 않으면 극단값으로 작용하여 연구의 결과에 영향을 미칠 수 있음을 명심해야 한다.

9.1.3 상관관계 분석하기

상관관계 분석은 두 변인 간의 관계를 측정하는 것으로 한 변인의 변화가 다른 변인의 변화와 관계가 있는지를 파악할 수 있다. 회귀분석을 실시하기 위해서는 변인들 간 상관관계가 유의미해야 한다. "자존감, 흥미유지, 노력지속의 행복에 대한 효과 검증"을 위해 자존감, 흥미유지, 노력지속, 행복 변인들 간의 상관관계를 분석한다. 독립변인들 간의 상관관계가 .9 이상으로 너무 높으면 다중공선성의 문제가 있음을 파악할 수 있다.

jamovi 시작: 상관관계 분석하기

❶ Analyses → ❷ Regression → ❸ Correlation Matrix → ❹ 변인 이동 (자존감, 흥미유지, 노력지속, 행복) → ❺ 결과창에서 상관 행렬 분석 결과 확인

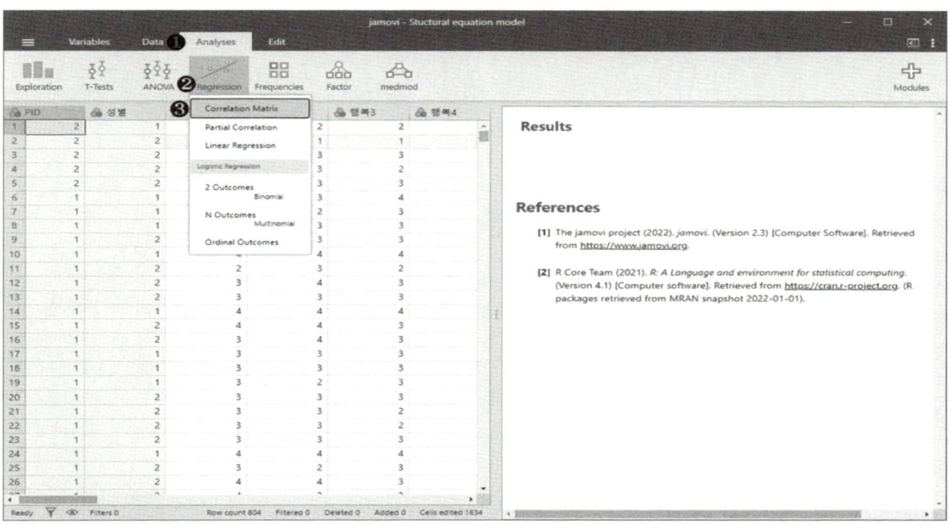

[그림 9.1-3] 상관 행렬

[그림 9.1-3]과 같이 ❶ Analyses(분석) → ❷ Regression(회귀분석) → ❸ Correlation Matrix(상관 행렬)를 클릭한다.

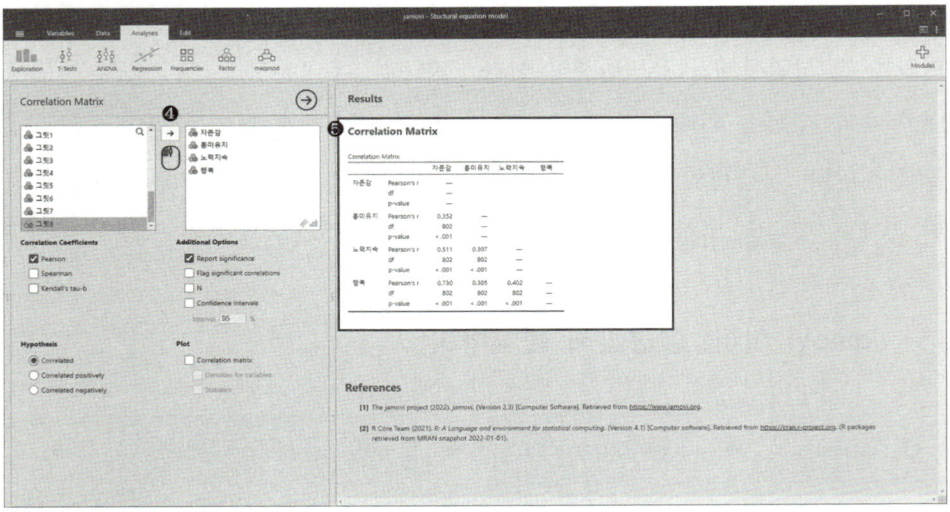

[그림 9.1-4] 변인 이동 및 상관관계 분석표

❹ 변인(자존감, 흥미유지, 노력지속, 행복) 이동 → ❺ Corrlation Matrix(상관 행렬) 변인들 간 분석표가 [그림 9.1-4]와 같이 자동으로 생성되는 것을 볼 수 있다.

9.1.4 회귀분석하기

기술통계와 상관관계에 대해 알아보고 나면, "자존감, 흥미유지, 노력지속의 행복에 대한 효과 검증"을 위한 회귀분석을 실시할 수 있다. 회귀분석은 [그림 9.1-5]와 같이 시작하면 된다.

jamovi 시작: 회귀분석하기

❶ Analyses → ❷ Regression → ❸ Linear Regression → ❹ Dependent Variable (행복) →

❺ Covariates (자존감, 흥미유지, 노력지속) → ❻ Results (Linear Regression) → ❼ 마우스 스크롤(휠)로 이동 → ① Assumption Checks (Collinearity statistics) →

② Model Fit (R, R^2, Adjusted R^2, F test) → ③ Model Coefficients (Standardized estimate) → ❽ 결과창에서 선형 회귀분석 결과 확인

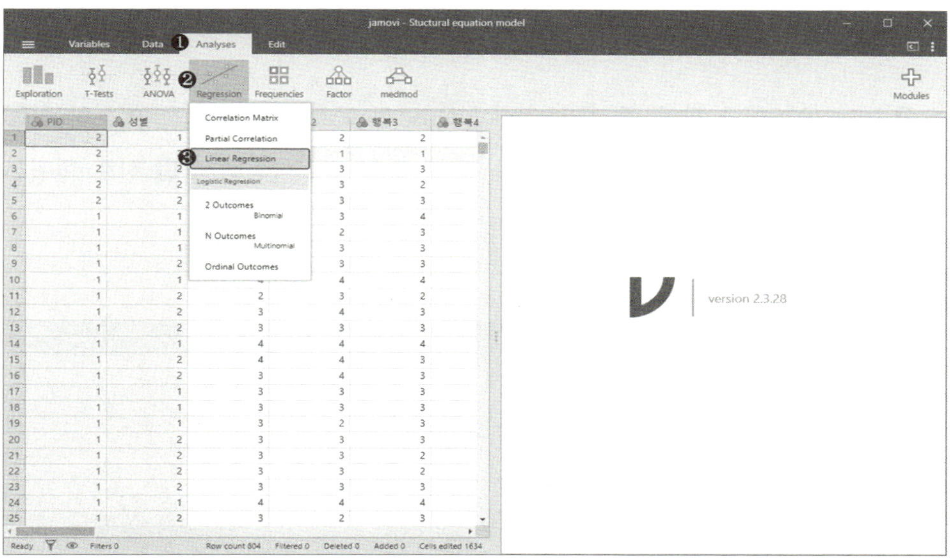

[그림 9.1-5] 선형 회귀분석

❶ Analyses(분석) → ❷ Regression(회귀분석) → ❸ Linear Regression(선형 회귀분석)을 순서대로 클릭한다.

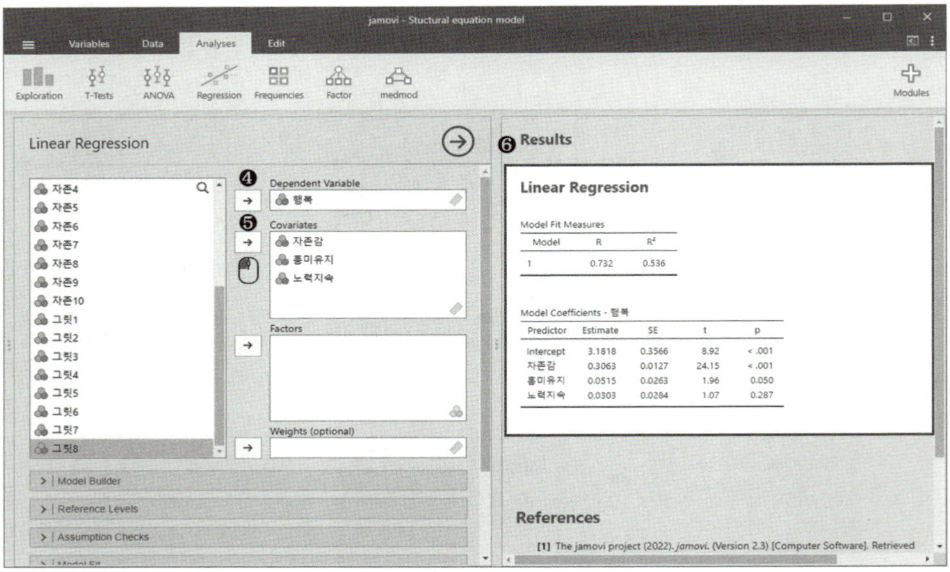

[그림 9.1-6] 선형 회귀분석 결과표

❹ [그림 9.1-6]과 같이 '행복'을 Dependent Variable(종속변인)로 이동하고 ❺ '자존감, 흥미유지, 노력지속'을 Covariates(독립변인)로 이동하면 ❻ 선형 회귀분석에 대한 결과표가 결과창에 자동으로 생성된다.

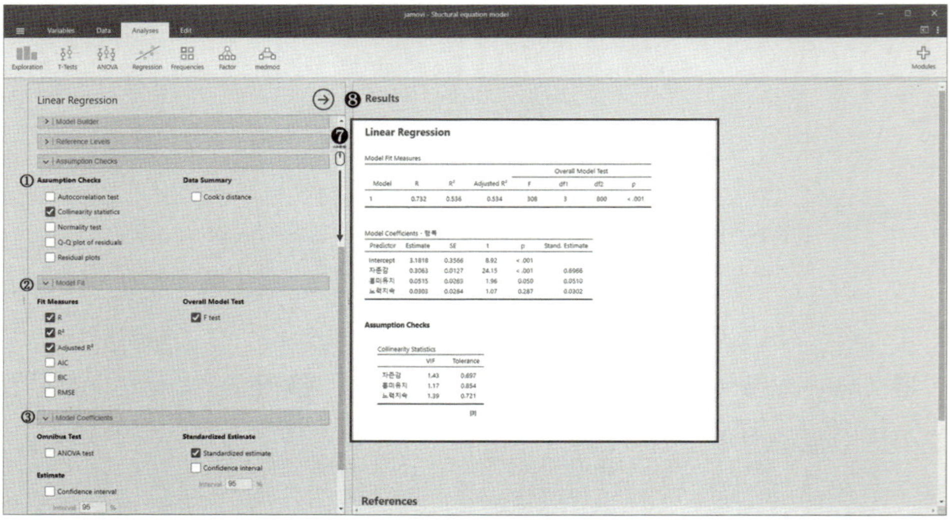

[그림 9.1-7] 회귀분석 기본설정 및 결과표

❼ 마우스 스크롤(휠)을 활용하여 해당 기본 설정을 선택한다.

① Assumption Checks(가정검증)에서 ☑ Collinearity statistics(공선성 통계값)

② Model Fit(모형 적합도)에서 ☑ R, ☑ R^2, ☑ Adjusted(조정된) R^2, ☑ F test(F 검증)

③ Model Coefficients(모형 계수)에서 ☑ Standardized estimate(표준화된 추정값)

❽ Linear Regression(선형 회귀분석) 분석표가 [그림 9.1-7]과 같이 자동으로 생성되는 것을 볼 수 있다.

9.2 통계 결과 작성하기

9.2.1 전체 결과표를 한글 파일로 옮기기

연구자는 jamovi 결과 전체를 한글 파일로 옮기고 싶다면 [그림 9.2-1]과 같이 ❶ 오른쪽 Results(결과창)에서 오른쪽 마우스를 클릭하고 ❷ All(모두) 또는 Analysis(분석) 중 선택 → ❸ Copy(복사)를 순서대로 클릭한 후 ❹ 한글 파일에 "붙여넣기(Ctrl+V)"를 시행한다. 그러면 분석 결과를 한글로 가져올 수 있다.

결과값의 복사 범위는 ❷에서 All(모두), Analysis(분석) 중 하나로 지정하며, 다음과 같은 의미를 나타낸다.

- All(모두): 회귀분석 결과뿐만 아니라 참고문헌까지 전체를 복사한다.
- Analysis(분석): 회귀분석 결과만 복사하고, 참고문헌은 복사하지 않는다.

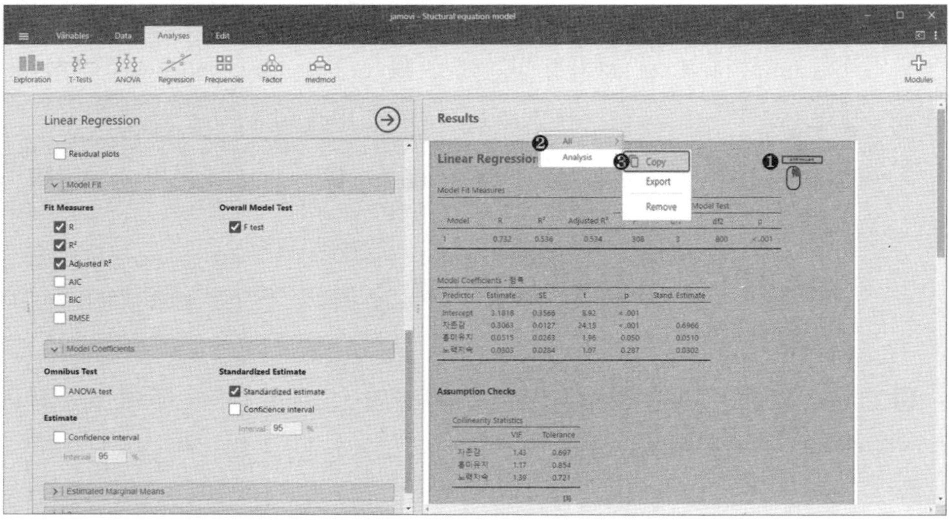

❹ **Results**

Linear Regression

Model Fit Measures

				Overall Model Test			
Model	R	R^2	Adjusted R^2	F	df1	df2	p
1	0.732	0.536	0.534	308	3	800	〈 .001

Model Coefficients - 행복

Predictor	Estimate	SE	t	p	Stand. Estimate
Intercept	3.1818	0.3566	8.92	〈 .001	
자존감	0.3063	0.0127	24.15	〈 .001	0.6966
흥미유지	0.0515	0.0263	1.96	0.050	.0510
노력지속	0.0303	0.0284	1.07	0.287	0.0302

Assumption Checks

Collinearity Statistics

	VIF	Tolerance
자존감	1.43	0.697
흥미유지	1.17	0.854
노력지속	1.39	0.721

References

[1] The jamovi project (2022). *jamovi*. (Version 2.3) [Computer Software]. Retrieved from https://www.jamovi.org.

[2] R Core Team (2021). *R: A Language and environment for statistical computing*. (Version 4.1) [Computer software]. Retrieved from https://cran.r-project.org. (R packages retrieved from MRAN snapshot 2022-01-01).

[3] Fox, J., & Weisberg, S. (2020). *car: Companion to Applied Regression*. [R package]. Retrieved from https://cran.r-project.org/package=car.

[그림 9.2-1] 결과 값의 복사 범위를 'All'로 선택했을 때의 결과표

9.2.2 일부 결과표를 한글 파일로 옮기기

연구자는 jamovi의 일부 결과표를 한글 파일로 옮기고 싶다면, [그림 9.2-2]와 같이 ❶ 오른쪽 Results(결과창)의 해당 표 위에서 오른쪽 마우스를 클릭하고 ❷ All(모두), Analysis(분석), Group(집단), Table(테이블) 중 선택 → ❸ Copy(복사)를 순서대로 클릭한 후 ❹ 한글 파일에 "붙여넣기(Ctrl+V)"를 시행한다. 그러면 [그림 9.2-2]의 ❹와 같이 분석 결과를 한글로 가져올 수 있다.

결과값 복사 범위는 ❷에서 All(모두), Analysis(분석), Group(집단), Table(테이블) 중 하나로 지정하며, 다음과 같은 의미를 나타낸다.

- All(모두): 회귀분석 결과뿐만 아니라 참고문헌까지 전체를 복사한다.
- Analysis(분석): 회귀분석 결과만 복사하고, 참고문헌은 복사하지 않는다.
- Group(집단): 특정 결과들을 그룹으로 복사한다.
- Table(테이블): 특정 결과표만 복사한다.

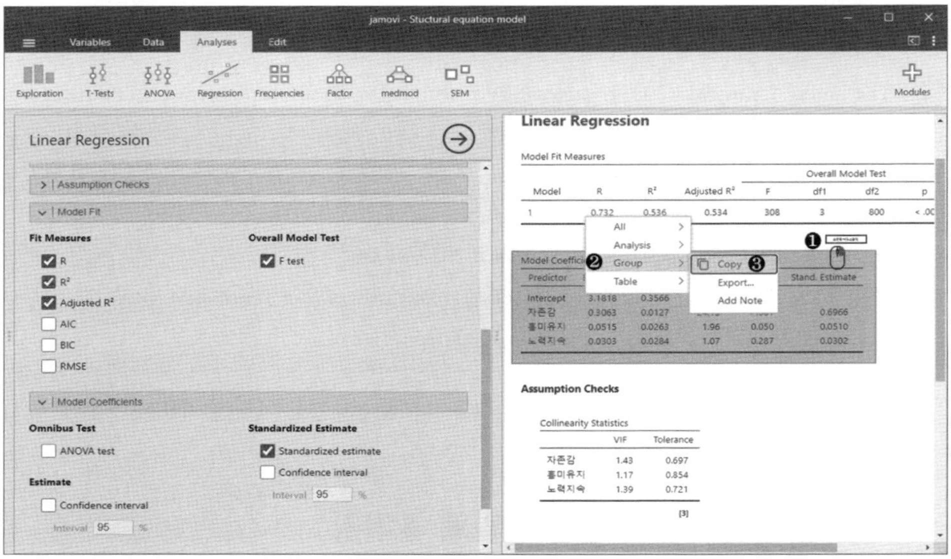

❹

Model Coefficients - 행복

Predictor	Estimate	SE	t	p	Stand. Estimate
Intercept	3.1818	0.3566	8.92	< .001	
자존감	0.3063	0.0127	24.15	< .001	0.6966
흥미유지	0.0515	0.0263	1.96	0.050	0.0510
노력지속	0.0303	0.0284	1.07	0.287	0.0302

Assumption Checks

Collinearity Statistics

	VIF	Tolerance
자존감	1.43	0.697
흥미유지	1.17	0.854
노력지속	1.39	0.721

[그림 9.2-2] 결과 값의 복사 범위를 'Group'으로 선택했을 때의 결과표

연구자는 [그림 9.2-1], [그림 9.2-2] 상태의 표를 자신이 제출하고자 하는 학회지의 규정에 따라 편집하여 사용하면 된다. 만약 jamovi의 결과를 복사하여 붙여넣기를 하였는데 ❹ 처럼 붙여넣기가 되지 않고, 결과의 텍스트만 붙여넣기가 되면 한글에서 붙여넣기 환경을 설정해 주어야 한다. 설정 방법은 [그림 9.2-3]과

같이 한글 문서의 상단 메뉴 중 '도구'에서 환경설정 ➡ 코드 형식 ➡ 클립보드로부터 붙이기의 "HTML 문서 붙이기 형식 지정"에서 "원본 형식 유지"를 선택한다. 만약 "원본 형식 유지"가 아니라 "텍스트 형식으로 붙이기"가 선택되어 있다면 jamovi 분석 결과의 통계값(텍스트)만을 복사하여 붙여넣기가 실행된다.

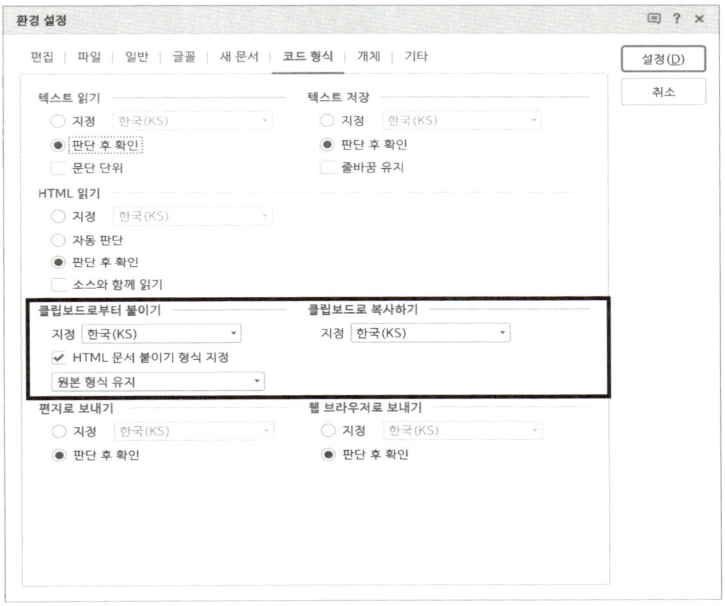

[그림 9.2-3] 한글(도구)에서 환경 설정 방법

9.3 통계 결과 해석하기

jamovi는 회귀분석을 마치고 나면 결과창에는 "Model Fit Measures(모형의 적합도)"의 결과가 가장 먼저 제시된다. 회귀분석에서 모형의 적합도라는 용어는 잘 쓰이지 않으나, 회귀분석의 결과에는 Model Fit Measures(모형의 적합도)가 산출된다. "Model Fit Measures(모형의 적합도)" 결과표는 다중상관계수(R)부터 모형의 유의도(p)까지 다양한 값들을 보여준다.

Model Fit Measures(모형의 적합도)

Model	❶ R	❷ R^2	❸ Adjusted R^2	Overall Model Test			
				❹ F	❺ $df1$	$df2$	❻ p
1	0.732	0.536	0.534	308	3	800	〈 .001

❶ ***R***은 다중상관계수이다. 여러 개의 독립변인과 한 개의 종속변인 사이의 상관관계 정도를 보여준다. 이 장의 사례에서 3개의 독립변인(자존감, 흥미유지, 노력지속)과 1개의 종속변인(행복) 사이의 다중상관계수 R =.732로 나타났다. 이 값은 연구결과에서 보고하는 경우는 드물다.

❷ $\boldsymbol{R^2}$는 설명변량(결정계수)이다. 독립변인들이 종속변인의 개인차 변량을 어느 정도로 설명하는지를 나타낸다. 그 값이 1에 가까울수록 좋은 모형이다. 이 장의 사례에서 3개 독립변인이 1개 종속변인의 개인차 변량을 설명하는 비율인 R^2 =.536으로 백분율(percent)로 환산하면 100을 곱하여 53.6%가 된다. 이는 행복의 개인차 변량이 3개의 독립변인에 의해 53.6% 설명된다는 뜻이다.

❸ **Adjusted** $\boldsymbol{R^2}$(조정된 R^2)은 수정 설명변량(수정 결정계수)이다. R^2 값은 독립변인의 수와 표본의 크기가 클수록 과장되는 경향이 있다. 조정된 R^2는 R^2의 과장을 해결하고자 독립변인의 수와 표본의 크기를 고려하여 보정한 값이다.

❹ ***F***는 연속 확률 분포에서 위치하는 값이다. 이 값은 R^2의 통계적 검증을 위한 값이다. F값은 아래의 공식으로 산출되며, N은 표본의 크기, k는 독립변인의 수이다.

$$F = \frac{R^2/k}{(1-R^2)/(N-k-1)}$$

❺ ***df***는 자유도로 자유롭게 관측이 가능한 표본 수를 나타낸다. 즉 표본 자료 중에서 모집단의 정보를 제공해 주는 독립적 자료의 수를 나타낸다. df_1은 독립

변인의 수(k)를 나타내고, $df_2(N\text{-}k\text{-}1)$는 사례 수 N에서 독립변인의 수 k, 그리고 1을 빼준 값이다.

❻ p는 probability의 약자로 유의확률을 뜻한다. p는 0부터 1 사이로 제시된다. 관례적으로 유의수준은 .05로 설정하며, p값이 유의수준보다 작을 때 연구자는 결과가 유의하다고 판단한다. 이 장의 사례에서 F값 308은 $p < .001$ 수준에서 유의하므로, F 분포표에서 0.1% 안에 속하는 값이라고 보면 된다.

Model Coefficients - **행복(모형에서 추정된 계수들)**

Predictor	❼ Estimate	❽ *SE*	❾ *t*	*p*	❿ Stand. Estimate
⓫ Intercept	3.1818	0.3566	8.92	< .001	
자존감	0.3063	0.0127	24.15	< .001	0.6966
흥미유지	0.0515	0.0263	1.96	0.050	0.0510
노력지속	0.0303	0.0284	1.07	0.287	0.0302

❼ **Estimate(추정값)**은 비표준화 회귀계수(B)로 독립변인들 각각과 종속변인 사이의 관계 정도를 보여준다. 예를 들어, 자존감의 비표준화 회귀계수 .3063은 흥미유지, 노력지속이 변화하지 않는 상태에서 자존감의 원점수가 1점 향상되면 행복의 원점수가 .3063 변화한다는 것을 뜻한다. 이렇게 추정된 계수들을 활용하면, 예측 방정식이 아래와 같이 구성될 수 있다.

(원점수) 행복의 예측값=3.1818+.3063자존감+.0515흥미유지+.0303노력지속

(Z점수) 행복의 예측값=.6966자존감+.0510흥미유지+.0302노력지속

위의 원점수 예측식에서 3.1818은 intercept(절편)이다. .3063은 자존감의 추정값(비표준화 회귀계수), .0515는 흥미유지의 추정값(비표준화 회귀계수), .0303은 노력지속의 추정값(비표준화 회귀계수)을 나타낸다. 이 예측식은 다음과 같이 활용할 수 있다. 즉 연구자가 연구에 참여하지 않은 어떤 사람일지라도 그 사람의

자존감, 흥미유지, 노력지속의 값을 안다면, 행복의 원점수를 예측할 수 있게 된다. Z점수의 예측 방정식을 사용하면 연구자가 자존감, 흥미유지, 노력지속의 표준화 Z 값을 안다면, 이 연구에 참여하지 않은 다른 사람의 행복의 Z 값을 예측할 수 있게 된다.

대부분의 연구는 종속변인에 가장 큰 효과를 보이는 독립변인을 찾는 데 관심이 있다. 이 장의 사례에서는 자존감이 행복과 가장 큰 효과를 보이고 있다. 이 결과를 알게 된 교육정책가는 행복에 대한 효과가 가장 큰 독립변인이 자존감이므로 학생들의 자존감을 향상시키면 종속변인인 행복이 향상될 것으로 생각하고, 학교 정책에 이를 반영하고자 할 수도 있다.

❽ *SE*는 표준오차로 추정값의 오차의 표준편차이다.

❾ *t*는 추정값을 해당 표준오차로 나눈 값이다. 회귀분석에서 이 *t*값이 클수록 독립변인과 종속변인 간 관련성이 크다고 해석된다. 예를 들어, 자존감의 경우 .3063 ÷ .0127을 계산하면 24.118로 구해지고 24.15에 가깝다. 약간의 차이는 소수점 몇째 자리까지 계산에 포함하는가에 의해 생긴 것이다.

❿ **Stand. Estimate**는 표준화 회귀계수(β)로 변인들 사이의 관계를 나타내는 값이다. 표준화 회귀계수는 독립변인과 종속변인 모두를 Z점수로 환산한 뒤에 구해진 모형 추정값이다. 비표준화 회귀계수는 서로 비교할 수 없지만, 표준화 회귀계수는 상대적 크기를 비교할 수 있다. 이 장의 예에서 자존감의 표준화 회귀계수는 .6966으로 흥미유지의 .0510보다 크므로 행복에 대해 자존감이 흥미유지보다 더 강한 관계가 있다고 볼 수 있다.

⓫ **Intercept**는 절편으로 일차함수 그래프에서 x가 0일 때 y축에서 만나는 값이라고 보면 된다.

⑫ Collinearity Statistics(공선성 통계값)

	⑬ *VIF*	⑭ Tolerance
자존감	1.43	0.697
흥미유지	1.17	0.854
노력지속	1.39	0.721

⑫ **Collinearity Statistics**는 공선성 통계값이다. 독립변인들 간의 다중공선성, 즉 상관관계가 얼마나 큰지를 알아보는 통계값들이다.

⑬ ***VIF***는 분산팽창계수이다. *VIF* 값이 10 이상일 때 독립변인 간에 다중공선성이 있다고 본다. 다중공선성이 발생하면 회귀계수를 정확하게 추정할 수 없다.

⑭ **Tolerance**는 공차이다. Tolerance 값이 0.1이하일 때 독립변인 간에 다중공선성이 있다고 본다.

9.4 학술연구 원고 작성의 예

연구문제: 자존감, 흥미유지, 노력지속이 행복에 미치는 효과는 어떠한가?

Ⅲ. 연구 방법

3. 자료의 분석과 처리

자료의 기술통계와 중다회귀분석은 jamovi로 분석하였다. 각 변인의 평균, 표준편차 및 자료의 정상성을 알아보기 위한 왜도와 첨도는 〈표 1〉과 같다. 왜도는 절댓값으로 3.0보다 크면 심각하게 편포된 것으로 보고, 첨도는 절댓값으로 10.0보다 크면 문제가 있으며, 20.0보다 클 경우는 심각한 문제가 있다고 본다(Kline, 2005). 본 연구에서 각 변인의 왜도는 -.383~.151 사이의 값을 보였고, 첨도는 -.418~.360 사이의 값을 보였다.

〈표 1〉 자존감, 흥미유지, 노력지속, 행복의 기술통계

변인	n	M	SD	Skewness	Kurtosis
자존감	804	28.0	4.99	−0.119	−0.418
흥미유지	804	10.6	2.18	0.151	0.273
노력지속	804	10.7	2.19	−0.115	0.353
행복	804	12.6	2.19	−0.383	0.360

Ⅳ. 연구 결과

1. 변인들 간의 상관관계

본 연구의 독립변인인 자존감, 흥미유지, 노력지속과 종속변인인 행복 사이의 상관계수는 〈표 2〉와 같다. 첫째, 자존감이 높을수록 행복이 유의하게 높았다(r = .730, p 〈 .001). 둘째, 흥미유지가 높을수록 행복이 유의하게 높았다(r = .305, p 〈 .001). 셋째, 노력지속이 높을수록 행복이 유의하게 높았다(r = .402, p 〈 .001).

〈표 2〉 자존감, 흥미유지, 노력지속, 행복 간의 상관관계

변인	자존감	흥미유지	노력지속	행복
자존감	-			
흥미유지	.352***			
노력지속	.511***	.307***		
행복	.730***	.305***	.402***	-

주: *** p 〈 .001

2. 행복에 대한 중다회귀분석

중다회귀분석으로 독립변인들이 행복에 미치는 효과를 알아본 결과는 〈표 3〉과 같다. 독립변인들 간의 다중공선성의 정도를 보여주는 VIF(분산팽창계수) 값들은 1.17~1.43 사이로 10을 넘지 않았고, 이는 다중공선성의 문제가 크지 않다고 제안한다. 자존감, 흥미유지, 노력지속의 행복에 대한 설명력은 53.6%였고, 이는 통계적으로 유의하였다(F = 308, p 〈 .001).

〈표 3〉 행복에 대한 중다회귀분석

독립변인	*B*	*SE*	*β*	*t*	*VIF*
절편	3.1818	0.3566		8.92	
자존감	0.3063	0.0127	0.6966***	24.15	1.43
흥미유지	0.0515	0.0263	0.0510*	1.96	1.17
노력지속	0.0303	0.0284	0.0302	1.07	1.39
R^2			0.536		
R^2 Adj			0.534		
F(sig)			308***		

주: * $p < .05$, *** $p < .001$

각 독립변인이 종속변인에 미치는 효과는 다음과 같다. 첫째, 자존감이 높을수록 행복이 유의하게 높았다($B = .306$, $\beta = .697$, $p < .001$). 둘째, 흥미유지를 할수록 행복이 유의하게 높았다($B = .052$, $\beta = .051$, $p < .05$). 셋째, 노력지속은 행복과 유의한 관계를 보이지 않았다($B = .030$, $\beta = .030$, $p > .05$).

제 10 장 중다매개모형의 분석과 결과 기술

이 장의 목적

1. Jamovi 프로그램을 활용한 중다매개모형 분석 방법을 설명한다.
   통계 프로그램 활용하기
   자료 불러오기 - 기술통계 알아보기 - 상관관계 분석하기 - 중다매개모형 분석하기
2. Jamovi 프로그램을 활용한 중다매개모형 결과를 기술한다.
   통계 결과 작성하기 - 통계 결과 해석하기

이 장의 핵심 개념

- 중다매개 모형 분석 결과표에는 간접효과, 직접효과, 총효과의 표준화 회귀계수와 비표준화 회귀계수 등이 산출된다.
- 간접효과는 어떤 변인이 다른 변인들의 관계를 매개하는 데 기여하는 효과로서 매개변인이 개입되어 독립변인이 종속변인에 간접적으로 영향을 미치는 것을 의미한다.
- 직접효과는 어떤 변인이 다른 변인에 직접적으로 미치는 영향으로 매개변인이 개입되지 않고 독립변인이 종속변인에 직접적인 영향을 미치는 것을 의미한다.
- 총효과는 어떤 변인이 다른 변인에 미치는 총 영향으로 독립변인과 종속변인 사이의 간접효과와 직접효과를 모두 포함하는 전체적인 영향을 의미한다.
- 비표준화 회귀계수는 B로 표기되며, 독립변인들 각각과 종속변인 사이의 관계의 정도를 나타낸다.
- 표준화 회귀계수는 β로 표기되며, 자료의 원점수를 표준화된 점수 Z값으로 변환한 뒤 구한 회귀계수이다. −1과 1사이의 값을 가지며, 0에 가까울수록 변인 간의 관계가 약하고 절댓값이 1에 가까울수록 변인 간의 관계가 강하다. 값이 절댓값으로 1을 넘어서면 독립변인들 간에 다중공선성의 문제가 있을 수 있다.
- Statistics Diagram은 모형의 직접효과와 관련한 비표준화 경로계수(Estimate)를 제시한다.

중다매개모형 분석은 연구자가 독립변인, 매개변인, 종속변인 모두를 포함하는 연구모형을 지정하였을 때 사용하는 분석방법이다. 본 장은 첫째, 독립변인 1개

(자존감), 매개변인 2개(흥미유지, 노력지속), 종속변인 1개(행복)인 경우의 예를 들어 중다매개모형 분석을 안내한다(A 연구자의 모형). 둘째, 독립변인 2개(흥미유지, 노력지속), 매개변인 1개(자존감), 종속변인 1개(행복)인 경우의 중개매개모형 분석도 예를 들어 안내한다(B 연구자의 모형). 연구자는 중다매개모형 분석을 사용하여 독립변인이 종속변인에 미치는 효과가 매개변인에 의하여 어느 정도 매개되는지를 검증할 수 있다. 그리고 A 연구자와 B 연구자는 동일한 변인을 사용하더라도 이론적 관점에 따라 서로 다른 모형을 지정하고, 다음과 같이 연구문제도 다르게 설정할 수 있다.

A 연구자

연구문제: 자존감과 행복 간의 관계에서 흥미유지와 노력지속의 매개효과는 어떠한가?

B 연구자

연구문제: 흥미유지, 노력지속과 행복 간의 관계에서 자존감의 매개효과는 어떠한가?

10.1 통계 프로그램 활용하기

10.1.1 자료 불러오기

엑셀 파일 또는 CSV의 형식(예: happiness.csv)으로 입력된 원자료를 jamovi의 메뉴에서 차례대로 선택하여 불러올 수 있다. 9장 중다회귀분석, 즉 "자존감, 흥미유지, 노력지속의 행복에 대한 효과 검증"을 위해 사용했던 자료 파일(예: happiness.csv)을 불러오기 해보자.

jamovi 시작: 자료 불러오기

❶ ≡ 선택 ➜ ❷ Open ➜ ❸ This PC ➜ ❹ Browse ➜ ❺ 문서 선택

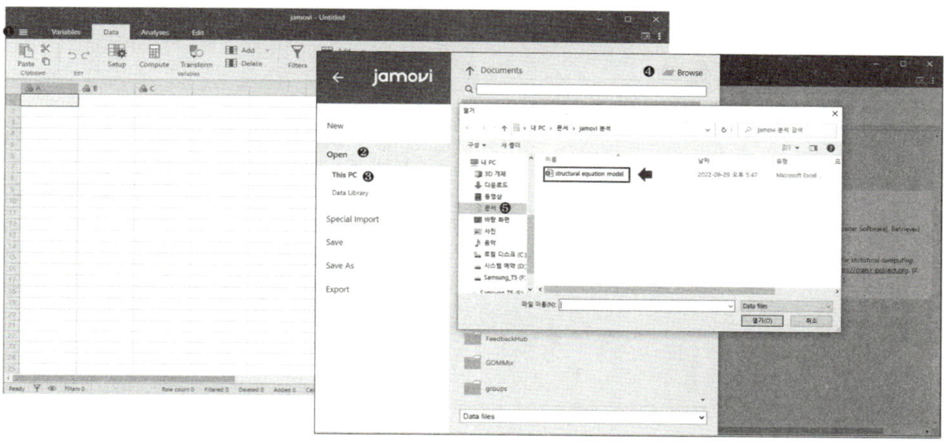

[그림 10.1-1] 자료 파일 불러오기 및 찾기

연구자는 [그림 10.1-1]의 과정처럼 분석할 파일을 불러와야 한다. jamovi 실행 후 ❶ 왼쪽 상단 ≡ 클릭 → ❷ Open(열기) → ❸ This PC(이 컴퓨터) → ❹ Browse (탐색) → ❺ 문서 선택(예: happiness.csv)을 순서대로 클릭한다.

10.1.2 기술통계 알아보기

연구자는 자료 파일을 불러오면, 연구문제의 답을 알아보는 분석을 하기 전에 자료의 기술통계를 파악해야 한다. 예를 들어, 자료의 사례 수가 정확한지, 결측값이 어느 정도인지를 알아보고, 변인별 평균, 표준편차, 정상성(왜도, 첨도)을 살펴야 한다. 연구자는 이런 정보를 작성하고 있는 논문의 연구방법이나 연구결과의 부분에서 기술해야 한다. 기술통계는 A 연구자와 B 연구자의 모형에서 다르지 않다. 연구모형의 모형지정만 다를 뿐 연구모형에서 사용되는 변인은 두 연구자 모두 동일하기 때문이다.

jamovi 시작: 기술통계 알아보기

❶ Analyses → ❷ Exploration (Descriptives) → ❸ Variables (자존감, 흥미유지, 노력지속, 행복) → ❹ Statistics

→ ① Sample Size (N) → ② Central Tendency (Mean) → ③ Distribution (Skewness, Kutosis)

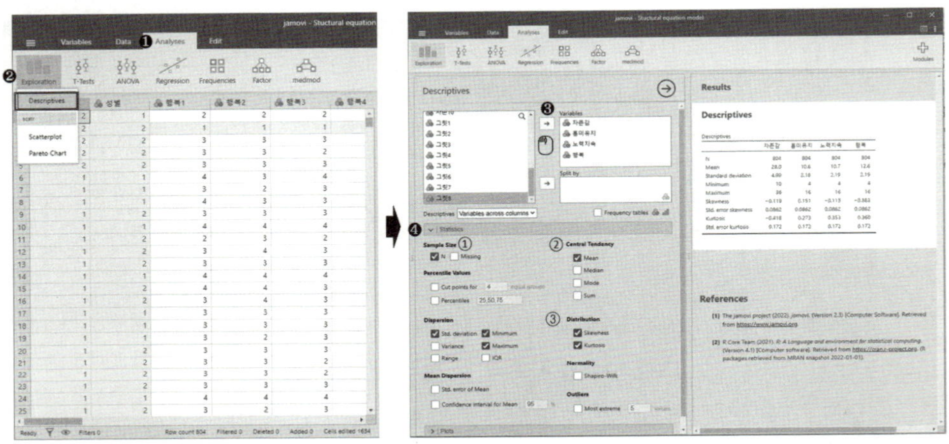

[그림 10.1-2] 기술통계

이 장에서 설명하는 중다매개모형 분석의 기술통계는 9장의 중다회귀모형의 분석의 기술통계 처리와 동일하다. [그림 10.1-2]처럼 ❶ Analyses(분석) → ❷ Exploration(Descriptives: 기술통계) → ❸ Variables(변인 이동: 자존감, 흥미유지, 노력지속, 행복)를 순서대로 실행한다. 그리고 ❹ Statistics(통계)를 선택한 후 → jamovi에서 제공되는 기본 설정(☑)의 ① Sample Size(표본 크기: N(사례 수), Missing(결측값)), Dispersion(분산: Std. deviation(표준편차), Minimum(최솟값), Maximum(최댓값)), ② Central Tendency(집중경향값: Mean(평균), Median(중앙값)), ③ Distribution(분포: Skewness(왜도), Kutosis(첨도))를 선택한다. 연구자는 기술통계에서 최솟값과 최댓값을 살펴보고, 반응의 범위를 벗어난 값이 있으면 설문지를 확인하여 잘못된 값을 수정해서 입력한다. 이런 값을 확인하지 않으면 극단값으로 작용하여 연구결과에 영향을 미친다.

10.1.3 상관관계 분석하기

중다매개모형 분석에서 상관관계를 알아보는 방법은 중다회귀분석과 동일하다. A 연구자와 B 연구자 모두에게 적용된다. 상관관계 분석은 두 변인 간의 관계의 정도를 알아보는 것, 즉 두 변인이 공변 정도를 알아보는 것이다. 이는 한 변인의 변화가 다른 변인의 변화와 얼마나 관계가 있는지를 보여주는 분석 방법이다. 연구자는 중다매개모형의 분석 전에 상관관계를 분석하여 독립변인과 종속변인 사이에 상관관계가 없으면 더 이상 분석할 필요가 없다. 왜냐하면 독립변인과 매개변인 사이에 매개될 효과가 없기 때문이다. 따라서 연구자는 매개효과를 검증하는 연구를 설계할 때에 선행연구들에서 독립변인과 종속변인 사이의 상관관계가 유의한지 사전에 파악하는 것이 좋다. A 연구자의 “자존감과 행복 간의 관계에서 흥미유지와 노력지속의 매개효과”와 B 연구자의 “흥미유지, 노력지속과 행복 간의 관계에서 자존감의 매개효과”를 검증하기 전에 자존감, 노력지속, 흥미유지, 행복 변인들 간의 상관관계를 분석하는 방법을 살펴보면 다음과 같다.

jamovi 시작: 상관관계 분석하기

❶ Analyses → ❷ Regression → ❸ Correlation Matrix →

❹ 변인 이동 (자존감, 흥미유지, 노력지속, 행복) → ❺ 결과창에서 상관 행렬 결과 확인

[그림 10.1-3]과 같이 ❶ Analyses(분석) → ❷ Regression(회귀분석) → ❸ Correlation Matrix(상관 행렬)를 클릭한다.

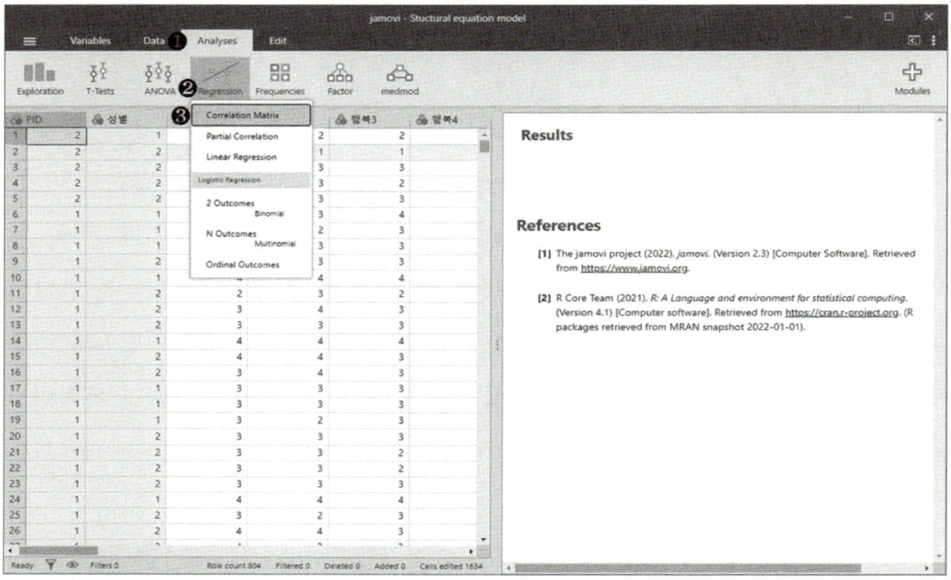

[그림 10.1-3] 상관 행렬

❹ 변인(자존감, 흥미유지, 노력지속, 행복) 이동 → ❺ Corrlation Matrix(상관 행렬)에 변인들 간 분석표가 [그림 10.1-4]와 같이 자동으로 생성되는 것을 볼 수 있다.

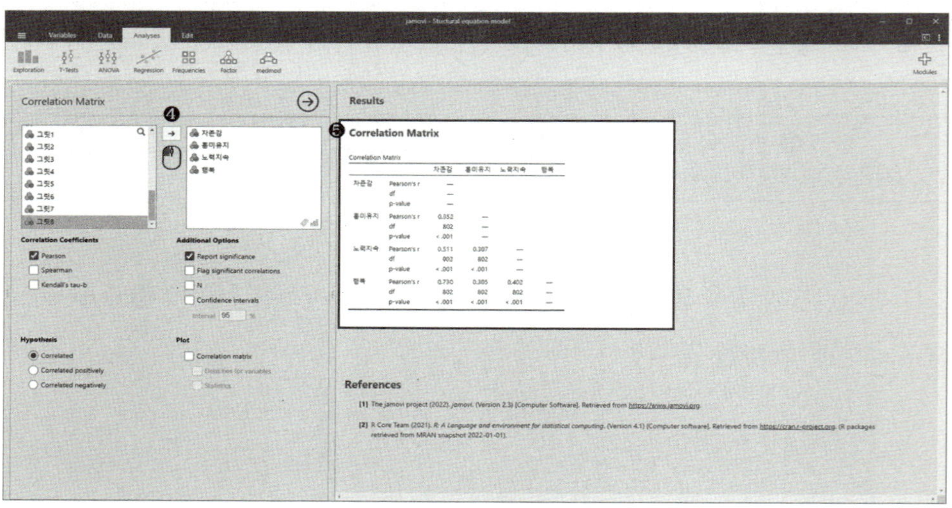

[그림 10.1-4] 변인 이동 및 상관관계 분석표

10.1.4 중다매개모형 분석하기

A와 B 연구자가 매개효과를 검증하려면 "jamm-Advanced Mediations Models (jamm 고급 매개모형)" 모듈의 설치여부를 확인하고, 미설치되었다면 모듈 설치를 해야 한다. 연구자는 jamovi 프로그램의 상단 아이콘 메뉴줄에서 설치유무를 확인할 수 있다.

- [그림 10.1-5]처럼 아이콘 메뉴란에 medmod 와 같은 아이콘이 있으면 "jamm-Advanced Mediation Models(jamm-고급 매개모형 모듈)"이 이미 설치된 것이다. 설치되어 있지 않다면 다음의 안내에 따라 설치하면 된다.

아이콘의 이름인 "medmod"가 알려주는 것처럼 이 모듈은 단순매개모형 분석, 중다매개모형 분석, 조절효과 분석 등을 수행할 수 있다. 이 책은 중다매개모형 분석만을 다룬다. 중다개매모형 분석을 알면 단순매개모형 분석은 쉽게 할 수 있다. 단순매개모형 분석은 독립변인 1개, 매개변인 1개, 종속변인 1개만을 모형에 투입하면 되기 때문이다.

jamovi 시작: 중다매개모형 분석 모듈 설치

❶ Modules → ❷ Manage installed → ❸ Available → ❹ Search (jamm) →

❺ jamm Advanced Mediation Models 1.2.1 (INSTALLED)

연구자는 [그림 10.1-5], [그림 10.1-6]의 번호 순서로 모듈을 설치한다.

❶ jamovi 화면의 오른쪽 상단 Modules 을 찾아 선택 → ❷ Manage installed(설

치모듈 관리) → ❸ Available(사용 가능) → ❹ 검색창에서 jamm 입력 후 'jamm Advanced Mediation Models 1.2.1(jamm-고급 매개모형 1.2.1)' ❺ 설치(install)한다. 그런 다음 [그림 10.1-5]처럼 아이콘 메뉴에 새 아이콘 이 생성되었다면 잘 설치된 것이다.

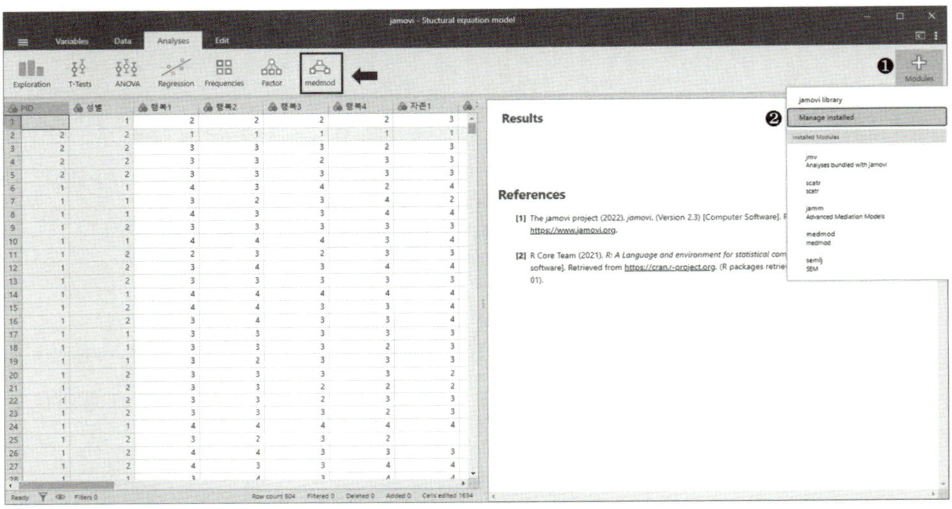

[그림 10.1-5] 중다매개모형 확인 및 분석 모듈 설치

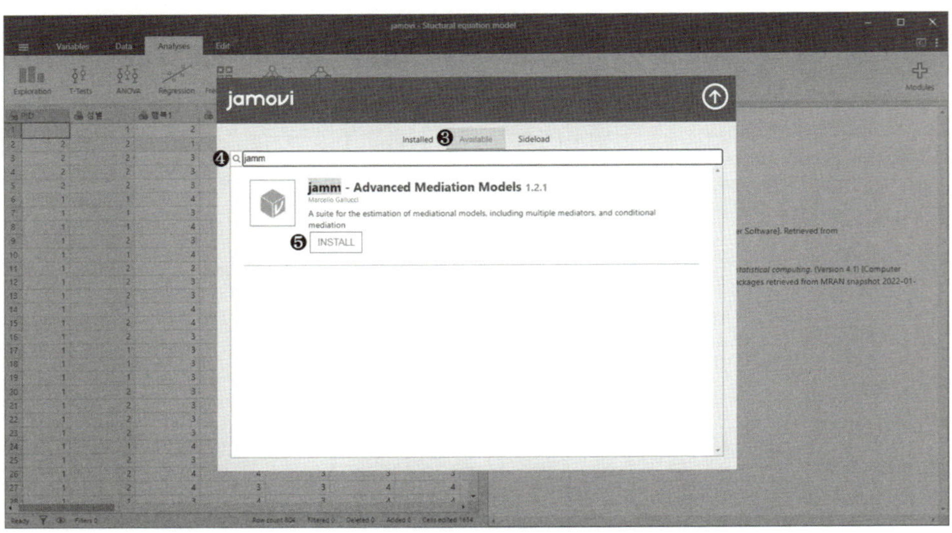

[그림 10.1-6] 중다매개모형 분석 모듈 설치

jamovi 시작: 중다매개모형 분석

이제부터는 A 연구자와 B 연구자가 할 일이 서로 다르다.

A 연구자의 경우

❶ medmod → ❷ GLM Mediation Model → ❸ Dependent Variable (행복) → ❹ Mediators (흥미유지, 노력지속) → ❺ Covariates (자존감)

A 연구자는 [그림 10.1-7]의 연구모형 검증에 필요한 변인들을 선택하여 Dependent Variable(종속변인), Mediatiors(매개변인), Covariaties(독립변인)로 지정을 한다. 즉 다음의 순서를 따라서 ❶ medmod → ❷ GLM Mediation Model → ❸ Dependent Variable(종속변인)에 '행복' 변인을 이동시키고 → ❹ Mediators(매개변인)에 '흥미유지'와 '노력지속' 변인을 이동시키고 → ❺ Covariates(독립변인)에 '자존감'을 투입하여야 한다.

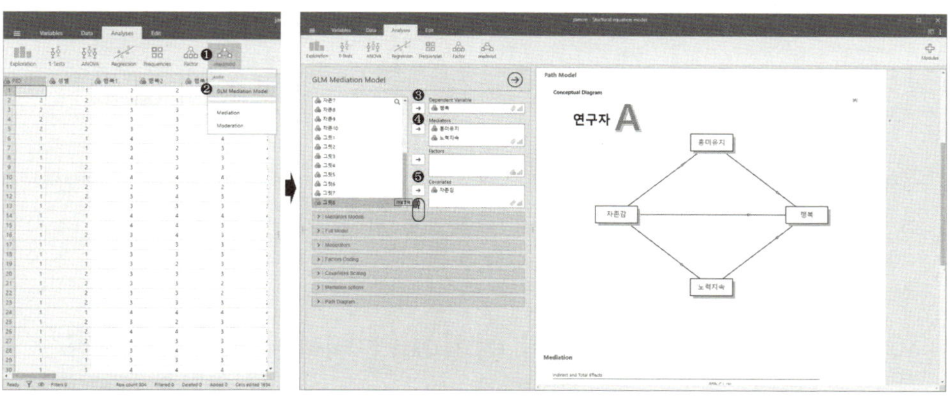

[그림 10.1-7] A 연구자의 변인 이동 및 연구모형 개념도

⊙ B 연구자의 경우

① medmod → ② GLM Mediation Model → ③ Dependent Variable (행복) → ④ Mediators (자존감) → ⑤ Covariates (흥미유지, 노력지속)

B 연구자는 [그림 10.1-8]처럼 ① medmod → ② GLM Mediation Model을 클릭하고 → ③ Dependent Variable(종속변인)에 '행복' 변인을 이동하고 → ④ Mediators(매개변인)에 '자존감'을 이동하고 → ⑤ Covariates(독립변인)에 '흥미유지', '노력지속' 변인을 이동하여 투입하여야 한다.

[그림 10.1-8]을 보면 오른쪽 결과창의 연구모형 개념도가 [그림 10.1-7]과 다르게 나타난 것이 눈에 띄일 것이다.

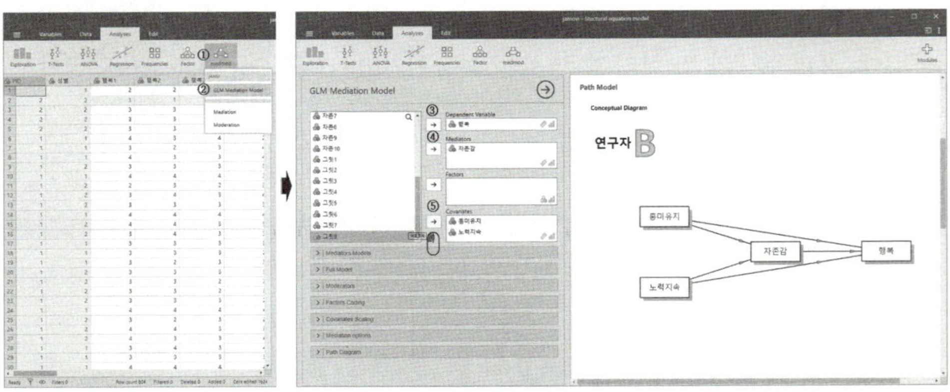

[그림 10.1-8] B 연구자의 변인 이동 및 연구모형 개념도

10.1.5 중다매개모형 분석의 option(선택사항)에 대한 설명

중다매개모형 분석의 선택사항은 [그림 10.1-9]에서 볼 수 있는 것처럼 ❶ "Mediation Models" ❷ "Full Model" ❸ "Moderators" ❹ "Factor Coding" ❺ "Covariates Scaling" ❻ "Mediation options" ❼ "Path Diagram"이 있다. 이 중에

서 본 장의 중다매개모형과 직접 관계된 것은 ★❻ "Mediation options"와 ★❼ "Path Diagram"이다. 나머지 기능의 대부분은 조절효과, 매개된 조절효과, 조절된 매개효과 등과 관련된 것이다. 여기서는 중다매개모형과 관계된 "Mediation options"와 "Path Diagram"에 초점을 맞춘다.

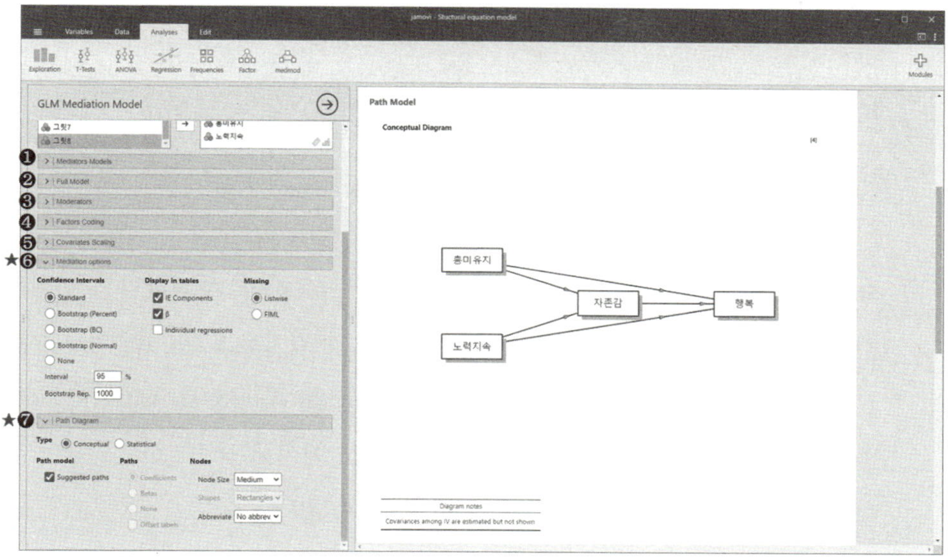

[그림 10.1-9] 매개 선택사항

10.1.6 Mediation options

"Mediation options"는 매개효과 검증과 관계된 여러 선택사항을 결정할 수 있는 옵션들을 포함하고 있다.

Confidences Intervals(신뢰구간): 매개효과 분석 결과의 신뢰구간을 설정할 수 있는 옵션들이 있다. 이를 통해 매개효과의 정확성과 신뢰도를 확인할 수 있다.

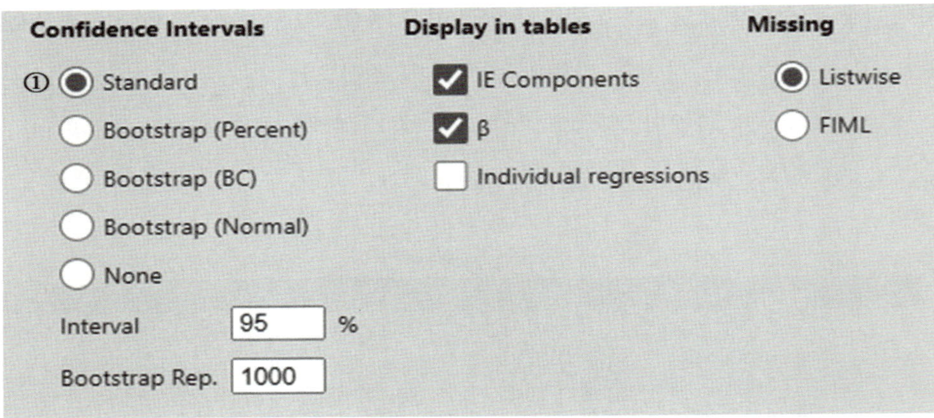

[그림 10.1-10] Mediation options의 Standard 선택

① Standard 방법은 표준 방법(Delta method)을 사용하여, 추정값들의 신뢰구간을 산출한다. 이 방법을 사용한 중다매개효과 결과는 [그림 10.1-11]과 같으며, 아래쪽 "노트"를 보면 "Confidence intervals computed with method: Standard (Delta method)"라고 표기되어 있다. 해석해 보면 "신뢰구간이 계산된 방법: 표준 (Delta method)"이라고 되어 있다.

Mediation

Indirect and Total Effects

Type	Effect	Estimate	SE	95% C.I. (a) Lower	Upper	β	z	p
Indirect	노력지속 ⇒ 자존감 ⇒ 행복	0.3103	0.0251	0.2611	0.3595	0.3097	12.36	< .001
	흥미유지 ⇒ 자존감 ⇒ 행복	0.1514	0.0226	0.1070	0.1957	0.1501	6.69	< .001
Component	노력지속 ⇒ 자존감	1.0131	0.0705	0.8749	1.1512	0.4446	14.37	< .001
	자존감 ⇒ 행복	0.3063	0.0127	0.2815	0.3311	0.6966	24.21	< .001
	흥미유지 ⇒ 자존감	0.4942	0.0710	0.3551	0.6333	0.2154	6.96	< .001
Direct	노력지속 ⇒ 행복	0.0303	0.0284	−0.0253	0.0859	0.0302	1.07	0.285
	흥미유지 ⇒ 행복	0.0515	0.0262	1.02e−4	0.1029	0.0510	1.96	0.050
Total	노력지속 ⇒ 행복	0.3406	0.0333	0.2754	0.4059	0.3399	10.24	< .001
	흥미유지 ⇒ 행복	0.2029	0.0335	0.1372	0.2685	0.2011	6.06	< .001

노트. Confidence intervals computed with method: Standard (Delta method)

노트. Betas are completely standardized effect sizes

[그림 10.1-11] Standard(Delta method) 방법 사용 시 분석 결과

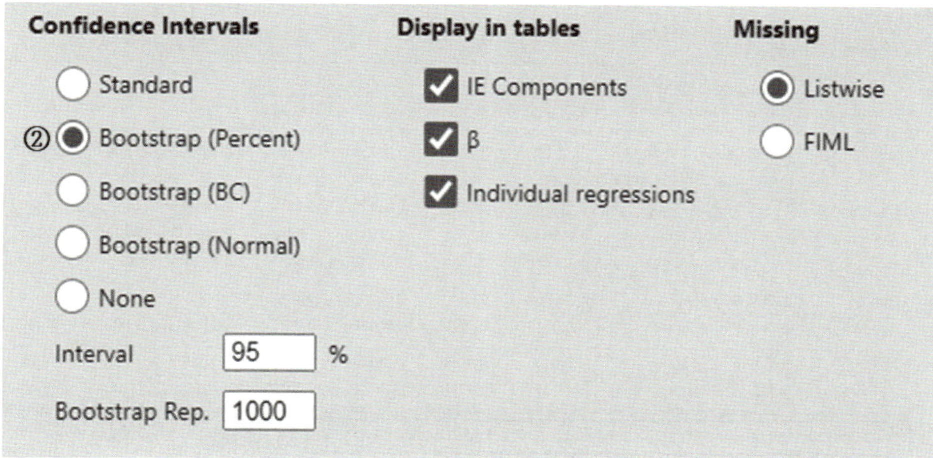

[그림 10.1-12] Mediation options의 Bootstrap (Percent) 선택

② Bootstrap 방법은 연구자의 표본에서 재표본을 추출하는 방법이다. 이 방법은 모집단에서 표집한 표본에 기반하여 표집(샘플링) 분포를 추정하는 방법이다. 이 방법은 연구자의 표본 크기를 크게 만들지 않고도 모집단의 특성을 파악하고 통계적 추정을 할 수 있는 장점이 있다. 그리고 연구자의 표본 크기가 작거나 정상성을 충족하지 못할 때 사용할 수 있다. 다시 말해 연구자의 자료가 단변량 정상성, 다변량 정상성을 충족하지 못할 때 이를 보완하는 방법으로 사용할 수 있다.

[그림 10.1-12]처럼 ② "Bootstrap (Percent)"을 선택하면 매개효과의 분석 결과가 [그림 10.1-13]처럼 나타난다. [그림 10.1-13]의 아래쪽 "노트"를 보면 "Confidence intervals computed with method: Bootstrap percentiles"라고 표기되어 있다. 이는 "신뢰구간이 계산된 방법: Bootstrap percentiles"로 해석된다.

Mediation

Indirect and Total Effects

Type	Effect	Estimate	SE	95% C.I. (a) Lower	95% C.I. (a) Upper	β	z	p
Indirect	노력지속 ⇒ 자존감 ⇒ 행복	0.3103	0.0272	0.25754	0.3646	0.3097	11.43	< .001
	흥미유지 ⇒ 자존감 ⇒ 행복	0.1514	0.0238	0.10397	0.1988	0.1501	6.37	< .001
Component	노력지속 ⇒ 자존감	1.0131	0.0744	0.86111	1.1610	0.4446	13.61	< .001
	자존감 ⇒ 행복	0.3063	0.0148	0.27842	0.3343	0.6966	20.72	< .001
	흥미유지 ⇒ 자존감	0.4942	0.0750	0.34912	0.6444	0.2154	6.59	< .001
Direct	노력지속 ⇒ 행복	0.0303	0.0302	−0.02843	0.0884	0.0302	1.00	0.316
	흥미유지 ⇒ 행복	0.0515	0.0270	−0.00199	0.1074	0.0510	1.90	0.057
Total	노력지속 ⇒ 행복	0.3406	0.0348	0.26975	0.4114	0.3399	9.80	< .001
	흥미유지 ⇒ 행복	0.2029	0.0356	0.13702	0.2768	0.2011	5.70	< .001

노트. Confidence intervals computed with method: Bootstrap percentiles

노트. Betas are completely standardized effect sizes

[그림 10.1-13] Bootstrap (Percent) 방법 사용 시 분석 결과

• Display in tables(표의 내용): 매개모형의 결과표에 제시되는 값을 선택하는 옵션이다.

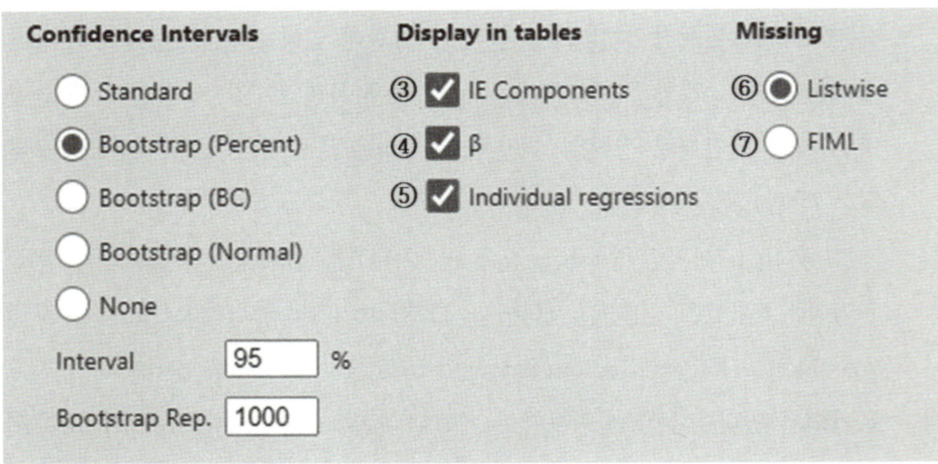

[그림 10.1-14] Mediation options의 Display in tables 선택

③ IE Components는 개별 변인들 간의 효과를 제시하라고 jamovi에게 명령하는 선택사항이다. [그림 10.1-14]처럼 IE Components가 체크되어 있으면 (☑) [그림 10.1-15]와 같이 결과가 나타난다. 하지만 IE Components가 체

크되어 있지 않으면(□) 결과는 [그림 10.1-16]과 같다. [그림 10.1-15]에는 Indirect(간접효과), Component(개별효과), Direct(직접효과), Total(총효과)의 4가지가 나타난다. [그림 10.1-16]에는 개별 변인들 간의 경로에 대한 효과는 제시되지 않고, Indirect(간접효과), Direct(직접효과), Total(총효과)의 3가지가 결과로 제시된다.

Mediation

Indirect and Total Effects

Type	Effect	Estimate	SE	95% C.I. (a) Lower	95% C.I. (a) Upper	β	z	p
Indirect	노력지속 ⇒ 자존감 ⇒ 행복	0.3103	0.0251	0.2611	0.3595	0.3097	12.36	< .001
	흥미유지 ⇒ 자존감 ⇒ 행복	0.1514	0.0226	0.1070	0.1957	0.1501	6.69	< .001
Component	노력지속 ⇒ 자존감	1.0131	0.0705	0.8749	1.1512	0.4446	14.37	< .001
	자존감 ⇒ 행복	0.3063	0.0127	0.2815	0.3311	0.6966	24.21	< .001
	흥미유지 ⇒ 자존감	0.4942	0.0710	0.3551	0.6333	0.2154	6.96	< .001
Direct	노력지속 ⇒ 행복	0.0303	0.0284	−0.0253	0.0859	0.0302	1.07	0.285
	흥미유지 ⇒ 행복	0.0515	0.0262	1.02e-4	0.1029	0.0510	1.96	0.050
Total	노력지속 ⇒ 행복	0.3406	0.0333	0.2754	0.4059	0.3399	10.24	< .001
	흥미유지 ⇒ 행복	0.2029	0.0335	0.1372	0.2685	0.2011	6.06	< .001

Note. Confidence intervals computed with method: Standard (Delta method)

Note. Betas are completely standardized effect sizes

[그림 10.1-15] IE Components 선택 시 분석 결과

Mediation

Indirect and Total Effects

Type	Effect	Estimate	SE	95% C.I. (a) Lower	95% C.I. (a) Upper	β	z	p
Indirect	노력지속 ⇒ 자존감 ⇒ 행복	0.3103	0.0251	0.2611	0.3595	0.3097	12.36	< .001
	흥미유지 ⇒ 자존감 ⇒ 행복	0.1514	0.0226	0.1070	0.1957	0.1501	6.69	< .001
Direct	노력지속 ⇒ 행복	0.0303	0.0284	−0.0253	0.0859	0.0302	1.07	0.285
	흥미유지 ⇒ 행복	0.0515	0.0262	1.02e-4	0.1029	0.0510	1.96	0.050
Total	노력지속 ⇒ 행복	0.3406	0.0333	0.2754	0.4059	0.3399	10.24	< .001
	흥미유지 ⇒ 행복	0.2029	0.0335	0.1372	0.2685	0.2011	6.06	< .001

Note. Confidence intervals computed with method: Standard (Delta method)

Note. Betas are completely standardized effect sizes

[그림 10.1-16] IE Components 미선택 시 분석 결과

④ β는 결과표에 표준화 회귀계수(Estimate)를 제시하라는 선택사항이다. 비표준화 회귀계수(B)는 Estimate 값을 제시하면 된다. [그림 10.1-14]처럼 β에 체크하면(☑), [그림 10.1-17]과 같이 β값이 제시된다. 그러나 이를 체크하지 않으면(☐) [그림 10.1-18]처럼 β값이 제시되지 않는다.

Mediation

Indirect and Total Effects

Type	Effect	Estimate	SE	95% C.I. (a) Lower	Upper	β	z	p
Indirect	노력지속 ⇒ 자존감 ⇒ 행복	0.3103	0.0294	0.25432	0.3689	0.3097	10.55	< .001
	흥미유지 ⇒ 자존감 ⇒ 행복	0.1514	0.0246	0.10414	0.2000	0.1501	6.15	< .001
Component	노력지속 ⇒ 자존감	1.0131	0.0779	0.86806	1.1662	0.4446	13.00	< .001
	자존감 ⇒ 행복	0.3063	0.0149	0.27812	0.3354	0.6966	20.58	< .001
	흥미유지 ⇒ 자존감	0.4942	0.0784	0.34507	0.6538	0.2154	6.30	< .001
Direct	노력지속 ⇒ 행복	0.0303	0.0303	-0.03229	0.0886	0.0302	1.00	0.317
	흥미유지 ⇒ 행복	0.0515	0.0277	-0.00470	0.1048	0.0510	1.86	0.063
Total	노력지속 ⇒ 행복	0.3406	0.0354	0.27081	0.4119	0.3399	9.62	< .001
	흥미유지 ⇒ 행복	0.2029	0.0363	0.13486	0.2722	0.2011	5.59	< .001

Note. Confidence intervals computed with method: Bootstrap percentiles
Note. Betas are completely standardized effect sizes

[그림 10.1-17] β 선택 시 분석 결과

Mediation

Indirect and Total Effects

Type	Effect	Estimate	SE	95% C.I. (a) Lower	Upper	z	p
Indirect	노력지속 ⇒ 자존감 ⇒ 행복	0.3103	0.0251	0.2611	0.3595	12.36	< .001
	흥미유지 ⇒ 자존감 ⇒ 행복	0.1514	0.0226	0.1070	0.1957	6.69	< .001
Component	노력지속 ⇒ 자존감	1.0131	0.0705	0.8749	1.1512	14.37	< .001
	자존감 ⇒ 행복	0.3063	0.0127	0.2815	0.3311	24.21	< .001
	흥미유지 ⇒ 자존감	0.4942	0.0710	0.3551	0.6333	6.96	< .001
Direct	노력지속 ⇒ 행복	0.0303	0.0284	-0.0253	0.0859	1.07	0.285
	흥미유지 ⇒ 행복	0.0515	0.0262	1.02e-4	0.1029	1.96	0.050
Total	노력지속 ⇒ 행복	0.3406	0.0333	0.2754	0.4059	10.24	< .001
	흥미유지 ⇒ 행복	0.2029	0.0335	0.1372	0.2685	6.06	< .001

Note. Confidence intervals computed with method: Standard (Delta method)
Note. Betas are completely standardized effect sizes

[그림 10.1-18] β 미선택 시 분석 결과

⑤ Individual regressions는 중다매개모형 분석과 관련한 추가적으로 3가지 모형의 결과를 제시한다. 이 3가지 모형의 결과는 연구자의 모형을 3가지 모형으로 분리하여 분석한 결과라고 보면 된다. 예를 들어, B 연구자의 모형에서 독립변인(노력지속, 흥미유지), 매개변인(자존감), 종속변인(행복)의 관계를 나타낸 모형을 3가지로 분리하여 각각 분석한다. (이 부분이 헷가리면 건너 뛰어도 무방하다. Individual regressions는 연구자의 중다매개모형이 결국 3개의 회귀모형으로 분리되어 분석될 수 있다는 것을 보여주기 위한 것이다.)

- Total effects(총효과)

  [그림 10.1-19]에 제시된 총효과 모형은 매개변인이 없는 상태에서 독립변인들 각각이 행복에 미치는 총효과를 계산한다. 독립변인은 노력지속과 흥미유지이며, 종속변인은 행복이다.

- Mediator model(매개모형 효과)

  [그림 10.1-20]에 제시된 매개모형 효과는 독립변인들 각각이 자존감에 미치는 효과를 계산한다. 독립변인은 노력지속과 흥미유지이며, 종속변인은 자존감이다.

- Full model effects(완전모형 효과)

  [그림 10.1-22]에 제시된 완전모형효과는 독립변인들 각각이 행복에 미치는 효과를 계산한다. 독립변인은 노력지속과 흥미유지이며, 종속변인은 행복이다.

총효과: [그림 10.1-19]에 제시된 총효과(Total effects) 결과에서 Estimate(*B*)은 노력지속은 .341, 흥미유지는 .203으로 나타났다. 이는 [그림 10.1-17]의 Total에 제시된 Estimate(*B*)와 동일하다. 단, [그림 10.1-19]의 값은 소수 4째에서 3째 자리로 반올림을 했기 때문에 [그림 10.1-17]과 차이가 있다. 이 값들은 각각 노력지속이 행복에 미치는 총효과, 흥미유지가 행복에 미치는 총효과를 나타낸다(이 결과는 노력지속과 흥미유지를 독립변인으로 하고, 행복을 종속변인으로 한 표준중다회귀분석의 결과와 동일함).

Regressions Results

Total effects

ANOVA Table

R-squared	F	df1	df2	p
0.198	98.9	2.00	801	< .001

Total effects predicting: 행복

Names	Effect	Estimate	SE	Lower	Upper	β	df	t	p
노력지속	노력지속	0.341	0.0333	0.275	0.406	0.340	801	10.22	< .001
흥미유지	흥미유지	0.203	0.0335	0.137	0.269	0.201	801	6.05	< .001

[그림 10.1-19] 총효과 분석 결과

매개모형 효과: [그림 10.1-20]의 매개모형 효과(Mediator Modle)에서는 독립변인이 노력지속, 흥미유지로 되어 있고, 종속변인(Dependent variable)이 자존감으로 되어 있다. 이 결과에서 Estimate(*B*)를 보면 노력지속은 1.013, 흥미유지는 .494이다. 이 모형의 값들은 결국은 노력지속, 흥미유지를 독립변인으로 하고, 자존감을 종속변인으로 한 표준중다회귀분석의 결과와 동일하다. 표준중다회귀분석의 결과는 [그림 10.1-21]과 같다.

Mediator Model

Dependent variable: 자존감

ANOVA

R-squared	F	df1	df2	p
0.303	174	2.00	801	< .001

Regression

Names	Effect	Estimate	SE	Lower	Upper	df	t	p
노력지속	노력지속	1.013	0.0706	0.874	1.152	801	14.34	< .001
흥미유지	흥미유지	0.494	0.0711	0.355	0.634	801	6.95	< .001

[그림 10.1-20] 매개모형 분석 결과

Linear Regression

Model Fit Measures

				Overall Model Test			
Model	R	R^2	Adjusted R^2	F	df1	df2	p
1	0.550	0.303	0.301	174	2	801	< .001

Model Coefficients - 자존감

						95% Confidence Interval	
Predictor	Estimate	SE	t	p	Stand. Estimate	Lower	Upper
Intercept	11.880	0.9006	13.19	< .001			
노력지속	1.013	0.0706	14.34	< .001	0.445	0.384	0.505
흥미유지	0.494	0.0711	6.95	< .001	0.215	0.155	0.276

[그림 10.1-21] 표준중다회귀분석 결과

완전모형 효과: [그림 10.1-22]의 완전모형 효과(Full model effects)는 자존감, 노력지속, 흥미유지가 독립변인으로서 행복에 미치는 효과를 보여준다. 완전모형

효과는 결국 독립변인들과 매개변인들 모두를 독립변인으로 보고, 이들 모두가 종속변인에 미치는 효과와 설명변량을 제시한다. 표준중다회귀분석의 결과는 [그림 10.1-23]과 같다.

Full model effects

ANOVA Table

R-squared	F	df1	df2	p
0.536	308	3.00	800	< .001

Full model predicting 행복

Names	Effect	Estimate	SE	Lower	Upper	β	df	t	p
자존감	자존감	0.3063	0.0127	0.2814	0.3312	0.6966	800	24.15	< .001
노력지속	노력지속	0.0303	0.0284	-0.0255	0.0861	0.0302	800	1.07	0.287
흥미유지	흥미유지	0.0515	0.0263	-1.04e-4	0.1031	0.0510	800	1.96	0.050

[그림 10.1-22] 완전모형 효과 분석 결과

Linear Regression

Model Fit Measures

				Overall Model Test			
Model	R	R^2	Adjusted R^2	F	df1	df2	p
1	0.732	0.536	0.534	308	3	800	< .001

Model Coefficients - 행복

						95% Confidence Interval	
Predictor	Estimate	SE	t	p	Stand. Estimate	Lower	Upper
Intercept	3.1818	0.3566	8.92	< .001			
자존감	0.3063	0.0127	24.15	< .001	0.6966	0.6400	0.7532
노력지속	0.0303	0.0284	1.07	0.287	0.0302	-0.0254	0.0859
흥미유지	0.0515	0.0263	1.96	0.050	0.0510	-1.03e-4	0.1022

[그림 10.1-23] 표준중다회귀분석 결과

⑥ **Missing(결측):** [그림 10.1-14]에 "Missing" 아래 라디오 버튼으로 제시된 Listwise와 FIML은 결측값의 처리를 위한 옵션 사항이다. 결측값은 데이터의 누락을 뜻하고, 실제 값이 존재해야 하나 측정되지 않았거나, 실수로 값이 기록되지 않는 등의 이유로 발생한다.

Listwise 방법: 분석자료에서 결측값을 포함한 행(사례)은 분석에서 제외하고 사용하지 않는다. 이 방법은 분석에 유효한 데이터가 충분하고 결측값의 비율이 적을 때 유용하다.

FIML(Full Information Maximum Likelihood) 방법: 결측값이 있는 자료에서 누락된 정보를 추정한 후 분석하는 방법이다. 이 방법은 누락 정보를 최대한 활용하여 완전한 정보로 분석을 수행한다. 따라서, 결측값이 있어도 유효한 정보를 최대한 활용하여 편향을 최소화하고 신뢰할 수 있는 결과를 얻을 수 있다. 결측값이 있으면 연구자는 이를 99, 999 등으로 입력하고, jamovi에게 이 값들이 결측값을 뜻한다고 지정해 주어야 한다.

예를 들어, jamovi 메뉴에서 Data(데이터)를 선택하고, 데이터 창이 나타나면 결측값이 포함된 변인명을 더블 클릭하면, [그림 10.1-24]처럼 창이 나타난다. 여기서 어떤 변인의 Measure type(척도 유형), Data type(데이터 유형), Missing values (결측값)를 변경할 수 있다. [그림 10.1-24]를 보면, 변수는 "노력지속"이고 아래쪽에 Missing values(결측값)를 지정하는 칸이 있다. 여기에 99 또는 999라고 입력하면 jamovi는 이를 결측값으로 인식한다.

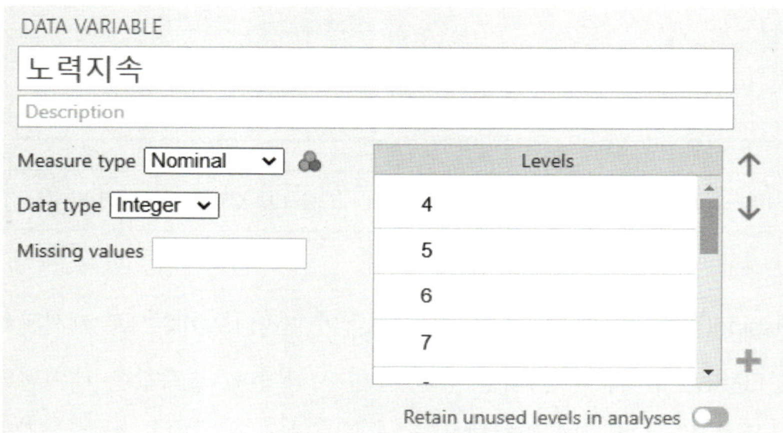

[그림 10.1-24] 결측값 입력

10.1.7 Path Diagram(경로도): 개념도

경로도의 유형(개념도 대 통계도)은 [그림 10.1-25]의 ①, ②의 2개의 라디오 버튼 중 1개를 선택할 수 있다. Conceptual을 선택하면 모형의 개념도를 제시한다. 개념도는 연구자가 이론적 탐색에 기반하여 지정한 연구모형을 뜻한다. 개념도는 중다매개모형 검증에서 변인 간의 연결 관계, 직접 및 간접 효과 등을 시각적으로 표현하여 모형을 이해하는 데 도움이 된다.

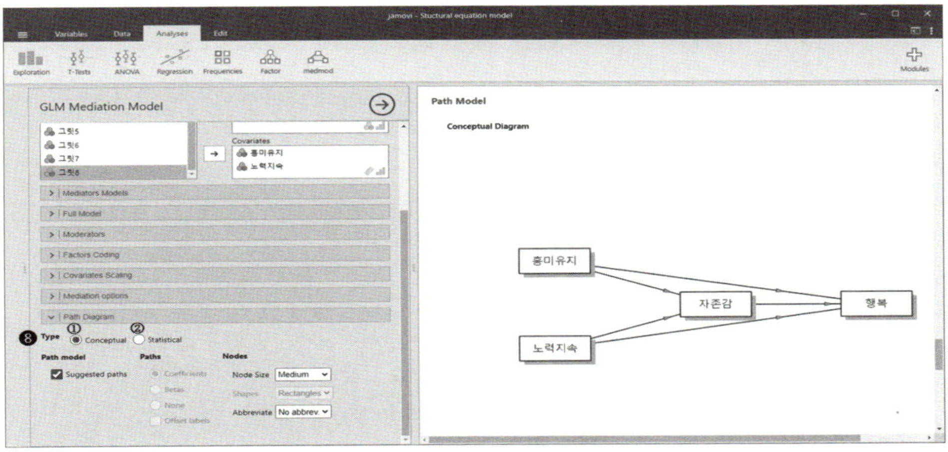

[그림 10.1-25] 개념도

10.1.8 Path Diagram(경로도): 통계도

경로도의 옵션 사항에서 Statistical을 선택하면 연구자의 모형에서 모수치가 계산된 결과가 표기된 경로도가 제시되고, 이를 통계도라 부른다. 개념도는 이론적 수준의 모형이라면, 통계도는 실제 자료로 검증한 결과이다. Type(유형)에서 Conceptual을 선택하면 하위 옵션에서 Path model과 Nodes가 활성화되고, Statistical을 선택하면 Paths와 Nodes가 활성화된다.

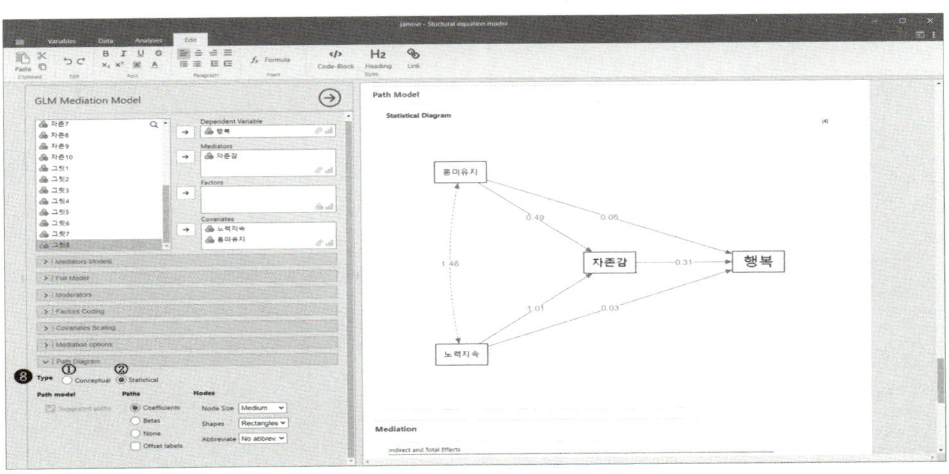

[그림 10.1-26] 통계도

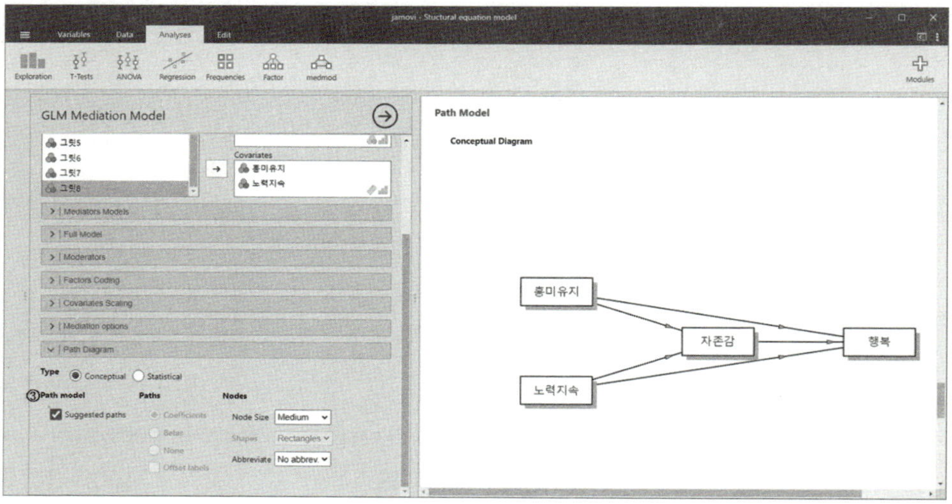

[그림 10.1-27] 개념도

이상에서 개념도와 통계도에 대해 알아보았다. B 연구자가 [그림 10.1-27]과 같은 개념도에서 일부 변인들 사이의 "개별 경로"가 이론적 의미가 없다고 판단하여 모형을 수정하고 싶을 수 있다. B 연구자는 독립변인, 매개변인, 종속변인의 관계를 나타내는 경로 중 생략하고 싶은 경로를 [그림 10.1-28]과 같이 ❷ Full Model에서 조정할 수 있다.

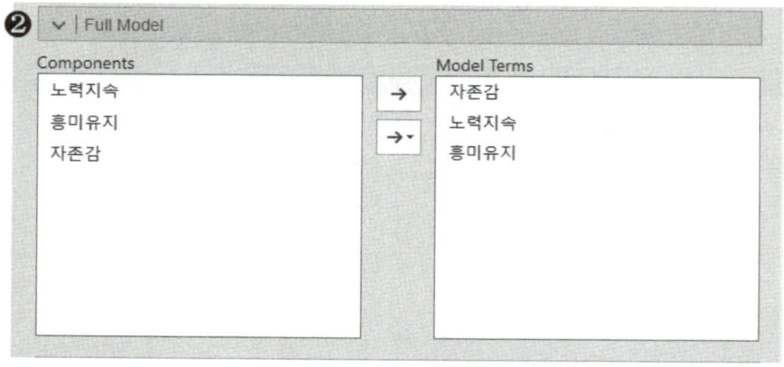

[그림 10.1-28] 완전모형에서 선택 사항

[그림 10.1-28]은 Full Model(완전모형)의 옵션을 보여준다. 독립변인 노력지속, 흥미유지와 매개변인 자존감 모두가 오른쪽의 Model Terms로 이동되어 있다. Full Model에서 독립변인과 매개변인 모두가 오른쪽으로 이동해 있으면 개념도

는 앞쪽에서 살펴보았던 [그림 10.1-27]처럼 제시된다. 하지만, Full Model에서 노력지속을 왼쪽으로 이동하면 [그림 10.1-29]처럼 개념도에 변화가 발생한다. 즉 노력지속과 행복 사이의 직접효과 경로가 생략되었다.

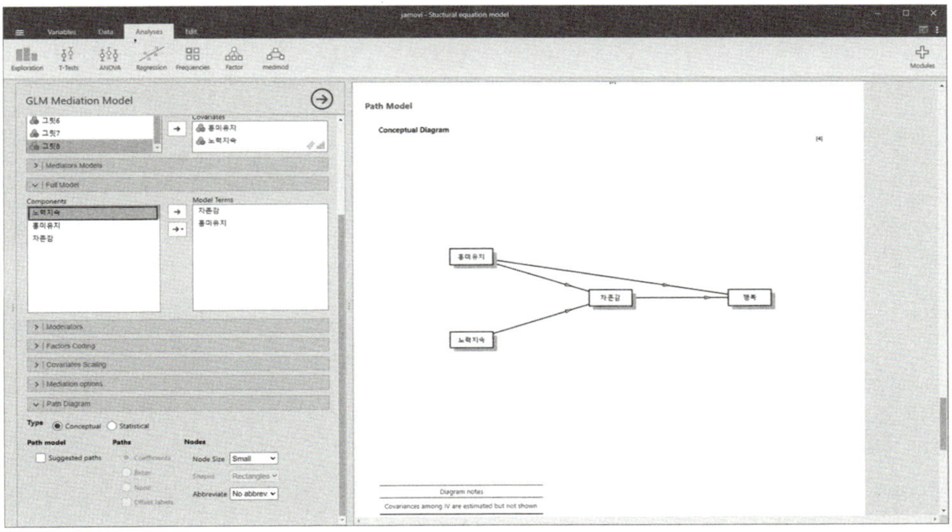

[그림 10.1-29] 완전모형에서 선택 사항

[그림 10.1-29]와 같이 B 연구자의 개념도가 변화하면 분석 결과도 변화한다. 즉 [그림 10.1-30]에서 변화된 내용은 노력지속 → 행복의 직접효과, 노력지속 → 행복의 총효과가 산출되지 않았다.

Mediation

Indirect and Total Effects

Type	Effect	Estimate	SE	95% C.I. (a) Lower	Upper	β	z	p
Indirect	흥미유지 ⇒ 자존감 ⇒ 행복	0.1544	0.0229	0.10958	0.199	0.1531	6.75	< .001
	노력지속 ⇒ 자존감 ⇒ 행복	0.3165	0.0248	0.26787	0.365	0.3159	12.75	< .001
Component	흥미유지 ⇒ 자존감	0.4942	0.0710	0.35506	0.633	0.2154	6.96	< .001
	자존감 ⇒ 행복	0.3124	0.0113	0.29031	0.335	0.7105	27.67	< .001
	노력지속 ⇒ 자존감	1.0131	0.0705	0.87488	1.151	0.4446	14.37	< .001
Direct	흥미유지 ⇒ 행복	0.0559	0.0259	0.00514	0.107	0.0554	2.16	0.031
	노력지속 ⇒ 행복	.	.	.	.	.	.	.
Total	흥미유지 ⇒ 행복	0.3081	0.0339	0.24169	0.375	0.3055	9.09	< .001
	노력지속 ⇒ 행복	.	.	.	.	.	.	.

Note. Confidence intervals computed with method: Standard (Delta method)

Note. Betas are completely standardized effect sizes

[그림 10.1-30] 개념도 변화에 따른 분석 결과

B 연구자의 개념도가 [그림 10.1-30]과 같이 변화하면 통계도에도 변화가 발생하여 [그림 10.1-31]처럼 제시된다. 통계도에서 노력지속 → 행복 사이의 직접 경로가 생략되어 있다.

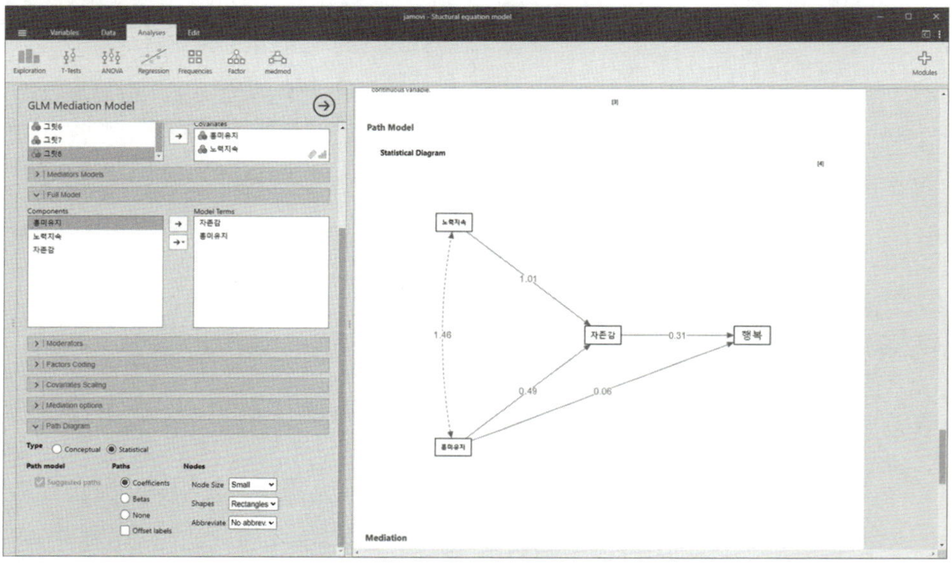

[그림 10.1-31] 통계도

다음의 [그림 10.1-32]는 B 연구자가 Full Model에서 독립변인 노력지속을 포함하지 않고, Path Diagram의 ③ Suggested paths의 ☑ 체크박스를 선택하면 개념도가 어떻게 변화하는지를 보여주고 있다. 즉 노력지속 → 행복 사이의 경로가 jamovi 화면에서 연두색으로 나타난다(단, 이 책의 그림에서는 회색으로 나타남). 즉 Suggested paths 옵션을 체크하면 연구자가 생략하라고 지정한 경로를 개념도에서는 연두색으로 표시해 준다.

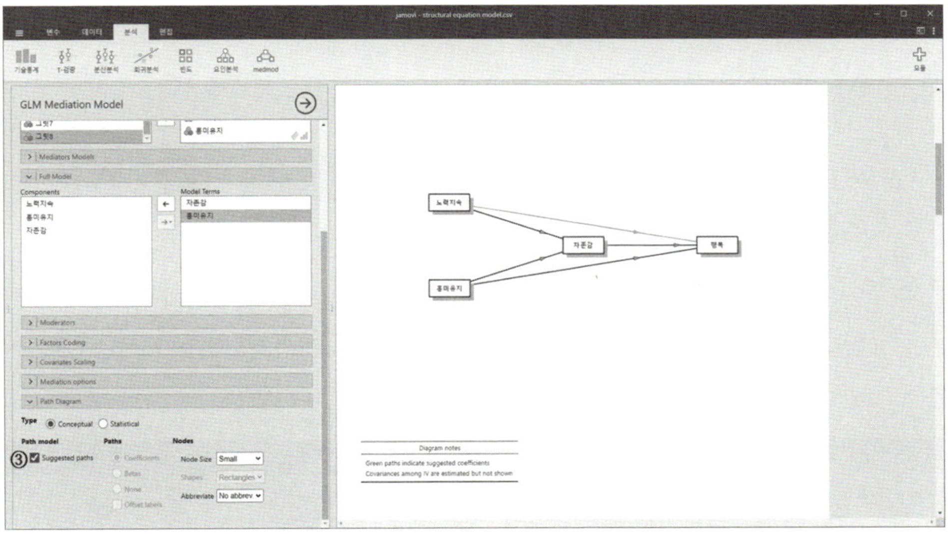

[그림 10.1-32] 개념도

그러나 중다매개모형 분석에서는 경로를 삭제하지 않고 분석하는 편이 더 좋은 것으로 보인다. 왜냐하면 jamovi의 "jamm-고급 매개모형(jamm-Advanced Mediations Models)" 모듈은 *CFI*, *TLI*, *RMSEA*와 같은 모형 적합도를 구해주지 않으므로 완전 모형(full model)을 사용하는 편이 더 좋은 것으로 보이기 때문이다.

Paths(경로): 경로는 연구자가 모형지정을 하면서 도식화한 화살표들을 뜻한다. 이 화살표들은 변인들 간의 관계 유무를 나타낸다. 각 경로는 특정 변인 간의 직접 또는 간접적 영향을 시각적으로 나타낸 것이다. 단, Type을 'Statistical'로 선택할 때만 Paths가 활성화된다. 하위 옵션들에는 Coefficients, Betas, None, Offset labels가 있고, 라디오 버튼을 활용하여 선택할 수 있다.

① Coefficients 선택: 통계도의 경로에 비표준화된 회귀계수가 표시된다.
② Betas 선택: 통계도의 경로에 표준화된 회귀계수가 표시된다.
③ None 선택: 통계도의 경로에 어떠한 회귀계수도 표시되지 않는다.
④ Offset labels 선택: 통계도에서 경로계수가 겹치지 않도록 해준다.

Nodes: Nodes는 통계도 속 변인의 기호(직사각형 또는 정사각형)와 크기 등을 조정할 수 있는 옵션이다.

⑤ Node Size는 변인 명칭의 크기를 Small(작은), Medium(중간), Large(큰), Very Large(아주 큰) 중에서 선택하는 기능이다.

⑥ Shapes는 변인의 기호를 Rectangles(직사각형), Squares(정사각형), Circles(원), Ellipses(타원), Diamonds(다이아몬드) 중에서 선택하는 기능이다.

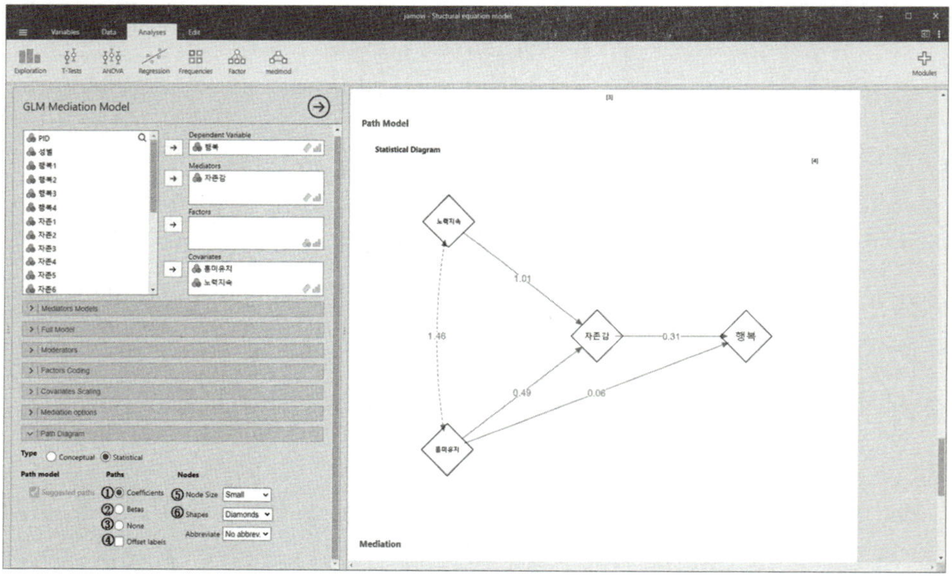

[그림 10.1-33] Paths와 Nodes를 적용한 통계도

[그림 10.1-33]은 Statistical(통계도)에서 Paths(경로)를 Coefficients(비표준화 회귀계수)로 선택하고, Node Size는 Small(작은)로 Shapes(모양)는 Diamonds(다이아몬드)로 선택했을 때의 중다매개모형 분석의 결과를 보여주는 통계도이다.

10.2 통계 결과 작성하기

10.2.1 결과표를 한글 파일로 옮기기

연구자는 jamovi의 결과를 한글 파일로 옮기고 싶다면, [그림 10.2-1]과 같이 ❶ 오른쪽 Results(결과창)의 표 위에서 오른쪽 마우스를 클릭한 뒤, 다시 ❷ Group → ❸ Copy(복사)의 순서대로 클릭하고, ❹ 한글 파일에 "붙여넣기(Ctrl+V)"를 시행한다. 그러면 [그림 10.2-2]처럼 분석 결과를 한글로 가져올 수 있다.

결과값의 복사 범위는 ❷에서 All(모두), Analysis(분석), Group(집단), Table(테이블) 중 하나로 지정하며, 다음과 같은 의미를 나타낸다.

- All(모두): 중다매개모형 결과뿐만 아니라 참고문헌까지 전체를 복사한다.
- Analysis(분석): 중다매개모형 결과만 복사하고, 참고문헌은 복사하지 않는다.
- Group(집단): 특정 결과들을 그룹으로 복사한다. 예를 들어 Regression Results(회귀결과)의 Total effects, Mediators Models, Full Model effects 모두의 결과를 복사한다.
- Table(테이블): 특정 결과표만 복사한다.

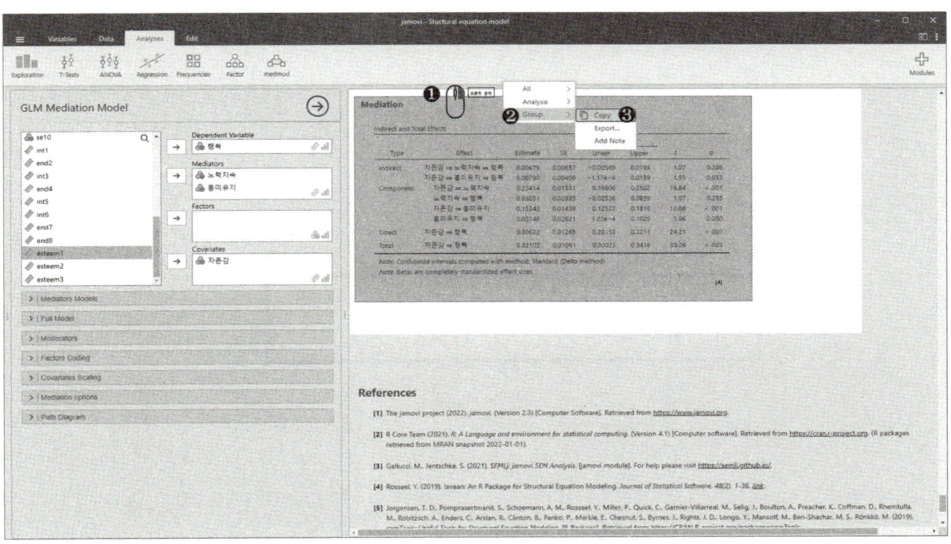

[그림 10.2-1] 결과표를 한글 파일에 옮기기

❹ Mediation

Indirect and Total Effects

					95% C.I. (a)			
Type		Effect	Estimate	SE	Lower	Upper	z	p
Indirect		자존감 ⇒ 노력지속 ⇒ 행복	0.00679	0.00637	-0.00569	0.0193	1.07	0.286
		자존감 ⇒ 흥미유지 ⇒ 행복	0.00790	0.00409	-1.17e-4	0.0159	1.93	0.053
Component		자존감 ⇒ 노력지속	0.22414	0.01331	0.19806	0.2502	16.84	< .001
		노력지속 ⇒ 행복	0.03031	0.02835	-0.02526	0.0859	1.07	0.285
		자존감 ⇒ 흥미유지	0.15343	0.01439	0.12522	0.1816	10.66	< .001
		흥미유지 ⇒ 행복	0.05148	0.02621	1.02e-4	0.1029	1.96	0.050
Direct		자존감 ⇒ 행복	0.30632	0.01265	0.28153	0.3311	24.21	< .001
Total		자존감 ⇒ 행복	0.32102	0.01061	0.30023	0.3418	30.26	< .001

Note. Confidence intervals computed with method: Standard (Delta method).
Note. Betas are completely standardized effect sizes.

[그림 10.2-2] 한글파일로 옮겨진 결과표

연구자는 [그림 10.2-2]의 표를 출판하고자 하는 학회지 규정에 따라 편집하여 사용하면 된다. jamovi의 결과를 복사하여 붙여넣기를 하였는데 [그림 10.2-2]처럼 붙여넣기가 되지 않고, 결과의 텍스트만 붙여넣기가 되면 한글에서 붙여넣기 환경을 재설정해 주어야 한다. 즉 아래 [그림 10.2-3]과 같이 한글 문서의 상단 메뉴 중 환경설정의 "클립보드로부터 붙이기"에서 "HTML 문서붙이기 형식 지정"에 "원본 형식 유지"가 선택되어 있어야 한다. 이것이 "텍스트 형식으로 붙이기"로 선택되어 있으면 jamovi 결과의 통계값(텍스트)만을 복사하여 붙여넣기가 실행된다.

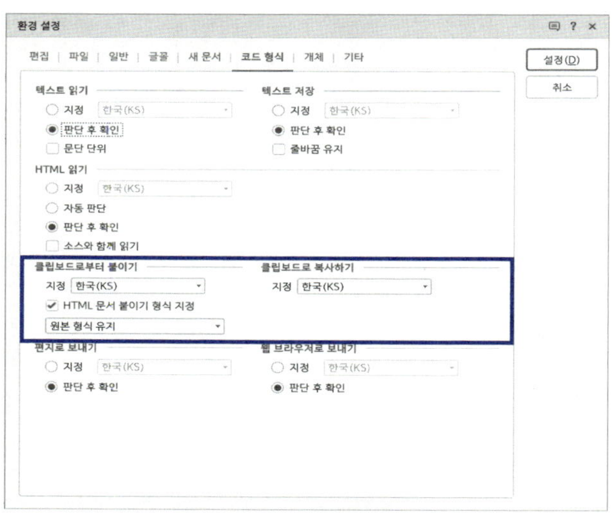

[그림 10.2-3] 한글에서의 환경 설정

10.2.2 모형 이미지를 한글 파일로 옮기기

연구자는 jamovi 프로그램에서 제시되는 그림을 사용하고 싶다면, [그림 10.2-4]처럼 ❶ 오른쪽 Results(결과)창의 이미지 위에서 오른쪽 마우스를 클릭하고 ❷ Image(이미지) → ❸ Copy(복사)를 순서대로 클릭해서 → ❹ 한글 파일에 "붙여넣기(Ctrl+V)"를 시행한다.

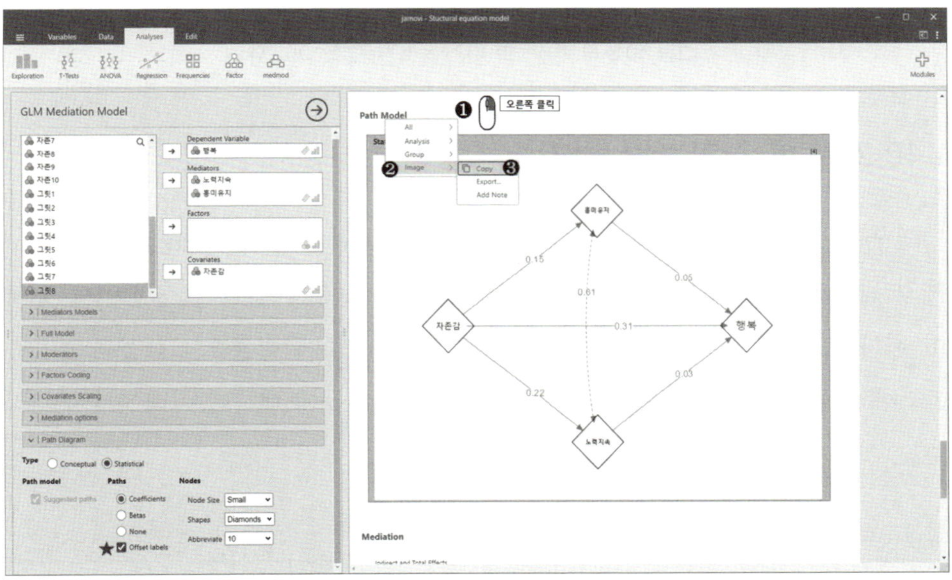

[그림 10.2-4] 모형 이미지를 한글 파일로 옮기기

[그림 10.2-5]는 jamovi의 중다매개모형 결과의 모형 이미지를 복사하여 붙이기 한 것이다. 이 모형 이미지를 보면, 경로 위의 추정치들이 서로 겹쳐져 있거나, 소수점 앞자리를 없애는 등의 수정이 되지 않았기 때문에 곧바로 연구 결과로 사용하는 것은 무리가 있어 보인다. 통계치 숫자를 겹치지 않게 하려면 ★☑ Offset labels를 체크하면 된다.

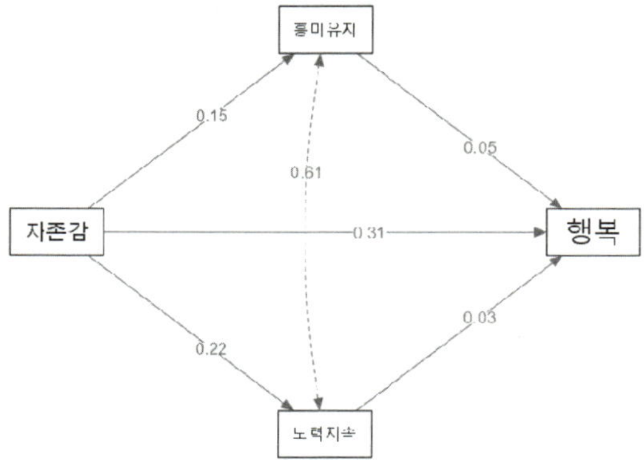

[그림 10.2-5] 한글 파일로 옮겨진 모형 이미지

10.3 통계 결과 해석하기

연구자는 통계분석이 완료되면 jamovi가 산출한 분석 결과를 해석하고, 연구문제와 관련된 결과를 간추려 학술논문의 연구결과 부분에 알맞게 제시할 수 있어야 한다. [그림 10.3-1]은 jamovi의 중다매개모형 분석에서 산출한 간접효과와 총효과에 대한 결과이다. 이 결과를 구성하는 각 요소들에 대하여 아래에서 구체적으로 살펴보기로 하자.

Indirect and Total Effects(간접효과와 총효과)

Type	Effect	❶ Estimate	❷ SE	❸ 95% C.I. (a) Lower	Upper	❹ β	❺ z	❻ p
❼ Indirect	자존감⇒노력지속⇒행복	0.00679	0.00637	−0.00569	0.0193	0.0154	1.07	0.286
	자존감⇒흥미유지⇒행복	0.00790	0.00409	−1.17e-4	0.0159	0.0180	1.93	0.053
❽ Component	자존감 ⇒ 노력지속	0.22414	0.01331	0.19806	0.2502	0.5107	16.84	⟨ .001
	노력지속 ⇒ 행복	0.03031	0.02835	−0.02526	0.0859	0.0302	1.07	0.285
	자존감 ⇒ 흥미유지	0.15343	0.01439	0.12522	0.1816	0.3519	10.66	⟨ .001
	흥미유지 ⇒ 행복	0.05148	0.02621	1.02e-4	0.1029	0.0510	1.96	0.050
❾ Direct	자존감 ⇒ 행복	0.30632	0.01265	0.28153	0.3311	0.6966	24.21	⟨ .001
❿ Total	자존감 ⇒ 행복	0.32102	0.01061	0.30023	0.3418	0.7300	30.26	⟨ .001

노트: Confidence intervals computed with method: Standard (Delta method)
노트: Betas are completely standardized effect sizes

[그림 10.3-1] 중다매개모형 분석 결과

❶ Estimate은 비표준화 회귀계수(B)로 독립변인들 각각과 종속변인 사이의 관계 정도를 보여주는 값이다. 예를 들어, 자존감 → 행복 경로의 비표준화 회귀계수 .3063은 흥미유지와 노력지속이 변화하지 않는 상태에서 자존감의 원점수가 1점 향상되면 행복의 원점수가 .3063 변화한다는 것을 의미한다.

❷ SE는 표준오차로 모수 추정값의 오차의 표준편차이다.

❸ C.I.는 신뢰구간으로 모수가 실제로 포함될 것으로 예측되는 범위이다. 예를 들어, 95% C.I.라면 95% 신뢰구간을 의미한다. 즉 표본을 통해 산출된 값의 신뢰구간이 모수를 포함할 가능성이 95%임을 의미한다.

❹ β는 표준화 회귀계수이다. 표준화 회귀계수는 각 변인의 원점수로 회귀분석을 하는 대신에 원점수를 z 값으로 변환하여 회귀분석한 결과라고 보면 된다. 표준화 값으로 회귀분석을 하였으므로 β도 표준화한 값이 된다. 따라서 연구자는 독립변인들의 종속변인에 대한 상대적 효과, 크기 등을 비교할 때 이 β 값을 사용하여 비교할 수 있게 된다. 이 값은 −1과 1사이의 값을 가지며, 0에 가까울수록 변인 간의 관계가 약하고 절댓값이 1에 가까울수록 변인 간의 관계가 강하다. 이 값이 절댓값으로 1을 넘어서 산출되는 경우도 있는데, 이는 독립변인들 간에 다중공선성의 문제를 지니고 있을 수 있다.

❺ z는 비표준화 경로계수(Estimate)를 표준오차(SE)로 나눈 값이다. 비표준화 회귀계수의 유의도를 알아보는 데 사용된다.

❻ p는 위의 z 값에 대한 유의확률이다. 0부터 1사이의 값으로, 일반적으로 유의수준을 .05 또는 .01로 설정하며, p 값이 유의수준보다 작을 때 결과가 통계적으로 유의미하다. 즉 이때 비표준화 회귀계수는 0과 같지 않다는 의미를 갖는다. 예를 들어, 이 장의 사례에서 총효과(Total Effect) β값 .73은 $p < .001$ 수준에서 유의하므로, β 분포표에서 0.1% 안에 속하는 값이라고 보면 된다. 그리고 총효과 .73은 자존감과 행복 사이의 효과를 나타내며, 이는 자존감의 표준화된 Z점수가

1점 상승하면, 행복의 표준화된 Z점수가 .73점 상승한다는 의미이다.

❼ Indirect Effect는 간접효과로 어떤 변인이 다른 변인과의 관계를 매개하는 데 기여하는 효과이다. 즉 매개변인이 개입되어 독립변인이 종속변인에 간접적으로 영향을 미친다는 것을 의미한다. 예를 들어, 독립변인(자존감)이 매개변인(노력지속)에 영향을 미치고, 다시 매개변인(노력지속)이 종속변인(행복)에 영향을 미치는 것을 말한다. 마찬가지로 독립변인(자존감)이 매개변인(흥미유지)에 영향을 미치고, 다시 매개변인(흥미유지)이 종속변인(행복)에 영향을 미치는 것을 의미한다.

[그림 10.3-1]의 간접효과를 해석하면 다음과 같다. "자존감 ⇒ 노력지속 ⇒ 행복"은 자존감이 노력지속을 매개로 하여 행복에 영향을 미치는 경로를 나타내며, 이에 대한 회귀계수는 간접효과로 Estimate(비표준화 회귀계수: B)과 β(표준화 회귀계수)로 나타낸다. "자존감 ⇒ 노력지속 ⇒ 행복"의 회귀계수는 B =.00679, β =.0154이며, p값이 .286으로 .05보다 크기 때문에, 자존감이 노력지속을 매개로 하여 행복에 미치는 간접효과는 유의미하지 않다. "자존감 ⇒ 흥미유지 ⇒ 행복"은 자존감이 흥미유지를 매개로 하여 행복에 영향을 미치는 경로를 나타내며, 이에 대한 간접효과는 Estimate(비표준화 회귀계수: B)과 β(표준화 회귀계수)로 나타낸다. "자존감 ⇒ 흥미유지 ⇒ 행복"의 회귀계수는 B =.00790, β =.018이며, p값이 .053으로 .05보다 크기 때문에, 자존감이 흥미유지를 매개로 하여 행복에 미치는 간접효과는 유의미하지 않다.

❽ Component Effect는 독립변인과 매개변인 사이의 개별 회귀계수, 매개변인과 종속변인 사이의 개별 회귀계수, 독립변인과 종속변인 사이의 개별 회귀계수를 나타낸다. 즉 개별 변인이 다른 개별 변인에 직접 미치는 영향이 어느 정도인지를 보여준다. 예를 들어, 자존감 ⇒ 노력지속, 노력지속 ⇒ 행복, 자존감 ⇒ 흥미유지, 흥미유지 ⇒ 행복에 미치는 영향을 의미한다.

[그림 10.3-1]의 개별 회귀계수를 해석하면 다음과 같다. "자존감 ⇒ 노력지속"은 자존감이 노력지속에 영향을 미치는 경로를 나타내며, 이에 대한 회귀계수는 개

별 회귀계수로 Estimate(비표준화 회귀계수: B)과 β(표준화 회귀계수)로 나타낸다. "자존감 ⇒ 노력지속"의 회귀계수는 B =.22414, β =.5107이며, p값이 〈 .001로 .05보다 작기 때문에, 자존감이 노력지속에 미치는 효과는 유의미하다고 해석할 수 있다. "노력지속 ⇒ 행복"의 회귀계수는 B =.03031, β =.0302이며, p값이 .285로 .05보다 크기 때문에, 노력지속이 행복에 미치는 효과는 유의미하지 않다고 해석할 수 있다. "자존감 ⇒ 흥미유지"의 회귀계수는 B =.15343, β =.3519이며, p값이 〈 .001로 .05보다 작기 때문에, 자존감이 흥미유지에 미치는 효과는 유의하다고 해석할 수 있다. "흥미유지 ⇒ 행복"의 회귀계수는 B =.05148, β =.051이며, p값이 .050로 .05와 같기 때문에, 흥미유지가 행복에 미치는 효과는 유의미하다고 해석할 수 있다.

❾ Direct Effect는 직접효과로 어떤 변인이 다른 변인에 직접적으로 미치는 영향을 의미한다. 즉 매개변인이 개입되지 않고 독립변인이 종속변인에 직접 영향을 미치는 정도를 나타낸다. 예를 들어, 매개변인(흥미유지, 노력지속)이 개입되지 않고, 독립변인(자존감)이 종속변인(행복)에 미치는 영향을 의미한다.

[그림 10.3-1]의 직접효과 결과를 해석하면 다음과 같다. "자존감 ⇒ 행복"은 자존감이 행복에 영향을 미치는 경로를 나타내며, 이에 대한 회귀계수는 직접효과로 Estimate(비표준화 회귀계수: B)과 β(표준화 회귀계수)로 나타낸다. "자존감 ⇒ 행복"의 회귀계수는 B =.30632, β =.6966이며, p값이 〈 .001로 .05보다 작기 때문에, 자존감이 행복에 미치는 직접효과는 유의미하다고 해석할 수 있다.

❿ Total Effect는 총효과로 어떤 변인이 다른 변인에 미치는 총 영향을 나타낸다. 즉 독립변인과 종속변인 사이의 간접효과와 직접효과를 모두 합산한 전체적 영향을 의미한다. 예를 들어, 독립변인(자존감)이 종속변인(행복)에 미치는 직접효과와 독립변인(자존감)이 매개변인(흥미유지속, 노력지속)을 매개로 하여 종속변인(행복)에 미치는 영향을 합한 값이다. 즉 총효과 = 직접효과 + 간접효과로 구성된다. 따라서 직접효과에서의 "자존감 ⇒ 행복"과 총효과에서의 "자존감 ⇒ 행복"은 동일한 경로를 나타내고 있으나 완전히 다른 의미를 지니고 있는 것이

다. [그림 10.3-1]의 총효과 결과를 해석하면 다음과 같다. "자존감 ⇒ 행복"은 총효과로서 자존감이 행복에 영향을 미치는 경로를 나타내며, 이에 대한 총효과로서의 회귀계수는 Estimate(비표준화 회귀계수: B)과 β(표준화 회귀계수)로 나타낸다. 총효과로서의 "자존감 ⇒ 행복"의 회귀계수(B =.32102, β =.73)는 노력지속을 매개로 하여 자존감이 행복에 미치는 간접효과(B =.00679, β =.0154), 흥미유지를 매개로 하여 자존감이 행복에 미치는 간접효과(B =.0079, β =.018), 자존감이 행복에 미치는 직접효과(B =.30632, β =.6966)를 모두 더한 값이다. 구체적으로 다음과 같이 계산된다.

Total Effect = Indirect Effect + Indirect Effect + Direct Effect

.32102 = .00679 + .0079 + .30632

즉 총효과로서 "자존감 ⇒ 행복"의 회귀계수는 B =.32102, β =.73이며, p값이 〈 .001로 .05보다 작으므로, 자존감이 행복에 미치는 총효과는 유의미하다고 해석할 수 있다.

Statistical Diagram(모형 이미지)

jamovi 프로그램은 개념도(conceptual diagram)와 통계도(statistical diagram)의 모형 이미지를 보여준다. 통계도는 [그림 10.3-2]와 같이 회귀계수의 값이 중첩되어 나타나기도 하므로 연구결과에 바로 사용하기에는 어려움이 있다. 이때 통계치 숫자를 겹치지 않게 하려면 Offset labels를 체크하면 된다. 모형 이미지는 연구자가 독립변인, 매개변인, 종속변인을 정확하게 지정하여 모형지정이 이루어졌는지를 시각적으로 보여주는 효과가 있다.

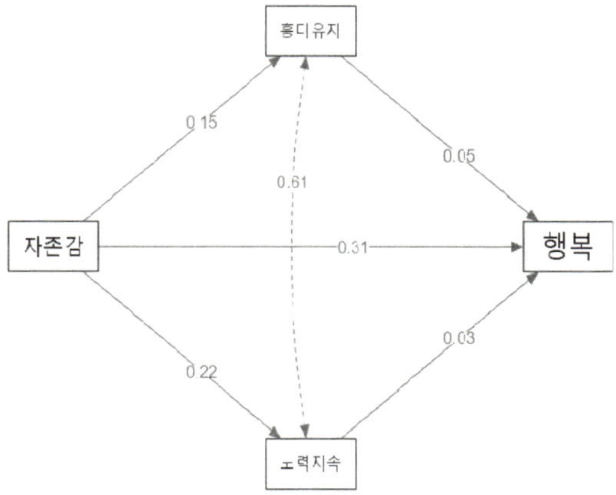

[그림 10.3-2] 통계도

[그림 10.3-2]의 통계도(Statistics Diagram)는 모형의 직접효과와 관련한 비표준화 경로계수(Estimate)를 제시하고 있다. 자존감이 행복에 미치는 직접효과는 .31이다. 자존감이 흥미유지에 미치는 직접효과는 .15이며, 흥미유지가 행복에 미치는 직접효과는 .05이다. 자존감이 노력지속이 미치는 직접효과는 .22이며, 노력지속이 행복이 미치는 직접효과는 .03이다. 단, 이 이미지에는 비표준화 경로계수는 표시되지만, 통계적 유의도를 제시하지 않기 때문에, 결과표(Indirect and Total Effects 표)의 유의도를 참고하여 해석해야 한다. 따라서 실제 연구결과 보고서 작성 시에는 그대로 사용하기 어렵다. 다음에 제시된 '학술연구 원고작성의 예'를 참고하여 연구결과를 작성해 보자.

10.4 학술연구 원고작성의 예

본 절은 중다매개모형의 분석 결과를 기반으로 학술연구 원고작성의 예를 제시해 보고자 한다. 연구자의 연구모형은 서로 경쟁하는 이론에 기반해서 한 가지의 모형지정만 가능한 것이 아니다. 연구자마다 서로 다른 모형을 지정할 수 있다. 따라서 여기에서는 2가지의 서로 다른 모형에 대하여 학술연구 원고작성의 예를 제시할 것이다. 한 가지는 "자존감과 행복 간의 관계에서 흥미유지와 노력지속의 매개효과"에 대한 학술연구 원고작성의 예를 보여줄 것이고, 다른 한 가지는 "흥미유지, 노력지속과 행복의 관계에서 자존감의 매개효과"의 학술연구 원고 작성의 예를 보여줄 것이다.

10.4.1 중다매개모형 분석: 학술연구 원고작성의 예 1)

연구문제: 자존감과 행복 간의 관계에서 흥미유지와 노력지속의 매개효과는 어떠한가?

Ⅲ. 연구 방법

3. 자료의 분석과 처리

자료의 기술통계와 중다매개모형 분석은 jamovi로 분석하였다. 각 변인의 평균, 표준편차 및 자료의 정상성을 알아보기 위한 왜도와 첨도는 〈표 1〉과 같다. 왜도는 절댓값으로 3.0보다 크면 심각하게 편포된 것으로 보고, 첨도는 절댓값으로 10.0보다 크면 문제가 있으며, 20.0보다 클 경우는 심각한 문제가 있다고 본다(Kline, 2005). 본 연구에서 각 변인의 왜도는 -.383~.151 사이의 값을 보였고, 첨도는 -.418~.360 사이의 값을 보였다.

〈표 1〉 자존감, 흥미유지, 노력지속, 행복의 기술통계

변인	n	M	SD	Skewness	Kurtosis
자존감	804	28.0	4.99	-0.119	-0.418
흥미유지	804	10.6	2.18	0.151	0.273
노력지속	804	10.7	2.19	-0.115	0.353
행복	804	12.6	2.19	-0.383	0.360

Ⅳ. 연구 결과

1. 변인들 간의 상관관계

본 연구의 독립변인인 자존감과 매개변인인 흥미유지, 노력지속, 종속변인인 행복 사이의 상관계수는 〈표 2〉와 같다. 첫째, 자존감과 행복 사이의 상관계수는 통계적으로 유의하였다(r = .730, p 〈 .001). 이는 자존감이 높을수록 행복이 높다는 것을 보

여준다. 둘째, 자존감과 흥미유지 사이의 상관계수는 통계적으로 유의하였다(r = .352, p 〈 .001). 이는 자존감이 높을수록 흥미유지를 잘한다는 것을 보여준다. 셋째, 자존감과 노력지속 사이의 상관계수는 통계적으로 유의하였다(r = .511, p 〈 .001). 이는 자존감이 높을수록 노력지속을 잘한다는 것을 보여준다. 넷째, 흥미유지와 행복 사이의 상관계수는 통계적으로 유의하였다(r = .305, p 〈 .001). 이는 흥미유지를 할수록 행복이 높다는 것을 보여준다. 다섯째, 노력지속과 행복 사이의 상관계수는 통계적으로 유의하였다(r = .402, p 〈 .001). 이는 노력지속을 할수록 행복이 높다는 것을 보여준다.

〈표 2〉 자존감, 흥미유지, 노력지속, 행복 간의 상관관계 (N=804)

변인	자존감	흥미유지	노력지속	행복
자존감	-			
흥미유지	.352***			
노력지속	.511***	.307***		
행복	.730***	.305***	.402***	-

주: *** p 〈 .001

2. 중다매개모형: 자존감과 행복의 관계에서 흥미유지와 노력지속의 매개효과

자존감과 행복 간의 관계에 대한 흥미유지와 노력지속의 매개효과를 검증한 결과는 〈표 3〉, [그림 1]과 같다. 첫째, 모형의 간접효과와 관련한 회귀계수를 살펴보면 다음과 같다. 자존감과 행복의 관계에서 흥미유지를 매개로 하는 간접효과는 통계적으로 유의한 효과가 나타나지 않았다(B =.008, β =.018, p 〉 .05). 마찬가지로, 자존감과 행복의 관계에서 노력지속을 매개로 하는 간접효과는 통계적으로 유의한 효과가 나타나지 않았다(B =.007 β =.015, p 〉 .05).

둘째, 모델의 총효과와 관련한 회귀계수를 살펴보면 다음과 같다. 총효과는 자존감과 행복의 직접효과와 흥미유지와 노력지속을 매개로 한 자존감과 행복의 간접효과를 모두 합한 값으로, 자존감이 높을수록 행복이 유의하게 높게 나타났다(B =.321, β =.73, p 〈 .001).

〈표 3〉 자존감, 흥미유지, 노력지속, 행복의 직접효과, 간접효과, 총효과

	독립변인	매개변인	종속변인	B	SE	β	Z
직접효과	자존감 →		행복	.321***	.013	.697	24.21
간접효과	자존감 →	흥미유지 →	행복	.008	.004	.018	1.93
	자존감 →	노력지속 →	행복	.007	.006	.015	1.07
총효과	자존감 →		행복	.321***	.011	.73	30.26
개별효과	자존감 →	흥미유지		.153***	.014	.352	10.66
		흥미유지 →	행복	.051*	.026	.051	1.96
	자존감 →	노력지속 →		.224***	.013	.511	16.84
		노력지속 →	행복	.030	.028	.030	1.07

주: * $p < .05$, *** $p < .001$

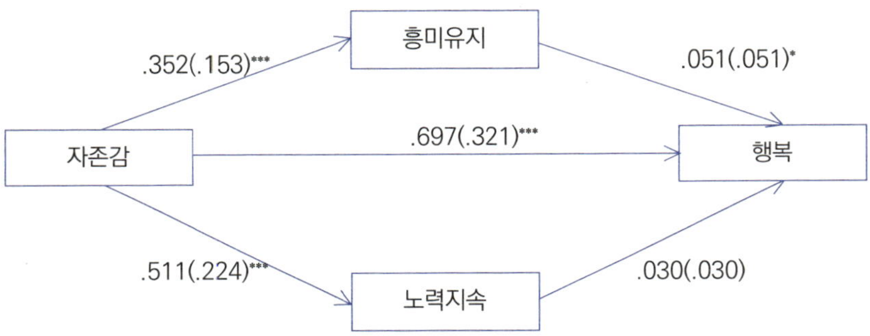

[그림 1] 자존감, 흥미유지, 노력지속, 행복의 중다매개모형

주: * $p < .05$, *** $p < .001$, ( )밖: 표준화 회귀계수 β, ( )안: 비표준화 회귀계수 B

10.4.2 중다매개모형 분석: 학술연구 원고작성의 예 2)

연구문제: 흥미유지, 노력지속과 행복 간의 관계에서 자존감의 매개효과는 어떠한가?

Ⅲ. 연구 방법

3. 자료의 분석과 처리: 예 1)과 동일함

Ⅳ. 연구 결과

1. 변인들 간의 상관관계

본 연구의 독립변인인 흥미유지, 노력지속, 매개변인인 자존감, 종속변인인 행복

사이의 상관계수는 〈표 1〉과 같다. 첫째, 흥미유지와 행복 사이의 상관계수는 통계적으로 유의하였다(r = .305, p 〈 .001). 이는 흥미유지를 할수록 행복이 높다는 것을 보여준다. 둘째, 노력지속과 행복 사이의 상관계수는 통계적으로 유의하였다(r = .402, p 〈 .001). 이는 노력지속을 할수록 행복이 높다는 것을 보여준다. 셋째, 흥미유지와 자존감 사이의 상관계수는 통계적으로 유의하였다(r = .352, p 〈 .001). 이는 흥미유지를 잘할수록 자존감이 높다는 것을 보여준다. 넷째, 노력지속과 자존감과 사이의 상관계수는 통계적으로 유의하였다(r = .511, p 〈 .001). 이는 노력지속을 잘할수록 자존감이 높다는 것을 보여준다. 다섯째, 자존감과 행복 사이의 상관계수는 통계적으로 유의하였다(r = .730, p 〈 .001). 이는 자존감이 높을수록 행복이 높다는 것을 보여준다.

〈표 1〉 흥미유지, 노력지속, 자존감, 행복 간의 상관관계 (N=804)

변인	흥미유지	노력지속	자존감	행복
흥미유지	-			
노력지속	.307***			
자존감	.352***	.511***		
행복	.305***	.402***	.730***	-

주: *** p 〈 .001

2. 중다매개모형: 그릿(흥미유지, 노력지속)과 행복의 관계에서 자존감의 매개효과

흥미유지, 노력지속과 행복 간의 관계에 대한 자존감의 매개효과를 검증한 결과는 〈표 2〉, [그림 1]과 같다. 첫째, 모형의 간접효과와 관련한 회귀계수를 살펴보면 다음과 같다. 흥미유지와 행복의 관계에서 자존감을 매개로 하는 간접효과는 통계적으로 유의하게 나타났다(B =.151, β =.150, p 〈 .001). 마찬가지로, 노력지속과 행복의 관계에서 자존감을 매개로 하는 간접효과는 통계적으로 유의한 효과가 나타났다(B =.310, β =.309, p 〈 .001).

둘째, 모델의 총효과와 관련한 회귀계수를 살펴보면 다음과 같다. 흥미유지와 행복의 직접효과와 자존감을 매개로한 흥미유지와 행복의 간접효과를 모두 합한 값인 총효과는 통계적으로 유의하게 나타났다(B =.203, β =.201, p 〈 .001). 마찬가지로 노력지속과 행복의 직접효과와 자존감을 매개로 한 노력지속과 행복의 간접효과를 모두 합한 값인 총효과는 통계적으로 유의하게 나타났다(B =.341, β =.339, p 〈 .001).

〈표 2〉 흥미유지, 노력지속, 자존감, 행복의 직접효과, 간접효과, 총효과

	독립변인	매개변인	종속변인	B	SE	β	Z
직접효과	흥미유지 →		행복	.052*	.026	.051	1.96
간접효과	흥미유지 →	자존감 →	행복	.151***	.023	.150	6.69
총효과	흥미유지 →		행복	.203***	.034	.201	6.06
직접효과	노력지속 →		행복	.030	.028	.030	1.07
간접효과	노력지속 →	자존감 →	행복	.310***	.025	.309	12.36
총효과	노력지속 →		행복	.341***	.033	.339	10.24
개별효과	흥미유지 →	자존감		.494***	.071	.215	6.96
	노력지속 →	자존감		1.013***	.071	.445	14.37
		자존감 →	행복	.306***	.013	.697	24.21

주: * $p < .05$, *** $p < .001$

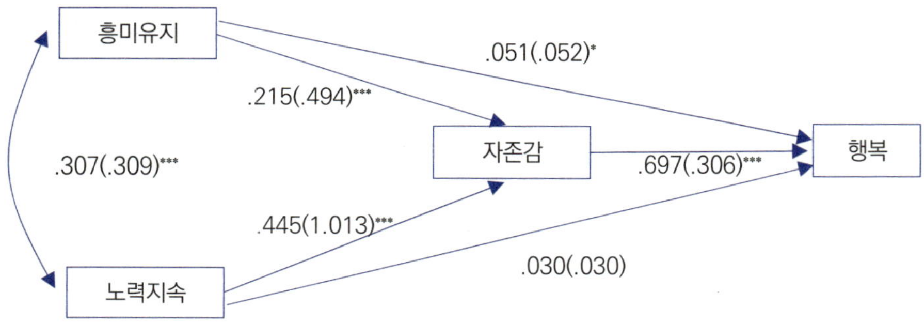

[그림 1] 흥미유지, 노력지속, 자존감, 행복의 중다매개모형

주: * $p < .05$, *** $p < .001$, ( )밖: 표준화 회귀계수 β, ( )안: 비표준화 회귀계수 B

※ 흥미유지와 노력지속 사이의 상관계수(괄호 밖)와 공변량(괄호 안)은 jamovi에서 직접 계산해 주지 않음. 이 두 값은 선형회귀분석에서 흥미유지를 독립변인으로 노력지속을 종속변인으로 하여 산출할 수 있음. 연구결과에 반드시 제시해야 하는 것은 아님.

제 11 장 측정모형의 분석과 결과 기술

이 장의 목적

1. Jamovi 프로그램을 활용한 측정모형 분석 방법을 설명한다.
   통계 프로그램 활용하기
   모형 검증하기
   통계 결과 작성하기
2. Jamovi 프로그램을 활용한 측정모형 결과를 기술한다.

이 장의 핵심 개념

- 측정모형 검증은 측정 도구 또는 질문 항목들이 재고자 하는 개념을 타당하게 측정하고 있는지 검증하여 잠재변인의 구인타당도를 확인하고자 할 때 사용하는 분석방법이다. 이 장은 1) jamovi로 측정모형을 검증하는 방법을 알아보고, 2) 통계결과의 의미를 해석해 보며, 3) 학술원고 작성의 예를 제시한다.

구조방정식 모형 연구는 2단계로 실시된다. 1단계는 측정모형의 검증이고, 2단계는 구조모형의 검증이다. 측정모형 검증은 측정 도구 또는 질문 항목들이 재고자 하는 개념을 타당하게 측정하고 있는지 검증하여 잠재변인의 구인타당도를 확인한다. 측정모형 검증은 측정 도구나 질문 항목들에 대한 통계적 정보를 얻는 과정이며, 항목들이 제대로 기능하지 못할 경우 개선할 수 있는 기초를 제공한다. 잠재변인이 구인타당도가 있으면, 잠재변인 간의 관계를 나타낸 구조모형을 검증할 수 있게 된다.

11.1 분석 절차

측정모형을 검증하기 전에 척도의 문항들이 양호한지 알아보기 위하여 내적 일치도 분석에서 산출되는 문항-전체 상관계수를 알아보는 것이 좋다.

11.1.1 척도 문항 양호도와 내적 일치도 검증

개별 문항이 척도의 총점과 상관이 높지 않으면, 측정하고자 하는 개념을 신뢰할 만하게 측정하지 못한다는 것을 뜻한다. 필요할 경우, 문항-전체 상관계수가 낮은 문항은 삭제하는 것이 좋다. 문항 양호도와 내적일치도는 Cronbach α의 계산에서 산출할 수 있다. 이 책의 전반에 걸쳐 예시로 사용되는 모형은 그릿(노력지속, 흥미유지), 자존감, 행복을 포함하므로 이 척도들을 다시 살펴보면 〈표 11.1-1〉과 같다.

〈표 11.1-1〉 그릿, 자존감, 행복 척도의 문항 구성 요소

요인		변인	문항 내용				
그릿	노력 지속	노력1	나는 문제를 해결하다가 어려움이 생겼을 때 크게 좌절하지 않으며, 다른 사람들보다 빨리 좌절에서 벗어난다.	① 대체로 그렇지 않다	② 보통이다	③ 그렇다	④ 항상 그렇다
		노력2	나는 노력가이다.				
		노력3	나는 시작하면 무조건 끝낸다.				
		노력4	나는 부지런하다.				
	흥미 유지	흥미1	나는 무엇을 하다가 다른 생각이 나면 집중하기가 어렵다.				
		흥미2	나는 어떤 문제에 잠깐 집중하다가 곧 흥미를 잃은 적이 있다.				
		흥미3	나는 자주 목표를 세우지만 그것을 이루기 전에 다른 목표를 세우고는 한다.				
		흥미4	나는 무엇을 완성하는 데 시간이 오래 걸리면 계속 열심히 하				

요인	변인	문항 내용							
		는 것이 어렵다.							
자존감	자존1	나는 다른 사람처럼 가치 있는 사람이라고 생각한다.							
	자존2	나는 좋은 성품을 가졌다고 생각한다.							
	자존3	나는 대체로 실패한 사람이라고 생각한다.							
	자존4	나는 다른 사람들만큼 일을 잘 할 수가 있다.							
	자존5	나는 자랑할 것이 별로 없다.							
	자존6	나는 나 자신에 대해 긍정적인 태도를 가지고 있다.							
	자존7	나는 나 자신에 대해 대체적으로 만족한다.							
	자존8	나는 나 자신을 좀 더 존중할 수 있으면 좋겠다.							
	자존9	나는 가끔 내 자신이 쓸모없는 사람이라는 느낌이 든다.							
	자존10	나는 때때로 내가 좋지 않은 사람이라고 생각한다.							
행복	행복1	전반적으로 나는 ____	① 아주 불행한 사람 이다	②	③	④ 보통 이다	⑤	⑥	⑦ 아주 행복한 사람 이다.
	행복2	다른 사람과 비교했을 때 나는 ____	① 매우 행복 하지 않다.	②	③	④ 보통 이다	⑤	⑥	⑦ 매우 행복 하다.
	행복3	어떤 사람들은 전반적으로 아주 행복하다. 무슨 일이 있어도 개의치 않고 즐겁게 지내는 편이다. 나는 ____	① 전혀 그렇지 않다.	②	③	④ 보통 이다	⑤	⑥	⑦ 매우 그렇다.
	행복4	어떤 사람들은 전반적으로 아주 불행하다. 특별히 우울한 일이 없음에도 불구하고 행복하지 않게 보인다. 나는 ____	① 전혀 그렇지 않다.	②	③	④ 보통 이다	⑤	⑥	⑦ 매우 그렇다.

jamovi 시작: 그릿, 자존감, 행복 척도의 문항 양호도와 내적일치도 알아보기

❶ Open(열기) ➜ ❷ Browse(탐색) ➜ ❸ 분석 파일 선택

jamovi 프로그램을 실행한 뒤, ❶ Open(열기) → ❷ Browse(탐색) → ❸ 분석 파일이 들어 있는 폴더를 선택하고, 데이터 파일을 불러온다.

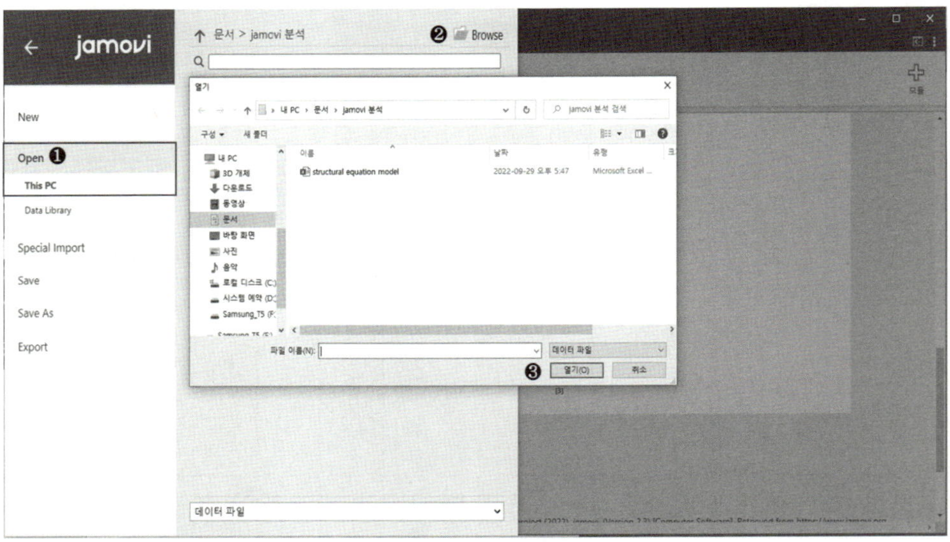

[그림 11.1-1] 분석 파일 열기

파일 불러오기에 성공한 화면

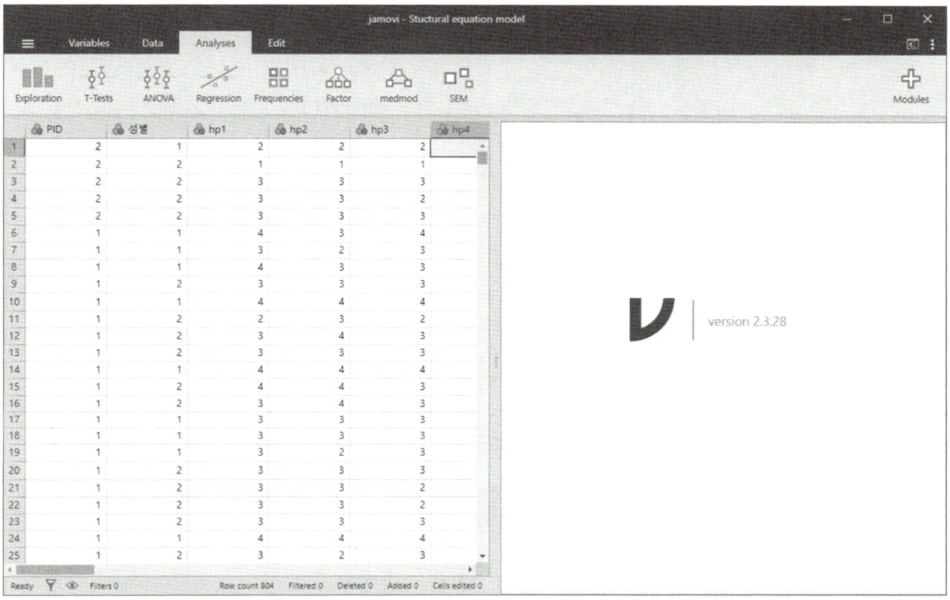

[그림 11.1-2] 분석 파일을 불러온 화면

신뢰도 분석을 위한 jamovi 시작

노력지속(end2, end4, end7, end8) 문항을 선택하여 문항 양호도와 내적 일치도를 구해보기로 하자.

❹ Factor(요인분석) → ❺ Reliability Analysis(신뢰도 분석) → ❻ Items(문항) (end2, 4, 7, 8)

→ ❼ Scale Statistics(척도 통계) (Cronbach's α, Mean, Standard deviation) → ❽ Item Statistics(문항 통계값) (Mean, Standard deviation, Item-rest correlation)

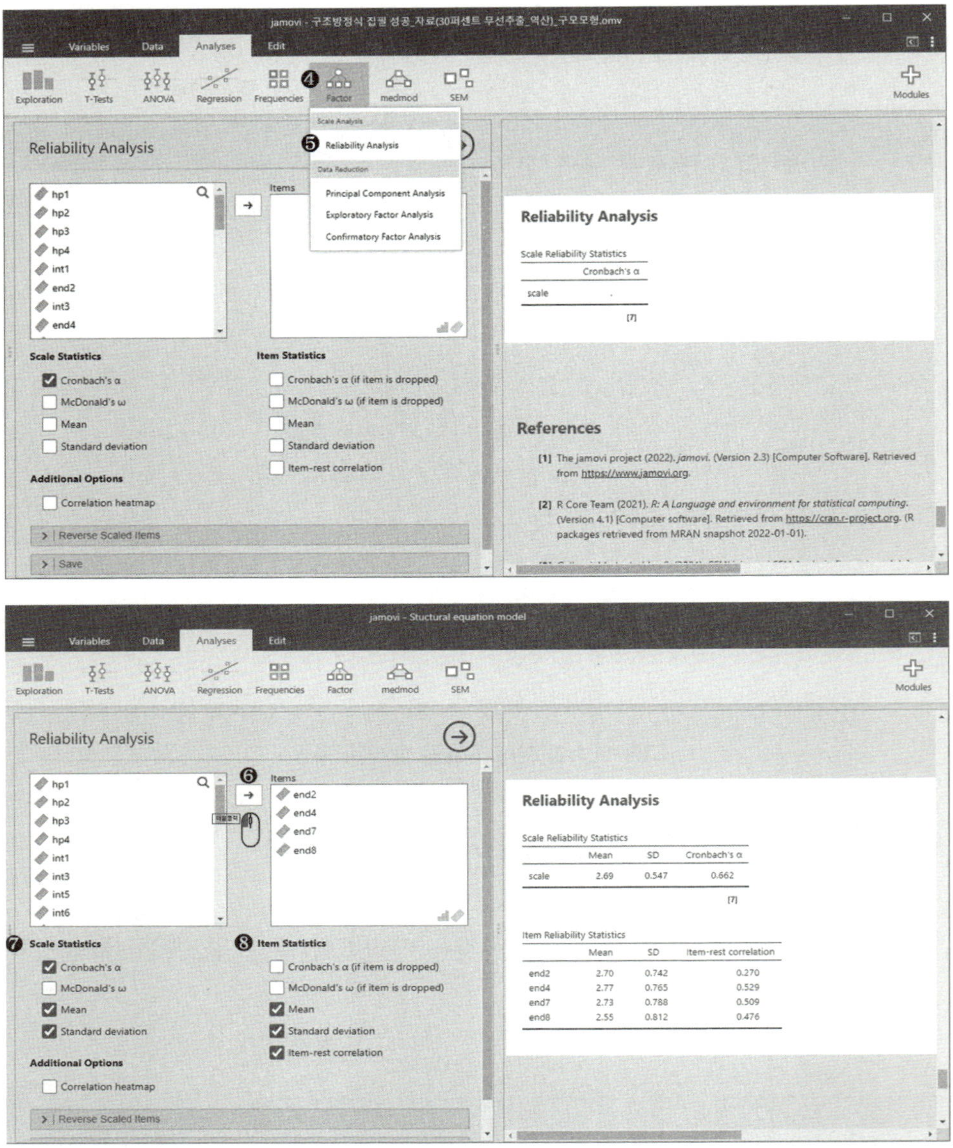

[그림 11.1-3] end(노력지속) 척도의 신뢰도 분석

연구자는 [그림 11.1-3]과 같이 분석할 수 있다. 즉 ❹ Factor(요인분석) → ❺ Reliabiliy Analysis(신뢰도 분석) → ❻ Items(문항)으로 이동(예: end2, end4, end7, end8) → ❼ Scale Statistics(척도 통계)에서 'Coronbach's α(크론바흐 α)', 'Mean(평균)', 'Standard deviation(표준편차)' 선택 → ❽ Item Statistics(문항 통계값)에서

'Mean(평균)', 'Standard deviation(표준편차)', 'Item-rest correlation(문항-잔여 상관)'을 순서대로 클릭한다. 그러면 오른쪽의 Results(결과)창에 'Reliability Analysis (신뢰도 분석)' 결과가 나타난다.

아래 〈표 11.1-2〉는 노력지속(end2, end4, end7, end8) 척도의 평균, 표준편차, Cronbach α 값을, 〈표 11.1-3〉은 문항 각각에 대한 Mean(평균), SD(표준편차)와 개별 문항 점수와 총점 사이의 상관계수(Item-rest correlation) 값을 제시하고 있다. end2는 총점과 문항 사이의 상관계수가 다소 낮아 보인다.

〈표 11.1-2〉 Scale Reliability Statistics(척도 신뢰도)

	Mean	SD	Cronbach α
scale	2.69	0.547	0.662

〈표 11.1-3〉 Item Reliability Statistics(문항 신뢰도 통계값)

	Mean	SD	Item-rest correlation
end2	2.70	0.742	0.270
end4	2.77	0.765	0.529
end7	2.73	0.788	0.509
end8	2.55	0.812	0.476

V jamovi 선택 옵션 이해하기

❼ 척도 통계

- Cronbach α: 문항 내적 일관성 또는 내적 일치도로 불리는 신뢰도이다.
- McDonald's ω: McDonald의 오메가 신뢰도이다.
- Mean(평균): 전체 평균을 산출한다.
- Standard deviation(표준편차): 전체 표준편차를 산출한다.

❽ 문항 통계값

- 문항 삭제 후 Cronbach α: 개별 문항에 대한 통계값으로 해당 문항이 삭제되었을 때, 나머지 문항들로 산출될 수 있는 신뢰도를 나타낸다.
- McDonald's ω(if item is dropped): 개별 문항이 삭제되었을 때, 나머지 문항들만으로 산출될 수 있는 McDonald의 오메가 신뢰도를 나타낸다.
- Mean(평균): 개별 문항 각각의 평균을 산출한다.
- Standard deviation(표준편차): 개별 문항 각각의 표준편차를 산출한다.
- Item-rest correlation(문항-잔여 상관): 개별 문항과 전체 문항들 간 상관계수를 산출한다.

아래 [그림 11.1-4], 〈표 11.1-4〉, 〈표 11.1-5〉는 노력지속 척도와 동일한 절차로 구해진 흥미유지 척도의 Scale Reliability Statistics(척도 신뢰도), Item Reliability Statistics(문항 신뢰도 통계값)를 나타내고 있다.

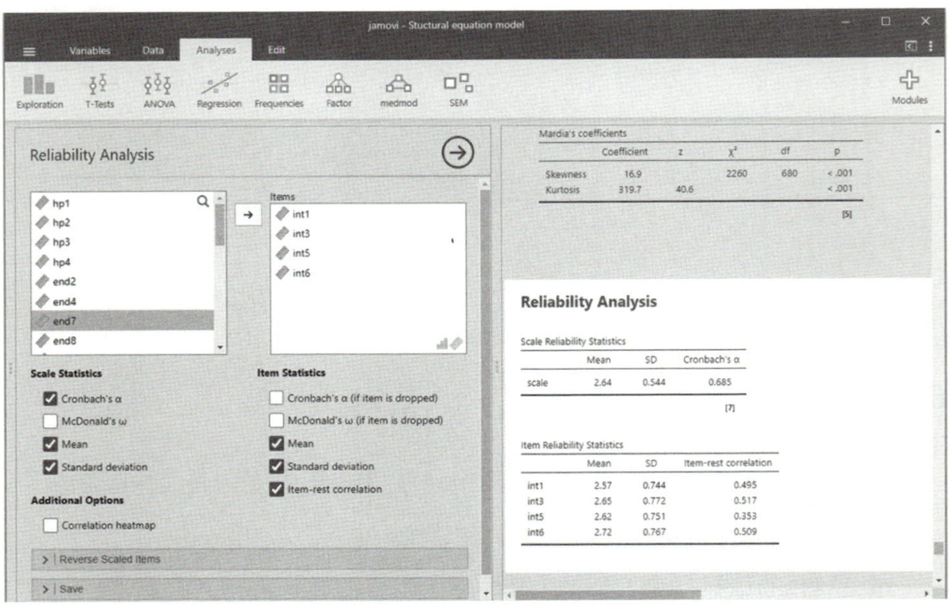

[그림 11.1-4] 흥미 유지(int1, int3, int5, end6) 척도의 신뢰도 분석 절차

〈표 11.1-4〉 int(흥미 유지) Scale Reliability Statistics(척도 신뢰도)

	Mean	SD	Cronbach α
scale	2.64	0.544	0.685

〈표 11.1-5〉 int(흥미 유지) Item Reliability Statistics(문항 신뢰도 통계값)

	Mean	SD	Item-rest correlation
int1	2.57	0.744	0.495
int3	2.65	0.772	0.517
int5	2.62	0.751	0.353
int6	2.72	0.767	0.509

아래 [그림 11.1-5], 〈표 11.1-6〉, 〈표 11.1-7〉은 행복 척도의 문항 양호도와 Cronbach α 값을 나타내고 있다. 〈표 11.1-7〉를 보면 hp4는 다른 문항에 비해 문항과 총점 간 상관관계가 다소 낮아 보인다.

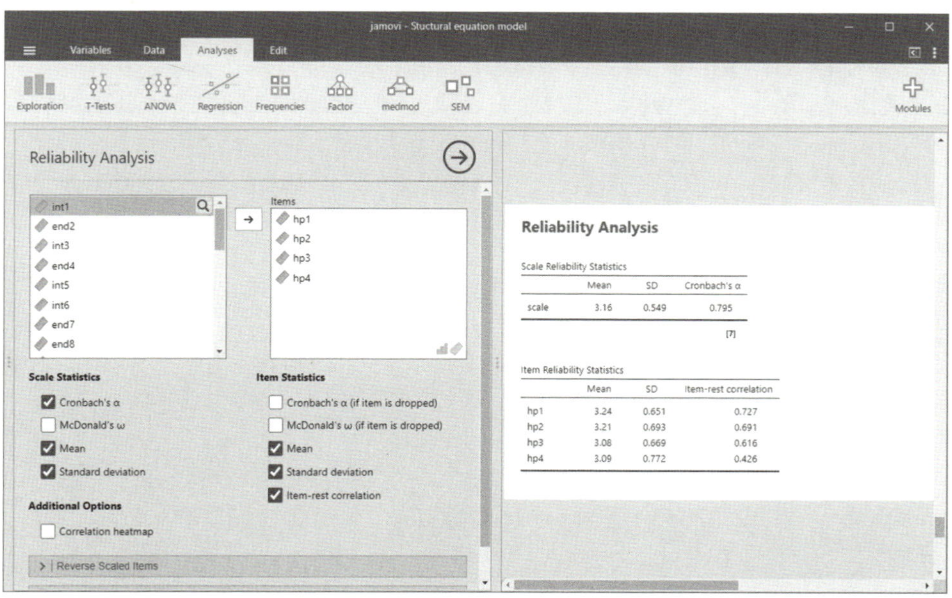

[그림 11.1-5] 행복(hp1, hp2, hp3, hp4) 척도의 신뢰도 분석 절차

〈표 11.1-6〉 hp(행복) Scale Reliability Statistics(척도 신뢰도)

	Mean	SD	Cronbach α
scale	3.16	.549	.795

〈표 11.1-7〉 hp(행복) Item Reliability Statistics(문항 신뢰도 통계값)

	Mean	SD	Item-rest correlation
hp1	3.24	0.651	0.727
hp2	3.21	0.693	0.691
hp3	3.08	0.669	0.616
hp4	3.09	0.772	0.426

아래 [그림 11.1-6], 〈표 11.1-8〉, 〈표 11.1-9〉는 자존감(se1 ~ se10) 척도의 문항 양호도와 내적 일치도 결과이다. 〈표 11.1-9〉를 보면 se8은 다른 문항에 비해 문항과 총점 간 상관관계가 매우 낮아 거의 0에 가깝다. se8과 같은 문항은 분석에 사용하지 않는 것이 좋다.

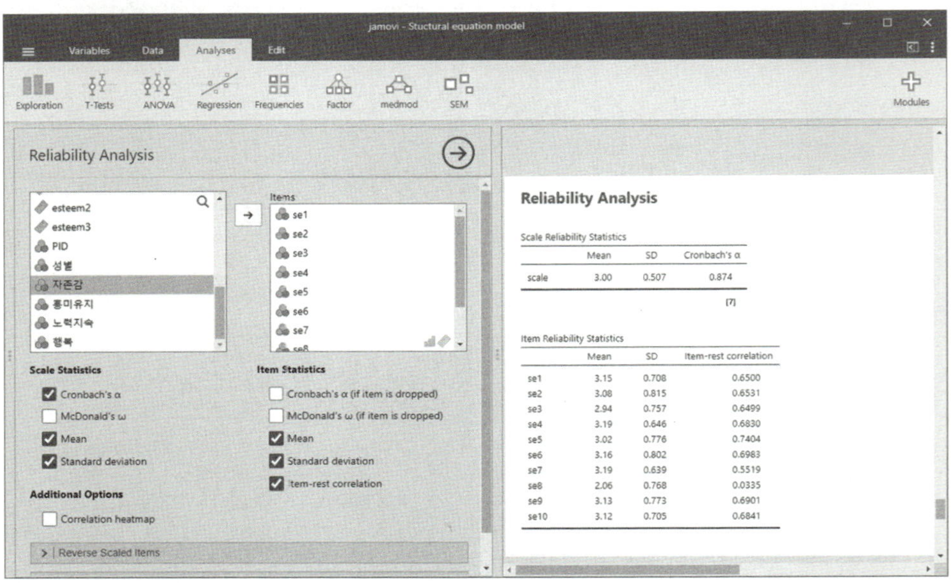

[그림 11.1-6] 자존감(se) 척도의 신뢰도 분석 절차

〈표 11.1-8〉 se(자존감) Scale Reliability Statistics(척도 신뢰도)

	Mean	SD	Cronbach α
척도	3.00	0.507	0.874

〈표 11.1-9〉 se(자존감) Item Reliability Statistics(문항 신뢰도 통계값)

	Mean	SD	Item-rest correlation
se1	3.15	.708	.650
se2	3.08	.815	.653
se3	2.94	.757	.649
se4	3.19	.646	.683
se5	3.02	.776	.740
se6	3.16	.802	.698
se7	3.19	.639	.551
se8	2.06	.768	.033
se9	3.13	.773	.690
se10	3.12	.705	.684

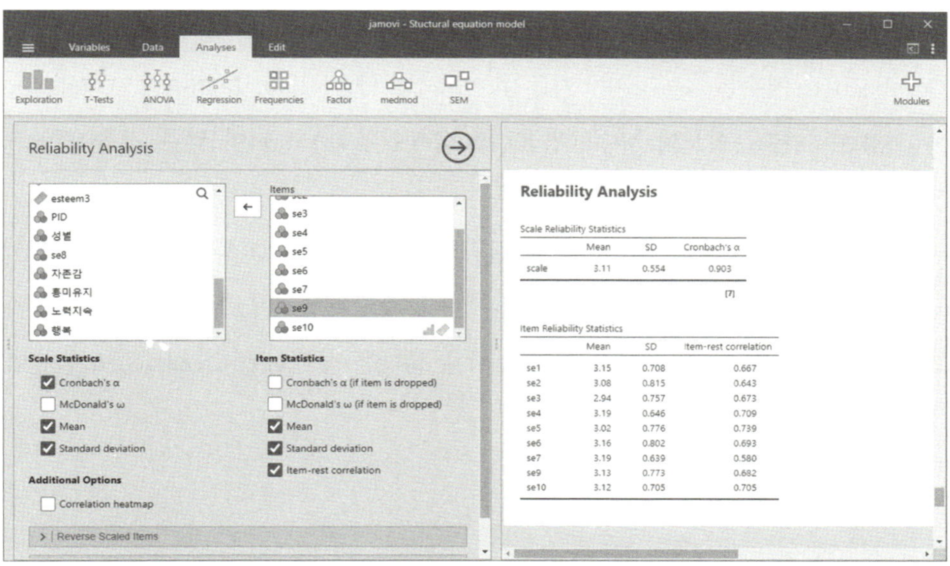

[그림 11.1-7] se(자존감) 8번 문항을 제외한 자존감 척도의 분석값 도출

〈표 11.1-10〉 se(자존감) 8번 문항을 제외한 Scale Reliability Statistics(척도 신뢰도)

	Mean	SD	Cronbach α
척도	3.11	.554	.903

〈표 11.1-11〉 se(자존감) 8번 문항을 제외한 Item Reliability Statistics(문항 신뢰도 통계값)

	Mean	SD	Item-rest correlation
se1	3.15	.708	.667
se2	3.08	.815	.643
se3	2.94	.757	.673
se4	3.19	.646	.709
se5	3.02	.776	.739
se6	3.16	.802	.693
se7	3.19	.639	.580
se9	3.13	.773	.682
se10	3.12	.705	.705

자존감 척도의 8번 문항을 포함했을 때와 삭제했을 때의 결과를 비교하면 다음과 같다. 먼저, [그림 11.1-6]과 〈표 11.1-8〉, 〈표 11.1-9〉에 제시된 결과 값에서 Cronbach α 계수는 .874이며, 자존감 8번 척도(M=2.06, Item-rest correlation =.033)는 다른 문항보다 Mean(평균), Item-rest correlation이 낮은 값을 보이고 있다.

다음으로, 8번 문항을 삭제했을 때 신뢰도 결과는 [그림 11.1-7]과 〈표 11.1-10〉, 〈표 11.1-11〉과 같다. Cronbach α 계수는 .874에서 .903으로 향상되었다. 이는 개별 문항과 전체 점수 사이의 상관이 작은 문항을 삭제하면 Cronbach α가 높아질 수 있다는 것을 보여준다.

11.1.2 문항묶음 만들기

연구자는 척도의 신뢰도와 문항의 양호도를 확인하면 다음으로 측정모형에서 각 잠재변인을 나타내는 측정변인을 구성해야 한다. 측정모형에서 잠재변인별로 측정변인의 수가 너무 많을 경우 추정해야 할 모수들이 많아져서 적합도가 낮아질 수 있다. 이런 문제를 예방하기 위해서 연구자는 척도의 하위요인이 없으면서, 측정변인의 수가 많은 경우 문항묶음(item parceling)을 사용하는 편이 좋다. 잠재변인 1개에 3~5개 사이의 문항묶음을 사용하여 측정모형을 구성하는 것이 추천된다. 이는 측정모형의 간명성, 모형 적합도 및 추정치의 정확성 등을 모두 고려했을 때 적절한 개수이다(이지현, 김수영, 2016). 문항묶음을 구성하는 방법은 여러 전략이 있으나 여기서는 가장 많이 사용되는 탐색적 요인분석에 의한 방법을 살펴보기로 한다.

탐색적 요인분석에 의한 문항묶음 방법은 척도의 요인 개수를 1로 지정하고, 요인계수의 크기 순으로 측정변인에 할당하는 방식으로 진행된다. 이 책에서 예로 들고 있는 연구 사례의 경우, se(자존감) 척도만이 3~4개 사이의 문항수를 초과하므로 자존감 척도를 예로 들어 설명한다. 다시 말해 그릿 척도의 end(노력 지속), int(흥미 유지), hp(행복)는 각각 4개의 문항으로 구성되어 있으므로 문항 자체를 측정변인으로 구성하면 된다. 그러나 자존감 척도는 8번 문항을 삭제한 뒤에도 9개의 문항이 남으므로 문항묶음을 만들 필요가 있다.

jamovi 시작: 문항묶음을 위한 탐색적 요인분석

❶ Factor (요인분석) ➜ ❷ Exploratory Factor Analysis (탐색적 요인분석) ➜ ❸ Variables (변수 이동) ➜

❹ Method (방법): Maximum likelihood (최대우도) ➜ Rotation(회전) Oblimin ➜ ❺ Number of Factors (요인 개수): Fixed number (고정 숫자) 1 factor(s) ➜ ❻ Factor Loadings (요인 부하량): Hide loading blow 0.3을 '0'으로 변경

연구자는 ❶ Factor(요인분석) → ❷ Exploratory Factor Analysis(탐색적 요인분석) → ❸ Variables(변수) 이동 예: se1, se2, se3, se4, se5, se6, se7, se9, se10(9개) → ❹ Method(방법) 'Extraction(최대우도)', 'Rotation(회전)(Oblimin)' → ❺ Number of Factors(요인 개수) 'Fixed number(고정 숫자)' 1 → ❻ Factor Loadings(요인 부하량) 'Hide loading blow 0.3은 0으로 변경', Sort loadings by size(부하량 크기 정렬) 선택 순으로 실시한다. 그러면 [그림 11.1-8]처럼 오른쪽 창에 Exploratory Factor Analysis가 제시된다.

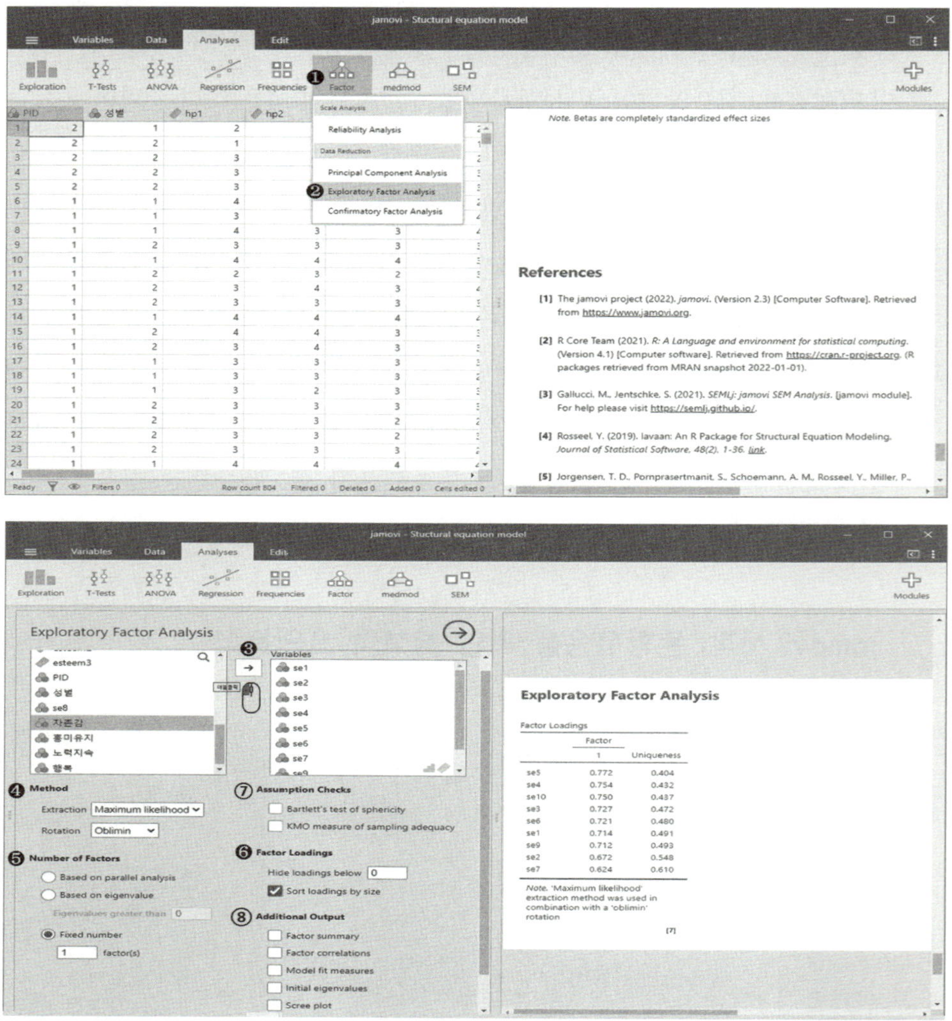

[그림 11.1-8] 탐색적 요인분석 절차 및 결과

V jamovi 선택 옵션 이해하기

❹ Method(방법)

- Extraction(추출): jamovi는 요인 추출 방법으로 Minimum residuals(최소 잔차값), Maximum likelihood(최대 우도), Principal axis(주성분) 3가지를 제공한다. 기본 옵션은 Minimum residuals(최소 잔차값)이나, Maximum likelihood (최대 우도) 방법이 가장 많이 사용된다.
- Rotation(회전): jamovi는 요인 회전 방법으로 Varimax, Quartimax, Promax, Oblimin, Simplimax와 같이 5가지를 제공한다. 사회과학 분야에서는 요인과 요인 사이에 상관이 존재한다고 여기므로 요인 간 상관을 고려하는 'Oblimin' 회전 방법이 권장된다.

❺ Number of Factors(요인 개수): 요인 개수 선정과 관련된 선택사항이다.

- Based on eigenvalue(고유값 기반): 탐색적 요인분석에서 많이 사용되는 방법 중 하나로 그 값이 1 이상인 것을 추출하는 방법이다. 이 방법은 요인을 과대 추출하는 경향이 있어서, 평행성 분석(parallel analysis)이 권장된다. 그러나 문항묶음을 만들 때는 고유값을 1로 지정하는 방법을 사용한다.
- Based on parallel analysis: 평행성 분석에 근거하여 요인의 수를 선정할 때 가장 정확한 방법이다. 탐색적 요인분석에서 요인 수 지정에 의한 요인 추출, 스크리 도표 등의 다양한 정보를 권장한다.
- Fixed number(고정 숫자): 연구자가 지정한 수에 따라 요인을 추출한다. 이 방법은 이론적 논거에 의해 요인 수가 예측될 때 사용된다.

❻ Factor Loadings(요인 부하량)

- Hide loadings blow [0.3]: 요인계수의 부하량이 0.3으로 지정되어 있다. 문항묶음을 할 때는 이 값을 0으로 지정해서 모든 값이 보이게 하는 것이 좋다. 0.3 미만이면 문항묶음에 포함하지 않는 것이 좋다. 표준화된 요인계수를 제

곱하면 이는 잠재변인이 해당 측정변인을 설명하는 정도를 나타내는 결정계수가 된다. 즉 요인계수 부하량이 0.3일 경우 이를 제곱하면 0.09가 되고, 잠재변인으로 측정변인의 변량을 9% 설명한다는 뜻이다. 이 값이 낮으면 해당 측정변인이 잠재변인을 타당하게 측정한다고 보기 어렵다.

- Sort loadings by size(부하량 크기 정렬): 요인계수 크기에 따라 변수들을 정렬한다.

⑦ Assumption Checks(가정검증): 자료가 요인분석에 적합한지를 검증한다.

- Barltett's test of sphericity(Barltett의 구형성 검증): 상관계수 행렬이 대각 행렬인지 아닌지를 검증한다. 상관계수 행렬에서 대각선은 동일한 변인 사이의 상관계수이므로, 늘 1이어야 하는데 이 대각선 요소들을 제외하고 나머지 변인들 사이의 상관계수의 유의도가 p 〉 .05여서 상관계수의 크기가 0에 가깝거나 유의하지 않은 상관계수들로 구성되어 있으면 이를 대각 행렬이라 한다. 이것은 변인과 변인들 간에 상관이 없다는 뜻이므로 추출할 요인이 없다는 뜻이 된다. 상관행렬에서 대각선 밖의 상관계수들의 유의도가 p 〈 .05보다 작으면 요인분석이 가능한 자료로 해석된다.
- KMO 구형성 검증: 변인들 간의 편상관을 조사하는 것으로 여러 변인들 간에 연관성이 높으면 KMO 값이 커진다. 이 값이 1에 가까울수록 요인분석을 실시하기에 적합하고, 0.5 이하이면 해당 문항을 제거하고 분석을 다시 하는 것이 더 좋다.

⑧ Addition Output(추가 결과): 추가 선택사항으로 요인 통계량, 요인상관, 고유값, 스크리 도표 등을 나타낸다.

- Factor summary(요인 통계량): 추출 요인의 제곱합 부하량, 분산비율, 누적비율을 제공한다.
- Factor correlations(요인 상관): 요인 간의 상관계수 행렬을 제공한다.
- Model fit measures(모형 적합도): *RMSEA*, *TLI*, *BIC*, x^2, 자유도, p 값을 제공한다. *RMSEA* 〈 .05, *TLI* 〉 .90 이상이면 적합도가 좋다는 뜻이다.

- Initial eigenvalues(초기 고유값): 요인해법에서 회전 이전의 고유값을 제공한다.
- Scree plot: 요인과 고유값 간의 스크리 도표를 제공한다.

〈표 11.1-12〉는 자존감 척도 9개 문항의 탐색적 요인분석 결과를 나타내고 있다. 이 결과는 고유값을 1로 지정하여 도출된 결과이다.

〈표 11.1-12〉 Exploratory Factor Analysis(탐색적 요인분석을 통한 고유분산(오차변량))

	Factor(요인분석)	
	1	Uniqueness 고유분산(오차변량)
se5	.772	.404
se4	.754	.432
se10	.750	.437
se3	.727	.472
se6	.721	.480
se1	.714	.491
se9	.712	.493
se2	.672	.548
se7	.624	.610

Note: 'Principal axis factoring' extraction method was used in combination with a 'oblimin' rotation

연구자는 〈표 11.1-12〉의 se(자존감) 요인분석 결과에 기반해서 〈표 11.1-13〉과 같이 문항묶음 절차를 진행할 수 있다. 〈표 11.1-13〉은 연구자가 문항묶음1, 문항묶음2, 문항묶음3과 같이 문항묶음을 3개로 만들기로 결정했음을 보여준다.

① 〈표 11.1-13〉의 탐색적 요인분석 결과에서 첫 상・중・하에 해당하는 3개의 문항을 좌에서 우로 할당하였다.

② 두 번째 상・중・하에 해당하는 3개의 문항을 가운데에서 시작해서 2행에 할당하였다.

③ 세 번째 상・중・하에 해당하는 3개의 문항을 마지막에서 시작해서 3행에 할당하였다.

이 문항할당은 좌에서 우로, 우에서 좌로 번갈아가며 해도 무방하다.

〈표 11.1-13〉 문항묶음 구성

자존감 문항묶음1	자존감 문항묶음2	자존감 문항묶음3
상	중	하
se5 (.772)	se4 (.754)	se10 (.750)
하	상	중
se1 (.714)	se3 (.727)	se6 (.721)
중	하	상
se2 (.672)	se7 (.624)	se9 (.712)

④ 최종적으로 세로 축을 중심으로 하여 문항묶음 점수를 합산하면 된다.

문항묶음1: esteem1 = se5 + se1 + se2

문항묶음2: esteem2 = se4 + se3 + se7

문항묶음3: esteem3 = se10 + se6 + se9

실제로 문항묶음의 점수를 계산하는 방법은 아래와 같다.

jamovi 시작: 문항묶음의 점수 계산

❶ Data(데이터) → ❷ 스크롤바 이동 → ❸ 빈 블록 클릭 → ❹ Compute(계산) →

COMPUTED VARIABLE(다중 계산 변수): ❺ AC(변수 이름 입력) esteem1 → ❻ $f(x)$ = se5 + se1 + se2 → ❼ esteem1 확인 → ❽번 블록 클릭 →

❾ $f(x)$ NEW COMPUTED VARIABLE(계산된 새 변수) → COMPUTED VARIABLE(다중 계산 변수): ❿ AD(변수 이름 입력) esteem2 → ⓫ $f(x)$ = se4 + se3 + se7 →

⓬ 빈 블록 클릭 → ⓭ $f(x)$ NEW COMPUTED VARIABLE (계산된 새 변수) → COMPUTED VARIABLE(다중 계산 변수): ⓮ AE(변수 이름 입력) esteem3 → ⓯ $f(x)$ = se10 + se6 + se9

연구자는 [그림 11.1-9]처럼 메뉴에서 ❶ Data(데이터) → ❷ 화면 아래쪽의 스크롤바를 마우스로 마지막 변수가 보일 때까지 오른쪽으로 이동 → ❸ 빈 블록을 클릭한다.

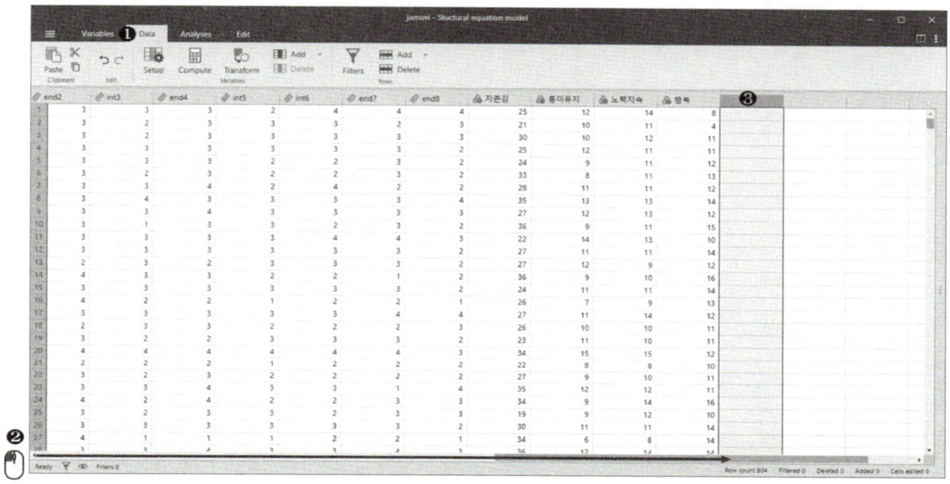

[그림 11.1-9] 문항묶음 과정

❹와 같이 데이터 하위 메뉴에서 Compute(계산) 선택 → ❺ AC 블록을 클릭하여 새로운 변수의 이름으로 esteem1 입력 → ❻ $f(x)$(수식편집기 표시)에 se5, 수학적 기호 '+', se1, +, se2를 차례로 입력한다. 그러면 ❼과 같이 입력한 변수 "esteem1"이 생성된 것이 확인된다.

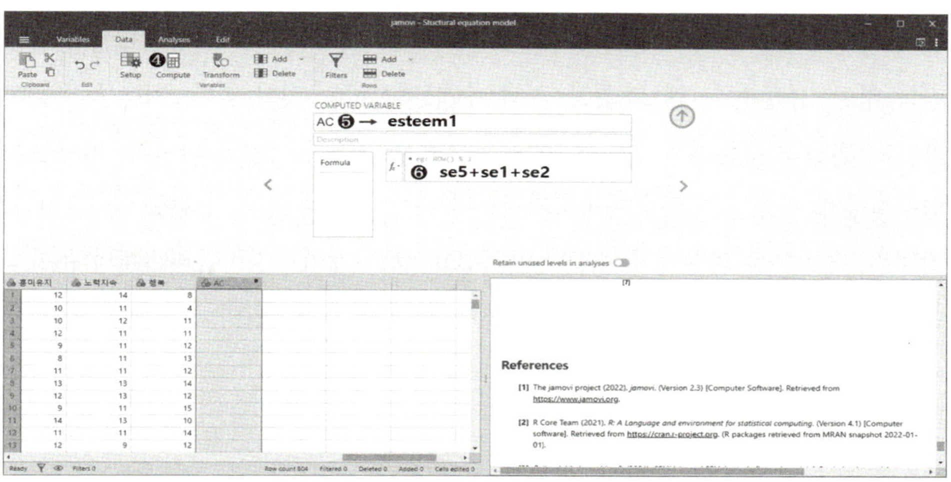

[그림 11.1-10] 데이터 묶음 입력하기

❼이 확인되면, 연구자는 ❽과 같이 새로운 변인(esteem2)을 입력하기 위해 빈 블록 클릭하고, ❾ $f(x)$ NEW COMPUTED VARIABLE(계산된 새 변수)을 선택한다.

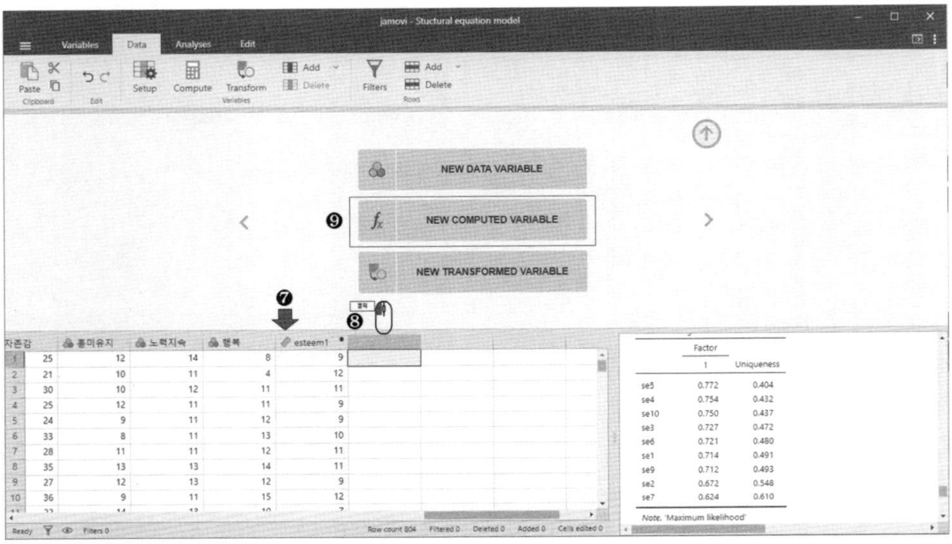

[그림 11.1-11] 새로운 문항묶음 입력하기

11.1.3 상관 행렬표 작성

연구자는 측정모형과 구조모형에서 잠재변인들의 지표로 사용되는 측정변인들 간의 상관계수를 구하여 상관 행렬표로 제시하는 것이 좋다. 이 행렬표에 변인들 간의 평균, 표준편차, 왜도, 첨도, 사례 수를 포함하는 것이 좋다. 이는 독자들에게 측정변인의 수준에서 변인들 간의 상관관계를 보여줄 뿐만 아니라, 메타분석 연구자에게 귀중한 자료를 제공하기 때문이다. 이 책의 연구 사례에서는 그릿(노력지속, 흥미유지)의 8개의 측정변인(하위요인별 4개씩), 자존감의 3개의 문항묶음 측정변인, 행복의 4개의 측정변인의 총 15개의 측정변인의 상관 행렬표를 제시한다.

jamovi 시작: 그릿(노력지속, 흥미유지), 자존감, 행복의 측정변인들 간의 상관행렬

❶ Analyses(분석) → ❷ Regression(회귀분석) → ❸ Correlation Matrix(상관행렬) →

❹ 변인이동 → ❺ Correlation Coefficients(상관행렬) Pearson(피어슨) → ❻ Additional Options(추가 옵션) Flag significant correlations

→ ❼ Hypothesis(가설) Correlated(상관) → ❽ Plot(도표) Correlation matrix(상관행렬)

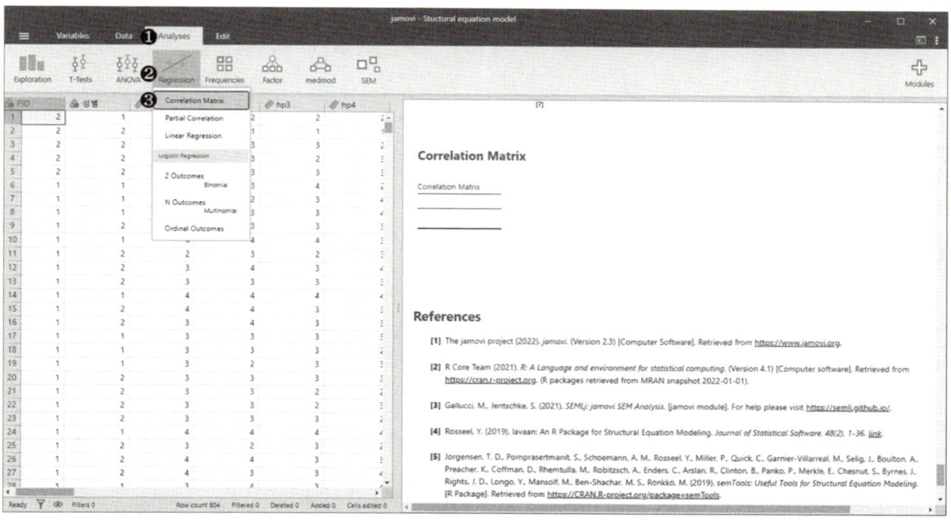

[그림 11.1-12] 상관행렬표 산출 과정

연구자는 메뉴에서 ❶ Analyses(분석) → ❷ Corrlation Matrix(회귀분석) → ❸ Correlation Matrix(상관계수) → ❹ 오른쪽 스크롤 창으로 변수 이동 → ❺ Correlation Coefficients(상관계수)에서 Prarson(피어슨) 선택 → ❻ Additional Option(추가 옵션)에서 'Flag significant correlations'를 선택 → ❼ Hypothesis(가설)에서 Correlated(상관) 선택 → ❽ Plot(도표)에서 Correlation matrix(상관 행렬)를 선택한다([그림 11.1-12], [그림 11.1-13] 참조).

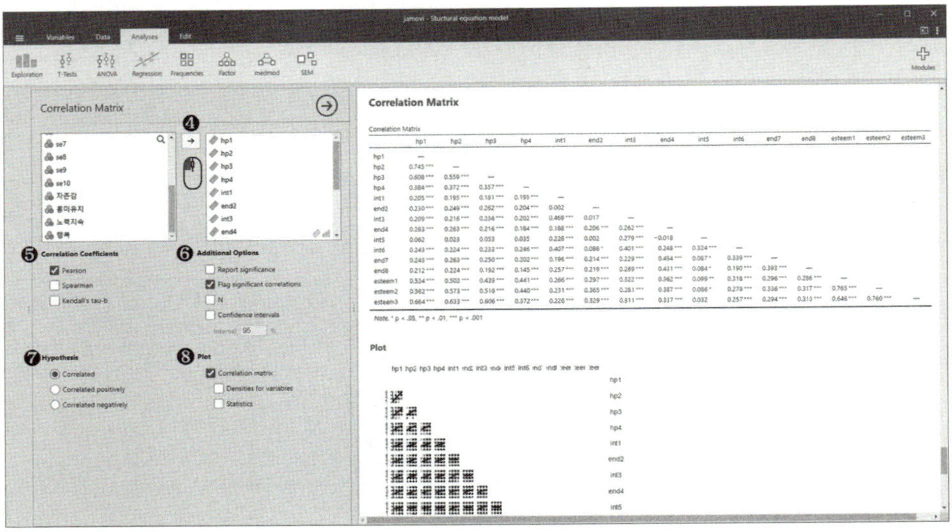

[그림 11.1-13] 상관행렬표 작업 과정

☑ jamovi 선택 옵션 이해하기

❺ Correlation Matrix(상관계수)

- Pearson(피어슨): 상관계수의 범위는 −1~+1 사이로 한정되고, p 값을 제공한다. 두 변인 사이의 공변량을 두 변인의 표준편차를 곱하여 나누므로 표준화된 값으로 간주된다.
- Spearman: 서열형 자료의 등위 상관분석 값을 제공한다.
- Kendall's tau-b: 서열형 자료의 상관분석 값을 제공한다.

❻ Additional Options(추가 옵션)

- Report significance(유의도 보고): 피어슨 상관계수에 대한 p 값을 제공한다.
- Flag significant correlations: 유의 확률별 결과 값을 제시한다.
- N(사례 수): 참여 인원수를 제공한다.
- Confidence intervals(신뢰구간): 상관계수 값에 대해 95% 신뢰구간이 기본으

로 지정되어 있으나, 99% 신뢰구간 값을 원한다면 '99'로 입력하면 99% 신뢰구간 값이 제시된다.

❼ Hypothesis(가설)

- Correlated(상관): 양방 가설 검증 값을 제공한다.
- Correlated positively(정적 상관): 정적 가설(+) 검증 값을 제공한다.
- Correlated negatively(부적 상관): 부적 가설(−) 검증 값을 제공한다.

❽ Plot(도표)

- Correlation matrix(상관 행렬): 변수들 간의 산점도와 그에 따른 회귀선을 제공한다.

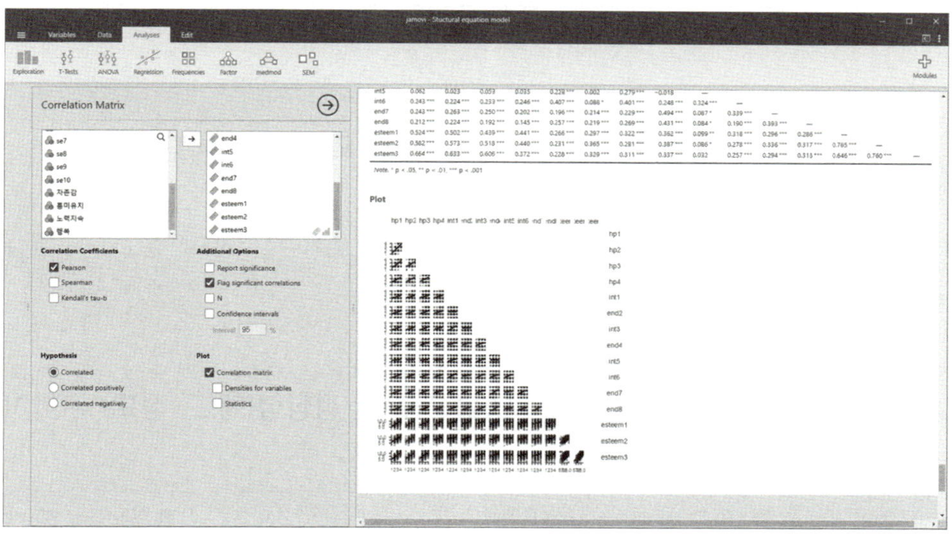

[그림 11.1-14] 도표 제시

〈표 11.1-14〉는 상관관계 분석 결과로 제시된 상관행렬을 표로 만든 것이다.

〈표 11.1-14〉 그릿(노력지속, 흥미유지), 자존감, 행복 간 상관분석 결과 (N=804)

	노력 지속1	노력 지속2	노력 지속3	노력 지속4	흥미 유지1	흥미 유지2	흥미 유지3	흥미 유지4	자존감 1	자존감 2	자존감 3	행복 1	행복 2	행복 3	행복 4
노력지속1	-														
노력지속2	.206***	-													
노력지속3	.214***	.494***	-												
노력지속4	.219***	.431***	.393***	-											
흥미유지1	.002	.188***	.196***	.257***	-										
흥미유지2	.017	.262***	.229***	.269***	.469***	-									
흥미유지3	.002	-.018	.087*	.084*	.228***	.279***	-								
흥미유지4	.088*	.248***	.339***	.190***	.407***	.401***	.324***	-							
자존감1	.355***	.381***	.325***	.307***	.249***	.310***	.050	.296***	-						
자존감2	.343***	.386***	.315***	.341***	.265***	.325***	.098**	.300***	.818***	-					
자존감3	.317***	.350***	.310***	.291***	.236***	.321***	.076*	.288***	.801***	.779***	-				
행복1	.230***	.263***	.243***	.212***	.205***	.209***	.062	.243***	.609***	.557***	.611***	-			
행복2	.249***	.263***	.263***	.224***	.195***	.216***	.023	.224***	.583***	.541***	.589***	.745***	-		
행복3	.262***	.216***	.250***	.192***	.181***	.236***	.053	.233***	.531***	.483***	.555***	.608***	.559***	-	
행복4	.204***	.184***	.202***	.145***	.193***	.202***	.035	.246***	.434***	.447***	.377***	.384***	.372***	.357***	-

노트: * $p < .05$, ** $p < .01$, *** $p < .001$

11.1.4 자료의 기술통계(평균, 표준편차)와 왜도, 첨도

기술통계(평균 및 표준편차)와 자료의 정상성을 보여주는 왜도, 첨도를 구하는 방법을 알아보면 다음과 같다.

jamovi 시작: 기술통계(M, SD)와 자료의 정상성(왜도, 첨도) 구하기

❶ Exploration → ❷ Descriptives(기술통계) / Variables across rows → ❸ Variables(변수) 이동 → ❹ Sample Size / N(사례 수)

→ ❺ Central Tendency(집중경향값) / Mean(평균) → ❻ Dispersion(분산) / Std. deviation (표준편차) → ❼ Distribution(분포) / Skewness(왜도) Kurtosis(첨도)

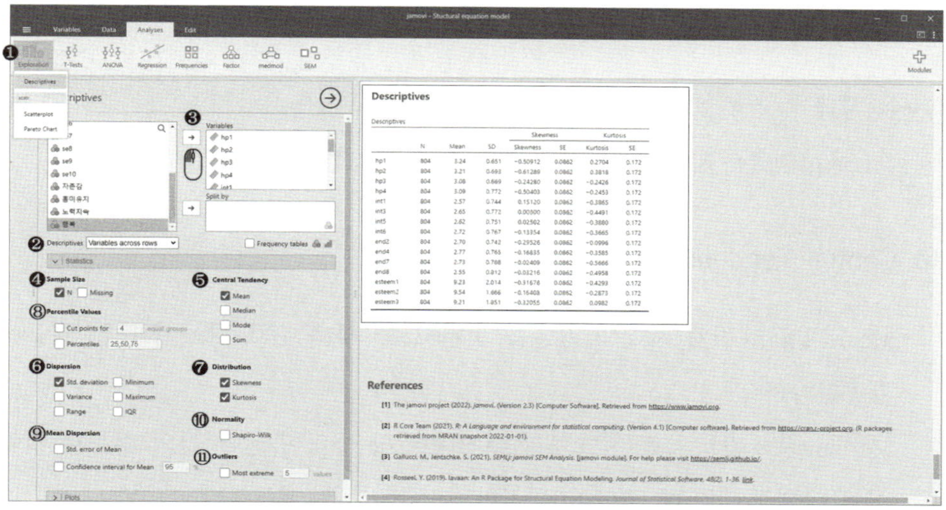

[그림 11.1-15] 평균, 표준편차, 첨도, 왜도 분석과정 및 결과 도출

연구자는 자료의 평균, 표준편차, 왜도, 첨도를 살펴보기 위해, 상단의 메뉴에서 ❶ Exploration(분석) → ❷ Descriptives(기술통계)에서 'Variables across rows' 선택 → ❸ Variables(변수) 이동 → ❹ Sample Size(표본크기)에서 N(사례 수) 선택 → ❺ Central Tendency(집중 경향값)에서 Mean(평균) 선택 → ❻ Dispersion(분산)에서 Std. deviation(표준편차) 선택 → ❼ Distribution(분포)에서 Skewness(왜도)와 Kurtosis(첨도)를 선택하면 [그림 11.1-15]의 오른쪽 결과창에 Descriptives(기술통계)의 값이 제시된다.

V jamovi 선택 옵션 이해하기

❸ Descriptives(기술통계)

- Variables across rows: 행을 기준으로 변수들을 정렬하고 기술통계 값을 제공한다.
- Variables across columns: 열을 기준으로 변수들을 정렬하고 기술통계 값을 제공한다.

❹ Sample Size(표본크기)

- N(사례 수): 자료의 사례 수를 제공한다.
- Missing(결측): 자료에서 결측 사례 수를 제공한다.

❺ Central Tendency(집중 경향값)

- Mean(평균): 전체 사례의 값들을 더하고 총 사례 수로 나누어 구한 평균을 제공한다.
- Median(중앙값): 자료를 크기의 순서대로 작은 값에서 큰 값의 순으로 정렬시켜 나열하였을 때 중앙에 위치한 자료의 값을 제공한다.
- Mode(최빈값): 분석자료 중에서 가장 많은 빈도로 나타내는 값을 제공한다.
- Sum(합계): 분석자료의 합산 점수를 제공한다.

❻ Dispersion(분산, 변량)

- Std. deviation(표준편차): 분산(변량)을 제곱근한 값을 산출한다.
- Variance(분산, 변량): 개별 사례 점수와 평균 간의 차이, 다시 말해 편차점수를 각각 제곱해서 합한 점수를 총 사례 수로 나눈 값을 산출한다.
- Range(범위): 최댓값과 최솟값 사이의 거리를 산출한다.
- Minimum(최솟값): 제일 작은 값을 산출한다.
- Maximum(최댓값): 제일 큰 값을 산출한다.
- IQR, Inter Quartile Range(사분범위): 자료의 중간 50%가 퍼져 있는 정도를 나타내는 척도를 제공한다.

❼ Distribution(분포)

- Skewness(왜도): 정규분포(왜도 값=0)를 기준으로 왼쪽 또는 오른쪽으로 편중된 정도를 나타낸다. 값이 음수이면 부적 편포를 의미하고, 분포의 꼬리는 왼쪽이다. 양수이면 정적 편포를 의미하고, 분포의 꼬리가 오른쪽이다.

- Kurtosis(첨도): 정규분포(첨도 값=0)를 기준으로 자료가 얼마나 뾰족한 분포인지, 또는 편평한 분포인지를 나타낸다. 양수는 정규분포보다 뾰족하다는 뜻이다. 반대로 음수는 정규분포보다 편평한 정도가 심하다는 뜻이다.

⑧ Percentile Values(백분위 수)

- Cut points for [4] equal groups(절단 값 [4] 동일 집단): 자료를 크기 순으로 나열한 후, 분포의 1/4에 해당하는 값과 3/4에 해당하는 값의 차이를 반으로 나누어 준 값을 제공한다.
- Percentiles [25, 50, 75](백분위 [25, 50, 75]): 자료를 크기 순으로 나열한 후, 변수값을 가지고 원하는 백분위 수(25, 50, 70)에 맞는 값을 산출한다.

⑨ Mean Dispersion(평균 분산)

- Std. error of Mean(평균에 대한 표준오차): 평균의 표준오차 값을 산출한다.
- Confidence interval for Mean [95]%(평균에 대한 신뢰구간 [95]%): 평균에 대한 95%의 신뢰구간 값을 산출한다.

⑩ Normality(정규 분포성)

- Shapiro-Wilk: 연속형 변인이 정규분포를 따르는지 검증한다. jamovi는 Shapiro-Wilk 통계값인 W 값과 그 유의확률 p를 산출한다. 영가설은 "분석 변수는 정규분포를 따른다"이다. *p* 값이 .05보다 작으면 해당 변수는 정규분포를 따르지 않는다고 본다.

⑪ 극단값(Outliers)

- Most extreme [5] values: 가장 극단적인 상위 5개와 하위 5개를 확인해서 자료에서 중심값과 너무나 동떨어진 값이 존재하는지를 확인한다.

〈표 11.1-15〉는 기술통계(M, SD), 왜도, 첨도, 상관 행렬표를 함께 제시한 예이다. 연구자는 이와 같이 기술통계, 정상성 통계를 제공하는 것이 좋다.

〈표 11.1-15〉 측정변인들의 상관분석 및 평균, 표준편차, 왜도, 첨도 결과

	노력지속1	노력지속2	노력지속3	노력지속4	흥미유지1	흥미유지2	흥미유지3	흥미유지4	자존감1	자존감2	자존감3	행복1	행복2	행복3	행복4
노력지속1	-														
노력지속2	.206***	-													
노력지속3	.214***	.494***	-												
노력지속4	.219***	.431***	.393***	-											
흥미유지1	.002	.188***	.196***	.257***	-										
흥미유지2	.017	.262***	.229***	.269***	.469***	-									
흥미유지3	.002	-.018	.087*	.084*	.228***	.279***	-								
흥미유지4	.088*	.248***	.339***	.190***	.407***	.401***	.324***	-							
자존감1	.355***	.381***	.325***	.307***	.249***	.310***	.050	.296***	-						
자존감2	.343***	.386***	.315***	.341***	.265***	.325***	.098**	.300***	.818***	-					
자존감3	.317***	.350***	.310***	.291***	.236***	.321***	.076*	.288***	.801***	.779***	-				
행복1	.230***	.263***	.243***	.212***	.205***	.209***	.062	.243***	.609***	.557***	.611***	-			
행복2	.249***	.263***	.263***	.224***	.195***	.216***	.023	.224***	.583***	.541***	.589***	.745***	-		
행복3	.262***	.216***	.250***	.192***	.181***	.236***	.053	.233***	.531***	.483***	.555***	.608***	.559***	-	
행복4	.204***	.184***	.202***	.145***	.193***	.202***	.035	.246***	.434***	.447***	.377***	.384***	.372***	.357***	-
평균	2.70	2.77	2.73	2.55	2.57	2.65	2.62	2.72	9.30	9.30	9.25	3.24	3.21	3.08	3.09
표준편차	.742	.765	.788	.812	.744	.772	.751	.767	1.86	1.88	1.75	.651	.693	.669	.772
왜도	-.29	-.16	-.02	-.03	.15	.00	.00	-.13	-.24	-.31	-.20	-.50	-.61	-.24	-.50
첨도	-.09	-.35	-.56	-.49	-.38	-.44	-.38	-.36	-.44	-.40	.18	.27	.38	-.24	-.24

노트: * $p < .05$, ** $p < .01$, *** $p < .001$

11.2 확인적 요인분석을 활용한 측정모형 검증

측정모형을 검증하기 전에 필요한 다양한 절차를 알아보았다. 이 절차가 지리멸렬할 수 있으나, 4단계(문항 양호도와 내적일치도 검증, 문항묶음을 위한 탐색적 요인분석, 상관분석, 기술통계 산출)까지 성공했다면 보람과 자부심을 느꼈으면 좋겠다. 연구자는 문항 양호도, 척도의 신뢰도가 좋다는 것을 확인하고, 필요하다면 문항묶음을 만들어서 확인적 요인분석으로 측정모형을 검증할 수 있게 된다. 이에 대해 구체적으로 살펴보기로 하자.

jamovi 시작: 확인적 요인분석으로 측정모형 검증하기

측정모형을 검증하기 위해서 [그림 11.2-1]부터 [그림 11.2-4]까지의 안내를 따라하면 된다.

❶ Analysis(분석)	➜	❷ Factor(요인분석)	➜	❸ Confirmatory Factor Analysis (확인적 요인분석)	➜

❹ Factor 1(요인 1)	➜	❺ drag variables here (이곳으로 변수를 이동하세요.)	➜
새 요인 이름작성		선택한 변수 이동	

❻ Options(옵션)		
Missing Values Method (결측값 방법)	Constaints (제약조건)	➜
Full information maximum likelihood	scale factor=scale first indicator	

❼ Estimates(추정값)			
Results(결과)	Statistics(통계)		➜
Factor covariances (요인 공분산)	Test statistics (검증 통계값)	Standardized estimate (표준화 추정치)	

❽ Model Fit(모형 적합도)					
Test for Exact Fit	Fit Measures(적합도)				
x^2 test	*CFI*	➜	*TLI*	➜	*RMSEA*

확인적 요인분석으로 측정모형의 검증 시작은 ❶ 분석을 선택하고, ❷와 같이 factor 아이콘을 선택하고, ❸과 같이 Confrimatory Factor Anlysis를 선택하면 [그림 11.2-1]과 같이 나타난다.

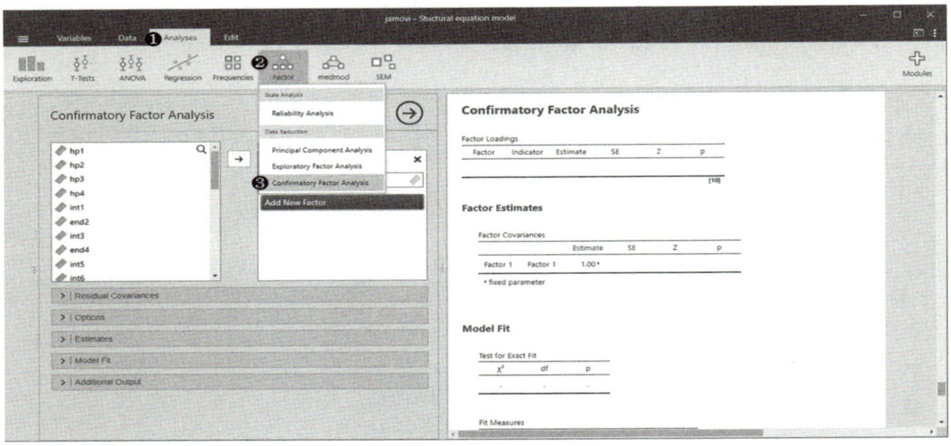

[그림 11.2-1] 확인적 요인분석 작업 과정

그런 다음 [그림 11.2-2]와 같이, ❹ Factor 1(요인 1)과 같이 측정모형에 잠재변인의 명칭을 입력한다. 예를 들어, [그림 11.2-2]에서 'happy'라고 입력된 것이 보일 것이다. 그리고 행복(happy) 잠재변인을 구성하는 측정변인들을 ❺와 같이 이동한다(drag variables here). 즉 hp1, hp2, hp3, hp4를 이동하였다.

이 예시에서 잠재변인이 1개 이상이므로, "Add New Factor(새 요인 추가)"를 클릭하여 [그림 11.2-3]과 같이 나타나도록 나머지 잠재변인의 명칭을 추가 입력하고, 각각의 잠재변인에 해당하는 측정변인들을 드래그하여 이동시켜 준다. 요인의 명칭은 한글로 입력하면 오류가 발생하므로 영어로 입력하는 것이 좋다.

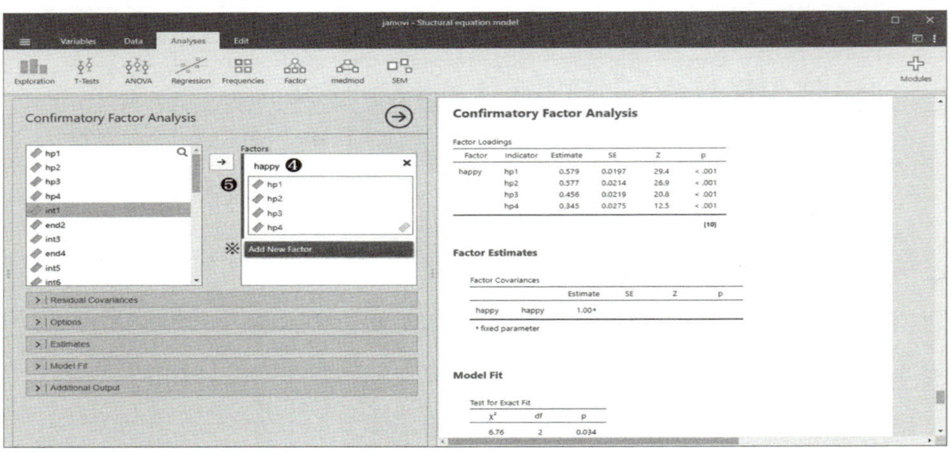

[그림 11.2-2] 확인적 요인분석 작업 과정

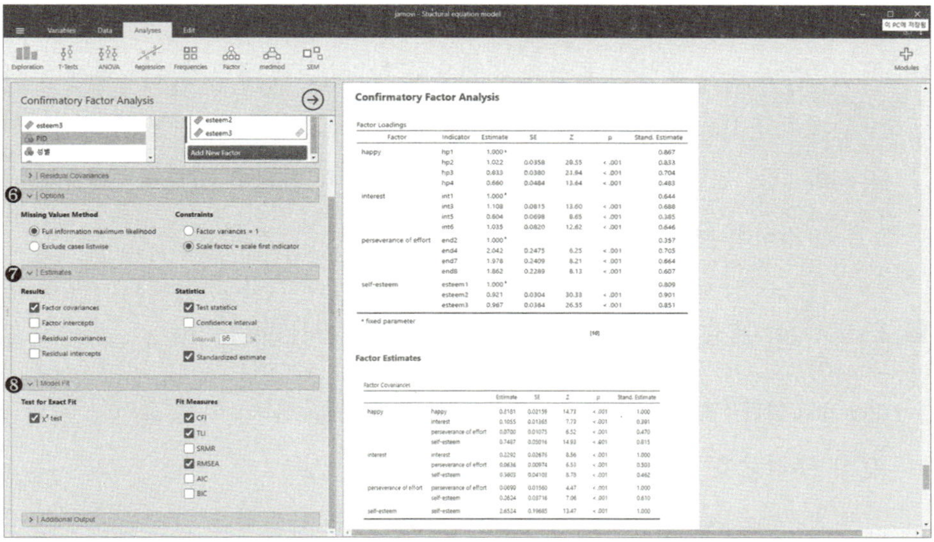

[그림 11.2-3] 확인적 요인분석 옵션, 추정값, 모형 적합도 선택

여기서부터는 확인적 요인분석에서 선택이 가능한 선택사항들에 대해서 알아보기로 하자.

Ⅴ jamovi 선택 옵션 이해하기

❻ Options(옵션)에서 선택사항은 다음처럼 지정해 준다.

- Missing Values Method(결측값 방법): Full information maximum likelihood 선택
  - Full information maximum likelihood는 결측값이 있을 경우, 이를 모형 기반으로 추정하여 jamovi 프로그램이 알아서 모형의 모수들을 추정함.
  - Exclude cases listwise(목록별 결측값 제거)는 결측값이 하나라도 있는 사례를 삭제하는 방법. 이 방법은 권장되지 않음. 단, 결측값이 있는 사례가 전체에서 5% 미만이면 사용해도 무방하다고 간주됨.
- Constraints(제약 조건): Scale factor = scale first indicator 선택. 구조방정식

모형에서는 잠재변인의 척도를 설정하여야 한다. jamovi는 척도화 설정에서 요인분산을 1로 고정한 옵션을 기본으로 하나, 실제 연구에서는 잠재변수의 요인계수를 1(Scale factor = scale first indicator)로 고정하는 방법이 많이 사용된다. 단, 집단 간 잠재평균의 차이의 검증에 관심이 있다면, 요인계수를 1로 고정하는 방법을 사용하는 것이 좋다.

❼ Estimates(추정값)에서의 선택사항은 다음처럼 지정한다.

- Results(결과): Factor covariances(요인 공분산)를 선택. 이는 요인들 간의 공분산 추정값을 제공한다.
  - Factor intercepts(요인절편)을 선택하면, 요인의 절편을 제시한다.
  - Residual covariances(잔차 공분산)을 선택하면 측정오차의 공분산 추정값을 제공한다.
  - Residual intercepts(잔차 절편)을 선택하면 측정오차의 절편을 제공한다.
- Statistics(통계): Test statistics(검증 통계 값)와 Standardized estimate(표준화 추정값) 선택

❽ Model Fit(모형 적합도)에서의 선택사항은 다음처럼 지정한다.

- Test for Exact Fix에서 χ^2 test를 선택한다.
- Fit Measures(적합도)에서는 가장 많이 인용되는 지수인 '*CFI*', '*TLI*', '*RMSEA*'를 클릭하면 적합도 값들이 산출된다.
- *CFI*와 *TLI*는 〉 .90이상이면 좋은 적합도로 해석된다.
- *RMSEA* 〈 .05 미만이면 좋은 적합도, *RMSEA* 〈 .08 미만이면 괜찮은 적합도로 해석된다.

연구자는 위와 같이 측정모형을 검증하면 요인계수 부하량과 잠재변인 사이의 상관계수 등에 대한 통계값을 획득하게 된다. 요인계수 부하량은 다음의 〈표 11.2-1〉과 같다.

〈표 11.2-1〉 측정모형의 요인계수 부하량

Factor (요인)	Indicator (측정변인)	*B* (비표준화 계수)	*SE* (표준오차)	*Z*	*p*	*β* (표준화 계수)
perseverance of effort	end1	1.000[a]			〈 .001	0.357
	end2	2.058	.2505	8.21	〈 .001	0.705
	end3	1.989	.2435	8.17	〈 .001	0.664
	end4	1.871	.2311	8.10	〈 .001	0.607
interest	int1	1.000[a]			〈 .001	0.644
	int2	1.108	.0815	13.62	〈 .001	0.688
	int3	.604	.0698	8.65	〈 .001	0.385
	int4	1.035	.0820	12.62	〈 .001	0.646
	esteem1	1.000[a]			〈 .001	0.809
self-esteem	esteem2	.921	.0304	38.48	〈 .001	0.901
	esteem3	.967	.0364	37.21	〈 .001	0.851
happy	hp1	1.000[a]			〈 .001	0.867
	hp2	1.019	.0357	28.53	〈 .001	0.833
	hp3	.833	.0380	21.94	〈 .001	0.704
	hp4	.660	.0483	13.64	〈 .001	0.483

주: a: 1로 fixed parameter(고정된 변인)

〈표 11.2-2〉와 〈표 11.2-3〉은 jamovi가 제공하는 χ^2 값과 모형 적합도 지수들이다. χ^2 값은 사례 수에 의하여 영향을 받기 때문에 모형을 기각하는 일이 자주 발생한다. 따라서 *CFI*, *TLI*, *RMSEA*가 모형의 자료에 적합성을 알아보기 위해 더 자주 사용된다. 〈표 11.2-2〉의 χ^2 값 419는 유의하여 측정모형이 자료에 적합하지 않다는 것을 보여준다. 반면에, *CFI*, *TLI*, *RMSEA*는 측정모형이 자료에 적합하다는 것을 보여준다.

〈표 11.2-2〉 모형 적합도

Test for Exact Fit

χ^2	*df*(자유도)	*p*
419	84	〈 .001

〈표 11.2-3〉 적합도 지수

CFI	*TLI*	*RMSEA*	RMSEA 90% CI	
			Lower(상한계)	Upper(상한계)
0.931	0.914	0.0704	0.0638	0.0772

연구자는 마지막으로 [그림 11.2-4]와 같이 ❾ ‘경로모형’을 선택하면 측정모형을 확인할 수 있다. 하지만 이 그림은 요인계수들과 잠재변인들 간의 상관계수를 제공하지 않으므로 연구결과의 제시에 사용할 수 없다.

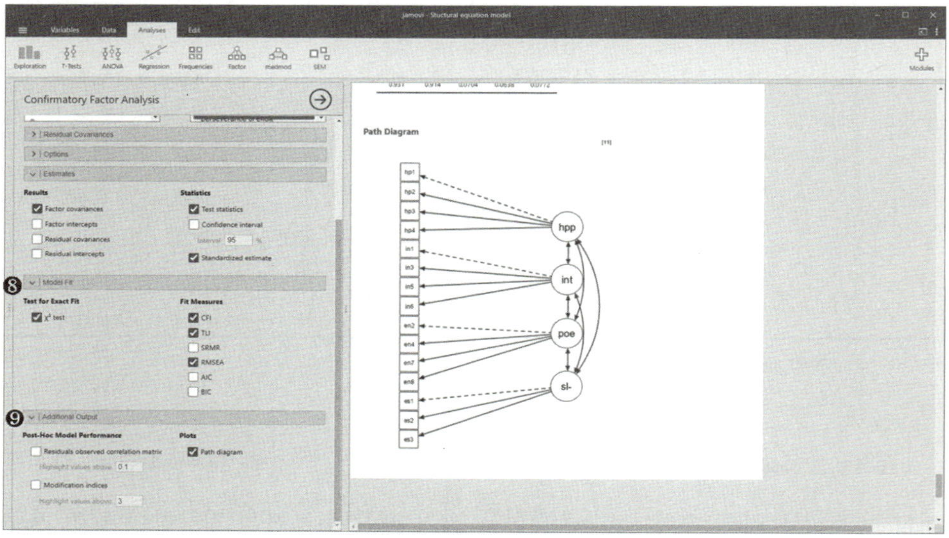

[그림 11.2-4] 노력지속, 흥미유지, 자존감, 행복 도식화

11.3 학술연구 원고작성의 예

연구문제 1. 자존감, 흥미유지, 노력지속, 행복의 측정모형은 자료에 적합한가?

III. 연구 방법

3. 자료의 분석과 처리

자료의 기술통계와 구조방정식 모형은 jamovi로 분석하였다. 각 변인의 평균, 표준편차 및 자료의 정상성을 알아보기 위한 왜도와 첨도, 그리고 각 변인들 간의 상관계수는 〈표 1〉과 같다. 왜도는 절댓값으로 3.0보다 크면 심각하게 편포된 것으로 보고, 첨도는 절댓값으로 10.0보다 크면 문제가 있으며, 20보다 클 경우는 심각한 문제가 있다고 본다(Kline, 2005). 본 연구에서 각 변인의 왜도는 -.61~.15 사이의 값을 보였고, 첨도는 -.56~.38 사이의 값을 보였다.

〈표 1〉 측정변인들의 기술통계(M, SD, Skewness, Kurtosis)와 상관관계 (N : 804)

	1	2	3	4	5	6	7	8	9	10	11	12	13	14	15
노력지속1	-														
노력지속2	.206***	-													
노력지속3	.214***	.494***	-												
노력지속4	.219***	.431***	.393***	-											
흥미유지1	.002	.188***	.196***	.257***	-										
흥미유지2	.017	.262***	.229***	.269***	.469***	-									
흥미유지3	.002	-.018	.087*	.084*	.228***	.279***	-								
흥미유지4	.088*	.248***	.339***	.190***	.407***	.401***	.324***	-							
자존감1	.338***	.347***	.291***	.291***	.248***	.338***	.071*	.307***	-						
자존감2	.317***	.379***	.310***	.298***	.247***	.296***	.107**	.296***	.797***	-					
자존감3	.336***	.364***	.327***	.331***	.236***	.288***	.039	.257***	.730***	.672***	-				
행복1	.230***	.263***	.243***	.212***	.205***	.209***	.062	.243***	.609***	.557***	.611***	-			
행복2	.249***	.263***	.263***	.224***	.195***	.216***	.023	.224***	.583***	.541***	.589***	.745***	-		
행복3	.262***	.216***	.250***	.192***	.181***	.236***	.053	.233***	.531***	.483***	.555***	.608***	.559***	-	
행복4	.204***	.184***	.202***	.145***	.193***	.202***	.035	.246***	.434***	.447***	.377***	.384***	.372***	.357***	-
평균	2.70	2.77	2.73	2.55	2.57	2.65	2.62	2.72	9.30	9.30	9.25	3.24	3.21	3.08	3.09
표준편차	.742	.765	.788	.812	.744	.772	.751	.767	1.86	1.88	1.75	.651	.693	.669	.772
왜도	-.29	-.16	-.02	-.03	.15	.00	.00	-.13	-.24	-.31	-.20	-.50	-.61	-.24	-.50
첨도	-.09	-.35	-.56	-.49	-.38	-.44	-.38	-.36	-.44	-.40	.18	.27	.38	-.24	-.24

주: * p 〈 .05, ** p 〈 .01, *** p 〈 .001

잠재변인별 측정변인의 수는 2~5개 사이가 적당한다. 노력지속, 흥미유지, 행복은 각각 문항이 4개여서 개별 문항을 그대로 측정변인으로 사용하였다. 자존감은 내적 일치도에서 문제가 있는 8번 문항을 제외하고, 9개 문항을 문항묶음으로 만들어 사용하였다. 문항묶음(이지현, 김수영, 2016)은 개별 점수보다 연속 점수의 특성을 보이며, 정규분포에 가까워지는 장점이 있다. 문항묶음은 우선, 자존감 문항 전체를 1요인으로 지정한 탐색적 요인분석을 하고, 요인계수의 크기를 기준으로 하여 내림차순으로 문항들을 정렬한 후, 3개의 측정변인에 순차적으로 배분하였다.

Ⅳ. 연구 결과

1. 측정모형

본 연구는 구조모형의 적합도를 알아보기 전에 독립변인인 자존감, 노력지속, 흥미유지와 종속변인인 행복의 측정모형이 자료에 적합한지를 알아보았다. 측정모형의 적합도는 〈표 2〉와 같다. *CFI*, *TLI*는 각각 .960, .950으로 기준인 .92 이상이었고, *RMSEA*는 .07 미만으로 그 기준을 충족하였다(Hair, Black, Babin, & Anderson, 2019).

〈표 2〉 측정모형의 적합도 (*N* : 804)

Model	χ^2	*df*	*CFI*	*TLI*	*RMSEA*	*RMSEA* 90% CI	
						하한계	상한계
측정모형	291	84	.960	.950	.055	.049	.062

*** p 〈 .001

측정모형의 각 잠재변인에 대한 측정변인의 요인계수는 〈표 3〉, [그림 1]과 같다. 노력지속, 흥미유지, 자존감, 행복의 모든 요인계수는 통계적으로 유의하였다.

〈표 3〉 측정모형에서의 변인들의 요인계수 (*N* : 804)

요인	변인	*B*	*SE*	β
노력지속	노력지속1	1.000		.355
	노력지속2	2.058***	.250	.707
	노력지속3	2.003***	.243	.664
	노력지속4	1.881***	.231	.606
흥미유지	흥미유지1	1.000		.643
	흥미유지2	1.114***	.085	.689
	흥미유지3	.603***	.067	.384
	흥미유지4	1.037***	.081	.646
자존감	자존감1	1.000		.917
	자존감2	.953***	.026	.888
	자존감3	.843***	.024	.877
행복	행복1	1.000		.868
	행복2	1.019***	.035	.831
	행복3	.830***	.037	.704
	행복4	.659***	.048	.483

주: *** p 〈 .001

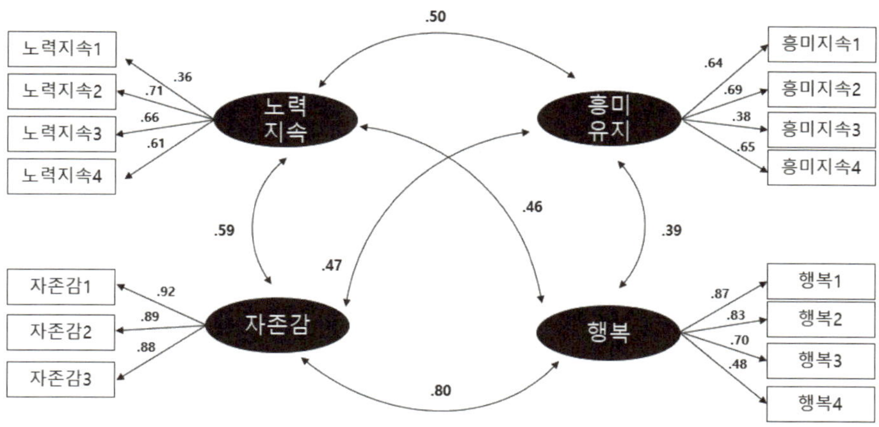

[그림 1] 측정모형

잠재변인들 간의 모든 상관계수는 〈표 4〉와 같다. 모든 상관계수는 통계적으로 유의하였다.

〈표 4〉 잠재변인들 간 상관계수 (N : 804)

	1. 노력지속	2. 흥미유지	3. 자존감	4. 행복
1. 노력지속	1			
2. 흥미유지	.50***	1		
3. 자존감	.59***	.47***	1	
4. 행복	.46***	.39***	.80***	1

*** $p < .001$

제 12 장 구조모형의 분석과 결과 기술

이 장의 목적

1. Jamovi 프로그램을 활용한 구조모형 분석 방법을 설명한다.
   통계 프로그램 활용하기
   모형 검증하기
   통계 결과 작성하기
2. Jamovi 프로그램을 활용한 구조모형 결과를 기술한다.

이 장의 핵심 개념

• 구조모형 검증은 측정모형 검증을 통해 잠재변인의 구인타당도를 검증한 후, 잠재변인 간의 관계를 검증하는 분석방법이다. 이 장은 독립변인 2개(흥미유지, 노력지속), 매개변인 1개(자존감), 종속변인 1개(행복)일 때, 1) jamovi로 구조모형을 검증하는 방법을 알아보고, 2) 통계결과의 의미를 해석해 보며, 3) 학술원고 작성의 예를 제시한다.

앞서 11장에서 구조방정식 모형 검증의 1단계인 측정모형의 분석에 대해 알아보고, 그 결과에 대한 기술을 제시하였다. 12장은 연구자의 가설을 실제로 검증하게 되는 구조모형의 분석에 대해 알아보고, 그 결과를 어떻게 기술할지에 대한 예시를 제시하고자 한다. 12장에서 검증해 볼 모형은 [그림 12-1]과 같이 그릿(흥미유지, 노력지속)과 행복의 관계를 자존감이 매개하는지를 알아보는 모형이다. [그림 12-1]에서 Intrs는 흥미유지, Endvr은 노력지속, Esteem은 자존감, Hppns는 행복을 의미한다.

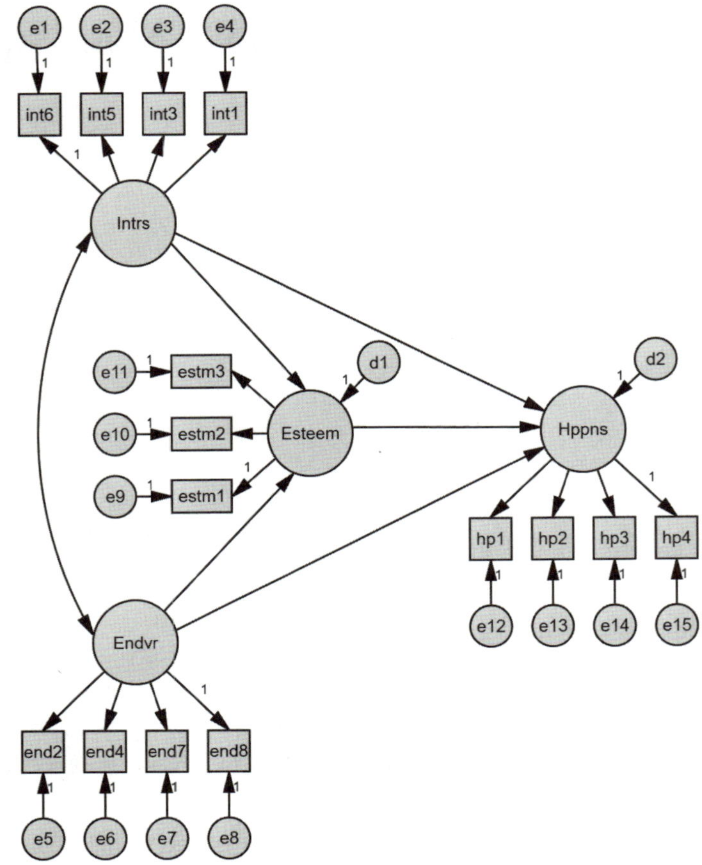

[그림 12-1] 연구모형

12.1 SEM 모듈 설치와 SEM 분석

여기서 잠깐!

구조모형 검증을 위한 jamovi 모듈인 SEM(interactive)을 실행하기 전, 언어를 영어로 변경하고 SEM(interactive) 모듈을 설치해야 한다. 왜냐하면 한글보다 영어를 사용해야 분석 도중에 에러가 나지 않기 때문이다.

[언어 변경하기]

jamovi 프로그램은 기본 언어가 영어로 설정되어 있으나, 사용자가 원하는 언어로 변경할 수 있다. 아래의 예는 언어가 한국어로 설정되어 있는 경우, 다시 영어로 언어를 변경하는 방법이다.

오른쪽 상단 ❶ 에서 '⋮' 선택 → ❷ 언어(한국어)를 ❸ English로 선택 → ❹ '언어를 변경하려면 jamovi를 다시 시작해야 합니다' 문구 확인 → 기존 jamovi 프로그램 종료 후 다시 시작

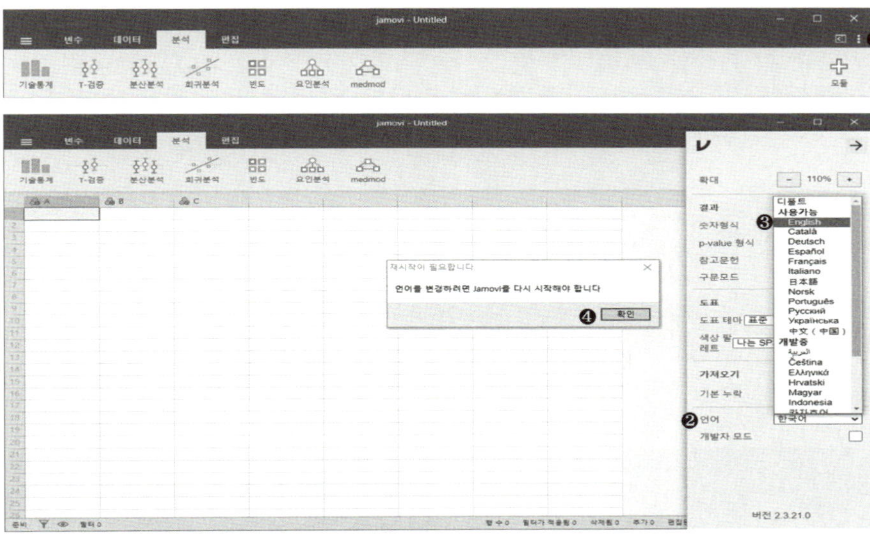

12.1.1 SEM 모듈 설치하기

SEM 모듈의 설치는 [그림 12.1-1], [그림 12.1-2]를 참고하여, jamovi 프로그램 우측의 십자 모양 ❶ Modules → ❷ Manage installed → ❸ 'Installed', 'Available', 'Sideload' 중에서 'Available' 선택 → ❹ ⌕ Search에서 sem 검색 → ❺ semlj-SEM 1.1.6 'INSTALL'을 선택하면 설치가 완료된다.

• 'Installed' 항목은 개인 컴퓨터에 설치된 통계 모듈과 함께 관리기능을 보여준다. 해당 통계 모듈을 숨기기 원할 경우 HIDE, 제거하기를 원할 경우 REMOVE를 클릭하면 된다.

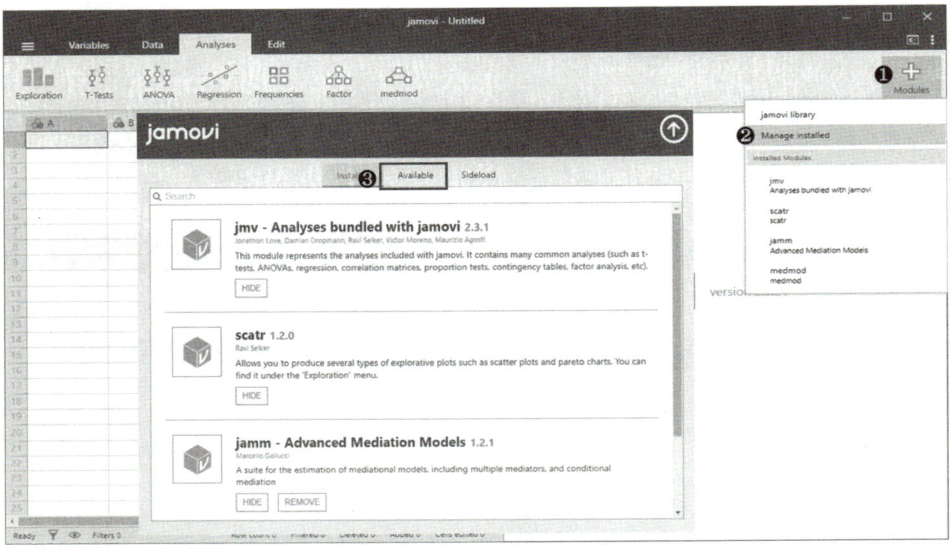

[그림 12.1-1] SEM 모듈 설치 방법 Ⅰ

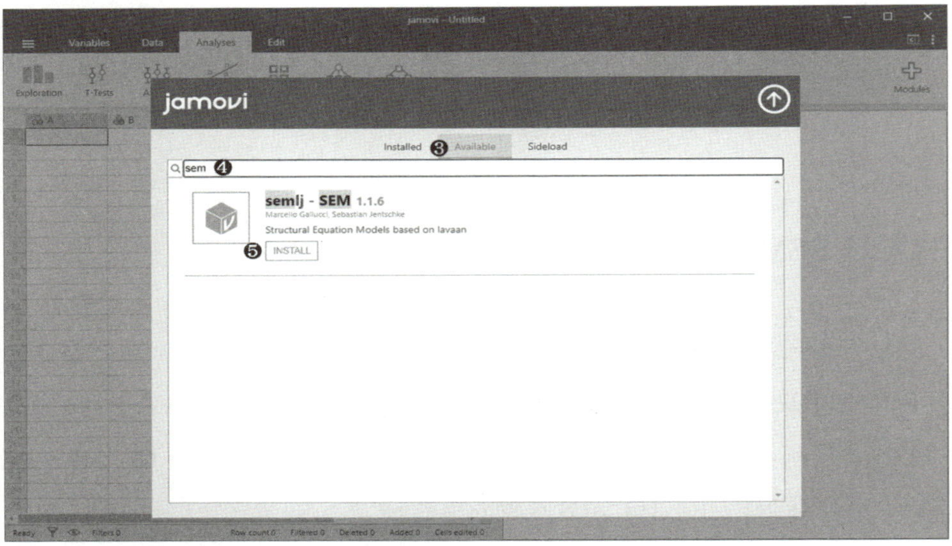

[그림 12.1-2] SEM 모듈 설치 방법 Ⅱ

12.1.2 구조모형의 분석 절차

1단계: 잠재변인과 측정변인 설정하기

연구자는 구조모형 분석을 시작하기 위해서 먼저 구조모형에서 지정된 잠재변인과 측정변인 사이의 관계를 지정해 주어야 한다.

jamovi 시작: 잠재변인과 측정변인의 설정

❶ Analyses(분석) ➜ ❷ SEM ➜ ❸ SEM(Interactive) ➜

❹ Latent Endogenous Variables(잠재내생변인)

① Endogenous 1(내생 1) (Happiness) ➜ ② drag variables here (hp1 ~ hp4) ➜ ❺ Add New Latent ➜

③ Endogenous 2(매개 2) (Esteem) ➜ ④ drag variables here (esteem1 ~ esteem3)

❻ Latent Exogenous Variables(잠재외생변인)

⑤ Exogenous 1(외생 1) (Endeavour) ➜ ⑥ drag variables here (end2, 4, 7, 8) ➜ ❼ Add New Latent

⑦ Exogenous 2(매개 2) (Interest) ➜ ⑧ drag variables here (int1, 3, 5, 6)

연구자는 SEM 모듈을 실행하려면 메뉴에서 차례대로 ❶ Analyses(분석) → ❷ SEM → ❸ SEM(interactive)을 선택하면 된다. [그림 12.1-3]의 아랫부분처럼 화면이 변경된다. 각각의 잠재변인에 해당하는 측정변인을 연결하기 위해서는 다음의 절차를 따른다.

- 내생 잠재변인과 측정변인의 지정

내생변인에 해당하는 Happiness(행복) 변인의 연결 절차는 ❹ Latent Endogenous Variables(잠재내생변인)에서 → ① Endogenous 1(내생변인 1)의 이름을 Happiness로 변경한 후 → ② drag variables here 창에 4개의 측정변인 hp(hp1 ~ hp4)를

이동하면 완료된다. 그런 다음 또 다른 내생변인인 Esteem(자존감)은 ❺ Add New Latent 클릭 → ③ Endogenous 2(내생변인 2)의 이름을 Esteem(자존감)으로 변경한 후 → ④ drag variables here 창에 3개의 측정변인 esteem(esteem1 ~ esteem3)을 이동하면 된다.

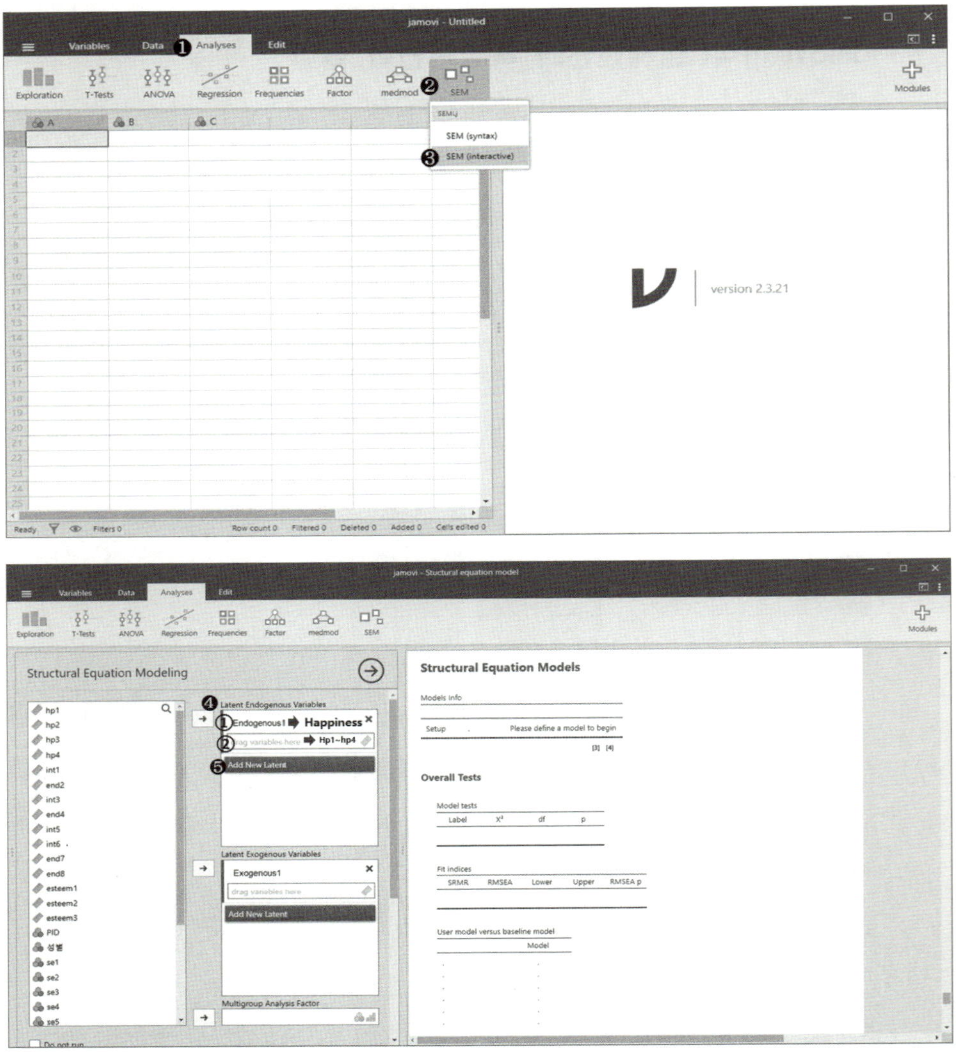

[그림 12.1-3] 내생변인으로서 Happiness(행복), Esteem(자존감)의 이름을 명명하고 측정변인 입력하기

• 외생 잠재변인과 측정변인의 지정

Exdogenous(외생변인)의 위치에 독립변인인 Endeavour(노력지속)와 Interest(흥미유지)를 각각 모형에 투입하는 절차는 [그림 12.1-4]와 같이 따라할 수 있다. 즉 Endeavour(노력지속)의 경우 ❻ Latent Exogenous Variables(잠재외생변인)에서 → ⑤ Exdogenous 1(외생변인 1)의 이름을 Endeavour로 변경한 후 → ⑥ drag variables here 창에 4개의 측정변인 end(end2, end4, end7, end8)를 이동하면 된다. 그리고 Interest의 경우 ❼ Add New Latent를 클릭하고, ⑦ Exdogenous 2(외생변인 2)의 이름을 Interest로 변경한 후 → ⑧ drag variables here 창에 4개의 측정변인 int(int1, int3, int5, int6)를 이동하면 된다.

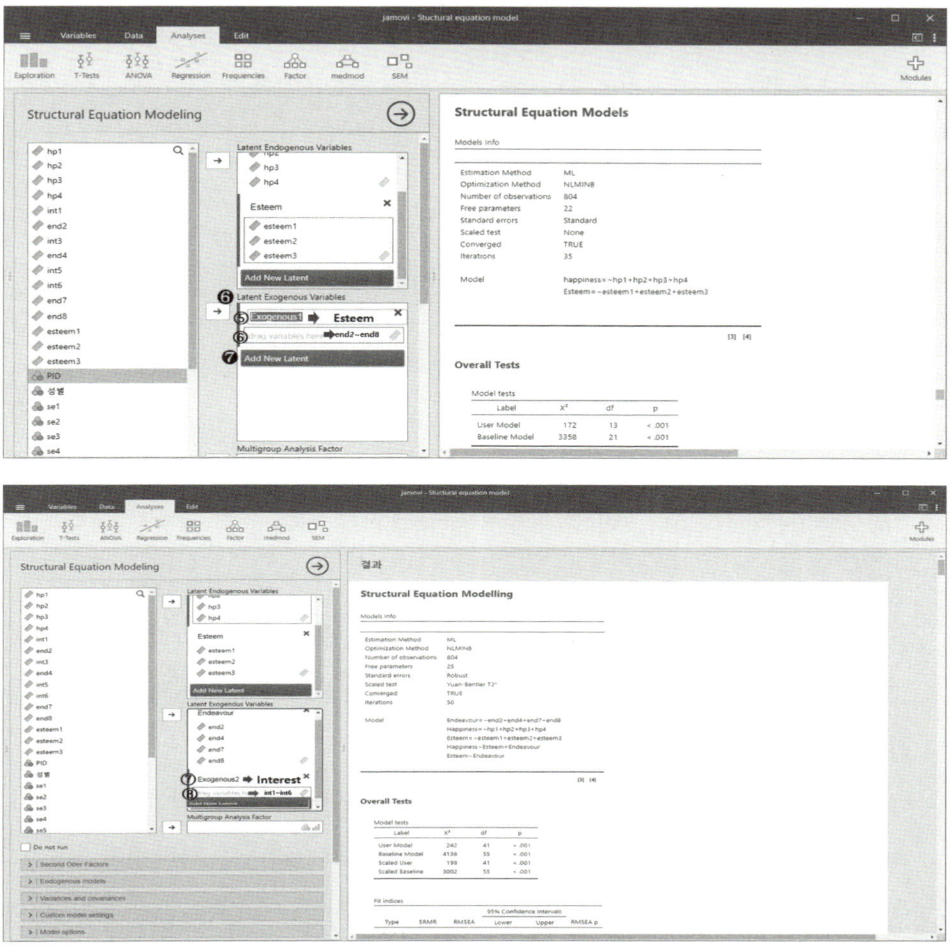

[그림 12.1-4] 외생변인으로서 Endeavour(노력지속), Interest(흥미유지)의 이름을 명명하고 측정변인 입력하기

여기까지가 구조모형을 구성하기 위한 잠재변인과 측정변인들 사이의 관계를 구성한 것이다. 이 과정을 잘 완성하였다면 아래 [그림 12.1-5]와 같이 나타난다.

• **잠재변인과 측정변인의 지정을 한 결과 확인**

[그림 12.1-5]의 오른쪽 결과창은 Endeavour(노력지속), Interest(흥미유지), Esteem(자존감), Happiness(행복) 잠재변인이 구조모형에 모두 투입되었음을 보여준다. 그리고 창의 내용은 모형에 대한 요약문을 제시하고 있다.

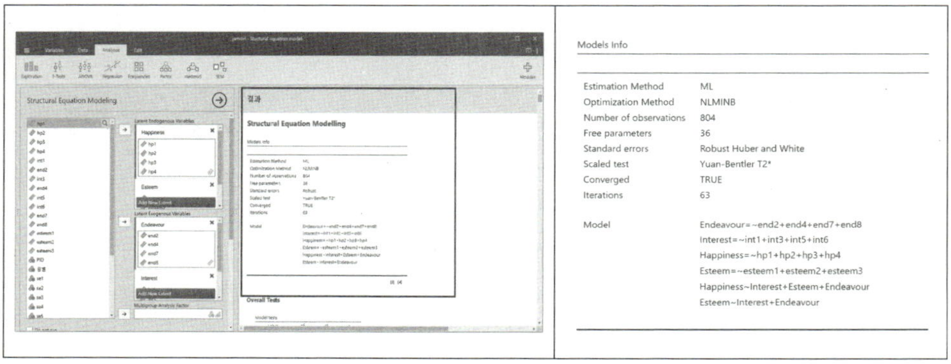

[그림 12.1-5] 잠재변인과 측정변인의 관계를 보여주는 모형지정 결과

[그림 12.1-5]의 Models Info에서 Model의 부분은 분석할 구조모형이 어떻게 지정되었는지를 보여준다. 이에 대해서 살펴보기로 하자.

- Endeavour=~end2+end4+end7+end8: 이 줄은 Endeavour라는 외생잠재변인이 end2, end4, end7, end8이라는 측정변인으로 구성되었다는 의미를 나타낸다.
- Interest=~int1+int3+int5+int6: 이 줄은 Interest라는 외생잠재변인이 int1, int3, int5, int6이라는 측정변인으로 구성되었다는 의미를 나타낸다.
- Happiness=~hp1+hp2+hp3+hp4: 이 줄은 Happiness라는 내생잠재변인이 hp1, hp2, hp3, hp4라는 측정변인으로 구성되었다는 의미를 나타낸다.

- Esteem =~esteem1 + esteem2 + esteem3: 이 줄은 Esteem이라는 내생잠재변인이 esteem1, esteem2, esteem3이라는 측정변인으로 구성되었다는 의미를 나타낸다.

이와 같이 잠재변인과 측정변인 사이의 관계가 지정되고 나면, [그림 12.1-6]의 왼쪽 창에 있는 다양한 옵션을 선택하여 이차요인 설정에서부터 경로도에 이르기까지 여러 가지 설정을 지정해 주어야 한다. [그림 12.1-6]의 ①에서 ⑨까지의 선택사항에 대해서 알아보면 다음과 같다.

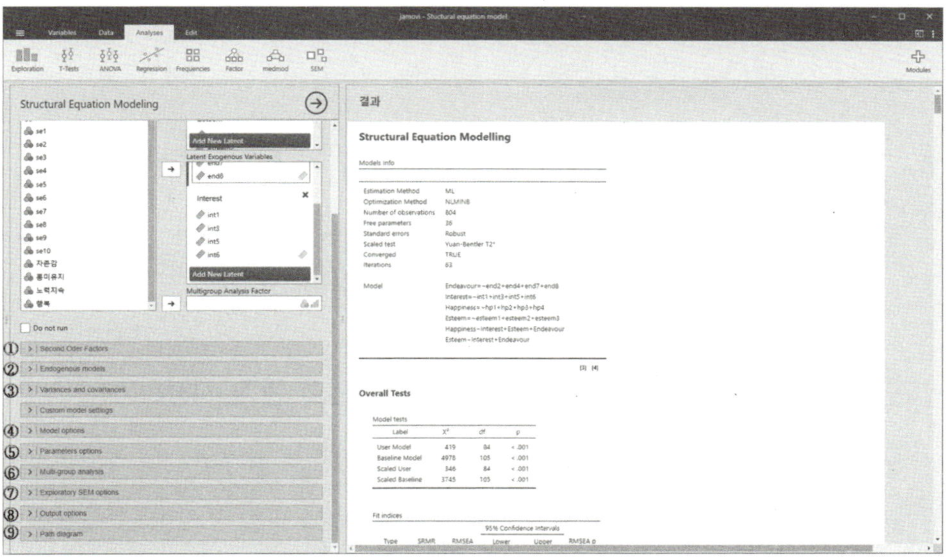

[그림 12.1-6] 다양한 옵션의 선택

① Second Order Factors(이차요인, 고차잠재변인)

잠재변인들을 설명하는 **고차잠재변인**(이차요인 또는 고차요인)이 있을 때 사용하는 선택사항이다. 예를 들어, 흥미유지와 노력지속을 설명할 수 있는 이차요인으로서 그릿(grit)이 존재한다고 생각되면 이 옵션을 사용할 수 있다. 이차요인 모형의 지정은 이론적 검토에 기반해서 이루어져야 한다. [그림 12.1-7]은 Second

Order Factors(이차요인) 설정을 위한 옵션을 선택한 창을 보여준다. 그러나 이 책의 연구모형은 이차요인을 포함하지 않으므로 이 옵션은 사용하지 않는다. ② 에서부터 ⑨까지의 선택사항은 다음 절에서 알아보기로 한다.

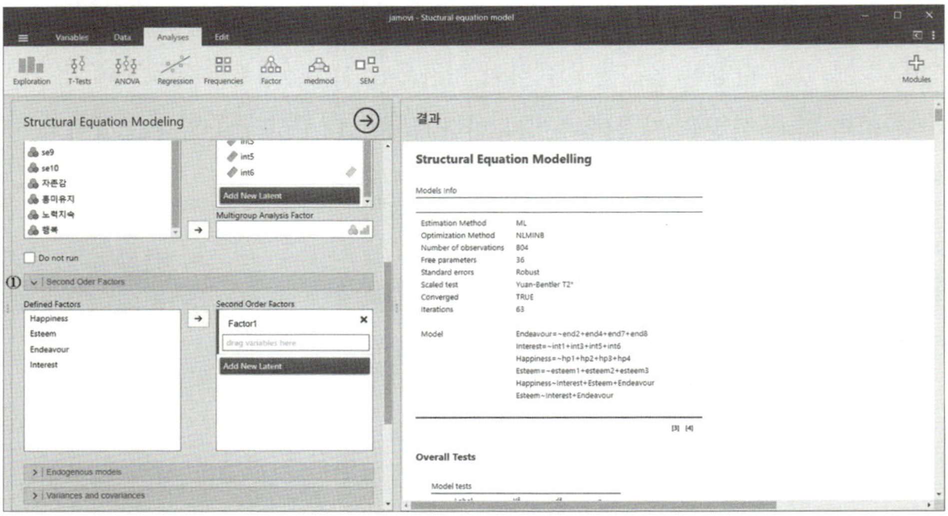

[그림 12.1-7] Second Order Factors(이차요인) 설정

2단계: 구조모형 지정하기: 잠재변인과 잠재변인의 관계 지정하기

1단계에서는 구조모형을 지정하기 위한 기초 작업으로 잠재변인과 측정변인의 관계를 나타내는 측정모형을 구성하였다. 이러한 측정모형의 구성이 끝났다 하더라도, 아직 잠재변인들 간의 독립변인, 매개변인, 종속변인의 관계가 모형에 지정되지 않았다. 잠재변인들 간의 관계를 모형으로 지정하는 것이 '구조모형 지정하기'이다. 2단계에서는 이러한 구조모형 지정하기에 대해서 알아보기로 한다. 연구자는 구조모형을 지정하기 위해서 [그림 12.1-8]에서 볼 수 있는 것처럼 Second Order Factors의 아래에 있는 ② Endogenous model의 옵션을 포함하여 다양한 옵션들에 대해 이해하고 사용할 수 있어야 한다.

이 책은 우선적으로 다집단이 아닌 단일집단, 종단연구가 아닌 횡단연구에 초점을 맞추고 있다. 따라서 여기에서는 단일집단의 횡단연구와 관련된 구조모형에 대한 설명을 주로 하면서, 여러 가지 옵션과 관련하여 알아두면 좋을 사항들에 대한 정보를 제공하도록 할 것이다. 먼저, ② Endogenous models부터 알아보기로 하자.

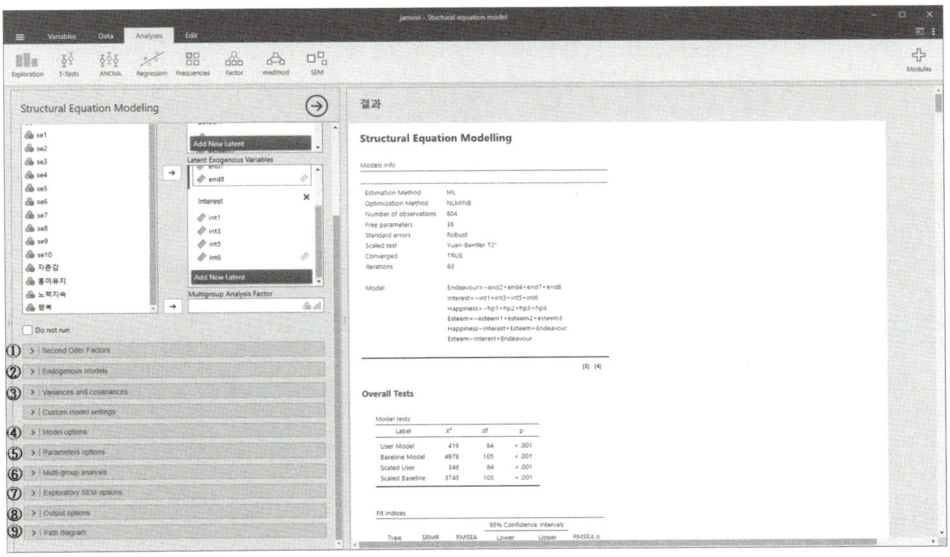

[그림 12.1-8] 구조모형 검증을 위한 선택 옵션

② Endogenous models(내생변인 모형)

Endogenous model은 내생변인(행복, 자존감)의 각각에 대한 독립변인을 지정하는 옵션 사항이다. [그림 12.1-9]의 Endogenous models에서 왼쪽 스크롤 창을 보면 잠재변인의 이름이 나타나며, 그 오른쪽에는 "Endogenous = Happiness"와 "Endogenous = Esteem"이 보인다. 이는 내생변인 Happiness와 Esteem이 종속변인으로 지정되어 있음을 보여주고 있으며, 다른 한편 이 변인들의 독립변인을 지정해 주어야 한다는 것을 나타내고 있다. 즉 연구자는 [그림 12.1-9]의 2개의 내생변인(Happiness, Esteem)에 대한 독립변인(매개변인 또는 외생변인)을 결정해서 jamovi에게 알려주어야 한다.

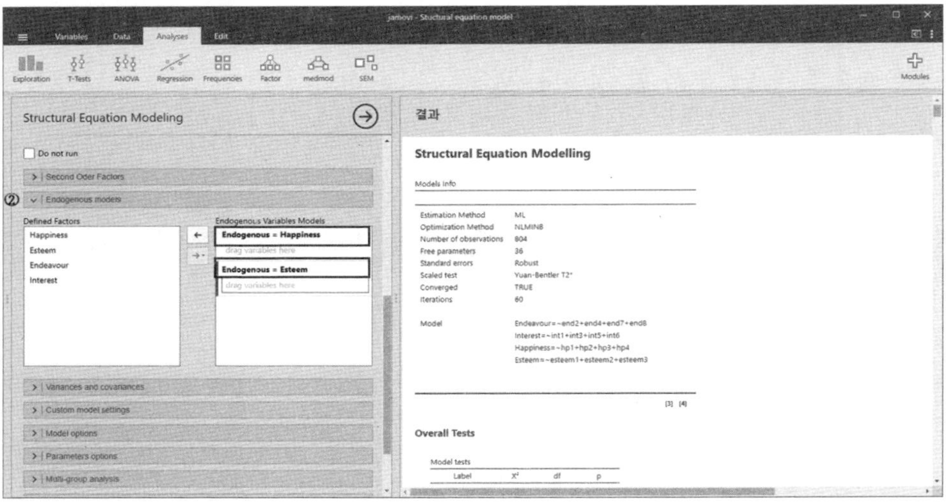

[그림 12.1-9] 내생변인에 대한 독립변인 설정하기

• 행복(Happiness)에 대한 독립변인은 자존감, 노력지속, 흥미유지이므로 왼쪽의 Defined Factors 창에 있는 Esteem, Endeavour, Interest를 Endogenous = Happiness의 아래쪽 위치로 이동시킨다. [그림 12.1-10]을 보면 Happiness(행복)의 독립변인으로 Esteem(자존감), Endeavour(노력지속), Interest(흥미유지)가 정확하게 지정된 것을 알 수 있다.

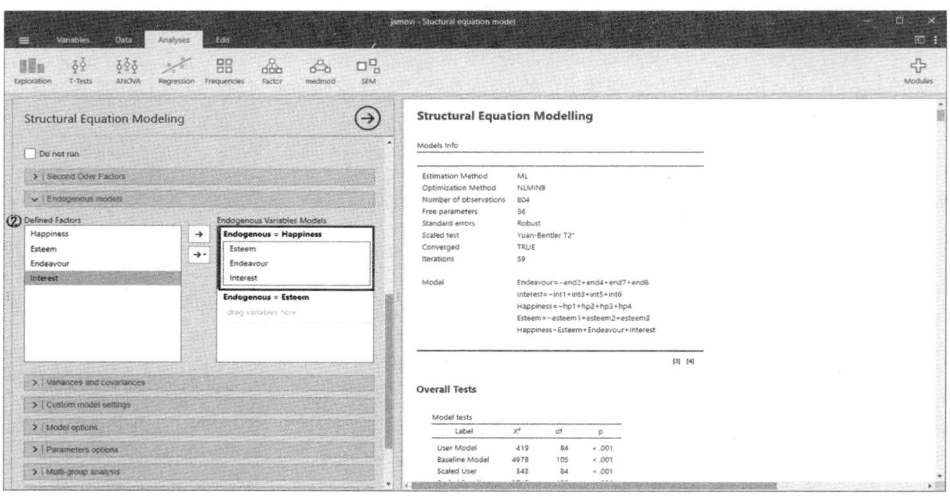

[그림 12.1-10] Esteem(자존감), Endeavour(노력지속), Interest(흥미유지)를 Happiness(행복)의 독립변인으로 설정하기

연구자가 해야 할 다음 차례는 매개변인인 Esteem(자존감)의 독립변인을 지정하는 것이다. 연구자의 모형에서 매개변인인 Esteem(자존감)의 독립변인은 Endeavour(노력지속), Interest(흥미유지)이다. 연구자는 Endogenous = Esteem을 클릭하여 [그림 12.1-11]과 같이 독립변인을 이동할 준비를 한다. [그림 12.1-11]과 같이 변경된 상태에서, 연구자는 왼쪽에 있는 Endeavour, Interest가 Esteem의 독립변인으로 지정되도록 화살표를 사용하여 이동시키면 된다.

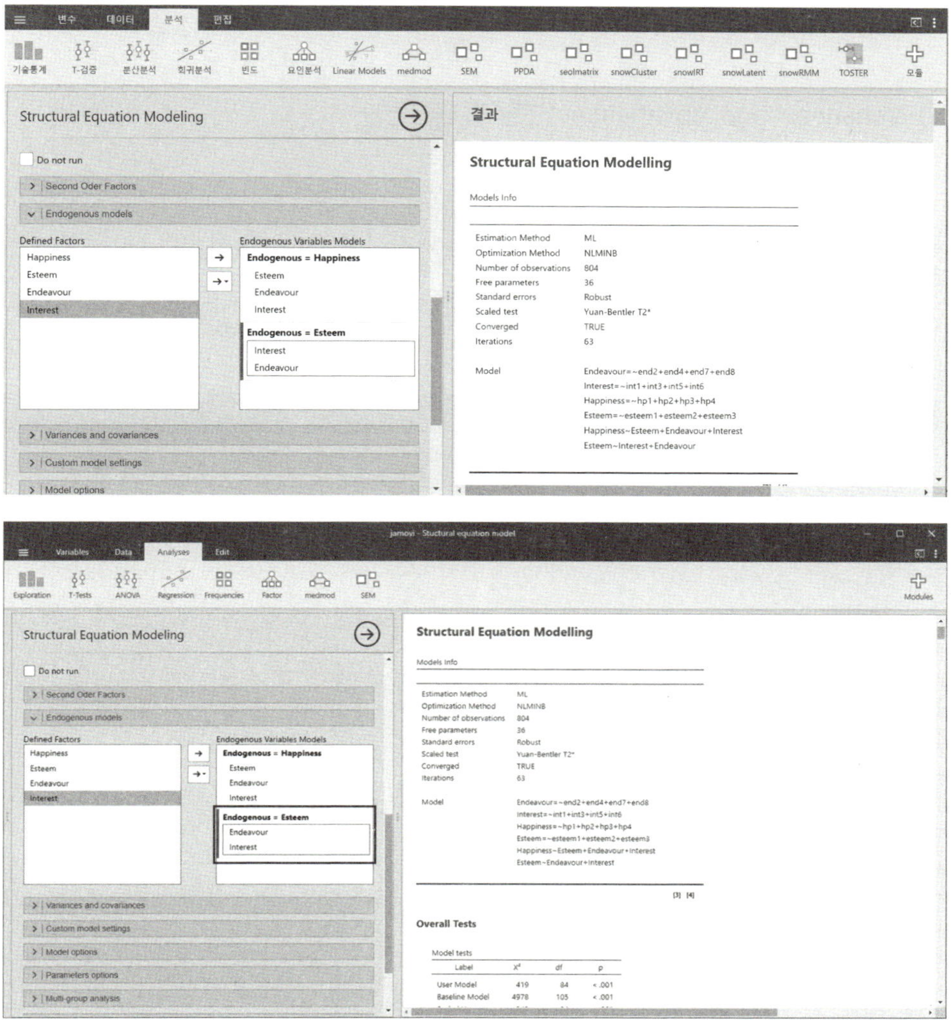

[그림 12.1-11] Endeavour(노력지속), Interest(흥미유지)를 Esteem(자존감)의 독립변인으로 설정하기

연구자는 [그림 12.1-11]의 오른쪽 결과창 Model 부분에서 구조모형이 지정된 결과를 확인할 수 있다.

- Happiness~Esteem+Endeavour+Interest: 이는 행복(Happiness)의 독립변인은 자존감(Esteem), 노력지속(Endeavour), 흥미유지(Interest)라는 뜻을 나타낸다.
- Esteem~Endeavour+Interest: 이는 자존감(Esteem)의 독립변인은 노력지속(Endeavour), 흥미유지(Interest)라는 뜻을 나타낸다.

③ Variances and covariances(변량과 공변량)

Endogenous model의 아래쪽 옵션을 보면 Variances and covariances 옵션이 있다. 이는 변량과 공변량에 대한 관계를 지정하기 위한 옵션이다. 오른쪽에는 Select pairs라고 쓰여 있다. 변인들 간 짝을 지우라는 뜻이다.

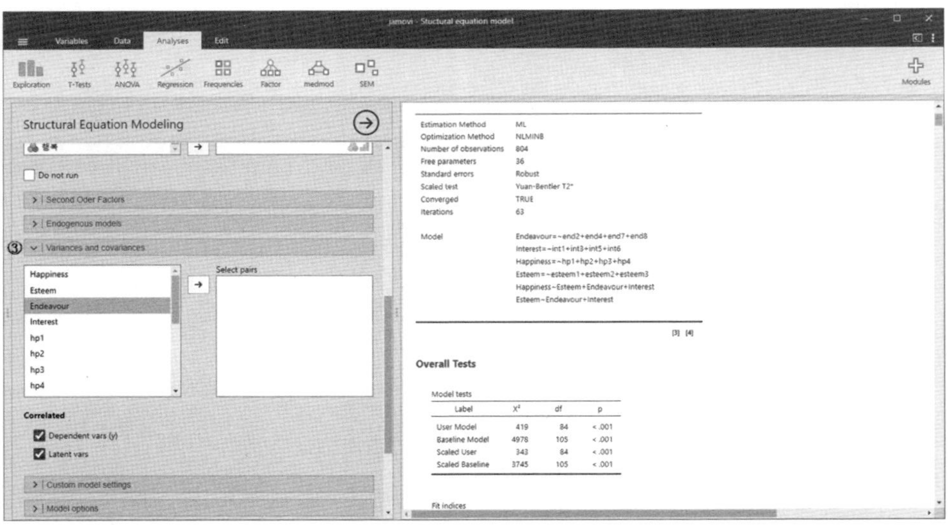

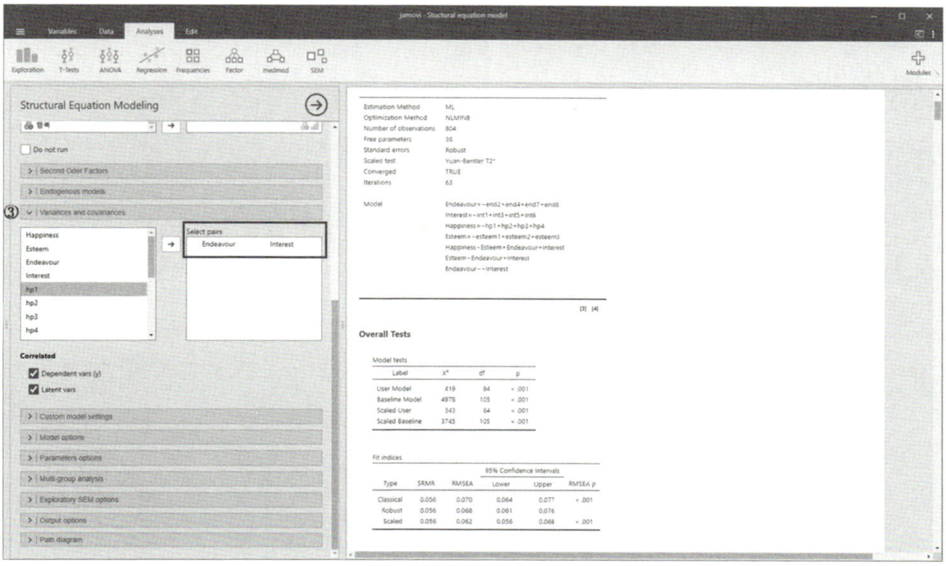

[그림 12.1-12] 변량과 공변량

[그림 12.1-12]를 보면 왼쪽에는 잠재변인들과 측정변인들의 이름이 보인다. 이 책에서 사용하고 있는 구조모형은 2개의 독립변인(외생변인) Endeavour(노력지속)와 Interest(흥미유지)가 있고, 이 둘 사이에 상관관계 또는 공변량 관계를 지정하여야 하므로 이 두 변인을 클릭하여 오른쪽으로 이동해 주면 된다. 그 결과는 [그림 12.1-12]와 같이 오른쪽에 Endeavour와 Interest가 나란히 짝을 이루고 있는 것을 볼 수 있다. 이는 두 잠재변인 사이에 상관(공변량)관계를 지정하였다는 뜻이다. 결과창의 Model 부분에는 다음과 같이 나타난다.

- Endeavour~Interest: 이는 노력지속(Endeavour)과 흥미유지(Interest) 사이에 공변량 관계가 지정되었다는 뜻을 나타낸다.

지금까지 연구자가 검증하고자 하는 구조모형의 지정을 완성하였다. 이렇게 구조모형을 지정하면 jamovi는 [그림 12.1-13]과 같이 경로도로 나타내어 준다. jamovi는 [그림 12.1-13]에서 보는 바와 같이 오차항은 생략하고 제시해 준다. [그림 12.1-13]의 추정치들은 모형과 관련된 모든 선택사항이 완료된 후의 결과를 반영하고 있다.

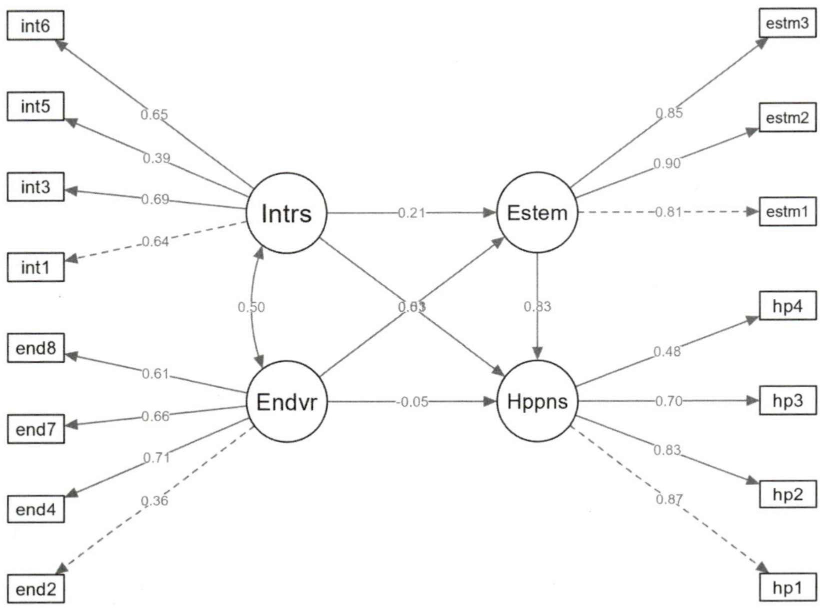

[그림 12.1-13] jamovi에서의 구조모형

3단계: 모형 추정하기

이제부터는 구조모형 검증의 3단계로 [그림 12.1-14]와 같은 최종 연구결과 모형을 도출하기 위해서, 연구자가 구조모형의 모형추정과 관련된 여러 가지 옵션을 어떻게 선택해야 하는지를 알아보기로 한다.

④ Model options(모형 추정방법, 결측값 처리, 제약 검증)

Model options는 구조모형의 Estimation(추정방법), Data(자료의 결측값), Constraints tests(제약 설정)와 관련된 여러 사항을 선택할 수 있는 옵션을 제공한다. 먼저 ④ Model option을 클릭하면 [그림 12.1-14]처럼 옵션 사항이 나타난다.

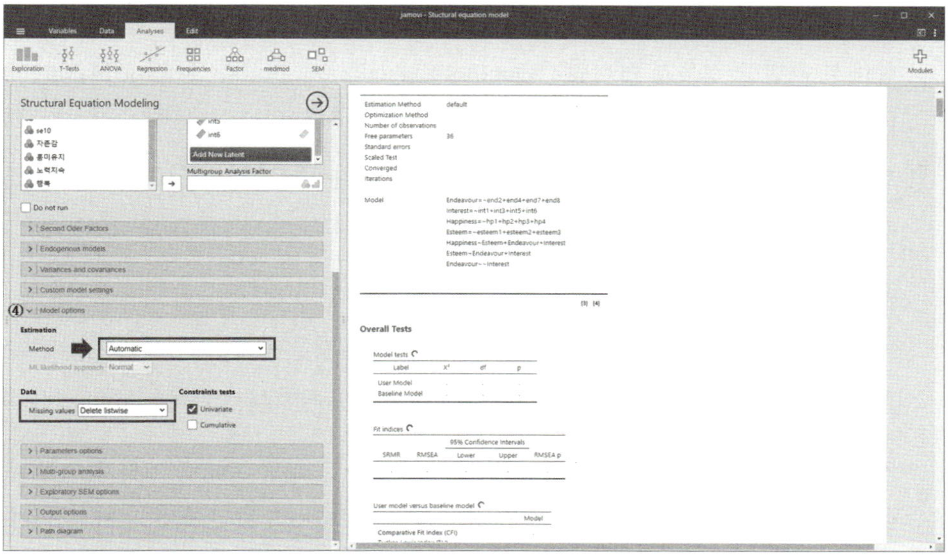

[그림 12.1-14] 모형 추정을 위한 선택사항 1

Estimation(추정방법): [그림 12.1-14]의 왼쪽에 있는 Estimation을 보면 Method의 오른쪽에 드롭다운 단추가 있고, Automatic이 기본으로 설정되어 있다. Data의 아래쪽에는 Missing Values와 관련하여 Delete listwise가 기본으로 설정되어 있다.

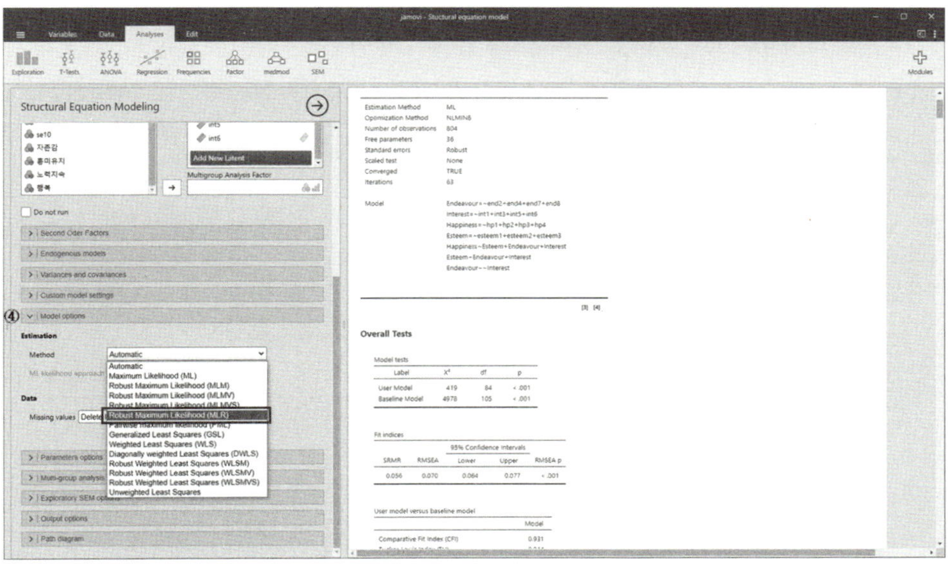

[그림 12.1-15] 모형 추정을 위한 선택사항 2

• Automatic을 클릭하면 [그림 12.1-15]처럼 다양한 옵션이 나타난다. 여러 옵션 중에서 특별한 경우가 아니면, "Maximum Likelihood(ML)"와 "Robust Maximum Likelihood(MLR)"를 대체로 사용하면 된다. 두 방법의 사용은 주로 자료의 다변량 정상성 충족 여부에 따라 결정된다. 그러나 대부분의 자료는 다변량 정상성을 충족하지 못하기 때문에 MLR을 선택하면 된다. 그리고 jamovi는 MLR을 선택하면 ML의 결과도 동시에 보여준다.

ⓐ ML 방법: 자료가 다변량 정상성을 충족하는 경우에 사용

ⓑ MLR 방법: 자료가 다변량 정상성을 충족하지 못하는 경우에 사용

• 자료의 다변량 정상성 충족 여부는 뒤에서 다루는 Output options에서 확인할 수 있다. 이 책에서 예시로 사용한 자료는 다변량 정상성을 충족하지 못하고 있다.

지금부터는 ML과 MLR 방법을 각각 선택하였을 때 다르게 나타나는 결과를 비교하면서 설명한다.

ML과 MLR의 추정에서 검증방법의 차이: ML 추정과 MLR 추정을 각각 선택했을 때, 그 차이는 [그림 12.1-16]과 같이 제시되는 Models info에서 확인할 수 있다.

ⓐ ML 방법: ML 추정은 Scaled test(강건한 검증)를 실시하지 않으므로 Models info에서 Scaled test가 None(없음)으로 표시됨

ⓑ MLR 방법: MLR 추정은 Scaled test(강건한 검증)를 실시하므로 Models info에서 Scaled test가 "Yuan-Bentler T2*"로 표시됨

ML 추정방법: Models info

Models Info

Estimation Method	ML
Optimization Method	NLMINB
Number of observations	804
Free parameters	36
Standard errors	Standard
Scaled test	None
Converged	TRUE
Iterations	63
Model	Endeavour=~end2+end4+end7+end8 Interest=~int1+int3+int5+int6 Happiness=~hp1+hp2+hp3+hp4 Esteem=~esteem1+esteem2+esteem3 Happiness~Interest+Esteem+Endeavour Esteem~Interest+Endeavour

MLR 추정방법: Models info

Models Info

Estimation Method	ML
Optimization Method	NLMINB
Number of observations	804
Free parameters	36
Standard errors	Robust Huber and White
Scaled test	Yuan-Bentler T2*
Converged	TRUE
Iterations	63
Model	Endeavour=~end2+end4+end7+end8 Interest=~int1+int3+int5+int6 Happiness=~hp1+hp2+hp3+hp4 Esteem=~esteem1+esteem2+esteem3 Happiness~Interest+Esteem+Endeavour Esteem~Interest+Endeavour

[그림 12.1-16] ML과 MLR의 Scaled test 모형 추정 선택

ML과 MLR의 추정에서 적합도 지수의 차이: ML과 MLR 방법을 각각 선택하였을 때 산출되는 적합도 지수가 동일하지 않다. 왜냐하면 앞서 살펴 보았듯이 ML 추정은 Scaled test를 실시하지 않고, MLR 추정은 Scaled test를 Yuan-Bentler T2* 방식으로 하기 때문이다. 적합도 지수는 결과창에서 "Overall Tests" 부분에서 제시된다. [그림 12.1-17]은 MLR 추정을 했을 때의 "Overall Tests" 결과이다. ML 방법과 MLR 방법에서 적합도 결과가 다르게 산출되므로 아래에서 더욱 구체적으로 알아본다. MLR을 선택하면 ML과 MLR의 결과가 동시에 산출되므로 늘 MLR을 선택하면 된다.

Overall Tests

Model tests

Label	X^2	df	p
User Model	419	84	< .001
Baseline Model	4978	105	< .001
Scaled User	343	84	< .001
Scaled Baseline	3745	105	< .001

Fit indices

			95% Confidence Intervals		
Type	SRMR	RMSEA	Lower	Upper	RMSEA p
Classical	0.056	0.070	0.064	0.077	< .001
Robust	0.056	0.068	0.061	0.076	
Scaled	0.056	0.062	0.056	0.068	< .001

[그림 12.1-17] MLR의 Scaled test로 모형 추정을 했을 때 적합도 지수

이 책에서 예시로 사용하는 자료는 다변량 정상성을 충족하지 않는다. 이때 Scaled test를 하지 않는 ML 추정과 Yuan-Bentler T2* 방식으로 Scaled test를 한 MLR 추정에 따른 적합도 지수의 결과를 비교하여 살펴보면 다음과 같다.

〈Chi-square(χ^2)〉

- [그림 12.1-18]을 보면 ML 추정은 Baseline Model(기저모형)과 User Model (연구모형)에 대한 χ^2 값 2개를 제시하였다. Baseline Model(기저모형)은 모든 변인들 사이에 관계가 없다고 한 최악의 모형으로 User Model(연구모형)을 비교하기 위한 기준점으로 작용한다. 연구결과에서는 User Model(연구모형)의 χ^2 값을 제시하면 된다.
- MLR 추정은 Baseline Model(기저모형)과 User Model(연구모형)의 χ^2 값에 추가적으로 Scaled Baseline(Scaled 기저모형)과 Scaled User(Scaled 연구모형)의 χ^2 값을 제시하고 있다. 이 값들은 Yuan-Bentler T2* 방식으로 Scaled test로 산출된 것이다. 따라서 MLR 방법으로 추정을 했다면, 연구결과에서는 Scaled User(Scaled 연구모형)의 χ^2 값을 제시하면 된다.

ML 추정방법: 적합도 지수	MLR 추정방법: 적합도 지수
Chi-square(χ^2)	

ML 추정방법 — Model tests

Label	X^2	df	p
User Model	419	84	< .001
Baseline Model	4978	105	< .001

MLR 추정방법 — Model tests

Label	X^2	df	p
User Model	419	84	< .001
Baseline Model	4978	105	< .001
Scaled User	346	84	< .001
Scaled Baseline	3745	105	< .001

[그림 12.1-18] Baseline Model(기저모형)과 User Model(연구모형)에 대한 χ^2값

〈절대적 적합도 지수〉

- [그림 12.1-19]를 보면 ML 추정은 절대적 적합도 지수로 *SRMR*과 *RMSEA*를 제시하였다. ML 추정을 하였다면 연구결과에서는 이 값들을 그대로 제시하면 된다.

• 그러나 MLR 추정은 절대적 적합도 지수를 3가지 Type(유형)으로 다음과 같이 제시하고 있다.

ⓐ Classical: ML 추정과 동일한 적합도 지수
ⓑ Robust: MLR과 같은 강건한 추정에 의한 적합도 지수
ⓒ Scaled: 표준화하여 제시되는 적합도 지수

• MLR 추정을 하였다면, [그림 12.1-19]에서 Scaled 유형에 제시된 *SRMR*, *RMSEA*를 연구결과에 제시하면 된다.

ML 추정방법: 적합도 지수	MLR 추정방법: 적합도 지수
Absolute Fit Indices(절대적 적합도 지수)	

ML 추정방법 — Fit indices

SRMR	RMSEA	95% Confidence Intervals Lower	95% Confidence Intervals Upper	RMSEA p
0.056	0.070	0.064	0.077	< .001

MLR 추정방법 — Fit indices

Type	SRMR	RMSEA	95% Confidence Intervals Lower	95% Confidence Intervals Upper	RMSEA p
Classical	0.056	0.070	0.064	0.077	< .001
Robust	0.056	0.069	0.061	0.076	
Scaled	0.056	0.062	0.056	0.069	< .001

[그림 12.1-19] ML과 MLR의 절대적 적합도 지수

〈상대적 적합도 지수〉

• ML 추정을 하였다면 [그림 12.1-20]에 제시되어 있는 CFI, TLI 등의 지수를 연구결과에 제시하면 된다.

• MLR 추정은 상대적 적합도 지수를 절대적 적합도 지수와 마찬가지로 3가지 Type(유형)으로 제시하고 있다. 즉 ⓐ Model, ⓑ Scaled, ⓒ Robust 유형으로 구분하여 제시하고 있다.

• MLR 추정을 하였다면 Scaled 유형에 제시된 CFI, TLI를 연구결과에 제시하면 된다.

ML 추정방법: 적합도 지수		MLR 추정방법: 적합도 지수		
Relative Fit Indices(상대적 적합도 지수)				
User model versus baseline model		User model versus baseline model		
	Model	Model	Scaled	Robust
Comparative Fit Index (CFI)	0.931	0.931	0.928	0.934
Tucker-Lewis Index (TLI)	0.914	0.914	0.910	0.918
Bentler-Bonett Non-normed Fit Index (NNFI)	0.914	0.914	0.910	0.918
Relative Noncentrality Index (RNI)	0.931	0.931	0.928	0.934
Bentler-Bonett Normed Fit Index (NFI)	0.916	0.916	0.908	
Bollen's Relative Fit Index (RFI)	0.895	0.895	0.885	
Bollen's Incremental Fit Index (IFI)	0.932	0.932	0.928	
Parsimony Normed Fit Index (PNFI)	0.733	0.733		

[그림 12.1-20] ML과 MLR의 상대적 적합도 지수

Missing Values(결측값): [그림 12.1-21]은 자료의 결측값에 대한 선택사항을 보여준다. 드롭다운 단추에는 Delete listwise, FIML 등 여러 가지 옵션이 있다.

ⓐ Delete listwise 방법: 각 사례에서 1개의 문항이라도 응답하지 않은 문항이 있어서 결측이 발생했다면 그 사례를 통째로 제거하고 분석에 포함하지 않는 경우에 사용함. 이 방법은 최근 들어 사용이 권장되지 않는 방법이지만, 결측비율이 5% 미만일 때 사용 가능함. 이 책의 자료에서는 결측 사례가 없으므로 Delete listwise 상태로 두면 804명의 자료가 모두 사용됨.

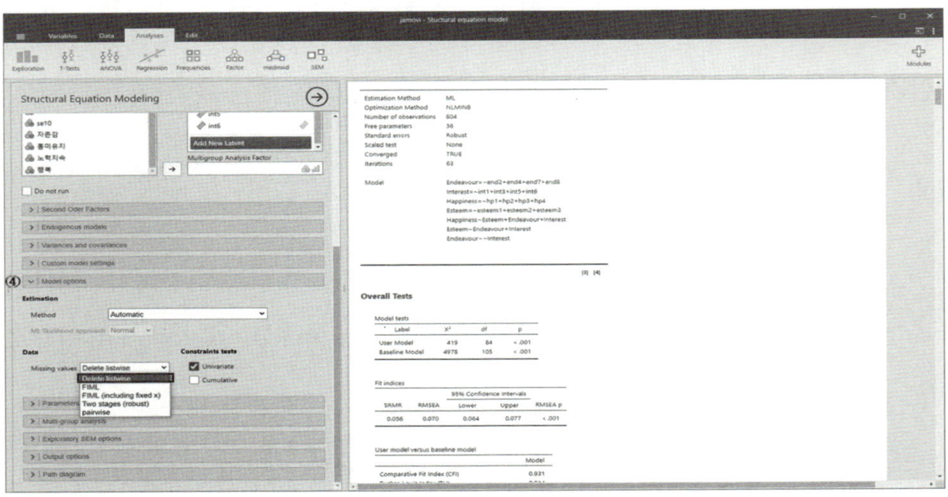

[그림 12.1-21] 결측값 선택사항

ⓑ FIML(full information maximum likelihood) 방법: 자료에 결측이 있는 사례가 있을 때 jamovi가 이론 모형의 방법으로 결측 자료를 추정하여 보완하는 방법

FIML에 대해 더 궁금하다면 김수영(2016)의 "결측치의 종류와 처리"(pp. 54-60)를 참조하면 좋다. 김수영(2016)에 의하면, FIML은 자료의 요약치(예, 변량-공변량 행렬)를 사용하는 대신에 개별 반응(response) 모두를 이용하는 추정 방법으로 FIML은 Delete listwise보다 편향되지 않은 추정치를 제공하는 장점이 있고, 더욱 효율적인 추정치를 제공한다는 점에서 우수하다.

Constraints tests(제약 설정): 경로계수에 동일화 제약을 가하고 검증하고자 할 때, Univariate는 단변량 제약 조건 검증을 한다. Cumulative는 다수의 모형 모수치에 대한 제약을 설정하고, 각각의 제약 효과가 누적되는 정도를 검증한다. 다집단 분석 모형, 종단연구 모형이 아닌 경우에는 사용할 일이 거의 없다.

⑤ Parameters options(모수치 추정 옵션)

Parameters options는 연구모형의 모수치를 추정하기 위한 여러 가지 옵션을 제공한다. [그림 12.1-22]에 Standard Errors(표준오차), Bootstrap settings(부트스트랩핑 방법), Confidence Intervals(신뢰구간), Intercepts(절편), Estimates(추정치), Scale/standardize variables(척도/표준화 변인) 등이 있다.

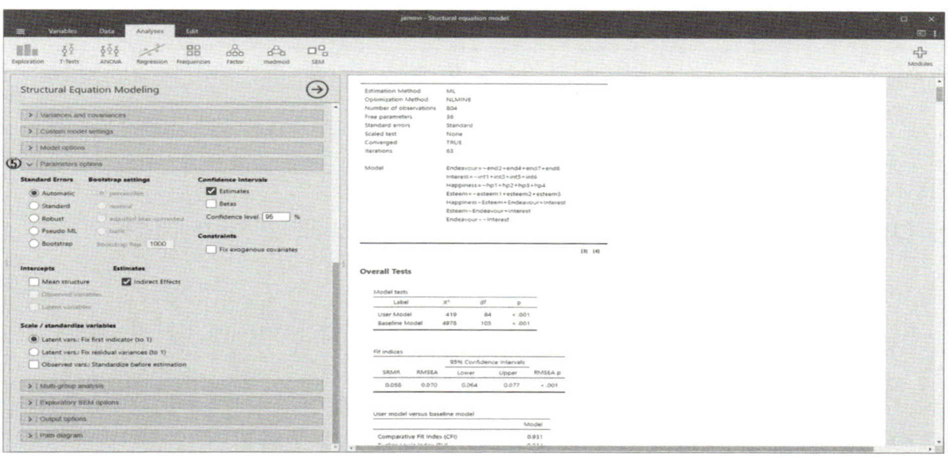

[그림 12.1-22] 모수치 추정 선택사항

Standard Errors(표준오차): Standard Errors는 모수치의 추정에 쓰이는 표준오차로 어떤 유형을 사용할지 선택하기 위한 옵션(Automatic, Standard, Robust, Pseudo ML, Bootstrap)이다. 모형추정에서 쓰이는 표준오차는 자료의 다변량 정상성 충족 여부에 따라 그 계산 방법이 다르다. 먼저, 자료의 다변량 정상성을 확인하는 방법은 다음과 같다. 즉 [그림 12.1-23]과 같이 SEM 모듈에는 Output options에서 Additional outputs(추가 결과)가 제공된다. 여기에서 Mardia's coefficients를 체크하면 다변량 왜도(skewness)와 다변량 첨도(kurtosis)를 [그림 12.1-23]처럼 제시한다.

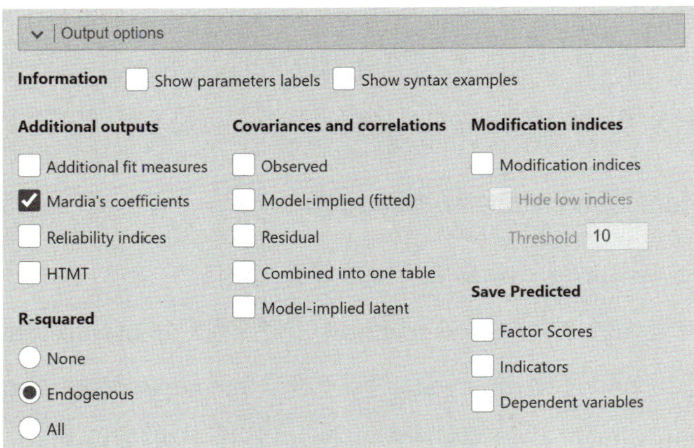

Mardia's coefficients

	Coefficient	z	χ^2	df	p
Skewness	16.9		2260	680	< .001
Kurtosis	319.7	40.6			< .001

[그림 12.1-23] Mardia's coefficients 선택 후 Skewness(왜도)와 Kurtosis(첨도)의 결과

- [그림 12.1-23]의 다변량 Skewness(왜도)와 다변량 Kurtosis(첨도)는 통계적으로 유의하여 정상성을 충족하지 못하고 있다는 것을 보여주고 있다.
- Mardia's cofficients의 결과에서 다변량 정상성이 충족되면 [그림 12.1-24]처럼 Model options의 Estimation(추정방법)에서 Maximum Likelihood (ML)를

선택하면 된다. 그런 뒤에 아래쪽의 ML likelihood approach에서 정상성을 충족한다는 것을 뜻하는 Normal을 선택하면 된다.

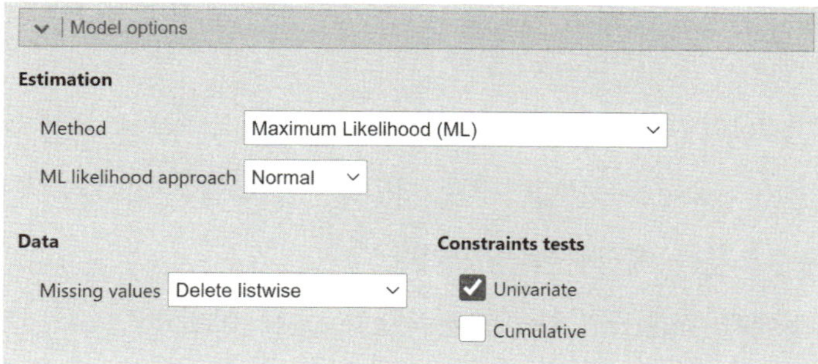

[그림 12.1-24] Estimation(추정방법) 선택사항 Maximum Likelihood (ML)

- Mardia's coefficients의 결과에서 다변량 정상성을 충족하지 못하면, [그림 12.1-25]처럼 비정상성을 보완하는 Robust Maximum Likelihood (MLR)를 선택하면 된다. 이때 ML likelihood approach는 활성화되지 않는다.

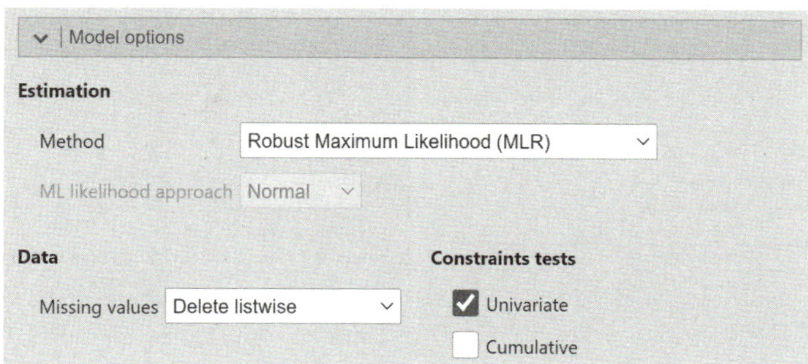

[그림 12.1-25] Estimation(추정방법)에서 Robust Maximum Likelihood (MLR) 선택사항

결국, 이 책에서 사용한 자료는 다변량 정상성을 충족하지 못하므로 MLR 추정을 하면 된다. 그러나 여기서는 ML 추정과 MLR 추정의 표준오차 계산 방법에서 발생하는 차이를 알아보기 위해 Standard Errors의 5가지 옵션(Automatic, Standard, Robust, Pseudo ML, Bootstrap) 중에서 Automatic을 선택하고 그 결과를 비교해

보기로 한다. Automatic 옵션은 jamovi가 표준오차의 계산 방법을 스스로 선택해서 실행하게 하는 명령이다. 이때 선택된 표준오차 계산 방법은 Models info(모형 지정 정보)에서 알 수 있다. 표준오차의 계산 방법은 Estimates(모수치의 추정값)에 영향을 미친다. 표준오차의 계산을 Automatic으로 분석한 결과는 다음과 같다.

- [그림 12.1-26]의 Models info를 보면, ML 추정에서 Standard errors(표준오차 계산 방법)는 standard 방법이 사용되었다. 이 방법은 자료가 정규성을 충족할 때 표준오차를 계산하는 방법이다.
- MLR 추정에서 Standard errors(표준오차 계산 방법)는 Robust Huber and White 방법이 사용되었다. 이 방법은 자료가 정규성을 충족하지 못할 때, 극단값(outlier)이나 분포의 비정상성에 덜 민감한 표준오차를 계산하는 방법이다. jamovi의 Automatic 옵션은 자료가 다변량 정상성을 충족하지 못한다는 것을 반영하여 표준오차의 계산 방법으로 Robust Huber and White 방법을 선택한 것이다.

ML 추정방법: Models info

Models Info	
Estimation Method	ML
Optimization Method	NLMINB
Number of observations	804
Free parameters	36
Standard errors	Standard
Scaled test	None
Converged	TRUE
Iterations	63
Model	Endeavour=~end2+end4+end7+end8 Interest=~int1+int3+int5+int6 Happiness=~hp1+hp2+hp3+hp4 Esteem=~esteem1+esteem2+esteem3 Happiness~Interest+Esteem+Endeavour Esteem~Interest+Endeavour

MLR 추정방법: Models info

Models Info	
Estimation Method	ML
Optimization Method	NLMINB
Number of observations	804
Free parameters	36
Standard errors	Robust Huber and White
Scaled test	Yuan-Bentler T2*
Converged	TRUE
Iterations	63
Model	Endeavour=~end2+end4+end7+end8 Interest=~int1+int3+int5+int6 Happiness=~hp1+hp2+hp3+hp4 Esteem=~esteem1+esteem2+esteem3 Happiness~Interest+Esteem+Endeavour Esteem~Interest+Endeavour

[그림 12.1-26] ML과 MLR의 Standard error 모형 추정

표준오차와 추정치: 구조방정석 모형 분석에서 표준오차의 계산 방법은 다양한 추정값에 영향을 미친다. standard 방법으로 표준오차가 계산된 ML 추정의 추정값과 강건한 Robust Huber and White 방법으로 표준오차가 계산된 MLR 추정의 추정값은 다음의 결과 산출에 영향을 미친다. 추정치와 표준오차는 [그림 12.1-27]처럼 Estimates 영역에서 제시된다.

Estimates

Parameters estimates

Dep	Pred	Estimate	SE	95% Confidence Intervals Lower	Upper	β	z	p
Happiness	Esteem	0.2886	0.0200	0.2493	0.328	0.8333	14.411	< .001
Happiness	Endeavour	−0.1173	0.1116	−0.3360	0.102	−0.0549	−1.051	0.293
Happiness	Interest	0.0392	0.0519	−0.0625	0.141	0.0333	0.756	0.450
Esteem	Interest	0.7082	0.1992	0.3179	1.099	0.2082	3.556	< .001
Esteem	Endeavour	3.1131	0.4951	2.1427	4.083	0.5051	6.288	< .001

[그림 12.1-27] 결과창의 Estimates 영역에서 제시된 구조계수 추정값

ML 추정과 MLR 추정에서 비교해 볼 수 있는 추정치는 아래의 목록과 같이 3가지로 구분이 된다. 아래에서 우선은 ⓐ, ⓑ 유형에서 Estimates의 결과들을 비교해 보자.

ⓐ Parameter estimates(구조계수 추정값)

ⓑ Measurement Model(측정모형)

ⓒ Variance and Covariance(변량-공변량)

〈ⓐ Parameter estimates: 구조계수 추정값〉

- 구조계수 추정값은 잠재변인과 잠재변인 간의 경로계수를 뜻한다.
- ML과 MLR 추정에서 Estimate(비표준화 회귀계수: B), β(표준화 회귀계수)는 동일하다.

- ML과 MLR 추정에서 *SE*(표준오차), 95% Confidence Intervals(신뢰구간), *Z*(임계치), *p*(유의확률)는 다르다.
- ML과 MLR 추정에서 차이를 보인 95% Confidence Intervals(신뢰구간), *Z*(임계치), *p*(유의확률)는 모두 *SE*(표준오차)의 영향을 받는다.

모수치 추정값: 잠재변인 간의 관계(구조계수)

Parameters estimates

	Dep	Pred	Estimate	SE	95% Confidence Intervals Lower	Upper	β	z	p
ML 추정	Happiness	Interest	0.0392	0.0477	−0.0542	0.1327	0.0333	0.823	0.411
	Happiness	Esteem	0.2886	0.0167	0.2559	0.3212	0.8333	17.301	< .001
	Happiness	Endeavour	−0.1173	0.1027	−0.3185	0.0839	−0.0549	−1.142	0.253
	Esteem	Interest	0.7082	0.1687	0.3776	1.0389	0.2082	4.198	< .001
	Esteem	Endeavour	3.1131	0.4493	2.2326	3.9936	0.5051	6.929	< .001
MLR 추정	Happiness	Interest	0.0392	0.0532	−0.0650	0.143	0.0333	0.738	0.461
	Happiness	Esteem	0.2886	0.0220	0.2454	0.332	0.8333	13.104	< .001
	Happiness	Endeavour	−0.1173	0.1131	−0.3389	0.104	−0.0549	−1.037	0.300
	Esteem	Interest	0.7082	0.2043	0.3077	1.109	0.2082	3.466	< .001
	Esteem	Endeavour	3.1131	0.4581	2.2153	4.011	0.5051	6.796	< .001

[그림 12.1-28] ML과 MLR의 구조계수 추정값

- [그림 12.1-28]의 ML 추정에서 SE는 모수치 추정값의 표준오차를 나타내며, 모수치의 추정값이 얼마나 불확실한지를 보여주는 지표이다. SE가 클수록 모수치의 추정값이 불확실하고, 작을수록 추정값이 더 정확하다는 것을 뜻한다.
- MLR 추정에서 SE는 자료가 정상성을 충족하지 못할 때, 극단값이 있을 때 더 강건한(robust) 방식으로 계산된 표준오차이다. 이 또한 ML 추정에서처럼 모수치의 추정값이 얼마나 불확실한지를 보여주는 지표라고 보면 된다.
- 자료가 정상성을 충족하면 ML 추정의 모수치 추정값을 보고하면 되고, 정상성을 충족하지 못하면 MLR 추정의 추정값을 보고하면 된다.

〈Ⓑ Measurement Model: 측정모형에서의 요인계수의 추정값〉

- 요인계수 추정값은 잠재변인과 측정변인 간의 경로계수를 뜻한다.
- ML 추정과 MLR 추정에서 요인계수의 Estimate(비표준화 회귀계수: B), β(표준화 회귀계수)는 동일하다.
- ML 추정과 MLR 추정에서 SE(표준오차), 95% Confidence Intervals(신뢰구간), Z(임계치), p(유의확률)는 차이가 있다.
- ML 추정과 MLR 추정에서 차이를 보인 95% Confidence Intervals(신뢰구간), Z(임계치), p(유의확률)는 모두 SE(표준오차)의 영향을 받는다.

측정모형 추정값: 잠재변인과 측정변인의 관계(요인계수)

	Measurement model								
					95% Confidence Intervals				
	Latent	Observed	Estimate	SE	Lower	Upper	β	z	p
ML 추정	Endeavour	end2	1.000	0.0000	1.000	1.000	0.357		
		end4	2.042	0.3077	1.439	2.645	0.705	6.64	< .001
		end7	1.978	0.2975	1.395	2.561	0.664	6.65	< .001
		end8	1.862	0.2724	1.328	2.395	0.607	6.84	< .001
	Interest	int1	1.000	0.0000	1.000	1.000	0.644		
		int3	1.108	0.0789	0.953	1.262	0.688	14.04	< .001
		int5	0.604	0.0874	0.433	0.776	0.385	6.92	< .001
		int6	1.035	0.0933	0.852	1.218	0.646	11.09	< .001
	Happiness	hp1	1.000	0.0000	1.000	1.000	0.867		
		hp2	1.022	0.0327	0.958	1.086	0.833	31.28	< .001
		hp3	0.833	0.0402	0.755	0.912	0.704	20.72	< .001
		hp4	0.660	0.0511	0.560	0.760	0.483	12.91	< .001
	Esteem	esteem1	1.000	0.0000	1.000	1.000	0.809		
		esteem2	0.921	0.0313	0.860	0.982	0.901	29.42	< .001
		esteem3	0.967	0.0442	0.880	1.053	0.851	21.88	< .001

	Measurement model								
					95% Confidence Intervals				
	Latent	Observed	Estimate	SE	Lower	Upper	β	z	p
MLR 추정	Endeavour	end2	1.000	0.0000	1.000	1.000	0.357		
		end4	2.042	0.2397	1.572	2.512	0.705	8.52	< .001
		end7	1.978	0.2348	1.517	2.438	0.664	8.42	< .001
		end8	1.862	0.2261	1.418	2.305	0.607	8.23	< .001
	Interest	int1	1.000	0.0000	1.000	1.000	0.644		
		int3	1.108	0.0835	0.944	1.271	0.688	13.26	< .001
		int5	0.604	0.0688	0.469	0.739	0.385	8.78	< .001
		int6	1.035	0.0799	0.878	1.192	0.646	12.94	< .001
	Happiness	hp1	1.000	0.0000	1.000	1.000	0.867		
		hp2	1.022	0.0369	0.949	1.094	0.833	27.68	< .001
		hp3	0.833	0.0378	0.759	0.907	0.704	22.06	< .001
		hp4	0.660	0.0477	0.566	0.753	0.483	13.84	< .001
	Esteem	esteem1	1.000	0.0000	1.000	1.000	0.809		
		esteem2	0.921	0.0312	0.860	0.982	0.901	29.53	< .001
		esteem3	0.967	0.0350	0.898	1.035	0.851	27.61	< .001

[그림 12.1-29] ML과 MLR의 Measurement Model(측정모형) 추정값

Confidence Intervals(신뢰구간): 모수치 추정값의 신뢰구간과 관련된 선택사항이다. Estimates의 체크박스를 체크하면 비표준화 회귀계수에 대한 신뢰구간을 산출하고, Betas의 체크박스를 체크하면 표준화 회귀계수에 대한 신뢰구간을 산출한다. [그림 12.1-28]과 [그림 12.1-29]에서는 Estimates(비표준화 회귀계수)의 신뢰구간이 산출되어 있다.

Intercepts(절편): 절편을 뜻하며, 선택사항에는 mean structure(평균구조), Observed variables(관찰변인), Latent variable(잠재변인)이 있다.

- [그림 12.1-30]처럼 Mean structure(평균 구조)에 체크하지 않으면 Observed variables(관찰변인), Latent variable(잠재변인)의 2가지 선택사항은 비활성화 상태가 된다. **이 옵션은 결측 자료가 있어서 "FIML" 방법으로 추정하여 분석할 때는 반드시 체크를 해주어야 한다.**

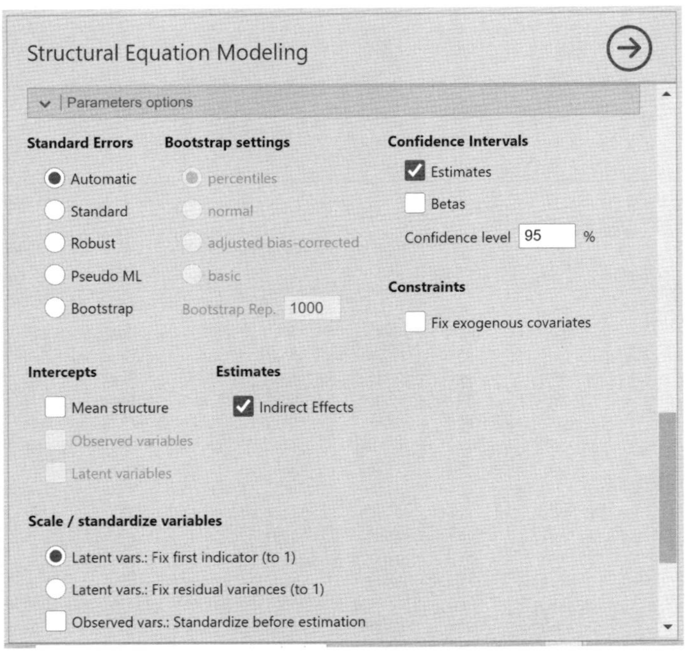

[그림 12.1-30] Intercepts(절편) 선택사항

- [그림 12.1-31]처럼 Mean structure(평균 구조)에 체크하면 Observed variables (관찰변인), Latent variable(잠재변인)의 2가지 선택사항이 활성화된다.
- Mean structure(평균 구조)는 이 책의 예시처럼 단일집단 분석을 할 때는 Observed variables를 체크하면 측정변인의 절편을 구해준다. 단. Latent variables의 체크는 잠재평균 차이를 비교하는 다집단 분석에서 사용하는 옵션이다.

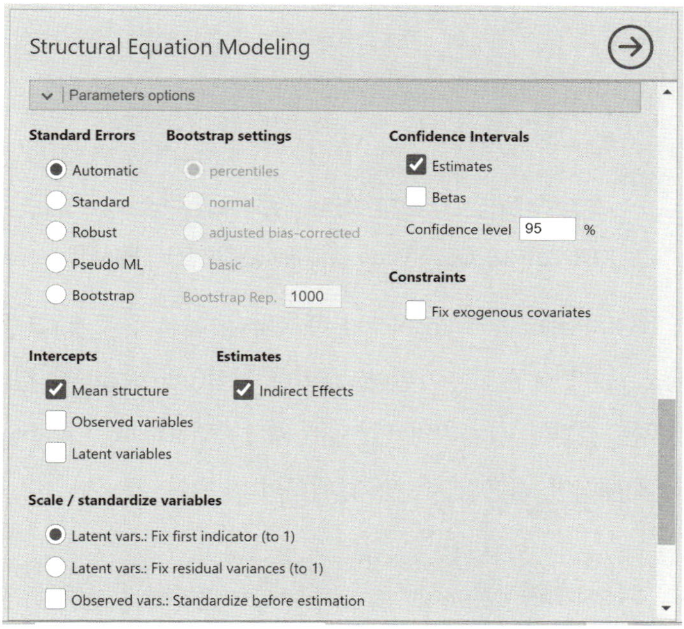

[그림 12.1-31] Intercepts(절편) Mean structure 선택

- Observed variables(관찰변인)의 체크 박스가 [그림 12.1-32]처럼 체크되면, 분석 결과에 [그림 12.1-34]처럼 Intercepts가 추가된다. 그리고 측정변인들에 대한 Intercept(절편)가 산출된 것을 볼 수 있다. 절편을 산출하는 것은 모형 적합도 지수를 포함하여 다른 분석 결과에 영향을 미치지 않는다.
- Observed variables(관찰변인)의 절편을 추정하는 경우, ML 추정과 MLR 추정에서 그 값은 동일하다.

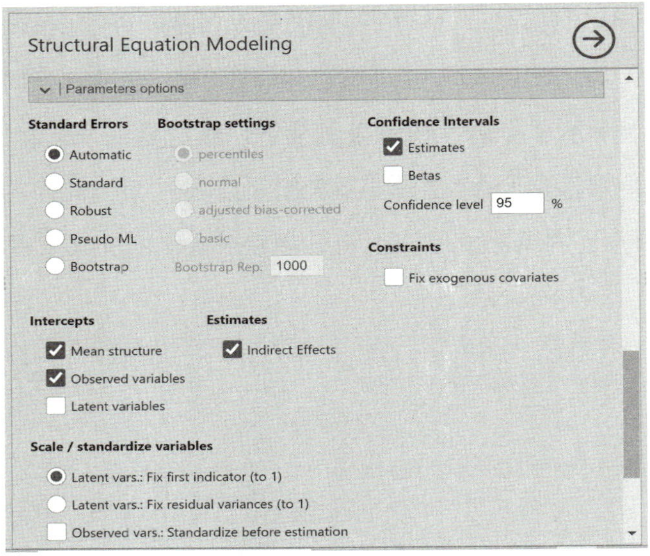

[그림 12.1-32] Observed variables(관찰변인) 선택사항

- [그림 12.1-33]처럼 Latent variables가 체크되면, 분석 결과에 [그림 12.1-35]와 같이 Intercepts가 새롭게 추가된다. 그러나 절편(Intercepts)만 결과가 산출되고, 나머지는 결과가 산출되지 않는다. 왜냐하면 Latent variables의 체크는 다집단 분석에서만 사용할 수 있기 때문이다.

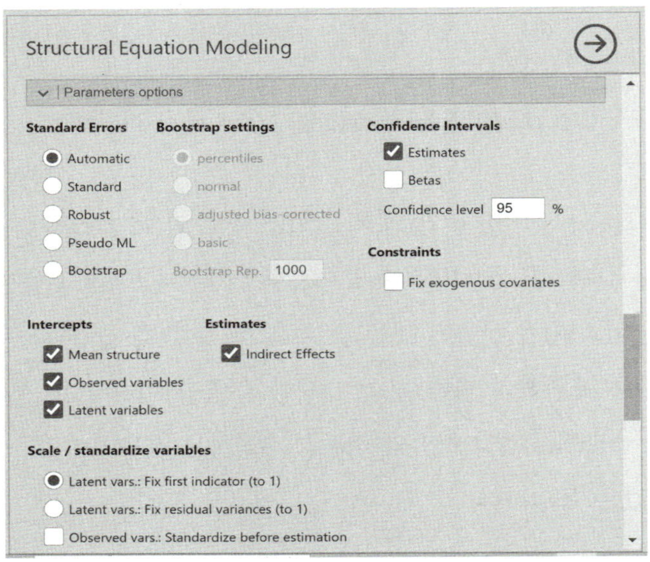

[그림 12.1-33] Latent variables 선택사항

Intercepts

Variable	SE	95% Confidence Intervals Lower	Upper	z	p
end2	0.026	2.647	2.749	103.221	< .001
end4	0.027	2.717	2.823	102.677	< .001
end7	0.028	2.671	2.780	98.156	< .001
end8	0.029	2.495	2.607	89.182	< .001
int1	0.026	2.521	2.624	98.053	< .001
int3	0.027	2.592	2.699	97.289	< .001
int5	0.026	2.569	2.673	98.963	< .001
int6	0.027	2.665	2.771	100.476	< .001
hp1	0.023	3.199	3.289	141.393	< .001
hp2	0.024	3.157	3.253	131.313	< .001
hp3	0.024	3.033	3.126	130.695	< .001
hp4	0.027	3.040	3.147	113.752	< .001
esteem1	0.071	9.091	9.369	130.004	< .001
esteem2	0.059	9.422	9.652	162.383	< .001
esteem3	0.065	9.085	9.341	141.230	< .001
Endeavour	0.000	0.000	0.000		
Interest	0.000	0.000	0.000		
Happiness	0.000	0.000	0.000		
Esteem	0.000	0.000	0.000		

[그림 12.1-34] Intercept(절편) 분석 결과

Intercepts

Variable	Intercept	SE	95% Confidence Intervals Lower	Upper	z	p
end2	2.698					
end4	2.770					
end7	2.725					
end8	2.551					
int1	2.572					
int3	2.646					
int5	2.621					
int6	2.718					
hp1	3.244					
hp2	3.205					
hp3	3.080					
hp4	3.093					
esteem1	9.230					
esteem2	9.537					
esteem3	9.213					
Endeavour	0.000					
Interest	0.000					
Happiness	0.000					
Esteem	0.000					

[그림 12.1-35] Intercept(절편) 분석 결과

Estimates(간접효과 추정): [그림 12.1-36]과 같이 Indirect Effects에 체크하면 jamovi는 [그림 12.1-37]과 같이 간접효과, 매개효과의 결과를 산출한다.

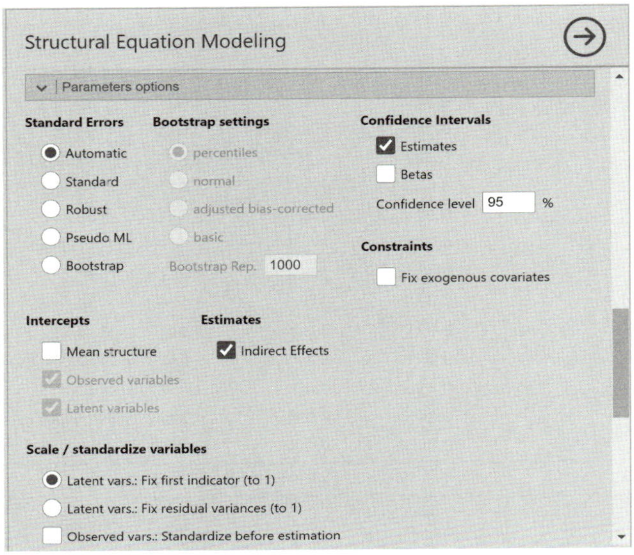

[그림 12.1-36] Estimates(간접효과 추정)의 Indirect Effects 선택사항

- [그림 12.1-37]에서 IE1은 Interest(흥미유지) → Esteem(자존감) → 행복(Happiness)의 간접경로의 매개효과를 보여주고 있다. Parameter의 p19는 Interest(흥미유지) → Esteem(자존감) 경로에 대해 jamovi가 스스로 지정한 경로명이고, p17은 Esteem(자존감) → 행복(Happiness) 경로에 대해 jamovi가 스스로 지정한 경로명이다.

매개효과 또는 간접효과 추정

Defined parameters

	Label	Description	Parameter	Estimate	SE	95% Confidence Intervals Lower	Upper	β	z	p
ML 추정	IE1	Interest ⇒ Esteem ⇒ Happiness	p19*p17	0.204	0.049	0.108	0.301	0.173	4.146	< .001
	IE2	Endeavour ⇒ Esteem ⇒ Happiness	p20*p17	0.898	0.138	0.628	1.169	0.421	6.516	< .001
MLR 추정	IE1	Interest ⇒ Esteem ⇒ Happiness	p19*p17	0.204	0.059	0.089	0.319	0.173	3.480	< .001
	IE2	Endeavour ⇒ Esteem ⇒ Happiness	p20*p17	0.898	0.144	0.616	1.180	0.421	6.241	< .001

[그림 12.1-37] 매개효과 또는 간접효과 추정값

- [그림 12.1-37]에서 Estimate은 비표준화된 매개효과 계수(B)이고, β는 표준화된 매개효과 계수이다. ML과 MLR 추정을 비교하면 Estimate(B)과 β는 동일하나, SE, 95% Confidence Intervals, Z의 값이 다르다.

Scale/standardize variables(척도/표준화 변인): 이는 잠재변인의 척도를 만들기 위해 척도화의 방법을 선택하고, 측정변인을 표준화 점수로 변환할지 아닐지에 대한 옵션사항이다.

- [그림 12.1-36]처럼 Latent vars: Fix first indicator (to 1)를 선택하면 각 잠재변인의 첫 번째 측정변인의 요인계수가 1로 고정되고, 척도화 단위로 설정된다.

첫 번째 측정변인의 요인계수를 1로 고정했을 때 요인계수

ML 추정

Measurement model

Latent	Observed	Estimate	SE	95% Confidence Intervals Lower	Upper	β	z	p
Endeavour	end2	1.000	0.0000	1.000	1.000	0.357		
	end4	2.042	0.3077	1.439	2.645	0.705	6.64	< .001
	end7	1.978	0.2975	1.395	2.561	0.664	6.65	< .001
	end8	1.862	0.2724	1.328	2.395	0.607	6.84	< .001
Interest	int1	1.000	0.0000	1.000	1.000	0.644		
	int3	1.108	0.0789	0.953	1.262	0.688	14.04	< .001
	int5	0.604	0.0874	0.433	0.776	0.385	6.92	< .001
	int6	1.035	0.0933	0.852	1.218	0.646	11.09	< .001
Happiness	hp1	1.000	0.0000	1.000	1.000	0.867		
	hp2	1.022	0.0327	0.958	1.086	0.833	31.28	< .001
	hp3	0.833	0.0402	0.755	0.912	0.704	20.72	< .001
	hp4	0.660	0.0511	0.560	0.760	0.483	12.91	< .001
Esteem	esteem1	1.000	0.0000	1.000	1.000	0.809		
	esteem2	0.921	0.0313	0.860	0.982	0.901	29.42	< .001
	esteem3	0.967	0.0442	0.880	1.053	0.851	21.88	< .001

MLR 추정

Measurement model

Latent	Observed	Estimate	SE	95% Confidence Intervals Lower	Upper	β	z	p
Endeavour	end2	1.000	0.0000	1.000	1.000	0.357		
	end4	2.042	0.2397	1.572	2.512	0.705	8.52	< .001
	end7	1.978	0.2348	1.517	2.438	0.664	8.42	< .001
	end8	1.862	0.2261	1.418	2.305	0.607	8.23	< .001
Interest	int1	1.000	0.0000	1.000	1.000	0.644		
	int3	1.108	0.0835	0.944	1.271	0.688	13.26	< .001
	int5	0.604	0.0688	0.469	0.739	0.385	8.78	< .001
	int6	1.035	0.0799	0.878	1.192	0.646	12.94	< .001
Happiness	hp1	1.000	0.0000	1.000	1.000	0.867		
	hp2	1.022	0.0369	0.949	1.094	0.833	27.68	< .001
	hp3	0.833	0.0378	0.759	0.907	0.704	22.06	< .001
	hp4	0.660	0.0477	0.566	0.753	0.483	13.84	< .001
Esteem	esteem1	1.000	0.0000	1.000	1.000	0.809		
	esteem2	0.921	0.0312	0.860	0.982	0.901	29.53	< .001
	esteem3	0.967	0.0350	0.898	1.035	0.851	27.61	< .001

[그림 12.1-38] Latent vars: Fix first indicator (to 1) 첫 번째 측정변인의 요인계수 1로 고정

• [그림 12.1-38]처럼 잠재변인과 측정변인 간의 관계를 나타내는 Measurement model(측정모형)의 결과를 보면 잠재변인 Endeavour(노력지속)의 첫 번째 측정변인 end2의 요인계수가 1로 고정되었다. 그리고 다른 잠재변인에서도 첫 번째 측정변인의 요인계수가 1로 고정된 것을 알 수 있다.

잠재변인의 변량을 1로 고정했을 때 변량-공변량 행렬

ML 추정

Variances and Covariances

Variable 1	Variable 2	Estimate	SE	95% Confidence Intervals Lower	Upper	β	z	p
end2	end2	0.479	0.02508	0.4302	0.529	0.873	19.1	< .001
end4	end4	0.294	0.02191	0.2510	0.337	0.502	13.4	< .001
end7	end7	0.347	0.02347	0.3006	0.393	0.559	14.8	< .001
end8	end8	0.416	0.02568	0.3655	0.466	0.632	16.2	< .001
int1	int1	0.324	0.02189	0.2811	0.367	0.586	14.8	< .001
int3	int3	0.313	0.02341	0.2674	0.359	0.527	13.4	< .001
int5	int5	0.480	0.02553	0.4301	0.530	0.852	18.8	< .001
int6	int6	0.343	0.02326	0.2972	0.388	0.583	14.7	< .001
hp1	hp1	0.105	0.00871	0.0880	0.122	0.248	12.1	< .001
hp2	hp2	0.147	0.01050	0.1264	0.168	0.307	14.0	< .001
hp3	hp3	0.225	0.01286	0.2003	0.251	0.505	17.5	< .001
hp4	hp4	0.456	0.02365	0.4098	0.502	0.767	19.3	< .001
esteem1	esteem1	1.400	0.08591	1.2320	1.569	0.346	16.3	< .001
esteem2	esteem2	0.524	0.04557	0.4346	0.613	0.189	11.5	< .001
esteem3	esteem3	0.942	0.06403	0.8169	1.068	0.275	14.7	< .001
Endeavour	Endeavour	1.000	0.00000	1.0000	1.000	1.000		
Interest	Interest	1.000	0.00000	1.0000	1.000	1.000		
Happiness	Happiness	1.000	0.00000	1.0000	1.000	0.334		
Esteem	Esteem	1.000	0.00000	1.0000	1.000	0.596		
Endeavour	Interest	0.503	0.04136	0.4217	0.584	0.503	12.2	< .001

MLR 추정

Variances and Covariances

Variable 1	Variable 2	Estimate	SE	95% Confidence Intervals Lower	Upper	β	z	p
end2	end2	0.479	0.0297	0.4211	0.538	0.873	16.13	< .001
end4	end4	0.294	0.0261	0.2428	0.345	0.502	11.28	< .001
end7	end7	0.347	0.0300	0.2877	0.406	0.559	11.54	< .001
end8	end8	0.416	0.0296	0.3578	0.474	0.632	14.03	< .001
int1	int1	0.324	0.0244	0.2762	0.372	0.586	13.28	< .001
int3	int3	0.313	0.0303	0.2539	0.373	0.527	10.35	< .001
int5	int5	0.480	0.0299	0.4214	0.539	0.852	16.04	< .001
int6	int6	0.343	0.0315	0.2811	0.404	0.583	10.89	< .001
hp1	hp1	0.105	0.0111	0.0834	0.127	0.248	9.50	< .001
hp2	hp2	0.147	0.0133	0.1210	0.173	0.307	11.07	< .001
hp3	hp3	0.225	0.0153	0.1955	0.255	0.505	14.77	< .001
hp4	hp4	0.456	0.0359	0.3857	0.527	0.767	12.69	< .001
esteem1	esteem1	1.400	0.1840	1.0398	1.761	0.346	7.61	< .001
esteem2	esteem2	0.524	0.0625	0.4014	0.646	0.189	8.39	< .001
esteem3	esteem3	0.942	0.0841	0.7777	1.107	0.275	11.21	< .001
Endeavour	Endeavour	1.000	0.0000	1.0000	1.000	1.000		
Interest	Interest	1.000	0.0000	1.0000	1.000	1.000		
Happiness	Happiness	1.000	0.0000	1.0000	1.000	0.334		
Esteem	Esteem	1.000	0.0000	1.0000	1.000	0.596		
Endeavour	Interest	0.503	0.0664	0.3727	0.633	0.503	7.58	< .001

[그림 12.1-39] Latent vars: Fix residual variance(to 1) 잠재변인의 변량을 1로 고정

• 연구자가 Latent vars: Fix residual variance (to 1)를 선택하면 [그림 12.1-39]처럼 잠재변인의 변량이 1로 고정된 Variances and Covariances(변량-공변량) 결과가 산출된다. [그림 12.1-39]에서 variable 1과 variable 2가 있고, 2개 변인의 명칭이 동일하면(예, end2, end2) 변량을 나타내고, 동일하지 않으면 공변을 뜻한다. 이 결과를 보면 연구모형의 잠재변인 Endeavour(노력지속), Interest(흥미유지), Esteem(자존감), Happiness(행복)의 변량이 1로 고정된 것을 알 수 있다.

• 연구자가 Latent vars: Fix first indicator (to 1)를 선택했을 때의 Variances and Covariances(변량-공변량) 결과는 [그림 12.1-40]과 같다. 이 결과를 보면 연구모형의 잠재변인 Endeavour(노력지속), Interest(흥미유지), Esteem(자존감), Happiness(행복)의 변량이 1로 고정된 것이 아니라 각각의 추정치가 서로 다르다는 것을 볼 수 있다.

Variances and Covariances

				95% Confidence Intervals				
Variable 1	Variable 2	Estimate	SE	Lower	Upper	β	z	p
end2	end2	0.4794	0.0297	0.4211	0.5376	0.873	16.13	< .001
end4	end4	0.2939	0.0261	0.2428	0.3450	0.502	11.28	< .001
end7	end7	0.3466	0.0300	0.2877	0.4055	0.559	11.54	< .001
end8	end8	0.4159	0.0296	0.3578	0.4739	0.632	14.03	< .001
int1	int1	0.3241	0.0244	0.2762	0.3719	0.586	13.28	< .001
int3	int3	0.3132	0.0303	0.2539	0.3726	0.527	10.35	< .001
int5	int5	0.4801	0.0299	0.4214	0.5388	0.852	16.04	< .001
int6	int6	0.3428	0.0315	0.2811	0.4044	0.583	10.89	< .001
hp1	hp1	0.1051	0.0111	0.0834	0.1268	0.248	9.50	< .001
hp2	hp2	0.1470	0.0133	0.1210	0.1730	0.307	11.07	< .001
hp3	hp3	0.2255	0.0153	0.1955	0.2554	0.505	14.77	< .001
hp4	hp4	0.4561	0.0359	0.3857	0.5265	0.767	12.69	< .001
esteem1	esteem1	1.4004	0.1840	1.0398	1.7610	0.346	7.61	< .001
esteem2	esteem2	0.5239	0.0625	0.4014	0.6463	0.189	8.39	< .001
esteem3	esteem3	0.9424	0.0841	0.7777	1.1072	0.275	11.21	< .001
Endeavour	Endeavour	0.0698	0.0195	0.0315	0.1081	1.000	3.57	< .001
Interest	Interest	0.2292	0.0272	0.1759	0.2825	1.000	8.43	< .001
Happiness	Happiness	0.1061	0.0171	0.0725	0.1396	0.334	6.20	< .001
Esteem	Esteem	1.5803	0.1536	1.2794	1.8813	0.596	10.29	< .001
Endeavour	Interest	0.0636	0.0109	0.0422	0.0850	0.503	5.82	< .001

[그림 12.1-40] Latent vars: Fix first indicator (to 1)의 Variances and Covariances(변량-공변량) 결과

⑥ Multi-group analysis(다집단 분석)

다집단 분석은 이 책에서 다루지 않는다. [그림 12.1-41]은 다집단 분석을 할 때, 즉 2개의 집단 또는 그 이상의 집단에서 요인계수(Loadings) 동일성, 절편(Intercepts) 동일성, 잔차(Residuals) 동일성 등을 알아보기 위한 선택사항이 나타나 있다.

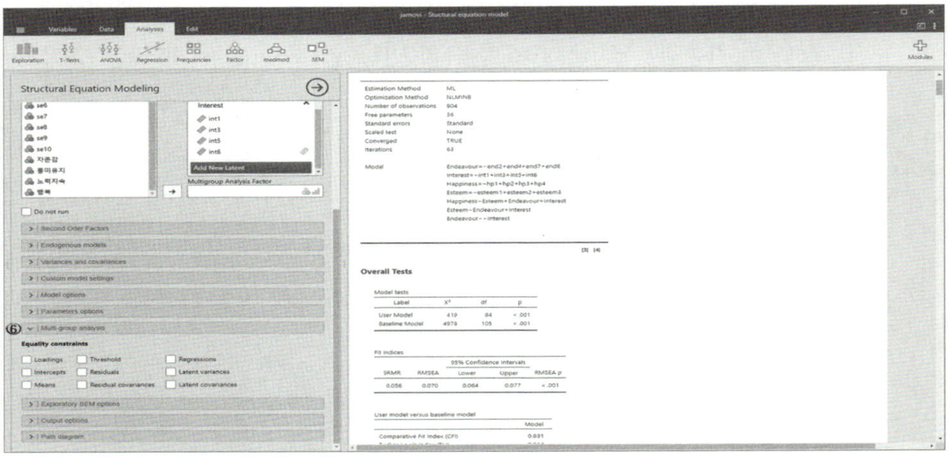

[그림 12.1-41] 다집단 분석 선택사항

⑦ Exploratory SEM options(탐색적 구조방정식 모형 분석)

탐색적 구조방정식 모형은 이 책에서 다루지 않는다. [그림 12.1-42]는 탐색적 구조방정식 모형 분석을 할 때의 여러 가지 선택 사항을 보여준다.

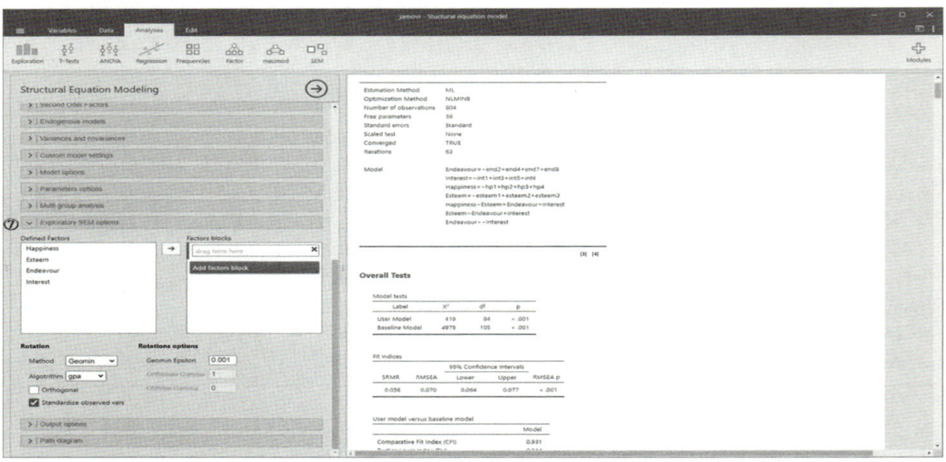

[그림 12.1-42] 탐색적 구조방정식 모형 분석 선택사항

⑧ Output options: 결과 산출

결과 산출은 구조모형과 관련된 여러 가지 사항들(척도의 신뢰도, 다변량 정상성 값 등)의 산출에 대하여 선택하도록 한다. [그림 12.1-43]을 구체적으로 살펴보면 다음과 같다.

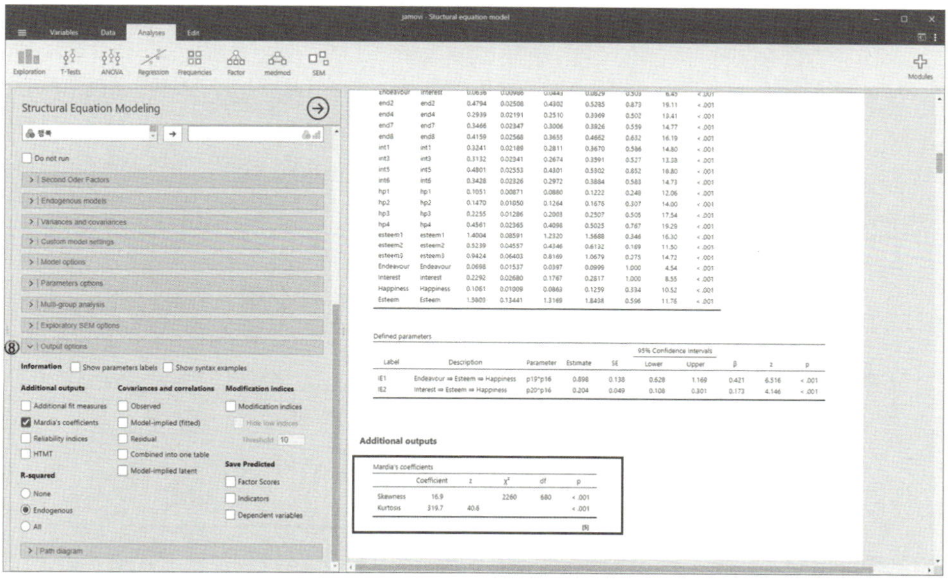

[그림 12.1-43] Output options 결과 산출 선택사항

Additional outputs: [그림 12.1-43]의 "Mardia's coefficients"를 체크하면 다변량 왜도(skewness)와 첨도(kurtosis)의 값이 산출된다. [그림 12.1-45]는 다변량 왜도와 첨도가 $p < .001$ 수준에서 유의하다는 것을 보여주고 있다. 이는 다변량 정상성이 충족되지 않았다는 것을 의미한다. 앞서 살펴보았듯이, 이럴 때는 MLR 추정방법을 사용하면 된다.

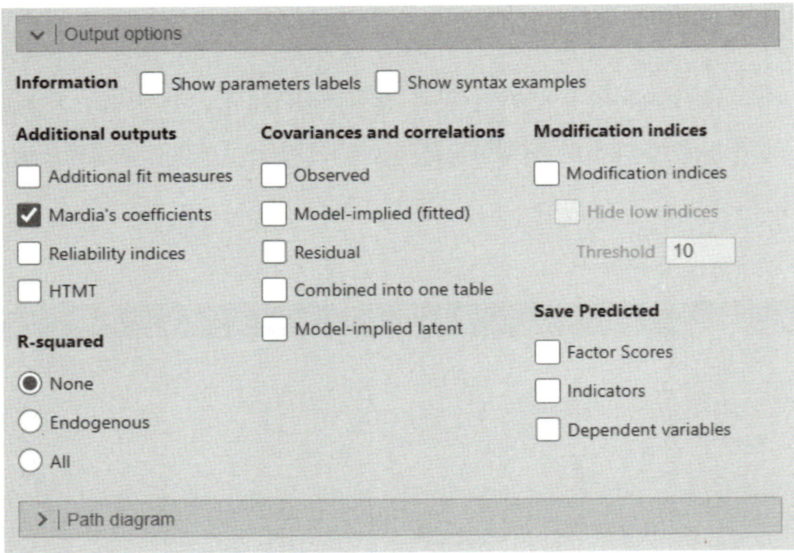

[그림 12.1-44] Mardia's coefficients 선택사항

Mardia's coefficients

	Coefficient	z	χ^2	df	p
Skewness	16.9		2260	680	< .001
Kurtosis	319.7	40.6			< .001

[그림 12.1-45] 다변량 정상성 결과

R-squared: "Endogenous"를 선택하면, 내생변인에 해당되는 매개변인과 종속변인이 독립변인에 의해서 설명되는 정도를 나타내는 설명력을 산출하여 준다. [그림 12.1-46]은 행복이 매개변인(자존감)과 독립변인(노력지속, 흥미유지)에 의하여 66.5%가 설명되고, 자존감이 독립변인(노력지속, 흥미유지)에 의하여 42.6%가 설명된다는 것을 보여준다.

R^2

Variable	R^2
Happiness	0.665
Esteem	0.426

[그림 12.1-46] R-aquared 결과

Covariances and correlations(공변량과 상관계수): "Covariances and correlations"의 "Obversed"를 체크하면 측정변인들 사이의 상관계수 행렬과 공변량 행렬을 산출하여 준다.

Modification indices(수정지수): "Modification indices"를 체크하면 수정지수를 보여준다. 모형을 수정할 때 수정지수 값을 참고할 수 있다. 그러나 구조방정식 모형은 탐색적 접근이 아닌 확인적 접근을 하므로, 대체로 모형 수정을 하지 않는다.

Save Predicted(예측된 점수의 저장): "Save Predicted"는 Factors Scores(요인점수)와 같이 연구자가 필요로 하는 예측된 점수를 저장해 준다.

⑨ Path diagram(경로도)

경로도 산출은 구조모형과 관련된 여러 추정들뿐 아니라, 구조모형의 그림 형태를 결정하면 이를 반영하여 [그림 12.1-47]과 [그림 12.1-48]과 같이 나타내어 준다.

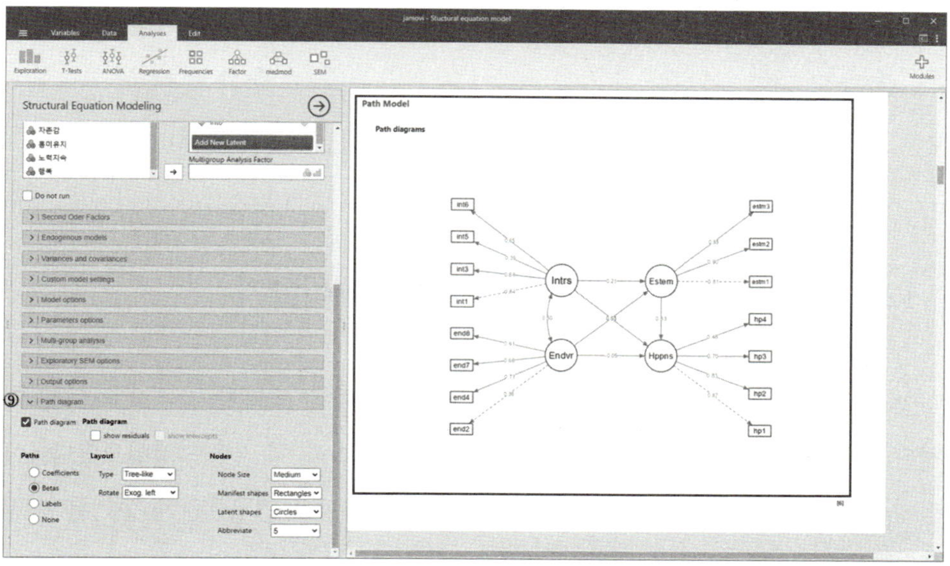

[그림 12.1-47] 경로도 산출 Ⅰ

Paths(경로): "Paths"의 선택사항을 체크하면 관련 값들을 보여준다. [그림 12.1-47]은 Betas를 선택한 결과인데, 이는 표준화 회귀계수(β)를 경로에 나타낸다. "Coefficients"를 체크하면 비표준화 회귀계수(Estimates)를 경로에 나타내준다.

"Layout", "Nodes": 그림의 형태, 글씨의 크기 등과 관련된 다양한 선택사항을 결정하게 해준다. 독자가 여러 가지 사항을 선택해 보면서 다양한 경험을 해보기를 바란다.

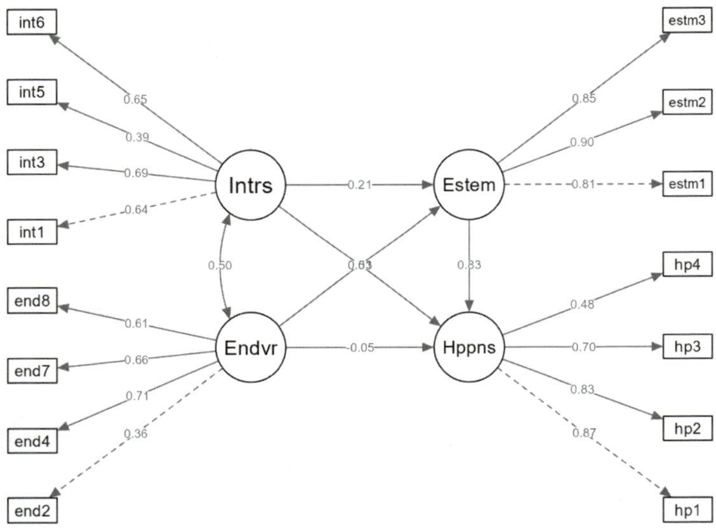

[그림 12.1-48] 경로도 산출 II

12.2 구조모형의 통계결과 작성 및 해석하기

앞절에서 그릿(흥미유지, 노력지속)이 행복에 미치는 효과가 자존감에 의해 매개된다는 구조모형을 jamovi에서 분석하기 위한 절차를 차근차근 알아보았다. 이 절에서는 구조모형의 분석 결과에서 산출된 통계 결과를 연구논문에 옮기는 방법을 알아본다. 구조모형에서 주요 결과는 연구자가 모형지정을 한 ① 연구모형이 자료와 일치하는지를 보여주는 적합도와 ② 잠재변인들 간의 관계가 유의한지를 알아보는 것이다. 이 책에서 사용한 자료의 다변량 정상성이 충족되지 않았으므로, 이 절에서는 MLR 추정 방법으로 처리된 결과로 연구결과를 작성할 것이다.

12.2.1 연구모형의 적합도

연구모형의 적합도는 jamovi의 결과 "Overall Tests(전체 검증)"에서 ① Model tests(모형 검증), ② Fit indices(절대적 적합도 지수), ③ User model versus baseline model(연구모형 대 기저모형), ④ Additional fit indices(추가 적합도 지수)에서 각각 제시된다.

1) 모형 χ^2 통계

[그림 12.2-1]은 "Model tests"의 결과이다. 이는 7장 모형 평가에서 알아보았던, 구조방정식 모형의 기본적인 적합도 통계치인 χ^2의 값을 보여준다. 그런데 이 결과에는 χ^2의 값이 2가지 유형으로 구분되어 제시되고 있다. 예를 들어, Scaled User와 같이 Scaled가 붙어 있으면 MLR 추정의 결과이고, Scaled가 붙어 있지 않으면 ML 추정의 결과이다.

Model tests

Label	Χ²	df	p
User Model	419	84	< .001
Baseline Model	4978	105	< .001
Scaled User	346	84	< .001
Scaled Baseline	3745	105	< .001

[그림 12.2-1] Model tests 결과

jamovi는 MLR 추정을 하면 [그림 12.2-1]과 같이 자동적으로 ML 추정 결과(User Model, Baseline Model)와 MLR 추정 결과(Scaled User, Scaled Baseline) 모두 제시한다. Baseline Model은 측정변인들 간에 관계가 없다는 기본모형(독립

모형)을 나타낸다. User Model은 연구자의 연구모형을 나타낸다. MLR 추정에 의한 χ^2 값은 Scaled User에 나와있다.

2) SRMR과 RMSEA 지수

[그림 12.2-2]의 Fit indices는 *SRMR*과 *RMSEA* 지수를 보여준다. 이 결과에서도 MLR 추정을 했을 때는 Type에서 Scaled 유형으로 제시된 지수들을 연구결과에 보고하면 된다. 첫째, *SRMR*은 .05이면 좋은 적합도로 보기도 하고(Hair et al., 2016), .08 이하이면 좋다고 보기도 한다(Hu & Bentler, 1999). [그림 12.2-2]의 Scaled 유형에서 그 값은 .056인데, 이 값은 좋은 적합도로 볼 수 있다. 그리고 Hu와 Bentler(1999)는 *CFI*와 *SRMR*을 조합하여 모형 적합도 평가를 실시할 것을 권장하였는데, 그들에 의하면 *CFI*가 .95이상이면서 *SRMR*이 .08 이하이면 모형이 적합하다고 평가할 수 있다고 하였다. [그림 12.2-3]의 Scaled 유형에서 *CFI*가 .928이고, [그림 12.2-2]의 *SRMR*이 .056란 것을 고려하면 모형은 대체로 적합하다고 평가할 수 있을 것 같다.

Fit indices

			95% Confidence Intervals		
Type	SRMR	RMSEA	Lower	Upper	RMSEA p
Classical	0.056	0.070	0.064	0.077	< .001
Robust	0.056	0.069	0.061	0.076	
Scaled	0.056	0.062	0.056	0.069	< .001

[그림 12.2-2] SRMR과 RMSEA의 지수

둘째, *RMSEA*는 7장에서 알아보았듯이 그 값이 0이면 완전 적합, .05 이하이면 매우 적합, .05에서 .08 사이이면 상당히 적합, .08에서 .10 사이이면 보통 적합, .10 이상이면 빈약한 적합으로 해석된다(Kline, 2005; Wang & Wang, 2020). [그림 12.2-2]의 Scaled 유형에 제시된 RMSEA는 .062로 매개효과 모형이 상당히 적합하다는 것을 알 수 있다.

3) 연구자 모형 대 기저모형의 비교 지수(*CFI*, *TLI*)

[그림 12.2-3] User model(연구모형) versus baseline model(기저모형)은 연구모형과 기저모형을 비교한 결과로 산출된 적합도 지수를 보여준다. 자주 사용되는 지수는 *CFI*와 *TLI*이다. MLR 추정의 경우 Scaled 유형에 제시된 값을 보고하면 된다.

User model versus baseline model

	Model	Scaled	Robust
Comparative Fit Index (CFI)	0.931	0.928	0.934
Tucker-Lewis Index (TLI)	0.914	0.910	0.918
Bentler-Bonett Non-normed Fit Index (NNFI)	0.914	0.910	0.918
Relative Noncentrality Index (RNI)	0.931	0.928	0.934
Bentler-Bonett Normed Fit Index (NFI)	0.916	0.908	
Bollen's Relative Fit Index (RFI)	0.895	0.885	
Bollen's Incremental Fit Index (IFI)	0.932	0.928	
Parsimony Normed Fit Index (PNFI)	0.733		

[그림 12.2-3] 연구모형과 기저모형의 적합도 지수

7장에서 언급하였듯이 기저모형(baseline)은 독립모형(independence model), 영모형(null model)으로도 불린다. *CFI*와 *TLI*는 기저모형에 비교했을 때 연구모형이 얼마나 더 향상되었는지를 보여주는 지수이다. *CFI*는 관례적으로 .90이 절단점이며, Hu와 Bentler(1999)는 .95로 상향하는 것이 좋다고 하였다. *TLI*는 .90 이하이면 연구자가 모형지정을 다시 하는 것이 좋다고 시사한다(Wang & Wang, 2020). 그러나 *TLI*는 작은 값은 0보다 작거나, 큰 값은 1을 넘어서는 등의 문제점이 있다(김수영, 2016). 현재 가장 많이 사용되고 있는 적합도 지수는 *CFI*이다.

이상에서 살펴본 이 적합도 지수를 종합하면 다음의 〈표 12.2-1〉과 같이 정리하여 연구결과에 제시하면 될 것이다. 〈표 12.2-1〉의 구조모형 적합도의 값들은 완벽하지 않으나 수용될 수 있는 수준임을 보여준다.

〈표 12.2-1〉 구조모형의 적합도

모형	χ^2	*df*	*Scaled* χ^2	*CFI*	*TLI*	*RMSEA*	*SRMR*
구조모형	419***	84	346***	.928	.910	.062	.056

$^{***}p < .001$. 모형 적합도는 MLR 방법으로 추정하였음

12.2.2 연구모형의 추정치

연구자는 구조모형 또는 연구모형의 적합도를 〈표 12.2-1〉처럼 보고하였다면, 그 다음으로 연구모형에서 각 잠재변인들의 관계를 나타내는 경로의 추정치와 그 유의도를 제시하여야 한다. 연구자가 매개효과 등에 대해 알아보고자 하였다면, 총효과, 매개효과(간접효과), 직접효과 등에 대해서도 그 추정치와 유의도를 제시하여야 한다.

개별경로 효과: [그림 12.2-4]의 Estimates(추정치)의 Parameters estimates(모수치 추정값)는 [그림 12.1-48]의 경로도 추정값들을 더욱 자세하게 나타내고 있다. [그림 12.2-4]의 각 구성요소를 알아보면 다음과 같다.

- Dep은 종속변인(dependent variable)을 뜻한다.
- Pred는 독립변인(Predictor variable)을 뜻한다.
- Estimate은 잠재변인과 잠재변인 사이의 관계를 나타내는 비표준화 회귀계수(B)를 뜻한다.
- SE는 표준오차를 뜻한다.
- Confidence Intervals는 비표준화 회귀계수 추정값의 95% 신뢰구간을 나타낸다.
- β는 잠재변인과 잠재변인 사이의 관계에 대한 표준화 회귀계수이다.
- z는 비표준화 회귀계수를 표준오차(SE)로 나눈 값으로, 유의도 검증에 사용된다.

- p는 유의도 또는 유의확률을 나타낸다. .05, .01, 또는 .001보다 작으면 비표준화 회귀계수가 유의하다는 것을 나타낸다.

Estimates

Parameters estimates

Dep	Pred	Estimate	SE	95% Confidence Intervals Lower	Upper	β	z	p
Happiness	Interest	0.0392	0.0532	−0.0650	0.143	0.0333	0.738	0.461
Happiness	Esteem	0.2886	0.0220	0.2454	0.332	0.8333	13.104	< .001
Happiness	Endeavour	−0.1173	0.1131	−0.3389	0.104	−0.0549	−1.037	0.300
Esteem	Interest	0.7082	0.2043	0.3077	1.109	0.2082	3.466	< .001
Esteem	Endeavour	3.1131	0.4581	2.2153	4.011	0.5051	6.796	< .001

[그림 12.2-4] Parameters estimates(모수치 추정값)

[그림 12.2-4]의 Parameters estimates에 제시된 값을 보면 ① 흥미유지 → 행복의 경로는 유의하지 않고, ② 자존감 → 행복의 경로는 유의하고, ③ 노력지속 → 행복의 경로는 유의하지 않고, ④ 흥미유지 → 자존감의 경로는 유의하고, ⑤ 노력지속 → 자존감의 경로는 유의하다는 것을 알 수 있다.

매개효과: [그림 12.2-5]의 Defined parameters(정의된 모수치)는 매개효과 결과들을 제시하고 있다. 앞서 제시하였던 [그림 12.1-48]의 경로도는 그릿(흥미유지, 노력지속)과 행복 사이의 관계는 자존감에 의하여 매개된다는 모형을 지정하였다. 이 경로도에서 매개효과의 경로는 2개가 있다. 이 2개의 매개효과 경로와 관련해서 [그림 12.2-5]의 구성요소를 살펴보면 다음과 같다.

- Label은 2개의 매개효과 경로를 jamovi 프로그램이 각각 IE1, IE2로 명명하고 있다.
- Description은 ① 흥미유지 → 자존감 → 행복에 이르는 매개효과 경로, ② 노력지속 → 자존감 → 행복으로 이르는 매개효과 경로를 나타내고 있다.
- Paremeter는 jamovi가 흥미유지 → 자존감의 경로를 p19로 자존감 → 행복의

경로를 p17로 노력지속 → 자존감의 경로를 p20으로 스스로 명명하고, 매개효과를 계산하는 데 사용하고 있다. *는 곱셈을 한다는 것을 뜻한다.

- Estimate(B)은 매개효과를 추정한 비표준화 회귀계수이다.
- SE는 표준오차를 나타낸다.
- Confidence Intervals는 95% 신뢰구간을 나타낸다.
- β는 잠재변인과 잠재변인 사이의 관계에 대한 표준화 회귀계수이다.
- z는 비표준화 회귀계수를 표준오차(SE)로 나눈 값으로, 유의도 검증에 사용된다.
- p는 유의도 또는 유의확률을 나타낸다. .05, .01 또는 .001보다 작으면 비표준화 회귀계수가 유의하다는 것을 나타낸다.

Defined parameters

Label	Description	Parameter	Estimate	SE	95% Confidence Intervals		β	z	p
					Lower	Upper			
IE1	Interest ⇒ Esteem ⇒ Happiness	p19*p17	0.204	0.059	0.089	0.319	0.173	3.480	< .001
IE2	Endeavour ⇒ Esteem ⇒ Happiness	p20*p17	0.898	0.144	0.616	1.180	0.421	6.241	< .001

[그림 12.2-5] 매개효과 추정값

[그림 12.2-5]의 매개효과 경로를 보면, ① IE1의 흥미유지 → 자존감 → 행복의 매개효과(B=.204, β=.173) 경로는 통계적으로 유의하다(p 〈 .001)는 것을 알 수 있다. ② IE2의 노력지속 → 자존감 → 행복의 매개효과(B=.898, β=.421) 경로는 통계적으로 유의하다(p 〈 .001)는 것을 알 수 있다. 표준화 회귀계수를 나타내는 β는 효과크기의 상대적 비교가 가능한 값이므로, 이 결과에 기반하면 자존감이 매개하는 효과는 "흥미유지 → 자존감 → 행복"의 경로보다 "노력지속 → 자존감 → 행복"의 경로에서 더 크다는 것을 알 수 있다. 이 결과들은 2가지 의미를 내포한다.

- 흥미유지, 노력지속이 높을수록 더 행복한 이유는 흥미를 유지하고, 노력을 하는 사람들이 자존감이 더 높아서 그렇다고 시사한다.

• 흥미유지보다 노력지속의 행복에 대한 효과가 자존감에 의해서 더 강하게 매개된다고 시사한다.

[그림 12.2-4]의 개별 경로계수와 [그림 12.2-5]의 매개효과 경로계수를 종합하여 직접효과, 간접효과(매개효과), 개별효과를 보여주는 연구결과를 작성하면 〈표 12.2-2〉와 같다.

〈표 12.2-2〉 직접효과, 간접효과, 총효과 (N = 804)

	독립변인	매개변인	종속변인	*B*	*SE*	*β*	*Z*
직접효과	흥미유지 →		행복	.039*	.053	.033	.738
간접효과	흥미유지 →	자존감 →	행복	.204***	.059	.173	3.480
직접효과	노력지속 →		행복	-.117	.113	-.055	-1.037
간접효과	노력지속 →	자존감 →	행복	.898***	.144	.421	6.241
개별효과	흥미유지 →	자존감		.708***	.204	.208	3.466
	노력지속 →	자존감		3.113***	.458	.505	6.796
		자존감 →	행복	.289***	.022	.833	13.104

주: * $p < .05$, *** $p < .001$

12.3 학술연구 원고작성의 예

연구문제 2. 그릿(흥미유지, 노력지속)과 행복의 관계에서 자존감의 매개효과는 어떠한가?

Ⅳ. 연구 결과

2. 구조모형

2.1 구조모형 적합도

본 연구는 그릿(흥미유지, 노력지속)과 행복의 관계를 자존감이 매개한다는 구조모형이 자료에 적합한지 알아보았고, 그 결과는 〈표 1〉과 같다. 구조모형의 적합도는 *TLI*가 .90 이하이면 모형을 재지정하는 것이 좋다고 시사되는데(Wang & Wang, 2020), 본 연구의 모형에서 *TLI*는 .910으로 나타났다. *SRMR*은 .08 이하이면 좋다고 볼 수 있는데(Hu & Bentler, 1999), 본 연구의 모형은 .056이었다. *RMSEA*는 .05에서 .08 사이이면 상당히 적합하다고 볼 수 있는데(Kline, 2005; Wang & Wang, 2020), 본 연구의 모형에서 *RMSEA*는 .062로 상당히 적합한 것으로 나타났다. Hu와 Bentler(1999)는 *CFI*와 *SRMR*을 조합하여 적합도 평가를 할 것을 권장하며 그 기준으로 CFI가 .95 이상이면서 *SRMR*이 .08 이하이면 모형이 적합하다고 볼수 있다. 본 연구의 모형은 *CFI*가 .928이면서 *SRMR*은 .056으로 기준에 가까웠다. 이 모두를 고려하면 모형은 적합하다고 볼 수 있다.

〈표 1〉 구조모형의 적합도 (N : 804)

모형	χ^2	*df*	*Scaled* χ^2	*CFI*	*TLI*	*RMSEA*	*SRMR*
구조모형	419***	84	346***	.928	.910	.062	.056

주: $^{***}p < .001$. 모형 적합도는 MLR 방법으로 추정하였음

2.2 매개효과 검증

그릿(흥미유지, 노력지속)과 행복 사이의 관계에서 자존감이 매개효과가 있는지를 알아본 결과는 〈표 2〉와 같다. 첫째, 흥미유지가 행복에 미치는 효과에서 자존감의 매개효과는 유의하였다(B =.204, β=.173, $p < .001$). 하지만 흥미유지의 행복에 대한 직접효과는 유의하지 않았다(B =.039, β=.033, $p > .05$). 둘째, 노력지속이 행복에 미치는 효과에서 자존감의 매개효과는 유의하였다(B =.898, β=.421, $p < .001$). 하지만 노력지속이 행복에 미치는 직접효과는 유의하지 않았다(B =-.117, β=-.055, $p > .05$).

〈표 2〉 매개효과의 검증 (N : 804)

	독립변인	매개변인	종속변인	*B*	*SE*	β	*Z*
직접효과	흥미유지 →		행복	.039	.053	.033	.738
매개효과	흥미유지 →	자존감 →	행복	.204***	.059	.173	3.480
직접효과	노력지속 →		행복	-.117	.113	-.055	-1.037
매개효과	노력지속 →	자존감 →	행복	.898***	.144	.421	6.241
개별효과	흥미유지 →	자존감		.708***	.204	.208	3.466
	노력지속 →	자존감		3.113***	.458	.505	6.796
		자존감 →	행복	.289***	.022	.833	17.301

주: *** $p < .001$

참고문헌

〈1장, 2장〉

김희명, 황매향 (2015). 한국판 아동용 끈기(Grit) 척도의 타당화. **교육논총**, 35(3), pp. 63-74.

박광배 (2004). **다변량분석**. 서울: 학지사.

육아정책연구소 (2016). 한국아동패널(PSKC) 제1~7차 조사 데이터 사용 지침서. 서울: 육아정책연구소.

이기종 (2000). **구조방정식 모형**. 서울: 교육과학사.

이자영, 남숙경, 이미경, 이지희, 이상민 (2009). Rosenberg의 자아존중감 척도: 문항수준 타당도분석. **한국심리학회지: 상담 및 심리치료**, 21(1), pp. 173-189.

전병재 (1974). 자아개념: 측정가능성에 관한 연구. **연세논총**, 11, pp. 107-130.

최희철 (2020). 청소년기 자존감 발달궤적이 성인 전환기 주관적 행복과 공격행동에 미치는 영향과 교육에 대한 시사점. **입법과 정책**, 12(1), pp. 275-310.

한국장애인고용공단 고용개발원 (2021). 2021년 장애인 고용패널조사(2차웨이브 6차조사). 성남: 저자.

Duckworth, A. L., Peterson, C., Matthews, M. D., & Kelly, D. R. (2007). Grit: Perseverance and passion for long-term goals. *Journal of Personality and Social Psychology, 92*(6), pp. 1087-1101.

Duckworth, A. L., & Quinn, P. D. (2009). Development and validation of the Short Grit Scale (GRIT-S). *Journal of Personality Assessment, 91*(2), pp. 166-174.

James, W. (1983). *The principles of psychology*. Cambridge, MA: Havard University Press. (Original work published 1890).

Kline, R. B. (2005). *Principles and Practice of Structural Equation Modeling*. New York: The Guild Press.

Lyubormirsky, S., & Lepper, H. S. (1999). A measure of subjective happiness: Preliminary reliability and construct validation. *Social Indicators Research, 46*(2), pp. 137-155.

Rosenberg, M. (1965). *Society and the adolescent self-image*. Princeton, NJ: Princeton University Press.

Rosenberg, M. (1989). *Society and the adolescent self-image*. Connecticut: Wesleyan University Press.

Schumacker, R., & Lomax, R. (2010). *A beginner's guide to structural equation modeling*

(3rd ed.). New Jersey: Lawrence Erlbaum Associates.

Tracz (1992).

Wang, J., & Wang, X. (2020). *Structural Equation Modeling: Applications using Mplus*. Hoboken, NJ: John Wiley & Sons Ltd.

〈3장〉

강진숙, 권오현 (2022). 후기청소년의 미디어 리터러시 교육과 미디어 정책에 대한 인식 연구. 한국청소년정책연구원.

김병성 (2003). **교육연구방법**. 서울: 학지사.

서은국, 구재선 (2011). 단축형 행복 척도(COMOSWB) 개발 및 타당화. **한국심리학회지: 사회 및 성격, 25**(1), pp. 95-113.

성태제 (2006). **현대교육평가 5판**. 서울: 학지사.

이기종, 나종민 (2020). **첫걸음 기초통계**. 서울: 학지사.

문호영 (2022). 청소년활동 참여 실체 및 요구에 관한 연구. 한국청소년정책연구원.

탁진국 (2007). **심리검사_개발과 평가방법의 이해**. 서울: 학지사.

탁진국 (2021). **심리검사_개발과 평가방법의 이해 2판**. 서울: 학지사.

한국장애인고용공단 고용개발원 (2021). 2021년 장애인 고용패널조사(2차웨이브 6차조사). 성남: 저자.

Anastasi, A., & Urbina, S. (2003). *Psychological Testing* (7th ed.). Prentice Hall.

Campbell, D., & Fiske, D. (1959). Convergent and discriminant validation by the multitrait-multimethod matrix. *Psychological Bulletin, 56*(2), pp. 81–105.

Cantril, H. (1965). *The pattern of human concerns*. New Brunswick, NJ: Rutgers University.

Diener, E., Emmons, R. A., Larsen, R. J., & Griffin, S. (1985). The satisfaction with life scale. *Journal of Personality Assessment, 49*, pp. 71-75.

Diener, E., Wirtz, D., Tov, W., Kim-Prieto, C., Choi. D., Oishi, S., & Biswas-Diener, R. (2009). New measures of well-being: Flourishing and positive and negative feelings. *Social Indicators Research, 39*, pp. 247-266.

Rosenberg, M. (1965). *Society and the Adolescent Self-Image.* Princeton university press.

Schumacker, R., & Lomax, R. (2010). *A beginner's guide to structural equation modeling* (3rd ed.). New Jersey: Lawrence Erlbaum Associates.

Veenhoven, R. (1994). Is happiness a trait?: Tests of the theory that a better society does not make people any happier. *Social Indicators Research, 32*(2), pp. 101-160.

〈4장〉

박광배 (2004). **다변량분석**. 서울: 학지사.

Bollen, K. A. (1989). *Structural equation with latent variables*. New York: Wiley.

Brown, T. A. (2015). *Confirmatory factor analysis for applied research*. NY: The Guilford Press.

Little, T. D. (2013). *Longitudinal structural equation modeling*. New York: Guilford.

Lyubormirsky, S., & Lepper, H. S. (1999). A measure of subjective happiness: Preliminary reliability and construct validation. *Social Indicators Research, 46*(2), pp. 137-155.

〈5장〉

고길곤, 탁현우, 이보라 (2014). 설문조사 연구에서 결측치의 영향과 대체방법의 적절성에 대한 실증연구. **정책분석평가학회보, 24**(3), pp. 49-75.

김수영 (2016). **구조방정식 모형의 기본과 확장: MPLUS 예제와 함께**. 서울: 학지사.

신택수 (2014). 결측자료 분석방법에 대한 고찰과 활용: 종단학업성취 자료를 중심으로. **교육평가연구, 27**(3), pp. 693-725.

양병화 (2006). **다변량 데이터 분석법의 이해**. 서울: 커뮤니케이션북스.

이지현, 김수영 (2016). 문항묶음: 원리의 이해와 적용. **한국심리학회지: 일반, 35**(2), pp. 327-353.

Curran, P. J., West, S. G., & Finch, J. F. (1996). The robustness of test statistics to nonnormality and specification error in confirmatory factor analysis. *Psychological methods, 1*(1), pp. 16-29.

Geiser, C. (2021). *Longitudinal structural equation modeling with mplus*. NY: The Guilford Press.

Hair, J. F., Black, W. C., Babin, B. J., Anderson, R. E., & Tatham, R. L. (2006). *Multivariate data analysis*. New Jersey: Pearson Prentice Hall.

Kline, R. B. (2005). *Principles and Practice of Structural Equation Modeling*. New York: The Guild Press.

Little, T. D. (2013). *Longitudinal structural equation modeling*. New York: Guilford.

Tabachnick, B. G., & Fidell, L. S. (2001). *Using multivariate statistics*. Boston, MA: Pearson Education.

〈6장〉

Bollen, K. A. (1989). *Structural equation with latent variables*. New York: Wiley.

Brown, T. A. (2015). *Confirmatory factor analysis for applied research*. NY: The Guilford Press.

Schumacker, R., & Lomax, R. (2010). *A beginner's guide to structural equation modeling* (3rd ed.). New Jersey: Lawrence Erlbaum Associates.

Wang, J., & Wang, X. (2020). *Structural Equation Modeling: Applications using Mplus*. Hoboken, NJ: John Wiley & Sons Ltd.

〈7장〉

Brown, T. A. (2015). *Confirmatory factor analysis for applied research*. NY: The Guilford Press.

Schumacker, R., & Lomax, R. (2010). *A beginner's guide to structural equation modeling* (3rd ed.). New Jersey: Lawrence Erlbaum Associates.

Bollen, K. A. (1989). *Structural equation with latent variables*. New York: Wiley.

Hu, L., & Bentler, P. M. (1999). Cutoff criteria for fit indexes in covariances structure analysis: Conventional criteria versus new alternatives. *Structural Equation Modeling, 6*(1), pp. 1-55.

Kline, R. B. (2005). *Principles and Practice of Structural Equation Modeling*. New York: The Guild Press.

Wang, J., & Wang, X. (2020). *Structural Equation Modeling: Applications using Mplus*. Hoboken, NJ: John Wiley & Sons Ltd.

〈8장〉

설현수 (2019). **jamovi 통계프로그램의 이해와 활용**. 서울: 학지사.

황성동 (2023). **누구나 할 수 있는 jamovi 통계분석 빈도분석에서 구조방적식까지**. 서울: 학지사.

jamovi project (2022). jamovi(Version 2.3.28) [Computer Software]. Retrieved from https:// www.jamovi.org.

〈9장〉

김희명, 황매향 (2015). 한국판 아동용 끈기(Grit) 척도의 타당화. **교육논총, 35**(3), pp. 63-74.

육아정책연구소 (2016). 한국아동패널(PSKC) 제1~7차 조사 데이터 사용 지침서. 서울: 육아정책연구소.

전병재 (1974). 자아개념: 측정가능성에 관한 연구. **연세논총, 11**, pp. 107-130.

최희철 (2020). 청소년기 자존감 발달궤적이 성인 전환기 주관적 행복과 공격행동에 미치는 영향과 교육에 대한 시사점. **입법과 정책, 12**(1), pp. 275-310.

한국청소년정책연구원 (2020). 한국아동·청소년패널조사2018(KCYPS 2018) 유저가이드. 세종: 한국청소년정책연구원.

Duckworth, A. L., & Quinn, P. D. (2009). Development and validation of the Short Grit Scale (GRIT-S). *Journal of Personality Assessment, 91*(2), pp. 166-174.

Kline, R. B. (2005). *Principles and Practice of Structural Equation Modeling*. New York: The Guild Press.

Lyubormirsky, S., & Lepper, H. S. (1999). A measure of subjective happiness: Preliminary reliability and construct validation. *Social Indicators Research, 46*(2), pp. 137-155.

Rosenberg, M. (1965). *Society and the adolescent self-image*. Princeton, NJ: Princeton University Press.

〈10장〉

김희명, 황매향 (2015). 한국판 아동용 끈기(Grit) 척도의 타당화. **교육논총, 35**(3), pp. 63-74.

육아정책연구소 (2016). 한국아동패널(PSKC) 제1~7차 조사 데이터 사용 지침서. 서울: 육아정책연구소.

전병재 (1974). 자아개념: 측정가능성에 관한 연구. **연세논총, 11**, pp. 107-130.

한국청소년정책연구원 (2020). 한국아동·청소년패널조사2018(KCYPS 2018) 유저가이드. 세종: 한국청소년정책연구원.

최희철 (2021). 지체장애인 임금근로자의 직무만족성장 궤적의 잠재계층과 영향요인. **지체.중복.건강장애연구, 64**(4), pp. 21-44.

Duckworth, A. L., & Quinn, P. D. (2009). Development and validation of the Short Grit Scale (GRIT-S). *Journal of Personality Assessment, 91*(2), pp. 166-174.

Kline, R. B. (2005). *Principles and Practice of Structural Equation Modeling*. New York: The Guild Press.

Rosenberg, M. (1965). *Society and the adolescent self-image*. Princeton, NJ: Princeton University Press.

〈11장〉

김희명, 황매향 (2015). 한국판 아동용 끈기(Grit) 척도의 타당화. **교육논총, 35**(3), pp. 63-74.

이지현, 김수영 (2016). 문항묶음: 원리의 이해와 적용. **한국심리학지: 일반, 35**(2), pp. 327-353.

한국청소년정책연구원 (2020). 한국아동・청소년패널조사2018(KCYPS 2018) 유저가이드. 세종: 한국청소년정책연구원.

jamovi project (2022). jamovi(Version 2.3.28) [Computer Software]. Retrieved from https://www.jamovi.org.

〈12장〉

jamovi project (2022). jamovi(Version 2.3.28) [Computer Software]. Retrieved from https://www.jamovi.org.

Hair, J. F., Black, W. C., Babin, B. J., Anderson, R. E., & Tatham, R. L. (2006). Multivariate data analysis. New Jersey: Pearson Prentice Hall.

Hu, L., & Bentler, P. M. (1999). Cutoff criteria for fit indexes in covariances structure analysis: Conventional criteria versus new alternatives. *Structural Equation Modeling, 6*(1), pp. 1-55.

Kline, R. B. (2005). *Principles and Practice of Structural Equation Modeling*. New York: The Guild Press.

Wang, J., & Wang, X. (2020). *Structural Equation Modeling: Applications using Mplus*. Hoboken, NJ: John Wiley & Sons Ltd.

찾아보기

『ㅁ』

『ㅂ』

『ㅅ』

『 ㅇ 』

『 ㅈ 』

『 기타 』

저자 약력

최희철(HeeCheol Choi)

대구교육대학교를 졸업하고, 단국대학교 대학원 교육학과에서 상담심리전공으로 석사학위와 박사학위를 취득하였다. 현재 광주여자대학교 상담심리학과 교수로 재직 중이다. 평소 구조방정식 모형을 활용하여 상담심리학 관련 횡단연구 및 종단연구 결과를 다양한 학회지에 출판하고 있다. 상담이론, 심리통계, 연구방법론을 지속해서 학부와 대학원에서 강의해 왔다.

김영미(YoungMi Kim)

대구효성가톨릭대학교를 졸업하고, 부산대학교 대학원 특수교육학과에서 특수교육을 전공으로 석사학위와 박사학위를 취득하였다. 현재 광주여자대학교 초등특수교육과 교수로 재직 중이다. 구조방정식 모형을 활용하여 장애인 관련 연구 결과를 다양한 학회지에 출판하고 있다.

이우진(WooJin Lee)

초당대학교를 졸업하고, 대구대학교 일반대학원 언어치료학과에서 석사학위와 조선대학교 특수교육학과 언어·청각전공으로 박사학위를 취득하였다. 현재 광주여자대학교 언어치료학과 교수로 재직 중이다. 구조방정식 모형을 활용하여 연구 결과를 다양한 학회지에 출판하고 있다.

강혜진(HyeJin Kang)

부산대학교 대학원 특수교육학과에서 특수교육을 전공으로 석사학위와 박사학위를 취득하였다. 현재 광주여자대학교 중등특수교육과 교수로 재직 중이다. 구조방정식 모형을 활용하여 특수교사와 장애인 관련 연구 결과를 다양한 학회지에 출판하고 있다. 특수교육 관련 이론과 실제, 특수교육대상자 진단 및 평가 등의 교과목을 학부와 대학원에서 강의해 왔다.

구조방정식 모형 연구의 실전

2025년 2월 20일 1판 1쇄 인쇄
2025년 2월 28일 1판 1쇄 발행

공저자 : 최희철 김영미
이우진 강혜진
발행자 : 한 정 주
발행처 : 교육과학사

저자와의 협의하에 인지생략

경기도 파주시 광인사길 71
전화 (031)955-6956~8/팩스 (031)955-6037
Home-page : www.kyoyookbook.co.kr
E-mail : kyoyookbook@daum.net

등록 : 1970년 5월 18일 제2-73호

낙장・파본은 교환해 드립니다.
Printed in Korea.

정가 **29,000** 원
ISBN 978-89-254-2011-0